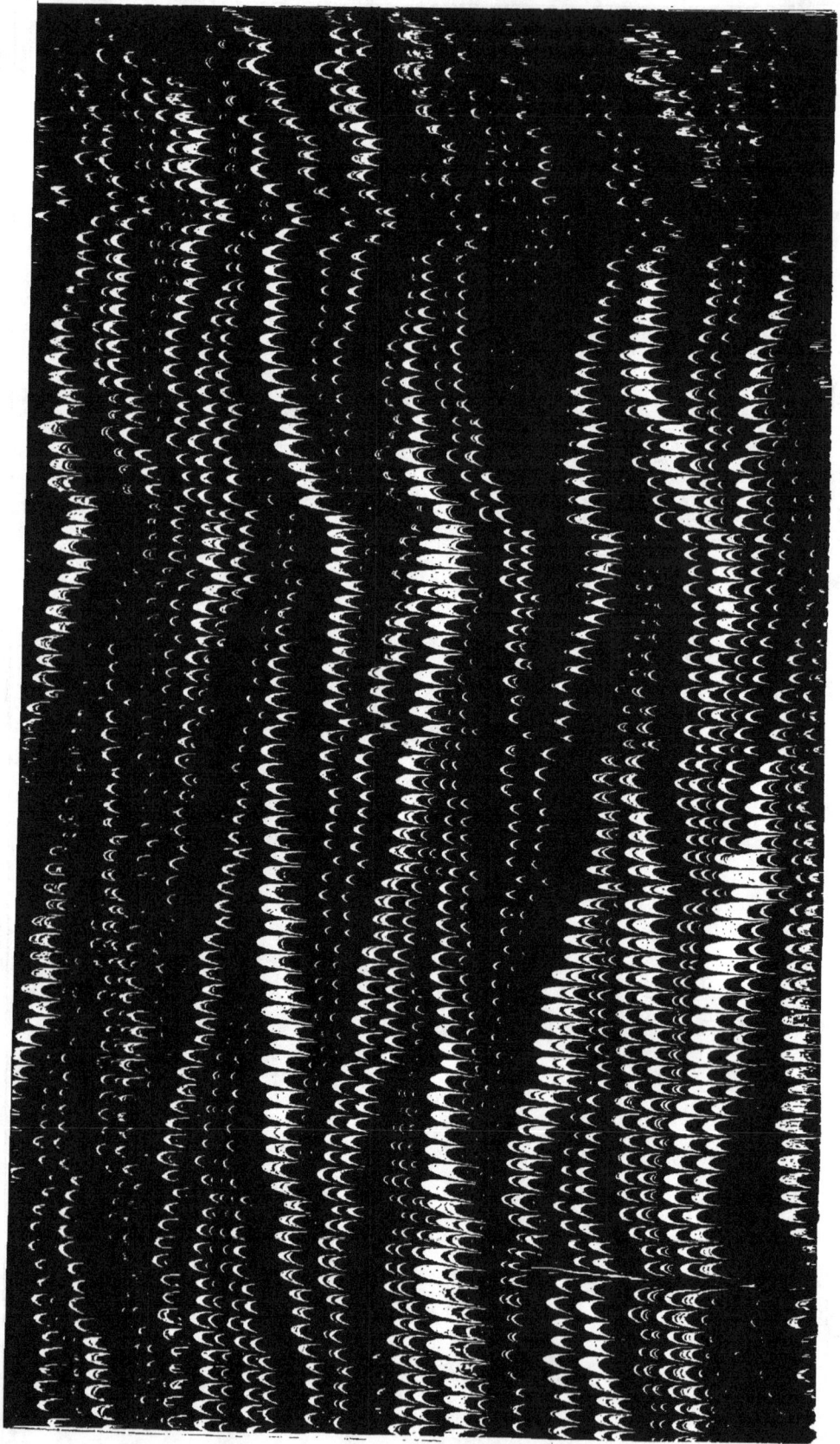

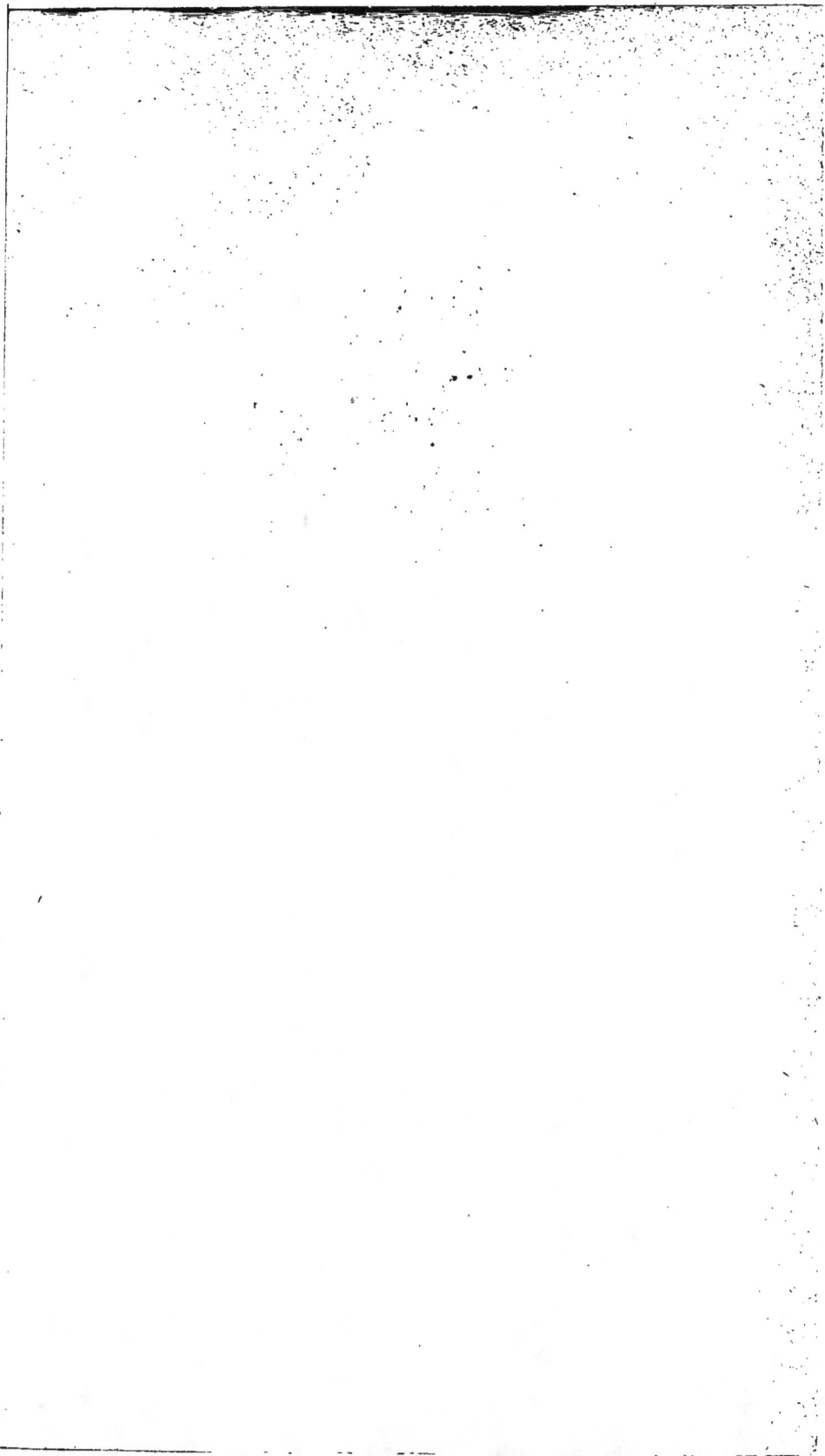

27419

VIE DE L'UNIVERS

OUVRAGES DE L'AUTEUR

Étude sur le vertige stomacal. (In *France médicale*, 1869, nos 45, 46, 47, 49, 50, 51, 52, 54, 56.)

Théorie de l'unité vitale. — Première partie : PHYSIOLOGIE UNITAIRE, in-8º de 204 pages, 1869. — Seconde partie : PATHO-LOGIE UNITAIRE, in-8º de 420 pages, 1869.

Étude théortque et pratique sur la belladone. (In *France médicale*, 1872, nos 25, 34, 35, 37, 38, 39, 41, 42, 44, 45, 46, 50, 52.)

Étude théorique et pratique sur l'opium. (In *France médicale*, 1873, nos 9, 10, 11, 12, 13, 14, 15, 25, 26, 30, 31, 32, 33.)

Du Typhus. — Réflexions critiques sur le principe contagieux et sa cause (doctrine des microzymas combattue), suivies d'une étude sur la constitution médicale épidémique de Versailles pendant l'hiver 1872-1873. — Brochure in-8º de 48 pages (extrait de *la France médicale*, 1873), présentée à l'Académie de Médecine par M. le professeur CHAUFFARD, dans la séance du 29 juillet, et à l'Institut par M. le baron LARREY, dans la séance du 28 juillet.

VIE
DE L'UNIVERS

OU

ÉTUDE DE PHYSIOLOGIE

GÉNÉRALE ET PHILOSOPHIQUE APPLIQUÉE A L'UNIVERS

ET FAISANT SUITE A LA *Théorie de l'Unité vitale*

PAR

Théophile GALICIER

Docteur en médecine,

Membre correspondant de la Société de Médecine de Marseille.

———

PARIS

ADRIEN DELAHAYE, LIBRAIRE-ÉDITEUR

Place de l'École-de-Médecine.

—

1873

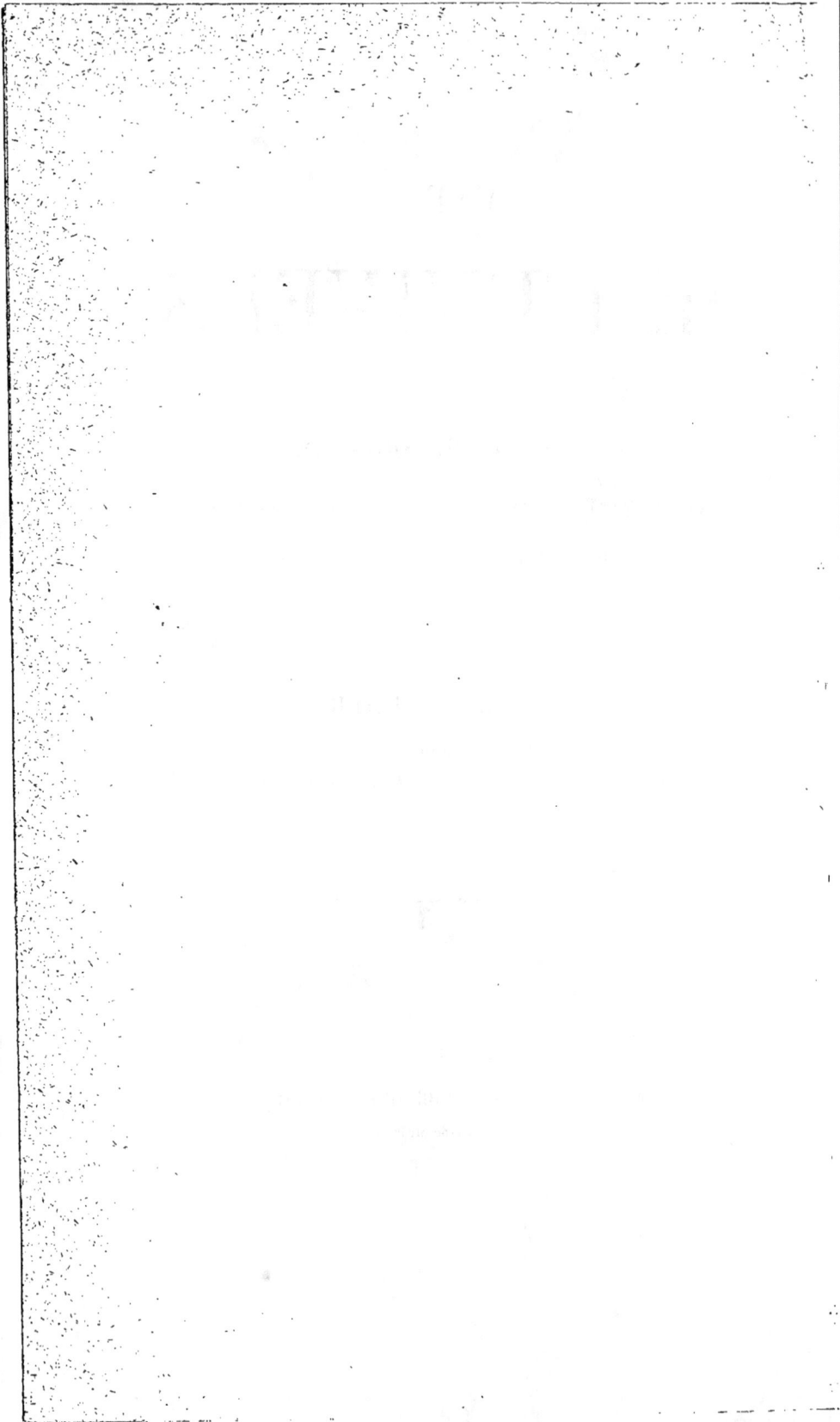

A

MA BRETAGNE

HOMMAGE D'UN DE SES ENFANTS

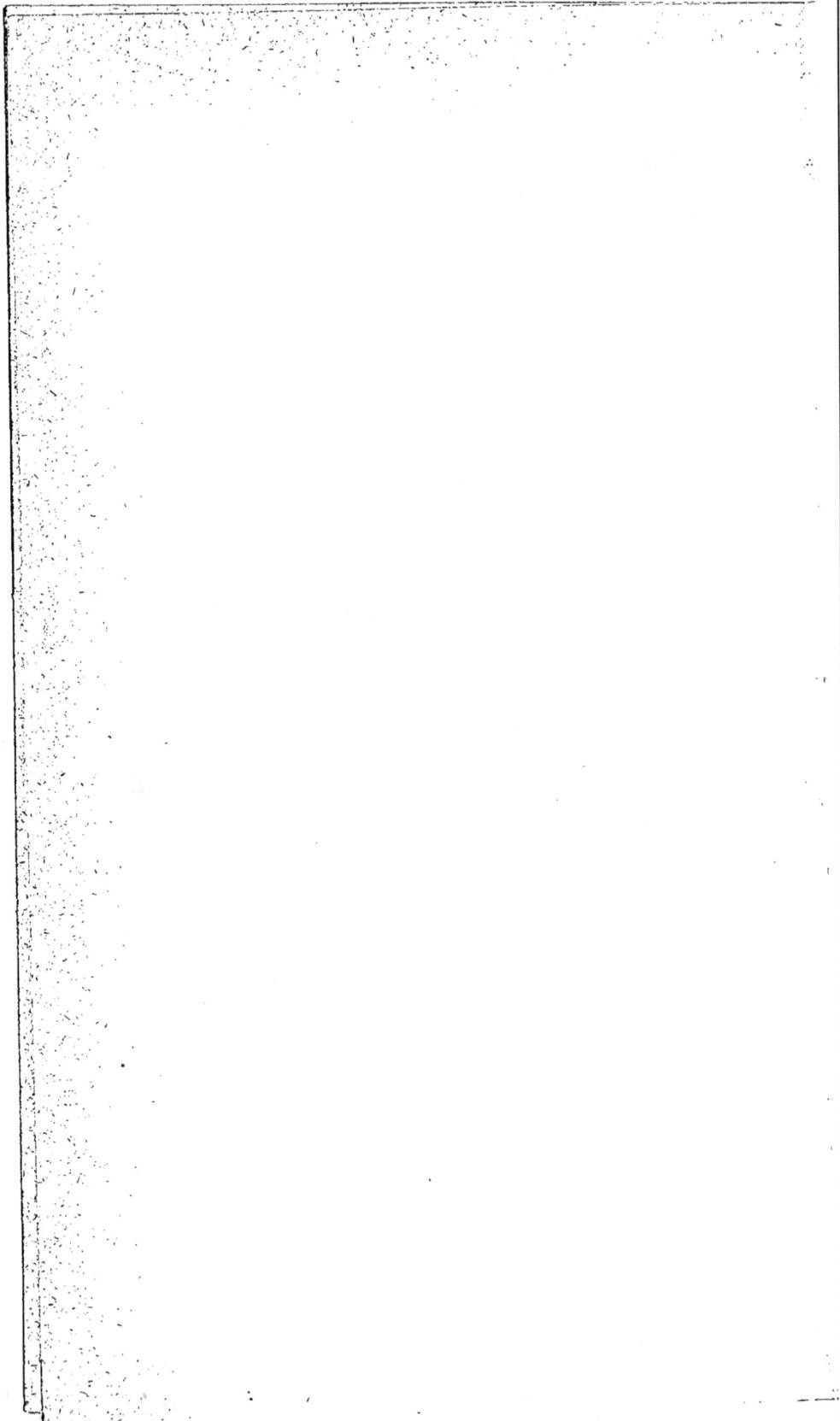

INTRODUCTION

A LA

VIE DE L'UNIVERS

CONSIDÉRATIONS

SUR LE VITALISME ET L'ORGANO-DYNAMISME

L'homme est une individualité vivante, composée d'une âme et d'un corps. Toute vie impliquant une force, de laquelle découlent ses manifestations, la recherche de cette cause s'est de tout temps imposée à l'esprit humain. Ceux-ci ne se sont occupés que de l'âme, ceux-là ont étudié exclusivement le corps. L'étude de chacune de ces parties prise isolément ne laisse pas que d'être très avancée aujourd'hui. Le psychologue, se repliant sur lui-même par le mécanisme de la conscience, a sondé l'âme dans ses diverses profondeurs. L'anatomiste avec le scalpel, l'histologiste avec le microscope nous ont successivement démontré d'abord la structure des organes et des tissus de chaque système, puis celle des éléments organiques eux-mêmes jusqu'aux limites de ce qu'on appelle les granulations moléculaires.

Cependant, curieux de la vérité éternelle dans toutes ses manifestations, des esprits chercheurs, des penseurs comme on dit, théologiens, philosophes, naturalistes, médecins, ont considéré dans leurs rapports réciproques ces deux fractions étroitement unies d'une même individualité, ont tenté d'expliquer les moyens d'union de l'âme et du corps, cherchant de la vie elle-même la cause et le mécanisme.

Sur ce terrain les spécialistes de la vie, si je puis ainsi dire, se sont divisés en trois camps principaux, dans chacun desquels plusieurs subdivisions se sont même établies. Le drapeau unitaire du vitalisme abrite de ses plis toutes les fractions de ce vaste camp.

Par rapport à Dieu l'esprit humain se partage en deux classes : celle des athées, et celle des théistes. Par rapport à l'âme il se partage en deux classes correspondantes : celle des matérialistes, et celle des vitalistes.

Mais quand il s'agit d'expliquer les rapports de Dieu avec l'univers, les rapports de l'âme avec le corps et le mécanisme de la vie, la division se met dans le camp des vitalistes, comme nous voyons en politique le parti conservateur ou vitaliste se fractionner en plusieurs genres, lesquels se subdivisent en espèces, en variétés différentes, en nuances individuelles ; tant il est vrai que tout dans la nature, dans l'ordre intellectuel aussi bien que dans l'ordre moral et physique, relève d'un même plan au sein des dissemblances les plus grandes ! tant il est vrai que l'inégalité est une loi essentielle de la vie et du développement des êtres !

Ces nuances du plus et du moins, ce jeu varié de l'antagonisme fonctionnel, variétés d'organisation, variétés physiologiques, variétés morales et intellectuelles, appuyées sur le principe de l'inégalité dynamique, sont, comme je le dis plus loin, un des caractères fondamentaux de toute organisation vivante, de toute manifestation physiologique.

Je le répète, l'esprit humain se partage en deux classes : la classe de ceux qui ne croient pas, *athées* dans l'ordre religieux, *matérialistes* dans l'ordre philosophique, *socialistes* ou radicaux dans l'ordre politique ; la classe de ceux qui croient, *théistes* dans l'ordre religieux avec ou sans révélation, c'est-à-dire avec ou sans intermédiaire entre Dieu et l'homme, *vitalistes* dans l'ordre philosophique avec ou sans intermédiaire entre l'âme et le corps, *conservateurs* dans l'ordre politique.

Je suis de la classe des croyants, théiste, vitaliste et conservateur ; mais, étant ici sur un terrain exclusivement scientifique, et non politique ni religieux, je ne m'occuperai que de l'ordre vitaliste, cherchant à quel genre j'appartiens dans cette classification, puis à quelle espèce, à quelle variété, enfin s'il y a lieu à quelle nuance individuelle.

Dans la classe des croyants, dans l'ordre des vitalistes on distingue trois genres : le vitalisme animiste, le vitalisme dualiste et le vitalisme organique ; le premier soutenu aujourd'hui par l'Église romaine, le second par la Faculté de médecine de Montpellier, et le troisième par la Faculté de médecine de Paris.

A ces trois genres principaux il faut ajouter le *théovita-*

lisme, doctrine qu'on voit en germe dans les idées de Geulincx, disciple de Descartes, et de Louis de la Forge (1), mais qui a été exposée d'une façon plus franche et plus complète par M. le docteur Seux fils (de Marseille), dans les numéros de janvier 1873 de la *Revue médicale*, pour être, il est vrai, aussitôt renversée par la parole autorisée de notre excellent ami, M. le docteur Sales-Girons.

Voici, pour la classification, la liste des noms ou des individus qu'il faut enregistrer dans chacun des genres de l'ordre vitaliste.

Vitalisme animique. — Hippocrate, Aristote, Platon; les Pères de l'Eglise grecque, Grégoire de Nysse, Basile, Athanase, Chrysostome; les Pères de l'Eglise latine, Augustin, Tertullien, Ambroise; au moyen âge, Albert le Grand, Abélard, Thomas d'Aquin, et l'ordre des Dominicains, Dante, Suarès et les Jésuites, Scaliger, Saumaise; puis Descartes, Cudworth, Glisson, Claude Perrault, Leibnitz, Stahl; Sauvages, Grimaud et Roussel à Montpellier; Condillac, Charles Bonnet; de nos jours, le père Ventura, le père Gratry, Tissot, Sales-Girons, Francisque Bouillier, etc.

Vitalisme dualiste. — Galien dans l'antiquité; l'ordre des Franciscains au moyen âge, en rivalité avec les Dominicains, Duns Scot; Paracelse, Van Helmont, Bacon, Gassendi; Buffon, Bernardin de Saint-Pierre; à Montpellier, Barthez, Lordat, Jaumes; les philosophes Maine de Biran, Jouffroy, Ahrens, Henri Martin (de Rennes); enfin Milne Edwards, Bouchut, Malgaigne, etc.

Vitalisme organique. — Bichat, Haller, Cuvier,

_____

(1) *Tract. de mente humanâ*, cité par Francisque Bouillier dans son beau livre : *Du principe vital et de l'âme pensante.*

Broussais, Gerdy, Rostan, Lélut, Flourens, Trousseau, Pidoux, Claude Bernard, Piorry, Bouillaud, Vulpian, Bert, Robin, etc.

Dans cette dernière série les variétés d'opinions sont nombreuses, depuis Piorry qui se dit animiste organicien et Bouillaud qui incline vers le duo-dynamisme (1) jusqu'à ceux qui touchent aux confins du matérialisme.

Le vitalisme organique n'élève pas sa conception au delà du corps et des organes. Obligé d'admettre dans ceux-ci des propriétés spéciales, dites vitales pour les distinguer des propriétés physiques et chimiques, il regarde la vie comme une résultante de toutes les forces partielles, rejette tout principe vital comme cause et abandonne l'âme à la psychologie. « La vie n'est pas un « principe, dit M. Claude Bernard, la vie est un mot, « une idée exprimant un résultat… La vie, c'est l'ordre « des éléments anatomiques, associés en modalité répu- « blicaine… La vie n'est pas un fait, ni un principe, ni « une force (2). » La vie est une conséquence, une résultante de bas en haut, un effet. Comme il ne peut y avoir d'effet sans cause, cette école ne fait que déplacer la question, cherchant en bas ce que d'autres cherchent en haut.

Le vitalisme dualiste, ou le duo-dynamisme, reconnaît avec Barthez (3) des propriétés vitales inhérentes aux tissus, l'âme comme substance pensante et un principe vital intermédiaire entre l'âme et le corps, c'est l'âme de seconde majesté de Lordat. Le principe vital de l'Ecole de Montpellier représente l'âme végétative des anciens.

(1) *Essai de Philosophie médicale*, par Bouillaud.
(2) *Revue scientifique*, 1873, n° 40.
(3) *Nouveaux éléments de la science de l'homme*, par Barthez.

Bacon, Gassendi et Buffon distinguaient l'âme raisonnable ou spirituelle et l'âme matérielle dite sensitive et végétative.

Le vitalisme dualiste, caractérisé par la seconde âme ou le principe vital, se divise comme genre en deux espèces : 1° dans l'une, on admet que les deux âmes sont également raisonnables, telle est l'hérésie des manichéens; 2° dans l'autre, la seconde âme n'est pas regardée comme raisonnable, c'est seulement un principe instinctif. Cette seconde opinion, en tant qu'espèce, se subdivise en deux variétés, suivant qu'on reconnaît : 1° un principe vital immatériel, comme les philosophes Joseph de Maistre, Ahrens, Jouffroy ; ou bien : 2° un principe vital matériel, avec Bacon, Gassendi, Buffon, Bouchut.

Dans cette seconde variété d'opinion de l'espèce, M. le professeur Bouchut représente une nuance individuelle bien tranchée, en faisant du principe vital un agent inhérent à la semence de l'homme et allant par elle imprégner toutes les molécules au développement desquelles il concourt. Cette doctrine prend le nom de vitalisme séminal ou de *séminalisme* (1).

On distingue encore d'autres nuances individuelles dans cette école méridionale : pour ceux-ci, le principe vital est tout à fait séparé à la fois de l'âme et des organes (Barthez, Lordat) ; pour ceux-là, le principe vital se rapproche davantage de l'âme (Grimaud) ; pour d'autres, il se confond presque avec les propriétés des organes (Frédéric Bérard, Dumas).

Le vitalisme animique n'admet ni propriétés vitales des tissus comme les deux premières séries, ni force

(1) Bouchut : *De la vie et de ses attributs*, ou encore : *Histoire de la Médecine et des doctrines médicales*, t. Ier, p. 378 et suiv.

vitale comme la seconde : c'est l'âme qui fait tout, son autocratie est absolue. *Anima forma est corporis*, voilà son axiome. L'âme, c'est la forme, l'entéléchie, l'acte, la substance, l'essence, la cause ou la force du corps; car tous ces mots sont synonymes dans l'espèce.

Dans cette série, comme genre, on distingue encore deux espèces d'opinions : dans l'une, représentée par Descartes, l'âme est exclusivement une substance pensante, sans aucune action sur le corps dont tous les mouvements relèvent des lois mécaniques ; dans l'autre, l'âme a une action directe sur le corps, dont elle est vraiment la forme, *forma informans*. Cette seconde espèce se subdivise en deux variétés, suivant que l'âme agit avec conscience dans tous les actes de la vie même organique (Cl. Perrault, Stahl), ou qu'elle partage son mode d'action en deux divisions : la force pensante qui fait tout avec conscience, et la force vitale, seulement instinctive (Francisque Bouillier et avant lui Charles Bonnet).

Si l'on met la doctrine vitaliste développée dans ce ouvrage et dans la *Théorie de l'unité vitale* en parallèle avec l'une ou l'autre de ces trois divisions, il paraît au premier abord qu'elle représente le vitalisme dualiste, en tant que l'âme et la force vitale y sont distinguées. D'autre part, une grande importance est accordée aux organes, aux éléments moléculaires constitutifs de ces organes et du corps, des forces spéciales y sont attachées, ce qui la rapproche du vitalisme organique. Enfin, les droits de l'âme y sont hautement affirmés, comme dans le vitalisme animique. Est-ce à dire que cette doctrine soit une doctrine éclectique, ayant la prétention d'avoir un pied dans chaque camp sans appartenir plus à celui-ci qu'à celui-là ?

Non, assurément, car l'éclectisme n'a jamais fait une doctrine. Il est aux doctrines, comme dit M. Bouchut, ce que l'anarchie est à la société.

La vérité ayant des faces nombreuses, il est certain que chaque opinion opposée s'appuie toujours sur un fonds vrai, sur des notions exactes. Aussi bien une doctrine, aussi générale et aussi synthétique que celle de la *vie de l'univers*, doit nécessairement, par cela même qu'elle embrasse la vérité dans ses horizons divers, réunir dans une lumière commune des idées qui s'appellent les unes les autres.

Essayons un peu de critique comparative.

Le vitalisme organique est une négation par rapport à l'âme et à la force vitale ; il n'est affirmation que pour les propriétés vitales des organes, comme disait Bichat. C'est une doctrine incomplète en tant que doctrine, mais elle a eu l'avantage d'avoir accompli, depuis le commencement de ce siècle, de grands progrès en anatomie, en physiologie, en pathologie et en histologie.

Le vitalisme dualiste est une triple affirmation ; il admet l'âme spirituelle avec les animistes purs, le principe vital avec Barthez ou l'âme de seconde majesté avec Lordat, et avec Barthez encore des forces motrices et sensitives exclusivement affectées au corps. De même que l'essence de l'organicisme est de rejeter l'âme et le principe vital de l'étude de la vie, ainsi l'essence du duodynamisme est de séparer l'âme du principe vital, d'en faire deux forces différentes, irréductibles l'une dans l'autre, celle-ci pour la vie exclusivement, celle-là exclusivement pour la pensée, en sorte qu'il n'y a aucun rapport entre ces deux termes de la question.

Le vitalisme animique est essentiellement une négation

pour le principe vital, qu'il regarde comme un mode de manifestation de l'âme. Celle-ci est une force unique, qui se divise dans l'action en deux modalités : la force pensante et la force vitale. Si l'animisme rejette le principe vital comme agent distinct, non réductible en une force de l'âme, il admet la force vitale comme une modalité, comme une émanation fonctionnelle de cette substance. Aussi bien alors l'expression de force vitale est-elle préférable à celle de principe vital, ce dernier mot marquant quelque chose de distinct et de spécial !

L'animisme a pour essence doctrinale de confondre l'âme et la vie, celle-ci manifestation de l'activité de celle-là. Il faut peut-être reprocher à l'animisme, trop absorbé par les idées philosophiques de cause, d'unité, de substance, d'essence, d'avoir négligé les forces inhérentes au corps, les propriétés des tissus. C'est peut-être la cause de l'éloignement des médecins en général pour cette doctrine, qui leur paraissait ainsi être plutôt une conception de l'esprit qu'une véritable doctrine ayant un sens pratique.

En définitive, il faut, pour être dans le vrai, reconnaître trois termes à la question de la vie : celui de l'âme, celui de la force vitale et celui des éléments corporels avec leurs forces vives spéciales, dites vitalisées dans l'espèce. Mais la grande question est de savoir si l'âme et la force vitale sont réductibles en une force originelle, unitaire.

Je crois que l'âme est l'essence de toute force, l'unité fondamentale et originelle d'où découle comme d'une source l'activité des forces diverses dont nous voyons le jeu fonctionnel dans les manifestations de la vie. L'âme est la substance dynamique, l'essence unitaire, la cause, l'origine, le point de départ de toute activité. Mais si l'âme est l'essence de toute force, elle est force elle-même.

Une et indivisible comme essence, l'âme en agissant sur ce qui l'entoure se divise en plusieurs facultés. En tant que force, l'âme a une fonction à remplir, dont la nature et le but dépendent de ses rapports avec le milieu.

L'âme étant force, principe d'activité, cause, a nécessairement pour fonction de produire des effets quelconques, d'engendrer le mouvement dans des supports aptes à le recevoir et, par conséquent, pour que la vertu de ces mouvements ne soit pas stérile, de maintenir les supports pendant un certain temps dans un mode d'association donnée, avec faculté de faire et de défaire cette association, soit partiellement dans les éléments, soit collectivement dans le tout. De là dérivent le principe de la vie ou du mouvement, le principe d'organisation et le principe de génération ou de prolifération.

L'âme étant une cause seconde, entre Dieu la cause première absolue et les éléments corporels dont les forces jouent le rôle de cause troisième et contingente ou subordonnée, les rapports de son milieu sont à la fois dans une direction spirituelle et dans une direction matérielle ou corporelle.

Comme dans les corps vivants on distingue en médecine deux départements vitaux sous le nom de vie organique et de vie de relation, ainsi je distingue dans l'âme, au point de vue de ses manifestations fonctionnelles, deux départements, celui de la *vie substantielle* ou intrinsèque qui répond à la vie organique des corps et celui de la *vie de relation* ou extrinsèque. Chacun de ces départements vitaux est caractérisé par une faculté spéciale en rapport avec une fonction distincte.

La force est la cause, le sujet ; la fonction est l'effet, le but à atteindre, l'objet, l'acte à accomplir, dont la faculté est le moyen. La force est le commencement, le point de départ ; la fonction est la fin, le point d'arrivée ; la faculté est l'intermédiaire, le trait d'union entre l'une et l'autre, c'est l'activité fonctionnelle de la force, c'est la force en acte, c'est la fonction en puissance.

Dans l'ordre universel, l'âme a trois fonctions à remplir, pour chacune desquelles une faculté lui est dévolue.

C'est d'abord ce que j'appellerai la *fonction d'éternité*, desservie par la *faculté de pensée* dans le domaine de la vie substantielle, et tenant aux rapports de la force animique avec le milieu universel dans l'ordre idéal et absolu de la vérité, dans l'ordre intellectuel de l'Être infini. C'est la seule fonction de la vie substantielle de l'âme. Les deux autres relèvent de la vie de relation, des rapports de la force animique avec le milieu corporel dont elle est entourée. Ce sont la *fonction d'organisation*, desservie par la *faculté de vie*, et la *fonction sexuelle de reproduction* desservie par la *faculté d'amour*. Ces trois fonctions à accomplir, ces trois facultés pour y parvenir relèvent de la même force animique, de l'unité substantielle de l'âme. C'est la trinité fonctionnelle dans l'unité essentielle.

Quand on étudie le mécanisme de la faculté de pensée, on reconnaît qu'elle s'opère par une espèce de prolifération intellectuelle ou d'idées, applicable aux modalités diverses de la pensée sans nuire en rien à son unité. Quand on étudie le mécanisme de la faculté de vie, en exercice dans la fonction d'organisation, on reconnaît qu'elle s'opère par une véritable prolifération dynamique et organique, intéressant les éléments fondamentaux moléculaires.

Enfin quand on étudie le mécanisme de la faculté d'amour, en exercice dans la fonction de reproduction, on reconnaît également que celle-ci se prépare et s'opère par des mouvements moléculaires qui trahissent une véritable prolifération. J'en conclus que tout dans la nature s'accomplit par le mécanisme de la prolifération ou de la génération : génération d'idées, génération d'éléments, génération d'individus, mais cette série de générations implique une dualité et une conjonction préalable. Ce mécanisme unitaire dévoile l'unité substantielle de l'âme dans la triple manifestation de son activité.

L'unité substantielle de l'âme répond à l'unité physiologique des corps ; la trinité fonctionnelle de celle-là répond à la trinité dynamique et organique de ceux-ci ; le mécanisme unitaire règne dans les deux cas. La dualité n'est que dans l'ordre originel de l'âme et des atomes, et dans l'ordre sexuel des éléments ou des corps organisés. Chacune de ces trois facultés se subdivise en un grand nombre de modalités, qui me paraissent se rapporter à un multiple de trois (1).

La faculté de pensée ou l'âme pensante se divise en trois manifestations principales : la sensibilité, l'intelligence, la volonté, lesquelles se subdivisent ensuite dans les modalités suivantes : perception interne, perception externe, raison, conscience morale, conception, imagination, mémoire, attention, comparaison, jugement, raisonnement, abstraction, généralisation, analyse, synthèse.

(1) Voir le dernier chapitre de l'ouvrage : *Synthèse universelle.*

La faculté d'amour se divise en trois manifestations fonctionnelles principales : l'amitié, la charité, l'amour proprement dit.

La faculté d'amour est pour ainsi dire une faculté mixte, tributaire de la force intellectuelle par l'imagination et de la force vitale par le système nerveux.

Le vrai est l'objectif de la faculté de pensée. Le beau et le bon sont les objectifs de la faculté d'amour, dans l'ordre physique comme dans l'ordre moral.

La faculté de vie, d'une manière générale, se divise aussi en trois manifestations : l'organisation sidérale, l'organisation animale, l'organisation végétale.

À l'accomplissement de chacune de ces fonctions est attaché un excitant fonctionnel, un désir, suivi d'un plaisir dans l'acte : désir de savoir dans l'ordre idéal de l'éternelle vérité, plaisir ou bonheur d'une vérité découverte ; désir vénérien, plaisir ou volupté érotique ; désir instinctif ou conscient du rafraîchir et du nourrir, plaisir de le satisfaire.

En résumé, l'âme se manifeste à nous par la conscience. Nous avons conscience de l'âme en tant que force originelle, à la fois dans l'ordre de la pensée, dans l'ordre de la vie et dans l'ordre de l'amour. « Ce n'est pas du mouvement de nos organes que nous avons conscience, dit Bouillier, mais de l'effort dont relèvent ces mouvements. » Ces trois forces relèvent du même moi.

L'unité substantielle de cette trinité fonctionnelle est accusée hautement par l'antagonisme qui règne entre l'une et l'autre de ces facultés, l'antagonisme étant pris dans le sens de jeu fonctionnel du plus et du moins (c'est là ma vraie définition de l'antagonisme physiologique). L'inégalité dynamique est simplement le plus et le moins, l'antagonisme est le jeu fonctionnel de ce plus et de ce moins, concourant harmoniquement à un but commun (1).

Il est d'observation vulgaire qu'une grande dépense de la force intellectuelle diminue la force vitale dans ses manifestations organiques et en même temps celle qui préside aux manifestations de l'amour, et réciproquement; c'est-à-dire qu'une grande dépense des forces physiques diminue également l'énergie de l'intelligence et l'énergie de l'amour, de même qu'une grande dépense dynamique dans l'ordre de l'amour amoindrit la force vitale du corps et la force de la pensée. La distinction fonctionnelle et en même temps l'unité d'origine sont clairement témoignées par ces faits d'antagonisme, où l'on voit, au nom de la loi universelle de compensation, le plus d'une fonction occasionner le moins d'une autre et même des deux autres. Le moins de celles-ci est toujours proportionnel au plus de celle-là. C'est encore une preuve de l'unité de mécanisme qui règne dans toute la nature, comme on le verra dans le cours de cet ouvrage.

La commune origine de ces forces est démontrée, dans l'ordre pathologique, par les phénomènes de l'hypocondrie qu'il convient de distinguer en essentielle et en symptomatique. L'hypocondrie n'est pas seulement et même n'est pas toujours, comme l'a dit le docteur Michéa, l'exagération, l'exaltation du besoin de la conservation (2). Non, ce n'est pas là l'essence de cette maladie mentale, car il n'est pas rare de voir des hypocondriaques qui désirent la mort et même quelques-uns qui cherchent à se la procurer, tant ils se trouvent malheureux. L'es-

(1) Voir le chapitre V de la 1re partie.
(2) Cité par Grisolle, *Pathologie médicale*, t. II.

sence de l'hypocondrie, laquelle peut lui servir de définition philosophique, est d'être une mutation de force
dans l'ordre animique, une invasion de la faculté pensante dans le domaine de la faculté de vie, un détournement ou une aberration de fonction, où l'on voit la force
vitale s'éteindre progressivement, remplacée qu'elle est
par la force intellectuelle qui devient alors, si je puis
ainsi dire, *hypéresthésiée*. Celle-ci, au lieu d'être employée dans l'ordre supérieur de la fonction d'éternité,
est déviée de sa voie naturelle et semble se dépenser
dans l'ordre inférieur de la fonction d'organisation.
Celle-là s'éteint progressivement, parce qu'elle est chas-
sée de sa fonction régulière et qu'elle diminue de toute
l'activité que la force intellectuelle usurpe sur elle. C'est
là un témoignage manifeste de la réductibilité de ces
deux forces l'une dans l'autre, et par conséquent de leur
commune origine.

L'essence de l'hypocondrie étant ainsi expliquée, on
comprend que l'occupation de ces forces dans leur fonction physiologique est le meilleur remède à cette maladie
(travail corporel, voyages, distractions, lectures faciles
et amusantes). Les hypocondriaques de bonne foi ou dont
la maladie est moins avancée reconnaissent volontiers
que, lorsqu'ils sont occupés ou distraits par une cause
quelconque, ils ne sentent plus leur mal. Mais d'autres
ne veulent jamais en convenir, et rien ne les amuse. J'ai
vu une femme hypocondriaque (forme symptomatique
d'une affection médullaire chronique), qui prétendait
qu'elle ne dormait jamais depuis plusieurs années.
Quand on lui faisait remarquer qu'elle avait toute
l'apparence d'une personne endormie et qu'alors, si on
venait faire du bruit dans sa chambre ou lui parler, elle

n'entendait pas, elle répondait : c'est mon mal qui me
rend sourde. Mais, lui dis-je, votre mal ne vous rend
pas sourde le jour. Sa physionomie exprima le désap-
pointement et le mécontentement, mais elle ne répondit
pas et détourna la conversation.

L'occupation de la force vitale dans des travaux corporels qui consument des forces vives et l'énergie de la volonté pour détourner la force intellectuelle d'un rôle qui
ne lui est pas dévolu, il est certain que voilà les meilleures conditions fonctionnelles pour parvenir avec le temps
à la guérison de l'hypocondrie. Mais le difficile est de
persuader à ces malades que leur concours est nécessaire : parfois ils ne veulent pas, d'autres fois ils ne peuvent pas comme si la volonté était éteinte en eux.

Il est des souffrances physiques qui disparaissent par
une puissante énergie de la volonté, non-seulement en
tant que sensation mais aussi en tant que maladie, de
même que par contre, avec une longue persévérance
dans la déviation fonctionnelle de la force intellectuelle,
on réussit à se créer des souffrances et même quelquefois des lésions.

En résumé, l'hypocondrie est l'emploi de la force
intellectuelle dans les fonctions de la force vitale, ou seulement dans une partie de ces fonctions. C'est une substitution fonctionnelle de celle-là à celle-ci, avec hypéres-
thésie spéciale de l'intelligence et parésie relative et
spéciale de la volonté. Il y a lieu de distinguer l'hypocondrie générale et l'hypocondrie partielle. La gravité de
cette maladie est en rapport avec l'organe qu'elle affecte.

Il est encore un témoignage de la commune origine de
ces deux forces et de leur réductibilité possible, dans ces
enfants maladifs, nés avec un vice de tempérament, vice

rachitique, scrofuleux, tuberculeux, chez qui l'on admire avec un sentiment de tristesse, une intelligence supérieure à leur âge, une faculté intellectuelle d'autant plus développée que la force vitale est plus altérée dans ses manifestations organiques. Celle-ci n'est pas en moins parce que celle-là est en plus, mais celle-là est en plus parce que celle-ci est en moins.

Les situations fonctionnelles sont nombreuses, où il nous est donné de constater et de vérifier la transformation d'une des trois facultés de l'âme en l'une ou l'autre, de la faculté de pensée en celle d'amour et réciproquement, de la faculté de pensée en celle de vie et réciproquement, de la faculté de vie en celle d'amour et réciproquement.

Mais je ne crois pas devoir insister plus longuement sur ce sujet. J'en ai dit assez pour l'explication de ma doctrine animique, au point de vue de la psychologie philosophique et physiologique. Pour compléter cette étude, il faut examiner, comparativement avec les doctrines animique et duo-dynamique, la doctrine physiologique de l'union de l'âme et du corps qu'on lira dans le sixième chapitre de la première partie.

Comme je l'ai déjà dit, l'essence du vitalisme dualiste est de regarder la force pensante et la force vitale comme deux espèces dynamiques irréductibles l'une dans l'autre, absolument distinctes, tandis qu'au contraire l'essence du vitalisme animique est de regarder ces deux forces comme dérivées d'une même substance.

Or, pour qui aura bien compris ma pensée, il est évident que dans ce mécanisme de physiologie originelle la force vitale ne se manifeste que comme une dépendance de l'âme, subordonnée à son activité, résultat de son union fonctionnelle ou de sa conjonction physiologique avec le corps dans ses éléments primaires, mode dynamique de l'âme agissante, fille de l'âme en activité de fonction, sœur jumelle de la force pensante. C'est la force animique reproduite sous un mode spécial par suite de l'évolution de la vie.

La vie est une génération incessante, tout est génération dans les différentes modalités vitales : c'est le principe d'où je pars , la base de mon raisonnement, l'origine de mon mécanisme. Toute fonction est une génération, ou plutôt la génération est le mécanisme commun par lequel toutes les fonctions vitales s'accomplissent, aussi bien dans l'ordre animique que dans l'ordre corporel.

Pour nous limiter à la fonction d'organisation, là où s'opère principalement l'union de l'âme et du corps, cette génération incessante d'éléments organisés n'est possible que comme fonction incessamment active, sous la direction d'une faculté supérieure toujours en activité, laquelle implique un dégagement préalable et incessant de force. Dans l'ordre physiologique, tous les mouvements fonctionnels se partagent en deux séries : la série des forces attirées et consumées par une fonction qui s'accomplit, et celle des forces dégagées ou produites par une fonction qui se détruit ou qui s'achève. Il est impossible de comprendre le mécanisme de la génération vitale dans ses éléments divers, sans admettre une source incessante et préalable de dégagement dynamique. Cette source, c'est le jeu fonctionnel que j'ai décrit, ayant l'unité substantielle de l'âme comme cause, principe, essence. L'âme est une force intrinsèque sans doute, mais cette force ne peut se produire et se manifester par des phénomènes que dans certaines conditions fonctionnelles voulues, et par un mécanisme quelconque.

Les conditions fonctionnelles sont celles d'inégalités dynamiques et d'antagonisme des éléments en jeu, et le mécanisme est celui de la conjonction fonctionnelle nécessaire pour parvenir à des phénomènes de génération : génération d'éléments dans la fonction d'organisation, génération d'individus dans la fonction de reproduction. L'inertie ou le *statu quo* de cette conjonction originelle ne devant produire aucune force d'évolution, il est nécessaire de reconnaître une série de conjonctions sans cesse détruites et toujours reformées. La force qui apparaît comme manifestation de cette évolution fonctionnelle mérite le nom de force vitale par le rôle qu'elle joue, mais n'est en réalité qu'un mode spécial d'activité de la force animique originelle.

Telle est la seule explication scientifique et philosophique à la fois, où l'animisme et le duo-dynamisme se doivent donner la main, celui-ci disant : l'apparence est pour moi, et celui-là : la réalité est de mon côté.

Mais quelle est la valeur du vitalisme organique dans cette conjoncture ?

Tout d'abord il est convaincu d'erreur en ne voulant reconnaître, d'une manière générale, ni l'âme ni une force vitale quelconque comme cause de la vie, en voulant que celle-ci soit une résultante au lieu d'être une unité, en faisant dériver l'unité de la pluralité au lieu que ce soit celle-ci qui dérive de celle-là à titre de modalité fonctionnelle. Cette différence est capitale, et cette erreur, comparable à celle qui fait découler dans l'étude atmosphérique le calme du vent, est grosse de consé-

quences funestes dans l'ordre social et dans l'ordre politique, car tout se tient dans l'univers.

O France ! ô mon pays ! ton passé est glorieux, ta
tradition est belle ! Au xviie siècle tu étais à l'apogée de
ta gloire, c'était la phase d'état de ta vie nationale ; le
génie éclosait à l'envi sur ton sol privilégié, sous l'inspiration d'un grand monarque. Alors aucune crainte de
décadence n'assombrissait l'horizon. Les imperfections
étaient nombreuses sans doute au sein de ta société, car
rien n'est parfait sur la terre, mais une imperfection n'est
pas une cause de décadence. L'autorité et la liberté, ces
bases fondamentales de toute société, étaient en harmonie
fonctionnelle. O France ! tu avais alors un idéal duquel
relevaient toutes tes actions.

Le xviiie siècle arrive : l'harmonie est détruite entre
l'autorité et la liberté dans l'ordre religieux. La tempête
de 93 se déchaîne : l'harmonie est détruite entre l'autorité et la liberté dans l'ordre politique. Le xixe siècle
suit comme développement du précédent, les doctrines
utopistes naissent à l'envi dans des intelligences sans
boussole : l'harmonie est détruite entre l'autorité et la
liberté dans l'ordre social.

L'antagonisme, que j'ai défini le jeu fonctionnel ou le
mouvement physiologique du plus et du moins, est exa-
géré de toutes parts et privé du principe de la fécondité
depuis qu'il a vu se briser le lien unitaire de l'harmonie
vitale. Sans cette harmonie de fonction l'antagonisme des
facteurs est un chaos. C'est alors qu'on voit les éléments
se dissocier, se désagréger peu à peu.

Quand un peuple se forme, il le fait successivement en
groupant peu à peu les éléments divers d'une société,
'élément aristocratique, l'élément théocratique et l'élé-

ment démocratique, sous un principe supérieur représenté dans une forme de gouvernement. C'est la phase d'augment qui prépare la synthèse de la société. Mais quand l'heure a sonné où commence la période de déclin, on voit tout d'abord se détruire le principe d'unité qui maintenait réunis les éléments sociaux, l'harmonie se rompt, l'équilibre fonctionnel se détruit, l'un ou l'autre de ces éléments prend une importance exagérée, l'intérêt individuel est prisé plus haut que l'intérêt collectif, la désagrégation s'opère peu à peu.

Hé bien! ne sommes-nous pas à cette phase de déclin, à cette période régressive de lente désagrégation? Les principes qui font l'unité et la synthèse sociale étant détruits, l'harmonie étant rompue entre l'autorité et la liberté, l'antagonisme de désagrégation reste seul par opposition à l'antagonisme d'agrégation de la phase d'augment. Il convient en effet de faire cette distinction. L'antagonisme existe partout comme jeu physiologique du plus et du moins, mais sa valeur fonctionnelle relève de l'harmonie supérieure, du principe d'unité qui entraîne ses éléments vers un but commun. Lorsque l'harmonie a disparu avec ce principe, l'antagonisme au lieu d'être fécond devient stérile, les éléments se désagrègent au lieu de s'agréger, la nation et la famille périclitent en même temps, car il est vrai de dire que la nation est un organisme dont les classes aristocratique, théocratique et démocratique sont les organes, dont les familles sont les molécules constituantes et dont les individus sont les monades ou les atomes fondamentaux.

Au début de toute nation, les atomes sociaux et les molécules sociales préexistent; les organes sociaux se forment naturellement ensuite dans la période d'aug-

ment, régis par les principes d'inégalité dynamique et
d'antagonisme; la phase d'état se reconnaît à l'harmonie
fonctionnelle qui réunit dans une unité synthétique tous
ces éléments divers; quand arrive la phase de déclin,
l'harmonie se détruit, les organes tendent à disparaître
soit par leur effacement devant la prépondérance exclusive d'un seul, soit par leur désagrégation et le retour à
l'état moléculaire.

Si l'on compare l'unité sociale à l'unité vitale de
l'homme, on reconnaît que celle-ci est un principe et
celle-là une résultante; l'une se fait de haut en bas et
l'autre de bas en haut. Dans une étude de physiologie
comparée il faut descendre de l'unité vitale à l'unité sociale, et non de celle-ci à celle-là; dans ce dernier cas,
on est conduit à faire de l'unité vitale une simple résultante également, on ne voit dans les deux organisations
qu'une agrégation d'éléments, et alors la vie devient
l'ordre des éléments anatomiques ou sociaux *associés en modalités républicaines.* Par l'autre manière de voir, croyant
dans la vie humaine à un principe supérieur de force, exprimé par le mot âme, on cherche à établir le gouvernement d'une société à l'image du gouvernement du
corps par l'âme.

Dans tous les cas la force d'évolution d'un peuple est
irrésistible, d'une manière générale, aussi bien dans la
période progressive que dans la période régressive.
C'est un mouvement régi par des lois éternelles, ici une
marche nécessaire, là une chute lente mais fatale qu'un
homme de génie peut à peine arrêter pendant quelques
années. Qu'un peuple monte ou qu'il descende les degrés
de l'échelle sociale, c'est toujours un mouvement qu'il
opère, et c'est l'apparence de ce mouvement qui jette

l'illusion aux yeux des utopistes et des gens à courte vue. Nous marchons, disent-ils, nous sommes en progrès. Alors plus on pousse dans cette voie, plus la marche est rapide, et l'illusion est complète. Ce progrès de la décadence n'est autre chose qu'un mirage. C'est un mouvement, mais non un progrès ; c'est un mouvement régressif ou en arrière, c'est-à-dire dans le sens de la désagrégation.

Ce qui augmente encore ce mirage de la décadence, c'est le bien-être relatif des familles et des individus, c'est le progrès des sciences. Mais c'est une loi sociale, démontrée par l'histoire, que la vie organique des individus et des familles (atomes et molécules) se développe en raison inverse de leur vie de relation, celle-là toute personnelle et celle-ci par rapport au milieu social ou à la nation, et d'autre part que l'exagération vitale des molécules, déviées de leur fonction physiologique, tourne au détriment des organes et de l'organisme. Il y a progrès, je l'accorde, mais progrès dans l'ordre des éléments moléculaires. C'est un flot qui monte des molécules à l'organe, de celui-ci à l'organisme, en d'autres termes des individus aux familles, des familles aux classes, des classes à la nation ; et ce flot qui monte toujours submerge l'intérêt collectif dans l'intérêt individuel, le général dans le particulier. La nation succombe sous le poids de ses éléments en exagération et en déviation fonctionnelle.

Quant au progrès des sciences dans la phase de déclin d'un peuple, il n'offre rien de contradictoire. L'histoire le témoigne également. Le progrès scientifique ne se confond pas avec le progrès social. Celui-ci relève particulièrement de conditions morales dont celui-là est indépendant. Le développement d'une nation n'est pas proportionnel, d'une manière absolue, au développement intellectuel des masses. Croire le contraire est une illusion, sœur jumelle de celle qui regarde la vie comme une résultante et qui veut faire sortir les éléments moléculaires de leur rôle, tant dans l'ordre social que dans l'ordre animal, en leur faisant remplir des fonctions de synthèse qui ne peuvent leur convenir, attendu qu'ils sont engendrés pour des fonctions d'analyse. On remarquera plutôt que les lettres fleurissent dans la phase d'augment et dans la phase d'état des peuples, et les sciences dans la phase de déclin. C'est une coïncidence dont il serait facile de rechercher les causes.

Quoi qu'il en soit, chaque peuple renferme en soi les causes de sa décadence et de sa ruine ; et j'appliquerai aux nations les lois physiologiques de toute fonction vitale, en disant :

1° Une nation qui se forme consume des forces vives, en attire de toutes parts et joue à l'égard des autres nations un rôle d'attraction fonctionnelle par suractivité physiologique, ayant la puissance centripète à son *maximum* d'intensité ;

2° Une nation qui se défait dégage des forces vives, joue un rôle émissif à l'égard des autres nations dont le rôle devient attractif par prédominance, et possède la puissance centrifuge à son *maximum* d'intensité.

L'histoire prouve la vérité de ces deux lois sociales, en ce sens qu'elle nous montre toujours, à côté d'un peuple qui tombe, un autre qui s'élève et réciproquement.

Mais il est temps de mettre fin à cette digression que j'ai crue nécessaire, à cause du lien intime qui relie le développement d'une société, la grandeur fonctionnelle d'un peuple aux doctrines qui ont cours. Or aujourd'hui,

la classe de ceux qui ne croient pas est nombreuse :
athées, matérialistes, socialistes. On rêve l'unité chimé-
rique du nombre, des masses ; on prend l'agglomération
pour la synthèse, on veut faire la vie sociale de bas en
haut comme dans la doctrine du vitalisme organique on
fait de bas en haut la vie animale.

Je ne range pas sans doute les partisans de cette doctrine dans la classe de ceux qui ne croient pas ; ils appartiennent à la classe des croyants, dont ils forment le
troisième genre, mais leur doctrine n'en est pas moins
grosse de conséquences funestes, en tant qu'elle
rejette de la vie comme cause et l'âme et la force vitale.
Aveugle qui ne voit pas les rapports intimes de cause à
effet entre les doctrines de philosophie médicale et le
mouvement évolutionnaire des nations.

Mais si je condamne le vitalisme organique en tant que
doctrine, je m'empresse de reconnaître la part de vérité
qui lui appartient et les progrès dont la science lui est
redevable.

Cette doctrine a pris son point d'appui dans les propriétés *sui generis* des tissus et des organes, dans les
forces organiques qu'on appelle aujourd'hui forces vives
vitalisées. Le mécanisme de la physiologie originelle
nous enseigne en effet que, dans une seconde phase
d'évolution, la force vitale engendrée par la force animique engendre à son tour, dans les atomes agrégés en
molécules, des forces nouvelles comme modes d'activité.
Si la force vitale n'est inhérente à aucun support distinct
et nouveau, parce qu'elle est d'origine animique directe,
il n'en est pas ainsi des forces vives qui appartiennent
réellement au corps et sont inhérentes à ses éléments
primitifs, molécules et granulations, par le mécanisme

des atomes. Voilà le point d'appui solide du vitalisme organique.

A cette doctrine il faut rattacher dans le passé l'*humorisme* de Galien, la *chimidtrie* de Paracelse, le *solidisme* de Baglivi, le *mécanicisme* de Boerhaave, qui ne sont en réalité que des systèmes.

A la fin du siècle dernier et au commencement de celui-ci, le vitalisme organique sondait la profondeur du corps humain sous le nom d'*anatomo-physiologisme*, d'*organico-vitalisme*, lequel est devenu avec la découverte du microscope l'*histologico-physiologisme* pour prendre aujourd'hui le nom d'*organo-dynamisme*, en rapport avec l'idée de force qui domine à notre époque.

La découverte de ces forces universelles, forces vives de l'ordre corporel, qui a eu pour effet d'éloigner de beaucoup d'esprits la force vitale et la force animique, voire Dieu la cause absolue de toutes causes relatives, y ramènera nécessairement tôt ou tard.

Cette doctrine du vitalisme organique, unitaire dans sa conception vitale, mais s'exerçant à chaque phase sur un terrain différent, s'honore d'avoir eu pour maîtres les Morgagni, les Pinel, les Bichat, les Broussais, les Corvisart, les Laennec. La théorie des propriétés vitales de Bichat, la théorie de l'irritation de Broussais, la théorie cellulaire de Virchow et les principes physiologiques de Claude Bernard appartiennent également, d'une façon consciente ou non consciente pour leurs auteurs, à cette même doctrine.

Ces différents chefs se distinguent sans aucun doute par des couleurs variées ; plusieurs ont été inconséquents, reniant sous une forme ce qu'ils avaient enseigné sous une autre. C'est ainsi que Bichat a nié l'existence du principe vital, d'une part, en admettant ailleurs celle de propriétés vitales et d'un principe de vie dans le sang. C'est ainsi que l'illustre professeur du Collège de France a dit, d'une part (1) : « Les *forces directrices* ou *évolutives* « des phénomènes sont morphologiquement vitales, « tandis que leurs *forces exécutives* sont les mêmes que « dans les corps bruts..... Dans les êtres vivants, les « phénomènes sont l'expression des mécanismes et des « propriétés de la matière organisée créée par la force « vitale et n'existant par conséquent pas en dehors de « l'organisme. Les mots *force vitale* n'interviennent donc « pas ici pour différencier et spécifier la nature des phé- « nomènes, mais seulement pour désigner la cause « créatrice de la matière organisée qui donne la forme « des mécanismes vitaux. » Par contre il a dit autre part (2) : « La vie n'est pas un principe..... la vie est un « mot, une idée exprimant un résultat..... la vie c'est « l'*ordre* des éléments anatomiques associés en modalité « républicaine..... la vie n'est pas un fait, ni un prin- « cipe, ni une force. »

Il a dit encore (3) : « Nous n'admettons pas plus la « réalité d'une *force vitale* que nous n'admettons celle « d'une *force mortelle*. »

Quoi qu'il en soit, l'histoire dira que ces grands noms ont travaillé sur un même fonds, défriché le même ter- rain, creusé la mine commune de l'organo-dynamisme, mais à des profondeurs successivement croissantes.

Dans une première phase de cette doctrine, à la nais- sance de l'anatomie générale avec Bichat et de l'anatomie

(1) Claude Bernard, *Physiologie générale*, p. 320, 321.
(2) *Revue scientifique*, 1873, n° 40.
(3) *Revue scientifique*, 1873, n° 49.

pathologique avec Morgagni, à la renaissance de la physiologie avec Haller et de la pathologie avec Pinel, on étudie les organes et leurs fonctions, on reconnaît avec Bichat les propriétés vitales des tissus, la contractilité et la sensibilité.

Dans une seconde phase, marquée par la découverte du microscope, on étudie les éléments des tissus et des organes, on apprend à connaître les intimités organiques ; alors, avec les noms immortels des Virchow, des Kolliker, des Robin, brille de tout son éclat le règne de la cellule, soit simple, soit transformée ou modifiée en fibres et en tubes divers.

Mais déjà commence la troisième phase de cette doctrine. Après avoir remonté le fleuve de la vie des organes aux cellules, on le remonte des cellules à leurs éléments constituants, les granulations et les molécules, arrivant ainsi aux derniers supports de l'organisme, aux infiniment petits de la vie.

C'est sur ce terrain primitif que travaille aujourd'hui l'organo-dynamisme, comme une sentinelle avancée de la doctrine des Bichat, des Barthez, des Broussais. Le fond de la doctrine est le même, mais le terrain est nouveau, sinon dans sa nature, du moins dans ses couches organiques. De ce terrain nouveau s'élèvent des idées nouvelles. C'est assez pour justifier un changement de nom ou d'étiquette.

Dans cette doctrine rajeunie et perfectionnée, les noms de Béchamp et d'Estor sont attachés à l'étude des microzymas, et les noms de Schultze, de Virchow, de Preyer, de Hœckel, etc..., à l'étude des mouvements *amiboïdes* des éléments granulaires.

La *théorie de l'unité vitale* est une synthèse éclose au

souffle de l'organo-dynamisme. On y étudie spécialement le dynamisme des supports élémentaires de la vie, le mécanisme physiologique des fonctions dans la première partie, dans la seconde le mécanisme physiologique des maladies, dans la troisième le mécanisme physiologique des agents thérapeutiques.

L'organo-dynamisme ne signifie pas la dualité du corps et de la force originelle qui l'anime, en d'autres termes du corps et de l'âme, mais se rattache seulement à la conception nouvelle des forces vives et des supports auxquels ces forces sont inhérentes. Il implique l'étude des éléments fondamentaux de toute organisation, des molécules et des granulations, et du jeu fonctionnel des forces qui s'y rattachent. Il est le produit légitime à la troisième génération du vitalisme organique, transformation de l'anatomo-physiologisme marchant de pair avec la science histologique. Cependant, pour achever ma pensée, je ne regarde pas l'organo-dynamisme comme une doctrine complète et vraie dans le sens large et synthétique de ce mot.

L'organo-dynamisme est le terrain où la science doit marcher, progresser et fructifier ; c'est la mine qu'elle doit creuser, mais en admettant comme phare philosophique et vitaliste la force unitaire et originelle de l'âme, son action fonctionnelle sur le corps, comme je l'ai dit plus haut.

C'est avec raison qu'on reprochera à l'animisme son inertie, son *statu quo*, tant qu'il ne donnera pas la main à l'organo-dynamisme. Mais c'est aussi avec raison qu'on reprochera à l'organicisme son impuissance vitale, tant qu'il ne donnera pas la main à l'animisme.

L'organo-dynamisme est le terrain organique et fonctionnel où nous devons travailler sous la bannière du vitalisme animique. Celui-là est le champ d'étude, la science d'application et d'expérimentation, le côté pratique dont celui-ci est le côté théorique, la science de spéculation, la doctrine en un mot. La science médicale n'est complète qu'avec ces deux fractions réunies en un tout synthétique. Telle est la doctrine que j'enseigne ! Tel est le résumé de tout ce qui précède ! C'est le vitalisme animique s'exerçant et se développant sur le terrain de l'organo-dynamisme. C'est l'union féconde de l'analyse et de la synthèse.

Je suis heureux de faire remarquer ici l'harmonie d'idées qui règne entre ma doctrine et celle de la Société de Médecine de Marseille, cette Société qui a combattu avec tant de gloire et de succès les erreurs du matérialisme, conquérant ainsi dans l'histoire de la médecine, la place d'honneur à la tête du mouvement de la philosophie médicale de notre époque, et combien particulièrement je suis uni d'idées et d'amitié à M. le professeur Bertulus, un des membres les plus distingués de cette Société, dont les principales idées doctrinales sur l'organo-dynamisme ou le psycho-matérialisme sont exposées avec clarté et conviction dans son ouvrage remarquable contre l'athéisme (1).

Pour continuer la comparaison que j'ai empruntée aux sciences naturelles, je puis donc me classer ainsi qu'il suit, au point de vue scientifique :

(1) *L'Athéisme au IX⁰ siècle*, par le Dʳ Bertulus, 1 vol. in-8°.

MON CLASSEMENT PHILOSOPHIQUE.

Classe	Croyant.
Ordre	Vitaliste.
Genre	Vitaliste animique.
Espèce	Action directe de l'âme sur le corps
Variété	Division de l'unité animique en trinité fonctionnelle : force intellectuelle, force vitale, force d'amour.
Nuance individuelle.	Vitalisme animique en exercice sur le terrain organo-dynamique par les forces vives des molécules organisées.

Mais là ne s'arrête pas la tâche que j'ai entreprise.

Après avoir fécondé par des considérations dynamiques le champ de la physiologie, de la pathologie et de la thérapeutique, j'aspire à m'élever vers une autre sphère, à féconder par des études analogues le champ de l'univers, démontrant par là comment il faut comprendre la véritable unité vitale.

Une tendance qui a existé de tout temps, se modifiant seulement en raison des progrès de la science, c'est d'expliquer plus ou moins exclusivement les manifestations dynamiques de la vie par les lois des sciences physiques, chimiques, mécaniques. Asclépiade, Paracelse, Van Helmont, Boerhaave, Frédéric Hoffmann et d'autres ont dirigé leurs efforts de ce côté.

L'animisme de Stahl a été une réaction contre cette tendance.

Bichat, rejetant également l'influence animique et l'action des lois physiques, écrivait : « Comme les scien-« ces physiques ont été perfectionnées avant les physio-« logiques, on a cru éclaircir celles-ci en y associant les « autres : on les a embrouillées, c'était inévitable; car, « appliquer les sciences physiques à la physiologie, c'est

« expliquer par les lois des corps inertes les phénomè-
« nes des corps vivants ; or, voilà un principe faux :
« donc toutes ses conséquences doivent être marquées
« au même coin. » Bichat admettait seulement des propriétés vitales pour les corps vivants, comme il y a des
propriétés physiques pour les corps inertes.

Plus tard, Magendie posa la question en d'autres
termes : « La croyance, si nuisible et si absurde, que les
« lois physiques n'ont aucune influence sur les corps
« vivants n'a plus la même force ; les bons esprits com-
« mencent à entrevoir qu'il pourrait y avoir dans l'animal
« vivant divers ordres de phénomènes, et que des actes
« simplement physiques n'excluent pas des actions pure-
« ment vitales. »

Pour moi, je crois que toutes les lois qui gouvernent
les phénomènes des corps vivants sont des lois physiologiques ou spéciales ; que ces lois ont une valeur universelle ; que les lois physiques sont des dérivées de celles-
là comme les corps inertes sont des dérivés des corps
vivants ; que la physiologie est la science-mère des
sciences dites physiques, chimiques, mécaniques, et non
une simple variété de celles-ci, une synthèse unitaire et
non une modalité ; qu'il existe nécessairement de grands
rapports entre les unes et les autres, puisqu'elles possèdent la même organisation dynamique des supports
élémentaires, les mêmes forces vives, et qu'un mécanisme
commun préside aux transformations de celles-ci ; enfin,
que la spontanéité d'action et l'évolution progressive des
corps vivants les marquent d'un cachet particulier, tra-
hissant une force ou faculté supérieure spéciale que ne
possèdent pas les corps inertes dénués de spontanéité et
d'évolution.

Animé par le souffle de la doctrine des grands maîtres, je veux essayer de la développer encore, de lui faire atteindre une phase nouvelle, en démontrant que les lois physiologiques sont universelles comme la vie, que le corps sidéral représente un véritable organisme vivant, que les phénomènes vitaux et physiques y sont associés comme dans notre organisme, que des actes simplement physiques n'excluent pas des actions purement vitales, comme dit Magendie, mais que les lois physiologiques conservent toujours la suprématie fonctionnelle.

Il faut reconnaître une chose, c'est que plusieurs lois dites physiques, parce qu'elles ont été étudiées et découvertes par cette science, ne sont autres que des lois physiologiques : ainsi les lois de l'électricité et du magnétisme pour les courants et l'induction ; ou du moins le caractère fondamental reste le même dans les deux cas, s'il existe une différence dans l'application.

Je démontrerai que la force, en tant qu'activité spontanée basée sur des supports partout répandus dans l'univers, déroule ses modalités diverses et accomplit ses nombreuses évolutions dans le domaine vivant de la physiologie, sidérale, animale, végétale, et verse en passant ses déchets dans le domaine inférieur des actes, où viennent se les approprier les sciences dites justement accessoires, la mécanique, la physique, la chimie, qu'on peut regarder sous ce rapport comme les cimetières de la physiologie.

Si on consulte l'histoire, on voit que l'idée de considérer l'univers comme un vaste tout animé, comme un corps vivant, n'est pas nouvelle ; on voit même des philosophes qui ont accordé des âmes aux corps inertes.

Thalès, fondateur d'une *école ionienne* à Milet, enseignait que l'esprit est le principe moteur de l'univers et que l'état liquide est son principe matériel.

Pythagore, fondateur à peu près dans le même temps d'une *école italique* à Crotone, « considérait l'univers « comme un tout animé (κοσμος), dont les membres étaient « des intelligences divines. De l'unité, principe de la « nature, dérive le nom d'univers. L'unité est le principe « de toutes choses, c'est Dieu, et à côté la matière re- « présentée par 2 donne pour l'univers le nombre 12, « qui résulte de la juxtaposition des nombres 1 et 2 (1). »

Dans ce système, les nombres sont les principes de toutes choses. On y voit le premier triangle fonctionnel de la vie, la première trinité que représente Dieu au sommet du triangle et la matière dédoublée à chacun des angles de la base. Ce triangle vital est aujourd'hui formé par les deux ordres d'atomes à la base, l'atome éthéré et l'atome chimique, et par l'âme au sommet. Ce sont les trois éléments préalables de toute vie, de tout organisme. Le triangle se forme avec l'activité fonctionnelle de ces éléments, c'est alors la vie et l'unité physiologique appuyée sur la trinité organique. Les molécules consti- tuantes de l'organisation corporelle se développent en- suite progressivement sous l'influence de la force vitale.

Jérôme Cardan et Paracelse (xvie siècle) admettaient des âmes dans tous les métaux. Le philosophe Campanella un peu plus tard accordait une âme sensible à tous les éléments du monde, l'air, l'eau, le feu, la terre, les pierres. Cudworth, philosophe anglais (xviie siècle), donne au principe vital la désignation de nature plasti- que qu'il regarde comme une puissance dérivée de l'âme.

---

(1) Bouchut, *Histoire de la Médecine*, t. Ier, p. 70.

Dans son livre du *Vrai système intellectuel de l'univers*, il admet une pareille nature plastique et une âme intelligente dans l'univers. Quelques années avant lui, Kepler donnait une âme raisonnable à la terre qui devenait une fraction de l'organisme universel. Tous les astres étaient animés par des âmes intelligentes et directrices. Le soleil avait une intelligence plus parfaite que les planètes. Leibnitz avec ses monades donnait une âme à tous les corps de la nature, et l'âme proprement dite n'était qu'une monade plus élevée en hiérarchie fonctionnelle.

Toutes ces conceptions *à priori* ne pouvaient prendre dans la science droit de domicile. C'est d'abord une erreur aussi grande de multiplier les âmes dans l'univers que de les multiplier dans le corps de l'homme. Si l'univers représente un immense organisme, cet organisme ne relève que d'une âme ou alors il n'est pas un. C'est une autre erreur physiologique d'accorder des âmes aux substances inertes à l'égal des substances animées.

L'existence vitale de l'univers comme organisme unitaire ne pouvant être démontrée que par une étude fonctionnelle de physiologie comparée, c'est ce que j'ai essayé de faire dans l'ouvrage qu'on va lire. Pour le corps sidéral comme pour le corps animal je soutiens la doctrine du vitalisme animique, que je développe et que je poursuis, au point de vue des phénomènes et des éléments corporels, sur le terrain analytique de l'organo-dynamisme.

Je démontrerai par l'étude de la physiologie universelle comparée qu'un même principe d'organisation et qu'un même mécanisme fonctionnel préside à la vie dans l'ordre végétal, dans l'ordre animal et dans l'ordre sidéral ; que ce dernier corps est véritablement un organisme à constitution cellulaire, car je ne partage pas l'opinion de M. Bouchut lorsqu'il dit que les cellules sans paroi ou sans enveloppe sont des cellules qui n'en sont pas.

Physiologiquement parlant, il faut distinguer entre paroi et membrane enveloppante. D'une manière générale, celle-ci n'entre pas comme partie essentielle dans la synthèse cellulaire, et je maintiens que la membrane enveloppante est une marque de vétusté ou d'infériorité dans l'ordre des cellules. Par contre, il n'existe pas de cellules sans paroi, c'est-à-dire sans barrière fonctionnelle ; mais il faut reconnaître des *parois mécaniques* et des *parois dynamiques*. Celles-là sont les membranes enveloppantes ; celles-ci ne sont pas moins puissantes et pas moins efficaces quoique de nature exclusivement fonctionnelles. L'essence de la cellule est dans l'individualité organique et dans l'unité de fonction. Pour prendre un exemple dans une planète, je dirai que l'organe tellurique offre l'image d'une cellule à paroi mécanique et que l'organisme planétaire, entouré de toutes parts par l'atmosphère gazeuse, offre l'image d'une cellule à paroi dynamique.

Tel est en définitive le rôle immense et souverain que joue la physiologie, dans cette application de l'organo-dynamisme à la vie de l'univers ou du corps sidéral !

Je renvoie à la fin de cet ouvrage le tableau synoptique où se trouve résumée ma doctrine du vitalisme animique basé sur le terrain fonctionnel de l'organo-dynamisme.

Dr GALICIER.

Versailles, 1er Août 1873.

PREMIÈRE PARTIE

ÉTUDE ÉLÉMENTAIRE

DE

PHYSIOLOGIE UNIVERSELLE

COMPARÉE

CHAPITRE PREMIER

**Considérations dynamiques sur les atomes
et sur l'éther.**

Il règne dans l'univers une splendeur et une immensité qui
nous saisissent d'admiration ; nous sommes frappés d'un sublime effroi quand l'œil armé du télescope, ou quand l'imagination sonde ces insondables profondeurs : le néant du corps
animal est dévoilé, l'orgueil de l'esprit est humilié, la vanité
de l'ambition terrestre est accusée par cette haute contem-
plation, où l'âme néanmoins goûte des délices infinies, comprenant d'instinct qu'elle n'est pas isolée dans l'espace, et
pressentant que toutes ces beautés célestes seront l'apanage
de sa virilité.

Si l'homme est un point perdu dans ce vaste champ de la

vie, il n'en relève pas moins des mêmes lois qui régissent l'univers : tous les corps ont des supports de même origine, sont animés par des forces analogues et gouvernés, dans leurs mouvements et dans leurs fonctions, par un mécanisme physiologique commun.

Quelle que soit la différence, à d'autres égards, du corps sidéral, du corps animal et du corps végétal, le principe de la vie se doit chercher à la même source, le mécanisme de l'organisation dans les mêmes éléments et la puissance fonctionnelle dans les mêmes lois.

Le principe de toute vie et de toute force est caché dans l'infiniment petit. Les immensités télescopiques ont pour base de leur existence et pour supports d'activité des éléments microscopiques. Ce vaste corps sidéral, dont le regard de l'homme ne peut embrasser l'étendue, a pour germe de sa vitalité l'atome, support infiniment petit, dont le regard de l'homme non plus n'atteindra jamais les limites.

Tout s'enchaîne dans la nature, et, dans cette incessante production de phénomènes et d'organismes, le grand dérive toujours du petit, le visible de l'invisible, le plus du moins, par le mécanisme physiologique des transformations successives et des proliférations progressives. Tous les phénomènes qui frappent nos yeux, soit dans un organisme ou dans un autre, sont les signes sensibles des mouvements invisibles qui s'accomplissent dans l'intimité atomique et moléculaire. Il faut donc descendre de l'organisme dans la cellule et de celle-ci dans ses éléments, les supports granulaires, moléculaires et atomiques, communs à tous les corps vivants ou organisés.

Les atomes sont les éléments unitaires et originels de tous les corps. Le mouvement est inhérent à leur substance, du moins comme fait. Par cela qu'ils sont à jamais inabordables pour nous, ce n'est que par des considérations philosophiques, et j'ajouterai physiologiques, que l'on peut soutenir ou combattre leur existence.

Les phénomènes sur lesquels on peut s'appuyer pour établir l'existence des atomes, en tant qu'éléments distincts et autonomes, autres que des divisions extrêmes de la matière, étant rapportés plus loin, j'admets ici leur existence comme démontrée, et je me demande seulement si toutes les manifestations de la vie peuvent se comprendre et s'expliquer avec un seul ordre d'atomes, ou bien s'il faut en admettre deux ou plusieurs ordres.

En d'autres termes, l'unité universelle, vers laquelle le courant des esprits est entraîné aujourd'hui, a-t-elle sa réalisation dans l'ordre anatomique des supports ou dans l'ordre physiologique du mécanisme organo-dynamique ?

J'ai déjà répondu à cette question dans un numéro de la *Revue médicale* (21 septembre 1872). J'ai démontré la nécessité physiologique de reconnaître deux ordres d'*atomes corporels*, l'atome éthéré et l'atome chimique, et j'ai fait remarquer que cette division est marquée en gros caractères dans la nature universelle, par la division des espaces dits éthérés ou interplanétaires, vastes champs d'atomes libres, et des espaces atmosphériques ou planétaires, régions d'atomes associés en supports moléculaires. Les atomes éthérés règnent exclusivement dans la première division des espaces célestes, et dans la seconde sont répandus également les atomes éthérés et les atomes chimiques.

Il est vrai que les physiciens et les chimistes supposent que l'atome chimique n'est lui-même qu'une association d'atomes plus petits, dits éthérés (1) ; et, parmi les atomes chimiques, ils regardent celui d'hydrogène comme le radical de tous les autres. Dans cette conception, l'atome chimique n'est qu'une molécule métaphysique, ou indécomposable par les procédés connus, à la différence de la molécule chimique proprement dite qui est décomposable. Mais c'est une question de savoir s'il en est ainsi, si tout se réduit, en définitive,

(1) Gaudin, *Architecture du monde des atomes*, 1873.

au radical métaphysique éthéré, ou bien s'il existe deux
ordres d'atomes métaphysiques de nature différente, comme
je le soutiens. Dans ce cas, l'atome chimique des auteurs
serait encore une molécule métaphysique, mais formée
d'atomes unitaires distincts des atomes éthérés.

Quoi qu'il en soit, cette question de doctrine relève de la
physiologie philosophique et se rattache aux grands principes universels de la dualité et de l'antagonisme. Elle n'est
pas du ressort de la physique, ni de la chimie. Celle-ci perd
ses droits sur tout élément indécomposable.

Les bases essentielles de la vie se résumant en trois états
primordiaux : l'*état de mouvement*, l'*état d'antagonisme* et l'*état
de groupement*, il s'agit de savoir laquelle des deux hypothèses, *monoatomique* ou *diatomique*, satisfait le mieux les exigences physiologiques des corps vivants, dans ces trois états
désignés.

Pour les partisans de l'hypothèse monoatomique, les molécules des corps sont formées par un assemblage d'atomes
éthérés, entourés comme d'une atmosphère par un tourbillon
de ces mêmes atomes. La vie des corps est un mode de groupement de ces atomes, duquel dérivent des modes de groupement successifs de molécules simples, de molécules composées et de corpuscules granulaires. La mort est la destruction
de cette modalité, en même temps que le commencement
d'une nouvelle série de groupements moléculaires. Dans ces
groupements, l'antagonisme physiologique est réalisé par le
volume inégal des molécules, par leurs propriétés diverses,
où apparaît le principe du plus ou du moins, base de toute
série vitale. Quant aux forces vives et aux mouvements qui
les caractérisent, leurs différentes manifestations ont leur
raison d'être dans la différence des milieux, demeurant toujours sous la dépendance génésique des atomes éthérés, pour
lesquels elles représentent trois modalités diverses d'activités.

Cette hypothèse monoatomique, incomplète dans la conception des groupements organiques et des mouvements dyna-

miques, devient défectueuse et impuissante dans la conception de l'antagonisme vital ; où l'hypothèse diatomique, éclairée par le flambeau de la physiologie, s'élève au rang d'une doctrine, grâce aux fécondes déductions dont elle marque les prémisses.

L'antagonisme physiologique est une antithèse essentielle aux manifestations de la vie. Prenant sa source dans les atomes et dans les éléments primordiaux des corps, il imprime son cachet, en suivant le courant de la vie, sur tous les organes où il pénètre successivement dans la série vitale et sur les phénomènes fonctionnels qui en découlent.

L'antagonisme *intermoléculaire*, fondé sur l'inégalité de volume et d'activité des molécules en présence, avec unité des atomes primitifs, demeure stérile sur le terrain de la prolifération, dont les phénomènes réclament un antagonisme *intramoléculaire*, appuyé sur les caractères différents des atomes fondamentaux : c'est la dualité originelle, c'est la loi primordiale de l'univers, c'est la condition *sine quâ non* de toute organisation.

La transformation des forces vives, soit les unes dans les autres, ou en travail accompli, s'accomplissant toujours par voie d'équivalence, est une propriété commune aux corps vivants et aux choses mortes dont on anime artificiellement les supports, soit par le frottement, la chaleur, ou par des actions chimiques. Son mécanisme s'entretient par une succession pure et simple. Mais la prolifération est un caractère essentiel des corps vivants, auxquels elle appartient exclusivement. Son mécanisme s'entretient par voie de progression : c'est une série. On peut encore comparer la transformation dynamique à une opération d'addition, et à une multiplication la polifération qui est organo-dynamique.

La prolifération est une faculté de genèse en principe, basée sur l'antagonisme physiologique des supports, ce qui place, dans l'ordre originel, les atomes éthérés au rang de l'individualité mâle, si je puis ainsi dire par analogie, et les

atomes chimiques à celui de l'individualité femelle : car il est
indubitable que l'opposition des grandes choses a sa source
dans l'opposition des petites, et que, si dans la nature l'antagonisme des sexes est une loi manifeste, cette dualité visible
prend son point de départ dans la dualité invisible des éléments fondamentaux de la vie et de l'organisation, dans les
atomes, dans les molécules, dans les granulations.

Je le répète, je ne me suis exprimé ainsi que par analogie,
pour désigner cet état d'antagonisme dans lequel l'atome
éthéré est plus essentiellement actif que l'atome chimique, a
sur lui une prédominance d'action, en vertu de laquelle il
joue le rôle supérieur dans leurs rapports réciproques et
dirige les mouvements, ainsi que les groupements qui se produisent ensuite.

Avec un seul ordre d'atomes, il est impossible de comprendre le mécanisme de la vie à son point de départ ; car,
alors, l'antagonisme intramoléculaire n'existe pas réellement,
lequel est néanmoins indispensable à l'égal de celui des organes et des organismes, dont la molécule n'est, du reste,
qu'une modalité rudimentaire. On dira peut-être que l'antagonisme est réalisé par la distinction du noyau moléculaire
et de son atmosphère éthérée : c'est là, en effet, un antagonisme fonctionnel réel, ces deux divisions représentant comme
deux départements organiques de l'organisme moléculaire.
Mais si l'antagonisme existe dans l'ordre physiologique de la
molécule animée, il faut en chercher le principe dans un état
antérieur à la modalité moléculaire. Si l'antagonisme dynamique existe dans l'ordre des manifestations contingentes,
aussi loin qu'on peut envisager les supports élémentaires
composés, il faut en conclure son existence dans l'ordre
absolu, se manifestant dans les supports antémoléculaires,
lesquels ne sont autres que les atomes. Et si l'antagonisme
est constaté dans l'état dynamique des atomes, dans les
forces qui y sont attachées, comme nous le verrons plus tard,
il faut en déduire son existence dans les atomes mêmes, en

tant que supports. Je dirai enfin, pour remonter jusqu'au dernier degré de la hiérarchie physiologique, que l'antagonisme qui règne entre l'âme et le corps est un témoignage irrécusable en faveur de tous les autres.

On sait que je définis l'antagonisme, au point de vue de la physiologie universelle et comparée, *une action contre avec réciprocité, et tendance à l'harmonie dans l'ordre fonctionnel :* c'est une antithèse véritable.

Dans l'hypothèse diatomique, il y a nécessairement une différence de l'atome éthéré à l'atome chimique. Cette différence est organique et dynamique ; elle révèle une faculté d'action opposée, laquelle implique un antagonisme fonctionnel, indispensable aux phénomènes consécutifs de groupement et de prolifération. C'est ainsi qu'ils jouent dans leurs rapports réciproques un rôle tel que, placés dans les conditions organiques ou complexes des corps vivants, ils seraient dits remplir : ceux-ci la fonction mâle, ceux-là la fonction femelle.

Je ne dis pas, encore une fois, que les atomes soient sexués, puisqu'ils ne se reproduisent pas et que le caractère essentiel de la sexualité est la reproduction. Mais je dis qu'on trouve en l'atome éthéré le principe originel des éléments mâles dans l'ordre sexuel des éléments organiques, et en l'atome chimique le principe des éléments femelles dans le même ordre sexuel. Les sexes n'apparaissent qu'avec la création organique, il est vrai, pas toujours distincts : il y a des cellules mâles et femelles, des granulations mâles et femelles, des molécules mâles et femelles. Cette vérité ressort clairement de l'état actuel de la science. Mais comme les éléments simples ou atomiques des corps existent avant les corps et indépendamment de leurs manifestations contingentes, de même le principe de la sexualité existe en dehors des sexes et indépendamment d'eux : il est établi dans l'antagonisme atomique, dans la dualité originelle ou primordiale.

Je reviens à la prolifération.

Il faut distinguer la prolifération *intrinsèque* et la prolifération *extrinsèque* : celle-ci produisant un corps nouveau par le
concours de deux organismes en conjonction fonctionnelle ;
celle-là accomplissant ses évolutions dans le sein d'un même
organisme, pour le développement ou l'entretien de ses organes et pour la manifestation de ses fonctions. Je n'envisage
ici que cette dernière, et je la mets en parallèle avec le simple
phénomène de transformation dynamique.

Lorsqu'un fil électrique est traversé par un courant, l'intensité dynamique, si la source est toujours la même, ne s'y
élève pas pendant toute la durée du passage de ce courant.
Lorsque vous chargez un condensateur d'une électricité quelconque, chaque charge nouvelle s'accumule en s'ajoutant aux
précédentes ; et l'appareil demeure pourvu d'une quantité
d'électricité constante, tant qu'il est isolé de la terre ou d'un
corps conducteur ; mais la quantité accumulée ne sera jamais autre chose que la somme des charges successives que
la source électrique aura fournies.

Quelle différence entre ce phénomène d'accumulation ou
d'addition dynamique, dont les forces transformées ne pro-
duiront qu'un travail égal à celui qu'auraient produit les
mêmes forces, prises à leur foyer d'émanation, et le phénomène de prolifération qui éclate dans un nuage orageux où
l'intensité électrique, faible et inoffensive au début, se multiplie progressivement et acquiert un développement considérable !

Si vous faites usage des piles hydro-électriques pour opérer
le travail de décomposition de l'eau, sachant que sa réduction
à l'état de gaz consume 34,500 calories, ou une somme de
forces vives égale à 34,500 unités de chaleur ; il arrivera que
vous n'y pourrez parvenir, ni avec la pile de Volta qui donne
1,900 calories, ni avec le couple de Daniel qui en donne
23,000, et que le couple de Bunsen, avec ses 42,000 calories,
pourra seul atteindre à ce résultat.

L'enseignement de ces faits est de même nature que celui

des précédents : c'est une signification physiologique négative, en ce sens que la puissance dynamique, émise par la
pile de Volta et par le couple de Daniel pour la décomposition de l'eau, restera toujours équivalente à 1,900 calories
pour la première et à 2,300 pour la seconde ; et que, quelle
que soit la durée de l'opération, la force dégagée ne s'accu-
mulera pas en tension progressive pour atteindre ensuite à
un taux supérieur d'activité.

Il n'en est pas ainsi dans l'eau de l'Océan, où nous verrons
plus loin s'accomplir des phénomènes évidents de prolifération pour la genèse des courants océaniques, des tempêtes et
des marées. Mais la différence n'est pas moins grande, sous
le rapport physiologique, entre l'eau de la mer que vous isolez
dans un vase et la même eau faisant partie de l'organe liquide
de notre planète, qu'elle l'est entre une branche d'arbre
tenant au tronc qui la nourrit et une autre branche jetée à
terre. D'autre part, l'appareil d'une pile électrique, agissant
sur une quantité d'eau donnée, ne peut, en aucune façon,
être comparé à un organisme vivant, ni, par conséquent, en
posséder les propriétés, lesquelles se manifestent, au contraire, dans les organes réunis de notre planète. Il y a là
autre chose qu'une différence d'intensité dynamique.

De ce que les grands phénomènes de notre planète s'accomplissent par des lois que la chimie, la physique ou la mécanique sont impuissantes à expliquer ; de ce que ces grands
phénomènes sont justiciables au contraire des mêmes lois qui
régissent l'organisme animal : ne suis-je pas autorisé à conclure que notre planète constitue un organisme physiologique, et que le vaste corps sidéral, auquel elle appartient,
est lui-même un organisme physiologique gigantesque ? C'est
ce qui, je l'espère, sera mis en évidence par la suite de cet
ouvrage, où se trouvera justifiée également une petite digression que je demande la permission de faire.

Le mot *blastème*, lequel vient de βλαστημα, germination,
est employé en médecine pour désigner une substance

amorphe, liquide ou demi-liquide, avec ou sans granulations visibles, d'où naissent des tissus semblables à ceux qui ont sécrété le blastème. Ce mode de naissance se fait soit par *genèse*, c'est-à-dire par génération nouvelle d'éléments moléculaires dans un blastème absolument liquide, soit par *reproduction* ou *multiplication* d'éléments granulaires préexistants. (*Voir le Dictionnaire de Littré et Robin.*)

Au point de vue général où je suis placé, au point de vue de la *physiologie comparée universelle*, étant démontré par leur nécessité et leurs effets l'existence des supports granulaires ou moléculaires là où le microscope n'en révèle aucune trace, le mot blastème devient un terme générique, applicable à tous les organes considérés dans leur texture intime et divisés par leur consistance, c'est-à-dire qu'il faut admettre trois classes de blastèmes, fondées sur l'*état pâteux*, sur l'*état liquide* et sur l'*état gazeux*.

Tout corps vivant est un champ fécond de blastèmes divers associés. La génération continue, étant une des grandes lois de la vie, et le blastème étant par étymologie un champ de germination, soit par genèse ou par reproduction, il est conforme à la vérité synthétique de généraliser le second mot à la hauteur du premier, par cette raison que tous les composés organiques, liquides gazeux ou pâteux, sont capables de prolifération dans leurs éléments granulaires visibles et de genèse lorsque ces éléments sont invisibles.

Visibles ou invisibles, les supports élémentaires ne font jamais défaut dans un véhicule vivant quelconque, et la différence entre le mode de naissance par genèse et celui par multiplication se réduit à une question de visibilité et d'invisibilité.

Je ne parle que des granulations moléculaires, parce que ces supports constituent la dernière expression organique des corps vivants, et que, naturellement, ce qui est vrai des granulations, l'est, *à fortiori*, des nucléoles, des noyaux, des cellules : qui peut plus peut moins.

Le blastème organique devenant essentiellement, à un point de vue universel, la carrière physiologique des phénomènes vitaux, le champ de genèse, de prolifération et d'évolution, des supports organiques élémentaires et de leurs forces ; il y a lieu de faire l'application de cette vérité aux organes constitutifs de notre planète.

Si le blastème dans l'organisme animal est particulièrement réservé à un produit secondaire, à un véhicule de sécrétion dans lequel s'accomplissent des phénomènes qu'on peut appeler aussi secondaires, par opposition à la génération principale des éléments préexistants ; si, en un mot, le blastème animal est formé par les éléments qui l'entourent, les vaisseaux des tissus chez l'adulte, les cellules chez l'ambryon, cette distinction n'a pas sa raison d'être dans l'organisme sidéral, dans la physiologie de l'univers, où il est opportun de reconnaître seulement le *blastème embryonnaire* de la période de nébuleuse de chaque système, et le *blastème adulte* de chaque planète et de chaque soleil.

Dans cette conception, l'atmosphère devient un *blastème gazeux*, milieu organique composé d'un véhicule et de supports vitaux ; l'océan, un *blastème liquide*, également animé par des supports vitaux, dont il faut sans doute regarder comme une sécrétion « ce principe, substance organique des « eaux de mer (mucosité de la mer de Bory de Saint-Vincent), « qui appartient au groupe des substances organiques et est « analogue aux substances coagulables des êtres vivants (1), » produit de sécrétion servant sans doute de nourriture à bien des animaux sous-marins ; enfin, le foyer intra-terrestre devient un *blastème pâteux*, rempli de supports plus nombreux et plus volumineux, car il est naturel de voir un rapport direct entre la consistance du blastème, d'une part, et, d'autre part, la quantité et le volume des éléments qu'il recèle.

Que si le microscope est impuissant à dévoiler à nos yeux

----

(1) Dictionnaire de Robin et Littré, *Eaux de mer.*

les supports moléculaires très petits de l'atmosphère et de l'océan, comme il arrive pour le plasma du sang, il ne convient pas pour cela de nier l'existence de ces supports, dont les forces se manifestent par des phénomènes aussi grandioses que les vents et les tempêtes.

Quant aux phénomènes de prolifération intrinsèque, lesquels constituent le mode d'évolution des forces particulières à chaque blastème organique, s'ils nous sont inconnus dans leur mécanisme et dans leurs variétés, comme les supports dont ils relèvent, ils se trahissent également par leur nécessité et par les résultats qui en découlent. Sans ces supports vitaux élémentaires, non-seulement les grands phénomènes de la nature seraient impossibles, mais l'existence et la permanence des organes qui les engendrent ne le seraient pas moins : les matières qui s'agitent au sein de la terre seraient immobiles, l'océan ne serait qu'un immense lac salé à surface toujours tranquille, et l'atmosphère ne connaîtrait pas les courants.

L'existence de ces supports vitaux, étant nécessaire, implique celle de leurs évolutions et de leur prolifération incessante : c'est là l'essence de leur vitalité. C'est par cette vitalité seulement qu'on s'explique ce que Humboldt appelle la *réaction* de la terre contre ce qui l'entoure.

Malgré l'inconnu qui dérobe à nos regards ces sublimes profondeurs, on peut, ainsi qu'il suit, prendre une idée générale du phénomène de la prolifération intrinsèque.

Supposons une force vive égale à l'unité dans un support vital. Cette force, passant par voie de transformation équivalente dans un support voisin, ajoute son activité à l'activité préexistante de celui-ci, l'élève à une suractivité relative, fait cause commune avec elle, circule entre ses molécules constituantes et vibre dans son atmosphère éthérée, développe une série d'actions et de réactions réciproques entre l'état dynamique et l'état organique des molécules, puis, à chaque étape moléculaire, élève son intensité à une échelle

dynamique supérieure, de telle sorte qu'au sortir de chaque
support, la force devient un multiple de plus en plus grand
de la somme dynamique qui précède.

Tel est, d'une manière générale, le mécanisme de la prolifération intrinsèque organo-dynamique, où des modifications
de groupement survenues dans la constitution moléculaire
coïncident avec la multiplication des forces. Lorsque la constitution des molécules et des granulations sera bientôt expliquée, l'intelligence de ce mécanisme deviendra plus facile.

Poursuivons par l'imagination ces phénomènes, où les
transformations sont accomplies par voie d'équivalence et où
les forces vives se multiplient par suite des réactions successives intra et intermoléculaires ; imaginons cette série dynamique se réalisant entre les innombrables éléments soit de
l'océan ou de l'atmosphère ; suivons ces supports comme
alignés depuis le point de départ jusqu'à un point d'arrivée
quelconque, et les forces vives se multipliant de proche en
proche dans chacun de ces supports, de manière à représenter à notre esprit comme une ligne continue de transformations, comme un *filet dynamique* étendu du point de départ
au point d'arrivée et grossissant ses forces au fur et à mesure qu'il s'avance ; imaginons, à côté de cette série, des
séries voisines et parallèles ; imaginons, dans une zone donnée, un groupe de filets dynamiques ainsi juxtaposés et analogues, où les forces circulent et se multiplient de support en
support, nous aurons alors une idée du mécanisme admirable par lequel se développent et se propagent ces grandes
fonctions planétaires. ces courants, par exemple, si puissants
et si majestueux dans leur trajet, si faibles à leur point de
départ, nous aurons une idée de la prolifération intrinsèque
ou fonctionnelle dans les organes de la planète, de la faculté
de déplacement qui en dérive et de ce que j'appellerai, dans
le cours de cet ouvrage, des *filets dynamiques d'émergence*.

Telle est la différence capitale entre la simple transformation par voie d'équivalence et la prolifération vitale ; entre

un acte purement et simplement dynamique, commun aux mouvements spontanés des corps vivants et aux mouvements communiqués des choses inertes, et un acte exclusivement physiologique, attribut essentiel des organismes vivants. La théorie diatomique est forte de cette différence.

Sans cet antagonisme intragranulaire et intramoléculaire, non-seulement il serait impossible de concevoir le mécanisme de la prolifération, mais ce phénomène ne pourrait se produire. La prolifération est une génération, et toute génération implique une dualité.

Mais, si les atomes chimiques et les atomes éthérés représentent deux ordres d'individualités physiologiques, pourquoi, tous les corps étant constitués matériellement par des séries de combinaisons d'atomes chimiques que les atomes éthérés enveloppent et pénètrent, ne voit-on pas se produire des phénomènes de prolifération dans les choses mortes et dans les expériences de laboratoire, de même que dans les végétaux, dans les animaux, dans les corps vivants en un mot? Parce que la vie d'un corps et les propriétés qui en relèvent, loin de pouvoir s'entretenir isolée et indépendante dans une partie quelconque de ce corps, est attachée par des liens indissolubles à l'intégrité de l'organisme, du moins dans les organismes supérieurs; parce que l'eau, par exemple, puisée dans la mer et enfermée dans un vase, se dépouille aussitôt des propriétés de l'océan qui la fournit; parce que la prolifération n'a plus, dans les choses mortes ou inertes, la spontanéité d'action et la sériation dynamique naturelle, qu'elle emprunte à une force supérieure, comme nous le verrons plus loin.

Pour terminer ces considérations, si l'on veut diriger son attention vers certains tempéraments nerveux, impressionnables à l'excès et d'une faiblesse organique des plus grandes, tempéraments aussi remarquables par l'activité nerveuse que par l'allanguissement des fonctions organiques et l'atonie des phénomènes de nutrition, on conviendra d'abord que cet état physiologique est la traduction d'un défaut d'harmonie ou d'une rupture d'équilibre entre les molécules nerveuses et les supports vitaux granulaires, entre les nerfs et le sang, comme on dit vulgairement; on conviendra que, dans l'hypothèse monoatomique, où les molécules nerveuses ne seraient que des groupements d'atomes éthérés à l'instar des granulations vitales, il est impossible de concilier cette inégalité d'action dans un même organisme, l'énergie des supports dans un département avec leur défaillance ou leur apathie dans l'autre; qu'au contraire, dans la théorie diatomique, l'explication est toute naturelle : l'énergie dite nerveuse a son principe dans l'activité des atomes éthérés; la faiblesse organique a sa source dans les groupements des atomes chimiques, dans les combinaisons moléculaires et dans les rapports de ces molécules chimiques avec les mouvements éthérés.

Les supports chimiques sont pour ainsi dire le point d'appui, la base d'action des supports éthérés : c'est dans les rapports qui unissent ces deux classes de supports que siége le principe du tempérament nerveux. Trouvant dans l'inertie des molécules chimiques un obstacle à leur activité et une résistance à leurs besoins de transformations, les mouvements éthérés des molécules nerveuses entrent dans une suractivité proportionnelle à la faiblesse organique : c'est une force libre, instable, parce qu'elle est en excès, qui circule dans le système nerveux. Voilà pourquoi ces personnes, débiles et délicates dans l'ordre physiologique, ayant peu d'appétit et peu de forces, fournissent rarement dans l'ordre pathologique l'exemple de ces lésions sérieuses, dites organiques, soit tubercules, cancer ou autres tumeurs.

Bien qu'il soit impossible de se figurer les atomes éthérés, la raison doit les admettre comme jouant un rôle essentiel dans l'organisation des corps, animaux et végétaux, qui tous sont des dérivés du grand corps sidéral. Voilà comme cette étude de l'univers, en tant qu'organisme physiologique, est intimement liée à l'étude de la physiologie animale, dans ses supports radicaux ou élémentaires. C'est au nom de l'unité vitale, dans ce qu'elle a de plus absolu, que je suis autorisé à traiter cette question universelle parallèlement à celle de la physiologie animale.

L'éther est composé d'innombrables et invisibles atomes, toujours animés de mouvements individuels et de mouvements collectifs. Il remplit les espaces interplanétaires; il remplit toute l'enceinte du système solaire qui devient, dans l'ordre physiologique de ma nouvelle conception, une cellule solaire ou sidérale, fraction du grand organisme sidéral à structure cellulaire, comme je le mettrai en évidence dans la suite de cet ouvrage. L'éther occupe de toutes parts le champ de chaque cellule solaire, et représente comme un océan dynamique au sein duquel sont semés çà et là, à l'instar des îles et des îlots de notre monde, le soleil, les planètes et les lunes; et participant au mouvement d'ensemble du système, il jouit d'un mouvement intrinsèque de rotation, fruit de la rotation solaire et de celle de ses propres atomes.

Les atomes éthérés, mobiles et animés, nagent dans des enceintes sans parois, enceintes planétaires atmosphériques et enceintes cellulaires, dont les limites sont extensibles et d'ordre dynamique. Cette double condition des atomes animés et des enceintes à parois extensibles et dynamiques suffit pour mettre à néant cette comparaison de Leibnitz, où l'univers rempli d'atomes est assimilé à une chambre remplie d'une infinité de petits cailloux.

Les atomes, considérés soit en masse soit individuellement, ne sont ni durs ni fluides au suprême degré. Ils se laissent déplacer par les corps planétaires qui circulent au milieu d'eux; et cependant ils soutiennent ces corps dans l'espace. D'où vient leur force de résistance? De leur constitution individuelle? Non. De leur masse? Non. Car, chaque système solaire ou cellule sidérale n'ayant aucune paroi solide ou limitante, aucune enveloppe à sa périphérie, le déplacement des couches éthérées n'aurait aucune raison de s'y arrêter, le mouvement des corps planétaires n'aurait aucune raison de suivre un cours régulier, si aucune autre cause ne suppléait à l'absence de ce soutien mécanique.

La résistance de l'éther associée à son extrême mobilité, la régularité du mouvement planétaire dans un cours déterminé et invariable : tout relève de conditions dynamiques et de la disposition physiologique de la cellule solaire.

Bien que les cellules sidérales n'aient aucune enveloppe matérielle, organisée, il n'en est pas moins certain que, par le fait même de leur rotation, elles ont une limite naturelle et distincte des espaces intercellulaires ou interstellaires, et que cette limite est marquée par un tourbillon d'éther : véritable enveloppe dynamique, paroi physiologique. C'est ainsi que les atmosphères planétaires sont chacune entourées d'un tourbillon éthéré qui les sépare des espaces interplanétaires. C'est ainsi que chaque molécule constituante des corps est également entourée d'un tourbillon d'éther, ou d'une atmosphère d'atomes éthérés, par laquelle elle est séparée physiologiquement des molécules voisines. Voilà un exemple entre mille de l'unité de plan qui règne dans l'univers, et dans le corps sidéral en particulier.

Chaque cellule sidérale, chaque soleil, chaque planète, chaque molécule, forment autant d'individualités physiologiques relatives, dont la dépendance s'élève progressivement de la dernière à la première.

Pris en corps dans l'espace interplanétaire, les atomes éthérés représentent une masse continue en tant qu'organe jouant un rôle physiologique dans la cellule solaire, comme l'océan liquide et l'atmosphère dans chaque planète. Cet organe éthéré est animé d'autant de mouvements individuels et collectifs, que la mer agitée par les vagues, traversée par les courants, et que l'atmosphère avec ses vents de toute direction. Mais s'il était possible d'isoler un petit volume de

2

ces éléments éthérés, comme on peut le faire de l'eau prise dans la mer, on verrait ces atomes perdre les propriétés physiologiques qu'ils possèdent en tant qu'organe, se séparer les uns des autres, s'échapper dans des directions diverses, et tendre à franchir les bornes de leur prison, à la façon du gaz le plus volatil, lequel n'est cependant qu'une molécule, c'est-à-dire un groupe atomique.

Chacun des supports éthérés, comme l'ont établi les Boucheporn, les Arago, les Fresnel, est animé d'un double mouvement individuel : mouvement de rotation et mouvement de vibration.

Or, le soleil émet incessamment des rayons d'impressions dynamiques, dont la direction est rendue oblique en avant par les mouvements de rotation et de translation de cet astre; émissions de forces et de mouvements sans cesse transformés, sans cesse renouvelés, lesquels se propagent de proche en proche jusqu'aux limites les plus reculées du système solaire. La direction oblique de l'émission se dédouble à son point d'émergence en deux résultantes : une horizontale, parallèle à la translation solaire ou tangentielle à sa surface; l'autre verticale ou perpendiculaire.

Ainsi les atomes éthérés, jouissant par eux-mêmes d'un mouvement circonscrit de rotation et de vibration, reçoivent du soleil, considérés en masse et comme organe, une *direction* vibratoire, dont la propagation se fait en deux sens. Il faut donc distinguer, dans l'éther, les mouvements propres et essentiels des atomes, renforcés par les émissions dynamiques du soleil suivant la loi des transformations équivalentes, et la direction de ces mouvements.

Il résulte des recherches de Fresnel, que les vibrations éthérées transversales sont les seules qui concourent à la production du phénomène lumineux; en d'autres termes, que les vibrations lumineuses s'accomplissent perpendiculairement au méridien de propagation, dans *le plan même de l'onde;* et que les vibrations verticales, ou parallèles à la ligne de

propagation, restent invisibles pour nous. Ces dernières sont
le principe de manifestation de la force calorique.

« Ce qui paraît appartenir plus spécialement aux vibrations
« lumineuses, dit de Boucheporn, c'est la *rapidité* du mou-
« vement ; ce qui nous paraît constituer plus spécialement
« l'énergie calorifique, c'est l'*intensité* de l'impulsion molécu-
« laire ; or, ces deux conditions se rattachent très bien aux
« deux différents ordres de vibrations que nous leur avons
« attribués... »

Cette division de vibrations verticales et transversales est
démontrée par les expériences de polarisation de la lumière.
Les premières sont plus facilement *réfractées*, parce qu'elles
ont moins de tendance à être arrêtées dans les espaces intermoléculaires ; les secondes sont plus facilement *réfléchies*, par
toute surface qui oppose un obstacle à leurs mouvements.
Elle est démontrée aussi par les expériences de Melloni sur
le passage de la chaleur à travers les corps transparents ;
d'où il résulte que, dans chaque émanation d'une source de
chaleur, il existe une infinité de *rayons calorifiques d'intensités
inégales*, correspondant à l'infinité des *rayons lumineux inégalement réfrangibles*.

Toutes ces divisions et subdivisions, que nous pouvons
constater dans notre atmosphère, existent, moins la modalité
sensible des forces vives, dans l'espace interplanétaire. Les
champs éthérés sont divisés en séries ou en groupes de vibrations. Chaque série est marquée par des rayons dynamiques
d'inégale intensité, à chacun desquels est affectée dans les
atmosphères une couleur différente du spectre solaire : rouge,
orangé, jaune, vert, bleu, indigo, violet ; l'intensité dynamique allant en décroissant de la première à la dernière. La
lumière blanche est la synthèse de ces couleurs primitives.

Passons à l'électricité. D'après les recherches nouvelles,
l'électricité est aussi le produit d'un mode de mouvement de
l'éther ; mais, tandis que la lumière et la chaleur, en tant
que forces, sont liées aux *vibrations* éthérées, transversales

ou longitudinales, la force électrique se développe et se propage par le mécanisme des *courants de translation*. On le prouve, en démontrant que le courant électrique satisfait à toutes les lois de l'écoulement des fluides.

Ces vibrations et ces courants éthérés, dont dépendent les trois forces vives de l'univers, se produisent également dans les champs de l'éther, autour des planètes et du soleil, et dans ces corps eux-mêmes, autour de leurs petites molécules constituantes; celles-ci étant formées par un *groupement d'atomes chimiques entourés d'un tourbillon d'éther.*

S'il est démontré que la force électrique se traduit par un courant, il reste à se demander dans quelles conditions d'étendue se fait ce déplacement. Est-ce un transport qui s'effectue, pour chaque atome donné, dans toute la longueur du courant? N'est-ce qu'une succession de transports partiels, qu'une série de petits courants qui s'ajoutent les uns aux autres par une même orientation? Cette seconde opinion est plus probable, dit Émile Saigey dans sa *Physique moderne.*

Si l'on réfléchit que l'éther, tant dans ses atomes que dans sa masse, est le berceau et le principe des trois modalités de mouvements; que les mouvements de vibration répondent à deux modalités de forces vives : il paraît logique de rattacher la force électrique au mouvement en masse de translation de l'éther, ou du moins de la regarder comme un dérivé de cette modalité de mouvement.

Cette translation, étudiée dans une section linéaire de la masse éthérée, masse que l'on peut imaginer composée d'une série de lignes juxtaposées, lignes concentriques au soleil, représente pour cette section un véritable courant, un flux emportant dans son cours des atomes qu'animent à la fois des mouvements de rotation et de vibration. Alors, par les groupes sériés qui partagent l'océan de l'éther en vagues de vibrations et en autant de champs dynamiques relativement indépendants par l'intensité inégale de leurs rayons vibratoires, chacun de ces courants linéaires, généraux et concentriques, sera lui-même formé d'une série de courants partiels, figurant autant d'étapes dynamiques qu'il y a de ces groupes d'ondulations.

De même que chaque atome se choque et se coudoie dans le phénomène de vibration, ainsi chaque ligne de courant pousse la ligne suivante dans une direction commune et déterminée; chacune se déplace successivement et concourt à la formation du courant général, auquel on peut appliquer le nom de courant brisé. Si chaque courant partiel parcourt progressivement et à son tour le circuit total du courant synthétique, il y a dans le mécanisme ce fait remarquable que l'impression communiquée à l'entrée du circuit en parvient à la fin, bien longtemps avant la première section impressionnée. Le *courant d'impression* est distinct du *courant atomique* proprement dit, et plus rapide que ce flux éthéré.

Nous voyons par là la *divisibilité* régner dans l'éther en même temps que l'*unité* physiologique. Ainsi se trouve confirmée par les progrès de la science cette grande vérité émise par Leibnitz : que la nature ne fait jamais de saut (*loi de continuité* ou mieux *loi de sériation*); et que deux choses individuelles ne pouvant être parfaitement semblables, *leur différence est plus que numérique*.

Cependant si cette loi et si cet axiome sont vrais, ils ne le sont pas complétement dans le sens où Leibnitz les entendait. La différence plus que numérique ne doit pas être prise ici dans le sens organique ou anatomique, si je puis ainsi dire, mais bien dans le sens dynamique ou physiologique. Des milliards d'atomes éthérés peuvent être semblables en tant qu'atomes, et varier dans l'intensité dynamique de leur force. Bien plus, ces *variations dynamiques individuelles* concourent, avec les *variations dynamiques collectives* que nous venons d'étudier, sous la désignation de groupes ou de séries vibratoires et de sections de courants, à semer les plaines éthérées d'un nombre infini de divisions et de subdivisions inégales; comme on voit un vaste champ creusé de sillons d'inégale profondeur et d'inégale largeur, comme on voit l'océan hérissé de vagues inégales et inégalement soulevées.

Rotations des atomes ; vibrations transversales et vibrations verticales ; séries de vibrations ; courants de translation concentriques au soleil ; division de chaque courant en un grand nombre de courants partiels ; variations dynamiques dans les atomes pris individuellement, et variations dynamiques dans les diverses séries de vibrations ou de translation, sans doute sous l'influence première et régulatrice du soleil : n'avons-nous pas dans cette énumération le tableau régulier de l'état physiologique de l'espace éthéré, dit interplanétaire, où apparaît dans sa splendeur première le *principe universel de l'inégalité dynamique*, que nous aurons occasion d'observer à tout instant dans les phénomènes de la *physiologie terrestre ;* et où la conception des atomes, loin de s'effondrer, puise une garantie nouvelle de sa réalité ?

Ces considérations sur les atomes et sur l'éther sont nécessaires, à titre d'études préliminaires, avant d'aborder la question des supports dynamiques élémentaires de notre organisme.

CHAPITRE II

Considérations dynamiques sur les éléments moléculaires et granulaires des corps inertes et des corps vivants.

Laissant de côté le champ de l'éther, ce système intermédiaire et de transmission, jouant dans le corps sidéral le rôle dû système nerveux dans le corps animal, où les forces vives n'existent qu'à l'état neutre ou de modalité libre, je pénètre, en franchissant la limite des atmosphères, dans la région des organes et des organismes secondaires, dans l'enceinte des manifestations vitales, où les atomes éthérés ne se meuvent plus dans l'isolement stérile de leurs propriétés virtuelles, mais où apparaissent les éléments physiologiques des corps vivants, les molécules et les granulations ; où brille la lumière, où la chaleur échauffe, où l'électricité et le magnétisme circulent ; où, en un mot, les atomes éthérés se marient aux atomes chimiques dans les associations dynamiques des supports moléculaires et granulaires.

La première chose qui frappe les regards est la division de la planète en trois organes distincts, revêtant chacun une modalité différente. L'état gazeux à la périphérie, l'état solide au centre, l'état liquide dans la situation intermédiaire : telles sont les trois formes physiques qui s'offrent tout d'abord à notre étude, avant que nous analysions les phénomènes physiologiques de chacun de ces organes.

Et il se trouve que, dans tous les corps vivants, tant dans

l'organisme animal que dans l'organisme végétal, cette trinité
de forme apparaît d'une façon constante : les os représentent
l'état solide chez les animaux ; le corps ligneux, chez les végétaux : le sang, les cellules et tous les tissus sont formés,
remplis ou imprégnés des diverses manifestations de l'état
liquide, le plus répandu de tous : quelques sécrétions ou
quelques gaz, circulant dans les liquides nourriciers, nous
donnent un exemple de l'état gazeux, le moins répandu dans
l'organisme animal et dans le végétal.

En présence de la répartition universelle de ces trois états
des corps, à l'état de mort ou à l'état de vie, il est naturel de
rechercher le mécanisme de leur formation et leur importance dans l'ordre physiologique.

Au point de vue physique, il me suffira de consulter les
auteurs :

De Boucheporn (page 331) : « L'état *solide* est, pour nous,
« celui où les molécules des corps sont non-seulement grou-
« pées entre elles en un contact assez étroit pour enclaver,
« dans l'intérieur de leurs vides, des parties d'éther sans
« communication directe avec l'éther des espaces libres,
« mais encore où ces molécules forment entre elles un cer-
« tain *enchevêtrement*, cause principale de la cohésion.

« L'état *liquide* sera, pour nous, celui où les molécules du
« corps, non enchevêtrées entre elles, sont amenées seule-
« ment à un rapprochement suffisamment étroit pour ne
« laisser dans les interstices de leurs groupements aucun
« passage aux particules de l'éther, ce qui sépare bien en-
« core complétement de l'éther libre les parties de ce fluide
« comprises dans le vide des groupements et produit ainsi la
« dilatation calorifique de la même manière que dans les
« corps solides ; mais l'absence d'enchevêtrement y réduit la
« cohésion à une simple viscosité.

« L'état de gaz enfin serait, selon nos vues, celui où les
« molécules, complétement séparées l'une de l'autre, nage-
« raient pour ainsi dire individuellement dans l'éther, sans

« que ce fluide éprouvât d'empêchement à circuler dans
« aucun de leurs interstices (1). »

Émile Saigey (2) : « C'est une conséquence nécessaire de
« la rotation des molécules qu'elles entraînent avec elles
« dans leur mouvement un certain nombre d'atomes éthé-
« rés ; elles sont ainsi enveloppées d'une sorte d'atmosphère
« dont le rayon peut varier suivant les circonstances, et qui
« représente à peu près ce que nous appelions tout à l'heure
« la sphère d'action des molécules. Tant que les atmosphères
« ne se touchent pas, nulle action de ce chef : c'est le cas
« des gaz. Si les molécules se rapprochent et que les atmos-
« phères viennent à glisser l'une contre l'autre (c'est le cas
« des liquides), l'action commence, action purement méca-
« nique, due à la rencontre des atomes éthérés. Si enfin les
« atmosphères entrent plus profondément les unes dans les
« autres, l'effet s'accuse plus énergiquement ; les enveloppes
« éthérées qui se pénètrent se trouvent gênées dans leur
« marche et agissent pour rendre respectivement parallèles,
« comme il arrive dans les solides, les rotations des diverses
« molécules. »

« L'état physique des corps, dit le P. Secchi dans l'*Unité*
« *des forces physiques*, état solide, liquide ou gazeux, dépend
« de la quantité de calorique... Dans tout changement d'état
« d'un corps, une certaine quantité de calorique devient,
« comme on le dit, *latente,* si le corps passe d'un état phy-
« sique dans lequel les molécules sont moins libres à un
« autre état dans lequel elles le sont plus ; réciproquement,
« il se développe du calorique lors du changement in-
« verse. »

La chaleur latente est ici une chaleur qui se transforme en
mouvement : la force sensible devient force libre, changement de modalité.

Telles sont les conditions physiques, lesquelles, ajoutées à

(1) *Philosophie naturelle.*
(2) *Physique moderne*, p. 94-95.

celles du précédent chapitre, préexistent à la manifestation
de la lumière, de la chaleur et de l'électricité en modalité
sensible, et constituent la base organique des trois états des
corps, les états solide, liquide et gazeux. Malgré toute l'exactitude et la vérité de ces descriptions, l'esprit n'est pas entièrement satisfait : il éprouve le désir de rattacher ces états
physiques et ces phénomènes aux propriétés des supports vitaux, aux propriétés vitales, en un mot, de les étudier au
point de vue physiologique.

Les corps vivants ou organisés sont tous constitués sur un
même plan, par des combinaisons plus ou moins variées des
atomes chimiques et par leur association différente avec les
atomes éthérés : à chaque organisme répond une activité
spéciale des éléments associés, et à chaque organe répondent
des groupements différents dans les atomes chimiques ; mais
les forces vives sont de même ordre émanant des mêmes
supports atomiques, et elles accomplissent leurs évolutions
par un mécanisme unitaire de transformation et de prolifération. Une seule remarque différentielle est importante, c'est
que le système de transmission interplanétaire du corps sidéral n'offre pas une texture analogue à celle du système de
transmission interviscérale dans le corps animal.

Quoi qu'il en soit, tous les corps vivants, constitués par
des agrégations atomiques et moléculaires, nous présentent
leurs organes sous trois formes exclusives : les formes solide,
liquide et gazeuse, à quoi l'on peut ajouter que toutes les
choses mortes et les matières de sécrétion des corps vivants
revêtent également les mêmes formes.

Il est à remarquer que l'état solide proprement dit, im-
propre à la réalisation des phénomènes vitaux, est la forme
spéciale des choses véritablement mortes et de certaines sécrétions. Je ne parle pas ici de cette mort vulgaire, laquelle
n'est qu'un changement de modalité vitale ; mais de la
mort ou de l'inertie des éléments moléculaires d'un corps, en
vertu de laquelle ils restent incapables d'éprouver aucune

transformation dynamique et spontanée. Les tissus dont la charpente des corps est formée, même durant la vie, appartiennent à l'état solide, et leurs molécules, inertes par elles-mêmes, ne reçoivent l'activité que des liquides nourriciers qui les arrosent et les pénètrent ; ceux-ci par des vaisseaux et des canalicules anastomosés, ceux-là par des cellules dont la disposition s'adapte à toutes les exigences organiques. Les dents, les os, les cornes, les carapaces, les coquilles pour les animaux ; les troncs et les branches pour les végétaux dans leurs parties ligneuses et corticales : tels sont les tissus organiques auxquels convient l'épithète de solides, et dont la trame cependant est infiltrée de liquides divers, servant de véhicule aux supports vitaux. Vienne la mort du corps, les liquides animés s'écoulent, les organes se dessèchent, et l'état solide proprement dit reprend ses droits, inerte et immobile par lui-même, non-seulement dans son tout, mais également dans chacune de ses molécules constituantes. Ce sont des éléments véritablement morts. Il en est ainsi de ces énormes masses granitiques, roches plutoniennes, élevées en montagnes ou enfouies dans les flancs de la terre, qu'il faut regarder comme des produits de sécrétion solides, fruits d'une conjonction physiologique des temps primitifs, où se sont éteintes en modalité travail des forces vives en suractivité incandescente : choses mortes depuis cette époque, supports chimiques dépouillés des mouvements dont ils étaient animés sans les produire, et dont la masse et l'inertie maintiennent entre nous et le foyer intraterrestre une utile barrière.

Le résultat de ces considérations est qu'il faut distinguer, dans l'étude élémentaire et dynamique des corps, l'état moléculaire des corps inertes ou solides et l'état moléculaire des corps vivants, en modalités liquide, gazeuse et pâteuse; car, à vrai dire, ce sont les trois modalités physiques caractéristiques de la vie, comme l'état solide proprement dit est la caractéristique des choses mortes. Chose morte, je le répète, doit être entendue d'une façon absolue et durable, au moins pour un temps sensiblement appréciable : le corps animal qui, en mourant, entre bientôt dans un travail de décomposition, ne représente pour ses supports qu'un changement d'individualité où les éléments d'un organisme se mêlent à un organisme nouveau, celui du corps planétaire ; au contraire, les masses inertes des montagnes sont, à proprement parler, des choses mortes, ne subissant en elles aucune transformation dynamique et spontanée.

Les substances inertes ou mortes, à l'état solide, sont constituées par une agrégation d'atomes chimiques, dont le mode varie suivant la nature des substances : pierres, métaux, verre, bois sec ; les atomes en se groupant forment des molécules simples et celles-ci des molécules composées.

Or, par tous les errements connus des forces vives, il faut regarder comme un fait acquis à la science, et admis par tous les physiciens, que chaque molécule composée est enveloppée, à la façon d'une atmosphère, de ce qu'on appelle un tourbillon d'atomes éthérés ; que chaque molécule simple possède aussi une atmosphère proportionnelle de ces atomes, et que ceux-ci pénètrent même dans l'intervalle laissé libre par les atomes chimiques dont la molécule simple est formée. Une ceinture commune ou collective environnant chaque groupe moléculaire ; une ceinture particulière, chaque groupe atomique : telle est l'idée générale que l'on doit se faire de la constitution intime ou moléculaire des corps à l'état solide.

Malgré la ténuité excessive des atomes éthérés, il est permis de se demander s'ils pénètrent tous les corps solides indistinctement et à toute profondeur ; si, par exemple, une montagne étant donnée, les molécules de ses couches centrales et de ses couches périphériques sont également investies de ces tourbillons d'éther, et si dans une masse de fer ou d'un métal quelconque les atmosphères éthérées circulent au centre aussi bien qu'à la superficie ? On peut au moins

douter que la répartition soit régulière, et que l'investisse-
ment de chaque molécule soit complet.

Pour ma part, je crois que les supports éthérés sont expri-
més de ces masses solides et compactes, au moment du travail de concentration, comme l'eau que par la pression on
exprime d'une éponge ; et que, si des atomes éthérés sont
encore emprisonnés dans quelques interstices moléculaires,
ce n'est plus que dans des conditions restreintes et isolées,
sans aucune régularité ni vertu, état que l'on peut comparer
au *mélange* de deux éléments chimiques par opposition au
phénomène de *combinaison* : les atomes éthérés et chimiques
peuvent bien encore être mélangés par place, en proportion
plus ou moins grande, mais ils ne sont plus associés en groupements successifs, ni orientés comme dans les corps vivants.
Le phénomène progressif de la dilatation des corps par la
chaleur et le caractère de l'électricité d'être une force de
surface, dans les substances en question, sont également favorables à l'idée de cette constitution moléculaire dans les corps
à l'état solide.

Quoi qu'il en soit, la proportion et la régularité des atmosphères éthérées augmentent avec la situation superficielle
des molécules, et les atomes qui composent ces tourbillons
dynamiques sont animés des mêmes mouvements que les supports de l'éther dans l'espace : les mouvements intrinsèques
de ces atomes sont inséparables de leurs supports, en quelque situation qu'ils se trouvent ; ils peuvent être seulement
entravés plus ou moins, soit partiellement, soit collectivement.

Si, autour de chaque molécule, les atomes éthérés sont
animés de leurs mouvements individuels de rotation et de
vibration, en même temps que de leur mouvement collectif
de translation ou de circumduction, c'est l'image en miniature des mouvements interplanétaires et de circumduction
solaire. Mais il va sans dire, ainsi que le témoigne l'absence
de phénomènes, que ces trois genres de mouvements sont à

leur *minimum* d'activité, que leurs propriétés sont pour ainsi dire à l'état virtuel : effet négatif dont la cause appartient à la disposition des molécules en état solide ; et que ces atmosphères successives, loin d'être orientées ou de réunir, dans une direction commune, leurs mouvements de circumduction, se tiennent, comme Ampère l'a établi tout d'abord, isolées dans leurs mouvements, indépendantes les unes des autres, inhabiles à produire des effets sensibles.

En agissant par le frottement sur une de ces substances inertes, l'on imprime aux molécules physiques et aux tourbillons éthérés une secousse vibratoire, dont l'intensité, augmentant au fur et à mesure du frottement par les chocs successifs ajoutés les uns aux autres, se manifeste par des phénomènes dynamiques : les mouvements des atomes éthérés sont plus rapides, la rotation est plus puissante, la vibration plus énergique, le mouvement collectif de circumduction plus accéléré, et les propriétés de ces mouvements commencent d'apparaître : l'électricité et la chaleur d'abord, la lumière plus tard.

Dans ces mouvements éthérés péri-moléculaires, de même que dans ceux de l'espace interplanétaire, il est conforme à la vérité de distinguer deux genres de vibrations : les vibrations qui s'accomplissent dans une direction transversale ou perpendiculaire au méridien de propagation, et celles qui sont parallèles à ce méridien, dont les premières, se détruisant sur place au fur et mesure de leur mise en activité pour se transformer au profit des autres mouvements, ne donnent pas lieu, tout d'abord, à la manifestation sensible de la force lumineuse, leur propriété spéciale, et dont les secondes, placées en de meilleures conditions pour s'entretenir et s'accumuler en pénétrant successivement dans les espaces intermoléculaires, font naître la force calorique en modalité sensible. Par suite de la disposition relative des molécules et de leurs tourbillons dynamiques, laquelle les assimile aux corps planétaires enveloppés de leur atmosphère, il arrive

que, dans l'acte du frottement ou dans tout autre propre à
développer l'activité de ces supports, en ébranlant la stabilité des molécules, les vibrations *calorifiques* sont favorisées
dans leurs mouvements et dans leur intensité progressive
par la concentration de leur force qui se conserve sans se
détruire, et par l'élargissement des interstices moléculaires,
précédant et produisant la dilatation du corps solide ; tandis
que, ne pouvant se concentrer ni s'accumuler à cause de leur
direction même, les vibrations *luminifères* restent plus longtemps improductives et s'éteignent au profit des autres, ne
rencontrant aucun aliment de suractivité et de développement dans des espaces trop étroits. La puissance du temps
appartient aux premières, comme dit Boucheporn ; elles creusent, pour ainsi dire, elles perforent la substance solide, ai-
dées dans leur action par la force *expansive* ou *dilatatrice* des
atomes éthérés enfermés dans l'intérieur même des molécules. Les secondes sont instantanées et fugitives ; elles agis
sent isolément, loin de s'ajouter les unes aux autres. Voilà
pourquoi la chaleur se manifeste bien avant la lumière dans
un corps inerte, soumis au frottement.

Mais dans ces deux genres de vibrations, transversales et
verticales par rapport à chaque molécule, comme elles le
sont par rapport au soleil et aux planètes dans les champs
éthérés, si la force calorique et la force lumineuse trouvent
la condition dynamique de leur manifestation, la force électrique ne rencontre pas la sienne : il faut la chercher dans
les mouvements de translation, puisqu'elle se produit sous
forme de *courant* comme un flux, et non en mode vibratoire.

Il existe, autour de chaque molécule, un mouvement collectif de translation ; mais chacun de ces mouvements est
isolé de son voisin. Si, par le frottement ou par tout autre
cause stimulante, l'on élève l'activité des vibrations éthérées
à l'état de suractivité productive, cette suractivité est partagée nécessairement par les mouvements de circumduction.
Mais suffit-il de cette translation accélérée autour de chaque

molécule pour comprendre et expliquer le phénomène du courant électrique? Non assurément. L'orientation de tous ces courants partiels dans une commune direction, tout indispensable qu'elle est, ne suffit pas encore. Un autre élément est nécessaire, se dévoilant par sa nécessité même et ayant pour mission d'unir en un seul courant collectif tous ces courants partiels de chaque molécule.

Pour chaque vibration de l'éther, il est un *minimum* dynamique et un *maximum* d'amplitude : les mouvements sont à leur *minimum* dans les conditions de l'état solide et inerte, et s'élèvent à leur *maximum* d'activité par le frottement ou tout autre cause stimulante. Le résultat collectif de toutes ces amplitudes individuelles agrandies est une dilatation générale de l'atmosphère éthérée, dont chaque molécule est enveloppée : l'espace inter-moléculaire se rétrécit, les atmosphères voisines s'influencent et un lien d'union s'établit entre elles, comme un pont dynamique jeté entre deux molécules. Ces phénomènes se passent à la surface des corps solides.

Chacun de ces tourbillons est un foyer dynamique mis en activité, un centre de mouvements doué d'une certaine individualité, où chaque atome se meut dans les limites d'une sphère déterminée, proportionnelle à la puissance de chaque groupe. Il y a là une force d'attraction manifeste, à résultante centripète, dont la réalité est liée intimement à l'existence de chaque tourbillon, et réciproquement. C'est d'abord une tendance naturelle par laquelle les atomes éthérés se réunissent autour d'un noyau d'action, autour d'une molécule chimique comme centre, pour y exercer leurs mouvements et y satisfaire leurs besoins de transformation ; c'est ensuite une attraction fonctionnelle par un foyer dynamique établi, où les atomes sont enchaînés par des actions réciproques et par des phénomènes de transformation. Double aspiration dynamique, deux temps différents d'une évolution naturelle : besoin d'un point d'appui et d'un centre d'action pour les atomes, besoin de transformations pour les mouvements, d'où découlent les phénomènes sensibles que l'on connaît. C'est encore l'image en miniature de ce qui se produit autour de chaque soleil et de chaque planète. Par là restent démontrés à la fois le principe de l'attraction, dont la gravitation n'est qu'une variété, et l'existence physiologique des foyers d'évolutions, points d'appel dans l'ordre fonctionnel. Chaque soleil, chaque planète est un foyer d'évolutions, avec des différences de modalité, d'activité et de propriétés ; chaque molécule est un foyer d'évolutions, une petite synthèse dynamique, même dans les corps inertes et solides, à la condition d'être mise artificiellement en activité. Mais l'attraction s'exerce particulièrement sur les forces vives et non sur les supports : son mécanisme relève des lois de *métastase* et de *déplacement* (1). Il est vrai qu'on pourrait distinguer l'attraction fonctionnelle ou physiologique et l'attraction anatomique ou physique.

Or donc, chaque tourbillon étant ainsi constitué et amplifié par dilatation de son *maximum* dynamique, l'on a réuni, dans une substance dont l'équilibre moléculaire a été troublé par le frottement, deux tendances distinctes : une tendance individuelle et centripète, propre à chaque atmosphère éthérée, et une tendance centrifuge ou excentrique, s'exerçant d'une atmosphère à l'autre, d'une molécule à la molécule voisine. Chaque groupe moléculaire étant mis en activité fonctionnelle nous offre à la fois le spectacle de phénomènes individuels et de phénomènes collectifs ; chaque molécule, dans ces conditions, est assimilable à un organe, et leur assemblage à un organisme : celui-là devient le champ de l'attraction et celui-ci de la gravitation, en tant du moins que chaque molécule, ou chaque organe, est libre d'entraves dans la carrière de son organisme.

Chaque atome de chaque groupe, accomplissant ses mouvements dans la sphère de son tourbillon, en même temps

(1) Voir ma *Pathologie unitaire*.

3

qu'il subit l'influence excentrique des groupes de voisinage, et de ces deux actions opposées la première étant plus puissante, parce qu'elle relève de l'individualité physiologique de chaque foyer d'évolution, tandis que l'autre est secondaire et de simple relation, il résulte de cette situation dynamique que l'équilibre demeure stable dans chaque groupe moléculaire, et que l'attraction centrifuge, au lieu de se manifester par une action générale qui détruirait l'individualité de chaque foyer, se concentre en une résultante et se traduit en un *courant* de communication ou d'*anastomose*, entre chaque tourbillon de molécules voisines : c'est le pont dynamique jeté entre elles.

Ces courants occupent la surface moléculaire tournée vers la périphérie du corps, c'est-à-dire la surface la plus libre où leur développement est le plus aisé (il s'agit toujours des substances inertes), et tous, se dirigeant dans le même sens, font du courant général le résumé ou la synthèse de tous les courants partiels orientés.

Et si l'on considère que chaque tourbillon est orienté dans le même sens, que les mouvements de circumduction moléculaire sont sériés dans une direction unique, et que les courants anastomotiques ou intermoléculaires, également dirigés, ne sont qu'une émanation de chaque tourbillon ; on s'imaginera aisément quelle est la situation respective de ces deux espèces de courants : que les courants intermoléculaires, dérivés et branches collatérales pour ainsi dire des courants périmoléculaires, se continuent avec ceux-ci autour de chaque groupe, de molécule en molécule, et que cette disposition imprime au courant général le caractère d'un courant *spiraloïde*. C'est ce courant en spirales successives, véritable flux d'atomes éthérés, qui est le support générateur de la force électrique.

On remarque dans ces spirales électriques deux directions différentes : la direction périmoléculaire perpendiculaire à la ligne de propagation du courant général et la direction

intermoléculaire parallèle à cette même ligne. De ce dédoublement du courant analogue au dédoublement des vibrations éthérées, la conséquence manifeste est que les courants
anastomotiques sont les plus actifs dans la production de
l'électricité ; qu'eux seuls forment le véritable courant à distance ; qu'en pratique, on peut considérer le courant électrique comme la somme unique de tous ces petits courants
juxtaposés et parallèles ; que le mécanisme de cette succession dans le déplacement par étapes des courants anastomotiques est comparable au même mouvement de translation
qui s'accomplit en grand dans l'espace interplanétaire, et
que, par conséquent, on est en droit de distinguer, ici comme
là, le courant physiologique ou d'impression et le courant
anatomique ou réel. D'où il suit que la vitesse de l'impression électrique n'implique rien sur la vitesse du flux atomique ; on peut estimer que la première se mesure par le
temps qu'il faut au premier courant anastomotique pour se
déplacer et se mettre au rang du second ; lequel se met au
rang du troisième, et ainsi de suite. Ce phénomène est pour
ainsi dire instantané ; mais il suffit pour animer toute la série
des courants moléculaires, et pour transporter l'impression
du point de départ au point d'arrivée.

Le courant électrique est un mouvement collectif des
atomes éthérés, tandis que les vibrations de la force calorique et de la force lumineuse sont des mouvements individuels. Il se manifeste toujours sous forme de spirales, depuis
la spirale moléculaire jusqu'à celle des immenses cyclones,
et depuis la spirale des cyclones jusqu'à celle des courants
électriques et magnétiques des planètes et des soleils. Les
grands phénomènes ne sont que l'image agrandie et amplifiée des petits !

Je dirai maintenant, avec Boucheporn (page 359) : « que
« les corps *conducteurs* de l'électricité sont précisément les
« corps *imperméables* au mouvement électrique de l'éther ;
« lorsque ce mouvement se développe à leur surface, il ne

« pénètre point dans leur intérieur : ils le conduisent, parce
« qu'ils ne l'absorbent pas. Les corps *non conducteurs* au con-
« traire, qui sont aussi les corps *électrisables*, n'arrêtent le
« mouvement électrique que parce que leurs propres molé-
« cules éteignent ce mouvement en l'absorbant elles-
« mêmes. »

Tout ce que j'ai dit de la force électrique est applicable à
la force magnétique, simple variété de la première, se propageant par les mêmes courants, par les mêmes spirales, relevant des mêmes lois, et tirant sans doute sa spécialité d'une
certaine influence moléculaire.

Tel est, en définitive, le mécanisme de production de la
lumière, de la chaleur et de l'électricité, en tant que forces
vives, dans les conditions artificielles des substances inertes
et solides.

Les substances inertes ou mortes ayant appartenu anté-
rieurement, à un titre quelconque, à un corps doué de vie,
soit à titre de choses sécrétées ou de fragments séparés d'un
tout, telle que la branche détachée de l'arbre, il est naturel
que les mêmes forces vives et les mêmes supports, dont le
mécanisme vient d'être étudié, se retrouvent dans les corps
vivants ; mais il faut s'attendre aussi à y rencontrer des différences essentielles.

Il a été dit que l'état solide est la modalité particulièrement
attachée à l'inertie d'une mort durable, et que les autres
modalités, pâteuse, liquide et gazeuse, observées dans des
morts transitoires et relatives, sont avant tout les trois caractères fondamentaux des corps vivants, étudiés au point de
vue physique de la consistance.

Théoriquement le rachitisme est la substitution d'un état
liquide, puis pâteux, à l'état solide normal dans les os. C'est
un excès de vitalité morbide, une exubérance de vie organique dans des tissus peu actifs. Cependant, même à l'état
normal, dans les os comme dans tous les tissus, la vie réside

et s'entretient dans l'état liquide en circulation, dans le sang
des vaisseaux et dans un liquide nourricier répandu par les
ostéoplastes.

Même observation dans les végétaux, où l'importance cellulaire est encore plus exclusive que dans les animaux : « Le
« contenu d'une cellule végétale est solide, liquide ou gazeux.
« Le contenu solide est formé de grains de fécule pressés les
« uns contre les autres, dans les interstices desquels se trou-
« vent ou des gouttes d'huile, ou un liquide avec ou sans
« granulations moléculaires. Le contenu liquide est quelque-
« fois homogène (essence des aurantiacées, liquides mucila-
« gineux des chicoracées) ou aqueux, avec ou, assez rare-
« ment, sans granulations moléculaires azotées, grains de
« fécule, de chlorophylle, ou gouttes huileuses ou rési-
« neuses en suspension ou émulsion. Le contenu gazeux est
« formé d'acide carbonique, d'oxygène, quelquefois d'a-
« zote, etc. (1) ».

On voit que le contenu solide, en tant que masse, ne représentant en aucune façon l'état solide des corps, mérite
beaucoup mieux la désignation d'état pâteux.

Dans les végétaux, dans les animaux, dans les corps planétaires, les modalités organiques sont les mêmes : état pâteux, liquide et gazeux, pour les manifestations de la vie;
état solide pour les choses mortes et inertes.

Il me paraît conforme à l'enseignement de la physiologie
d'englober dans un même mécanisme de genèse et la trame
inorganique des os et la charpente granitique des planètes,
c'est-à-dire l'état solide proprement dit des corps vivants; en
considérant celui-ci comme un dépôt de sécrétion, que le
fleuve de la vie en passant a jeté sur ses bords.

Il est un élément organique, que l'on rencontre à la source
de toute vie associé aux trois modalités fondamentales, dont
le rôle est tel qu'on doit le regarder, et que les auteurs le

(1) *Dictionnaire de Médecine*, Littré et Robin.

regardent en effet comme l'élément vital par excellence : c'est le support collectif dit granulaire que l'on appelle, suivant l'idée que l'on envisage, *granulations moléculaires* en faisant allusion à sa structure organique, *microzyma* en faisant allusion à sa faculté de sécréter la zymase, ferment soluble, et enfin *granulation vitale* à cause de sa propriété dynamique et de son importance dans l'organisation des êtres.

Cette troisième désignation m'appartient. La seconde est de MM. Béchamp et Estor, qui les premiers ont cru reconnaître que les granulations moléculaires sont des corps organisés, vivants, capables de se reproduire et de sécréter un ferment soluble, lequel convertit les matières amylacées en glucose.

Les granulations, dit le professeur Robin, « sont très pe- « tites, formées de substance organisée, larges de 0ᵐ,0005 à « 0ᵐ,0030 ; on les trouve soit en suspension dans toutes les « humeurs du corps, soit interposées aux fibres, soit incluses « dans la substance des cellules, des fibres et autres éléments « anatomiques, soit surtout dans beaucoup d'espèces de ma- « tières amorphes (1). »

Le dernier mot n'est pas encore dit sur ces supports élémentaires de tout organisme. Tandis que MM. Béchamp et Estor donnent le nom générique de microzymas à toutes les granulations élémentaires de l'organisme sain ou malade, capables de devenir des ferments organiques, non-seulement à celles de nos tissus, mais à celles des humeurs du genre virus et vaccin ; tandis que ces auteurs regardent les microzymas comme de petits êtres vivants et indépendants, doués d'organes distincts et d'une vie qui ne s'éteint pas avec celle de l'organisme supérieur où ils sont enfermés, se nourrissant alors, dit le docteur Caizergues, des matériaux de l'animal qu'ils ont formés pendant la vie de celui-ci, se nourrissant de

---

(1) *Dictionnaire de Médecine*, Nysten, Littré et Robin.

tous les éléments au milieu desquels ils sont plongés dans nos cellules, décomposant la trame de nos tissus pour en absorber les éléments (1) ; tandis que ces auteurs admettent et démontrent que ces mêmes granulations ou ces micro-zymas se convertissent, partiellement dans le cas de maladie, totalement après notre mort, en une série de métamorphoses animales, deviennent *bactéries*, *bactéridies*, *mycélium*, ces divers genres de la classe des infusoires et des champignons : M. Chauveau, de Lyon, au contraire, prétend que le virus a pour principe (et ce qu'il dit du virus est applicable à tous les tissus) non des ferments, non des êtres vivants et indépendants, mais des granulations, dites virulentes, *sans autre caractère que celui d'éléments anatomiques*, les unes libres, les autres agglomérées, et nageant dans un blastème. Elles ont sans doute, dit-il, des caractères différentiels, mais la science ne peut pas encore les reconnaître. Ces granulations sont vivantes, ont une individualité et des évolutions. Ce sont peut-être, dit-il, des formes transitoires et embryonnaires de proto-organismes polymorphes, de ferments par exemple.

Proto-organismes pour les uns, simples éléments anatomiques pour les autres : telles sont les deux opinions sur la nature des granulations moléculaires. Dans tous les cas personne ne leur conteste la propriété d'éléments vitaux par excellence : elles sont donc toujours et quand même des granulations vitales ; et c'est à ce point de vue seulement que je les étudie dans cet ouvrage.

Cependant qu'on me permette de faire une remarque, d'émettre une idée, sans rien affirmer d'ailleurs.

Nous vivons et nous respirons dans l'atmosphère, dans laquelle vivent également et se meuvent des milliers de proto-organismes, des milliers de germes, ferments ou autres, animaux et végétaux microscopiques, dont quelques-uns sans doute sont trop petits pour que nous puissions les observer

(1) *Les Microzymas*, par le Dr Caizergues.

même au microscope. Ces petites individualités vivantes, représentant la vie à son état le plus élémentaire, sont une association ou un groupement de quelques molécules en synthèse granulaire. Or, deux choses sont certaines : 1° que ces germes se développent et deviennent, suivant les cas, soit des infusoires, soit des champignons, lorsqu'ils se trouvent dans un milieu favorable ; 2° que jusqu'alors ces germes se maintiennent à l'état de germe, indéfiniment, sans rien perdre de leurs propriétés. A ces deux choses, on peut en ajouter une troisième également certaine : savoir, que ces germes pénètrent en nous par la respiration, circulent avec notre sang dans tous les organes et entrent même dans les cellules ; *faisant ainsi partie de notre corps sans nous appartenir en aucune façon.* Ils se maintiennent, dans le corps animal aussi bien que dans l'atmosphère, à l'état de germe, état inerte pour ainsi dire, jusqu'à ce que, une cause quelconque venant modifier le milieu de notre organisme, le terrain devienne favorable à l'évolution de ces germes, qui se tournent alors en bactéries, en bactéridies, ou en champignons. C'est ainsi qu'on a trouvé des infusoires innombrables dans le sang, et surtout dans l'air expiré par les malades atteints de fièvre typhoïde (1); dans celui des individus malades du charbon; dans les produits de la gangrène. C'est ainsi que l'*oïdium albicans* du muguet appartient à la classe des champignons.

Avec la théorie de Béchamp, nouvellement appuyée par le docteur Caizergues, la base de notre organisme serait constituée par de petits êtres indépendants, du règne animal. Où en serait alors l'individualité ? D'autre part, la stéatose granulaire, ou transformation graisseuse de nos éléments organiques dans certains cas morbides donnés, est, pour les granulations moléculaires, un phénomène de mort nullement en rapport avec l'idée de leur indépendance vitale et animale.

(1) Mémoire présenté à l'Académie des Sciences, par M. le Dr Poulet, le 2 avril 1867.

Dans toutes les expériences faites avec le plus grand soin pour se mettre à l'abri des germes apportés par l'air, lorsqu'on emploie des fragments de nos organes, du foie par exemple, on peut toujours objecter que les germes préexistent en ceux-ci, qu'ils sont contenus et conservés aussi bien par le corps animal que par l'atmosphère, et qu'après notre mort, recouvrant leurs droits d'évolution dans un milieu où ils ne sont plus contrariés, ils se développent selon le genre auquel ils appartiennent.

Si l'on admet plutôt, avec le docteur Lemaire, qui a fait une étude spéciale des infusoires au point de vue hygiénique, que les germes ne préexistent pas en notre milieu comme dans l'atmosphère, étant détruits sous l'influence des fonctions vitales physiologiques, et qu'à l'état pathologique seulement ils vivent et se développent en nous : cette opinion est aussi défavorable aux expériences de M. Béchamp et de M. Caizergues, parce qu'elle implique que, durant la dernière maladie ou les derniers moments de l'agonie, les germes incessamment introduits par la respiration n'ont pu être détruits par des fonctions en désarroi, et qu'au moins alors ils pénètrent dans notre milieu organique, pour y conserver l'inertie de leur *statu quo*, jusqu'à ce que les circonstances rendent ce milieu favorable à leur évolution.

Une autre opinion se dresse devant moi, avec toutes les séductions d'une théorie féconde et générale, laquelle, respectant l'individualité temporaire des granulations vitales et les regardant, dans le corps animal, comme de simples éléments anatomiques, a été soutenue avec talent par M. J. Duval, pharmacien, dans sa thèse des *ferments organisés*.

Il est écrit dans cette thèse, page 30 : « Nous pensons que « ces granulations sont incapables de développer par elles- « mêmes la fermentation avant d'avoir subi une certaine « modification morphologique, avant d'avoir assimilé, dans « des milieux convenables, une quantité de nourriture suffi- « sante pour devenir des organismes. . . . .

« ....Nous ne sommes pas, sous ce rapport, de l'avis
« de MM. Béchamp, Estor et Le Ricque de Mouchy, qui
« affirment que ces corpuscules, auxquels ils donnent le nom
« nouveau de *microzymas*, sont par eux-mêmes des ferments
« énergiques, des ferments producteurs d'alcool. »

Plus loin, page 37. : « De tous ces faits, il reste donc bien
« avéré pour nous : 1° que, malgré que l'air soit la source la
« plus commune des ferments, ce disséminateur universel
« n'est pas toujours indispensable à leur formation originelle ;
« 2° que la panspermie pure et simple, abstraction faite de
« la mutabilité des germes, est impuissante à expliquer leur
« origine dans tous les cas ; 3° enfin, que du moment où les
« reproducteurs des ferments ne se trouveraient pas en na-
« ture dans les liquides normaux retirés de l'organisation vi-
« vante, les granulations renfermées dans les cellules non
« brisées qu'on rencontre forcément dans ceux-ci sont
« susceptibles de s'accroître et de devenir, après modifica-
« tion des ferments actifs, aptes à se reproduire, et possè-
« dent, en tous points, le caractère des ferments proprement
« dits.

« La panspermie, la mutabilité des germes et leur forma-
« tion possible dans les cellules vivantes, voilà donc trois
« moyens d'action qui se simplifient l'un par l'autre. Ajou-
« tons, enfin, qu'ils annihilent d'une manière évidente la
« croyance aux genèses spontanées. »

Cette *théorie de la panspermie*, avec *mutabilité* ou transmuta-
tion possible des espèces les unes dans les autres, est encore
une des assises de la science future, aussi importante et aussi
féconde que la *théorie des forces vives* et que la *théorie des
types*. C'est avec de telles assises qu'il est permis d'édifier la
théorie plus vaste encore de l'univers !

Les idées émises par M. Chauveau, de Lyon, se relient naturellement à ces idées de mutabilité des germes.

Quoi qu'il en soit, parallèlement à ces observations sur les
métamorphoses des microzymas, la science s'est enrichie

depuis moins de dix ans d'observations microscopiques sur les mouvements des granulations moléculaires et des cellules. Avec ces faits, la *physiologie granulaire* commence de se créer.

Schultze, Recklinghausen, Virchow, Preyer, Hœckel et de la Valette-Saint-Georges, en Allemagne, ont observé, dans les éléments cellulaires de l'organisme des mouvements remarquables et de la plus haute importance, auxquels on a donné le nom de mouvements *amiboïdes*, à cause de leur ressemblance avec les mouvements des *amibes*, infusoires du genre Protée.

Ces mouvements sont variés et très rapides : ce sont ici des prolongements en doigts de gants, des poussées qui s'échappent de la cellule et rappellent les prolongements polaires des cellules nerveuses; ce sont là des mouvements de reptation ou de glissement, qui produisent un déplacement total de la cellule ; tantôt on assiste à des mouvements centrifuges ou d'expansion, tantôt à des mouvements de concentration ou centripètes ; la cellule revêt dans quelques minutes les formes les plus diverses : « Dans le sang, dit Schultze, on « voit les corpuscules blancs se glisser entre les rouges, « comme le feraient des animalcules cellulaires dits *amibes*, et « se frayer un passage en les écartant et en se pliant. »

On a observé ces mouvements dans les corpuscules blancs du sang, dans les globules rouges, dans les globules de la lymphe, dans les cellules fusiformes, et d'une manière générale dans toutes les cellules jeunes et en voie de développement.

Qui plus est, de l'observation de ces mouvements et du phénomène d'intussusception de fines particules colorées dans les globules blancs du sang, Schultze est arrivé à conclure que ces globules rentrent dans la catégorie des *cellules sans membranes*, et ne sont constitués que par du *protoplasma entourant un noyau*. Il ressort en outre, de ces observations que les globules rouges, privés de noyau, le sont aussi de membrane enveloppante.

Le protoplasma est aux cellules ce que le plasma est aux vaisseaux sanguins : liquide nourricier, doué de propriétés vitales par les supports granulaires qu'il contient, auxquels il sert de véhicule et toujours plus ou moins visqueux. De même que le protoplasma cellulaire est animé par des granulations, par un ou plusieurs noyaux et nucléoles, le plasma vasculaire recèle des globules blancs et des globules rouges, fournis tous les deux de granulations moléculaires : jusqu'à ce temps on avait nié leur existence dans les globules rouges, mais le docteur Caizergues rapporte une expérience dans laquelle il les a constatées. Le blastème, dérivé tantôt du plasma, tantôt du protoplasma, est distingué en médecine de ceux-ci comme étant plus particulièrement un liquide de genèse au lieu d'être un liquide de nutrition ; mais cette distinction devient insuffisante, aujourd'hui que les découvertes de la science permettent de regarder la nutrition comme une génération moléculaire incessante. Le blastème est un véhicule liquide semé de granulations vitales. Le protoplasma n'est pas autre chose, et le plasma également, bien qu'on n'ait pas aperçu encore les fines granulations libres dont il ne peut pas ne pas être semé. La différence entre ces trois liquides vivants doit donc être cherchée dans la composition physique et chimique du véhicule, et dans l'organisation des supports granulaires.

Si Schultze a pu conclure de ses observations que les corpuscules blancs sont des cellules sans membrane, il est aussi logique de déduire, des mouvements amiboïdes que présentent les globules rouges, que le milieu liquide par lequel ils sont formés est pourvu de granulations vitales, de la même façon et pour la même raison que les globules blancs : le liquide par lui-même ne sert que de véhicule, et les propriétés de vie et de mouvements qu'il possède relèvent des éléments organiques. Cette déduction logique est appuyée par l'expérience du docteur Caizergues. Pour la confirmer encore, je dirai que les globules rouges, chauffés à 60 degrés, perdent

leur propriété de changer de forme, celle de se mouvoir,
meurent par conséquent, puis deviennent sphériques et gra-
nuleux. D'où viennent ces granulations, sinon de granulations plus petites préexistantes?

Au degré où la science s'est élevée, il est permis d'exprimer cette vérité comme un axiome physiologique : que partout où s'accomplissent des mouvements vitaux, que *partout
où se manifestent des propriétés vitales, que partout en un
mot où l'on est sur un terrain physiologique, il existe, visibles
ou invisibles au microscope, des granulations moléculaires ou
vitales.*

Il reste encore un vaste champ à défricher sur la question
des granulations vitales, tant au point de vue anatomique et
physiologique qu'au point de vue pathologique. Tout est là :
ces supports sont la source des manifestations physiologiques
et morbides ; ils sont le berceau de la vie. Mais je poursuis
mes études dans la direction dynamique et synthétique où je
me suis placé tout d'abord.

En définitive et d'une façon générale, tous les corps vivants se résument en deux genres de véhicules, l'un liquide,
l'autre gazeux, dans lesquels sont répandus plus ou moins
abondamment, et avec des propriétés diverses, les éléments
vitaux proprement dits, les supports de tout organe et de
tout organisme, les granulations moléculaires. Entre l'état
liquide et l'état pâteux, la différence est dans les proportions
en plus ou en moins du véhicule, des supports et du volume
de ceux-ci.

Dans l'état solide proprement dit, modalité des choses
mortes, les molécules sont associées entre elles et par masse,
dépourvues de toute espèce de véhicule intrinsèque ; mais,
par suite de la constitution planétaire, toutes les substances
mortes qui s'y trouvent, quelle que soit leur origine, sont
baignées dans un véhicule extrinsèque, lequel ne leur appartient pas, tel que le véhicule gazeux de l'atmosphère et le
véhicule liquide de l'Océan ou de ses dérivés.

Le véhicule des corps vivants, où nagent leurs supports dynamiques, leur appartient en propre, à titre essentiel et en tant que nécessité organique. Les relations du véhicule et des supports sont solidaires.

Les granulations vitales sont une synthèse de molécules, comme celles-ci une synthèse d'atomes; elles sont la *première base organique* des corps vivants, unité collective primaire, par opposition aux atomes éthérés et chimiques, lesquels représentent l'unité individuelle et absolue. Les atomes sont des supports dynamiques seulement, les granulations sont des supports physiologiques et organisés.

Dans cette première conception physiologique, ce n'est pas une fiction de regarder les molécules simples comme des organes rudimentaires de la granulation, laquelle représente elle-même un organisme rudimentaire, jouissant d'une individualité relative; où, pour la compréhension des phénomènes de prolifération, tous les faits observés, soit à l'état physiologique ou à l'état morbide, obligent d'admettre une propriété distincte dans chaque molécule en tant qu'organe, et une propriété générale, résumé de chaque propriété moléculaire, dans la granulation en tant qu'organisme. Ces distinctions fonctionnelles sont basées sur des distinctions correspondantes dans les groupements moléculaires: c'est l'application physiologique de la *théorie des types*.

Ces différences de molécule à molécule répondent aux différences de granulation à granulation, de cellule à cellule, de viscère à viscère. Les granulations du foie n'ont pas la même composition que celles des reins; celles des reins que celles des nerfs ou du cerveau; celles du corps animal que celles du corps planétaire. Ces caractères différentiels sont indiscutables, bien que la science ne soit pas assez avancée pour les reconnaître directement : on les juge par leurs effets.

Si la granulation moléculaire est la première base organique, la cellule en est la seconde : c'est l'unité collective secondaire, formant un organisme moins rudimentaire, puisque, en outre du véhicule, elle renferme un noyau, un ou plusieurs nucléoles, et un grand nombre de supports granulaires. Les noyaux et les nucléoles sont des synthèses granulaires; la cellule est une synthèse granulo-nucléaire et mieux nucléo-nucléolaire, lorsqu'elle est complète dans son organisation.

Des cellules on s'élève aux organes, qui sont une synthèse cellulaire, et des organes à l'organisme général du corps vivant.

L'étude des supports granulaires, pour être complète, doit embrasser la *constitution physique* de ces supports, leur *constitution chimique* et leur *constitution dynamique*, puis les envisager dans les conditions physiologiques et dans les conditions pathologiques. Comme je l'ai dit déjà, mon devoir est d'étudier spécialement les conditions dynamiques et synthétiques des corps.

L'étude physique ou organique et l'étude chimique des granulations sont encore dans l'enfance. Si « presque tous « les éléments anatomiques contiennent dans leur épaisseur « des granulations qui prennent part à leur stucture, » dit M. Robin, l'illustre professeur d'histologie, il faut ajouter que « ces granulations diffèrent les unes des autres au point « de vue de leur coloration et de leurs réactions chimi- « ques. » On connaît les granulations *graisseuses*, les granulations *grises*, les granulations *pigmentaires*, et d'autres qui n'ont pas reçu de nom particulier. Leurs caractères physiques, leur composition chimique et leurs propriétés physiologiques varient suivant les organes et suivant les tissus; mais leur constitution dynamique reste la même au milieu de ces variétés, de même que le mécanisme qui préside aux transformations et à la prolifération de leurs forces vives. Ce sont toujours des supports chimico-éthérés, susceptibles de mouvements divers, amiboïdes ou autres, dont il faut distinguer toutefois les mouvements browniens.

« Le mouvement brownien, dit M. Robin (1), n'a aucune
« analogie avec les mouvements sarcodiques et amiboïdes,
« ni avec les mouvements ciliaires..... Ce mouvement est
« plus vif dans l'eau et dans les autres liquides chauffés qu'à
« froid ; mais l'électricité, la lumière, etc... ne le modifient
« pas..... Il faut se garder de le considérer comme indiquant
« un mouvement de locomotion animale propre à ces parti-
« cules (les granulations). Il dure indéfiniment dans les pré-
« parations anatomiques qui contiennent des granules en
« suspension, dans des liquides assez ténus pour que cette
« oscillation ait lieu. C'est un phénomène particulier, com-
« mun à toutes les variétés de granulations moléculaires
« (des corps vivants et des substances inertes), et ne se rat-
« tachant en aucune manière à l'animalité. »

Si ce mouvement n'a rien de caractéristique au point de
vue de la vie, contrairement à l'importance des mouvements
amiboïdes, il doit sans doute se rattacher, comme un effet
éloigné à sa cause, à la faculté de vibration que possèdent les
atomes éthérés, lesquels font partie intégrante de toutes les
molécules constituantes des corps.

Quoi qu'il en soit, la constitution physique de ces corpuscules donne raison de la charpente matérielle ; la constitution
chimique, de la variété des productions, et la constitution
dynamique, des propriétés vitales.

De deux choses l'une : ou les granulations vitales sont de
simples éléments anatomiques, ou elles sont de petits corpuscules jouissant d'une vie et d'une organisation indépendante,
des microzymas en un mot. Dans les deux cas, ces supports
vivants doivent leurs propriétés à des atomes éthérés, lesquels
sont la source de tout mouvement dynamique, et la disposition de ces atomes, dans des organismes aussi élémentaires,
ne peut être autrement que simple et élémentaire aussi elle.
C'est dire que le système dynamique des granulations vitales

(1) *Traité du microscope*, p. 527.

doit être établi sur les mêmes bases que celui des molécules inertes des corps solides, et que l'atmosphère éthérée enveloppe les molécules et les granulations dans l'hypothèse des mycrozymas comme dans l'autre. Les propriétés physiologiques de la granulation vitale dérivent de cette association des deux ordres d'atomes : elle est granulation par les atomes chimiques agrégés en molécules, et granulation vitale par le concours réciproque que les atomes éthérés et les molécules chimiques se prêtent dans ce petit organisme élémentaire, ainsi constitué dans un but fonctionnel, sous la haute direction de l'âme.

Il faut regarder chaque unité granulaire comme enveloppée d'une atmosphère d'atomes éthérés : atmosphère générale et commune, dont l'étendue varie selon la puissance physiologique de la granulation ; et chaque molécule constituante comme entourée également d'une pareille atmosphère, plus petite naturellement et d'importance subordonnée. Cette constitution moléculaire des corps est universelle, appartenant aussi bien aux molécules vivantes qu'aux molécules mortes, puisqu'en réalité celles-ci sont issues de celles-là ; et je ne fais pas de la science de fantaisie en appuyant sur la valeur de cette constitution dynamique, sur son mécanisme nécessaire et sur ses conséquences physiologiques.

Je dis donc que de l'unité organique de la granulation vitale on est en droit de déduire la liaison des atmosphères moléculaires entre elles, et la liaison réciproque des parties et du tout. Or, cette liaison ne peut être marquée et maintenue, dans l'espèce, que par un petit courant intermédiaire entre chacun des tourbillons atmosphériques ; lequel nous ramène encore à la constitution des molécules inertes, et appartient au mouvement collectif de translation des atomes éthérés. Si l'unité organique ou anatomique de la granulation relève de l'agencement de ses molécules chimiques, son unité physiologique et fonctionnelle relève de la liaison dynamique de ces courants partiels successifs, par voie d'anas-

4

tomose, et de l'orientation commune dans un courant synthétique.

La vie granulaire implique l'orientation de ses courants
éthérés anastomosés entre eux, de molécule à molécule. La
désorientation est le signal de mort, le commencement de la
décombinaison, la condition dynamique de la désagrégation :
mais on sait qu'il n'existe aucun rapport de durée entre la
vie de l'organisme et celle de ses éléments fondamentaux,
granulations et cellules.

J'irai plus loin. Si les courants éthérés par leur orientation
sont le lien physiologique qui enchaîne les molécules dans
l'unité granulaire, ce sont eux aussi, par influence inductrice
ou par voie d'anastomoses sans cesse rompues et renouvelées
sans cesse, qui enchaînent les granulations autour du noyau
et des nucléoles dans l'unité cellulaire. A quelle cause, en
effet, sinon à une propriété dynamique, attribuer le maintien des granulations, des nucléoles et du noyau en mode
cellulaire, dans une sphère déterminée, sans paroi enveloppante, sans obstacle mécanique à leur expansion, et spécialement dans un liquide toujours en mouvement, tel que le sang
de nos vaisseaux, où nagent par milliers des hématies et des
corpuscules blancs?

La forme circulaire et sphéroïdale étant celle que prennent
naturellement les éléments vitaux et les organes libres de
leurs mouvements, comme le système solaire nous en fournit
un exemple, et le mouvement de rotation appartenant essentiellement à ces éléments, grands ou petits, enfermés dans
une cellule, en tant que dérivé du mouvement rotatoire des
atomes fondamentaux ; il y a lieu de croire que la disposition des molécules dans l'enceinte granulaire, si je puis ainsi
dire, est fréquemment, sinon toujours, celle qui suit : une
molécule centrale faisant fonction de noyau et représentant
l'organe principal, comme le cœur du support granulaire,
une couche de molécules réparties autour de ce point central,
et par-dessus, successivement et plus ou moins régulière-

ment, une seconde, une troisième couche de molécules, suivant l'importance de l'unité granulaire.

Chacune de ces molécules ayant son enveloppe éthérée et toutes communiquant par des anastomoses les unes avec les autres, la synthèse granulaire est formée pour ainsi dire de plusieurs étages successifs d'atmosphère commune, ou encore d'une série de spirales enroulées dans un nœud.

Chaque groupe granulaire devient un foyer organique, un centre d'action, une source de forces vives, imitant en petit la disposition cellulaire et la répartition des planètes dans un système solaire. Ce n'est pas là une pure fantaisie ; ce n'est pas un caprice de mon imagination. Cette synthèse est dans la nature ; la logique des idées m'y fait aboutir, et, plus on avancera dans le cours de cet ouvrage, plus on verra que l'unité de plan et de mécanisme, laquelle règne partout dans l'univers, proclame hautement la commune origine de tous les éléments des corps.

Dans chaque foyer granulaire les atomes éthérés nous apparaissent avec leurs mouvements propres et essentiels, individuels et collectifs, et avec leurs propriétés ; mais l'observation des phénomènes organiques nous obligent d'admettre que ces mouvements, complétement et librement développés dans le corps sidéral auquel ils appartiennent par essence, ne le sont pas également dans les corps animaux et végétaux dérivés du premier; que les atomes y rencontrent des conditions plus favorables à tel mouvement, moins favorables à tel autre, et qu'il en résulte une application spéciale de la solidarité naturelle des trois genres de forces vives.

Mouvements de vibration transversale, mouvements de vibration verticale, mouvements de translation ou de circumduction, tels sont les mouvements inhérents aux atomes éthérés que nous retrouvons autour de chaque molécule et autour de chaque granulation vitale.

La présence du véhicule liquide, dans lequel nagent tous les éléments fondamentaux de l'organisme animal ou végétal, jouant un rôle important à l'égard de ces mouvements divers, ceux de vibration transversale, déjà arrêtés par la membrane tégumentaire et opaque, cutanée ou corticale, y rencontrent un obstacle dont l'effet, ajouté à la spécialité de leur mode dynamique, explique le non-développement de la force lumineuse dans ces deux règnes vivants.

Le mouvement luminifère en se détruisant se transforme; ses vibrations effacées se tournent en vibrations verticales et calorifiques ou en mouvement de translation : en un mot l'antagonisme s'établit dès lors, la loi de compensation trouve son application, et le principe de la métastase dynamique se révèle en son berceau : le moins se tourne en plus, et la gêne d'un mouvement devient suractivité pour un autre.

Les conditions défavorables aux vibrations transversales sont au contraire favorables aux vibrations verticales; lesquelles pénètrent le foyer granulaire, s'ajoutent les unes aux autres et se concentrent entre chaque molécule, s'étalent et se multiplient entre chaque étage moléculaire, puis aboutissent au cœur de la granulation; où, n'étaient les transformations physiologiques auxquelles elles concourent, leur présence et leur suractivité se traduiraient, de même que dans les substances inertes, par un mouvement général d'expansion et de dilatation, réaction centrifuge de leur premier travail centripète. Cette force calorifique ou thermogène, après s'être développée par sa *modalité-libre*, se répand en *modalité-sensible* dans le milieu liquide servant de véhicule, dont elle entretient la température physiologique, et, suivant les circonstances, se résout en tel ou tel *travail* ultime, préside à telle ou telle combinaison moléculaire nouvelle.

Le mouvement de circumduction moléculaire et granulaire, qui représente la force électrique dans l'organisme sidéral, ne peut figurer autre chose dans l'organisme animal : et cependant l'électricité, en tant que modalité sensible, n'est pas une propriété inhérente à notre corps, non plus que la lumière dont les vibrations néanmoins sont inhérentes aux atomes éthérés. Qu'est-ce à dire? Cela signifie, comme je l'ai déjà indiqué, qu'il faut distinguer deux états différents dans les trois genres de forces vives universelles : *l'état neutre*, embrassant la modalité-libre et la modalité-travail, ces deux nuances où le mouvement se manifeste comme force de transformation, sans revêtir aucun cachet spécial, sans prendre aucune marque caractéristique ; et *l'état sensible*, répondant à la modalité de ce nom, où chaque mouvement se distingue par une propriété *sui generis*.

Le mouvement de vibration luminifère n'existe dans le corps animal et dans le corps végétal qu'à l'état neutre ; le mouvement de translation électrogène ne s'y produit qu'à l'état neutre ; le mouvement de vibration calorifique s'y manifeste à la fois par les trois modalités de sa force vive : la chaleur sensible, à un degré voulu, est une condition essentielle de notre vie, une propriété inhérente à notre organisme ; mais ni la lumière, ni l'électricité sensible ne nous appartiennent ; elles sont même incompatibles avec le maintien de notre fragile existence. L'observation des phénomènes physiologiques et plus encore celle des phénomènes morbides ne laissent aucun doute à cet égard. S'il en était autrement, nous verrions tout organe enflammé devenir une source de dégagement d'électricité, l'étincelle s'échanger entre deux organes atteints d'une congestion inéquivalente, et notre corps fournir normalement des décharges électriques, comme il arrive exceptionnellement dans les temps très orageux des pays chauds, comme il arrive pour la torpille et quelques autres poissons.

Il est du reste, dans notre organisation intime, une cause physique, de laquelle il ressort que l'électricité ne peut s'accumuler en *tension* dans notre corps ; que ses manifestations sensibles ne peuvent avoir lieu ; et que cette force, lorsqu'elle se trouve en excès sur les besoins de transformation réguliers ou morbides, lesquels la consument à l'état neutre ainsi que la force luminifère, s'écoule au fur et à mesure, et d'une façon insensible, dans le corps planétaire où nous vivons : c'est le véhicule liquide, dont toute granulation vitale est enveloppée, où toute molécule est noyée, aussi bien dans les vaisseaux que dans les cellules, et dans tous les tissus dérivés des cellules ou des noyaux. Chaque cellule est un petit océan, semé d'ilots, semé d'îles flottantes.

En résumé, deux forces principales, résultantes de tous les mouvements intimes, sont en jeu dans chaque foyer granulo-moléculaire et dans l'organisme tout entier : une force de vibrations verticales, la calorifique ou thermogène ; et une force de déplacement, de translation et de circumduction, prenant sa source dans les mouvements du genre électrique : c'est la force électrogène ou simplement électrique, à l'état neutre.

On voit de suite que la première se rattache plutôt à la vie organique des granulations vitales, si je puis ainsi dire par analogie, et la seconde à leur vie de relation : celle-ci concourt aux phénomènes extrinsèques et celle-là aux propriétés intrinsèques. Ce qui est vrai des supports élémentaires l'est du corps entier. C'est dans ce sens que Louis Lucas, dans sa *Médecine nouvelle*, disait avec raison : « La chaleur dans l'or- « ganisme semble présider particulièrement à l'alimentation, « et l'électricité aux phénomèns de déplacement..... Nous « absorbons en nous dans l'atmosphère ces trois modalités « du mouvement, et nous les assimilons, comme nous le fai- « sons des aliments. »

Les courants de circumduction granulaire sont la source des mouvements de ces supports, et la force motrice qui les déplace dans l'enceinte cellulaire. Mais la présence d'un certain nombre de granulations est nécessaire pour cela ; un seul support serait immobile et impuissant. L'unité étant stérile de sa nature ne peut exister dans l'ordre organique, et n'a sa raison d'être, comme je l'ai dit, que dans le plan d'organisation et dans le mécanisme physiologique.

Celui qui veut comprendre le mécanisme de ces mouvements doit se rappeler ici et concevoir avec netteté les courants de chaque unité granulaire, divisés en courants périmoléculaires et en anastomoses intermoléculaires. Or, comme les molécules sont physiologiquement unies par ces anastomoses et par l'orientation commune de toutes les spirales, de même les courants des granules vitaux s'orientent les uns les autres dans une même direction, pour concourir à un mouvement collectif et de déplacement ou à un phénomène quelconque. Ce n'est pas à dire pour cela que dans une cellule donnée les granulations vitales soient toutes et constamment orientées dans une même direction, pour un but fonctionnel unique : loin de là ; et l'observation des errements cellulaires dévoile le contraire : mais seulement que cette orientation intergranulaire est un phénomène physiologique certain, et qu'elle se manifeste suivant les circonstances en telle ou telle place pour un groupe donné de granulations, pouvant même se produire en plusieurs points opposés à la fois avec une orientation diverse. Si, dans le foyer granulaire, l'orientation des molécules, c'est-à-dire de leurs courants spiraloïdes, ne se traduit pas par un déplacement de ces supports, il n'en est pas ainsi dans le champ cellulaire : les granulations sont libres et flottantes ; elles s'orientent tantôt dans une direction tantôt dans une autre, s'envoient des courants d'anastomoses ou s'influencent par induction, s'attirent par ces moyens dynamiques, s'entraînent réciproquement ; et le résultat d'une orientation granulaire, plus ou moins étendue, est un mouvement général de déplacement des granulations, une poussée de supports dans laquelle est compris le véhicule ou le protoplasma, souvent aussi le noyau. Telle est la force motrice des cellules, le principe de leurs propriétés d'expansion et de concentration, celui de leur propriété de segmentation ; cette force que les auteurs allemands ont observée dans ses effets, et qu'ils ont désignée par le nom de *contractilité* : j'ai nommé la force, j'ai décrit le mécanisme des mouvements *amiboïdes*.

Claude Bernard a parlé dans ce sens généralisateur, lorsqu'il a dit : « Toutes les substances contractiles ne sont que « les degrés divers d'une même substance, et tous ces mou- « vements des variétés d'un mouvement unique dans son « essence (1). »

Les mouvements des granulations vitales, dit le Dr Caizergues, et il veut parler du mouvement brownien, « sont dus « probablement à un cil vibratile, qui sera sans doute cons- « taté ultérieurement, lorsque le progrès de la micrographie « aura mis à la disposition des observateurs un grossissement « suffisant. »

Si les granulations vitales sont des microzymas, animalcules dont l'individualité est indépendante de la nôtre, les cils vibratiles ne peuvent manquer d'exister en tant qu'appendices ou organes de locomotion. Mais si les granulations ne sont autre chose que des éléments anatomiques, ces cils vibratiles n'ont plus la même raison d'être.

Dans tous les cas, et c'est ici l'essentiel, les mouvements collectifs de la granulation et ceux du cil vibratile relèvent également des molécules vitales et constituantes que ces éléments contiennent, c'est-à-dire des courants éthérés qui les enveloppent et s'anastomosent entre eux. Car le cil vibratile lui-même renferme des granulations infiniment petites, ou si l'on aime mieux des molécules vitales, lesquelles, possédant la même constitution dynamique que les supports granulaires, sont par leurs courants anastomosés et orientés la cause réelle des mouvements du cil.

Il faut conclure de ceci que la question des éléments anatomiques primaires peut être plus ou moins reculée par les progrès de la micrographie, que la question des granulations n'est pas résolue sur le terrain de leur individualité et de leur organisation ; mais que, quoi qu'il arrive, la constitution dynamique de ces éléments anatomiques primaires demeure

(1) *Leçons sur les propriétés des tissus vivants.* Paris, 1866.

établie, à quelque profondeur qu'on les découvre, et que les atmosphères éthérées avec leurs courants jouent le rôle principal dans la physiologie des supports vivants.

———————

CHAPITRE III

Système de transmission et force nerveuse dans l'organisme animal.

Les premiers supports organiques de tous les corps vivants sont les molécules et les granulations vitales, les atomes étant des éléments simples sans aucun caractère d'organisation. Ces supports, qui sont les matériaux de constitution des cellules et des organes, se comportant eux-mêmes à la façon d'organismes rudimentaires, doivent leurs propriétés dynamiques aux atmosphères éthérées qui les enveloppent.

Dans le corps sidéral les trois forces vives, émanées des mouvements éthérés, sont également en activité. Dans les corps animaux et végétaux deux de ces forces seulement sont physiologiquement développées : la force calorique et la force électrique. Encore ai-je fait cette distinction que la dernière ne se produit pas à l'état de modalité sensible ? Que faut-il entendre par cette expression ?

Une force vive en modalité sensible est l'excédant des besoins de transformation. Une telle force s'accumule, lorsqu'elle ne peut s'écouler; elle s'accumule en tension et devient appréciable à nos sens : c'est ainsi que la lumière est une tension des vibrations transversales non transformées ; la chaleur, une tension des vibrations verticales non transformées ; l'électricité sensible, une tension des courants éthérés dont le besoin de transformation n'est pas satisfait.

La force thermogène non transformée s'accumule en tension dans notre organisme, élevant par ce moyen jusqu'au taux physiologique la température des milieux liquides où nagent les granulations moléculaires. Dans les fièvres, les congestions et les inflammations, cette tension s'accroît de quelques degrés, en même temps que la suractivité dynamique, en tant que modalité neutre, concourt aux transformations et aux productions pathologiques. Cette tension équivaut pour un organisme à une réserve de force vive.

La force électrogène ne s'accumule pas en tension dans notre corps, parce que, au fur et à mesure de son développement, tout ce qui n'est pas utilisé par les transformations dynamiques, par les travaux physiologiques ou morbides, s'écoule dans la terre au moyen du véhicule liquide où baignent tous les éléments de nos organes. La force électrique agit en nous sous deux modalités : comme force capable de s'éteindre en un travail équivalent qu'elle concourt à produire, et comme force de transformation dynamique, servant à l'évolution des divers phénomènes. Tout le reste s'écoule : il ne se fait pas de réserve électrique. Et c'est par ce surplus qui s'écoule que nos instruments révèlent la présence de l'électricité dans le corps animal, comme le thermomètre révèle la quantité en tension de calorique sensible. Le thermomètre accuse la chaleur qui s'accumule, et non celle qui se transforme ; le galvanomètre aussi accuse l'électricité qui s'enfuit, et non celle qui se transforme. La différence tient au mode vibratoire de l'une et aux courants de l'autre, comme aussi à ce que l'électricité ne s'accumule pas en tension ou modalité sensible.

Dans tout organisme il existe un système spécial pour relier entre eux les divers organes, système de communication dynamique, servant à la transmission des impressions, au déplacement des forces vives et de leur suractivité. Dans le corps animal ce système porte le nom de système nerveux ; sa force est la force nerveuse.

Il s'agit de savoir si la force nerveuse appartient au genre calorifique ou au genre électrogène ; si elle relève d'un mouvement vibratoire ou d'un mouvement de translation, et si sa propagation s'opère par vibrations successives ou par courants ; problème depuis longtemps mis en question, et dont la solution reste encore douteuse.

En d'autres termes, le *cylinder axis* des tubes nerveux étant formé d'une substance relativement épaisse, pâteuse et azotée, qu'entoure une autre substance plus liquide, visqueuse et de nature albumino graisseuse, celle-ci servant de véhicule ou de milieu à celle-là ; cette substance azotée, amorphe, étant composée d'éléments moléculaires associés en masse continue, disposition conforme à l'importance et à la continuité de la fonction, comme dans les fibrilles musculaires la répartition discontinue des molécules est en rapport avec le mode intermittent de la contractilité des muscles et le resserrement des fibres dans le phénomène de la contraction ; et toutes ces molécules vitales du *cylinder axis* étant naturellement, à l'instar des supports élémentaires des autres tissus, enveloppées chacune d'une atmosphère éthérée dont nous connaissons les mouvements de vibration et de circumduction : est-ce par les vibrations successivement propagées de molécule en molécule, d'atmosphère en atmosphère, ou est-ce par les courants de circumduction moléculaire, tous orientés dans une même direction et reliés entre eux par des courants d'anastomose, comme il a été dit plus haut, que se propagent les impressions, que le déplacement des forces ou des suractivités s'opère, que la puissance nerveuse s'accomplit en un mot ?

J'ai soutenu la première hypothèse dans ma *Physio-logie unitaire.* — Malgré les regrets que l'on éprouve à se condamner soi-même, l'amour de la vérité me tenant plus au cœur que l'amour-propre d'auteur, je déclare m'être trompé ; et je crois aujourd'hui, ayant plus de maturité et étant nourri de plus de réflexions, que la solution de la précédente question n'est pas douteuse, et qu'elle doit se faire au profit de la force électrique. Je crois que la force nerveuse se propage par des courants orientés et anastomosés.

Du reste, il faut l'avouer, l'opinion générale reconnaît l'analogie et tend à admettre l'identité entre la force électrique et la force nerveuse ; mais il reste des doutes et des incertitudes que les expériences n'ont pu lever entièrement. Essayons d'éclaircir ce qui reste d'obscur dans cette question.

On ne saurait nier tout d'abord que cette solution soit pour ainsi dire impliquée dans les propriétés et dans les errements différents de ces deux forces vives : la calorique est une force de nutrition et de prolifération, appartenant à la vie organique des supports granulaires et du corps animal tout entier ; la force électrique est une force de déplacement, de propagation, de transmission, utilisée dans la vie animale ou de relation des granulations vitales, des organes et de l'organisme. On verra plus loin que, dans l'organisme planétaire, c'est encore la force électrique qui remplit le rôle du système propagateur, et que celui de la force calorique reste limité au foyer des supports qui l'engendrent.

Il est du reste de notoriété vulgaire que, dans la nature, tous les organes, tous les corps, tous les êtres en un mot sont constitués de la manière qui s'adapte le mieux au rôle qu'ils doivent jouer, à la fonction qu'ils doivent remplir. Or, il est conforme à la raison d'admettre pour les forces vives ce qui est démontré pour leurs supports ; et il est conforme à la vérité de dire que la force électrique, avec ses courants et ses anastomoses, est adaptée pour le mieux au mécanisme de la

propagation et de la transmission, tandis que la force calorique, avec ses vibrations sur place, est adaptée naturellement au mécanisme des phénomènes de nutrition.

Enfin, on lit dans le Dictionnaire de Littré et Robin, à l'article *Electrogénie* : « Par ce fait même qu'un muscle ou qu'un
« nerf, par exemple, entrent en action, ils dégagent une pe-
« tite quantité d'électricité qui se manifeste *sous forme* de
« courants. C'est un fait analogue à celui où la chaleur est
« le *résultat* de la nutrition. L'expérimentation physiologique
« a démontré que les muscles et les nerfs, y compris le cer-
« veau et la moelle épinière, sont doués pendant la vie d'une
« force électro-motrice. »

Si la chaleur *sensible* est le résultat de la nutrition, c'est
parce que la force calorique préside à cette fonction : il serait
plus exact de dire que la chaleur thermométrique et la nutrition accomplie comme acte sont deux résultats de cette force
en activité fonctionnelle dans des éléments chimiques et moléculaires donnés : l'élévation de température est l'excédant
des mouvements calorifiques non transformés, non utilisés
par la fonction. De même, si des courants électriques sont la
conséquence de la mise en activité des nerfs et des muscles,
c'est parce que la force électrique est le principe de cette
activité. Il est vrai que, dans une contraction musculaire, il
se manifeste à la fois de la chaleur sensible et un courant
électrique. Cette coïncidence est naturelle et inévitable, attendu la commune origine des forces vives et leur production
simultanée dans la mise en activité des supports granulo-
moléculaires.

On lit encore : « Les courants que les nerfs et les muscles
« produisent dans les circuits où ils sont enfermés doivent
« être considérés comme des portions dérivées de courants
« infiniment plus intenses, circulant dans l'intérieur des nerfs
« et des muscles autour de leurs particules ultimes. Le pou-
« voir électro-moteur persiste après la mort, ou dans les nerfs
« et les muscles disséqués, après leur séparation du corps de

« l'animal, aussi longtemps que l'excitabilité de la fibre ner-
« veuse et musculaire. Dans les différents tissus contractiles,
« le pouvoir électro-moteur est toujours proportionné à la
« force contractile du tissu. Les muscles produisent en se
« contractant un courant opposé à celui qu'ils développent à
« l'état de repos. Ce courant musculaire inverse ou négatif
« n'est pas permanent pendant les contractions permanentes.
« Il consiste en une succession rapide de courants interrom-
« pus d'intensité variable..... Dubois-Reymond a trouvé un
« courant qui se manifeste dans le corps humain doué de
« toute la plénitude de la vie, au moment où l'on contracte
« les muscles du bras par la puissance de la volonté. Plaff et
« Ahrens ont montré, par des expériences convenablement
« disposées, que : 1° d'ordinaire l'électricité propre à l'homme
« est *positive* ; 2° elle dépasse rarement en intensité celle que
« produit, avec le zinc, du cuivre qui communique avec le
« réservoir commun ; 3° les hommes irritables, d'un tempé-
« rament *sanguin*, ont plus d'électricité que les sujets lourds
« et d'un tempérament lymphatique ; 4° la somme d'électri-
« cité est plus grande le *soir* qu'aux autres moments de la
« journée ; 5° les *boissons spiritueuses* augmentent la quantité
« d'électricité ; 6° les femmes ont, plus souvent que les
« hommes, une électricité négative, sans cependant qu'il y
« ait de règle précise à cet égard : Gardini a trouvé de l'é-
« lectricité négative au temps des *règles ;* 7° en *hiver*, les
« corps très refroidis ne montrent aucune électricité, mais
« celle-ci apparaît peu à peu, à mesure que les corps s'échauf-
« fent ; 8° le corps tout nu et chacune de ses parties donnent
« lieu au même phénomène ; 9° l'électricité semble se réduire
« à zéro pendant la durée des *maladies rhumatismales*, et
« reparaître lorsque la maladie diminue. »

En 1860, Longet s'exprimait ainsi dans sa *Physiologie du
système nerveux :* « Il n'existe aucune preuve directe et cer-
« taine en faveur de l'hypothèse des courants électriques
« circulant dans le système nerveux normal ou à *l'état d'in-*

« tégrité. L'identité de l'agent nerveux et du fluide électrique
« reste encore à démontrer (p. 315). »

En 1867, Emile Saigey disait, dans sa *Physique moderne* :
« Il y a quelques années les travaux publiés par M. Dubois-
« Reymond et plusieurs physiologistes allemands semblaient
« avoir résolu ce problème. On acceptait avec une sorte
« d'ardeur une solution qui se présentait sous les dehors les
« plus séduisants. L'innervation était un courant électrique :
« un courant parcourait le nerf sensitif pour aboutir à la
« cellule sensible ; un courant partait de la cellule motrice
« pour aboutir à l'organe du mouvement..... On s'est re-
« froidi sur cette explication : admise au début sans preuves
« suffisantes, elle fut ensuite rejetée par beaucoup de phy-
« siologistes sans motifs bien valables. »

En résumé, l'état actuel de la science sur cette question
est un champ de contradiction : on a réuni beaucoup de
faits favorables à la thèse de la force électrique ; on en a
réuni beaucoup contre la même thèse : l'un dit oui, l'autre
dit non ; et il est vrai d'ajouter qu'aucun fait jusqu'à ce jour,
ni qu'aucune expérience, n'ont résolu le problème d'une
façon satisfaisante.

Pour ma part, je regarde cette contradiction apparente
comme naturelle dans l'espèce ; j'estime que l'analogie ne
peut être parfaite entre la force nerveuse et le courant électrique d'un fil métallique, ces deux courants étant séparés
par la distance des phénomènes vitaux et des phénomènes
physiques ; et je crois malgré cela que la force nerveuse est
représentée par un courant électrique.

Quelles sont les principales objections à la thèse de l'électricité ? que la rapidité des deux courants n'est pas la même,
plus grande dans les fils métalliques que dans les tubes
nerveux ? Mais il n'est pas surprenant que la vitesse soit
différente entre les substances mortes et les corps vivants,
et qu'il existe même des différences dans les divers organes
d'un organisme donné, lorsqu'on voit cette vitesse varier

dans les substances inertes elles-mêmes, être plus grande
dans un fil de fer que dans un fil de cuivre, par exemple :
que dans un nerf coupé ; malgré le rapprochement des deux
extrémités, la communication nerveuse reste suspendue,
alors même que ce nerf demeure bon conducteur, en tant
que partie animale humide, pour un courant électrique
artificiel ? Mais il est naturel que la section, laquelle implique
sur place une destruction organique, entraîne la suspension
du courant nerveux, et que néanmoins un courant artificiel
puisse encore passer ; car si la force électrique est une dans
son essence, elle varie dans ses manifestations suivant les
les supports qui l'engendrent ; et si dans les substances inertes, elle ne relève que des atomes éthérés, dans les corps
vivants elle relève à la fois de ces atomes et des molécules
chimiques auxquelles ils sont associés : que le névrilème
est un tissu bon conducteur de l'électricité, et que les
courants électriques les plus faibles, dit Person, loin de
suivre les ramifications des nerfs, se jettent dans les muscles dès que ceux-ci leur offrent un chemin plus court ?
Mais c'est là une heureuse prévoyance de la nature, par
laquelle nous sommes préservés de l'accumulation électrique
en modalité sensible ; car, il convient de le redire, la substance organique du *cylinder axis*, loin d'être assimilable à
à un fil métallique conducteur entouré de soie, loin d'être
un simple support conducteur d'un courant unique, est elle-
même un *foyer moléculaire vital, donnant naissance sur toute
la longueur de son parcours à des courants électriques*, dont
l'excédant des besoins fonctionnels s'écoule par le névrilème :
que des piles construites avec des *demi-cuisses* de grenouilles,
auxquelles, par une dissection attentive, on a enlevé leurs
rameaux nerveux, présentent une énergie tout aussi grande
que d'autres formées de ces mêmes parties encore pourvues
de leurs nerfs ? Mais c'est là précisément le triomphe de la
théorie électro-moléculaire, parce que l'importance physiologique des granulations moléculaires s'y révèle hautement ;

parce que le champ de la force nerveuse s'élargit dans une belle conception; que son domaine, confondu avec celui de la force électrique dans une modalité spéciale, devient le domaine des supports granulaires et moléculaires; que la force des nerfs est de même nature que celle qui préside aux mouvements des muscles et des cellules, aux mouvements amiboïdes et au déplacement des granulations; et que, au lieu de nous apparaître comme un simple courant plus ou moins rectiligne, et tout d'une pièce, elle se révèle sous la forme de *petits courants moléculaires, associés entre eux par séries, orientés et anastomosés dans une direction commune en spirales successives.*

Telle est la véritable conception scientifique du courant électro-nerveux, de cette force motrice qui circule dans les nerfs sensitifs et dans les nerfs moteurs, et qui, dans le sang comme dans les cellules, dans les centres nerveux comme dans les muscles, est en continuité dynamique ou physiologique avec les courants de circumduction des atmosphères granulaires.

S'il est juste de regarder le sang et les cellules comme étant, par les mouvements intimes de leurs éléments, le berceau de la force électro-nerveuse, la source où les nerfs viennent puiser le principe de leur activité; cependant on doit accorder aux tubes nerveux une certaine autonomie, une puissance moléculaire propre, que justifie leur texture, que démontrent les propriétés connues des molécules enveloppées d'atmosphères éthérées, et qu'attestent à leur tour les tempéraments nerveux très exaltés, où l'on peut dire que les tubes nerveux ajoutent leur suractivité à celle des cellules nerveuses.

Le courant nerveux n'est pas un courant unique, du point de départ au point d'arrivée, mais une série de petits courants moléculaires juxtaposés, orientés dans le même sens et anastomosés entre eux. Aussi bien cette manière d'être rend-elle indispensable l'intégrité parfaite de la pulpe nerveuse ! Si par la section, la ligature, l'écrasement, ou par une lésion conduisant au même résultat, cette pulpe est détruite dans un endroit donné, les molécules désorganisées rendent impossible toute communication du courant nerveux ; et il n'existe aucune ressemblance entre cette division physiologique d'un nerf et la division physique d'un fil métallique.

La question de l'isolement n'est plus d'aucune importance. Nécessaire dans l'hypothèse d'un courant continu, unique du point de départ au point d'arrivée, une membrane isolante, à l'instar d'un fil métallique entouré de soie, serait nuisible et contraire à la régularité fonctionnelle dans la véritable théorie des courants périmoléculaires en spirales successives.

Pour être complet, il faut répéter ici pour les molécules nerveuses ce qui a été dit à l'occasion des granulations en général ; que les courants anastomotiques résument pour l'effet produit tous les courants périmoléculaires ; qu'eux seuls en définitive forment véritablement le courant électrique ; et qu'il faut distinguer le courant physiologique ou d'impression du courant anatomique ou réel : d'où il suit, ai-je dit alors, que la vitesse de l'impression électrique n'implique rien sur la vitesse du flux atomique, et qu'on peut mesurer la première par le temps qu'il faut au premier courant anastomotique pour se déplacer et se mettre au rang du second. Si cette appréciation n'est pas exacte rigoureusement pour une longueur indéfinie, elle l'est au moins pour une distance bornée.

Ce qui précède devient le complément indispensable de mes deux premiers volumes.

Le mécanisme que j'ai décrit, tant dans l'ordre physiologique que dans l'ordre pathologique, reste le même, et reçoit du mécanisme de la vie de l'univers une confirmation nouvelle de sa vérité ; mais la force nerveuse, dont j'avais expliqué la propagation par le mode vibratoire de la force calorique, relève du mécanisme de la force électrique et de ses courants périmoléculaires. Les mouvements vibratoires de celle-là ne font pas défaut dans les tubes nerveux; mais, comme partout, leur rôle est limité à la vie intrinsèque ou organique des supports; tandis qu'aux courants électriques est dévolu le service de la vie de relation, *intermoléculaire*, *intergranulaire* et *interorganique*.

Toutefois cette force électrique, ou électro-nerveuse, tire de l'organisation de ses supports moléculaires un cachet particulier, en raison duquel les expériences électro-physiques, faites dans le but d'en démontrer l'existence et d'en étudier les errements, laisseront toujours quelque chose à désirer.

De même que la force vitale est distinguée de la force nerveuse par une expression propre, il est nécessaire de marquer par un nom spécial les supports de ces deux forces. Les supports de la première sont connus sous le nom de *granulations* vitales, visibles ou invisibles au microscope; réservons le nom de *molécules* aux supports de la seconde dans le corps animal.

Je viens de dire que les vibrations calorifiques se produisent autour des molécules nerveuses conjointement avec les mouvements électrogènes de translation. Ce fait résulte directement de la constitution dynamique connue des supports vivants, et des propriétés des atmosphères éthérées. Cependant la loi d'antagonisme apparaît ici dans toute sa vérité. Et, comme les mouvements luminifères s'effacent dans le corps animal, vibrent à leur *minimum* d'activité au profit proportionnel des autres mouvements, ainsi, dans les tubes nerveux, autour des molécules nerveuses, les mouvements calorifiques vibrent à leur *minimum* d'activité : ces deux *minima* élèvent proportionnellement, au nom de la loi d'antagonisme et parce qu'aucune force vive n'est perdue, étant seulement déplacée et transformée, les mouvements électrogènes de circumduction moléculaire à leur *maximum* physiologique d'activité.

Cette loi d'antagonisme est d'une application incessante dans les supports vivants et dans l'évolution de leurs forces. Les granulations vitales nous la montrent comme les molécules nerveuses, non plus permanente et organique pour ainsi dire, mais transitoire, mobile et fonctionnelle ; se réalisant, suivant les circonstances, tantôt au profit de la force calorique dans les phénomènes de nutrition et de prolifération, tantôt au bénéfice de la force électrique dans les phénomènes de déplacement, dans les mouvements dits *amiboïdes* des supports et des cellules, par exemple.

Antagonisme organique dans les molécules nerveuses; *antagonisme fonctionnel* dans les granulations vitales : c'est-à-dire que, dans celles-ci, à l'état physiologique, les forces calorique et électrique ne s'élèvent pas en même temps à leur *maximum* d'activité fonctionnelle; que le plus de l'une coïncide avec le moins de l'autre, et réciproquement; balancement d'activités solidaires que l'état pathologique trouve quelquefois en défaut, voire même certaines conditions de prolifération physiologique, ou de genèse embryonnaire.

Des molécules nerveuses relève la force électro-nerveuse; des granulations vitales relève la force vitale. Celle-là est une force simple, non complexe; celle-ci est une force synthétique, embrassant dans sa réalité physiologique la force calorifique et la force électrogène des supports granulaires.

La force vitale seconde n'est pas seulement la réunion de deux forces vives; c'est la réunion de ces deux forces dans un support organisé et vivant, composé de molécules chimiques en conjonction dynamique avec des atmosphères d'atomes éthérés. C'est une synthèse ; et c'est comme telle qu'elle peut être appelée *force granulaire*, comme je l'ai fait dans mes deux premiers volumes. C'est une synthèse physiologique basée sur une synthèse organique.

Il y a antagonisme entre la force nerveuse et la force granulaire ou vitale. L'état nerveux est une exagération de cet antagonisme, où il y a affaiblissement de la force granulaire, en tant que synthèse physiologique, et suractivité de la force électro-nerveuse. La cause majeure des variations physiologiques et pathologiques, partiellement ou dans l'ensemble, doit être recherchée moins dans les éléments organiques en tant qu'éléments, que dans la conjonction des supports chimiques et des supports éthérés. Dans celle-ci réside la cause dynamique ; dans ceux-là, les effets. Si l'organisation est une synthèse, c'est dans les matériaux et dans les forces constituantes de cette synthèse qu'il est opportun d'étudier toutes les causes de trouble, de maladie et de mort.

La force vitale ou granulaire est dite encore la force radicale ou organique. Elle émane également des supports intravasculaires et des supports intracellulaires.

Comme j'ai distingué un antagonisme permanent ou organique et un antagonisme mobile ou fonctionnel pour les forces vives en modalité physiologique, je distinguerai des *supports* granulaires *durables*, en de certaines limites, et des *supports éphémères*, à modifications incessantes. Ceux-là sont les granulations vitales proprement dites, qui forment pour ainsi dire la charpente organique des tissus, des cellules ; ceux-ci sont les éléments chimiques, produits de la digestion, qui passent tour à tour par plusieurs séries de métamorphoses ou au contraire ces éléments de décomposition, dont la phase physiologique est achevée et que les sécrétions font sortir de l'organisme.

L'organisme est donc le théâtre de supports physiologiques qui se font et se défont sans cesse. Pour que les éléments chimiques jouent le rôle et prennent le rang de supports physiologiques, il faut qu'ils s'enveloppent à chaque série moléculaire d'atmosphères éthérées, où ils puisent le principe de leur activité et trouvent l'agent de leurs évolutions. C'est dire que des atomes éthérés circulent dans les cellules et dans les vaisseaux, à l'état de liberté.

Quant aux granulations persistantes, la durée de leur vie ou de leur phase physiologique varie suivant bien des circonstances données, suivant les organes et l'état de santé ou de maladie ; mais il doit exister une moyenne de durée pour chaque genre d'animal. Nous verrons cette durée, indéfinie pour nous, dans les supports vivants des organes du corps sidéral.

CHAPITRE IV

Considérations dynamiques générales sur le corps sidéral.

Atomes, granulations moléculaires, cellules, organes, organisme : telle est la série physiologique dont tout corps vivant est formé, depuis son principe jusqu'à sa fin ; chacun de ces supports, de plus en plus complexe, représentant un chaînon de la chaîne vitale de toute individualité.

L'atome est la base radicale et dynamique de la vie ; la granulation moléculaire est la base organique des corps vivants ; car il convient d'établir une distinction entre ceux-ci et celle-là. Au troisième degré de la série vitale et au deuxième de la série organisée est placée la cellule : les organes ne sont que des associations cellulaires, et l'organisme n'est qu'une synthèse d'organes.

Il est démontré dans le cours de cet ouvrage que telle est aussi la progression organique de l'univers, de cet ensemble étoilé qui mérite le nom de corps sidéral ; que les trois sections de la vie universelle sont marquées chacune par une catégorie de cellules vivantes : la *cellule végétale*, la *cellule animale*, la *cellule sidérale;* et que toujours et partout l'atome est le principe des granulations moléculaires, lesquelles sont la base des cellules, lesquelles sont les supports des organes, lesquels enfin concourent à la formation synthétique de l'organisme, avec l'aide d'un système universel de transmission et de propagation.

Lorsque la physique et la philosophie imposent à notre croyance que la matière est inerte, elles embrassent dans ce mot matière non-seulement les débris planétaires, pierres, métaux, bois mort, dont la surface de notre globe est semée, mais les planètes et les soleils réunis ; de sorte que, en dehors des animaux et des végétaux, tout est matière inerte et chose morte dans le vaste champ de l'espace, dans l'immense carrière de la vie. Telle n'est pas des corps vivants la conception véritable; et tout ce qui est mort a été vivant à son heure.

Le soleil, les planètes, les lunes satellitaires pour notre système cosmique; les étoiles avec leurs planètes pour les autres systèmes, sont les organes d'un corps vivant, les éléments organiques du corps sidéral, à l'instar des cellules animales et végétales; ou inversement, ce qui est plus régulier.

La terre à sa naissance était une masse pâteuse, incandescente, enveloppée d'une atmosphère saturée de vapeurs d'eau : elle tournait sur son axe et circulait le long de son orbite. A un moment donné, la surface de cette masse s'est refroidie, se recouvrant d'une croûte de roches, dites ignées ou plutoniennes, en même temps que, par suite de son mouvement de rotation, elle prenait la forme définitive d'un sphéroïde, aplati aux pôles et renflé à l'équateur.

Jusqu'à ce jour on a regardé cette masse pâteuse incandescente comme un mélange d'éléments et de mouvements chimiques, privés de toute propriété vitale, et produisant, à l'instar d'un *précipité,* ce dépôt solide de roches ignées, conséquence du refroidissement préalable de ce foyer planétaire.

La vérité tout entière est-elle là ? Les mouvements chimiques sont-ils seuls en cause, et suffisent-ils à l'explication de ces phénomènes? Le refroidissement a-t-il été préalable et le seul effet du rayonnement ?

Figurez-vous tous les éléments chimiques réunis en une masse dont on élève la température autant que possible, et que l'on anime artificiellement d'un mouvement de rotation, après l'avoir enveloppée d'une atmosphère saturée d'eau. Croyez-vous alors, les conditions étant analogues en apparence, que le fruit de cette expérience soit une terre en miniature, identique à notre planète? Non, sans doute; une telle supposition vous paraît déraisonnable : il n'est pas plus en notre pouvoir de faire une terre ou un soleil, qu'une cellule animale ou végétale. Ayant à sa disposition les forces vives lumineuse, calorique, électrique; ayant à sa disposition les supports éthérés et les supports chimiques, c'est-à-dire tous les éléments de la vie universelle, l'homme cependant ne peut créer un corps vivant, si ce n'est pas la voie sexuelle que lui a donnée la nature.

Tout en faisant la part du rayonnement, il faut convenir qu'il est contraire à la théorie des forces vives de n'attribuer qu'à ce seul phénomène le refroidissement et la condensation d'une masse incandescente, telle que la terre l'était à son origine. Toutes les forces vives en suractivité dans cette masse planétaire, forces lumineuse, calorique, électrique, ne se sont pas éteintes dans ce phénomène purement physique; lequel même n'a pu en consumer qu'une partie relativement faible. Pour nous limiter à l'une d'elles, si toute la force calorique, dont la modalité sensible donnait une telle élévation de température au globe terrestre, était, attirée par le rayonnement, passée dans l'atmosphère environnante, qu'en serait-il résulté? une élévation de température de l'atmosphère proportionnelle à celle perdue par la terre; car qu'est-ce qu'une chaleur prise par le rayonnement, sinon une chaleur ou une force déplacée ? Force vive, elle ne peut se détruire qu'en se transformant en une autre force ou en un travail ; et encore, dans le premier cas, pour être transformée elle n'est pas détruite. Un travail ultime équivalent peut seul la détruire.

Quel travail à effectuer dans l'atmosphère pouvait absorber et consumer une telle somme de force calorique ? Ce travail n'existant pas pour l'éteindre, elle restait à l'état d'activité, Mais alors quelle manifestation animale ou végétale aurait pu prendre jour au sein d'une telle température ?

Mais le rayonnement ne s'arrête pas aux limites de l'atmosphère ; il se continue dans l'espace interplanétaire. Soit : mais où monte alors cette masse de chaleur ? où cette force va-t-elle aller satisfaire son besoin de transformation ? Elle est éteinte par l'abaissement de température des régions élevées et interplanétaires. Mais cette extinction n'est autre chose que la transformation d'une force en une autre force. Toutes ces forces centrifuges deviennent, pour les plaines éthérées où elles sont déversées, des forces extraphysiologiques. Vont-elles concourir au développement d'autres planètes ou des satellites ? Mais les planètes et les satellites ayant pris naissance dans une époque commune se trouvent, selon toutes probabilités, dans la même situation ; en sorte que toutes, masses pâteuses incandescentes, fournissant à la fois par le rayonnement une énorme quantité de chaleur et de forces vives, en auraient inondé les espaces interplanétaires, sans aucune utilité physiologique.

Il suffit de poser ces questions, pour faire comprendre que le rayonnement, phénomène physique, est de peu d'importance en face de toutes ces forces vives de l'état primitif, exaltées jusqu'à l'incandescence.

La mort côtoie partout les rivages de la vie ; et la suractivité initiale de la masse incandescente planétaire ne l'a pas évitée. Ici la mort est un travail équivalent à accomplir, produit ultime analogue à un travail de sécrétion organique : lui seul peut éteindre sans appel tant de forces vives en suractivité physiologique. C'est dans le sein planétaire qu'il faut chercher ce travail.

Étudiant les choses à ce point de vue, j'assimile la formation ignée de la croûte terrestre à un travail de sécrétion, où s'est détruite et concrétée la suractivité primitive des forces planétaires ; et la masse pâteuse amoindrie a été refoulée au centre sous une enveloppe protectrice.

On peut voir dans les cellules animales et végétales quelque chose d'analogue : « Il est certain, dit Kolliker, que les membranes de la plupart des cellules deviennent avec l'âge, « non-seulement plus épaisses et plus solides, mais encore « qu'elles prennent des propriétés chimiques nouvelles. »

La croûte terrestre de roches ignées n'a pas été consécutive au refroidissement : ces deux phénomènes se sont opérés simultanément, par transformation et extinction sur place des forces vives en suractivité, de la calorique spécialement. C'est un travail d'évolution organique, indispensable à la manifestation des vies animale et végétale.

Dira-t-on que les forces planétaires primitives se sont éteintes et transformées dans l'enfantement lui-même de ces vies, dans la genèse des corps animaux et végétaux, dont l'apparition aurait coïncidé par suite avec le refroidissement de la croûte terrestre ? Mais cette supposition, appartenant au même ordre d'idées que je défends, serait une preuve nouvelle de ma théorie. Il en résulterait seulement que les forces primitives se sont éteintes dans plusieurs genres de travaux : travaux de sécrétion et phénomènes de genèse.

Depuis cette époque primitive, depuis cette jeunesse physiologique de la cellule solaire, les animaux et les végétaux se multiplient les uns et les autres, par conjonction sexuelle de l'élément mâle et de l'élément femelle ; mais alors les premières individualités de ces deux règnes ont été engendrées par la conjonction dynamique de l'élément planétaire avec l'élément solaire.

Et ces crises multiples qui ont disloqué, à intervalles plus ou moins éloignés, la surface première du globe? Ces crises qui ont soulevé les chaînes de montagnes, en traversant ou en écartant les terrains de sédiment, sont également des phases d'évolution physiologique, répondent au même mécanisme d'extinction calorique par un travail de sécrétion, et font présager les éruptions volcaniques des temps ultérieurs, malgré la différence de production organique qu'on remarque entre ces deux genres de phénomènes.

Ce que je dis de la terre est applicable à toutes les planètes, à leurs satellites et au soleil; ce qui est vrai d'un système solaire l'est de tous les autres, le père Secchi ayant démontré, par l'uniformité des spectres solaires, que les étoiles ont la même composition, en général, que notre soleil.

La vie, ou l'individualité physiologique, est attestée dans un corps par l'évolution spontanée de ses éléments et par la manifestation spontanée de phénomènes propres. A ce titre, on ne saurait dénier la vie à la terre qui nous a engendrés, qui nous soutient et nous nourrit ; aux planètes ses sœurs ; ni à *fortiori* au soleil central dont tous les corps planétaires sont dépendants.

Chaque système solaire représentant une unité organique en même temps qu'une unité physiologique dans l'immensité du corps sidéral, et chacun de ces systèmes offrant avec la manière d'être de nos cellules la plus grande analogie : il est naturel d'assimiler la constitution du corps sidéral à celle d'un corps cellulaire, et chaque système solaire à une cellule, dite sidérale ou planéto-solaire; comparaison que fortifie et qu'éclaire le mécanisme commun des phénomènes physiologiques des corps vivants, je veux dire du corps végétal, du corps animal et du corps sidéral. Mêmes supports, mêmes forces, même mécanisme.

C'est grâce à cette organisation cellulaire commune, que des auteurs ont comparé la distribution de nos éléments cellulaires autour du noyau à celle des planètes autour du soleil; et que la comparaison inverse est également valable.

Chaque soleil est le noyau de sa cellule sidérale, dont les nucléoles sont représentés par les planètes et les nucléolules par les satellites lunaires; il sera dit plus loin par quels corpuscules sont représentées les granulations vitales. L'espace intercepté entre ces divers éléments, dit espace interplanétaire ou éthéré, forme l'enceinte cellulaire. Les espaces compris entre chaque système solaire sont les espaces intercellulaires.

La question de l'enveloppe cellulaire ne doit pas nous embarrasser, la membrane des cellules étant une preuve d'infériorité vitale, à un point de vue général, et sous un autre rapport une marque de vétusté. Les cellules sidérales en sont naturellement dépouillées, comme étant la plus haute expression de la vitalité des corps.

« Chez les animaux, dit au mot *cellule* le *Dictionnaire* de « Littré et Robin, contrairement à ce que prétendent beau-« coup d'auteurs, et à ce qu'indique le nom général de cel-« lule, ils sont loin (ces petits corps) de présenter tous une *paroi*, « et une *cavité* avec *contenu*. Le nom de *cellule*, tiré du règne « végétal où il y a en effet ces trois choses bien distinctes, « doit néanmoins être conservé dans le règne animal... »

Dans le corps sidéral, on remarquera que si les cellules planéto-solaires sont dépourvues de membrane enveloppante, il n'en est plus de même de chaque planète en particulier. Celles-ci sont constituées aussi à l'image des cellules, mais dans un état inférieur relativement aux cellules sidérales. La couche corticale de la terre est assimilable à une membrane cellulaire enveloppante, placée dans des conditions spéciales de fonction et de rapports.

CHAPITRE V

Trois principes fondamentaux de la Physiologie universelle.

Deux règnes vivants existent et se multiplient sur la terre, dans l'enceinte physiologique d'une planète. Ces deux manifestations de la vie appartiennent à l'ordre contingent et relatif : elles relèvent directement de la planète qui les nourrit, par celle-ci du soleil, et par le système ou la cellule solaire de l'organisme sidéral.

Pour spécifier davantage, l'homme reçoit ses supports élémentaires et ses forces du système solaire, dans lequel il est enveloppé : supports éthérés, supports chimiques, forces vives. Tous ces éléments, chez l'homme, se meuvent, s'associent, se combinent de diverses manières sous la haute direction de l'âme. Mais il n'en est pas moins vrai que tous les éléments de nos organes et de nos forces proviennent, par la terre et par le soleil, du vaste et très puissant corps sidéral, au sein duquel nous sommes pour ainsi dire perdus.

Aussi bien, les lois physiologiques qui régissent la vie animale ne sont-elles qu'une application particulière des lois physiologiques universelles, ou des lois qui régissent la vie sidérale. Le principe de ces lois est dans l'organisme sidéral ; elles sont reproduites dans l'organisme animal ; et les lois sociales sont faites à leur image.

Mais les lois physiologiques sont elles-mêmes basées sur des principes de même ordre ; c'est-à-dire que les lois, ou règlements de telle ou telle activité et de telle ou telle fonction, sont appuyées sur des points de repère absolus, fixes, antérieurs et supérieurs dans l'ordre des hiérarchies physiologiques. Les éléments d'une loi préexistent nécessairement à cette loi. Si la loi est universelle, les éléments le sont aussi. Celle-là n'est que le reflet fonctionnel de ceux-ci.

Le premier de tous ces principes, au moins par son importance et sa généralité, est le grand *principe de l'inégalité dynamique;* par lequel deux corps, deux fonctions, deux organes, deux éléments, ne sont jamais entre eux en état d'égalité ou de similitude dynamique. L'harmonie est dans toute fonction physiologique; mais non l'égalité.

Deux éléments, atomiques ou moléculaires, d'une parfaite égalité dynamique, seraient impuissants à réagir l'un sur l'autre, à se mouvoir, à s'associer. Une telle égalité impliquerait l'*indifférence dynamique*, indifférence au repos et au mouvement; état neutre qui n'existe pas dans la nature vivante.

Il règne au contraire une variété dynamique infinie, démontrée par la variété des organismes individuels, par la multiplicité des corps, par la multiplicité des organes tous différents les uns des autres, par la variété des éléments granulaires et moléculaires. Le principe d'inégalité dynamique est écrit en gros caractères physiologiques dans la nature, depuis les infiniment petits jusqu'aux grands corps qui en sont formés : dans les atomes éthérés et dans les atomes chimiques; dans les mouvements variés des atomes éthérés, mouvements de rotation, de vibration dédoublée et de déplacement; dans les forces vives des éléments moléculaires, distinguées en forces lumineuse, calorique, électrique; dans les trois modalités dynamiques de chacune de ces forces, et dans les nuances infinies de ces modalités elles-mêmes.

L'échelle du spectre solaire : inégalité dynamique. L'échelle thermométrique : inégalité dynamique. Les degrés du baromètre : inégalité dynamique. Le dédoublement polaire de l'électricité, le dédoublement de l'électricité et du magnétisme : inégalité dynamique. Le dédoublement du système nerveux en cérébro-spinal et en ganglionnaire : inégalité dynamique. La distinction des genres et des nombres : inégalité dynamique.

Rien dans la nature n'échappe à ce principe universel, duquel même les autres principes sont des dérivés. Le second principe de physiologie universelle, ou *principe d'antagonisme*, n'existe que comme application du précédent. Il n'y a pas d'antagonisme fonctionnel sans inégalité préalable des éléments ou des corps en jeu; de même qu'il n'y a pas d'inégalité dynamique productive sans état d'antagonisme.

L'antagonisme est une question de vie ou de mort : antagonisme dans les facteurs, harmonie dans la fonction. L'égalité dynamique dans l'ordre fonctionnel est une condition antivitale; laquelle devient, dans une autre espèce, antisociale.

L'antagonisme, c'est le mouvement ou la lutte des éléments et des individualités. L'égalité, c'est le repos. On s'élève et on s'agrandit par l'antagonisme; on reste stationnaire, puis on meurt par l'égalité. Celle-ci veut dire stagnation; celui-là veut dire prolifération. La phase d'augment, tant dans les associations organiques que dans les associations humaines, relève du principe d'antagonisme et d'inégalité dynamique. La phase de déclin découle de l'égalité. Il règne entre ces deux états dynamiques la même différence, qu'entre la mer aux vagues agitées et l'eau stagnante d'un marécage.

Il ne faut pas confondre l'égalité avec le calme. Le calme, c'est encore le mouvement intime et l'antagonisme individuel. Le principe universel d'inégalité dynamique étend son empire dans les zones des calmes atmosphériques, aussi bien que dans les zones des courants. Un peuple calme et tranquille n'est pas, pour cela, nivelé sous le joug de l'égalité.

L'antagonisme sauvegarde avant tout la fonction et la synthèse. L'égalité ne prend souci que des éléments, et leur donne une importance exagérée. Ah ! périssent plutôt dix éléments qu'un organe ! Ah ! périsse plutôt un organe que l'organisme !

L'antagonisme est le cachet physiologique de la prolifération et de la vie.

Mais le principe d'antagonisme implique le *principe de dualité*. Un seul élément ne peut être en état d'antagonisme avec lui-même, s'il est simple. S'il est composé, chacune de ses parties peut être en inégalité dynamique et en antagonisme l'une vis-à-vis de l'autre. Cela revient à la pluralité des éléments.

Il faut au moins deux éléments pour que l'antagonisme se manifeste sur le terrain de l'inégalité dynamique. Or, l'antagonisme est le cachet fonctionnel de la vie et de la prolifération. Donc la vie et la prolifération sont également impossibles avec l'unité d'élément. Or, comme les propriétés des corps ne sont que l'extension et la réflexion des propriétés des organes ; comme les propriétés des organes ne sont que l'extension de celles de leurs cellules ; comme les propriétés des cellules ne sont que l'extension de celles de leurs granulations moléculaires : ainsi, je le dis en toute logique, les propriétés des molécules ne sont que l'extension des propriétés de leurs atomes constituants. Les grands phénomènes ne sont que l'image agrandie et amplifiée des petits, *par voie de prolifération physiologique*. Mais, comme en définitive tout remonte aux atomes, ces éléments originels de toute vie et de toute organisation, les principes d'antagonisme et de dualité, applications du principe d'inégalité dynamique, sont élevés jusqu'à cette conception suprême de l'infiniment petit. Que dis-je ?..... Nous les retrouverons encore plus haut, puisque nous les retrouvons entre la substance de l'âme et les éléments du corps.

La distinction de l'âme et du corps : voilà la première dualité dans la physiologie universelle, pour ne pas parler de celle du Créateur et de la créature. La distinction diatomique

dans l'ordre corporel : voilà la seconde dualité. J'arrive par
ces considérations à confirmer la division des atomes corporels, en atomes éthérés et en atomes chimiques, division que
j'ai d'abord établie par l'observation raisonnée de phénomènes physiques. (Voir la *Revue médicale* du 21 septembre
1872.)

Ceux qui nient l'existence des atomes, en tant qu'éléments
indivisibles, nient aussi par conséquent la division diatomique. Les atomes de l'éther, disent-ils, ne sont qu'une division
extrême de la matière ou des corps, ayant les mêmes propriétés que les autres éléments.

En y réfléchissant bien, cette opinion est insoutenable.
D'abord, dans cette hypothèse, la distinction entre l'espace
éthéré et les enceintes planétaires ou solaire n'existe plus :
l'atmosphère de la terre et des autres planètes n'a plus de
limite : elle se continue insensiblement avec les éléments de
l'espace éthéré. Qui plus est, ces éléments éthérés sont nécessairement de diverses grosseurs ; s'ils sont de grosseur
inégale, les plus gros attirent nécessairement les plus petits,
et les espaces éthérés, loin d'être formés d'éléments simples
et indivisibles, le sont ici d'éléments simples, là d'éléments
associés ou composés. Il y a des groupes atomiques ou des
molécules dans l'éther comme dans l'atmosphère : c'est-à-
dire qu'il n'y a aucune différence essentielle entre celle-ci et
celui-là.

Mais alors, si les mêmes éléments et les mêmes conditions,
à un degré de densité près, se trouvent dans ces deux divisions
de l'espace, pourquoi ces distinctions physiologiques essentielles ? l'éther demeurant obscur et froid, c'est-à-dire privé
de la modalité *sensible* des forces vives, alors que les mouvements inhérents à ces forces et à leurs supports s'exécutent
néanmoins ; l'atmosphère des planètes au contraire devenant
lumineuse et plus ou moins échauffée, par la propriété qu'ont
les forces vives de s'y manifester en modalité *sensible*. Cette
distinction ne peut se comprendre qu'avec la différence de

constitution ; et cette différence implique la division diatomique.

Ceux qui nient l'existence des atomes sont conséquents de
nier la division diatomique ; mais ceux qui acceptent les atomes et qui rejettent cette division, pour ne retenir que l'unité
atomique éthérée, sont inconséquents et passibles des mêmes
arguments que j'employais tout à l'heure. Car si l'unité atomique est universelle, il n'existe plus encore une fois de différence essentielle entre l'atmosphère et l'espace éthéré ; il est
impossible de justifier par une bonne raison la division de
ces deux parties : et l'éther devient alors, comme ci-dessus,
un diminutif de l'atmosphère, ayant aussi lui ses molécules,
ses atomes groupés et d'inégale grosseur.

Au contraire, avec la doctrine de la dualité atomique, la division de l'éther et de l'atmosphère reste pleine et entière,
aussi essentielle que celle des atomes éthérés et des atomes
chimiques ; la différence des propriétés s'explique parfaitement : dans l'éther pur il n'existe que des mouvements de vibration ou de translation, mis en activité par une force originelle ; dans l'atmosphère les forces vives apparaissent en
modalité *sensible*, par le concours obligé des atomes chimiques : *c'est dire que toute particule lumineuse ou chaude est une
molécule, et non un atome simple et indivisible.*

Avec cette doctrine encore, le rôle physiologique de ces
deux parties de l'espace est parfaitement dessiné : l'éther, au
point de vue de l'organisme sidéral, est purement et simplement un organe de transmission, de propagation, de déplacement dynamique, à la façon du système nerveux dans
l'organisme animal ; les atmosphères et les planètes représentent d'autre part les organes de chaque cellule solaire.

Les vibrations éthérées ne sont lumineuses que dans les
associations moléculaires ; les vibrations éthérées ne deviennent calorifiques que dans les groupements d'atomes en molécules chimico-éthérées ; et les mouvements de translation
de l'éther ne deviennent électriques ou magnétiques, que

dans les mouvements de circumduction moléculaire. En d'autres termes, dans l'éther les forces vives proprement dites n'existent pas; ce qui ne serait pas si les atomes n'étaient pas distincts des particules infiniment divisées de la matière : ces forces vives n'apparaissent que par l'action réciproque des atomes éthérés et des atomes chimiques dans les groupements moléculaires des atmosphères et des planètes. Cette distinction des mouvements simples de l'éther et des forces vives des atmosphères, est à elle seule une démonstration de la dualité atomique.

Il résulte de ces considérations, que des expériences faites pour *tamiser* la lumière, comme dit Tyndall, avec des verres de diverses couleurs, on ne peut tirer aucune conclusion sur les dimensions des atomes; attendu que *chaque rayon du spectre solaire est un rayon de molécules lumineuses, et non d'atomes lumineux et simples.*

Il résulte encore de ces considérations, que *chaque support moléculaire de l'atmosphère,* invisible il est vrai en tant que support matériel, *est un foyer infiniment petit de lumière, de chaleur et d'électricité;* que chacune de ces molécules est l'image microscopique, ultramicroscopique, du soleil : le noyau moléculaire représentant le noyau solaire, et le tourbillon éthéré la photosphère. Mais cette lumière d'emprunt ne se révèle que pendant le jour, sous l'action directe du soleil, dont l'influence est nécessaire pour élever à une vitesse assez grande les vibrations transversales des atomes éthérés.

La lumière qui brille pour nous comme une radieuse unité, n'est en réalité qu'une splendide résultante, qu'une riche synthèse d'un nombre infini de petites molécules périodiquement lumineuses, formant comme autant de petits soleils matériellement ou individuellement invisibles. Chacun de ces tourbillons éthérés périmoléculaires s'allume le jour, s'éteint la nuit. Quel beau spectacle, dont nous ne voyons que la résultante!

— J'ai dit vibrations transversales des atomes éthérés par

opposition aux vibrations verticales, celles-ci calorifiques, celles-là luminifères. Existe-t-il vraiment deux genres de vibrations dans l'éther? Les Arago, les Fresnel, les Boucheporn l'ont enseigné. Aujourd'hui on paraît croire à l'existence d'une seule direction vibratoire, imprimée à l'éther par le soleil; et on n'attribue qu'à une différence de rapidité dans la succession des pulsations ou des ondulations la différence qui sépare la chaleur de la lumière.

Pour le démontrer, on établit des expériences sur les vibrations de l'atmosphère et la propagation du son; on démontre que les sons graves se propagent avec la même vitesse que les sons aigus. Mais, en admettant que les vibrations de l'éther se propagent avec la même vitesse, qu'elles soient intenses ou modérées, longues ou courtes, il n'y a rien là qui autorise à conclure l'identité des mêmes mouvements pour la chaleur et la lumière.

On répond à cela, dit M. Cazin dans son livre de *la Chaleur*, « que des expériences délicates ont démontré que si l'on sou- « met un rayon lumineux simple à toute sorte d'opérations « qui changent son intensité lumineuse, il conserve un pou- « voir échauffant qui subit exactement les mêmes change- « ments. Il n'y a donc aucune raison pour supposer que le « rayon lumineux soit sans cesse accompagné d'un rayon de « chaleur distinct de lui (page 104). » On dit encore que chaque rayon simple du spectre est accompagné d'un rayon calorifique particulier, proportionnel à son intensité; que d'une manière générale les rayons plus rapides sont lumineux, et les rayons moins rapides obscurs et calorifiques seulement; que du violet au rouge l'intensité calorifique augmente avec l'acuité lumineuse, ou avec la longueur des ondes.

Mais alors, si l'on dépasse le rouge pour entrer dans la région obscure, pourquoi la chaleur s'élève-t-elle encore, et offre-t-elle son *maximum* au delà de ce rayon extrême?

Ces expériences démontrent que la chaleur et la lumière s'accompagnent ordinairement l'une l'autre, et dans des rapports proportionnels, en dehors de certaines lois physiologiques, c'est-à-dire dans les conditions purement physiques. Elles prouvent par conséquent que la chaleur et la lumière, en tant que force, relèvent d'un même support primitif; mais de là à conclure que c'est la même direction de mouvement qui préside à la manifestation de ces deux phénomènes, il y a loin. Aucun des faits connus ne démontre cela.

Le fait des rayons calorifiques d'intensité inégale, coïncidant avec les rayons lumineux inégalement réfrangibles, s'accommode aussi bien de la théorie des deux vibrations que de celle d'une vibration unique. Et, dans un rayon simple, la diminution du pouvoir échauffant proportionnelle à la diminution du pouvoir lumineux s'explique naturellement par l'unité du support impressionné, et par la parenté dynamique de ces deux pouvoirs : car dans tous les cas ils relèvent d'un même support en activité analogue de mouvement vibratoire. Toute la différence est dans la direction résultante du mouvement.

Il faut se figurer l'océan éthéré comme un assemblage infini d'atomes en mouvement, animés particulièrement de mouvements vibratoires en tous sens. Il faut se représenter le soleil comme un foyer d'émissions dynamiques, envoyées dans toutes les directions. Si le soleil est l'agent actif par excellence dans toutes ces manifestations, l'éther, considéré comme organe de transmission de la cellule sidérale ou solaire, possède de son côté une certaine autonomie physiologique. L'éther, en recevant à tout instant les impressions solaires, les concentre en deux directions principales, par rapport à une planète quelconque : la direction perpendiculaire ou verticale et la direction transversale.

En principe, considérés exclusivement dans l'organe éthéré, ces deux mouvements vibratoires sont identiques l'un à l'autre, et ne jouissent d'aucune spécialité, que celle d'être *vibrations chargées d'une certaine impression*. Mais parvenus dans les atmosphères planétaires, où ils font partie intégrante des molécules organiques, ces atomes éthérés, animés toujours des mêmes vibrations dédoublées, donnent naissance à deux manifestations différentes, lesquelles correspondent à chaque genre de vibrations.

L'essentiel dans tout cela, je ne saurais trop le répéter, c'est que la chaleur et la lumière n'apparaissent qu'au contact des molécules atmosphériques; que par conséquent, n'appartenant pas aux atomes éthérés seuls, elles impliquent deux classes de supports fondamentaux; que cette division atomique est marquée dans l'univers par la division de l'éther et des atmosphères planétaires; que *toutes les expériences nous mettent en rapport direct avec des molécules, et non avec des atomes;* que les mouvements périmoléculaires sont l'image en miniature des mouvements de l'organe éthéré; et que l'antagonisme des forces vives, manifeste dans les conditions moléculaires de l'état physiologique ou vital, implique un antagonisme analogue dans les mouvements du support, aussi bien dans le mode d'association moléculaire que dans le mode libre des atomes éthérés.

Pour comprendre le jeu des forces universelles, il faut voir les choses en grand. Or, il est mille phénomènes, tant dans l'organisme planétaire que dans l'organisme animal, qui démontrent l'antagonisme des forces en question : une chaleur intense existant parfois sans manifestation lumineuse; la lumière se produisant en certaines conditions, sans une chaleur proportionnelle; l'absence de la lumière dans les corps animaux, à part les vers phosphorescents, où la chaleur est néanmoins une propriété essentielle, etc. Je ne puis que faire ici des indications rapides.

On dira que ces exceptions s'expliquent par l'action spéciale des molécules chimiques ou par une action vitale. Je répondrai que la cause, quelle qu'elle soit, agit toujours au nom de l'antagonisme dynamique; qu'elle serait impuissante sans cette condition fondamentale; et que ces phénomènes d'*inégalité dynamique* rentrent au contraire dans la règle générale, tandis que l'apparente régularité des rayons calorifiques et lumineux du spectre constitue la véritable exception.

En résumé, tous les phénomènes vitaux, de la vie animale ou de la vie planétaire, nous conduisent, avec le principe d'antagonisme, à la conclusion des vibrations dédoublées de l'éther, et en même temps à la conception des atomes, ainsi qu'à leur division diatomique. A l'appui de cette conclusion, on peut affirmer qu'aucune expérience ne démontre le contraire.

Le tort des physiciens et des chimistes, qui aujourd'hui nient l'existence des atomes pour en faire des particules réelles et divisibles de la matière, est de leur attribuer tout ce qui n'appartient qu'à des molécules. Quoi qu'ils en disent, la notion des atomes restera toujours dans le domaine de la métaphysique. Cette objection de William Thompson : si les atomes sont infiniment petits, pourquoi toutes les actions chimiques ne s'accomplissent-elles pas avec une vitesse infinie, c'est-à-dire dans un temps infiniment petit? Cette objection prouve encore la confusion des molécules et des atomes, et l'oubli des lois d'association moléculaire. Mais chaque molécule, comme je l'ai dit, est un petit foyer d'activité, de dynamisme, ayant sa force de cohésion ou sa force centripète; laquelle est toujours en antagonisme avec la force d'affinité ou force centrifuge (1).

(1) Voir *Revue scientifique*, n° 38, du 16 mars 1872.

CHAPITRE VI

Essai de physiologie originelle, ou considérations dynamiques sur l'union de l'âme et du corps, et sur la force vitale.

Le mot matière est une cause de malentendu dans la science. La vie étant partout répandue dans l'univers, il n'y a lieu de faire que deux distinctions : celle de l'*âme* et celle du *corps*. Tout ce qui est chose morte appartient à un corps, soit à titre de sécrétion solide, comme les montagnes et les rochers pour la planète, soit à titre de fragment détaché d'un tout, comme une branche morte tombée de l'arbre. Le cadavre animal ne représente en réalité qu'une mort relative, ou mieux un changement de manifestations et de modalités vitales.

Le corps, en tant que conception distincte, est basé sur deux états : l'état organique et l'état dynamique. Les supports sont du premier ; les forces du second. On distingue des supports complexes, organiques, et des supports élémentaires simples ; de même qu'on distingue des forces résultantes et des forces simples ou premières. Pour le moment, laissant de côté les organes, les cellules et les granulations moléculaires, j'arrive aux supports atomiques, lesquels nous intéressent particulièrement dans la *physiologie originelle*.

Avant d'aller plus loin, je définis la force une *faculté d'action*, potentielle ou actuelle. La force relève exclusivement de l'ordre physiologique ; mais ses actes sont variables, mécaniques, physiques, chimiques et physiologiques. L'acte est la concrétion de la force : c'est un résultat.

La puissance est aussi une faculté d'action; mais elle diffère de la force, en ce que celle-ci éveille une idée individuelle, élémentaire, et celle-là une idée collective.

Il ne faut pas confondre, comme le font les Anglais, l'énergie avec la force, ni avec la puissance. L'énergie est un *caractère* de la force.

Le mouvement n'est pas non plus la force; il n'en est qu'un mode de manifestation. Ce n'est pas le mouvement qui prime la force, c'est la force qui prime le mouvement. La force se mesure par ses actes, dont le mouvement est une forme particulière. Celui-ci se mesure uniquement par sa vitesse. *La vitesse n'est qu'un caractère du mouvement, comme l'énergie n'est qu'un caractère de la force.*

La force est encore la manière d'être dynamique d'un support; c'est sa faculté d'accomplir des actes ou des transformations dynamiques.

L'âme est substance et force, à l'instar du corps, ou support et force, ce qui est la même chose : preuve nouvelle de l'unité de plan qui règne dans l'univers. Mais cette substance, que notre imagination est inhabile à se figurer, est caractéristique par son essence unitaire. La force animique est pareillement unitaire; mais cette unité se divise en un grand nombre de modalités phénoménales.

Le *moi*, la *conscience* et la *pensée*, sont les trois parties indissolublement unies dans l'unité substantielle de l'âme, dont toutes les facultés intellectuelles, sensitives ou de volonté, ne sont que des modes de manifestation (1).

Le moi n'est rien sans la conscience de son existence; et le moi n'est rien sans penser qu'il est, car avoir la conscience de son existence c'est aussi penser qu'il est. La pensée est bien l'essence de l'âme, comme a dit Descartes, et comme l'enseigne aujourd'hui M. Charles Lévêque.

L'unité et l'indivisibilité est dans l'essence de l'âme, en tant

_____

(1) *De la conscience*, par Francisque Bouillé.

que substance pensante et force agissante ; mais la multiplicité ou la pluralité est dans ses manifestations dynamiques ou fonctionnelles.

Ayant l'âme et le corps en présence, il faut remonter le cours de leurs manifestations, et arriver au principe de leurs phénomènes, aux réactions réciproques que la substance animique et les atomes corporels exercent les uns sur les autres, pour concevoir le mécanisme de la vie dans ses origines. Les jalons qui vont nous guider sur cette route nouvelle ne sont autres que des lois physiologiques.

Les atomes corporels ont une existence nécessaire. Ils sont le principe de l'état organique, comme leur force est le principe de l'état dynamique, comme la dualité atomique est le principe de la sexualité. L'état organo-dynamique embrasse toute la nature, avec des modalités diverses. Dans l'organisme animal, par exemple, l'état dynamique se partage en état dynamique sanguin, en état dynamique cellulaire et en état dynamique nerveux.

Les atomes sont le fondement de la vie, mais ils n'appartiennent pas à l'organisation, en tant qu'atomes, c'est-à-dire qu'ils sont distincts des éléments organisés des corps, qu'ils forment une catégorie à part, et qu'il ne faut pas les regarder comme les particules premières et infiniment petites de la matière, ou mieux des corps, puisque les corps n'existent pas sans des attributs sensibles.

Le nœud de la vie doit être cherché dans la transition de l'état atomique à l'état moléculaire, de l'état non organisé à l'état organisé.

Les atomes corporels ne tirent pas d'eux-mêmes ce principe d'action, qui les fait passer de l'état originel à l'état organisé : sans quoi il n'y aurait plus aucune raison de distinguer les corps vivants des choses mortes, puisque les atomes étant partout répandus devraient produire partout les mêmes effets. Donc une autre force d'ordre supérieur est nécessaire : c'est la force animique.

L'âme et les atomes corporels en présence, sur le point de s'unir dans une conjonction vitale, voilà la première application, aux origines de la vie, du principe de dualité, d'où découlera plus tard celui de sexualité. Cette situation réciproque est basée sur une loi physiologique, que je formule ainsi : *L'unité est stérile à l'état organique comme à l'état dynamique, et toute manifestation vitale implique l'antagonisme d'action de deux supports et de deux forces.*

La substance animique et les atomes éthérés réagissent réciproquement, au nom des trois principes universels qui ont été étudiés plus haut, savoir le *principe d'inégalité dynamique* qui existe entre les deux classes de supports et de forces, le *principe d'antagonisme* qui en relève et le *principe de dualité.* De cette réaction réciproque découle ce qu'on appelle la force vitale. Qu'est-ce à dire?

Cette réaction de deux supports animés, doués de vertus différentes, est véritablement une *conjonction fonctionnelle,* en langage physiologique. C'est une conjonction, ou un mariage physiologique : l'union intime de l'âme et du corps en est un témoignage. C'est une fonction, par les phénomènes qui en dérivent, par les conséquences qui en résultent, par la force nouvelle qui est engendrée. C'est une fonction de génération. La vie n'est pas autre chose.

La force vitale est le fruit de cette conjonction fonctionnelle de l'âme et des atomes éthérés. M. Michel (1) (de Coligny) a dit que la force vitale est la force du support éthéré modifiée par l'action de l'âme, vitalisée en un mot. Tout porte à croire qu'il n'en est pas ainsi, et que la force vitale est vraiment une force spéciale, propre, individuelle, nouvelle, et nullement une force préexistante modifiée. Je m'appuie encore ici sur une loi physiologique, qu'on peut ainsi formuler :

Le produit de deux générateurs est une individualité nouvelle,

(1) *Revue médicale,* 1872.

absolument distincte de ceux-ci, mais tenant de l'un et de l'autre et faite à leur image.

Ainsi l'enfant est fait à l'image de son père et de sa mère, sans être ni l'un ni l'autre. Ainsi l'homme est fait à l'image de Dieu, sans être Dieu lui-même. Telle la force vitale, absolument distincte de la force animique et de la force éthérée, tient à la fois de celle-ci et de celle-là. C'est une force produite physiologiquement, dans les conditions spéciales que je viens de déterminer. C'est un lien dynamique intermédiaire entre la substance de l'âme et les atomes éthérés.

Une fois la conjonction accomplie, ce n'est plus la dualité, c'est la trinité. Cette trinité dynamique devient unité synthétique, pour travailler alors au développement de l'organisation.

Dans ce premier phénomène, qui marque l'aurore de la vie, apparaît le principe des conjonctions physiologiques et des fonctions, dont nous verrons la série se dérouler dans l'organisme. C'est la première fonction ; c'est la conjonction originelle, simple comme tout ce qui est primitif.

Deux lois physiologiques viennent confirmer cette vérité fondamentale, et rendent encore plus clair le mécanisme originel des premières lueurs de la vie :

1° *Toute fonction qui s'accomplit consume des forces ;*

2° *Toute fonction qui se détruit dégage des forces.*

En effet, pour que cette conjonction diatomique s'effectue, il lui faut des forces préexistantes aux dépens desquelles elle le puisse faire. Ces forces sont celle de la substance animique d'une part, et la force du support éthéré d'autre part ; lesquelles sont encore forces neutres dans leur isolement respectif, avant leur conjonction. La préexistence de ces forces génératrices et de leurs supports est ainsi démontrée par la genèse de la force vitale.

Mais le cachet de tous les phénomènes vitaux étant le mouvement et la spontanéité, la conjonction diatomique originelle satisfait ces deux conditions essentielles : la première, par un renouvellement incessant ; car il ne faut pas concevoir cette conjonction comme un phénomène s'accomplissant une fois pour toutes, et restant immobile ou stable depuis l'origine de la vie jusqu'à la mort, mais au contraire comme une série fonctionnelle de conjonctions sans cesse détruites et sans cesse reformées ; la seconde, par la spontanéité inhérente à la substance animique, et par la priorité dynamique qui la caractérise, au nom du principe d'inégalité dynamique, qu'on peut formuler comme il suit :

Les supports originels sont nécessairement en état d'inégalité dynamique, avec supériorité ou prédominance de l'un sur l'autre, à l'instar des supports organisés qui en dérivent, à l'instar de tous les organes et des organismes ; et cette inégalité originelle avec antagonisme est la cause première de l'action réciproque que les deux forces en présence exercent l'une sur l'autre.

Si cette conjonction est sans cesse détruite comme sans cesse renouvelée, de même qu'elle se reforme à chaque fois aux dépens des forces préexistantes, ainsi elle dégage à chaque fois, en se détruisant, une force nouvelle ; laquelle n'est ni l'une ni l'autre des deux forces génératrices de la conjonction, mais tient également des deux : c'est la force vitale en un mot.

, Telle est la première étape physiologique, où la vie apparaît déjà comme une aurore, et où l'organisation n'est pas encore formée. La genèse des premiers supports organisés constitue la seconde étape physiologique.

On remarquera que la vie et la force vitale s'allument en même temps, avant toute trace d'organisation. C'est dire que la force vitale préexiste à la genèse des éléments corporels, de même que la force animique et la force éthérée préexistent à la genèse de la force vitale.

La vie commence par une génération. L'organisation va commencer aussi par une génération. C'est enfin par des

générations successives que la vie se développe et s'entretient
dans les organismes.

La force vitale étant engendrée, c'est elle qui va présider
aux phénomènes de l'organisation. Son rôle s'adresse directement aux atomes corporels, qu'elle féconde, qu'elle anime,
auxquels elle donne une vertu nouvelle. Entrant en fonction
au fur et à mesure de sa production successive dans la conjonction diatomique primitive, elle devient la cause directe
d'une seconde et nouvelle conjonction diatomique entre
les supports éthérés et les supports chimiques; en d'autres
termes elle devient le principe de l'agrégation moléculaire,
la cause qui préside à l'apparition du premier élément organisé.

Les mêmes lois physiologiques gouvernent cette conjonction seconde, lesquelles ont réglé la conjonction primitive.

Cette association de supports atomiques pour la formation
d'un support organisé est une fonction physiologique à accomplir; laquelle ne peut se développer sans consumer une
force préexistante, qui est la force vitale, sans cesse fournie
par la série fonctionnelle de la première conjonction et sans
cesse détruite par la série fonctionnelle de la seconde. Car
celle-ci est une série comme celle-là, loin d'être unique et immobile dans son évolution.

Si cette conjonction seconde, qu'on peut appeler chimico-
éthérée, se reproduit incessamment, elle se détruit de même,
soit pour modifier des groupements moléculaires, soit pour
les transformer totalement. Ici se présentent les innombrables
mouvements de combinaison et de décombinaison, que la
chimie nous apprend à connaître et à observer dans les profondeurs de notre organisme. De même qu'en se reproduisant
elle consume sans cesse une force préexistante, la force vitale,
ainsi en se détruisant la conjonction chimico-éthérée dégage
incessamment une force nouvelle, laquelle est destinée à faire
fonctionner les rouages plus complexes et plus apparents du
corps organisé.

Quelle est la nature de cette force nouvelle? Quel est son nom? Est-elle unique ou multiple?

Cette force nouvelle, fruit d'une conjonction seconde dans l'ordre vital, tient à la fois des forces inhérentes à ses deux supports générateurs, les atomes éthérés et chimiques, et aussi de la force vitale, sans être ni l'une ni l'autre de ces forces. La loi sur laquelle s'appuie cette vérité physiologique a été citée plus haut.

Je l'ai déjà dit, dans les plaines éthérées interplanétaires la force inhérente aux atomes de ce nom est à l'état neutre, c'est-à-dire sans aucune manifestation sensible autre que le mouvement qui la trahit, et que la transmission des impressions solaires vers les planètes. Ce n'est que dans les atmosphères de celles-ci, au contact des atomes chimiques qui y sont pour ainsi dire consignés, que cette force neutre, caractérisée par les mouvements de rotation de ses supports, par les mouvements de translation et de vibration, soit verticale ou transversale, se manifeste sous une modalité sensible pour nos organes, et devient, par l'influence de la force vitale qui anime le corps sidéral et par le mécanisme de la conjonction diatomique seconde, force luminifère ou lumineuse pour les mouvements de vibration transversale, force calorifique ou calorique pour ceux de vibration verticale, et force électrogène ou électrique pour ceux de translation.

Telles sont les trois forces, ou trois modalités dynamiques, dites forces vives, qui sont le produit nouveau de la seconde étape physiologique de la vie; lesquelles apparaissent en même temps que l'organisation, comme la force vitale dans la première étape apparaît en même temps que la vie.

Pour nous, nous subissons nécessairement les lois planétaires, puisque nous sommes noyés dans l'atmosphère d'une planète : c'est notre milieu vital extérieur. Aussi bien, ce qui s'accomplit de première main à l'union des champs éthérés et des champs atmosphériques, ne le fait plus que de seconde main à l'union de l'atmosphère et du corps animal.

Ces forces vives sont encore des forces vitales, qu'on peut appeler *secondes* comme la conjonction dont elles relèvent. Ce n'est plus la force vitale primitive, originelle, cause première de tous les phénomènes organiques. Ce sont des forces vitales secondes, résultantes, collectives, servant d'intermédiaires entre celle-là et l'organisme, de même que celle-là est une intermédiaire entre l'âme et le corps d'une manière générale.

Par cette distinction fondée des forces vitales s'explique cette phrase de Gintrac, si vivement critiquée par le professeur Chauffard : *la vie est un principe et un résultat.*

Je dis que ces forces vives deviennent forces vitales dans les corps vivants, dans l'organisme sidéral, dans les organes planétaires, dans les corps animaux. Ce sont des forces vitales dans ces conditions, ou forces vives vitalisées comme on voudra, en tant qu'elles éprouvent une modification manifeste, dont on peut juger par leurs effets, sous l'influence de la force vitale première, laquelle relève à son tour de la faculté supérieure de l'âme.

Ces forces ne restent purement et simplement forces vives que dans les choses mortes, d'où la force vitale s'est enfuie, où l'âme n'est pas associée.

Les forces vitales secondes du corps sidéral, autant que nous pouvons en juger par un organe planétaire, sont au nombre de trois. Dans le corps animal la force lumineuse s'éteint : il ne reste plus que les forces calorique et électrique.

La différence très grande entre une force vive physique et une force vive vitalisée apparaît évidente dans un grand nombre de cas. Par exemple, l'électricité atmosphérique qui prolifère dans les nuages orageux n'a pas les mêmes errements que l'électricité développée artificiellement dans des appareils de laboratoire. De même la force électrique dans le corps animal se distingue de la même force dans les deux conditions précédentes. Il en est de même des forces calorique et lumineuse.

Mais ces trois forces vives, physiques ou vitalisées, appartiennent exclusivement à l'ordre corporel. C'est à tort que Louis Lucas, dans sa *Chimie nouvelle*, a considéré la force luminifère comme particulièrement affectée à l'entendement, en même temps qu'il rapprochait, avec plus de raison, la force calorifique des phénomènes de nutrition et la force électrogène des phénomènes de déplacement.

Je dirai maintenant que la théorie de M. Michel (de Coligny), émise dans la *Revue médicale*, 1872, en regardant la force vitale proprement dite comme identique à la force éthérée vitalisée, conduit à cette conclusion fausse, que la force vitale, principe, unité, cause, se confond avec les forces vives, résultantes, multiples. La première n'est pas une force vitalisée; c'est à proprement parler la seule et vraie force vitale, par laquelle celles-là deviennent vitalisées.

La force vitale est pour ainsi dire la déléguée de l'âme dans le gouvernement d'un organisme. Son empire est absolu. Elle tient sous sa direction les forces vives, émanées des supports moléculaires et granulaires; et celles-ci sont en rapport direct et incessant avec tous les phénomènes et toutes les fonctions qui s'accomplissent dans l'organisme.

Des physiologistes, entre autres Hermann, ont classé les forces vives de l'organisme en *forces de tension*, *forces libres* et *forces de dégagement*. Cette distinction est plus mécanique que physiologique. Elle marque telle ou telle situation dans laquelle se trouvent ces forces dans le cours de leurs évolutions, mais non des modalités différentes, mais non des tendances dynamiques vers telle ou telle manifestation.

Dans leurs évolutions physiologiques, les forces vives se présentent à notre observation sous trois modalités différentes : en modalité *travail*, quand elles se résolvent par voie d'équivalence en un acte accompli, en un travail de sécrétion; en modalité *sensible*, quand elles se révèlent à nous par une sensation spéciale à chacune, telle que la température physiologique pour les corps vivants; et en modalité

7

libre ou *neutre*, dans toutes les autres situations, quand elles poursuivent la voie des transformations dynamiques ou vitales. La modalité travail, c'est la mort de la force vive ; la modalité sensible, c'est le *statu quo*, l'excédant des besoins fonctionnels ; la modalité libre, c'est le développement, la prolifération, ou la propagation, suivant les cas. Dans toute fonction organique ces trois modalités des forces résultantes sont en présence, avec prédominance de l'une ou de l'autre. C'est ainsi que dans le système nerveux la force électrogène a la suprématie fonctionnelle, en modalité spéciale, bien que la force calorifique ou vibratoire s'y manifeste également.

Ces forces peuvent être ou ne pas être en *tension ;* mais un état de tension ne constitue pas une modalité différente. L'état de liberté, opposé à celui de tension, n'est pas non plus une modalité différente. Il ne faut pas le confondre avec la modalité libre, dont je viens de parler.

Telle est la seconde étape physiologique, caractérisée comme la première par une conjonction fonctionnelle diatomique, et par la genèse consécutive d'une force nouvelle, sous la garantie des mêmes lois.

Telle est cette physiologie originelle, ou atomique, après laquelle l'on entre, avec les supports moléculaires et granulaires, dans le domaine de la physiologie organique. Les mêmes lois gouvernent ces deux départements physiologiques, dont celle-ci est l'effet et celle-là la cause ; et les phénomènes de la seconde, plus complexes parce qu'ils appartiennent à des éléments composés, se retrouvent néanmoins avec ce qu'ils ont d'essentiel dans la première.

Je me résume.

Dualité initiale ; deux camps ; première fonction par la conjonction de l'âme avec des atomes éthérés ; genèse de la force vitale ; alors *trinité* d'éléments, associés par l'*unité* synthétique ou physiologique d'une fonction et d'une génération.

A la seconde étape c'est la force vitale qui domine la scène. *Dualité* atomique dans le camp des atomes corporels ; conjonction seconde des atomes éthérés et des atomes chimiques ; avec la formation des molécules organiques genèse des forces vives, luminifère, calorifique, électrogène, qui deviennent vitalisées ; alors *trinité* d'éléments, associés également par *l'unité* physiologique d'une fonction et d'une génération.

On remarquera que la trinité est encore dans les trois forces engendrées à la seconde étape, et, qui plus est, dans les trois modalités de chacune : modalités *libre, sensible* et *travail*. Cette double trinité est nécessaire à la variété des phénomènes que présentent les corps organisés. Mais, en souvenir de leur commune origine, l'unité préside toujours au mécanisme des transformations et des proliférations de ces forces dans leurs supports.

Les fonctions les plus complexes des corps organisés se retrouvent en essence dans cette double conjonction diatomique ; et les générations intrinsèques ou extrinsèques des organismes se retrouvent aussi en principe dans cette double genèse de la force vitale et des forces vives ; celles-ci qui n'existent pas avant l'association des atomes éthérés et chimiques, qui par exemple ne sont pas dans les espaces interplanétaires ; celle-là qui n'est pas non plus avant l'association des atomes éthérés et de l'âme. Cette conjonction génésique est donc le principe d'où s'élève et se développe, en se compliquant progressivement dans la série organisée, la fonction future de la sexualité.

Entre cette conjonction originelle et atomique, antérieure à la sexualité dont elle est le principe, et la fonction sexuelle proprement dite, il y a ce que M. Balbiani a appelé l'hermaphrodisme élémentaire primordial, sans aucune apparence de sexe, dans des germes animaux et végétaux.

La production de la sexualité, comme dit Claude Bernard, se réduit à une question de nutrition embryonnaire, la fécondation n'étant qu'une nutrition évolutive, ou la nutrition elle-même n'étant qu'une génération.

On distingue, suivant leur rôle, les éléments histologiques

en mâles et femelles : on connaît des cellules mâles et des cellules femelles. Dans certaines cellules complètes, le noyau joue le rôle de l'élément mâle, et le nucléole celui de l'élément femelle. En remontant plus haut encore, il est des granulations qui jouent le rôle de l'élément mâle et d'autres celui de l'élément femelle ; il est des molécules qui remplissent les mêmes fonctions. On arrive ainsi, par progression décroissante dans l'ordre physiologique, à la dualité fonctionnelle des atomes corporels, et à la dualité initiale des atomes éthérés et de l'âme.

La dualité simple remplace la sexualité ; mais de l'une à l'autre on descend ou l'on remonte par une gradation insensible.

Dernière synthèse de physiologie originelle.

Deux classes de supports : l'âme ou la substance animique, et les atomes corporels.

Trois classes de forces : la *force animique* pour l'âme, la première dans l'ordre hiérarchique et différente des autres ; les *forces vives vitalisées* pour le corps, se subdivisant dans leurs manifestations fonctionnelles ; et la *force vitale*, intermédiaire à celles-ci qui en dépendent et à celle-là dont elle relève.

Ajoutez à cet état de choses des phénomènes de conjonction fonctionnelle et de genèse, signes de vie.

Dans les substances inertes, dites mortes, il ne reste plus qu'une classe de forces : ce sont les forces vives, dites physiques par opposition à celles qui sont vitalisées. Avec l'âme, les forces vitale et animique se sont enfuies ; le principe de conjonction et de genèse a disparu : voilà pourquoi l'inertie ou le *status quo* a fait place au mouvement et à la spontanéité.

DEUXIÈME PARTIE

PHYSIOLOGIE TERRESTRE

PHYSIOLOGIE SPÉCIALE DES ORGANES PLANÉTAIRES

L'étude précédente nous ayant enseigné, avec l'existence et la physiologie des supports dynamiques élémentaires, la division des atomes en deux ordres, l'un chimique, l'autre éthéré; on a pressenti déjà que ces supports, atomiques, moléculaires et granulaires, loin d'avoir une valeur exclusive pour les corps animaux, sont d'une importance universelle, et forment la base organique des corps végétaux et du corps sidéral lui-même, c'est-à-dire des trois règnes connus de corps vivants ou organisés : un même plan anatomique dévoile la parenté de ces corps, et un même mécanisme physiologique, présidant aux manifestations de leurs phénomènes, confirme cette communauté de famille dans laquelle les corps des deux premiers règnes sont une production du troisième.

Dans cet ordre d'idées, l'*inertie de la matière* appliquée aux masses planétaires est une hérésie scientifique, et ne convient exclusivement qu'aux agrégats véritablement morts; lesquels revêtent l'état solide et doivent être regardés comme des produits de sécrétion, à la façon des roches plutoniennes du corps sidéral, et des os du corps animal.

L'on a vu le corps sidéral assimilé à un organisme cellulaire. Sans dépasser pour le moment les limites de la cellule, nous savons que le soleil représente le noyau ou l'élément mâle, et les planètes les nucléoles ou éléments femelles. Tout étant relatif dans une série organisée, chaque nucléole planétaire, organe par rapport à sa cellule, devient organisme pour ses propres organes dont il est la synthèse, de même que chaque cellule, organisme pour son contenu, n'est qu'un organe bien inférieur du corps sidéral.

En définitive, notre terre est un nucléole d'une cellule sidérale. Son *unité organique* est divisée en trois organes : l'*organe atmosphérique* ou périphérique, l'*organe océanique* et l'*organe tellurique* ou central. Ces trois organes sont reliés entre eux par un système de transmission et de propagation, analogue au système nerveux du corps animal : c'est le système électro-magnétique, par lequel l'unité organique planétaire devient une *unité physiologique*.

Je vais étudier successivement les trois organes l'un après l'autre, le système électro-magnétique, et l'organisme terrestre considéré dans son ensemble.

CHAPITRE PREMIER

Organe tellurique.

ART. 1er. — *Température physiologique du foyer tellurique.*

La chaleur, en tant que modalité sensible, est la caractéristique des corps vivants, et la mort, tarissant la source intrinsèque de cette force vive, produit un abaissement de température plus ou moins considérable.

Les animaux ont une chaleur physiologique dont le sang est le principal foyer, du moins dans les animaux supérieurs, et dont l'intensité varie suivant les classes et les genres, et, dans une même espèce, suivant les organes, suivant les circonstances physiologiques et pathologiques. La chaleur physiologique de l'homme est de 37°; celle des mammifères oscille entre 35°,50 et 40°,50; celle des oiseaux peut s'élever jusqu'à 43°,90, sa moyenne est 41°,65. Chez les insectes la chaleur ne s'élève pas toujours d'un degré au-dessus de celle de l'atmosphère. Il est des animaux, comme les crustacés, dont la température propre est si faible que, prise isolément, elle n'est pas appréciable.

« Tous les animaux, dit Longet, ont une température va« riable; et cette température peut être, suivant les circons« tances, supérieure ou inférieure à celle du milieu am« biant (1). »

Les végétaux, au point de vue de la chaleur physiologique,

(1) Longet, *Physiologie :* Chaleur animale.

sont, suivant le moment où on les observe, comparables aux animaux à sang froid ou aux animaux à sang chaud : à ceux-ci, à l'époque de la fécondation où ils brûlent de l'oxygène, dégagent de l'acide carbonique et de la chaleur, élevant alors leur température au-dessus de celle du milieu ambiant d'un nombre de degrés variable suivant les espèces, de 1 jusqu'à 22 degrés, comme Van-Beck et Bergsma l'ont constaté dans le spadice du *colocasia odorata* ; à ceux-là en tout autre temps, en ce sens que leur température paraît suivre les oscillations de celle du milieu ambiant.

Dans tous les cas cependant, animaux et végétaux possèdent une température physiologique, quelle qu'elle soit. Cette chaleur sensible, loin d'être la somme de force calorique produite par un organisme donné, n'est que l'excédant des besoins fonctionnels : c'est la modalité sensible d'une force, dont les deux autres modalités sont dépensées en travaux physiologiques ou en transformations dynamiques diverses. Il est donc opportun de faire une distinction entre la force calorifique qui naît et se transforme dans un corps vivant, animal ou végétal, et la chaleur thermométrique que ce corps manifeste.

Les mouvements chimiques et les mouvements moléculaires en général sont la cause dont relève la force calorifique des animaux et des végétaux, en tant qu'ils mettent en activité, ou en suractivité suivant les cas, les atmosphères éthérées des molécules et des granulations dans leur mode vibratoire.

A l'instar des animaux et des végétaux, la terre a sa température propre, sa chaleur physiologique, dont le principe est dans les mouvements de ses propres supports élémentaires, et dont le soleil est l'agent d'activité.

La terre a sa chaleur physiologique comme organisme planétaire, et une chaleur propre dans chacun de ses trois organes : celle de l'atmosphère n'est pas celle de l'océan, et celle-ci n'est pas la même que dans le foyer tellurique.

Outre qu'elle varie suivant les organes, la chaleur planétaire
varie encore suivant les diverses régions d'un même organe, et suivant les circonstances physiologiques. Même
genre de variétés que dans le règne animal et dans le règne
végétal.

Qui plus est, la terre, et avec elle chaque planète, en tant
que nucléole faisant fonction d'organe dans une unité cellulaire, bien que possédant une chaleur intrinsèque, reçoit
aussi les influences dynamiques d'une chaleur physiologique
plus générale, qui est celle de l'organisme cellulaire dont
l'échelle se mesure par l'émission de la photosphère.

Il convient donc de distinguer : 1° une température
moyenne de la cellule sidérale, en tant qu'organisme relatif,
température qu'on doit résumer dans celle de la photosphère ;
2° une température moyenne de chaque organe intracellulaire, de chaque planète, et du soleil lui-même comme noyau
central, abstraction faite de sa photosphère. La température
de chaque planète, en tant qu'organisme, se résume dans
celle de son foyer tellurique : c'est là que réside sa chaleur
intrinsèque proprement dite ; c'est le cœur de la planète
comme la photosphère est le cœur de la cellule.

On ne saurait douter qu'il existe des relations proportionnelles entre les températures moyennes des divers organes
d'une même association cellulaire.

Je recherche spécialement ici la chaleur physiologique de
notre planète, résumée dans celle de l'organe tellurique.

Il est difficile de trouver le chiffre exact de la température du foyer intraterrestre : les moyens d'observation nous
font défaut.

On est arrivé par le calcul, en suivant la progression croissante de température dans les couches terrestres, au chiffre
de 200,000 degrés pour la chaleur centrale ; chiffre impossible, que la science repousse avec raison, parce que le calcul
qui le fournit est appuyé sur une base incertaine.

Tout démontre qu'un pareil foyer d'activité est hors de

proportion avec l'organisme planétaire, et même avec l'unité cellulaire : l'incompatibilité d'une source de fusion aussi puissante avec la croûte solide du globe, quelle que soit son épaisseur ; la température inimaginable qu'il faudrait admettre pour la phase incandescente des temps primitifs ; la température plus incroyable encore qu'il faudrait supposer aux grosses planètes, et à *fortiori* au soleil, dont le volume vaut 600 fois les volumes réunis des planètes et des lunes, et dont la masse est 355,000 fois aussi grande que celle de la terre ; la connaissance même de la nature des forces vives et de leurs trois modalités, dont la modalité sensible, représentant l'excédant des besoins fonctionnels de l'organe ou de l'organisme, ferait prévoir, pour la force calorique par exemple, si elle atteignait une telle hauteur thermométrique, une effroyable puissance de transformation et de destruction pour la modalité libre et neutre, puissance auprès de laquelle celle des phénomènes volcaniques serait d'un faible poids ; enfin la presque certitude où la science est parvenue que le centre de la terre n'est pas un foyer de flammes et de substances en ignition, mais bien une masse pâteuse plus ou moins compacte, laquelle implique une température de beaucoup inférieure.

« Je ne parle pas du feu central, dit Arnold Boscowitz, « parce que j'ignore s'il existe. A vrai dire, on ne sait même « pas si la chaleur est plus grande au centre du globe que « dans certaines autres régions souterraines. Ce que l'on « peut affirmer, c'est que des effluves de calorique circulent « dans la terre ; mais on ignore comment cette chaleur se « distribue dans le corps gigantesque de la planète (1). »

Telle n'était pas la croyance générale dans la première phase du siècle : on admettait l'existence du feu central, que la terre est un astre refroidi seulement à sa surface comme Descartes et Leibnitz l'avaient pensé, et on calculait qu'au centre de la terre, la température augmentant d'un degré par

(1) Arnold Boscowitz, *Les Volcans,* p. 600.

25 mètres de profondeur, il existe une chaleur marquant plus de 250,000 degrés centigrades.

De nombreuses observations M. Cordier tirait les consé-quences suivantes (1) : « 1° L'existence d'une chaleur interne « indépendante de l'influence des rayons solaires, consé-« quemment propre au globe terrestre, et croissant rapide-« ment avec la profondeur ;

« 2° La probabilité que l'augmentation de la chaleur sou-« terraine ne suit pas partout la même loi ; qu'elle peut être « double, et même triple, d'un pays à un autre ;

« 3° La certitude que ces différences ne sont en rapport « constant, ni avec les latitudes, ni avec les longitudes ;

« 4° Enfin, un accroissement beaucoup plus rapide qu'on « ne l'avait supposé, puisqu'il peut aller à 1 degré par « 15 mètres et même par 13 mètres, en certaines contrées, « et que, provisoirement, son terme moyen ne peut pas être « fixé à moins de 25 mètres. »

« La chaleur, dit Elisée Reclus, s'accroît plus rapidement « dans les schistes que dans le granit, plus dans les veines « de métal que dans les schistes ; dans les filons de cuivre « plus que dans l'étain, et dans les couches de houilles plus « que dans les gisements de métaux. En Wurtemberg, au « puits artésien de Neuffen, la température s'accroît d'un « degré centigrade par chaque intervalle de 10 mètres et « demi..... Dans les mines de Saxe, l'accroissement serait, « d'après Reich, d'un degré par 42 mètres. Toutefois, la terre « n'a pas encore été fouillée à une bien grande profondeur. « Les excavations les plus remarquables, celles de Kutten-« berg en Bohême, et l'une des mines de Guana Juato au « Mexique, ont à peine atteint un kilomètre (2). »

Si les faits sont les matériaux avec lesquels on construit, pour ainsi dire, l'édifice d'une science, le raisonnement est la

---

(1) Cordier, *Essai sur la température de l'intérieur de la terre.*
(2) Elisée Reclus, *La Terre,* 1er vol., p. 28.

main de l'ouvrier qui les dispose selon les règles pour former
un tout de plusieurs éléments divers. Ces deux choses sont
indispensables l'une à l'autre : les faits isolés demeurent stériles, et le raisonnement qui ne s'appuie pas sur des faits
certains est impuissant.

Or, multiplier le chiffre de 25 mètres jusqu'à concurrence
de 1,500 lieues, rayon de la terre, pour aboutir à 250,000
degrés de chaleur centigrade au centre terrestre, à raison de
1 degré par 25 mètres, est un calcul que le raisonnement ne
peut justifier. Car, que l'intérieur du globe soit rempli de
matières en fusion et enflammées ou d'une masse pâteuse
plus ou moins liquéfiée, il est certain que la cavité centrale
est relativement très grande; que la température des matières qu'elle recèle est à peu près égale dans toute son
étendue; et que par conséquent, en admettant pour vraie la
loi de progression continue, cette progression doit au moins
s'arrêter aux limites de la croûte corticale et aux frontières
de la cavité intérieure. C'est donc une erreur de poursuivre
le calcul jusqu'à l'extrémité du rayon terrestre.

Mais à quelle profondeur arrêter le calcul, et la progression de température? Là est la difficulté tout entière. Il
faudrait savoir les dimensions du foyer tellurique, ou, ce qui
revient au même, l'épaisseur de la croûte corticale. On
l'ignore; et il est impossible d'arriver directement à cette
connaissance.

Chaque auteur, suivant ses calculs et son raisonnement,
donne à la croûte corticale une épaisseur différente. Les
opinions varient depuis 40 kilomètres jusqu'à 1,600. Cordier
lui donne de 120 à 280 kilomètres; Hopkins plus récemment,
de 1,300 à 1,600.

Sans discuter ces opinions, je constate seulement que, avec
la loi de progression continue, une croûte épaisse de 150
kilomètres impliquerait une chaleur centrale de 6,000 degrés;
et une croûte épaisse de 1,500 kilomètres, une chaleur centrale de 60,000 degrés. D'autre part à 75 kilomètres l'on

aurait 3,000 degrés, chaleur plus que suffisante pour maintenir à l'état de fusion tous les corps connus.

On pourrait de suite se demander pourquoi la terre aurait
une température supérieure au point de fusion des éléments
dont elle est formée, et hors de toutes proportions avec eux ? A
quoi bon une pareille chaleur ? Mais il est plus logique de chercher des jalons conducteurs ; et c'est le terrain de la physiologie qui doit les fournir.

La question de la température centrale est liée à celle
de la constitution du foyer tellurique. Quelle est cette constitution ?

Trois opinions principales ont été émises : celle des
anciens, dont le règne s'est prolongé jusqu'à nos jours, où
l'on suppose une mer de flammes enchaînée sous nos pas ;
celle d'une agglomération de gaz emprisonnés dans le sein
de la terre (1) ; et celle plus récente généralement adoptée
aujourd'hui, entre autres par W. Hopkins, par Sortorius de
Waltershausen, l'historien de l'Etna, par Rogers, célèbre
géologue américain et par Raillard de l'Institut, où il est
enseigné que le foyer tellurique est rempli d'une matière
pâteuse, semi-liquide, agitée de mouvements, incandescente
ou non ; que cette masse mouvante, loin d'être librement
répandue dans une enceinte uniforme, est cloisonnée par des
roches solides, lesquelles, comme autant de colonnes gigantesques et pareilles à des montagnes souterraines, la traversent dans tous les sens et la partagent en diverses zones
d'activité, ayant toutes néanmoins des voies de communication les unes avec les autres ; et qu'enfin cette mer intérieure
s'avance jusqu'à une distance relativement faible de la surface terrestre.

Telle est la constitution centrale de notre planète ; hypothèse féconde, appuyée sur la manière d'être de la terre aux
temps primitifs, sur son organisation extérieure actuelle et

(1) Alliot, *De la vie dans la nature et dans l'homme.*

sur les grands phénomènes des volcans et des tremblements.
On peut en quelque sorte établir une comparaison entre la
constitution centrale et la constitution périphérique : des
montagnes se dressent des deux côtés ; et au milieu d'elles,
ici la terre arable et toutes les parties molles ou poudreuses
de la surface à une profondeur plus ou moins grande, là la
masse pâteuse et semi-liquide en circulation.

Le centre de la terre est une vaste cavité, cloisonnée et
remplie d'une masse pâteuse mouvante. La cavité principale
est ainsi sectionnée en un grand nombre de cavités secondaires, communiquant entre elles et jouant néanmoins un
rôle particulier, possédant des propriétés spéciales : à quoi
bon sans cela un cloisonnement sans motif ? Ainsi les différentes terres arables possèdent des propriétés diverses. Mais
cette image du foyer tellurique n'est-elle pas la reproduction
du champ d'activité d'un organe quelconque du corps animal ? Ainsi se présentent les éléments cellulaires organisés,
irréguliers dans leur forme, remplis chacun de leurs supports
individuels, distincts et séparés les uns des autres, et néanmoins se confondant ensemble pour l'accomplissement d'une
fonction commune. D'autre part, la circonférence de cette
vaste cavité n'est pas uniformément arrondie ; elle est irrégulièrement dessinée, ici s'avançant en promontoire, là se
creusant en golfe ; elle se continue en canaux centrifuges
dans les flancs de la croûte corticale ; elle a l'apparence tour-
mentée des temps primitifs qui l'ont vu naître, et les rayons
divergents qui en hérissent la circonférence rappellent à
l'imagination les prolongements polaires des cellules nerveuses.

Plus nous approfondirons l'étude physiologique de notre
planète, plus nous resterons convaincus de la vérité de cette
conception ; laquelle au premier abord peut apparaître
comme une hypothèse hasardée, mais est en définitive une
sublime théorie, où se manifeste le lien mystérieux qui réunit
dans une même famille les corps des trois règnes vivants.

Cette organisation intérieure de la terre, tant dans la cavité centrale que dans les canaux excentriques, se complétera progressivement sur notre chemin ; et dès à présent, en outre de la comparaison générale avec les cellules organiques ou nerveuses, je vois une ressemblance encore plus grande avec la texture intime des os. A l'examen du microscope, les ostéoplastes, ou cellules étoilées des os, font suite à des canalicules nombreux, lesquels, sillonnant en tous sens la substance fondamentale, aboutissent d'une part aux ostéoplastes qu'ils font communiquer les uns avec les autres, d'autre part aux canaux longitudinaux de Havers et aux vaisseaux sanguins qui les parcourent ; établissant ainsi des rapports directs et fonctionnels entre le département vital cellulaire et le département vital vasculaire, et prouvant d'une façon manifeste, comme le font les cellules plasmatiques dans la cornée, qu'il existe une véritable circulation en mode cellulaire partout où la circulation en mode vasculaire devient insuffisante. Ainsi le centre de la terre est creusé de cavités celluliformes, communiquant les unes avec les autres par des canaux anastomotiques, où nous aurons à étudier une véritable circulation en mode cellulaire.

Tout est fait sur un même plan dans la nature, et tout relève d'un même mécanisme : circulation en mode cellulaire dans le foyer tellurique ; circulation en mode vasculaire, moins les parois, dans l'océan et dans l'atmosphère.

Si l'on examine, dans l'organisme animal, à l'endroit de la circulation, la manière d'être des cellules dans leur intérieur et leurs rapports soit entre elles, soit avec les vaisseaux sanguins, on constate : 1° dans leur intérieur des courants intrinsèques avec lesquels sans doute il faut confondre les mouvements *amiboïdes ;* 2° des courants extrinsèques qui les mettent en communication les unes avec les autres et avec les vaisseaux de voisinage : ce sont de vrais courants anastomotiques. Mais il convient de distinguer cellules et cellules : pour celles des organes viscéraux par exemple, les canaux d'anastomose n'existent pas, la circulation n'est pas réelle, mais elle est virtuelle et dynamique en ce sens que la communication est véritable, par le moyen des pores invisibles dont toute paroi est traversée : les phénomènes physiologiques et fonctionnels en font foi ; pour les cellules des os, de la cornée, du tissu conjonctif, la circulation est positive, les canalicules existent, des courants anastomotiques unissent les cellules entre elles et les cellules aux vaisseaux capillaires. Je le répète, de ces deux modes de circulation cellulaire le dernier est l'image de la circulation infraterrestre, tant du réseau excentrique dont la croûte corticale est sillonnée que du réseau central lui-même.

Autre corps, autre moyen d'action ; mais le mécanisme fondamental est toujours le même. Le sang qui circule en nos vaisseaux a dans le cœur un agent puissant d'impulsion ; mais le muscle cardiaque, où puise-t-il la force de contraction rhythmique qui le caractérise ? dans les nerfs que lui envoient le système ganglionnaire et le pneumogastrique. Et ces nerfs, quelle est la source d'activité constante qui anime leurs molécules de courants continus ? C'est le sang, où aboutissent les extrémités invisibles du *cylinder axis* et où se meuvent dans des mouvements féconds les granulations vitales. On voit donc qu'en dernière analyse la cause première de la circulation est dans le sang lui-même, c'est-à-dire dans les supports granulaires qui l'animent. Il n'en est pas autrement dans le département cellulaire des os et de la cornée, où la circulation relève également des granulations moléculaires semées à l'infini dans le véhicule de ces cavités; avec cette différence, caractéristique il est vrai, que le rapport est ici direct et immédiat entre la cause première et l'effet, tandis que, dans le département vasculaire, entre les supports vitaux et les parois contractiles qui donnent au sang une impulsion rhythmique se trouve un agent intermédiaire, une cause seconde, le système nerveux. Dans le centre terrestre, le mécanisme de la circulation est le même que dans les cellules plasmatiques du

corps animal : le rapport est direct entre les supports moléculaires constitutifs de la masse pâteuse et l'effet circulatoire.

Si la circulation intraterrestre s'accomplit en mode cellulaire, on peut en déduire la lenteur relative de son cours, en
comparant les courants telluriques aux courants océaniques
et aériens, de même que, dans le corps animal, les courants
cellulaires sont comparés aux mouvements du liquide sanguin. Mais avant d'aller plus loin dans l'étude de cette circulation tellurique, essayons de nous faire une idée des éléments
qui circulent et de la température de leur masse.

La composition chimique d'un organe étant la représentation de ses éléments constituants, il va de soi que la masse
mouvante du foyer tellurique est formée par l'agglomération
de toutes les substances chimiques dont la terre est la figure.
Tous les éléments chimiques connus, sous une forme ou sous
une autre, réduits à un état moléculaire quelconque, se
meuvent et circulent dans cette masse semi-liquide, visqueuse
probablement, à température très élevée comparativement à
la nôtre, dont les laves volcaniques nous offrent des échan-
tillons. Ces laves pâteuses, incandescentes, maintenues semi-
liquides par leur mélange à de la vapeur d'eau, dit Poulett-
Scrope; ces laves contenant beaucoup de gaz, tantôt plus
fluides, tantôt plus consistantes, dont la composition minérale
varie suivant les volcans, et quelquefois dans un volcan donné
suivant les éruptions; ces laves, formées dans tous les
cas des éléments minéraux connus comme appartenant à la
planète, peuvent être regardées comme donnant une idée
exacte de la masse mouvante intraterrestre : supposition qui
acquiert de la valeur par ce fait que les produits volcaniques
sont une émanation du foyer central : c'est une opinion généralement admise, et dont le mécanisme est détaillé plus
loin. Mais si chaque volcan a une composition chimique
propre, variant plus ou moins suivant les éruptions, le foyer
tellurique représente la somme de toutes ces compositions.

Or, cette masse pâteuse centrale est une agglomération de supports animés, tels que je les ai définis précédemment; c'est une masse animée de mouvements et de fonctions physiologiques ; c'est un élément indispensable et inhérent à la vitalité du nucléole terrestre, au même titre que l'océan et que l'atmosphère.

Trois ordres de faits doivent être cités comme un témoignage de cette vitalité intrinsèque.

On sait que les laves, une fois encroûtées, conservent de la chaleur bien longtemps après l'éruption : après onze mois, d'après une observation de Spallanzani ; après trois ans et demi d'après une observation d'Hamilton ; après sept ans d'après Breislak ; après vingt-six ans d'après d'autres; voire même après 484 ans. « Dolomieu (1), cite une lave de l'île « d'Ischia, sortie en 1301, du cratère du Crémate, au pied « du mont Epomée, qui produisait de la chaleur en 1785, « époque à laquelle il l'observait. »

« C'est probablement à l'action de ce feu (feu central), pour « ainsi dire élémentaire, dit Huot, que les eaux minérales « doivent la propriété de conserver beaucoup plus longtemps « leur température que l'eau ordinaire portée au même de- « gré de chaleur par nos moyens artificiels; c'est enfin à « l'action de ce feu, qu'il faut attribuer la propriété remar- « quable qu'elles ont de pouvoir être bues facilement, tandis « que de l'eau ordinaire, portée à la même température, ne « serait pas supportable, et attaquerait les organes qu'elle « toucherait. Ces deux faits seuls suffisent pour indiquer que « la cause qui produit la chaleur des eaux minérales est toute « différente de celle que nous employons dans l'usage do- « mestique (2). »

Il est impossible de ne pas rapprocher ces deux ordres de faits, de n'être pas frappé de leur ressemblance, et de ne pas leur assigner une même cause, une cause dynamique et vitale

(1) Boscowitz, *Les Volcans*, p. 126.
(2) Huot, *Suites à Buffon*, 1837. *Cours de géologie.*

ayant pour supports les éléments chimiques des laves et des
eaux thermales, ici molécules invisibles, là granulations associées en masse; et de ne pas rattacher les propriétés de ces
supports à celles du nucléole terrestre et de sa masse centrale.
Mais ces supports sont plus que des éléments chimiques; ce
sont des éléments physiologiques.

Le troisième ordre de faits consiste dans une propriété de
la lave, en vertu de laquelle la plupart des minéraux, ramollis, fluidifiés, n'ont pas subi une fusion complète, ne sont pas
dénaturés, conservent leur texture naturelle malgré la température excessive à laquelle ils sont soumis. Il semble, dit
Dolomieu, que le feu central agit comme un dissolvant, qu'il
dilate les corps, s'introduisant entre leurs molécules comme
l'eau dans le phénomène de solution des sels, et que, lorsqu'il se dissipe par le refroidissement, il laisse les minéraux
à peu près intacts. Pour que les métaux puissent ainsi être
fluidifiés sans être fondus véritablement, et revêtir cette modalité spéciale de désagrégation qui n'appartient qu'aux laves, la présence d'un véhicule est nécessaire; et ce véhicule,
dit Poulett-Scrope et après lui Boscowitz, n'est autre que
la vapeur d'eau, dont la lave est si abondamment imprégnée.

Cette spécialité de la lave, qu'on peut étendre à coup sûr
à la masse pâteuse centrale, n'offre-t-elle pas une grande
analogie avec la spécialité d'action du liquide sanguin sur les
transformations chimiques? C'est bien aussi le blastème pâteux dont j'ai parlé précédemment, avec la vapeur d'eau pour
véhicule et tous les minéraux connus à l'état de molécules
agrégées pour supports.

Cette propriété dynamique *sui generis*, comparable à nulle
autre dans le domaine chimique et seulement comparable aux
propriétés du liquide sanguin, n'accuse-t-elle pas hautement
une nature vitale et physiologique?

Si la masse pâteuse centrale est un élément physiologique
de l'organe tellurique, composé, à l'instar de tous les milieux
animés, d'un véhicule et de supports, il est certain que ce

milieu possède une température propre, comme le sang dans
l'organisme animal; que cette température peut varier légèrement suivant les zones de son foyer, mais que sa moyenne
est constante et représente la chaleur physiologique de la
planète terrestre.

A défaut d'observation directe, des considérations de *physiologie comparée* sont le seul flambeau qui puisse nous guider
dans cette recherche.

Les eaux thermales qui s'élèvent des couches profondes du
sol, où leur chaleur prend sa source dans les canaux excentriques que j'ai indiqués, lesquels doivent garder une température voisine de celle des cavités celluliformes, nous fournissent des renseignements importants. Les sources de
Plombières, chaudes de 65 degrés centigrades, prennent,
d'après le calcul de 30 mètres par chaque degré d'élévation
de température, leur origine à une profondeur de 1650 mètres; les sources de Chaudes-Aigues, chaudes de 81 degrés,
la prennent à 2100 mètres de profondeur. Les eaux des Trin-
cheras, au Venezuela, marquent 97 degrés centigrades. On a
même vu des sources jaillir à l'état d'ébullition, par conséquent à 100 degrés au moins, mais seulement sous l'influence
d'éruptions volcaniques.

A Paris, à 25 mètres de profondeur la température est
constante, c'est-à-dire indifférente aux variations atmosphériques, et marque 11 degrés centigrades : cette zone constante, partout où elle se trouve, est la limite d'influence des
deux actions thermogènes, celle du soleil de dehors en dedans et celle de la terre de dedans en dehors. La température
s'élève ensuite de 1 degré par chaque 33 mètres de profondeur; en sorte que, à 3 kilomètres, elle doit être de 100 degrés.

Il est donc démontré expérimentalement que la température
du sol, en descendant vers le foyer central, s'accroît progressivement dans des proportions données, variables suivant
les lieux, jusqu'à la profondeur de un kilomètre. On peut

regarder comme certain, au nom de l'analogie la plus rationnelle, que cette progression continue jusqu'à une certaine
limite, inconnue il est vrai, qu'il est peut-être possible de
déterminer approximativement, et au-delà de laquelle la
température se maintient constante : c'est alors la chaleur
physiologique du foyer terrestre. Il existe ainsi deux *zones de
température constante* : une superficielle, variable suivant les
lieux, au-dessus de laquelle la chaleur solaire exerce son influence combinée à celle de la terre ; une profonde, également variable suivant les lieux, au-dessous de laquelle
s'accomplissent les phénomènes intrinsèques de l'organe
tellurique. Entre ces deux zones constantes est la *zone de
température progressive.*

Étant connu cette loi physique, par laquelle la pression
exercée, en vase clos, sur un liquide chauffé et surchauffé,
retarde et arrête indéfiniment l'ébullition de ce liquide ; il en
résulte que l'eau, qui circule dans les flancs de la terre à une
température de 100, 200 et 300 degrés, n'entre pas pour cela
en ébullition, ne passe pas à l'état de vapeurs. Des savants
ont calculé que le point d'ébullition de l'eau dans ces conditions doit se manifester vers 4 ou 500 degrés, et à une profondeur de 15,000 mètres. Les canalicules souterrains où
l'eau circule sont assimilables à des vases clos, où les vapeurs
dégagées font pression sur le liquide et en retardent l'ébullition. A cette profondeur et à cette température, la vapeur est
assez puissante dans sa tension pour vaincre la résistance
d'une colonne d'eau de 1,500 atmosphères.

Les éruptions volcaniques, de même que les sources, nous
apportent leur enseignement. La température des laves volcaniques, dans le cratère et au moment de l'éruption, est
celle de l'incandescence la plus élevée, où les matières en
fusion deviennent lumineuses par leur blancheur éclatante.
A Hawaï, d'après Reclus, la plus grande île du groupe des
Sandwich, sur la déclivité méridionale du plateau qui en occupe le centre, on voit un volcan remarquable, le Kiranen,

dont le centre formant cavité est rempli par deux lacs de lave
bouillante, et qui envoie à la mer un courant continu de lave
en ébullition; au-dessous de ce volcan, en 1855, apparut tout
à coup un nouveau cratère, d'où découla pendant plusieurs
mois une lave chauffée à blanc.

Ch. Sainte-Claire Deville a divisé l'éruption volcanique en
quatre périodes d'après la nature des produits exhalés, chacune répondant à une température différente. Au-dessus de
400 degrés, la première période dégage surtout du sel marin,
et des composés divers de soude et de potasse; la seconde,
au-dessus de 200 degrés, des acides chlorhydriques et sulfu-
reux, et du chlorure de fer; la troisième, au-dessous de
200 degrés, des sels ammoniacaux et des aiguilles de soufre ;
enfin la quatrième, au-dessous de 100 degrés, de la vapeur
d'eau, de l'azote, de l'acide carbonique et des gaz combus-
tibles. Le nombre et l'abondance des gaz exhalés diminuent
de la première à la quatrième période.

Les laves sont formées très diversement suivant les éruptions. D'une manière générale, elles renferment de la silice,
de l'alumine, des sels de chaux, de magnésie, de potasse et
de soude ; des composés de cuivre, de manganèse, de cobalt,
de plomb ; mais surtout des oxydes ferreux en proportion
considérable, à tel point, dit Reclus, que les coulées des volcans sont comme de véritables torrents de minerai de fer;
parfois même, ajoute-t-il, ce métal se montre à l'état pur. On
a divisé les laves en deux grands genres : celui des trachytes, où dominent les roches feldspathiques, et celui des
basaltes.

M. Charles Sainte-Claire Deville, ayant fait des expériences
comparatives avec des fils de fer, de cuivre et d'argent, pour
apprécier la température des laves, a jugé, dans un cas donné,
qu'elle ne pouvait dépasser 700 degrés. Je dis dans un cas
donné, car cette température varie, non-seulement suivant
la distance plus ou moins grande qui sépare le moment de
l'observation du moment de l'éruption, mais aussi suivant la

phase de l'éruption et suivant les diverses crises elles-mêmes. Il y a un *maximum* et un *minimum* de température, dans les laves considérées à un point de vue général, c'est-à-dire par rapport aux crises ; il y a également un *maximum* et un *minimum* par rapport aux phases. Le point essentiel est de connaître le *maximum* absolu, tant des phases que des crises, et le *minimum* absolu. La nature nous l'enseigne elle-même.

La terre est formée de substances minérales, dont le degré de fusibilité varie dans de grandes proportions. Pour celles de ces substances qui fondent à une température supérieure à 5 et 600 degrés, et qui de ce chiffre s'élèvent brusquement jusqu'à plus de 1,000 degrés, comme l'argent, dont le degré de fusion est 1,022, l'or 1,102, la fonte grise 1,587, le fer forgé 2,118 ; et pour d'autres dont le chiffre de fusion est plus élevé encore, et même non fixé, on est dans l'usage de dire qu'elles fondent les unes à la température du feu de forge, les autres à celle du chalumeau ou du gaz oxy-hydrogène, les autres à celle de la chaleur électrique entre les deux pôles d'une pile.

Relativement à la fusion de ces métaux, la température du feu de forge peut être évaluée à 2,200 degrés ; celle du gaz oxy-hydrogène en combustion à 2,400 environ ; celle des deux pôles d'une forte pile de plus de 600 couples, à 2,500 ou 2,800 au plus. Le fer fond au feu de forge ; le platine fond au gaz oxy-hydrogène ; le charbon et la silice fondent entre les deux pôles d'une forte pile. Dans tous les cas, il est important de remarquer que tous les corps chimiques, dont notre planète est composée, ont une température de fusion inférieure à 3,000 degrés.

Or, la lave volcanique, dans le cratère où elle bouillone avec bruit et souvent dans sa coulée extérieure, est capable de fondre la silice, puisqu'elle fond des blocs de granit et de quartz qu'on jette dans le cratère ou qu'elle rencontre sur son chemin. « Beaucoup de voyageurs on vu, dit Boscowitz, « la lave incandescente fondre les roches sur lesquelles elle

« se précipite. » Peunant en cite un exemple remarquable,
dans son ouvrage le *Nord du Globe*.

Ce seul fait démontre que le *maximum* de la température
volcanique s'élève au voisinage de 3,000 degrés. Il reste à
savoir s'il ne dépasse pas cette limite. Aucun fait, aucune
expérience ne peuvent nous renseigner sur cette question.
Mais par cela même, par la raison qu'il n'entre dans la constitution de notre planète aucun corps dont la température de
fusion soit supérieure à 3,000 degrés, n'est-il pas rationnel
d'en tirer cette conclusion : que la température des laves
volcaniques n'élève pas son *maximum* au-delà de la température de fusion de la plus infusible de ses substances constituantes. Le contraire n'aurait pas sa raison d'être, et serait
antiphysiologique.

Je ne crains pas de généraliser ce fait, et d'en faire un
axiome de la physiologie universelle, en l'énonçant ainsi :
*La température d'un corps vivant est toujours inférieure à la
température de fusion de ses principales substances constituantes;*
première loi à laquelle je donne celle-ci pour corollaire :
*Dans les phases de suractivité de la vie organique, si le maximum
de température atteint le chiffre de fusion des principales subs-
stances constituantes, il ne peut le dépasser sous peine de destruction organique.* Encore est-il nécessaire d'ajouter que cette
suractivité, pour ne pas être nuisible, doit toujours être partielle; ainsi que le *maximum* en question !

Plusieurs faits et des calculs s'offrent à l'appui de cette
assertion, à l'endroit de la température des laves volcaniques
et de la force de projection des volcans. « Il est d'observa-
« tion, dit Boscowitz, que les volcans les plus élevés n'ont,
« le plus souvent, que des éruptions de ce genre; c'est-à-
« dire que les matières qu'elles rejettent sont des cendres,
« des scories et des torrents d'eau bouillante, entraînant des
« masses argileuses.

« Les éruptions de laves sont extrêmement rares dans les
« hauts volcans de l'Amérique du Sud. La cause paraît en

« être dans leur prodigieuse élévation...... Les laves incan-
« descentes ne peuvent atteindre les bords du cratère. »

D'autre part, M. Daubuisson du Voisins, cité par le même
auteur, « a fait des calculs qui tendent à prouver que la force
« de projection des volcans n'est pas supérieure, au moins
« pour l'Etna et le Vésuve, à celle de nos pièces d'artillerie.
« La vitesse avec laquelle les blocs de lave s'élèveraient en
« l'air serait, d'après lui, de quatre à cinq cents mètres par
« seconde, au sortir de la bouche volcanique. »

L'eau bouillante vomie par les volcans provient de lacs
temporaires, formés entre deux crises sur la surface refroidie
et refermée d'un cratère. Mais, si les laves volcaniques
bouillaient à une température de 3,000 degrés au-dessous de
cette masse d'eau, voire même à une profondeur de 4,000
mètres au-dessous, est-ce que cette température, conduite
par la cheminée volcanique, ne serait pas assez énergique
pour vaporiser l'eau, et pour vomir des torrents de vapeurs
au lieu des torrents d'eau bouillante ? Il est physiologiquement certain que, dans les cas de ce genre, la température
des laves emprisonnées est bien inférieure au chiffre de
fusion granitique. La profondeur des laves et leur éloignement de l'influence atmosphérique doivent être regardés
comme la cause de ce *minimum* de température ; lequel peut-
être ne dépasse pas 1,000 degrés.

L'influence de l'atmosphère étant manifeste, il faut en
déduire que le *maximum* de température volcanique, toutes
choses égales d'ailleurs, est dans le cratère béant, où la lave
est sans cesse en contact avec l'air extérieur. C'est une cornue organo-physiologique, où les mouvements de combinaisons chimico-vitales atteignent, avec le plus haut degré de
leur suractivité, le maximum de leur température. Les laves
sont moins chaudes auparavant, et elles se refroidissent après,
pendant la coulée. Mais, comme on l'a observé bien des

(1) Boscowitz, *Les Volcans*, p. 152.

fois, les laves, ténaces et fluides à la fois, ont la propriété spéciale de se refroidir très lentement. Au sortir du cratère, les couches superficielles subissent, par le dégagement de la vapeur d'eau, un abaissement de température; une croûte protectrice se forme par le durcissement des laves refroidies ; et celles qui coulent au-dessous de cette espèce de pont, perdant leur calorique avec une lenteur excessive, doivent, examinées peu de temps après leur sortie du cratère, conserver une température voisine de celle du cratère lui-même.

Le cratère est un lieu d'élection, où deux organes, le tellurique et l'atmosphérique, confondent leurs supports et exaltent leurs forces vives dans une conjonction physiologique : il s'opère là un travail de prolifération, caractéristique de l'éruption volcanique.

Les laves des volcans sont pour ainsi dire un échantillon de la masse pâteuse qui circule dans le centre terrestre; et on admet implicitement la suractivité de leur dynamisme et de leur température sur le dynamisme et la température de celle-ci, lorsqu'on parle de l'entrée des volcans en activité, de leur période de repos, et de la fureur de leurs crises. Sans en avoir conscience, on sous-entend par ces expressions comparatives un état normal et régulier, où il n'y a ni fureur ni suractivité, et dont la manifestation volcanique est une crise fonctionnelle, élevant son échelle dynamique et sa température au contact de l'atmosphère. Ce contact de deux organes, d'inégale activité et d'inégale chaleur, est une source féconde de force électrique ; laquelle réagit sur les mouvements de vibration calorique, de vibration lumineuse, de locomotion des supports, et facilite le développement des combinaisons chimiques.

L'échelle de température des volcans mesurant à peu près 2,000 degrés, depuis mille jusqu'à trois mille, il faut en déduire la température du foyer central, à l'aide d'un *criterium* de certitude physiologique, pris dans l'ordre de la physiologie comparée. Ce *criterium* est un nouvel axiome, une seconde loi. Je l'énonce ainsi : *la température d'un corps vivant est toujours inférieure aux degrés qu'elle atteint dans les phases de suractivité.* Cette loi a beaucoup de rapports avec la première, et nous conduit aux mêmes conclusions plus précises, savoir : que la température du foyer central est inférieure à la température des phases volcaniques, non-seulement à leur *maximum* mais aussi à leur *minimum;* ou du moins qu'elle n'est pas supérieure à ce *minimum.*

Dans l'organisme humain la température, pouvant s'élever jusqu'à 44 degrés dans les phases de suractivité pathologique, marque seulement 37 comme moyenne normale.

Connaissant que la chaleur centrale ne dépasse pas 1,000 degrés, nous savons aussi qu'elle n'est pas inférieure à 500, puisque ce chiffre est le degré de température où se manifeste, dans le sein de la terre, la vapeur d'eau, qu'il faut regarder comme le véritable véhicule physiologique des supports animés de la masse pâteuse centrale; de même qu'il est le véhicule des matières laviques, de même que l'eau liquide est le véhicule des supports océaniques.

En admettant, ce qui est probable, que la pression croissante, en descendant encore vers le centre terrestre, mette obstacle aux ravages que causerait la tension de la vapeur, si elle était plus puissante que cette chaîne qui la tient en esclavage, on voit cette vapeur d'eau, circulant dans des canaux adaptés à son usage, acquérir une température supérieure à celle de son niveau d'existence. Mais tout démontre que cette tension doit avoir ses limites, que la température de la vapeur ne peut croître indéfiniment : et la considération des effets nuisibles qui en résulteraient, telle que l'impuissance de l'écorce terrestre, telle que la fréquence plus considérable et la violence plus funeste des tremblements de terre et des volcans, et en même temps l'inutilité physiologique d'une pareille situation.

Si la vapeur d'eau circule en nature dans les canalicules

excentriques, elle ne le fait pas longtemps sans rencontrer, en descendant, les laves du foyer central engagées dans des canalicules analogues; et la température de celles-ci ne s'éloigne pas considérablement de celle des laves centrales ou des laves mères.

Il est probable que la vapeur d'eau associée aux supports laviques s'élève à une plus haute température que la vapeur libre, par suite des réactions chimiques et dynamiques qui s'opèrent entre ces deux ordres d'éléments; et que plus la masse pâteuse est étendue, plus les mouvements sont accentués et plus le calorique est puissant. Cependant, étant connu les trois modalités des forces vives et leurs errements physiologiques, on comprend facilement, en raison des phénomènes que la terre doit accomplir, que la grande suractivité de ces forces se déploye principalement dans le domaine de la modalité libre et de la modalité travail; tandis que la modalité sensible ne se manifeste qu'à une échelle relativement peu élevée.

En définitive, je crois qu'on peut fixer approximativement la température centrale entre 600 et 1,000 degrés, suivant les circonscriptions; car on ne saurait douter que cette température varie par régions, de même que la chaleur animale dans les différents organes de notre corps. Il se fait ainsi, et il doit être, que le *minimum* de la température volcanique, pris dans certains cas donnés, correspond au *maximum* de la température physiologique du foyer central.

Le naturaliste Dolomieu pensait avec raison que la lave volcanique produit ses effets, plutôt par la durée de son action que par sa grande énergie. Il en est de même des laves centrales. Toutefois cette appréciation est relative.

En calculant à 25 mètres par degré centigrade, on a 500 degrés à 12,500 mètres, et 1,000 degrés à une profondeur de 25,000 mètres. Si la vapeur libre commence de circuler dans les canalicules excentriques à trois lieues de profondeur environ, est-ce une raison pour que la masse centrale s'avance jusqu'à une distance de six lieues de nous, et que l'épaisseur de la croûte corticale s'y arrête ? Non assurément.

Étant admis tout ce qui précède, on peut presque affirmer que la température cesse d'être soumise à la loi de progression continue, à partir du moment où la vapeur d'eau s'associe aux laves telluriques dans les canalicules excentriques. Et si j'arrive, par ces considérations physiologiques, à donner la profondeur de 4 à 5 lieues environ pour la limite la plus élevée, où atteignent les laves centrales en circulation excentrique, il ne m'est pas possible d'ajouter jusqu'où cette circulation canaliculaire se prolonge dans les entrailles de la terre, et où ses courants vont se déverser dans l'océan de la masse centrale. Mais il est certain, comme des considérations ultérieures le prouveront, que cette profondeur est considérable. Je crois sans peine qu'il la faut chercher entre 150 et 1,500 kilomètres, mais plus près du premier chiffre que du second.

Au contact des laves telluriques, la vapeur d'eau rencontre plusieurs conditions chimiques et dynamiques, qui la décomposent en hydrogène et en oxygène. Ce changement d'état est une cause de diminution dans la somme physiologique des vapeurs, à laquelle il faut ajouter le rejet considérable des éruptions volcaniques. La vapeur d'eau étant le véhicule physiologique des supports intraterrestres, si elle est consumée dans tel ou tel phénomène, il est certain qu'elle doit se reproduire incessamment, afin que sa quantité, en tant que véhicule physiologique, demeure toujours la même. Cet échange fonctionnel entre le véhicule et ses supports et la nécessité physiologique d'une quantité constante, sont deux raisons majeures d'admettre un apport incessant de vapeurs nouvelles, par conséquent aussi un apport incessant d'eau liquide ; ce qui revient à établir la circulation excentrique avec un double courant, l'un centrifuge, l'autre centripète : celui-là s'éloignant de la cavité celluliforme centrale, circulant dans les canalicules des laves excentriques, puis dans les canalicules des vapeurs libres et enfin dans les canalicules de l'eau liquide, à la température de 4 à 500 degrés, laquelle eau communique par voies anastomotiques avec les eaux de l'océan et les vapeurs de l'atmosphère ; et celui-ci revenant sur ses pas, avec la même graduation successive dans le contenu des canalicules, jusqu'à l'embouchure dans l'océan des laves centrales.

La logique des choses vient de me faire décrire prématurément le système de circulation excentrique ou anastomotique, sur lequel je reviendrai plus tard. Ces faits nous font entrevoir un échange dynamique incessant entre l'organe océanique et le foyer central, de même que entre l'océan et l'atmosphère. Ces trois parties étant regardées comme des organes distincts, on peut assimiler leurs phénomènes intermédiaires aux phénomènes d'endosmose et d'exosmose des cellules animales et végétales.

Cependant la masse centrale étant composée de tous les éléments chimiques de la planète, ces éléments, incessamment agités dans leurs mouvements individuels et dans leurs mouvements collectifs, changeant de place et de rapports à tout instant, reçoivent de cette situation dynamique une faculté de métamorphoses continuelles, passent successivement d'une combinaison à une autre, et remplissent les cavités qui les contiennent de tous les groupements moléculaires dont ils sont susceptibles. Le foyer central est un vaste laboratoire naturel de mouvements vitaux et de combinaisons vitales ; où, s'il était possible d'examiner ces laves inaccessibles, l'on distinguerait sans doute des supports durables et des supports éphémères, à l'instar de ce qui existe dans le liquide sanguin. La constitution de ces supports est celle qui a été enseignée dans le chapitre des granulations vitales.

Dans ces mouvements sans cesse renouvelés de combinaisons et de décombinaisons il se produit, entre autres éléments, de l'oxygène et de l'hydrogène ; lesquels se trouvant à l'état naissant dans des conditions favorables, s'unissent pour former de la vapeur d'eau.

Il faut reconnaître deux sources de production pour le véhicule physiologique des supports vitaux, au foyer central; mais j'attache une plus grande importance à la première qu'à la seconde.

On se demandera sans doute comment, à une température relativement faible, tous les éléments chimiques, depuis l'argent et l'or jusqu'au platine, peuvent être fondus et dissous?

Je répondrai que les métaux ne se trouvent pas à l'état natif dans le foyer central, mais à l'état de combinaison chimique, acides, oxydes ou sels; que la forme simple des métaux est impossible en présence de tous ces éléments chimiques divers, donnant ici des sels, là des oxydes métalliques; que l'état dit natif ou naturel représente une phase de mort, comme un produit de sécrétion, lequel, s'il existe à un moment donné dans une région quelconque de la masse pâteuse, ne peut rester ainsi longtemps inerte, est attaqué par les acides ou par l'oxygène, se désagrége pour se combiner, ou bien est rejeté par la voie d'excrétion volcanique; que la question de la température est ici d'une importance secondaire; et que, dans tous les cas, le degré de fusibilité des métaux ne conserve aucun intérêt sur le terrain de la physiologie. Le fer, dont le degré de fusion est 2,118, entre bien dans la composition chimique du sang animal, à une faible température, comme on sait. A l'état pathologique, nous ingérons, sous forme de médicaments, de l'or, de l'argent, du platine; et tous ces métaux accomplissent en nous les phénomènes qui leur sont propres, nourrissent notre santé et corrigent nos maladies, sans avoir besoin d'entrer en fusion; mais sous forme d'oxyde ou de sel, après avoir dépouillé leur état naturel, trouvant alors dans le sang les dissolvants nécessaires à leur combinaisons diverses. Il en est de même dans les laves centrales de l'organe tellurique.

La chaleur n'est pas le seul agent des compositions et des

décompositions chimiques. On sait que les calcaires sont attaqués par les acides; que l'acide silicique, infusible à 2,000 degrés, inattaquable par les acides en général, l'est cependant par l'acide fluorhydrique; que tous les silicates, qui constituent la plus grande partie de l'écorce terrestre sous forme de granit, de schiste, d'argile et de gneiss, et qui sont indécomposables au feu de forge, sont détruits par le même acide fluorhydrique, à la température ordinaire; et que quelques-uns d'entre eux sont attaqués par les acides sulfurique et chlorhydrique.

Si l'on songe aux parois du foyer central, aux cloisonnements des canaux de circulation et des cavités celluliformes; si l'on considère que ces parois sont des composés granitiques ou quartzeux, qu'elles sont formées de silice et de silicates en grande partie, peut-être avec des filons métalliques, comme les montagnes qui hérissent la surface du globe : on comprend qu'une température centrale très élevée, inutile au point de vue des combinaisons chimiques et vitales de la masse pâteuse, serait fatale à la solidité de ces parois et à l'existence de l'organe tellurique. Cette considération nous ramène à la première loi qu'elle justifie.

Si maintenant l'on veut jeter un coup d'œil sur l'ensemble du système solaire, sur les autres planètes et sur le soleil lui-même, il ne sera possible de formuler qu'un jugement conditionnel, relativement aux découvertes de l'avenir.

Si toutes les planètes et le soleil d'une même cellule sont formés des mêmes éléments chimiques, ayant pareilles propriétés et point de fusion semblable; si tous ces corps planétaires n'ont pas chacun des éléments spéciaux, d'une fusibilité et de propriétés différentes; si le soleil n'a pas d'éléments csnstituants d'une plus haute fusibilité que le platine et que la silice : suppositions hypothétiques, mais appuyées sur la probabilité physiologique d'une constitution unitaire pour une cellule donnée et sur les découvertes de l'analyse spectrale pour le soleil; on est fondé à croire que la température centrale des grosses planètes, sans doute plus élevée que celle de notre terre, oscille entre 1,000 et 1,200 degrés; que la température centrale du noyau solaire, dans son noyau solide proprement dit, ne dépasse pas probablement celle de Jupiter, la plus grosse planète; et que la température de la photosphère doit être physiologiquement de 3,000 degrés, c'est-à-dire normalement équivalente au *maximum* des laves volcaniques. La photosphère est une suractivité physiologique normale et permanente.

S'il en est ainsi, la température synthétique de la cellule planéto-solaire où nous sommes inclus est de 3,000 degrés, parce qu'elle se résume dans celle de son organe principal, de l'organe viril, en même temps que dans toutes les manifestations extraphysiologiques des planètes en crises volcaniques; de même que la température des planètes se résume dans celle de leur organe tellurique.

Chaque système solaire, ou chaque cellule sidérale possède également sa température propre, les unes plus élevée, les autres inférieure, suivant la nature des éléments chimiques dont elles sont formées. Enfin le corps sidéral, considéré dans sa vaste synthèse organique, a une température propre, laquelle se résume sans doute dans la température de son principal organe. Mais il n'existe aucun jalon qui puisse nous guider dans cette direction.

En terminant ce chapitre, je ferai remarquer que ni le volume ni la masse des corps ne sont d'aucune influence dans la production et dans la détermination de la température physiologique : les petits oiseaux ont une chaleur vitale de 40 degrés, et les gros mammifères une chaleur de 37. Il n'est donc pas étonnant que les planètes de grosseur très inégale possèdent une température centrale relativement peu différente; d'autant plus que ces planètes sont les individualités d'un même genre, le genre nucléolaire. C'est ainsi que dans le genre humain la chaleur ne varie pas, proportionnellement à la masse et au volume des individus.

Art. II. — *Circulation des laves intraterrestres.*

Le nucléole terrestre en sa partie solide n'étant pas un
globe inerte, creusé d'une cavité centrale unique qu'entoure
une écorce massive, mais un organe vivant et comme la
charpente de la planète entière, nous offre en ses entrailles
un assemblage curieux de cavités celluliformes qu'unissent
entre elles des canaux intermédiaires, à la façon des ostéoplastes que des canalicules de circulation font communiquer
les uns avec les autres dans le parenchyme osseux des animaux. Et l'on peut assimiler la charpente proprement dite de
la terre, c'est-à-dire les produits solides de sécrétion granitique ou autre aux produits analogues de sécrétion calcaire,
formant la charpente des os.

On sait que les noyaux et les nucléoles des cellules animales
sont comme des cellules plus petites incluses dans une plus
grande, et que les noyaux contiennent souvent dans leur
enceinte des noyaux plus petits, appelés nucléoles, qui représentent pour ainsi dire des cellules de troisième rang. Dans
une cellule sidérale le soleil et chaque planète sont formés
également à l'image des cellules secondaires ; et dans l'organe
tellurique de chacun de ces corps existe une disposition de
canaux et de cavités, laquelle rentre parfaitement dans le
plan cellulaire qui a présidé à l'embryogénie universelle. Le
système cellulaire, avec ses mille modifications de forme, est
le fondement organique de tous les corps vivants.

Les deux premières propriétés que la physiologie terrestre
nous offre à étudier dans son organe tellurique, sont les
mouvements de rotation sur l'axe planétaire et de translation
dans l'espace, ou encore de circumduction autour du soleil,
dont chaque planète est animée, et dont le principe réside
dans la vie intime du corps qui les exécute ; car c'est une loi
physiologique que, dans un organisme quelconque, végétal,

animal ou sidéral, les phénomènes qui se produisent à l'extérieur sont la conséquence dynamique des phénomènes intérieurs, qui s'accomplissent au sanctuaire de la vie.

Cette loi, *criterium* de certitude physiologique, sur laquelle je m'appuie dans la recherche du mécanisme de ces mouvements, peut se formuler comme il suit : *Les phénomènes extérieurs des corps vivants sont les signes sensibles de leurs mouvements intimes ou moléculaires, par voie de transformation équivalente et de prolifération progressive de leurs forces vives.*

Dans cette substance pâteuse qui forme le parenchyme terrestre, deux espèces de mouvements physiologiques s'exécutent incessamment : celui de chaque support moléculaire et celui de la masse dont ils font partie ; le mouvement partiel et le mouvement général ; le mouvement individuel et le mouvement collectif : celui-là répété à l'infini par chaque élément constituant, par chaque support animé ; celui-ci, conséquence et synthèse, promenant les laves cellulaires ou centrales dans les différentes sections de la cavité intraterrestre. En sorte qu'il faut distinguer, dans cette étude, les éléments individuels et la substance collective, les supports moléculaires et les laves cellulaires, les forces vives de ceux-là et les forces synthétiques de celles-ci.

Le bilan dynamique de la terre, considérée dans son organe solide, en exposant aux regards la perspective physiologique des mouvements intrinsèques, depuis ceux de l'atome éthéré jusqu'à ceux du nucléole lui-même en passant par les supports moléculaires et par les laves cellulaires, rend manifeste la corrélation qui existe entre ces divers mouvements et les fait voir dans un tel ordre de progression sériaire, qu'il est impossible de ne pas en déduire la loi génésique, en vertu de laquelle les mouvements collectifs sont le produit et la synthèse des mouvements individuels.

Mouvements de rotation et de translation dans les atomes éthérés établis en courants périmoléculaires ; mouvements de rotation et de translation dans les molécules animées de la masse pâteuse centrale ; mouvements de rotation et de translation dans les laves cellulaires considérées collectivement ; enfin mouvements de rotation et de translation dans le nucléole terrestre : telle est la série dynamique où, si l'on admet que les mouvements granulaires et moléculaires sont la conséquence des mouvements atomiques primordiaux, il faut croire également que les mouvements généraux de la planète sont le résultat de mouvements analogues dans les laves cellulaires, autrement dit dans la masse pâteuse centrale, de même que ceux-ci dérivent des mouvements granulaires. Il y a là un enchaînement nécessaire de mouvements, une déduction physiologique inévitable, basée sur l'enchaînement anatomique des supports en *crescendo* organique et fonctionnel.

Les mouvements incessamment produits et sans cesse éteints des tourbillons éthérés se transforment et reparaissent, au nom de la loi d'équivalence, dans les supports moléculaires. Ceux-ci sont agités de mouvements divers, s'attirent, s'éloignent, se déplacent à chaque instant, tantôt se meuvent isolés, tantôt sont escortés d'une série d'autres supports analogues, et dans toutes ces agitations conservent plus ou moins longtemps leur organisation moléculaire ou la varient fréquemment par de nouvelles combinaisons. Les mouvements des molécules ou des granulations, en un sens ou dans un autre, selon les besoins fonctionnels qui les caractérisent, sont le produit de leurs courants éthérés, orientés tantôt dans une direction, tantôt dans une autre, et anastomosés ou non avec une série d'autres supports.

Les mouvements moléculaires incessants, sans cesse détruits dans les mille rencontres et combinaisons qu'ils ont entre eux, se transforment à leur tour et reparaissent, répétés à l'infini dans l'enceinte du foyer tellurique, dans les mouvements collectifs des laves cellulaires en circulation. Ceux-ci se communiquent à la planète terrestre, dont le globe, nucléole par sa nature physiologique, assimilable pour le moment à une immense granulation moléculaire, possède, comme chacun de ses supports, une sphère d'action dynamique, marquée par une atmosphère qu'il entraîne avec lui dans son double mouvement de rotation et de translation.

Mouvements de rotation et de translation à l'origine de la vie, dans les éléments atomiques ; mouvements de rotation et de translation dans les corps planétaires, ces vastes récipients des vies animale et végétale ; et entre ces deux extrêmes, entre le commencement et la fin, entre le principe et le but, des supports moléculaires et une masse lavique en circulation cellulaire, où se retrouvent les mêmes mouvements de rotation et de translation : quel admirable enchaînement physiologique ! quel mécanisme fécond dans sa simplicité !

Mais, dira-t-on, comment concilier les mouvements d'une planète relativement volumineuse avec la petitesse de ses supports moléculaires constituants, et avec le chiffre relativement faible de la température physiologique ?

La première objection se détruit d'elle-même, si l'on veut admettre que la masse planétaire doit être comparée, non pas à chaque molécule constitutive prise isolément, mais à la somme de ces supports animés formant les laves cellulaires qui circulent dans les entrailles de la terre et en représentent le parenchyme ; la couche corticale étant au nucléole planétaire ce que devient pour une cellule animale sa membrane enveloppante : tégument d'une vitalité inférieure, dont le poids physique est de nulle importance en face des forces vives qu'il englobe dans sa cavité. Or donc, dire que la terre tourne et se meut ou dire que les laves cellulaires circulent dans les canaux telluriques, animées de mouvements qu'elles empruntent des molécules qui les composent, voilà une seule et même chose en deux expressions différentes.

La seconde objection est facile à détruire par quelques exemples de physiologie comparée.

Je dis d'abord que rien n'exige, ni dans l'ordre physiolo-

gique ni dans l'ordre pathologique, l'équilibre parfait et
constant entre les modalités d'une force vive; entre la modalité travail, la modalité libre et la modalité sensible; que
tout au contraire démontre l'impossibilité de cet état de
choses; et que, en vertu de la loi universelle de compensation, si, dans une force vive donnée, une modalité quelconque
se développe en prédominance, le plus de celle-ci se traduira
par un moins proportionnel dans les autres.

Dans l'organisme humain, le ventricule gauche du cœur,
marquant une température inférieure à celle du cœur droit
(0°,1 à 0°,2 de degré d'après Claude Bernard), est doué néanmoins de contractions plus énergiques, d'une puissance musculaire plus considérable. Dans les expériences manométri-
ques sur les artères on a trouvé que leur tension, ou force
d'impulsion, est d'autant plus grande que ces vaisseaux sont
plus voisins du cœur; c'est-à-dire qu'il se produit là un excès
de force libre en manifestation musculaire ou contractile,
tandis que dans les artères éloignées la force de tension est
amoindrie, la modalité sensible marquant la même température.

L'étude des phénomènes pathologiques offre des preuves
encore plus frappantes et plus communes de cette inégalité
dynamique : la prédominance dans les fièvres tantôt du stade
de froid ou de la force libre, tantôt du stade de chaleur ou
de la modalité sensible, tantôt du stade de sueurs ou de la
force travail; la prédominance quelquefois considérable de
la force travail, dans certaines hypersécrétions, avec abaissement de la chaleur sensible qu'atteste le refroidissement du
corps au moins pour la périphérie, et amoindrissement de la
force libre que révèle la faiblesse de toutes contractions musculaires, voire même des phénomènes de l'intelligence qui
en ressentent le contre-coup.

Ces considérations n'ont rien qui doive nous étonner, car,
comme il a été dit dans la *Pathologie unitaire*, l'harmonie
physiologique d'un corps résulte, non pas de la répartition

égale des forces vives, ce qui impliquerait des organes d'é-
gale puissance et des fonctions d'intensité équivalente, double
erreur anatomique et physiologique ; non pas davantage de
la répartition égale des trois modalités d'une même force
vive, équilibre dynamique dont la signification pour chaque
organe en fonction serait une consommation équivalente de
force libre, de modalité sensible et de force travail ; mais
bien dans une répartition des forces vives proportionnellement égale à la puissance organique et aux besoins de la
fonction ; de telle sorte que chaque circonscription concourt
à l'équilibre organo-dynamique du corps entier, par le lien
physiologique qui attache les forces à la fonction et la fonction à l'organe.

Que l'on considère un organe isolément, ou l'organisme
dans sa synthèse fonctionnelle, on sera convaincu que, des
trois modalités que revêt la force calorique animale dans son
évolution physiologique, la chaleur sensible est toujours inférieure à la force libre et à la force travail développées : soit
dans une cellule, où la température est à peu près celle du
milieu ambiant et où des transformations incessantes s'accomplissent dans les granulations, dans les noyaux et les
nucléoles ; soit dans un organe tel que le foie, où la température de 38 degrés est inférieure à la somme de force libre
employée dans la circulation par le grand sympathique ou
répandue dans le système cérébro-spinal, et à la somme de
force travail que dépensent les sécrétions muqueuse et bi-
liaire ; soit enfin dans le corps animal où la température, restant égale à celle des organes constituants, ne peut être mise
en comparaison d'intensité dynamique ni avec toutes les
fonctions qui relèvent de la force libre, ni avec toutes les sécrétions qui relèvent de la force travail.

Dans le cerveau particulièrement, quelle somme de force
libre ne faut-il pas pour la genèse des idées d'une âme viable,
en outre des besoins de la circulation, alors que la force travail y est à peine représentée par un peu de sérosité arach-

noïdienne, et que la chaleur sensible n'y donne pas un degré
de plus que dans les autres organes !

C'est donc une vérité physiologique parfaitement établie
qu'il n'existe, dans un organisme vivant, aucune loi, autre
que celle des besoins fonctionnels, qui règle la répartition et
des forces vives en général et de leurs modalités.

Cela étant, on ne peut rien inférer du chiffre de la température terrestre à la somme de force libre et de force travail
développées par les laves cellulaires, pour le besoin des
fonctions planétaires.

Cependant, les mouvements moléculaires étant la cause
manifeste des mouvements de rotation et de translation de la
planète par l'intermédiaire des laves en circulation, il convient d'approfondir le mécanisme de cette circulation et la
distribution des laves dans les canaux telluriques. Ici encore
une incontestable analogie apparaît entre les conditions de
la physiologie terrestre et celles de la physiologie animale.
Dans l'une et dans l'autre la circulation cellulaire a pour principe de son existence les mouvements des granulations, lesquels relèvent des courants éthérés. Mais dans la physiologie
animale on distingue deux genres de circulation cellulaire :
celle-ci s'opérant dans les *cellules isolées* des organes viscéraux
et tégumentaires, celle-là dans les *cellules communiquantes*
ou *anastomosées* de la membrane cornéenne, des tissus osseux,
conjonctif et fibreux : la première tout intérieure et intrinsèque ; la seconde plus générale, intercellulaire, ayant même
des communications avec la circulation vasculaire.

Au surplus, la grande circulation sanguine elle-même ne
relève-t-elle pas également des mouvements moléculaires
qui s'accomplissent dans les vaisseaux, avec un élément intermédiaire de plus, exigé par la grande étendue, la puissance
de la circulation et la structure contractile des parois, avec
les nerfs sympathiques en un mot, avec les nerfs vaso-moteurs
qui sont, dans un ordre plus élevé ou plus complexe, les re-
présentants des canaux intercellulaires ?

Cette loi est d'une application universelle : tous les mouvements sensibles des corps dérivent des mouvements granulaires et moléculaires, lesquels sont un produit des mouvements atomiques : c'est du grand au petit qu'il faut descendre pour trouver la raison des choses. Dans tous les corps, dans tous leurs organes, dans tous leurs éléments constitutifs, partout en un mot l'on observe des mouvements de rotation et de translation, aboutissant à un mouvement collectif de circulation, parce que les supports vitaux, granulo-moléculaires, d'où émane le dynamisme physiologique, possèdent, à titre de propriétés essentielles et vitales, ces deux ordres de mouvements : nouvelle preuve de l'unité de plan et de mécanisme qui règne dans l'univers.

Cependant, générateurs des mouvements d'ensemble des laves cellulaires, les mouvements moléculaires seraient impuissants, à eux seuls, à leur imprimer le cachet plus élevé d'une circulation régulière : un agent régulateur est indispensable, qui soit à la circulation planétaire ce que le cœur est à la circulation vasculaire animale.

Un organe d'impulsion qui fait défaut ne peut être remplacé que par un organe d'attraction. Ces deux agents se substituent l'un à l'autre dans le mécanisme de la vie, suivant les circonstances données. Que celui-ci attire vers un but déterminé ou que celui-là pousse vers le même but, le résultat est le même : ces deux agents ne sont, dans l'espèce, que des instruments de direction et de régularisation, portant leurs effets sur des supports animés et mobiles.

Aussi bien, dans le mécanisme de la circulation planétaire, le soleil vient-il suppléer à l'organe d'impulsion qui fait défaut, exerçant sa puissante attraction sur tous les nucléoles de son empire cellulaire !

Tout dans la nature subit cette influence : l'épine, pathologique ou accidentelle, qui, déposée en nos tissus, gagne lentement la périphérie du corps ; la plante qui pousse vers les cieux ; l'homme lui-même qui élève ses regards avec son

cœur : ainsi, dans les entrailles de la terre, soumises à la
même loi d'attraction, les laves cellulaires, parmi les mille
mouvements intrinsèques qui les agitent, s'élèvent en tous
sens vers la périphérie corticale. C'est le premier temps de
cette circulation, où le mouvement s'opère en direction centrifuge par un phénomène d'expansion, et auquel succède,
dans un second temps, un mouvement en sens inverse ou à
direction centripète : celui-ci sous l'influence attractive d'un
foyer central de suractivité, comme celui-là sous l'attraction
du soleil et de la lune. La nécessité physiologique oblige à
distinguer ici, à un point de vue général, deux sections opposées de suractivité relative, l'une au foyer central proprement dit et l'autre dans la zone périphérique; entre lesquelles
les laves cellulaires oscillent périodiquement. On peut admettre déjà que le foyer central est marqué par une cavité
celluliforme plus considérable et plus importante.

Tels sont les deux foyers d'attraction et de régularisation
des laves cellulaires en circulation périodique, la prépondérance d'action demeurant, bien entendu, au noyau solaire et
au satellite lunaire. Telle on voit, dans l'organisme animal,
si l'on veut reporter ses regards sur le tissu osseux, la circulation cellulaire s'accomplir avec un double courant centrifuge et centripète, celui-ci sous l'influence attractive des
ostéoplastes et celui-là sous celle du liquide sanguin et de ses
supports. Ici et là point d'organes d'impulsion; mais deux
organes d'attraction, présidant chacun à une moitié du mouvement circulaire : tant il est vrai que les moyens d'action
varient suivant les corps et suivant les organes, sans que
l'unité de mécanisme en soit jamais altérée !

Ces deux grands principes étant admis : que les mouvements de rotation et de translation du globe planétaire dérivent de ceux des laves cellulaires, lesquels dérivent des mouvements moléculaires; et que le mouvement périodique et
circulaire de ces laves est régularisé par la double attraction
hyperfonctionnelle du foyer central d'une part, de la lune et

du soleil d'autre part : il s'agit, après avoir constaté que le sens de cette circulation a lieu d'occident en orient, d'en établir la durée et d'en tirer les conclusions naturelles sur l'organisation intraterrestre.

Si, au lieu que ce soit la terre qui tourne autour du soleil, comme l'a démontré l'immortel Galilée, c'était ce noyau qui eût tourné autour de notre nucléole, d'après l'antique croyance, son action s'exercerait dans de telles conditions que les laves cellulaires accompliraient leur rotation d'orient en occident, entraînant le globe terrestre dans le même sens. Mais, la rotation de la terre autour du soleil étant une vérité démontrée, il s'ensuit que la circulation des laves cellulaires s'opère dans la même direction d'occident en orient; non-seulement parce que cause de cette rotation elle doit avoir la même direction que son effet, mais parce que l'attraction solaire, à laquelle il faut toujours joindre l'attraction lunaire, dirige fatalement la circulation dans ce sens.

Voyez : l'aurore resplendit à l'horizon, ses rayons dorés illuminent le ciel, la nuit repliant ses voiles s'enfuit sur des ailes rapides, et le soleil se lève, majestueux, à l'orient de la terre : tout ce qui vit, tout ce qui sent frissonne de bonheur; l'homme sourit au ciel dans une prière du cœur; l'oiseau entonne son hymne du matin; les plantes s'épanouissent; le sein de l'onde palpite, et la terre est émue dans ses vastes entrailles : les innombrables molécules qui animent ses flancs entrent en suractivité, leurs mouvements s'accélèrent, les combinaisons sont plus rapides, les forces vives se dégagent à une échelle plus élevée; les laves cellulaires bouillonnent, se gonflent pour ainsi dire de forces vives, et aspirent par un mouvement d'expansion à monter vers la périphérie corticale. C'est comme une pléthore physiologique du globe terrestre : aucune molécule n'échappe à cette impression, la commotion est partout ressentie, dans la moitié planétaire que le soleil vient ainsi féconder de ses rayons bienfaisants. Tous ces phénomènes s'accomplissent en vertu d'une loi physiologique, et se reproduisent chaque matin au contact de cette impression sans cesse renouvelée.

A cette première impression, généralisée dans la terre en suractivité dynamique, succède immédiatement, comme un effet à sa cause, l'attraction fonctionnelle ; laquelle, tendant à rapprocher dans un embrassement physiologique les deux corps en présence, recommence incessamment une tentative qui avorte sans cesse, transforme la périphérie terrestre en point d'appel par suractivité et fait monter vers elle les laves cellulaires.

La résorption de la terre dans le soleil serait la conséquence de cette attraction, n'était l'équilibration physiologique qui règle et maintient le cours des astres. Avec cet obstacle dynamique, l'action attractive du soleil, s'exerçant sur un corps animé de mouvements intrinsèques de rotation et de translation, se tourne au profit de ces mouvements dont elle régularise le cours et marque la durée.

Excitée par cet embrassement dynamique du soleil, la terre se trouve partagée en deux moitiés, l'une que la nuit envahit progressivement et l'autre que le jour visite et éclaire, celle-ci placée en suractivité physiologique à l'égard de celle-là : situation respective d'où découle le principe de la montée des laves vers la périphérie, et de leur circulation dans le sens même de cette périphérie. Ce double phénomène nous laisse entrevoir une double circulation, l'une dans le sens périphérique, l'autre dans le sens diagonal ou du diamètre terrestre.

Pour l'intelligence du mécanisme circulatoire, il convient de se figurer le globe terrestre partagé en quatre sections égales, par deux cercles de circonférence se coupant perpendiculairement l'un l'autre, au niveau des lignes méridiennes qui traversent la ligne équatoriale. Le premier cercle coupe l'équateur à 0 degré de longitude d'une part dans le golfe de Guinée, et à 180 degrés d'autre part, dans le grand Pacifique au niveau de l'archipel des îles Gilbert; le second cercle coupe l'équateur à 90 degrés de longitude orientale à l'ouest des îles de la Sonde, et à 90 degrés de longitude occidentale au voisinage des îles Galapagos. Chacune de ces sections correspond à un temps de la circulation cellulaire intraterrestre. La clarté du langage exige qu'on désigne chaque section par un nom spécial, en rapport avec les régions qu'elle embrasse. L'espace compris entre 0° et 90° ouest devient la section Atlantique; entre 0° et 90° est, la section Indienne; entre 90° ouest et 180°, la section Pacifique; entre 90° est et 180°, la section Océanienne.

Sous l'impression dynamique du soleil levant, la section Atlantique qui la subit est transformée en point d'appel à l'égard des autres, la suractivité moléculaire se développe, les laves cellulaires montent du foyer central par des canaux plus ou moins réguliers et infléchis, et se jettent dans les canaux de la circonférence, où arrivent en même temps les laves périphériques de la section Pacifique. Ce premier temps de la circulation tellurique, répondant à un quart de la circonférence terrestre, a une durée de six heures; c'est-à-dire que les laves mettent six heures à parcourir une section des canaux périphériques, et autant à parcourir une section des canaux transverses ou diagonaux. Pendant cette période, la terre a tourné sur elle-même d'un quart de sa circonférence.

L'impression physiologique se fait sentir dans la section Pacifique; les mêmes phénomènes se reproduisent : la montée des laves en direction centrifuge et l'arrivée des laves périphériques de la section Océanienne. Cette période est encore de six heures, et la terre a tourné d'un second quart sur elle-même.

L'impression vivifiante parvient à la section Océanienne : les laves centrales s'élèvent vers la périphérie, et les laves périphériques de la section Indienne s'avancent d'une section. Nouvelle période de six heures, où la terre a tourné d'un troisième quart sur son axe.

Enfin l'impression solaire visite la section Indienne, où

s'accomplit également la montée des laves centrifuges et l'arrivée des laves périphériques de la section voisine, laquelle nous ramène à notre point de départ, après une dernière période de six heures, où la terre a achevé sa rotation par le quatrième quart de sa circonférence.

Ainsi la circulation intraterrestre achève en 24 heures sa révolution complète ; chacun de ses quatre temps a une période de six heures, aussi bien dans le système de la *circulation périphérique* que dans celui de la *circulation diagonale ;* car on voit déjà la nécessité et la séparation de ces deux modes circulatoires. Et la rotation de la terre s'accomplit en 24 heures, comme la circulation tellurique dont elle relève.

Dans cette circulation continue, il est évident que chaque période produit un déplacement général des laves cellulaires : celles qui suivent prennent la place de celles qui précèdent, et sont remplacées à leur tour par les laves de la section suivante. Et cette circulation, comme la rotation terrestre, se fait d'occident en orient.

Une comparaison vulgaire mais lucide donne une juste idée de cette circulation dédoublée, et de l'organisation des canaux dans lesquels elle s'accomplit. C'est une roue avec ses trois divisions : le moyeu est l'image de la cavité celluliforme centrale ; la jante celle des canaux périphériques ; et les rayons sont l'image des canaux transverses ou diagonaux. Cette comparaison donne exactement l'idée de la double circulation tellurique telle que je la conçois, et de l'organisation cellulo-canaliforme ; avec cette différence que la terre, étant un globe sphéroïdal et non un simple plan circulaire, offre dans sa hauteur, d'un pôle à l'autre, plusieurs étages ou plans successifs de même modèle. Il faut donc se représenter comme plusieurs roues étagées, de distance en distance, du pôle nord au pôle sud.

Que les canaux centrifuges s'élèvent en ligne droite comme les rayons de la roue, ou qu'ils soient plus ou moins tortueux, cela importe peu. Il est plus utile, et il est conforme à toutes les données de la physiologie sur les voies circulatoires, d'imaginer ces canaux avec des branches anastomotiques, pour assurer leur communication réciproque et prévenir toute cause accidentelle d'entrave circulatoire. Le mécanisme de la rotation du globe exige aussi, pour son accomplissement régulier, que les canaux centrifuges, parvenus au voisinage des canaux périphériques, au lieu d'y verser leur contenu par une bouche en emporte-pièce, s'infléchissent d'occident en orient, parcourent un trajet incliné plus ou moins long, et s'ouvrent obliquement dans ces canaux de la périphérie ; disposition anatomique favorable, et d'un grand secours pour l'action physiologique des laves cellulaires. Tout porte à croire que la cause directe, et mécanique pour ainsi dire de la rotation terrestre d'occident en orient, siége dans une semblable particularité anatomique ; dans la courbure des canaux centrifuges imprimant une direction analogue aux laves en circulation, courbure limitée à la moitié externe de la longueur des canaux et ainsi faite que la convexité regarde l'occident et la concavité l'orient.

Faut-il ajouter que les laves cellulaires, berceau de la vitalité terrestre, ont un volume proportionnel à la capacité des cellules et des canaux qui les contiennent ? De ce fait évident il résulte, étant donné l'apport incessant des laves centrifuges dans les canaux périphériques, que ces derniers, qui ont des voies afférentes, doivent posséder également des voies efférentes ; sous peine d'engorgement et de stase circulatoire dans le système périphérique, sous peine d'épuisement et de tarissement dans le système diagonal et dans la cavité centrale celluliforme.

L'existence des voies efférentes devenant nécessaire, il est aisé de se figurer leurs conditions anatomiques : la direction centripète de ces canaux ; leur nombre et leur volume égaux à ceux des canaux centrifuges ; leur situation intermédiaire à ceux-ci ; leur embouchure oblique mais se faisant peut-être

sur un plan différent de la largeur des canaux périphériques;
leur courbure en sens inverse, à convexité orientale et à concavité occidentale, pour faciliter encore le mécanisme de la
rotation terrestre; enfin les canalicules anastomotiques qui
les relient entre eux.

Cette double direction de la circulation diagonale représente celle de la circulation sanguine : les courants centrifuges sont les courants artériels, et les courants centripètes
sont les courants veineux ou de retour. La cavité centrale
celluliforme, probablement cloisonnée en deux ou plusieurs
compartiments, est l'image du cœur.

J'ai dit que la circulation dans les canaux centrifuges et
périphériques est réglée et entretenue avant tout par l'influence attractive de la lune et du soleil, à l'instar des marées
océaniques : on verra plus tard qu'un grand nombre de renflements, assimilables à des ganglions de la vie animale, disséminés sur le parcours de ces canaux, viennent ajouter leur
action attractive locale, en vertu de leur état hyperfonctionnel, et consolider la circulation de ces laves cellulaires. Dans
les canaux centripètes la circulation est entretenue par l'attraction fonctionnelle des cavités celluliformes centrales.
Mais partout il faut tenir compte de la *vis à tergo*, les laves
qui sont derrière poussant celles qui sont devant dans ces
courants ininterrompus de la circulation tellurique.

Pour résumer, nous avons le système périphérique et le
système diagonal, auquel on peut ajouter le système secondaire anastomotique; car non-seulement les canaux centrifuges et centripètes, mais aussi les canaux de la périphérie
étagés du nord au sud sont reliés entre eux par des branches
d'anastomose. La circulation périphérique peut se diviser
pour l'étude en quatre temps, de six heures chacun; ce qui
donne vingt-quatre heures pour l'évolution complète. La circulation diagonale se partage aussi en quatre temps, de six
heures; deux temps dans chaque hémisphère, l'un pour les
canaux centrifuges, l'autre pour les canaux centripètes. Dans

cette circulation les canaux centripètes d'un hémisphère se continuent, par l'intermédiaire des cellules centrales, avec les canaux centrifuges de l'autre hémisphère; et réciproquement.

Les mouvements de rotation et de translation de la terre dérivent de ces deux départements de la circulation tellurique. Il reste à voir que le mouvement de balancement, que la terre accomplit sur elle-même dans sa rotation, se rattache également à un système spécial de circulation, à la *circulation interpolaire*.

L'existence des deux systèmes circulatoires précédents, leurs rapports physiologiques avec les mouvements de rotation terrestre, tout démontre, au nom de l'analogie et de l'unité d'organisation, la réalité anatomique de ce nouveau système, son mode d'organisation et de circulation en rapport avec la fonction qui en dépend, c'est-à-dire avec le mouvement de balancement de la planète; et en même temps l'analogie nous enseigne que, pour arriver à la connaissance de ce système organisé, il faut suivre les nécessités physiologiques.

Or donc, le foyer central, cloisonné en cavités celluliformes, percé de bouches latérales pour la communication des canaux du système diagonal d'une moitié à l'autre, est percé de bouches analogues dans son diamètre vertical, sur ses faces tournées vers les extrémités polaires, pour livrer passage aux canaux du système interpolaire. Ces canaux se prolongent de chaque côté vers les pôles, à partir du foyer commun, d'où s'élèvent également les canaux centrifuges pour atteindre le système périphérique. Cette circulation interpolaire, ne représentant pas un cercle à la façon du dernier système, doit naturellement se dédoubler et revenir sur elle-même. Image de la circulation diagonale, elle doit offrir deux espèces de canaux au point de vue de la direction des laves : les canaux centrifuges qui montent vers les pôles, et les canaux centripètes qui descendent des pôles vers le foyer commun.

Le mécanisme de cette circulation réside, comme celui des précédentes, dans l'influence attractive de foyers de suractivité, dans l'attraction d'une fonction à accomplir. *L'organe maintient la fonction et la fonction attire les forces*, est une loi physiologique aussi vraie dans la vie sidérale que dans la vie animale.

Le foyer central est un agent d'attraction commun au système diagonal et au système interpolaire : il divise chacun d'eux en deux moitiés égales. Exerçant son action sur les canaux centripètes ou de retour, il doit être remplacé par d'autres foyers ou points d'appel aux extrémités périphériques des canaux centrifuges. Pour le système diagonal, ils existent dans les canaux et les ganglions périphériques. Pour le système interpolaire, c'est aux extrémités polaires elles-mêmes qu'il faut les chercher. Là, comme au centre et à la périphérie, ils se manifestent sous forme de renflements considérables, de vastes cavités celluliformes auxquelles je donne, par analogie, le nom de ganglions. Nous avons dans cet ordre le *ganglion central*, le plus grand et le plus important; les *ganglions périphériques* disséminés et les *ganglions polaires*, l'un boréal, l'autre austral.

La terre est donc traversée, d'un pôle à l'autre, par deux canaux parallèles et voisins; lesquels, parvenus aux extrémités polaires, s'évasent de chaque côté en entonnoir, se subdivisent en un grand nombre de canalicules, se jettent dans des cavités ganglionnaires et reviennent ensuite sur leurs pas, charriant des laves cellulaires en direction centrifuge et centripète.

Cette circulation se fait aussi en quatre temps, deux dans chaque hémisphère; mais sa durée est différente et beaucoup plus longue. Elle est de douze mois, divisée en quatre périodes de trois mois, en concordance fonctionnelle avec le phénomène du balancement terrestre et celui des saisons.

La lenteur de cette circulation demande une disposition anatomique spéciale, par laquelle le cours des laves cellulaires se trouve ralenti : condition réalisée par l'existence de renflements plus ou moins considérables sur le trajet des canaux interpolaires, et échelonnés de distance en distance.

Pour préciser, je dirai que les laves cellulaires, parties du ganglion central le 20 mars, n'arrivent au ganglion boréal que le 21 juin; et que les laves de retour, parties le 21 juin du ganglion boréal, rentrent dans le ganglion central le 22 septembre, pour continuer leur voyage dans l'hémisphère austral, avec la même durée pour chaque temps.

A mesure que, par suite de son inclinaison, la terre vient présenter son front aux rayons ardents du soleil, celui-ci, s'approchant de l'un ou l'autre tropique, ajoute son action attractive à celle du ganglion polaire, élève en suractivité les supports de l'hémisphère qu'il échauffe, gonfle d'un état pléthorique les laves cellulaires, stimule le point d'appel du ganglion et préside à la fonction qui en relève. Les laves centrifuges montent progressivement vers le pôle, parviennent aux divisions canaliculaires, rayonnent avec elles dans une courbe dont la concavité regarde au dehors, et s'engagent dans les cavités du ganglion, où leur cours se ralentit encore dans l'accomplissement d'une fonction, pour descendre ensuite dans les canalicules rayonnés et dans le canal centripète.

Cette circulation interpolaire, par le gracieux balancement de la terre qui en résulte, préside aux saisons, c'est-à-dire à la répartition dynamique des rayons lumineux, et par suite à l'équilibration des manifestations vitales. Ce système répond ainsi à la *vie organique* de la planète; tandis que le système périphérique répond à la *vie de relation*, variant ses rapports avec le soleil et avec les autres planètes.

C'est un fait avéré que la terre, dans son mouvement de circumduction périsolaire, parcourt la première moitié de son orbite en 186 jours du 20 mars au 22 septembre, et la seconde en 179 jours du 22 septembre au 20 mars; que l'inclinaison du pôle boréal vers le soleil, mesurant le même nombre de jours que la première moitié de l'orbite, est plus prolongée que celle du pôle austral ; que, par conséquent, les régions australes, à égale distance de l'équateur, sont moins chaudes que les régions boréales. Les astronomes, se fondant sur le phénomène de la précession des équinoxes, lequel marque chaque année une avance de 20 minutes, calculent que, après une période de 12,900 années, il y aura interversion des conditions actuelles : la seconde moitié de l'orbite deviendra la plus longue et le pôle austral recevra le maximum de chaleur ; puis, qu'après une nouvelle période de 12,900 années, les conditions premières se rétabliront ; et ainsi de suite dans la succession des siècles de la vie planétaire. Sans rien dire de ce calcul et de cette déduction, je vois dans les faits et dans la nécessité physiologique des raisons suffisantes de croire à la suprématie du ganglion boréal.

Supposons, à l'origine de la terre, le soleil frappant perpendiculairement la ligne équatoriale, il a fallu, pour que l'inclinaison polaire commençât et se fît plutôt dans un sens que dans un autre, une cause déterminante, un point d'appel par suractivité physiologique, un foyer d'attraction pour les laves interpolaires. Cette influence ne pouvant provenir du soleil, c'est dans les régions polaires elles-mêmes qu'il faut la chercher. De même que, du phénomène successif et continu d'inclinaison polaire, il est logique de déduire l'existence d'une circulation interpolaire et d'un foyer d'attraction à chacune des régions boréale et australe ; ainsi, de la durée inégale dans le parcours des deux moitiés de l'orbite terrestre, inégalité favorable au pôle nord, on peut déduire l'existence d'un foyer d'attraction plus puissant dans cette région polaire que dans l'autre.

Le foyer d'attraction étant admis, on reconnaît de suite la nécessité d'une fonction physiologique et d'un organe de réception pour les supports de cette fonction. Quant à la suprématie physiologique du pôle nord, elle révèle une fonction plus active, un organe plus développé, une accumulation de laves cellulaires plus abondante, d'où découle une plus grande somme de forces vives : en un mot, le ganglion boréal est plus gros que le ganglion austral.

La fonction des ganglions polaires est intermittente et périodique, comme le mouvement d'inclinaison terrestre. Cette périodicité est indispensable à la continuité de la circulation interpolaire.

Aux régions polaires, les ganglions boréal et austral remplacent les canaux périphériques qui n'existent pas.

Quelle harmonie dans cette distribution des trois systèmes de circulation tellurique ! Quelle belle organisation dans cette partie de notre planète ! Le champ de la circulation périphérique est le plus étendu et le plus puissant, parce que la rotation et la translation sont les principaux mouvements de la terre.

Pour couronnement de ce chapitre, j'ajouterai que la gravitation serait impossible sans cette organisation, et qu'elle y trouve une explication satisfaisante.

Dans la circulation tellurique, en quelque sens que ce soit, on voit toujours en présence deux courants opposés et équivalents.

Les courants centrifuges et les courants centripètes, dans le système diagonal et dans le système interpolaire, sont en antagonisme permanent et se font équilibre. De même, les courants périphériques d'un côté de la terre font équilibre aux courants correspondants du côté opposé. Tous ces courants sont parallèles et de sens contraire. De quelque côté que la planète subisse une attraction extérieure, l'influence de cette attraction se manifeste sur les laves cellulaires en circulation, dont l'antagonisme des courants de sens contraire maintient l'équilibre en position stable. L'attraction est réelle, la montée des laves cellulaires y répond ; mais là s'arrête son influence, la planète reste en suspens et en équilibre entre deux actions contraires et parallèles : sa rotation et sa translation favorisent la stabilité de cet équilibre. Cette situation représente la gravitation, phénomène secondaire, résultat

*

complexe de l'attraction des corps et de leur organisation
intrinsèque. C'est une attraction équilibrée. La cause de
l'attraction est extérieure au corps attiré, mais la cause de
l'équilibre est en lui, réside dans sa constitution organique.
Tout cela se résume dans l'opposition des courants centrifuges et des courants centripètes.

CHAPITRE II

Organe océanique.

Tout est fait sur un même plan dans l'univers, et les formes différentielles des êtres n'en imposent qu'aux esprits superficiels. Le cachet de l'unité est marqué sur tous les corps vivants, et dans l'ordre anatomique qui les distingue dans l'espace, et dans l'ordre physiologique qui les individualise dans le temps. En remontant le cours de cette unité vitale dans la genèse continue et successive des éléments constituants des corps, on s'élève graduellement à l'unité supérieure et absolue, dont les unités animales et végétales sont des dépendances et des produits. Et l'âme, brûlant du feu de l'enthousiasme, adore le Dieu souverain, à qui elle voue pour l'éternité son amour et sa foi.

Tout est fait sur un même plan dans la nature. Comme le parenchyme terrestre, avec son système circulatoire et son enveloppe solide, représente la trame osseuse des animaux, sillonnée de canalicules et de cellules spéciales ; ainsi la circulation aquatique de la terre, dans la plus grande acception de ce mot, est l'image de la circulation vasculaire animale. Et nous verrons plus loin la fusion, dans les entrailles planétaires, de ces deux genres de circulation ; nous verrons la communication établie, par un système anastomotique, entre la circulation aquatique et la circulation cellulaire tellurique, de même que, dans le tissu des os, on constate des anastomoses entre les vaisseaux sanguins et les canalicules des ostéoplastes.

Circulation aquatique, sans aucun doute! malgré l'absence de parois enveloppantes, malgré l'absence d'un système particulier de canalisation. Cependant, si l'on considère, outre l'immense océan, tous les cours afférents, tels que fleuves et rivières, et les cours souterrains qui circulent en tous sens dans les flancs solides de la planète, il convient de faire trois divisions : la première caractérisée par des canaux parfaits, la seconde par des demi-canaux pour les cours d'eau superficiels, et la troisième par l'absence réelle de parois solides pour les courants océaniques; lesquels creusent leur lit dans le sein mobile de la mer, et n'ont d'autres parois que les flots au travers desquels ils tracent leur sillon.

Ces trois variétés de courants appartiennent à la grande circulation aquatique de notre planète; mais les derniers sont ceux dont l'étude offre le plus de charmes, et la mer, par son importance anatomique et physiologique, va particulièrement occuper notre attention.

Tout esprit impartial, éclairé par le sens philosophique, reconnaîtra, après avoir pénétré les mystères des mouvements océaniques, que cette masse liquide n'est pas une masse inerte et passive; il dira que l'océan est un organe liquide animé, comme les laves cellulaires en circulation intraterrestre, un liquide vivant à la manière de la séve des végétaux et du sang des animaux.

Les vagues, le phénomène constant et périodique des marées, la circulation continue des courants : tout révèle la vitalité intrinsèque de l'océan. Il répugne à la raison de croire à la passivité d'un liquide animé de pareils mouvements, et d'admettre l'inertie des flots furieux que soulève la tempête.

Si la mer n'est pas inerte et chose morte, elle est active; si elle est active, elle est vivante au nom de ses propriétés intrinsèques; si elle est vivante, elle représente, dans l'ordre universel de la physiologie comparée, un blastème liquide, à la façon de la séve végétale et du sang animal, constitué par un véhicule et par des supports chimico-éthérés.

Dans l'organisation animale, la communication des molécules nerveuses du *cylinder axis*, soit avec les capillaires sanguins, soit avec les cellules des centres nerveux, et même leur dissémination dans ces deux enceintes vitales ne contrarie en rien l'existence des supports vitaux intrinsèques, qui dotent ces vaisseaux et ces cellules d'une vitalité propre. Qui plus est, la solidarité des supports et la corrélation des forces vives sont telles dans le dynamisme de nos organes, et les dispositions anatomiques sont tellement représentées que, en dehors de cette vitalité intrinsèque qui les place, au sein de la subordination réciproque, dans une indépendance relative, la manifestation des phénomènes fonctionnels serait impuissante et l'entretien de la vie serait impossible. Or, dans l'organisation sidérale, les rayons éthérés qui pénètrent dans chacune des atmosphères planétaires, et même se disséminent en tant qu'atomes dans l'océan et dans les entrailles telluriques, sont assimilables physiologiquement aux molécules nerveuses de notre corps ; liens de communication dynamique entre les divers organes d'une même cellule solaire, ponts de vie jetés entre le noyau et ses nucléoles. Cette considération physiologique, laquelle présente dans l'ordre dynamique autant de valeur qu'un fait dans l'ordre physique, m'autorise tout d'abord à reconnaître comme très probable l'existence de supports vitaux intrinsèques dans les trois organes d'un corps planétaire ; et cette probabilité se tourne en certitude en présence des mouvements propres de chacun de ces organes.

Si la terre jouit d'une vitalité spéciale et intrinsèque, quoique subordonnée, elle doit cette faculté à des supports dynamiques qui font partie intégrante de son organisation ; supports dont j'ai précédemment étudié la constitution chimico-éthérée, et sans lesquels les atomes de l'éther resteraient dans un isolement impuissant, inhabiles à produire ces belles manifestations planétaires que nous admirons, dans les ondes atmosphériques, dans l'océan liquide et même dans les entrailles du parenchyme terrestre.

C'est ainsi que la vie s'opère, dans l'organisation végétale, dans l'organisation animale et dans l'organisation sidérale.

ART. 1ᵉʳ. — *Théorie physiologique des marées.*

Dans l'enceinte cellulaire où ses fonctions la tiennent captive, la planète terrestre, entourée de son satellite, d'autres planètes et du noyau solaire, reçoit de tous ces astres, à des degrés divers, une impression constante, dont les effets, s'accomplissant par le mécanisme de la transformation des forces et au nom de la solidarité qui relie entre eux les organes d'un même organisme, se manifestent à la fois dans les mouvements intraterrestres, dans les mouvements océaniques et dans les mouvements atmosphériques. Cependant, s'il existe entre ces organes cellulaires un lien commun fonctionnel, c'est dans le but d'une fonction générale relevant des propriétés d'ensemble de la cellule ; mais, si l'on considère la physiologie spéciale de chaque planète, ces fonctions individuelles relèvent particulièrement du satellite ou des satellites lunaires et du soleil qui, comme un roi, règne sur toutes les planètes, ses vassales en puissance physiologique.

Dans la grande *unité physiologique sidérale* sont incluses, à titre de fractions constituantes, toutes les *unités physiologiques cellulaires ;* et dans celles-ci sont incluses, au même titre, toutes les *unités physiologiques planétaires ;* lesquelles ont pour régulateur commun de leur activité fonctionnelle le noyau solaire, et pour régulateurs particuliers les lunes ou satellites qui les entourent. Je dis régulateur, car il est constant que chaque planète possède en son sein les supports nécessaires d'une vitalité intrinsèque, pour lesquels le soleil et la lune ne sont que des agents d'impression, des causes de stimulation, des régulateurs de mouvements ; et, en plus pour le soleil, un agent de nutrition par émission de forces vives qui se transforment.

Le calcul a fait connaître que l'attraction virtuelle du soleil sur la terre, basée sur les rapports du volume et de la distance, est 162 fois plus forte que celle de la lune ; mais que l'attraction réelle ou effective est en définitive trois fois plus puissante pour la lune que pour le soleil, anomalie apparente ayant sa raison d'être dans les rapports physiologiques réciproques de ces trois organes.

La terre, animée à l'équateur d'un mouvement de rotation de 464 mètres par seconde et dont le mouvement de translation dans l'espace est évalué à 30 kilomètres par seconde, parcourt son orbite elliptique autour du soleil en 366 jours, c'est-à-dire après avoir renouvelé 366 fois la rotation sur son axe, chaque rotation ayant une durée de 24 heures : jour solaire. Dans l'appréciation physiologique de l'attraction solaire sur les mouvements planétaires, il faut négliger et la rotation du soleil sur son axe et le mouvement de translation de la terre dans l'espace, pour ne considérer que la seule rotation de celle-ci sur elle-même, dont la direction, ayant lieu d'occident en orient, imprime à la marche attractive du soleil, ou encore à la progression de son attraction, une direction opposée d'orient en occident.

Quant à la lune, dont le mouvement de rotation sur son axe s'accomplit en 27 jours et un tiers de même que sa révolution sidérale, mais dont le mouvement elliptique autour de la terre s'opère en 29 jours et demi, mois lunaire, il faut également négliger ses mouvements dans l'appréciation physiologique des phénomènes attractifs, pour ne s'occuper encore que de la seule rotation de la terre sur son axe ; laquelle, s'effectuant en 24 heures par rapport au soleil et en 24 heures 50 par rapport à la lune, suit une direction d'occident en orient, dont le résultat est d'imprimer à la marche attractive de la lune, astre qui tourne aussi d'occident en orient, une direction opposée d'orient en occident.

Ainsi donc, si la rotation d'orient en occident n'est qu'apparente pour le soleil et pour la lune, et le résultat de la rotation en sens contraire de la terre, il n'en est pas de même du phénomène de l'attraction sur les mouvements planétaires : sa marche progressive s'accomplit réellement d'orient en occident. Dans cet ordre d'idées, on peut comparer la terre en mouvement, par rapport au soleil et à la lune, à un coureur qui, toujours rejoint par ses rivaux, les devance toujours, leur montrant successivement et tour à tour le devant et le derrière de la tête.

La théorie de Newton explique le phénomène des marées par les seules composantes verticales des attractions lunaire et solaire. La théorie de Boucheporn l'explique à la fois par les composantes verticales et par les composantes horizontales, celles-ci plus puissantes et plus efficaces que celles-là.

« Les composantes horizontales de l'attraction lunaire, par-
« ticulières à notre théorie, dit Boucheporn, ont un caractère
« différent et une importance, à notre avis, beaucoup plus
« grande (que les composantes verticales). Si faibles qu'elles
« soient, en effet, comme elles n'agissent que pour le glisse-
« ment, et à la façon, par exemple, d'une sphère que l'on
« ferait rouler sur un plan, elles n'ont autre chose à vaincre
« que l'inertie même et la masse des eaux ; elles n'ont pas à
« vaincre leur pesanteur, et d'autre part, comme elles s'ap-
« pliquent à une immense étendue et à une immense quan-
« tité de matière, elles ont toute la puissance de ces grandes
« masses ; et s'il se présente un obstacle à la marche hori-
« zontale des eaux, tel qu'une côte escarpée ou le resserrement
« d'un étroit passage, cette quantité de mouvements s'accu-
« mulant en avant de lui doit y amonceler flot sur flot, et peut
« porter ainsi localement la hauteur des eaux marines à cette
« mesure si élevée que présentent certains points du globe,
« certaines côtes continentales (1). »

Pour la lune et pour le soleil les *maxima* des forces verticales sont à l'opposition et à la conjonction de ces astres par

_____

(1) *Philosophie naturelle*, p. 175.

rapport à la terre ; et les *maxima* des forces horizontales sont aux octants, c'est-à-dire à 45 degrés entre les quadratures et les syzygies.

Le fait capital qui domine le phénomène de l'attraction des marées, c'est, comme je l'ai dit, que sa direction a lieu d'orient en occident, en sens inverse du mouvement de rotation des astres.

La terre et la lune tournant d'occident en orient, mais avec une différence de temps, 24 heures pour celle-là et 29 jours pour celle-ci, il ressort de là cette vérité relative que, chaque jour et au point de vue de l'attraction, pour un lieu et un moment donné, on peut regarder la lune comme immobile par rapport à la terre ; ou encore, eu égard à la marche plus rapide de celle-ci, comme suivant une progression relative d'orient en occident : ce qui revient au même pour le résultat. C'est toujours la comparaison du coureur.

Quand la lune se lève sur un lieu de la terre, rayonnant de tous côtés ses forces attractives, communiquant son impression dynamique aux flancs de notre planète, celle-ci répond à cette impression comme elle a répondu à celle des rayons lumineux. Si l'effet est moins général et moins disséminé, il se concentre particulièrement dans une fonction à accomplir, gagnant ainsi en puissance réelle ce que l'effet du soleil possède en étendue : c'est là sans doute le secret qui rend l'attraction de la lune trois fois plus forte que celle du soleil, dans l'évolution du phénomène des marées. Pour la lune, c'est une action spéciale, c'est sa fonction propre, à laquelle elle concourt en raison des liens physiologiques qui l'attachent de plus près à la terre. Pour le soleil, ce n'est pas une fonction spéciale : son influence se partage entre le phénomène des marées et tous les autres ; son action est plus générale : celle de la lune est plus locale. Ce n'est pas une attraction pure et simple ; sans quoi le soleil devrait avoir la prépondérance d'action : c'est une attraction fonctionnelle, une attraction *sui generis* comme tous les phénomènes de la vie. Tandis que

le soleil fait sentir son influence dynamique à tous les systèmes de la circulation intraterrestre, suractive toutes les laves
cellulaires et régularise la circulation générale ; la lune concentre son influence sur les laves du système diagonal, détermine un point d'appel spécial à la périphérie et préside à
la montée successive des courants centrifuges.

Or, les marées océaniques sont liées intimement au système de la circulation diagonale, montant avec les courants
centrifuges et descendant avec les courants centripètes, dans
un ordre périodique réglé par le cours de la lune.

Il est un fait remarquable, n'ayant reçu jusqu'à ce jour aucune explication satisfaisante, que la théorie physiologique
justifie de la façon la plus simple et la plus claire : je veux
parler de la coïncidence des marées aux deux points opposés
de la terre, et de leur antagonisme dans la direction perpendiculaire ; tellement que la mer montante dans une ligne
méridienne donnée coïncide avec la mer descendante dans
la ligne méridienne perpendiculaire. Mais je reviendrai sur
ce phénomène qui relève de la disposition anatomique des
canaux du système diagonal et de leur mode circulatoire.

Les marées se répondent dans l'ordre suivant, dans leur
marche progressive d'orient en occident : les marées de
l'océan Atlantique (côtes occidentales de l'Europe et de l'A-
frique, côtes orientales des deux Amériques) à celles de l'o-
céan Pacifique (côtes orientales de la Chine, de l'Australie et
des îles voisines) ; les marées de l'océan Indien à celles de
l'océan Pacifique (moitié orientale).

Suivons la marche apparente de la lune, et ses effets sur
le cours des marées.

Les sections reconnues pour chaque division de la circulation diagonale correspondent exactement à celles des
marées : sections atlantique et pacifique occidentale, d'une
part ; sections indienne et pacifique orientale, d'autre part.

Supposons la lune passant au zénith de la section indienne.
Elle le franchit, elle arrive à l'octant occidental de cette sec-

tion, c'est-à-dire à 45 degrés de longitude ouest : alors, la marée est à son *maximum* de hauteur dans l'océan Indien et dans la moitié occidentale du Pacifique ; dans le même temps la marée est à son *minimum* de hauteur dans l'océan Atlantique et dans la moitié orientale du Pacifique.

La lune entre dans la sphère physiologique de l'océan Atlantique ; elle part de son octant oriental, passe à son zénith, et atteint son octant occidental. Depuis le premier mouvement dans cette carrière, la marée a commencé de descendre dans l'océan Indien, et a commencé de monter dans la section atlantique ; quand la lune parvient au terme de cette course, c'est-à-dire à l'octant occidental, la marée est à son *maximum* de hauteur dans la section atlantique et dans la section pacifique occidentale ; et en même temps à son *minimum* de hauteur dans la section indienne et dans la section pacifique orientale. La lune a parcouru en six heures cet espace de 90 degrés ; la marée indienne a mis six heures à descendre et la marée atlantique six heures à monter.

Chaque section diagonale embrasse un arc de cercle de 90 degrés ; et le *maximum* de hauteur de la marée coïncide toujours avec l'arrivée de la lune à l'octant occidental de la section.

La même marche progressive et les mêmes phénomènes se présentent, lorsque la lune traverse la section pacifique orientale, et la section pacifique occidentale ; les marées étant toujours en coïncidence aux deux points opposés d'une même zone parallèle, et alternatives dans la zone ou section perpendiculaire.

Chaque zone de 90 degrés est parcourue en six heures par par la lune ; chaque mouvement de marée s'accomplit en six heures ; chaque courant des laves diagonales met six heures à faire son trajet : admirable coïncidence, où l'on ne saurait ne pas voir le lien physiologique d'une fonction commune ! Ajoutons à cela : quatre zones de 90 degrés pour embrasser la périphérie de la terre ; quatre mouvements périodiques de marées dans les vingt-quatre heures ; quatre temps périodiques de montée et de descente dans les canaux du système diagonal.

Quand la lune se promène ainsi d'une section physiologique dans l'autre, déplaçant périodiquement, et successivement le niveau des marées, le mécanisme de son action s'exerce par influence au nom de la loi des courants électromagnétiques, comme il sera démontré plus loin ; la suractivité dynamique résulte de son attraction ; la fonction principale s'accomplit sous sa direction et se déplace avec elle de section en section.

L'hyperdynamisme qui répond à cet appel se produit à la fois, par un mécanisme commun, dans les trois organes de la planète : les laves cellulaires montent dans les canaux centrifuges, la mer basse élève progressivement son niveau, et l'atmosphère commence une série barométrique descendante. Ces trois phénomènes différents, mais solidaires, entrent en évolution dans le même temps : tous trois mettent six heures à monter, et mettront six heures à descendre. Ils montent durant six heures, progressivement, sous l'influence dynamique de la lune ; quand ils descendent, ils le font aussi progressivement et en six heures, bien que cette fois la lune n'opère plus sur la zone où ils sont circonscrits. Si le mécanisme est aussi régulier en dehors de l'action lunaire, si celle-ci préside seulement à la suractivité du phénomène et à son apparition périodique ; il faut reconnaître là une preuve manifeste de la vitalité intrinsèque de la terre, et des supports animés qui entrent dans la constitution de ses organes. Par-dessus tout, cet antagonisme physiologique, dans les sections perpendiculaires, des laves cellulaires en montée ou en descente, des marées hautes et basses, et des séries barométriques de l'atmosphère, est le cachet le plus remarquable où soient empreintes les lois de la vie dans leurs manifestations fonctionnelles.

On peut résumer en un mot ces deux séries de phénomènes antagonistes : ce sont des *poussées dynamiques*, poussées *en dehors* dans le temps commun de montée, poussées *en dedans* dans le temps commun de descente. Or, il y a équilibre physiologique par compensation entre ces deux cercles perpendiculaires de poussées dynamiques. Il se fait un mouvement périodique de bascule. Quand la poussée d'une zone se manifeste en dehors par un mouvement d'expansion centrifuge, la poussée de la zone perpendiculaire se produit en dedans, pour faire compensation, par un mouvement de concentration centripète.

Toutes ces idées seront complétées plus tard par ce qui sera dit sur le système électro-magnétique.

On peut dire, d'une façon générale, que, dans la physiologie terrestre, le soleil et la lune sont le principe régulateur de la circulation des laves cellulaires, dans l'organe tellurique, par l'intermédiaire des grands courants électro-magnétiques, et que la circulation tellurique à son tour est le principe régulateur des phénomènes fonctionnels qui s'accomplissent dans les deux autres organes.

Il existe particulièrement entre le foyer intraterrestre et l'océan des rapports anatomiques et physiologiques, dont j'ai déjà parlé sous le nom de système anastomotique ou intermédiaire, et sur lesquels je reviendrai dans l'étude des courants océaniques. Par ces rapports il y a communication physiologique incessante entre les mouvements de l'océan et ceux des laves cellulaires, de telle sorte que les modifications d'activité ou de suractivité de celles-ci se reflètent sous une autre forme dans les phénomènes océaniques.

Dans la production des phénomènes planétaires, l'influence du soleil et de la lune, tout importante qu'elle est, n'a que la valeur d'une cause déterminante, agissant sur des éléments qui possèdent en eux le principe de leurs mouvements. Cette vérité est mise hors de doute par ce fait, que dans toute l'étendue du parenchyme nucléolaire, là même où les astres n'agissent pas dans le moment, la circulation tellurique s'opère avec la même régularité et avec la même périodicité. L'action intrinsèque de la planète est attestée par ce fait, de même que l'action du soleil et de la lune est prouvée par la coïncidence du *maximum* des marées avec le passage du noyau ou du satellite sur la région.

La marée qui monte proclame l'influence de la lune ; la marée qui descend annonce à la fois la cessation de la première influence et l'existence d'une influence nouvelle, non pas en tant qu'elle baisse, mais en tant qu'elle baisse progressivement et avec méthode. Ces deux manières d'être de la marée sont les deux temps ou les deux phases d'une fonction unique, et la preuve éloquente qu'un autre principe régulateur est là, caché dans l'intimité organique de la planète, pour suppléer à l'insuffisance du principe régulateur de la lune et du soleil.

Ce que la marée descendante, dans son rhythme aussi harmonieux que celui de la marée montante, proclame en toute évidence, le phénomène de la double marée aux deux points opposés de la même zone parallèle le proclame encore plus hautement.

Quelle est l'opinion des auteurs pour expliquer ces phénomènes ?

Dans la théorie de Newton, raisonnant d'après le mécanisme de l'attraction verticale, on suppose que l'action de la lune, lorsqu'elle plane sur une région marine, exerce une attraction générale dans le sens vertical, sur la portion océanique qui la regarde, sur le centre de la terre et sur la région marine opposée à la première, attraction dont toute l'épaisseur de la planète est ainsi traversée, et dont l'intensité va en diminuant de la superficie à la profondeur des antipodes, pour ainsi dire. Dans cette théorie, la mer, qui se trouve située au delà du centre de la terre par rapport à la lune, en recevant à cause de cette situation une attraction moins forte, paraît rester relativement en arrière et tendre à s'éloigner du centre terrestre en même temps que de la lune. Mais cette hypothèse, comme le fait observer de Boucheporn, en impliquant un déplacement de la terre par attraction lunaire, est contraire à la vérité, et ne porte en l'esprit aucune conviction.

Boucheporn, dans sa théorie des forces horizontales ajoutées aux forces verticales, croit éclaircir la question et avancer le problème en faisant accomplir les deux marées opposées par le mécanisme des forces horizontales. Mais il faut encore admettre ici que l'attraction lunaire se propage à travers le centre de la terre ; ce qui nous ramène aux mêmes difficultés, en dehors de toute organisation physiologique de la planète.

Ces deux hypothèses sont incomplètes, en tant qu'elles ne représentent que deux éléments de la question : le point de départ et le but final ou fonctionnel ; n'ayant pas deviné l'élément intermédiaire, le plus important des trois, je veux dire la circulation tellurique, avec laquelle seulement l'explication du mécanisme des marées s'élève au rang d'une théorie.

Des trois systèmes de la circulation cellulaire intraterrestre, c'est celui de la circulation diagonale qui nous donne le principe régulateur cherché ; lequel, s'ajoutant puis se substituant au principe attractif de la lune, tient sous sa dépendance les mouvements harmonieux des marées, et particulièrement le phénomène de la marée en sens inverse.

Lorsque la lune manifeste son influence sur une section océanique, l'impression en est ressentie par la région marine et par la portion terrestre sous-jacente. Une suractivité physiologique est la conséquence de cette impression ; et la suractivité atteint son *maximum* dans les laves telluriques, en raison de l'activité fonctionnelle normalement plus développée, laquelle place le parenchyme terrestre à l'égard des deux autres organes en état de prédominance physiologique, dans la situation d'un point d'appel pour les forces en voie de déplacement.

Suractivité physiologique normale et relative des laves cellulaires, attestée par le chiffre supérieur de leur tempéra-

ture, et suractivité périodique par l'action de la lune et du
soleil : telles sont les deux conditions dynamiques qu'il faut
constater avant de suivre le mécanisme d'évolution des marées. La première, relevant de l'organisation planétaire et de
la répartition proportionnelle de sa vitalité intrinsèque, représente la cause prédisposante du phénomène des marées ;
et la seconde, avec l'action lunaire ou solaire qui y est liée,
forme la cause occasionnelle ou déterminante.

Le premier effet de l'action lunaire est une suractivité dynamique dans le système diagonal, de la section sous-jacente.
Mais les canaux de cette circulation s'étendent d'une face à
l'autre de la terre, traversent le ganglion central et unissent,
dans des mouvements solidaires, la région antérieure qui
regarde la lune et la région postérieure ou opposée ; mais les
cavités du ganglion central, répondant à l'attraction lunaire,
élèvent vers la périphérie, aux deux points opposés de la
même section, une poussée de laves centrifuges en suractivité ; mais il y a unité de circulation dans ces canaux transverses, laquelle implique unité de suractivité sous l'impression lunaire, en sorte que nécessairement ce qui se produit
d'un côté doit le faire de l'autre. La cause est la même des
deux côtés ; ce n'est pas une attraction pure et simple : c'est
une influence dynamique spéciale, qui s'accomplit par l'intermédiaire des grands courants magnétiques, lesquels embrassent la planète dans tout son contour. La circulation des
laves cellulaires étant continue dans une même zone de canaux, la poussée centrifuge qui commence détermine une
poussée centripète du même côté ; et l'impulsion de celle-ci
retentit sur les laves centrifuges du côté opposé, puis indirectement sur les laves centripètes. Ainsi des deux côtés en
même temps s'accomplit un courant centrifuge et un courant
centripète. La marée directe relève du courant centrifuge qui
regarde la lune ; la marée en sens inverse relève du courant
centrifuge opposé. C'est là seulement qu'il convient de chercher l'explication physiologique de la marée en sens inverse,

aussi bien que de la marée directe; c'est par le mécanisme de cette circulation diagonale que la mer monte en même temps, dans la section Atlantique et dans la section Pacifique-Occidentale, d'une part, dans la section Indienne et dans la section Pacifique-Orientale, d'autre part.

En résumé, lorsque la lune arrive à l'octant oriental d'un méridien, ou à l'extrémité orientale d'une section quelconque, ce qui est la même chose, la marée cellulaire, commençant d'entrer en suractivité, inaugure son ascension centrifuge; et en même temps la marée océanique monte progressivement. De l'octant oriental à l'octant occidental, zone de 90 degrés, la lune exerce pendant six heures son action dynamique; la durée de cette action répond à celle d'un quart de la circulation diagonale, et à une phase de la marée océanique. L'achèvement de la circulation centrifuge et la marée haute de l'océan coïncident avec l'arrivée de la lune à l'octant occidental de la section. Ce n'est pas à dire que l'attraction s'exerce plus forte à cette position que dans les autres, comme l'admet l'auteur des forces horizontales: il serait plus physiologique que l'attraction fût prédominante à l'octant oriental, à cause de l'impression nouvelle et du premier mouvement dynamique qui en est le fruit. Mais à vrai dire les choses ne s'expliquent pas ainsi: la montée des laves centrifuges et celle de la marée commencent avec l'influence de la lune et finissent avec elle; elles s'accomplissent en six heures, parce que cette période de temps est nécessaire à chaque phase du courant diagonal et en harmonie avec le mouvement de la circulation périphérique. Chacune de ces marées est un phénomène progressif, dont l'évolution ne s'achève qu'avec tous les mouvements successifs de sa série.

Il faut admettre néanmoins que les forces mises en jeu de suractivité fonctionnelle se soient développées dans un *crescendo* dynamique, par prolifération, depuis le commencement de la série jusqu'à la fin. C'est là quelque chose d'analogue au développement du *travail congestif* physiologique, dans l'organisme animal.

Quand la lune a quitté la zone en question pour entrer dans la zone suivante, la marée monte dans celle-ci et descend dans celle-là. La marée descendante accomplit également son évolution en six heures, et ne relève plus que du courant cellulaire des laves diagonales, dont la durée est de six heures.

Dire que l'influence lunaire est circonscrite à une zone de 90 degrés du côté du méridien supérieur, et que cette influence, en raison des conditions anatomiques et physiologiques de la circulation diagonale, se manifeste aussi dans la zone opposée du méridien inférieur; c'est sous-entendre que, dans le même temps, la lune n'exerce aucune attraction sur les deux zones perpendiculaires, que les laves diagonales et que les ondes océaniques s'y trouvent par conséquent dans une phase d'infériorité relative; en d'autres termes, que la marée y est descendante et que, dans les canaux telluriques, la prédominance des forces est en direction centripète, sous l'influence concentrative de la suractivité des laves ascendantes de l'autre section. Il s'opère comme une aspiration dynamique de la poussée en dehors sur la poussée en dedans.

Dans l'étude des marées, deux phénomènes se présentent aussi remarquables que constants : celui de la prédominance des marées sur les côtes occidentales, et celui de la propagation du cours des marées d'orient en occident; c'est-à-dire que la plus grande hauteur des marées a lieu dans le sens de la rotation terrestre, et que leur développement successif se propage en sens inverse. On devine tout d'abord que ces deux phénomènes opposés ne relèvent pas de la même cause : le premier a sa source dans le mode de la circulation diagonale, et le second dans la direction de l'attraction lunaire.

Dans la syzygie, la lune en conjonction, ajoutant son influence à celle du soleil et se portant comme lui, relativement à la rotation quotidienne de la terre, d'orient en occident, imprime à la marche de ses effets attractifs une direction analogue; laquelle, si le mouvement des marées relevait exclusivement de l'action de la lune, la physiologie planétaire n'existant pas et l'influence de la circulation tellurique étant nulle, devrait, en supposant la terre inerte traversée de part en part par le rayon direct et attractif de la lune, produire un résultat différent, dans la théorie des forces verticales, de celui produit dans la théorie des forces horizontales. Dans celle-là, le déplacement continuel des forces verticales ne peut expliquer en aucune façon la plus grande hauteur des marées sur les côtes occidentales ni sur les côtes orientales. Dans celle-ci, la puissance des forces horizontales a sa plus grande efficacité à l'octant oriental et à l'octant occidental de la section : dans la première position, pour le méridien supérieur, la résultante des forces horizontales agit particulièrement sur les côtes orientales; et dans la seconde, sur les côtes occidentales. L'action est inverse pour le méridien inférieur, mais le déplacement des forces horizontales est le même; en sorte que cette théorie, pas plus que l'autre, n'explique, par une action continue de forces attractives en un point, la plus grande hauteur des marées sur les côtes occidentales.

Dans la lune en opposition, les mêmes réflexions se présentent pour démontrer l'insuffisance de théories non physiologiques.

La propagation alternative des marées de section en section se fait, à la vérité, dans le sens de l'attraction lunaire, d'orient en occident, parce que cette attraction est la cause déterminante ou occasionnelle du phénomène des marées. Mais le maximum de hauteur relève d'une autre cause, ne suit pas dans sa manifestation la ligne d'attraction lunaire, se produit toujours dans le sens de la rotation terrestre, c'est-à-dire sur les côtes occidentales des continents, et est réglé par les mouvements et par la direction de la circulation diagonale.

Chaque marée *maxima* s'oriente dans le sens de la rotation terrestre, mais la succession alternative des marées s'oriente en sens contraire.

En se rappelant la courbe à concavité orientale que décrivent à leur extrémité périphérique les canaux centrifuges, courbe favorable à la direction que suit la terre dans la rotation sur son axe; et en se figurant, au moment où la lune arrive à l'octant occidental de sa zone d'action, ces extrémités gorgées de laves cellulaires au *maximum* de la suractivité de leurs supports : on restera convaincu que là seulement réside le principe, directeur et constant, du *maximum* de hauteur des marées, dont les flots, subissant l'influence de la suractivité cellulaire en inclinaison orientale, en éprouvent les conséquences dans le phénomène de la marée plus forte, malgré l'appel en sens inverse des forces horizontales de la lune, dans le méridien supérieur. Cette disposition du système diagonal explique pourquoi les deux marées coïncidantes et opposées présentent, l'une par rapport à l'autre, leur *maximum* en sens inverse, bien que toujours dans la direction de la rotation terrestre et de l'incurvation de canaux centrifuges.

Au *maximum* de hauteur des marées, témoignage d'une suractivité physiologique dans les laves cellulaires des canaux courbes sous-jacents, si l'on ajoute cette considération qu'entre la fin de la marée montante et le commencement de la marée descendante il existe un certain intervalle de repos, pendant lequel la haute mer conserve son niveau; il sera permis d'en déduire, pour la constitution anatomique des canaux telluriques, un élément nouveau qui perfectionnera l'étude que nous en avons déjà faite.

Que représente ce temps d'arrêt au point de vue physiologique? la diminution d'un mouvement. On peut dire, il est vrai, que la cessation de l'influence lunaire et l'arrivée des laves diagonales en suractivité au terme de leur course centrifuge expliquent suffisamment ce temps d'arrêt, précédant la marée de retour. Mais que devient cette suractivité dynamique tout à coup suspendue? En quel mouvement ou en quel travail ces forces contrariées se transforment-elles? Sont-elles toutes utilisées par la circulation de retour et la marée descendante? Sont-elles aspirées, pour ainsi dire, par la suractivité qui se prépare dans la section perpendiculaire? Ces deux modes de transformations se réalisent, sans aucun doute. Cependant la stabilité fonctionnelle du phénomène, l'importance de la fonction, le temps d'arrêt enfin qui sépare les deux périodes de la fonction, tout indique qu'il y a là quelque chose de plus : que le déplacement des forces ou leur transformation ne suffit pas; qu'au phénomène physiologique de l'arrêt correspond une cause locale et organique; en un mot, qu'il existe, dans la sphère où les canaux centrifuges viennent s'aboucher avec les périphériques, un élément anatomique spécial, capable de justifier par son rôle fonctionnel le temps d'arrêt en question.

Deux moyens d'explication s'offrent à l'esprit : ou le temps d'arrêt répond purement et simplement à un certain intervalle, existant sur le canal périphérique entre la bouche afférente du canal centrifuge et la bouche efférente du canal centripète; ou il répond, sans préjudice de cet intervalle, à un organe particulier.

Dans l'étude de la physiologie comparée, nous voyons deux causes de retard dans le mécanisme de la propagation des forces : une cause physiologique se traduisant par une fonction à accomplir, et une cause anatomique se réalisant par la présence d'une ou de plusieurs cellules, d'une ou de plusieurs cavités celluliformes, en d'autres termes par la présence d'un organe cellulaire ou d'un ganglion.

Il est probable qu'il existe une ampoule à l'embouchure des canaux centrifuges dans les canaux périphériques; laquelle, par la suractivité encore plus grande dont elle est le siége, concourt à garantir la circulation des laves ascendantes.

Après avoir étudié le mécanisme des marées à un point de vue général, il reste à considérer les nombreuses variations de ce phénomène, et à vérifier si les cas particuliers rentrent à leur tour dans la théorie physiologique.

Le rôle et l'importance des sections ou zones, dans les mouvements associés de la circulation diagonale et du phénomène des marées, autorise à les désigner sous le nom de *zones lunaires*, embrassant chacune un arc de 90 degrés tant au méridien supérieur qu'au méridien inférieur. Ces zones traversent la terre d'un côté à l'autre; ont chacune deux faces par rapport à la lune, la face supérieure et la face inférieure; répondent à deux marées, la marée directe et la marée en sens inverse; sont au nombre de deux et se coupent perpendiculairement l'une l'autre. Telle zone à un moment donné représente la zone des syzygies : l'une de ses faces répond à la conjonction et l'autre à l'opposition de la lune par rapport au soleil. Telle autre représente la zone des quadratures. Entre ces deux sections perpendiculaires, les deux cercles des octants se croisent à travers la terre comme les deux branches d'un X.

Cette division des zones lunaires, dont la nécessité physiologique garantit la réalité anatomique, donne la clef d'un phénomène en apparence anormal et irrégulier : je veux parler de l'absence des marées dans certaines régions marines, et de la faible hauteur qu'elles atteignent en d'autres régions. On sait, par exemple, que dans la Méditerranée les marées sont presque nulles, qu'elles ont leur maximum de hauteur de deux et trois pieds à Venise, à Tunis, au détroit de l'Euripe et en Syrie; que dans les îles de la mer du Sud les marées n'existent pas; que dans la partie centrale du Grand-Pacifique les marées sont peu marquées.

Chaque zone lunaire embrassant, avec ses marées, les deux temps de la circulation diagonale, il en résulte que chaque arc de 90 degrés à la surface terrestre correspond à un nombre plus ou moins grand de canaux centrifuges et de canaux centripètes ; et on peut déduire, de la considération même du phénomène des marées, que les rapports anatomiques de la circulation centrifuge avec ceux de la circulation de retour ne sont pas immédiats et successifs pour chaque canal : ce que je traduirai en disant que la zone diagonale est partagée en deux moitiés, l'une occidentale où sont réunis les canaux centrifuges et l'autre orientale où les canaux centripètes sont agglomérés.

Cette division des zones lunaires et diagonales, laquelle pourra dans l'avenir servir de base à l'établissement d'un méridien unique, où les prétentions nationales n'auront plus rien à revendiquer, explique pourquoi, dans certaines mers ou portions de mer situées néanmoins dans le sens de la rotation terrestre et de la plus grande hauteur des marées, on voit celles-ci faire défaut ou n'être marquées que par de faibles élévations.

Sans prétendre que chaque moitié d'une zone diagonale, parfaitement égale dans ses dimensions, mesure un arc de 45 degrés ; et prenant en considération les variétés des canaux périphériques eux-mêmes, dont le diamètre et la circonférence vont en diminuant de l'équateur aux pôles, à l'instar des parallèles de latitude tracés sur un globe terrestre : je n'hésite pas à croire néanmoins qu'une certaine régularité anatomique préside à cette répartition, et réponde à l'harmonie physiologique, laquelle seule il nous est possible de constater.

Alors, considérant chaque zone lunaire, je dirai approximativement que : — dans la *zone Atlantique-Pacifique-Occidentale*, la moitié des canaux centrifuges répond d'un côté à l'océan Atlantique et celle des canaux centripètes à l'Europe, à l'Afrique et à la mer Méditerranée ; de l'autre côté la moitié des canaux centrifuges répond à la partie occidentale du Grand-Pacifique, aux côtes orientales de l'Australie, et celle des canaux centripètes à la partie centrale du même océan, jusque vers 135 degrés de longitude occidentale, par rapport

à Paris : — dans la *zone Indo-Pacifique-Orientale*, la moitié
des canaux centrifuges répond d'un côté à la plus grande
partie de la mer des Indes et celle des canaux centripètes à
l'Australie et aux îles de la Sonde ; de l'autre côté la moitié
centrifuge répond à la partie orientale de l'océan Pacifique,
aux côtes occidentales des Amériques, et la moitié centripète
au continent américain et à ses côtes orientales.

Il résulte de cet exposé et du mécanisme de la circulation
diagonale que, la phase centrifuge de cette circulation étant
la cause directe et principale de la marée, la plus grande
hauteur de celle-ci doit coïncider avec la situation de celle-là,
et plus spécialement avec le point de jonction des deux moitiés de chaque zone. A l'appui de cette vérité, on remarquera
la coïncidence ordinaire des moitiés centripètes et des terres
continentales ou insulaires, et la coïncidence des moitiés centrifuges avec les régions marines.

Du général descendant au particulier, nous voyons la mer
Méditerranée comprise dans la moitié des canaux centripètes,
outre qu'elle rencontre, dans le rétrécissement de Gibraltar,
un obstacle anatomique à la propagation de la marée ; le
golfe du Mexique et la mer des Antilles dans la moitié centripète d'une autre zone ; les îles de la Sonde et les côtes orientales de la Chine dans une autre moitié centripète. Au contraire toutes les côtes occidentales, où se produit la plus
grande hauteur des marées, celles de l'Europe, de l'Afrique,
de l'Amérique, se trouvent situées à peu près au niveau de
l'intervalle qui sépare la moitié centrifuge de la moitié centripète.

Si la marée, insensible en général dans la Méditerranée, se
relève sur quelques côtes, où elle atteint 2 et 3 pieds, cette
différence, outre qu'elle puisse être favorisée par la disposition
de certaines côtes où s'accumulent les flots, a sa cause première dans la vitalité intrinsèque de l'océan liquide, et se
rattache peut-être à une variante locale dans la disposition
des canaux circulatoires ou des ganglions périphériques.

Dans la théorie newtonienne il est impossible, comme le fait remarquer Boucheporn, d'expliquer par l'action des forces verticales seules la différence de niveau entre les marées de la Méditerranée et celles des autres mers. Boucheporn croit en trouver la raison dans l'action combinée des deux forces attractives sur l'Océan, et dans l'action des seules forces verticales sur la Méditerranée, le détroit de Gibraltar mettant obstacle à la propagation horizontale du mouvement des flots de l'Atlantique vers la Méditerranée. Ainsi, tandis que la marée s'élève à des hauteurs de 3, 4 et 5 mètres sur les côtes occidentales de France, d'Espagne, de Portugal et d'Afrique, elle ne dépasse pas 3 pieds dans la Méditerranée et sur la côte orientale de l'Afrique, non plus que sur les côtes de Madagascar : il assimile pour le résultat la marée méditerranéenne à celle des côtes orientales des continents.

La théorie de Boucheporn a pour premier tort de nier l'action directe de l'attraction horizontale sur la surface méditerranéenne, quelque petite qu'elle soit relativement. Cette mer sans doute aurait des marées aussi fortes que l'océan, si ce phénomène n'était autre chose qu'un soulèvement mécanique de flots inertes, au lieu d'être un mouvement d'ordre physiologique, dont la lune et le soleil sont les causes occasionnelles, et dont le principe régulateur et harmonique réside dans les variations dynamiques de la circulation diagonale intraterrestre.

« Dans les mers très étendues, dit Boucheporn (1), et em-
« brassant plus d'un quart de la circonférence, comme dans
« l'océan Pacifique, il se passe un autre phénomène, qui doit
« tendre encore à affaiblir les marées dans la partie occiden-
« tale de ces mers, et surtout dans leur partie centrale.
« Lorsqu'en effet dans ces régions les eaux devraient com-
« mencer à monter, elles éprouvent déjà dans leur extrémité

(1) *Philosophie naturelle*, p. 198

« orientale la période descendante, et ces deux impulsions
« inverses tendent ainsi à s'annuler, et à rendre par là mê-
« me moins sensible le retour de l'oscillation à la partie occi-
« dentale de ces mers. C'est par une raison de ce genre que
« nous expliquons l'absence des marées dans les îles de la
« mer du Sud, où nous persistons à dire que, suivant la théo-
« rie de Newton, elles devraient être le plus considérables.»

A cette explication mécanique il faut préférer une cause
dynamique, qui provient de l'étendue même de l'océan Pacifique, où les mouvements des flots, disséminant leurs forces
sur un plus grand rayon et n'ayant pas le bénéfice des côtes
allongées qui les encaissent et les concentrent, perdent nécessairement en hauteur une partie de leur intensité, dont la
différence se répand dans la masse. De l'absence des côtes
entre les deux zones lunaires de cet océan, il résulte aussi que
la succession alternative des marées, quoique réelle et en
rapport avec le déplacement périodique de suractivité dans
la circulation diagonale, offre néanmoins, sur la ligne de
séparation des deux zones, une fusion inévitable des mouvements, un échange réciproque de forces et de supports :
conséquence de la mobilité de cet organe liquide, des courants qui coupent horizontalement le Pacifique, et source
d'une intensité moindre dans le mouvement d'ascension des
flots.

Contrairement aux assertions du physicien anglais Whewell,
qui prétend que la vaste étendue des mers australes est le
berceau des marées, d'où elles s'élèveraient et remonteraient
progressivement du sud au nord vers les autres océans, on a
remarqué, dit Elisée Reclus (1), que, dans chaque bassin
océanique, la marée semble partir du centre, et se propage
parallèlement à la direction générale des côtes ; que les divers
océans sont séparés les uns des autres par des intervalles où
la marée régulière est à peine sensible : soit entre l'Atlan-

(1) *La Terre*, t. II, p. 129

tique austral et l'Atlantique boréal, à l'île de l'Ascension et de Sainte-Hélène, où le flux ne change guère le niveau maritime de plus de 60 ou 70 centimètres ; et qu'enfin le mouvements des flots se propage du nord au sud sur les côtes de la République argentine, du Brésil, de Fernambuco à l'embouchure de la Plata, au lieu de le faire du sud au nord.

Ces faits, témoignages de l'indépendance relative de chaque bassin océanique, attestent la vitalité intrinsèque de la mer et la pluralité de ses causes d'action.

Liquide inerte, la mer devrait obéir à l'attraction d'autant plus que sa profondeur serait moins grande, et au contraire y résister proportionnellement à sa masse et à la hauteur de ses couches. Liquide vivant, le nombre de ses supports étant en raison directe de sa masse et sa puissance dynamique dérivant de ses supports, la mer doit subir d'autant plus fortement qu'elle est plus profonde l'influence de l'attraction lunaire ; et, moins éloignée du cercle d'activité de l'organe tellurique, elle doit en recevoir plus amplement l'impression de suractivité, à laquelle elle répond par des mouvements plus accentués.

L'observation démontre en effet qu'il y a un rapport constant entre la rapidité des marées et la profondeur de la mer : la vitesse de la vague est de 850 kilomètres à l'heure là où l'Océan a 8,000 mètres de profondeur ; de 96 kilomètres là où la profondeur est de 100 mètres, et de 25 kilomètres là où elle est de 10 mètres. La rapidité des marées est liée, par le rapport de l'effet à sa cause, à l'intensité des mouvements intrinsèques du liquide océanique ; lesquels sont liés à la suractivité des laves cellulaires en circulation centrifuge ; lesquelles sont liées enfin à la puissance dynamique par influence de la lune et du soleil.

Un bassin océanique étant donné, sa marée se propage en deux sens opposés à partir du centre ; elle se dédouble : l'une, atteignant le maximum de hauteur, se jette sur les côtes occidentales et suit d'occident en orient la direction de

la rotation terrestre; l'autre, représentant le minimum de
hauteur, se tourne vers les côtes orientales, en sens contraire
de la première et du mouvement de la terre, mais dans le
sens de la propagation alternative des marées ou de l'action
lunaire et solaire. Si l'on considère le bassin correspondant
du méridien inférieur, la même observation se présente.

De ces deux marées qui, dans un même bassin, se tournent
le dos, les seules forces attractives verticales et horizontales,
agissant sur un liquide inerte et passif, sont impuissantes à
donner une explication rationnelle.

J'ai dit que, dans chaque zone lunaire, le champ de la
circulation diagonale est partagé en deux moitiés : celle des
canaux centrifuges correspondant aux régions marines, et
celle des canaux centripètes sous-jacente aux continents,
dans les zones où ils existent. Chaque moitié embrassant une
série de canaux parallèles, on remarquera que la situation
des marées *minima* sur les côtes orientales correspond, d'une
manière générale, au trait d'union de deux zones lunaires
perpendiculaires, au voisinage des premiers canaux centrifuges de l'une et des derniers canaux centripètes de l'autre.

Le mécanisme de cette marée *minima* ne diffère pas de
celui de la marée *maxima* : toutes deux relèvent de la montée
des laves centrifuges. La différence entre elles réside dans la
direction et non dans le mécanisme de formation. La cause
de cette direction doit être cherchée dans le sens de la direction lunaire, marchant de l'octant oriental à l'octant occidental de chaque zone; peut-être aussi dans des canaux anastomotiques, recourbés dans ce sens opposé à la rotation
terrestre, pour unir les premiers canaux centrifuges d'une
zone aux derniers canaux centripètes de l'autre; mais surtout
dans l'influence spéciale des continents, dans la vertu attractive qui les caractérise, et à laquelle nous verrons soumis
également les courants plus mobiles de l'atmosphère.

Cette situation physiologique de la marée *minima* justifie
pleinement sa faible intensité relative, sans empêcher pour

cela, si sur ces côtes se présentent quelques baies ou golfes favorables à l'accumulation des flots et à la concentration de leurs mouvements, que la marée y acquière une hauteur plus grande, ce qui arrive pour la baie de Fundy, dans la Nouvelle-Écosse.

Le bassin atlantique nous offre une autre particularité, laquelle est encore une confirmation de la théorie physiologique des marées et de la division des zones lunaires en deux moitiés, c'est la diminution progressive de la marée *minima* sur la côte orientale de l'Amérique du Nord, depuis Terre-Neuve jusqu'à l'isthme de Panama.

« Le long du golfe du Mexique, dit Boucheporn (p. 198), « dans les Antilles et sur une grande partie de la côte des « États-Unis, les marées sont presque insensibles, les plus « fortes ne dépassent pas deux pieds et demi; elles ne se « relèvent un peu qu'à New-York, où les plus grandes hau- « teurs vont à six pieds et demi, et à Boston, où elles attei- « gnent quatorze pieds. »

Cette anomalie apparente est en réalité un phénomène très régulier, et si les marées sont inférieures dans le golfe du Mexique et dans la mer des Antilles à celles des côtes américaines situées au-dessus et au-dessous, cette différence a sa raison d'être dans les rapports différents de ces côtes avec les canaux de la zone diagonale sous-jacente. Le golfe du Mexique et la mer des Antilles correspondent, comme il a été dit plus haut, à la moitié centripète de la zone *Indo-Pacifique orientale*, tandis que les côtes orientales de l'Amérique du Sud et celles du Nord, au-dessus de New-York, répondent à la naissance de la moitié centrifuge de la zone diagonale *Atlantique-Pacifique occidentale*.

Malgré cette relation anatomique avec une zone différente, les marées du golfe du Mexique coïncident néanmoins physiologiquement avec celles de la zone Atlantique, à cause de la communauté des mers et du peu d'importance relative de la mer mexicaine.

La mer du Mexique et des Antilles est à l'océan
Pacifique oriental ce que la mer Méditerranée est à l'o-
céan Atlantique boréal : c'est-à-dire que, placée comme
celle-ci sur la moitié centripète d'une zone lunaire, elle aurait des marées coïncidantes, quoique toujours très faibles,
avec celles des rives occidentales de l'Amérique, si l'isthme
de Panama percé d'un canal et les îles des Antilles, transformées en isthme depuis la Floride jusqu'à l'Amérique du Sud,
la mettaient dans la situation d'une mer intérieure ; sans communication avec l'Atlantique dont la zone n'est pas la sienne,
et communiquant seulement avec le Pacifique par un rétrécissement analogue à celui de Gibraltar.

A toutes ces variétés du phénomène des marées, ayant au
moins le cachet de variétés constantes tenant à des causes
locales fixes, il faut ajouter, pour être complet, des variétés
dont l'apparition contingente relève, non plus de causes que
j'appellerai volontiers *anatomiques*, mais de causes *dynamiques*,
lesquelles, en rendant témoignage par l'irrégularité de leurs
effets à la vitalité intrinsèque des organes planétaires, ne dé-
truisent en rien pour cela l'harmonie physiologique générale.

« Ainsi, dit Elisée Reclus, à Port-Essington, sur la côte
« septentrionale de l'Australie, on observe des écarts en hau-
« teur de $1^m,20$ entre l'oscillation du soir et celle du matin.
« A Singapore, où la marée moyenne pendant les vives eaux
« est de $2^m, 10$ seulement, la différence entre deux flots qui
« se suivent est parfois de $1^m, 80$. A Kurrachee, la variation
« journalière n'est pas moins forte, et dans le golfe de Cam-
« baye elle atteint jusqu'à $2^m, 10$ et $2^m, 40$. A Bassadore, à
« l'entrée du golfe Persique, la durée d'une oscillation de la
« mer dépasse quelquefois de deux heures celle de l'oscilla-
« tion qui suit ; enfin il est arrivé à Pétropaulowsk, dans le
« Pacifique du nord, que des marées attendues sont restées
« complétement absentes (1). »

(1) *La Terre*, t. II, p. 147.

Les influences de la lune et du soleil n'ont assurément rien à voir dans ces anomalies ; et leur cause, qui ne peut être précisée, tient sans nul doute à des variations passagères dans le dynamisme intraterrestre et océanique.

Après avoir étudié, relativement au phénomène général des marées et à ses variétés locales, constantes ou accidentelles, la rotation quotidienne de la terre dans ses rapports avec la lune, il reste à voir la rotation mensuelle de la lune dans ses rapports avec la terre. De la première dérive le mécanisme physiologique des marées, et les variétés de ce mécanisme ; de la seconde découle la source d'intensités des diverses marées.

Dans sa rotation mensuelle autour de notre planète, la lune affecte successivement, par rapport à la terre et au soleil, quatre situations différentes et principales ; lesquelles, au point de vue physiologique des marées, doivent se réduire à deux.

La lune est en syzygie, ou en quadrature. Durant la période de syzygie, elle est en conjonction avec le soleil dans la nouvelle lune, et en opposition avec lui dans la pleine lune. Durant la période de quadrature, la lune est en premier quartier ou en dernier quartier. Dans celle-là, les deux actions lunaire et solaire s'ajoutant pour produire un effet commun dans une même zone, les marées atteignent leur plus grande hauteur. Dans celle-ci, les deux actions se contrariant, la marée lunaire est diminuée de la différence d'un tiers apportée par le soleil.

La lune se trouvant deux fois par mois en syzygie, dans la conjonction de la nouvelle lune et dans l'opposition de la pleine lune, il en résulte que deux fois par mois les marées ont un mouvement hyperfonctionnel ; fruit d'une suractivité plus grande et bi-mensuelle dans les laves en circulation centrifuge.

Par la rotation quotidienne de la terre sur son axe, la lune, passant *deux fois par jour* aux méridiens opposés des deux

zones, détermine pour chacune d'elles deux marées diurnes,
de douze heures; tandis que, par la rotation mensuelle de la
lune, celle-ci, passant *deux fois par mois* aux méridiens opposés des mêmes zones terrestres, isolément ou en coïncidence
avec le soleil, détermine pour chacune d'elles deux marées
hyperfonctionnelles aux syzygies, et deux marées hypofonc-
tionnelles aux quadratures.

Si l'on considère le soleil et la terre dans leurs rapports
réciproques, on constate que *deux fois par an*, à l'époque des
équinoxes, le soleil, dardant ses rayons directement sur la
ligne, occasionne des marées plus fortes, des malines plus
élevées; et qu'enfin, *une fois par an*, durant l'hiver de l'hémisphère nord, la terre dans l'ellipse qu'elle décrit atteignant
son *minimun* de distance vis-à-vis du soleil, les marées
septentrionales acquièrent encore un *maximum* de hauteur.

Chaque recrudescence des marées révèle une recrudescence analogue dans la suractivité des laves centrifuges.

L'action dynamique du soleil et de la lune est manifeste,
comme cause déterminante ou occasionnelle, sur la production des marées. L'influence de la lune est trois fois plus efficace; un seul fait d'observation le démontre : la différence
entre la marée lunaire et la marée solaire dans la période de
quadrature, celle-ci étant le tiers de celle-là.

Nous avons vu que la haute mer, ou *maximum* des marées
diurnes, a lieu, non pas au passage de la lune sur le méridien
de la zone, mais lorsque cet astre arrive à l'octant occidental; et que la basse mer, ou *minimum* des marées diurnes,
correspond au passage de la lune à l'octant occidental de la
zone suivante : ainsi, par un rapport analogue et proportionnel, les marées *maxima* et *minima* des syzygies et des quadratures n'ont lieu qu'un jour et demi, ou quarante
heures, après la marée de la syzygie et celle de la quadrature.

En raison de la marche inégale du soleil et de la lune, leur coïncidence à l'octant de la zone diagonale ne concorde pas avec leur coïncidence en conjonction ou en opposition : celle-là se produit un jour et demi après celle-ci : c'est un fait de calcul et d'observation. C'est alors que se manifeste le *maximum* de marée, attestant le *maximum* des deux actions réunies, et impliquant que le soleil et la lune ont, en même temps ou à peu près, traversé le champ d'une zone diagonale, de l'octant oriental à l'octant occidental.

Il n'en est plus de même pour les marées d'équinoxe, où la recrudescence de suractivité relève tout entière du soleil, et non de l'action combinée du soleil et de la lune.

En résumé, si le soleil et la lune étaient animés, vis-à-vis de la terre, d'un mouvement d'égale vitesse, et si, dans la distribution des canaux telluriques et dans la circulation des laves cellulaires, régnait, avec l'harmonie générale qui ne peut faire défaut, une symétrie parfaite et une activité dynamique toujours équivalente, il est incontestable que le phénomène des marées se produirait avec une régularité aussi complète. Mais il n'en est pas ainsi. Et nous devons voir dans la marche inégale du soleil et de la lune, dans des variétés anatomiques locales des canaux telluriques, et dans des variations dynamiques de suractivités inégales des laves diagonales, la cause physiologique de toutes les apparentes anomalies, dont l'étude des marées se trouve compliquée et dont au premier abord le mécanisme général paraît voilé.

Un mot pour terminer sur les marées polaires.

La structure anatomique des pôles étant différente de celle de la sphère terrestre et ayant pour essence une circulation propre, avec des canaux et des ganglions indépendants, il est naturel que la physiologie y revête le même caractère différentiel et relativement indépendant. Le phénomène des marées relève de trois éléments producteurs : le liquide océanique d'abord, puis les laves en circulation tellurique et l'influence de la lune et du soleil. Ces trois éléments d'évolution se retrouvent aux pôles, dans des conditions dissemblables; desquelles résultent des variations physiologiques, sans aucune modification toutefois du mécanisme général.

Aux régions polaires les canaux périphériques et diagonaux n'existent pas. Une circulation propre, interpolaire, pourvue de canaux centrifuges et centripètes, avec un énorme ganglion à chacun des pôles : voilà l'organisation de cette région.

La circulation interpolaire a une évolution annuelle, divisée en quatre temps dont chacun a une durée de trois mois ; elle est de six mois pour chaque hémisphère; et cette évolution est en rapport de relation, par suite du balancement de la terre, avec le noyau solaire, dont les rayons éclairent pendant six mois chaque hémisphère : voilà pour la physiologie.

Quant à la lune, dont le mouvement de rotation oscille plus ou moins au nord et au sud de l'équateur, n'étant plus en rapport avec la rotation de la terre qui est insensible aux pôles, elle exerce une action continue et produit des jours lunaires de quinzaine, d'une quadrature à l'autre en passant par la pleine lune; et ces jours rompent quelque peu la monotonie et la tristesse des jours d'hiver.

De cette situation anatomique et physiologique on peut déduire, comme probabilité et par analogie : que la mer libre du pôle a deux grandes marées annuelles, coïncidant avec la montée des laves interpolaires vers le ganglion et avec le passage du soleil de l'équateur au tropique; que la lente évolution de cette marée s'accomplit en six mois, à raison de trois mois pour la vague qui monte et de trois mois pour la vague qui descend ; que la marée directe d'un pôle coïncide avec une marée en sens inverse de l'autre pôle, comme il a lieu pour chaque zone diagonale, celle-ci étant naturellement plus faible que celle-là ; que la marée haute coïncide avec le passage du soleil à un tropique, et la marée basse avec le passage du soleil à l'équateur ; mais que ces grandes marées n'empêchent pas l'existence de marées plus fréquentes et secondaires.

L'influence dynamique de la lune sur la circulation inter-polaire peut être regardée comme nulle, ou de peu d'effica-cité. Les situations de syzygie et de quadrature n'existent pas aux régions polaires.

ART. II. — *Théorie physiologique des courants océaniques.*

L'organe tellurique, formant comme le parenchyme osseux et la charpente du nucléole terrestre, est un corps compacte dont le sein est sillonné de canaux circulatoires, semé de ca-vités dites ganglionnaires, et dont la couche corticale est composée de matières siliceuses et calcaires : celles-ci d'ori-gine sédimentaire ou neptunienne, celles-là d'origine ignée ou plutonienne, pour employer les expressions consacrées.

Abstraction faite de la couche superficielle d'humus, dont l'origine et les fonctions sont distinctes, il faut regarder la membrane enveloppante, si je puis ainsi dire, du parenchyme tellurique comme le fruit d'une sécrétion primitive, comme un travail d'élimination où les forces planétaires, en suractivité initiale et en période de genèse, sont venues se transfor-mer et s'éteindre par la formation successive de cette paroi protectrice et par celle des canaux intraterrestres, où pro-gressivement la circulation des laves cellulaires s'emprison-nait et se soumettait à un rhythme périodique : ainsi l'on voit, dans la physiologie animale, les cellules en voie de proliféra-tion, en travail d'enfantement, se créer de toutes pièces, les granulations vitales se reproduire, les parois cellulaires s'or-ganiser et les canalicules, s'il y a lieu, se développer.

Dans l'inégalité de sa face externe, la couche corticale tan-tôt se dresse en saillies plus ou moins élevées, qu'on appelle des continents et des îles, surmontées d'autres saillies plus considérables dites montagneuses; et tantôt s'abaisse en des vallées profondes, en de larges dépressions que remplissent les flots mouvants de l'organe océanique.

La mer couvrant à elle seule les trois quarts de la surface
du globe, laissant ainsi un espace relativement minime aux
saillies émergentes; les continents et les îles apparaissant par
groupes, au lieu d'être disséminés au hasard dans la vaste
étendue des eaux qui les baignent; l'origine identique des
surfaces immergées ou émergentes; et les phénomènes d'expansion éruptive que les volcans renouvellent sans cesse :
tout proclame que l'esprit d'unité a présidé à l'organisation
de la planète, que les organes terrestres ont été conçus dans
un plan d'harmonie physiologique, qu'une relation constante
existe entre les laves cellulaires centrales et le liquide de
l'océan, et que, par l'étude raisonnée de la configuration externe, on peut parvenir à une connaissance plus approfondie
de la structure intime.

Tout produit de sécrétion consumant de ses forces génératrices une quantité proportionnelle ou équivalente à la sienne,
on peut poser en principe que la croûte terrestre, produit de
sécrétion des laves cellulaires, en concourant à l'extinction
de leur suractivité primitive dans un but constituant, l'a fait
en raison directe de sa masse : l'application de ce principe
nous conduit, comme conclusion générale, à admettre une
différence dynamique entre les régions des laves cellulaires
qui sont sous-jacentes à l'océan et celles qui sont sous-jacentes
aux continents ou aux grandes îles. Cette différence est à
l'avantage des premières. A l'appui de cette déduction, on
remarquera que la plupart des continents sont placés au-
dessus des moitiés centripètes de la circulation diagonale, et
que le plus grand nombre des volcans sont situés au voisinage
de la mer. Ajoutez que dans les parties continentales aucune
fonction spéciale, correspondante à celle des marées, n'attire
les forces centrales en mouvement centrifuge ; que les forces
vives, dont l'évolution s'accomplit au-dessous des régions
continentales, n'étant pas sensiblement distraites par une
fonction locale, dépensent leur activité et emploient leurs
transformations au service de la circulation générale et

de la rotation terrestre, et vous aurez réunies les principales considérations, autorisant à admettre, dans les régions sous-continentales, une infériorité relative dans l'intensité fonctionnelle des laves cellulaires.

Tout au contraire révèle une suractivité relative dans les régions sous-océaniques : la grande dépression du sol marin ; l'épaisseur moindre, selon toutes probabilités, de la couche corticale, annonçant une moindre extinction de forces vives en modalité travail ; la valeur intrinsèque du liquide océanique, dont les mouvements incessants réclament la transformation continue des mouvements cellulaires ; et le nombre considérable des volcans que l'on voit s'élever presque exclusivement, soit au sein des mers elles-mêmes et dans leurs îles, soit sur le littoral des continents.

Les rapports physiologiques nombreux et continus, qui marient l'organe tellurique à l'organe océanique dans l'accomplissement régulier et le partage commun des fonctions locales et générales, ont pour effet d'établir à mes yeux que les forces des laves cellulaires, ne se consumant pas exclusivement dans le phénomène de rotation et de translation terrestre, mais se transformant sans cesse par voie centrifuge en mouvements extrinsèques, doivent rencontrer dans leur cours des retards à leur circulation, s'élargir dans des cavités supplémentaires faisant fonction de petits centres de suractivité ou de foyers d'attraction, et se répandre dans les canalicúles anastomotiques d'un système collatéral. De ces foyers secondaires, agents de retard et de suractivité en même temps, partent deux rayonnements dynamiques : l'un pour la continuation des fonctions locales de la vie tellurique, l'autre pour l'entretien et l'harmonie des phénomènes de la vie océanique. Ces foyers, auxquels j'ai donné par analogie le nom de ganglions, sont plus nombreux dans les régions sous-marines que dans les régions sous-continentales : différence anatomique fondée sur une différence physiologique incontestable.

Si les mers et les volcans, pris isolément, révèlent dans les laves cellulaires sous-jacentes une puissance dynamique plus grande, laquelle implique par sa continuité une structure anatomique particulière; ils accusent une échelle fonctionnelle encore plus élevée, lorsque, réunis, leurs rapports physiologiques avec la circulation intraterrestre se trouvent associés pour le développement de leurs phénomènes. Il est vrai de dire, d'une façon générale, que le dynamisme des régions telluriques est proportionnel au nombre des volcans, à leur énergie, et à l'étendue de la mer. C'est dans ce sens que l'océan Pacifique, qui embrasse à lui seul presque la moitié du globe, recouvre de ses flots la moitié tellurique la plus riche, la plus animée, et la plus accidentée de *ganglions périphériques*.

Il est remarquable que les volcans, dont le nombre total est de plusieurs milliers, 270 au moins d'après Keith Johnston étant en activité, forment autour du grand Océan un immense cercle qu'on appelle le *cercle de feu du Pacifique;* et que dans ce cercle on ne compte pas moins de 190 volcans en activité. Commençant aux terres antarctiques par le mont Erebus et le mont Terror, découverts par John Ross, ce cercle de feu, vers l'occident, remonte par les îles de la Nouvelle-Zélande, par l'Australie et les îles de la Sonde pour atteindre l'Asie; se dirige vers le nord par les îles du Japon, les îles Kourilles, le Kamtchatka; passe de l'Asie à l'Amérique par la rangée volcanique des îles Aléoutiennes; puis descend parallèlement au littoral américain, qu'il suit dans l'Amérique du Nord, dans l'isthme de Panama et dans l'Amérique du Sud, jusqu'à la Terre de Feu.

Les îles Aléoutiennes renferment environ 20 volcans. L'île de Java en contient, à elle seule, 45, dont 28 sont actifs.

On sait que les îles de l'océan Pacifique se divisent en deux classes : celles qui sont d'origine volcanique et celles qui sont d'origine coraline. Les îles Gallapajos, les îles Marquises, les îles de l'Amitié, les Nouvelles-Hébrides, les îles Mariannes, les îles de Cook et les îles Sandwich sont d'origine volcanique.

Les géographes pensent avec raison que le fond de l'océan Pacifique est hérissé de nombreuses montagnes volcaniques, à la manière des îles et des rivages continentaux; ce qui nous conduit à étudier les voies de communication de cette physiologie interorganique.

Tels on voit, chez les animaux, le système vasculaire s'aboucher dans l'intimité des organes avec le système cellulaire; les supports vitaux sanguins se marier physiologiquement à ceux des cellules; et cet échange incessant de mouvements dynamiques s'opérer au moyen de porules infiniment petits. Ainsi dans le corps planétaire tous les phénomènes attestent hautement, par l'harmonie et la concordance de leur évolution, qu'il existe, entre le liquide océanique représentant le système vasculaire et les laves intraterrestres représentant le système cellulaire, une communication continue par un système spécial de circulation; et que des canalicules dits anastomotiques sont pour cette fonction répandus dans toute l'épaisseur de la croûte corticale, dans un certain ordre de distribution, promenant le mouvement et la vie dans ces parois granitiques et calcaires en même temps qu'ils garantissent la solidarité des organes de la planète.

En dehors de la nécessité physiologique de cette circulation intermédiaire; en dehors de l'analogie tirée de l'organisation des animaux, chez qui souvent les canaux sont remplacés par de simples pores, dont l'ouverture virtuelle ne se manifeste que dans les épanchements fonctionnels des organes : il est regardé aujourd'hui comme incontestable, par les savants spéciaux, qu'il se fait une infiltration des eaux marines au travers des montagnes volcaniques, et que l'éruption est en quelque sorte le résultat de la transformation de ces eaux en vapeurs. Je prends acte du fait, sans m'occuper encore de la conséquence.

Il est certain que cette infiltration existe. L'énorme quantité de vapeurs d'eau qui forment la majeure partie des éruptions, la composition chimique de ces vapeurs, la situation

des volcans au voisinage des mers et au fond de leur lit :
tout démontre la réalité d'une communication anatomique.
Si elle existe, ce doit être par des fentes, des crevasses, ou
mieux des canalicules anastomotiques. Si elle existe pour les
volcans apparents, elle le doit faire aussi pour les volcans
sous-marins. Et si elle existe pour tous les volcans, il est rationnel de croire, prenant en considération la communication
probable entre certains volcans donnés, que ses canalicules
se répandent au loin dans l'écorce planétaire, s'entrecoupent
les uns les autres, se généralisent en système de circulation,
et forment un réseau entre les deux organes solide et liquide
qu'ils font communiquer ensemble.

Quelle peut être la nature de cette circulation interorganique, et le caractère des éléments qui remplissent ses canaux?

Si dans les viscères des animaux, la communication est
toute fonctionnelle entre les capillaires sanguins et les cellules, les porules virtuels n'ayant pas d'existence en dehors de
la force calorique qui les dilate; il en est autrement pour les
rapports interorganiques de l'océan et du foyer terrestre : ce
ne sont plus des pores, de simples bouches communicatives
entre deux organes ou deux systèmes qui se touchent; ce
sont de véritables canaux, anastomotiques par leur fonction,
qui s'étendent plus ou moins sinueusement d'une extrémité
à l'autre de la plaine solide où ils sont creusés. Leur formation remonte à l'époque primitive, et a coïncidé avec celle
des canaux plus profonds de la grande circulation. Le mécanisme de développement a été le même pour les deux.

Quels sont les éléments en circulation dans ce système
intermédiaire, qui par sa situation prend racine, d'une part,
dans des courants de laves cellulaires et, d'autre part, dans
des courants d'eau liquide? Le mécanisme de formation par
son analogie, cette situation mixte qui se relie à une double
constitution organique, les conditions de la température
intraterrestre, l'observation des sources thermales et des
éruptions volcaniques; tout nous conduit à cette opinion :

que les éléments qui circulent dans ces canaux sont mixtes
comme la circulation elle-même ; que dans les profondeurs
corticales, au voisinage des canaux périphériques, les laves
cellulaires elles-mêmes s'élèvent jusqu'à une certaine hauteur ; que l'eau à l'état de vapeurs circule ensuite jusqu'à la
profondeur de trois lieues environ par rapport à nous ; et que
l'eau à l'état liquide, tantôt plus chaude, tantôt plus froide,
remplit les canaux supérieurs de cette circulation excentrique,
se versant d'une part dans l'immense océan, et se continuant
ailleurs avec les sources qui viennent s'ouvrir à la surface du
globe.

Les savants hydrologues, qui invoquent la tension des gaz
souterrains dans le mécanisme du jaillissement des eaux
thermales, avaient sans doute un pressentiment de cette circulation, à laquelle conviennent indistinctement les noms de
circulation mixte, intermédiaire, interorganique, excentrique,
anastomotique, suivant le point de vue auquel on se place.

Les sources ne sont autre chose qu'une des extrémités
libres de cette circulation, dont l'autre extrémité s'ouvre
dans les canaux du système périphérique : entre ces deux
extrêmes, le terme moyen est représenté par des courants
de vapeurs. Les laves cellulaires, les vapeurs et l'eau liquide,
sont les trois éléments différents par lesquels s'accomplissent
successivement les transformations des forces vives et l'é-
change dynamique incessant entre l'organe tellurique et
l'organe océanique.

Personne n'ignore que des sources nombreuses s'ouvrent
dans la profondeur des mers, aussi bien qu'à la surface des
îles et des continents. Ces sources, comparables quelquefois
à de véritables rivières, ont pu être constatées et sont connues
lorsqu'elles se montrent dans le voisinage des côtes. Presque
toutes les sources du département des Bouches-du-Rhône
vont s'ouvrir, à diverses distances, au fond de la Méditerranée. On connaît des rivières sous-marines sur les côtes de
l'Algérie, de l'Istrie, de la Dalmatie ; dans la mer Rouge ; sur

les côtes méridionales des Etats-Unis; sur les côtes du Yucatan, etc., etc... On peut regarder comme certain que le fond de l'océan est hérissé çà et là de nombreuses rivières et de sources marines, de même qu'il est surmonté par des volcans sous-marins.

Humboldt a signalé des sources abondantes d'eau douce, lesquelles jaillissent dans la mer des Antilles, au sud-ouest de Cuba. On voit des sources s'élever jusqu'à 1 et 2 mètres au-dessus du niveau de l'océan ; d'autres plus faibles arrivent à peine à la surface; celles-ci, plus faibles encore, perdent leur cours au sein des flots ; et celles-là coulent au fond de la mer, privées de toute force jaillissante. Les sources marines sont froides ou thermales, à la manière des sources terrestres; et, toutes conditions égales d'ailleurs, l'intensité et l'élévation du jet sont proportionnelles à la température de la source.

Dire que le lit de Neptune est semé de montagnes volcaniques et de sources plus ou moins jaillissantes, ce n'est pas prétendre qu'on les rencontre à intervalles toujours rapprochés, qu'elles existent nombreuses et pressées les unes contre les autres, ne laissant aucune région sous-marine vide de leur présence, aucun désert au fond des flots. Le mécanisme des mouvements vitaux n'exige pas une telle situation. Si l'océan était un liquide inerte, susceptible seulement de mouvements communiqués, il faudrait sans doute, pour émouvoir les flots et présider au mécanisme de la circulation océanique, que la communication avec le foyer intraterrestre fût garantie par des bouches dynamiques presque continues; et que l'espace libre intermédiaire, resserré en de minimes proportions, n'eût d'autre mesure que le rayon d'activité de chaque zone successivement impressionnée. L'océan serait alors un liquide animé de mouvements communiqués, et situé entre deux sources continues d'impression : la source lumineuse, dont les rayons frappent en tous lieux sa face superficielle; et la source intraterrestre, dont les ouvertures criblent comme un tamis sa face profonde. Telle n'est pas l'organisation physiologique. Le liquide océanique jouit de mouvements intrinsèques, que viennent entretenir, suractiver et rhythmer, les forces transmises par les rayons lumineux intermittents et par les bouches telluriques disséminées. Dans tous les cas, l'océan est bien situé entre deux sources continues d'impression.

Maintenant que nous connaissons par ce qui précède les éléments nécessaires au mécanisme de la circulation océanique, il faut en chercher les points de départ, le cœur pour ainsi dire, et suivre les diverses phases de son évolution.

Les astronomes, en outre du renflement équatorial et des deux dépressions polaires, ont constaté sur le globe l'existence de deux cercles, se croisant l'un l'autre perpendiculairement aux pôles et coupant chacun perpendiculairement l'équateur : un cercle de renflement et un cercle de dépression ; celui-là coupant l'Europe et l'Afrique à 12 degrés de longitude est de Paris, et coupant l'océan Pacifique à peu près en son milieu ; celui-ci passant d'un côté dans l'archipel des îles de la Sonde et de l'autre dans la région de l'isthme de Panama : la dépression mesure environ deux kilomètres.

On remarquera que ces deux cercles, coupant la terre en quatre points différents du nord au sud, la partagent en quatre zones égales ; lesquelles correspondent à peu près aux quatre zones lunaires que nous avons étudiées. Dans la zone Atlantique-Pacifique occidentale, le cercle de dépression de Panama est à l'occident du méridien Atlantique et le cercle de renflement est à l'orient sur l'Europe et l'Afrique ; à l'extrémité opposée, le cercle de dépression de la Sonde est à l'occident du méridien Pacifique occidental, et le cercle de renflement est à l'orient, au centre de cet immense océan. Dans la zone Indo-Pacifique orientale, le cercle de renflement est à l'occident de chaque méridien et le cercle de dépression à l'orient.

Ces rapports, sans importance dans l'étude des marées, occupent une place essentielle dans celle de la circulation océanique.

La terre, considérée dans la distribution relative des continents, des îles et des mers, offre à l'observateur une harmonie pleine d'attraits et riche d'idées, une symétrie frappante dont le principe découle des mouvements vitaux intraterrestres, et dont le reflet se manifeste sur les divers phénomènes de l'océan et de l'atmosphère.

Les régions situées au niveau du cercle interpolaire de dépression, de chaque côté de la terre, ont entre elles une telle ressemblance, et les phénomènes qui s'y accomplissent ont une telle analogie, qu'il est impossible de ne pas en déduire, dans l'ordre anatomique et physiologique, que ces deux moitiés terrestres ont été produites dans les temps primitifs par une même zone en activité fonctionnelle, et que cette zone a toujours conservé depuis son unité physiologique. C'est ainsi que l'anatomiste, armé de considérations philosophiques, met en leur jour les traits de ressemblance qui relient les os de la boîte crânienne à ceux de la colonne vertébrale, et enrichit la science des vertèbres encéphaliques.

Je m'explique. L'Amérique septentrionale est représentée, sur la face opposée de la terre, par le continent asiatique; l'Amérique méridionale par l'Australie; l'isthme de Panama par les îles de Timor, de Flores, de Sumbava, de Java et de Sumatra; lesquelles, formant un isthme brisé, relient la Nouvelle-Hollande à la presqu'île de Malacca. Le golfe du Mexique est figuré par la mer de Chine; que l'île de Bornéo, remplaçant la presqu'île du Yucatan, sépare des mers de Célèbes, de Timor et de Manda, images de la mer des Antilles; dont les îles ont pour pendant celles de la Nouvelle-Guinée, des Moluques, de Célèbes et des Philippines.

La Tasmanie reproduit la Terre de Feu; et la Nouvelle-Zélande, les îles Malouines.

Au nord, sur la côte occidentale, la Californie est représentée par l'Arabie; sur la côte orientale, Terre-Neuve et la Nouvelle-Écosse sont représentées par les îles du Japon et les îles Kouriles; le Groenland par la presqu'île du Kamtchatka...

Comme on peut en juger, la ressemblance topographique est des mieux marquée dans les deux moitiés de cette zone, qui répond au cercle de dépression; dans la zone perpendiculaire répondant au cercle de renflement, la ressemblance n'est pas la même.

Dans cette zone, l'Europe et l'Afrique d'un côté ne rencontrent de l'autre côté, pour leur faire équilibre, que des îles disséminées dans une vaste mer : les seules îles Aléoutiennes en regard de l'Europe; toutes les îles centrales du Pacifique en regard de l'Afrique.

La Chine est dans la même zone lunaire que l'Amérique septentrionale, avec cette différence d'étendue qui superpose la première aux deux moitiés centrifuge et centripète, et la seconde à la moitié centripète seulement. L'Australie et l'Amérique méridionale répondent à la moitié centripète de la même zone; ainsi que les petites mers de la Sonde, d'un côté, et de l'autre le golfe du Mexique et la mer des Antilles. Mais, comme je l'ai déjà dit, la division des zones lunaires diagonales, loin d'être soumise à une rigueur mathématique, offre des variétés d'anatomie locale : l'organisation animale nous fournit de nombreux exemples de variétés anatomiques, dites anomalies. Il s'ensuit que la division des zones lunaires ne répond pas exactement aux divisions régulières des cercles de longitude. Chaque côté de zone mesure un quart de circonférence, soit un arc de 90 degrés, mais approximativement, d'une manière générale, et non avec une exactitude mathématique.

Il convient de regarder l'obliquité du nord au sud et de l'ouest à l'est que présentent d'une part les deux Amériques, l'Asie et l'Australie d'autre part, comme le signe sensible, la marque extérieure d'une variété anatomique correspondante, dans la position des canaux centrifuges et centripètes.

En résumé, je pense que les variétés locales, que l'on rencontre en toute organisation, sont comme des ornements répandus çà et là pour rompre la monotonie de l'unité, sans

13

nuire en aucune façon à son existence absolue. L'unité anatomique, laquelle préside à la distribution et à la structure
des canaux du système diagonal, du système périphérique et
du système interpolaire, n'est pas détruite assurément par
quelques variétés de nombre, de volume, de direction ou de
siége. L'unité physiologique, laquelle préside au mécanisme
de la circulation tellurique, de la circulation océanique et des
marées, n'est pas détruite non plus par quelques anomalies
des marées ou des courants.

On divise généralement les courants océaniques en trois
grandes classes, comprenant les courants de l'Atlantique, de
l'océan Indien et du grand Pacifique. Fondée sur la distinction des trois grands bassins océaniques et commode pour
l'étude élémentaire, cette classification est défectueuse au
point de vue physiologique, comme il sera facile de s'en convaincre par ce qui va suivre.

Il est bon de savoir, pour commencer, que les courants
océaniques sont loin de se ressembler les uns les autres, et
quelquefois de ressembler à eux-mêmes en des temps différents; que ceux-ci sont constants et rapides, que ceux-là sont
plus lents, et variables soit dans leur existence, soit dans leur
direction; que dans un premier voyage les navigateurs cons-
tateront le sens du courant dans telle direction, et dans une autre direction au voyage suivant; que cependant cette variabilité
n'appartient qu'aux courants de second ou de troisième ordre, les courants principaux étant fixes, susceptibles de variations seulement dans leur volume et leur rapidité; que les
courants, toujours très larges relativement au navire qui les
parcourt, ne sont pas matériellement appréciables à la vue, à
cause de l'absence d'un point de comparaison, à moins que
l'on ne soit sur les rives d'un courant rapide, comme celui du
Gulf-stream, lequel du reste se distingue par sa couleur
indigo-foncé, par sa plus forte salure et sa température élevée; que, dans les cas contraires, on reconnaît l'existence
d'un courant à la marche plus ou moins rapide et à la direc-

tion qu'il imprime au navire, et on mesure sa vitesse par la différence en plus ou en moins, suivant la route suivie, que présente la marche du navire relativement à son cours régulier et prévu ; que les courants se divisent en superficiels ou supérieurs, et en profonds, inférieurs ou sous-marins : ceux-là plus chauds, ceux-ci plus froids ; enfin que les courants en général, lorsqu'ils s'élargissent, perdent en intensité ce qu'ils gagnent en étendue.

La communication entre l'océan et le centre tellurique étant entretenue par un système spécial de circulation, dont les bouches sont ouvertes sur les deux camps opposés ; les canaux du système périphérique étant semés çà et là de nombreux renflements ganglionnaires, lesquels peuvent être regardés à juste titre comme des foyers de suractivité dynamique, dont l'influence se fait sentir sur le système anastomotique, et par lui sur l'organe océanique et la circulation de ses courants, de même que l'influence du système diagonal se manifeste dans le phénomène des marées : il faut croire que ces ganglions périphériques disséminés sont les principaux organes du mécanisme de la circulation océanique, et qu'ils sont à la fois pour les courants des foyers de développement et des foyers d'attraction, présidant ainsi à leur genèse, à leur direction, à la rapidité et à l'ampleur de leur cours.

Mais, au milieu de tous les foyers secondaires par lesquels cette circulation s'entretient, deux foyers principaux se distinguent d'eux-mêmes, se manifestent comme les deux cœurs de la circulation, et trahissent par leur importance celle des ganglions auxquels leur existence se rattache. A l'opposé l'un de l'autre, coïncidant avec le cercle de dépression qui coupe l'équateur, ils occupent la région des mers de la Sonde d'un côté, et de l'autre côté la région de la mer des Antilles et du golfe du Mexique.

Foyer des Antilles. — Le système des courants dans
l'Atlantique septentrional appartient seul à ce foyer. Il se
partage en trois courants principaux, ayant chacun un nombre variable de branches collatérales : ce sont le *Gulf-stream*
avec son courant polaire de retour, le courant équatorial du
nord que je préfère appeler *courant atlantique du Cancer*, à
cause de sa position, et le *courant de Guinée*.

A. Parti du golfe du Mexique, après avoir contourné la
Floride et longé la côte orientale des Etats-Unis jusqu'à la
Caroline, le Gulf-stream, courant superficiel, s'infléchit de
l'ouest à l'est et du sud au nord, traverse l'océan Atlantique
du sud-ouest au nord-est, monte à l'occident des îles Britan-
niques et de la Norvége, et va se perdre, entre le Spitzberg
et la Nouvelle-Zemble, sous les glaces de l'océan Arctique
qu'il traverse, courant sous-marin, pour aboutir à la mer libre
du pôle. A ce courant ascendant ou sud-nord fait suite un
courant nord-sud ou descendant, dit courant polaire de retour. Après avoir décrit un circuit inconnu dans la mer boréale, d'orient en occident, le courant centrifuge devient
centripète, descend avec les glaces polaires qu'il entraîne,
est coupé par la grande île du Groenland en deux courants,
l'un pour la côte orientale, l'autre pour la côte occidentale,
la mer de Baffin et le détroit de Davis ; puis se recompose en
un seul courant au niveau du Labrador, traverse le grand
banc de Terre-Neuve, se rapproche du littoral des Etats-
Unis, le côtoie en sens inverse du Gulf-stream et finit par se
perdre, courant sous-marin, sous les eaux de celui-ci.

Telle est la synthèse de ce vaste courant, qui diminue la
distance de l'équateur au pôle boréal et réciproquement ; tel
est ce Gulf-stream renommé, dont la plus grande largeur
s'étend jusqu'à mille lieues sur l'océan ; dont la plus haute
température s'élève à 30 degrés centigrades, c'est-à-dire à
9 degrés au-dessus de celle des eaux marines de même lati-

tude ; dont la vitesse est de 38 kilomètres par jour dans l'o-
céan, et peut atteindre jusqu'à 8 kilomètres par heure dans
les détroits de la Floride et de Bahama ; dont la masse d'eau
représente près de 3,000 fleuves comme le Mississipi ; et que
les marins, dit l'illustre Maury, ont appelé le *père des vents*,
dans l'océan Atlantique du nord !

Je dirai de suite que chaque grand courant, considéré dans
l'ensemble de son circuit, forme une circulation complète
avec ses branches collatérales et ses anastomoses. Chaque
mer, chaque golfe, chaque baie, située dans le voisinage et
dans la sphère du grand courant, en reçoit un courant secondaire ou tertiaire, représentant pour celui-là une véritable branche collatérale qui lui revient. Et tous les grands
courants étant aussi reliés entre eux par des branches d'a-
nastomose, la circulation générale de l'océan conserve son
unité physiologique, au milieu des divers systèmes de circulation partielle.

Les principales branches collatérales du Gulf-stream sont
les courants de la Méditerranée et du golfe de Gascogne.

B. Le courant atlantique du Cancer se confond avec le
Gulf-stream dans le premier tiers de son trajet, s'en sépare
au nord-ouest des Açores, descend en courbe des Açores aux
îles du cap Vert en passant par les Canaries, reflue vers la
mer des Antilles, et y pénètre en coupant leur chaîne en son
milieu entre les grandes et les petites îles. On voit dans l'espace intercepté par ce courant la mer de Sargasse, dont les
algues, dits raisins du tropique, effrayèrent, d'après la tradition, les marins de Christophe Colomb.

Au nord-ouest des Açores, le Gulf-stream se divise en trois
branches : la branche nord qui continue le courant principal,
la branche orientale qui va former les courants du golfe de
Gascogne et de la Méditerranée, et la branche sud qui devient le courant atlantique du Cancer ; en sorte qu'on peut
regarder ce dernier comme une branche collatérale du Gulf-

stream, comme un système secondaire analogue à celui de la Méditerranée.

C. Le courant de Guinée est placé dans de telles conditions, qu'on peut le regarder comme une branche d'anastomose, entre les courants du système atlantique nord et ceux du système atlantique sud. Formé par deux branches d'origine, l'une qui descend le long du littoral africain du nord au sud avec le courant du Cancer dont elle fait partie, l'autre qui vient de l'occident, apparaît en plein Atlantique au-dessous du courant centripète du Cancer et se réunit à la première au niveau de la Sierra-Leone, le courant de Guinée parcourt le golfe de ce nom et va se perdre au niveau des terres de Benguela. Il est probable qu'alors, se confondant avec le courant diagonal de l'Atlantique du sud, il revient avec lui, courant centripète, vers le foyer de son système, vers la mer des Antilles.

Tels sont les trois courants principaux qui se rattachent au foyer des Antilles, sont liés les uns aux autres par des branches d'origine, forment trois systèmes secondaires qu'on peut regarder synthétiquement comme un seul et même système principal de l'Atlantique septentrional, et dont les deux extrémités s'anastomosent avec les courants extrêmes du foyer de la Sonde : on connaît l'anastomose du courant de Guinée à l'extrémité équatoriale; il est probable que dans la mer libre du pôle une branche anastomotique relie le Gulf-stream Atlantique au Gulf-stream Pacifique.

J'ajouterai que le courant du Gulf-stream est le plus fort des trois, et que le courant de Guinée est le plus faible. Le premier se montre de lui-même; les deux autres demandent à être étudiés.

Foyer de la Sonde. — Tandis que la sphère du foyer des Antilles n'embrasse que l'océan Atlantique septentrional et ses dépendances, celle du foyer de la Sonde dessert, à elle seule, tout le reste de l'étendue des mers : l'immense océan Pacifique, l'océan Indien, et l'océan Atlantique méridional.

L'océan Pacifique déroule ses flots à l'orient de son foyer, de même que l'océan Atlantique du nord. Leurs courants ont entre eux une grande analogie, à part la différence de proportions. Nous trouvons ici : le *Gulf-stream* du Pacifique avec son courant de retour; le courant équatorial du nord que je préfère appeler *courant Pacifique du Cancer;* et le *courant Equatorial* proprement dit.

L'isthme de la Sonde étant brisé et devant desservir par son foyer l'océan Indien et l'Atlantique du sud, il faut ajouter aux trois courants précédents le courant *Indo-Atlantique-Pacifique*, qui est de tous le plus long et le plus ramifié.

D. Moins puissant et moins majestueux que le père des vents de l'Atlantique septentrional, le Gulf-stream du Pacifique, originaire de la mer de Java, s'élève dans la mer de Chine; longe les côtes orientales des îles du Japon, des îles Kourilles et du Kamtchatka; franchit le détroit de Behring et se jette dans la mer libre du pôle, qu'il gagne par dessous les glaces polaires de la mer Arctique.

Appelé encore courant de Tessan, ou Kuro-Sivo (fleuve noir) par les Japonais, le Gulf-stream du Pacifique a en moyenne une vitesse de 2 kilomètres à l'heure; et, au large de Yeddo, une température moyenne de 24 degrés centigradés, c'est-à-dire 6 à 7 degrés de plus que les eaux environnantes.

Il possède deux courants de retour : l'un qui ne provient en apparence que de la mer d'Okhotsk, suit en sens inverse le même trajet que le courant centrifuge, coule plus à l'occident et descend entre l'empire chinois d'une part et les îles Kourilles et du Japon d'autre part; l'autre, véritable courant polaire, qui sort du détroit de Behring, descend le long des côtes occidentales de l'Amérique du Nord, de l'isthme de Panama, atteint la République de l'équateur où il rencontre la branche extrême du grand courant Indo-Atlantique-Pacifique, s'anastomose avec elle et retourne ainsi au foyer d'émergence de la Sonde. Si celui-là représente par sa position le courant polaire du Gulf-stream Atlantique, bien qu'il ne paraisse pas venir comme lui de la mer boréale; celui-ci d'origine polaire, est néanmoins le pendant, au point de vue physiologique, du courant de la Méditerranée et de la branche nord d'origine du courant de Guinée.

E. Le courant Pacifique du Cancer est la reproduction du courant de même nom dans l'océan Atlantique; il n'en diffère que par une étendue plus grande, en rapport avec celle de l'océan qu'il anime. Pareillement confondu avec le Gulf-stream jusqu'à la hauteur des îles Kourilles, il s'en détache alors, traverse l'océan Pacifique de l'ouest à l'est au-dessous des îles Aléoutiennes, prend successivement dans cette moitié supérieure les noms de courant du Japon et de courant Pacifique du nord; puis s'infléchit en courbe devant la côte occidentale de l'Amérique du Nord, descend vers le tropique du Cancer, atteint les îles Sandwich, change de direction au-dessous d'elles, traverse le Pacifique une seconde fois, mais en courant centripète de l'est à l'ouest, embrasse dans le circuit qu'il décrit une mer de Sargasse, et se jette à la fin de son cours, partie au travers des îles Philippines dans la mer de Solo, partie et principalement dans le Gulf-stream, pour rejoindre le courant du Japon et former ainsi une circulation fermée.

F. Le courant Pacifique équatorial, originaire de la mer de Java et de Célèbes, traverse l'océan Pacifique de l'ouest à l'est, au-dessus de l'équateur et au-dessous de la moitié centripète du courant du Cancer, dans la latitude des îles Carolines et des îles Marshall; parvient à l'extrémité orientale sous le nom de contre-courant équatorial, s'infléchit au nord et au sud, se joint au courant du Cancer d'une part, au courant équatorial du sud d'autre part, et retourne ainsi à son point de départ.

Pour reprendre la comparaison avec le courant de Guinée, je dirai que le courant du Mexique, suite du courant polaire Pacifique dans sa branche orientale, répond à la branche nord d'origine qui descend du Gulf-stream Atlantique; que la branche occidentale du courant de Guinée, qu'on voit apparaître au milieu de l'océan, est représentée par le courant Pacifique équatorial; et que ces deux courants de l'océan Pacifique se jettent l'un et l'autre dans les flots d'autrui d'un courant centripète, dans le courant équatorial du sud, font cause commune avec lui et reviennent au foyer de la Sonde; comme on voit le courant de Guinée, formé par la réunion de ses deux branches, se confondre avec un courant centripète qui vient du sud et rentrer au foyer des Antilles.

Le courant du Mexique et le courant de Guinée sont chacun une branche d'anastomose, entre le système circulatoire du nord et le système du sud.

Comme dernier rapprochement et emblème de l'unité anatomique, je dirai que les courants centripètes du sud, où se jettent le courant de Guinée et le courant du Mexique, appartiennent l'un et l'autre au grand système que nous allons étudier maintenant, dont ils représentent la branche Atlantique et la branche Pacifique.

G. Le grand courant Indo-Atlantique-Pacifique, le plus long de la terre dont il parcourt toute la circonférence, prend sa source dans la mer de Java avec le courant équatorial et le Gulf-stream du Pacifique, et s'échappe par le détroit de Malacca vers l'océan Indien. Son long parcours embrasse trois divisions très distinctes, formant chacune un système circulatoire : le *système de l'océan Indien*, le *système atlantique du Sud*, et le *système du Pacifique sud*.

H. Le système de l'océan Indien sort du détroit de Ma-

lacca, parcourt le golfe du Bengale, traverse la mer des
Indes de l'est à l'ouest dans la latitude des îles Maldives,
longe la côte orientale de l'Afrique du nord au sud, sous les
noms successifs de courant de Malabar et de courant de
Mozambique; passe dans le canal de Mozambique, atteint le
cap de Bonne-Espérance où il prend le nom de courant des
Aiguilles, et s'infléchit sur lui-même pour rentrer dans l'o-
céan des Indes : alors il traverse de nouveau cet océan, de
l'ouest à l'est, à la latitude des îles Amsterdam et Saint-Paul,
mérite le nom de courant Indo-sud, parvient à l'extrémité
orientale, au sud-ouest de l'Australie et se divise en trois
branches : la première qui fait suite à la branche mère, passe
au sud de l'Australie et se jette par anastomose dans une
branche du système Pacifique; la seconde qui s'élève le long
de la côte occidentale de l'Australie, et rentre dans le foyer
de la Sonde; la troisième enfin, que j'appelle branche Indo-
centrale, se relève au nord jusqu'à la hauteur de l'île Keeling,
traverse la mer des Indes à la latitude des îles Chagos, de
l'est à l'ouest depuis l'île Keeling jusqu'aux Seychelles;
embrasse dans un dédoublement de son cours les îles Masca-
reignes et l'île de Madagascar, et se jette au nord dans le
courant de Mozambique, au sud dans le courant des
Aiguilles et dans le courant Indo-sud, de manière à produire
une circulation fermée dans l'océan des Indes.

En résumé, ce système indien se partage en trois branches
constitutives : la branche initiale ou *Indo-nord*, comprenant
les courants du Bengale, de Malabar et de Mozambique; la
branche *Indo-sud*, à direction centripète, qui s'étend du cap
de Bonne-Espérance jusqu'à la Tasmanie; et la branche
Indo-centrale, à direction centrifuge comme la première.

La branche Indo-nord devient, pour l'unité de classification, le courant équatorial de l'océan Indien. La branche
Indo-sud et la branche Indo-centrale réunies, donnent un
courant circulaire, qu'on peut appeler *courant Indien du
Capricorne*.

I. Le système atlantique méridional commence au cap de Bonne-Espérance, fait suite au courant des Aiguilles, longe la côte occidentale de l'Afrique jusqu'aux terres de Benguela, puis se porte obliquement de l'est à l'ouest vers l'équateur, et se bifurque entre l'île Sainte-Hélène et l'Ascension, en branche ascendante et en branche transversale. La branche ascendante, courant atlantique du sud des auteurs ou mieux *courant équatorial*, après avoir reçu le courant de Guinée, traverse l'équateur du sud-est au nord-ouest, longe la côte septentrionale de l'Amérique du Sud, traverse les petites Antilles et se jette dans la mer de ce nom. La branche transversale coupe l'Atlantique de l'est à l'ouest jusqu'au-dessous du cap Saint-Roch, s'infléchit du nord au sud jusqu'à la hauteur de Rio de Janeiro, et se bifurque en deux branches à son tour : une branche descendante qui forme le courant de Saint-Roch, et longe la côte orientale de l'Amérique jusqu'à la Terre de Feu ; et une branche circulaire, qui de la hauteur de l'Ascension descend vers l'île Tristan d'Acunha, en passant par l'île de la Trinité ; puis se dirige vers le cap de Bonne-Epérance, et rejoint la branche Indo-sud du sytème indien.

Entre ce courant centripète et le courant centrifuge des Aiguilles, celui-ci coulant de l'est à l'ouest et celui-là de l'ouest à l'est, existe un intervalle de séparation où s'étendent plusieurs petites branches collatérales d'anastomose, allant de l'un à l'autre. Ces deux courants du cap en sens inverse sont très sensibles, et rendent de grands services à la navigation : les navires qui veulent passer de l'océan des Indes dans l'Atlantique s'approchent autant que possible du cap, pour suivre le courant des Aiguilles ; et ceux qui vont de l'Atlantique dans la mer des Indes s'éloignent au contraire de ce courant, et cherchent le courant inférieur centripète.

En résumé, le système de l'Atlantique du sud comprend trois courants principaux : le courant équatorial, qui est un trait d'union physiologique entre le foyer de la Sonde, son

point de départ, et le foyer des Antilles, son point d'arrivée;
le *courant Atlantique du Capricorne;* et le courant de
Saint-Roch.

Il est digne de remarque que les courants de l'Atlantique
méridional sont l'image fidèle, mais renversée, des courants
de l'Atlantique septentrional : le courant équatorial est l'image
du Gulf-stream ; le courant de Guinée du courant Saint-Roch;
et le courant du Capricorne de celui du Cancer.

Le courant Indo-nord et le courant équatorial ou diagonal
de l'Atlantique forment les deux côtés d'un triangle, dont le
sommet est au courant des Aiguilles, et dont la base répond
au cercle qui passe par le 10ᵉ degré de latitude boréale.

J. Le système Pacifique du sud fait suite au courant de
Saint-Roch, contourne le cap Horn, remonte le long de la
côte occidentale de l'Amérique, depuis la Terre de Feu
jusqu'au niveau de la République de l'Equateur; porte dans
ce trajet le nom de courant de Humboldt, s'infléchit à l'est
vers les îles Gallapagos; reçoit le courant du Mexique et la
branche inférieure du courant équatorial centrifuge ; parcourt l'océan Pacifique de l'est à l'ouest, au-dessous de la
ligne, des îles Gallapagos aux Marquises, puis aux Nouvelles-
Hébrides ; se divise alors en deux branches et rentre dans
le foyer de la Sonde, d'une part par le détroit de Torrès,
d'autre part par les îles Moluques et la mer de Banda, embrassant la Nouvelle-Guinée dans son dédoublement.

En ne considérant que l'océan Pacifique, ce courant équatorial du sud des auteurs devient la branche centripète du
courant équatorial proprement dit, dont la branche centrifuge est au-dessus de la ligne et appartient au système du
Pacifique septentrional. On dirait alors que le courant équatorial du Pacifique reçoit une anastomose du courant de
Humboldt. Mais l'autre manière de considérer ces courants
est plus vraie, parce qu'elle est plus générale.

Tel est ce vaste système *Indo-Atlantique-Pacifique,* divisé naturellement en trois systèmes distincts, anastomosés entre eux ! Telle est cette puissante circulation, qui part du foyer de la Sonde par l'océan des Indes et y revient par le grand Pacifique, après avoir fait le tour du globe !

Foyers polaires. — La mer du pôle boréal ne paraît pas être constituée en foyer principal relativement à la genèse et au mécanisme d'évolution des courants océaniques; en ce sens que les courants polaires dits de retour ne sont que la continuation des courants centrifuges ou ascendants, et qu'aucun courant spécial ne paraît être originaire de cette mer boréale. On pourrait, il est vrai, regarder comme tel le courant polaire qui longe la côte occidentale de l'Amérique du Nord pour devenir courant du Mexique, en raison de sa situation et de son éloignement du Gulf-stream initial : mais cette considération n'est pas suffisante, et, dans l'ignorance où nous sommes de l'état physiologique de la mer boréale, l'analogie nous conduit à la classification que j'ai adoptée ; tout en admettant l'existence d'un courant anastomotique, qui serait une des branches d'origine du courant polaire Pacifique et le relierait au Gulf-stream de l'Atlantique.

Pour le pôle austral la situation est différente : les courants qui parcourent l'océan Pacifique, la mer des Indes et l'Atlantique, ne se rendent pas vers les régions polaires, ou n'y envoient que des branches secondaires et anastomotiques, dont le cours est peu connu et l'importance faible ; mais il en arrive des courants, que manifestent les énormes glaces qui dérivent du sud au nord, et dont quelques-unes ont été vues jusque vers le 40e degré de latitude dans l'océan Atlantique.

On a observé que les courants venus du pôle austral ne s'élèvent pas en ligne droite, mais toujours en direction plus ou moins inclinée dans le sens de la rotation de la terre, d'occident en orient. Ce fait donne à penser qu'il existe autour du continent austral un courant circulaire et constant ; que

l'origine de ce courant est dans les baies, dans les golfes profonds qui découpent les terres australes ; peut-être aussi dans
une mer intérieure, méditerranée polaire, ayant des communications avec les mers du sud par un ou plusieurs détroits ;
et que de ce foyer polaire s'élèvent des courants centrifuges,
qui montent vers les régions tropicales pour s'anastomoser
avec les courants de la grande circulation océanique.

Trois courants principaux se détachent du courant circumpolaire ; tous trois correspondent aux trois pointes continentales qui s'allongent dans les mers du sud : le cap de Bonne-
Espérance, le cap Horn et la Tasmanie. Je les appellerai
pour cela le courant *austral sous-américain*, le courant *austral
sous-africain*, et le courant *austral sous-australien*.

K. Le système sous-américain s'élève au sud-ouest de la
Patagonie, embrasse la pointe américaine dans un dédoublement de son cours, donne une branche atlantique qui forme
le courant du cap Horn, traverse cet océan du sud-ouest au
nord-est, atteint la latitude de Sainte-Hélène et se jette dans
le courant équatorial ou diagonal ; puis donne une branche
pacifique qui s'anastomose avec le courant de Humboldt,
remonte au-dessus du tropique du Capricorne, s'infléchit vers
l'ouest, traverse l'océan Pacifique en longeant le cercle tropical de l'est à l'ouest, au-dessous des îles Pomotou, des îles
de Cook, des îles des Amis, jusqu'à la Nouvelle-Calédonie ; là
se bifurque, pour rentrer d'une part dans le foyer de la Sonde
par le détroit de Torrès, et d'autre part, courant de Sidney,
pour longer la côte orientale de l'Australie et passer jusqu'à
la Nouvelle-Zélande, où elle reçoit une branche du courant
Indo-sud, et, devenant courant sous-marin, retourne sans
doute au foyer polaire, son point de départ.

Cette branche pacifique ou occidentale du système sous-
américain mérite le nom de *courant Pacifique du Capricorne*,
et par sa position et par le circuit qu'elle décrit.

On a pu remarquer que la pointe de l'Amérique, comme

celle de l'Afrique, présente deux courants parallèles et en sens inverse : le courant de Saint-Roch prolongé ou courant de la Terre de Feu, qui répond à celui des Aiguilles, et le courant du cap Horn, qui répond à la branche centripète du courant atlantique du Capricorne.

L. Le système sous-africain s'élève au sud-ouest de la pointe d'Afrique ; l'embrasse dans un dédoublement de son cours ; donne une branche atlantique ou occidentale qui va se jeter dans le courant équatorial ou du Capricorne, et une branche orientale ou indienne qui se confond avec le courant Indo-sud.

M. Le système sous-australien s'élève au sud-ouest de la Nouvelle-Hollande, donne une branche occidentale pour les courants de la mer des Indes, et une branche orientale qui va se perdre dans les courants de la Tasmanie et de la Nouvelle-Zélande, pour revenir ensuite à son foyer d'origine.

Tous ces courants polaires sont sous-marins, de faible intensité, peu connus comme le continent austral lui-même, et l'existence de ce continent explique pourquoi il n'y a pas de Gulf-stream allant de l'équateur au pôle austral, comme il y en a de l'équateur au pôle boréal.

Le pôle boréal, ayant une mer libre, attire et reçoit les courants Gulf-stream de l'Atlantique et du Pacifique, lesquels, selon toutes probabilités, en raison du mouvement de rotation de la terre, forment un courant circumpolaire ou tourbillon circulaire autour d'une île centrale. De ce tourbillon s'accomplissant d'occident en orient partent, courants sous-marins, les branches centripètes ou de retour.

Si le pôle boréal est représenté par une vaste mer, avec une île centrale, le pôle austral l'est par un grand continent, au milieu duquel existe sans doute une mer méditerranée. C'est en vertu de cette situation physiologique différente, que le pôle austral, ne pouvant attirer à lui les grands courants de l'équateur, possède une circulation propre, relativement indépendante.

Le courant circulaire boréal est intérieur, d'origine intrinsèque et extrinsèque : je veux dire qu'il a un foyer local et secondaire de genèse, en même temps qu'il est le produit des deux Gulf-stream réunis en un courant commun ; mariage physiologique d'où naissent les deux courants polaires de retour.

Le courant circulaire austral est extérieur, d'origine intrinsèque seulement, puisqu'il ne reçoit aucun courant du foyer équatorial; il est le centre et le point de départ des trois courants bifurqués que j'ai décrits sommairement; et il reçoit des courants anastomotiques de la mer méditerranée du pôle. Ainsi, en dernière analyse, il faut regarder cette mer méditerranée polaire comme le foyer local et principal de genèse des courants dits du foyer austral.

La constitution intérieure de la terre, l'existence des ganglions polaires, la température élevée des pôles pendant la saison semestrielle d'insolation, la présence de volcans sur le continent antarctique, la découverte de baies profondes qui échancrent son littoral : tout, malgré l'insuffisance des explorations, concourt à démontrer la réalité de ce que j'avance.

Telle est la belle synthèse de la circulation océanique ! Telle est la classification physiologique des courants ! où l'on voit régner la plus grande analogie entre les courants des différents systèmes. Je me résume.

FOYER DES ANTILLES. — *Système Atlantique septentrional* : Gulf-stream ; courant circulaire du Cancer ; courant de Guinée ou équatorial descendant.

FOYER DE LA SONDE. — *Système Pacifique septentrional* : Gulf-stream ; courant circulaire du Cancer ; courant équatorial parallèle (branche centrifuge). *Système Indien* : courant

équatorial descendant ; courant circulaire du Capricorne.
Système Atlantique méridional : courant équatorial ascendant ;
courant circulaire du Capricorne ; courant de Saint-Roch.
Système Pacifique méridional : courant de Humboldt ; courant
équatorial parallèle (branche centripète).

FOYER POLAIRE AUSTRAL. — *Système sous-américain* : courant circulaire du Capricorne par sa branche du Pacifique.
Système sous-africain. Système sous-australien. Tous trois
dédoublés.

Il me reste à approfondir le mécanisme de ces courants.

De tous ces faits plusieurs considérations importantes se
dégagent : l'existence constante des courants le long des côtes, soit des îles, soit des continents ; la direction des courants
affectant tous les sens possibles, de l'équateur aux pôles, des
pôles à l'équateur, le sens de la rotation terrestre ou le sens
contraire ; la réalité incontestable de trois foyers principaux,
d'où partent tous les courants et où ils reviennent ; la prédominance volcanique de ces régions centrales, laquelle partage
l'empire de Neptune en trois circonscriptions océaniques, dont
l'une d'elles, la plus vaste, embrasse jusqu'à quatre systèmes
circulatoires ; la communication établie par des branches
anastomotiques entre les courants de chaque système et entre les systèmes également, d'où résulte l'unité physiologique
de la circulation océanique ; la présence constante de courants plus ou moins régulièrement circulaires au centre de
tous les grands bassins maritimes : bassins Atlantique nord
et Atlantique sud, bassins Pacifique nord et Pacifique sud,
bassin Indien, bassins polaires boréal et austral ; la prépondérance incontestable du foyer équatorial de la Sonde, tant
au point de vue des courants qu'à celui des montagnes volcaniques ; l'analogie frappante qu'une étude comparée établit
entre les courants des divers systèmes ; les courants du grand
Pacifique naturellement supérieurs aux autres par la longueur

14

de leurs cours, mais n'étant pas pour cela plus nombreux, si ce n'est dans les ramifications collatérales et anastomotiques, dont l'importance est secondaire ; la prédominance des courants du Pacifique dans les régions intertropicales, en coïncidence avec l'agglomération des îles et des archipels, et sans doute aussi avec celle des montagnes sous-marines, des sources et des rivières analogues ; la limite des courants d'origine équatoriale ne dépassant pas au sud la latitude des pointes continentales, 40 et 50 degrés pour les courants de l'Afrique sud et de l'Australie, 60 degrés pour ceux du cap Horn, laissant ensuite le champ libre à ceux de la mer Antarctique ; la différence de limite entre les courants du sud et ceux du nord, les premiers se modelant en quelque sorte sur les pointes continentales, et les autres dépassant les terres pour faire irruption dans la mer libre boréale ; enfin la constitution volcanique de la plupart des îles de l'océan Pacifique, l'existence remarquable de cette chaîne de volcans qu'on appelle le cercle de feu, et la prédominance volcanique des terres antarctiques sur les régions boréales.

On ne saurait nier qu'il existe un rapport physiologique constant entre les volcans et les courants océaniques : mais quelle en est la nature ?

Pour établir et maintenir une circulation quelconque, deux mécanismes seuls sont possibles : ou le mécanisme de la prolifération et de l'impulsion, ou celui de l'attraction. La circulation vasculaire animale relève du premier ; en toute organisation la circulation cellulaire relève du second.

Ayant démontré la vérité de ce mécanisme pour la circulation intraterrestre ; les laves cellulaires placées entre deux foyers d'attraction, dont l'un dans tous les cas se trouve transformé en foyer d'impulsion ; la liaison intime qui existe entre les marées océaniques et la circulation diagonale, toutes deux ayant pour cause déterminante de leur mise en activité l'influence solaire et lunaire : il ne me sera pas difficile maintenant de prouver que le mécanisme de la circulation

des mers relève de principes semblables, et qu'entre ces deux
circulations, tellurique et océanique, il existe des rapports
constants de cause à effet.

Je dis circulation et non courant ; car le courant, pris isolément, peut être produit par des causes très diverses, même
en dehors des conditions vitales, comme par exemple dans
un vase par l'inégalité de température ou par l'inégalité de
densité dans les couches du liquide ; tandis que la circulation
dans les conditions complexes où nous la présente le liquide
océanique, ne peut relever que d'un mécanisme général,
dont le principe réside dans l'harmonie physiologique des
divers organes qui concourent à la vie.

Le mécanisme de la circulation océanique relève en principe des mouvements accomplis dans les laves cellulaires, et
se trouve en rapport plus direct, par le moyen du système
interorganique, avec les canaux de la circulation périphérique et avec les ganglions semés sur son cours. Ce n'est plus
ici le phénomène intermittent de suractivité que présente la
circulation diagonale sous l'impression lunaire, et d'où
découle le mécanisme des marées ; c'est une activité plus
régulièrement continue, ayant sans doute des recrudescences,
mais non soumises à une action périodique.

Les forces développées dans les mouvements incessants des
laves cellulaires se communiquent de proche en proche, par
voie de transformation équivalente et de prolifération progressive, aux supports laviques du système anastomotique ;
de ceux-ci à la zone des vapeurs ; de celles-ci au liquide en
circulation dans les canalicules supérieurs ; et de celui-ci enfin
au liquide océanique, dont les flots par leurs mouvements ou
par leurs courants manifestent l'impression reçue.

On comprend que ces mouvements, pour se transformer
ainsi les uns dans les autres, et produire une circulation
continue et régulière, doivent rencontrer partout des supports
animés qui acceptent leur impression, la décuplent par la
prolifération intrinsèque de leurs molécules constituantes, la

transmettent successivement de supports en supports, et finissent par animer la masse liquide qui les recèle d'un mouvement général de circulation : résultante de cette infinité de mouvements partiels que la raison conçoit, et que le regard de l'homme ne peut sonder. C'est ainsi qu'une petite source, qui vient sourdre au fond de la mer, peut être l'occasion et l'origine d'un courant océanique : les supports s'influencent réciproquement ; la source apporte, avec le tribut de ses eaux, les forces vives conservées et transformées des laves cellulaires ; les supports océaniques reçoivent le bénéfice de ces forces et entrent en suractivité : cette recrudescence dynamique se propage de couche en couche ; l'impression s'étend, se multiplie et se renouvelle sans cesse ; le flot, simplement agité à son point de départ, acquiert peu à peu la régularité et la puissance, et devient un courant véritable. Telle on voit sur nos continents la source cachée de la montagne enfler son cours d'étape en étape, et servir de berceau aux fleuves les plus majestueux. Tel encore, introduit dans l'organisme animal, on voit le virus malin se développer successivement, étendre ses ravages bien au delà du point contaminé, et généraliser ses effets par l'évolution et la multiplication des supports granulaires qui représentent son individualité.

Mais, pour avoir son principe générateur et sa condition d'existence, un courant n'est pas formé, encore moins une circulation : des mouvements communiqués et disséminés ne suffisent pas pour établir une circulation. Celle-ci est la synthèse physiologique d'un ou de plusieurs systèmes de courants, lesquels ne sont vraiment constitués que par un trajet régulier, plus ou moins long et constant : il faut en chercher les moyens dans des foyers d'attraction par suractivité, dans des points d'appel en permanence, semés dans l'océan comme des jalons sur une route.

Si le courant océanique est la résultante des mouvements dont ses supports sont animés, étant donné un but à leur direction par la présence plus ou moins éloignée d'un foyer d'attraction; et si ces supports prennent leur suractivité relative dans la suractivité correspondante de la circulation anastomotique, laquelle à son tour la tire de l'hyperdynamisme proportionnel des laves cellulaires : il faut déduire de cet état de choses qu'il existe, aux *lieux d'origine* et aux *lieux de renforcement* des courants, une disposition anatomique favorable à la formation et à l'entretien de cette triple suractivité. Pour les laves telluriques, cette condition organique est réalisée par des cavités ganglionnaires, semés sur le trajet des canaux circulatoires, où les supports acquièrent plus d'intensité dynamique dans un cours moins rapide; pour le système intermédiaire, elle est effectuée par l'échelle fonctionnelle plus élevée de ses éléments en circulation, dans les canaux sous-marins par rapport aux canaux sous-continentaux.

Hé bien ! il suffit de jeter un coup d'œil sur notre planète pour constater la vérité de cette assertion : qu'il existe un rapport manifeste et constant entre les montagnes volcaniques et les courants de la mer; que ces volcans sont généralement disposés par série ou par groupe, à part quelques exceptions; qu'ils représentent par leur organisation la synthèse anatomique et physiologique demandée par la genèse et l'entretien des courants : je veux dire la disposition ganglionnaire et la multiplication des courants d'eau sous-terrains; qu'ils sont les vrais jalons dont la route des courants marins est semée; et qu'ils constituent suivant leur nombre et leur puissance fonctionnelle ou des foyers de renforcement ou des foyers d'origine.

Regardez le foyer superbe de la Sonde, le plus important à la fois par les volcans qui en tracent l'enceinte et en labourent les flancs, et par la puissante circulation dont il est le point de départ et le point d'arrivée ! A lui seul il fournit 109 volcans en activité, dans cet espace circonscrit entre l'Indo-Chine et l'Australie par les îles Philippines et la Nouvelle-Guinée à l'est, par les îles de Sumatra et de Java à l'ouest : Java, dont le sol brûlant est hérissé de 45 volcans, 28 en activité ; Java, la fille privilégiée de notre globe, l'île la plus vitale et la plus féconde en merveilles ; Java, magnifique ou terrible, qui fait soupirer le poète amant de la nature !

Regardez le foyer des Antilles, tenant le second rang par l'importance de sa circulation et le nombre de ses volcans ! Il est situé à l'opposé du premier, entre deux chaînes volcaniques, celle des Antilles à l'est, et à l'ouest celle qui s'étend de l'isthme de Panama au Mexique. Tous les deux correspondent au cercle de dépression ; lequel coupe de chaque côté la ligne équatoriale.

On ne saurait douter que cette agglomération volcanique, aux deux foyers principaux de la Sonde et des Antilles, soit un témoignage éloquent de l'hyperdynamisme physiologique dans les mouvements sous-jacents des laves cellulaires ; et que cet état de choses soit basé sur une organisation particulière, telle que l'accumulation de cavités ganglionnaires, indices d'une fonction à accomplir. On peut être certain que ces deux foyers coïncident avec les régions telluriques de suractivité *maxima*.

Tous les ganglions, principaux ou secondaires, semés sur le cours des canaux périphériques, lieux d'élaboration fonctionnelle, ont une importance relativement accessoire à l'endroit de la circulation intraterrestre, mais essentielle et de premier ordre pour les mouvements et la circulation des organes superposés : je veux dire de la mer et de l'atmosphère.

Sachant, d'une manière générale, que dans un organisme, absolument ou relativement, les phénomènes extérieurs doivent être regardés, au point de vue philosophique, comme les signes sensibles des phénomènes intérieurs ; sachant plus spécialement pour le globe terrestre, que les volcans sont en rapport avec des foyers de suractivité tellurique, lesquels impliquent autant de cavités de réception : je parviens du

même coup à découvrir et l'existence des ganglions périphériques, et leur siége ou lieux de dissémination, et leur rôle
dans la physiologie de la terre. Chaque volcan, comme chaque groupe volcanique, correspond à un ganglion du système
périphérique, ou à plusieurs, d'une puissance et d'une étendue variables. Il est naturel de juger de l'importance des
ganglions par celle des volcans : plus ceux-ci sont actifs et
nombreux dans un espace donné, plus les ganglions sont volumineux et d'une suractivité majeure. C'est ainsi que je suis
ramené à la même conclusion : qu'il faut regarder les foyers
de la Sonde et des Antilles comme correspondant aux ganglions les plus puissants, parmi les ganglions secondaires de
la périphérie tellurique ; et que les ganglions, avec les volcans qui les surmontent comme une colonne sur son piédes-
tal, sont les jalons physiologiques disséminés à dessein pour
tracer aux flots leur route dans l'immensité des océans, marquer les étapes de renforcement des courants, et leur servir
à la fois de foyer d'attraction et de foyer d'impulsion.

Les auteurs admettent, prenant en considération les nombreuses îles volcaniques qui s'élèvent au-dessus des flots du
Pacifique, que le lit de ce vaste océan est tapissé de montagnes de même origine ; les unes en activité, les autres en repos ; celles-ci isolées, celles-là agglomérées. Cette hypothèse
ayant toute la couleur d'une réalité démontrée, s'ajoute à la
manifestation des volcans apparents pour témoigner de la
prédominance physiologique de la moitié terrestre que recouvre le Pacifique. Ces volcans sous-marins sont encore
des jalons placés sur le trajet des courants océaniques.

Aux pôles, plusieurs ganglions secondaires appartiennent
à la région australe, s'élèvent au-dessus de son ganglion principal, la dédommagent pour ainsi dire de son infériorité relative, coïncident avec des volcans et forment ensemble le
foyer polaire austral de la circulation océanique de ce nom.
Tout ce que l'on connaît du pôle antarctique autorise cette
déduction. Dans les régions arctiques aucun volcan n'est

connu. S'il en existe, ils doivent être peu importants, le foyer polaire boréal n'étant qu'un foyer secondaire.

Comme favorables à ces idées je mettrai en parallèle : l'existence d'une mer libre au pôle nord, communiquant par le système anastomotique avec le ganglion boréal ; l'existence d'un vaste continent au pôle sud, surmontant le ganglion austral dont il trahit l'infériorité physiologique, et rendant nécessaire, pour la circulation de l'océan Antarctique, des foyers spéciaux de suractivité sur les limites continentales : foyers marqués au dehors par des montagnes volcaniques et au dedans par des ganglions disséminés.

Dans le mécanisme de la circulation océanique un fait constant domine tous les autres : c'est que les courants qui partent d'un foyer principal y reviennent toujours; et que les foyers secondaires, ou lieux de renforcement, ne donnent que des courants de second ou de troisième ordre dont ils ne voient pas le retour ; c'est-à-dire qu'ils ne sont pas centres de système circulatoire. Il est utile de distinguer la double fonction de ces foyers secondaires : ou ils concourent à renforcer les courants principaux qui coulent au-dessus d'eux, ou ils émettent des branches nouvelles dites collatérales ou d'anastomose.

Si l'on veut se rappeler la branche occidentale d'origine du courant de Guinée, laquelle apparaît d'emblée au milieu des flots atlantiques, entre la branche centripète du courant du Cancer et le courant équatorial ou diagonal, il convient de la regarder comme une branche d'émergence d'un foyer secondaire sous-marin ; à moins qu'elle ne dérive, comme branche sous-marine, des courants qui l'entourent. Mais en général tous les courants principaux proviennent d'un foyer principal : soit directement comme le Gulf-stream, soit indirectement comme le courant du Cancer.

Les trois foyers principaux sont en communication, médiate ou immédiate, les uns avec les autres. Le foyer de la Sonde donne au foyer des Antilles le courant atlantique équatorial ascendant. Le foyer polaire austral envoie des courants centrifuges qui communiquent, médiatement il est vrai, avec les deux foyers équatoriaux : la branche orientale du courant austral sous-américain, la branche occidentale du sous-africain avec le foyer des Antilles ; la branche orientale du sous-africain et la branche occidentale du sous-australien avec le foyer de la Sonde par les courants de la mer des Indes ; enfin la branche occidentale du sous-américain qui va former le courant du Capricorne, et qui se jette directement dans le foyer de la Sonde par le détroit de Torrès. Quant au foyer des Antilles, si l'on considère la branche anastomotique boréale, le courant circulaire où viennent se marier les eaux des deux Gulf-stream ; si l'on regarde le courant Pacifique de retour, qui longe les côtes occidentales de l'Amérique du Nord, comme le produit probable des deux Gulf-stream, et peut-être plus particulièrement de celui de l'Atlantique : on verra dans ce courant polaire, qui va se jeter au sud dans le courant de Humboldt, une communication, éloignée et indirecte, entre le foyer des Antilles et celui de la Sonde.

L'isthme de Panama n'étant pas un isthme brisé comme celui de la Sonde, le foyer des Antilles ne peut animer de ses courants les deux mers qui le circonscrivent.

La situation des deux grands foyers équatoriaux à l'opposé de la même zone diagonale, dans la sphère du cercle de dépression secondaire ; le passage du cercle de renflement dans la zone perpendiculaire, en l'absence de tout foyer principal de circulation océanique ; et l'existence d'un foyer principal dans la sphère de dépression polaire australe, avec absence d'un pareil foyer dans la sphère de dépression polaire boréale : voilà trois ordres de phénomènes, ou mieux trois ordres de faits, dont la richesse de déductions est inépuisable et dont il me suffira de résumer les conséquences majeures : l'analogie apparente entre les deux foyers équatoriaux, et les dépressions polaires, conduisant à une pareille

analogie dans l'organisation profonde ; les ganglions des foyers
équatoriaux tirant de là une nouvelle preuve d'existence,
et servant ensuite de preuve à leur tour aux ganglions périphériques disséminés ; la relation physiologique qui existe
entre les dépressions terrestres et les ganglions sous-jacents ;
la confirmation nouvelle de l'état hyperdynamique dans les
régions intraterrestres sous-marines, avec prédominance
dans la région sous-pacifique ; la rareté des ganglions périphériques dans les régions sous-continentales ; leur fréquence
dans les régions sous-marines, y compris les îles et le littoral
des continents ; la confirmation renouvelée d'une prépondérance physiologique du ganglion boréal sur le ganglion austral, malgré la présence en celui-ci de plusieurs ganglions
secondaires, lesquels du reste n'ont aucun rapport direct avec
la fonction physiologique du système interpolaire ; enfin la
probabilité d'une dépression plus sensible au pôle nord
qu'au pôle sud.

Les courants des foyers océaniques, ou bien tracent leur
cours tout entier dans la sphère du foyer, sans en franchir
les limites, tels que les courants du Cancer, ou bien s'étendent dans deux circonscriptions à la fois, tels que le courant
atlantique équatorial et les courants du foyer austral.
D'autres s'élèvent vers le pôle boréal, dont ils reviennent
courants centripètes. Comme la plupart des courants ne vont
pas au pôle boréal, et qu'il n'en revient aucun qui paraisse
lui appartenir en propre, on est en droit de regarder ce
foyer polaire comme secondaire ; ne dépassant pas en importance, du moins dans le mécanisme de la circulation, les
foyers périphériques disséminés ; c'est-à-dire tenant lieu de
foyer de renforcement.

Parti du foyer principal ou d'émergence, où il s'est développé progressivement comme il a été dit plus haut, le courant
centrifuge s'élance : il n'a par lui-même aucune tendance à
suivre une direction plutôt qu'une autre ; il obéit à des points
d'appel ; il suit la voie tracée par des jalons conducteurs ; il

se dirige de groupes volcaniques en groupes volcaniques, de volcans en volcans; il est commandé dans son cours par les foyers dits de renforcement, par les ganglions périphériques disséminés. Parvenu à une extrême limite, le courant s'infléchit sur lui-même, de centrifuge devient centripète, se dirige encore d'étape en étape vers les foyers volcaniques qui l'attirent, y puise le renforcement nécessaire à la continuation de son cours, et revient enfin à son berceau, dont il éprouve l'influence attractive supérieure. Tel est en deux phrases le résumé du mécanisme de toute la circulation océanique !

C'est ainsi que, dans l'organisme animal, toute fonction qui s'accomplit devient point d'appel, ou foyer d'attraction, pour les forces du corps en disponibilité physiologique; en même temps que, à un autre point de vue, elle devient le centre d'un rayonnement dynamique et le point de départ de forces émergentes. Point de départ et point d'arrivée se réunissent à la fois dans un organe en travail fonctionnel. En d'autres termes, tout organe dans cette situation physiologique est en même temps foyer d'attraction pour les forces extérieures, et foyer d'impulsion par prolifération pour les forces intérieures dont il est le berceau.

A côté de ces deux sources principales d'attraction et de mouvements, je veux dire les foyers principaux et les foyers secondaires, ayant leur raison d'être dans la constitution même de l'organe tellurique; il importe de ne pas négliger, quoique pourvues d'une importance relativement minime, les influences propres de la vitalité océanique. Mais il est impossible de séparer cette action des actions précédentes. Ainsi, quand la zone équatoriale demeure en suractivité constante relativement aux zones moins échauffées; quand la mer boréale, pendant la saison d'insolation semestrielle, acquiert une plus grande puissance attractive : on ne saurait décider si cette différence est le propre de la suractivité océanique intrinsèque, ou bien le résultat de la suractivité tellurique correspondante. Il est plus juste de confondre, comme elles le sont en réalité, ces deux influences qui n'existent pas l'une sans l'autre.

L'examen pratique des courants vient confirmer toutes les données théoriques précédentes, et leur imprimer le cachet d'une vérité physiologique incontestable.

Le Gulf-stream Atlantique, originaire du foyer des Antilles, s'élève vers le pôle nord dans la direction du nord-est. Les points d'appel et de renforcement, qui lui tracent le chemin à parcourir, sont : les côtes américaines qui le retiennent au commencement de sa course ; le foyer volcanique des Açores, qui le dévie de l'ouest à l'est ; le foyer de l'Islande et celui de Jan Mayen, dont plus de 20 volcans éteints ou en activité l'attirent vers le nord-est ; enfin le foyer boréal lui-même, dans la sphère duquel il pénètre entre le Spitzberg et la Nouvelle-Zemble. Son courant centripète ou de retour obéit à la double attraction du foyer des Antilles et de la suractivité équatoriale, en suivant l'inclinaison des côtes.

On a remarqué que le Gulf-stream, plus rapproché en été du littoral des Etats-Unis contre lequel il presse le courant de retour, tend à s'élever plus directement vers le pôle nord, tandis que sa courbe, plus prononcée vers le sud en hiver, paraît comme refoulée à son tour par le courant centripète. La limite de variation du nord au sud est de 5 degrés de latitude. Pour expliquer cette différence, on a supposé que le courant polaire charrie une plus grande quantité d'eau en hiver qu'en été. C'est en septembre que le Gulf-stream, dans le voisinage du grand banc de Terre-Neuve, atteint son extrême limite nord ; et en mars qu'il atteint son extrême limite sud.

Au lieu d'invoquer la débâcle polaire, qu'il est difficile de concilier avec le développement des glaces en hiver et qui devrait plutôt refouler le Gulf-stream vers le sud dans la saison d'été, je vois dans cette variation de cours un témoignage nouveau de l'existence et de l'influence des foyers secondaires, du point d'appel boréal dans la circonstance. En effet, la sphère boréale est constituée, durant l'été qui est sa saison semestrielle d'insolation, en un centre d'attraction plus considérable. C'est du *maximum* d'attraction polaire qu'il faut faire dépendre la direction plus au nord pendant l'été et du *minimum* d'attraction la direction plus au sud pendant l'hiver.

Il est vrai, comme dit Gustave Lambert, que la puissance d'insolation la plus grande du pôle boréal correspond à l'époque du solstice d'été, vers le 22 juin, où la température va en croissant depuis le cercle polaire jusqu'au pôle; tandis que, aux équinoxes, vers le 22 mars et le 22 septembre, le pôle ne reçoit plus de chaleur. Mais toutes les forces vives planétaires ne se mesurent pas aux taux de la chaleur sensible. Mais l'influence solaire ayant communiqué aux supports océaniques de la mer boréale et aux laves ganglionnaires des forces nouvelles, qui s'y emmagasinent pour ainsi dire sous le cachet d'une suractivité fonctionnelle, et les ganglions jouissant de la faculté de ralentir les mouvements dynamiques et de redoubler leur activité, il en résulte que la puissance d'attraction, exercée par le foyer boréal sur le courant du Gulf-stream, augmentant progressivement d'intensité durant toute la saison d'insolation, acquiert son *maximum* vers la fin de cette période, au mois de septembre où le courant atteint son extrême limite nord; de même que, diminuant progressivement durant la saison d'hiver, elle descend à son *minimum* au mois de mars, où le courant atteint son extrême limite sud. C'est ainsi que dans le mécanisme des marées, le *maximum* coïncide avec le passage du soleil à l'octant de la zone, et non à son méridien; et que, dans les hautes marées de syzygie, la pleine mer ne correspond pas au moment de la conjonction ou de l'opposition, mais se produit 40 heures après.

Il faut ajouter, à ces considérations, que le courant océanique, représentant une masse énorme de supports vitaux

animés d'une puissance intrinsèque, ne peut se déplacer vers
le sud aussitôt que cesse l'attraction polaire, ou plutôt l'action solaire sur le pôle ; car l'attraction polaire continue encore jusqu'au mois de septembre, comme je viens de le dire.
Les mouvements vitaux sont progressifs dans leurs manifestations.

Le courant atlantique du Cancer, une fois détaché du
Gulf-stream, a son cours tracé du nord au sud par les foyers
volcaniques des Açores, des Canaries et des îles du cap Vert ;
puis se porte à l'ouest vers le foyer générateur des Antilles
dont il subit l'attraction.

Le courant de Guinée, ou équatorial descendant, suit d'a-
bord l'attraction du foyer volcanique de l'île Fernando-Po ;
puis celle du courant équatorial ascendant où il se jette : car
un courant, représentant un état de suractivité physiologique
relatif, devient aussi point d'appel à l'occasion.

Dans la vaste circonscription du foyer de la Sonde, nous
voyons : le Gulf-stream pacifique suivre les jalons volcaniques
de Luçon, de Formose, de l'archipel Liou-Kieou, des îles du
Japon, des îles Kourilles où s'élèvent une dizaine de volcans,
et de la péninsule du Kamtchatka que surmontent quatorze
bouches en activité ; puis franchir le détroit de Behring
sous l'influence du foyer boréal : le courant pacifique du
Cancer, après s'être détaché du Gulf-stream à la hauteur des
îles Kourilles, cheminer de l'ouest à l'est sur la route tracée
par la longue chaîne volcanique des îles Aléoutiennes ; et
suivre, dans sa branche centripète, la ligne volcanique des
îles Sandwich et des îles Mariannes, jusqu'au groupe des
Philippines où fument aussi de nombreux volcans : la branche centrifuge du courant équatorial, quoique traversant une
zone où dominent les îles d'origine coraline et où les montagnes volcaniques sous-marines peuvent seules lui fournir des
jalons conducteurs et des foyers de renforcement, suivre la
route de l'ouest à l'est, probablement sous l'influence attractive du foyer des Antilles, lequel est placé à l'extrémité de

son cours, et agit sur ses flots à distance comme le foyer polaire sur les deux Gulf-stream ; avec cette différence que le
courant équatorial du Pacifique ne se rend pas effectivement
au foyer des Antilles, à cause de la conformation des lieux et
de l'obstacle de l'isthme de Panama : enfin le courant polaire
de retour longer, sur le littoral de l'Amérique du Nord, les
volcans de la Colombie anglaise, de l'Orégon, de la Californie où les orifices ne donnent plus d'éruptions, du Mexique et
de l'Amérique centrale où trente bouches en activité s'élèvent du Guatemala à l'isthme de Nicaragua ; puis se jeter
dans le courant de Humboldt, après avoir éprouvé la dernière influence du foyer volcanique de la République de
l'Equateur, où seize volcans forment un massif gigantesque
sur une longueur de 180 kilomètres ; massif dominé par le
fameux Chimborazo, haut de 6,000 mètres au-dessus du niveau de la mer.

Dans le système de l'océan Indien : le courant équatorial
ou indo-nord suit les îles de Nicobar et d'Andaman dans le
golfe du Bengale, premiers foyers volcaniques ; se dirige vers
la côte orientale de l'Afrique, où s'élève la montagne volcanique de Kenia, et descend vers les îles volcaniques de Comores, qui président à son entrée dans le canal de Mozambique : le courant indo-sud, première branche du courant du
Capricorne, passe par les îles d'Amsterdam et Saint-Paul, où
se dressent des cônes volcaniques, puis obéit d'une part au
point d'appel de la Nouvelle-Zélande, d'autre part au foyer
générateur de la Sonde : le courant indo-central, ou seconde
branche du courant du Capricorne, guidé par les cônes sous-
marins, obéit en finissant aux foyers volcaniques des îles de
France et de la Réunion d'une part, au foyer des îles Comores
d'autre part.

Dans le système atlantique méridional : le courant équatorial ascendant obéit à l'attraction du foyer principal des Antilles, sans parler des foyers sous-marins que l'on ne connaît
pas : le courant du Capricorne s'élève d'abord vers le centre

volcanique de l'île de l'Ascension ; se recourbe ensuite vers
le sud sous l'influence de l'attraction polaire ; mais, n'ayant
aucun rôle physiologique à remplir de ce côté, suit, parvenu
à la latitude du cap de Bonne-Espérance, la direction est où
l'attire son foyer générateur, et la suractivité océanique des
régions équatoriales : le courant de Saint-Roch longe le littoral de l'Amérique du Sud, maintenu par la vertu attractive
des côtes et attiré par le point d'appel volcanique de la
Terre de Feu.

Dans le système pacifique méridional, le courant de Humboldt suit l'attraction des côtes et des foyers volcaniques du
Chili et du Pérou jusqu'aux îles Gallapagos ; et dans sa direction transversale d'orient en occident, où il représente la
branche centripète du courant équatorial, il longe les foyers
volcaniques des îles Marquises, des Nouvelles-Hébrides, des
îles de Santa-Cruz, des îles de Salomon, de la Nouvelle-
Guinée et des îles Moluques.

Dans le système polaire austral, tous les courants centripètes obéissent à l'attraction majeure du foyer polaire, et les
courants centrifuges à des points d'appel divers : la branche
occidentale du sous-américain, autrement dit le courant du
Capricorne, est réglée dans son cours par les jalons volcaniques des îles de Cook, des îles Tonga ou des Amis, puis de
la Nouvelle-Zélande au sud et de la Nouvelle-Guinée au
nord, où elle se jette dans le foyer de la Sonde ; la branche
orientale du même courant suit les îles Sethland du sud qui
sont volcaniques, et l'attraction de la suractivité équatoriale ;
la branche occidentale du courant sous-africain obéit à la
suractivité équatoriale qui l'attire ; la branche orientale, à
une pareille cause dans l'océan Indien et aussi à la suractivité
développée par tous les courants existants ; la branche occidentale du courant sous-australien relève des mêmes points
d'appel ; et sa branche orientale, des foyers volcaniques de
la Nouvelle-Zélande.

En général, comme on l'a remarqué, les foyers volcaniques

apparents sont rares sur la route des courants du système polaire austral ; la direction paraît marquée plutôt par l'attraction éloignée des foyers équatoriaux, et par la suractivité océanique qui règne dans les régions tropicales. Il est probable que des montagnes volcaniques sous-marines comblent cette lacune, en fournissant aux courants polaires des foyers de renforcement et des jalons conducteurs.

Devant ce beau mécanisme de la circulation de l'océan pâlissent, comme les étoiles devant le soleil, ces théories infécondes, basées sur des lois physiques et chimiques en dehors de toute vitalité, appuyées sur des phénomènes d'inégale répartition de densité et de température du liquide océanique ; théories capables seulement de déterminer, dans un vase, des courants accidentels ; et qu'il faut connaître néanmoins, ayant été mises en avant, à l'origine encore incertaine de la physiologie terrestre, par l'illustre Maury dans son livre remarquable de la *Géographie physique de la mer.*

Inégalité de densité ! inégalité de température ! Entre ces deux termes, dont le principe est aux pôles et à l'équateur, des courants intermédiaires pour rétablir un équilibre qui se détruit toujours : voilà la synthèse de cette théorie primitive !

Mais ces inégalités, tendant partout à se détruire sur place, rendent impossibles des courants intermédiaires aussi réguliers et aussi puissants.

Dans les régions équatoriales, l'eau de l'océan est à la fois d'une température plus élevée et d'une salure plus forte. Or, l'augmentation de salure équivaut à une pareille augmentation de densité; et l'élévation de température à une diminution proportionnelle de pesanteur. L'eau est plus lourde comme étant plus salée, plus légère comme étant plus chaude : il y a donc compensation.

La grande évaporation des eaux équatoriales, n'enlevant que les particules aqueuses et laissant à la mer les particules salines, tend à établir un courant, plus virtuel que réel, *ver-*

tical descendant, par précipitation du sel en excédant. Mais le travail sous-marin des coraux épuisant, par un phénomène en sens inverse, les couches profondes du sel qui les sature, tend à établir un courant, plus virtuel que réel également, *vertical ascendant*, par ascension de l'eau rendue plus légère. Il y a donc encore compensation.

Dans les régions polaires, l'eau marine est à la fois d'une température inférieure et d'une salure moins forte. Or, l'abaissement de température équivaut, par contraction moléculaire jusqu'à 4 degrés au-dessus de zéro, à une augmentation proportionnelle de pesanteur ; et la diminution de salure à une diminution proportionnelle de densité. L'eau polaire est plus lourde comme étant plus froide ; plus légère comme étant moins salée : il y a compensation.

Je ne vois dans ces inégalités de densité et de température que des effets, et non des causes de cette vaste et puissante circulation océanique : causes tout au plus de petits courants partiels, sans importance ; incapables de nous expliquer pourquoi tel courant est entraîné dans le sens de la rotation terrestre, et tel autre en sens opposé ; pourquoi il existe des foyers principaux d'où partent les courants et où ils reviennent; pourquoi le pôle austral a son foyer principal et un système propre de circulation, tandis que le pôle boréal ne représente qu'un foyer secondaire ?

ART. III. — *Synthèse de l'organe océanique.*

Le liquide océanique, dont l'ensemble physiologique représente un organe intermédiaire, entre le tellurique qui occupe le centre et l'atmosphérique qui est à la périphérie du nucléole terrestre, a pour théâtre de ses évolutions une immense dépression, creusée sur la surface solide des produits primitifs de sécrétion planétaire, et que surmontent plus ou moins çà et là des poussées continentales ou insulaires.

Le fond de ce vaste réservoir est des plus inégal, et sa profondeur des plus variable : ici plaine sablonneuse comme un désert, ou vallée silencieuse servant d'ossuaire, pour emprunter l'expression de Maury, aux animalcules marins ; là collines accidentées, montagnes simples ou volcaniques, rochers semés d'êtres vivants : ici mesurant au plus 100 mètres de la superficie au fond, comme au banc sous-marin sur lequel sont assises les îles de la Sonde, Sumatra, Java, Bornéo ; là s'enfonçant, tel qu'un puits colossal, à 14,000 mètres de profondeur, entre les îles de la Sonde et le nord-ouest de l'Australie, d'après les sondages du capitaine Ringgold ; mais dont la profondeur moyenne est estimée environ à 5,000 mètres, l'océan Pacifique ayant en général un *maximum* de profondeur sur l'océan Atlantique, et les mers méridionales sur les mers septentrionales.

Le liquide océanique a une composition chimique constante dans ses éléments, et variable dans leur proportion. Son caractère le plus frappant est d'être salin, propriété dont le chlorure de sodium forme à lui seul les trois quarts. La proportion de cette salinité varie de 1 millième et au-dessous, comme dans le port de Cronstadt, où l'eau est presque douce, à 43 millièmes, dans la mer Rouge. Les mers équatoriales ont un *maximum* général sur les mers polaires ; et l'océan Atlantique, où la moyenne est de 36 millièmes, sur l'océan Indien et le grand Pacifique, où elle n'est que de 35 millièmes; malgré la plus grande évaporation de ces deux derniers, et le nombre moins grand d'affluents d'eau douce qu'ils reçoivent.

L'océan comme le sang a une température propre, mais variable en certaines proportions, lesquelles dépendent de l'influence solaire et des phénomènes physiologiques qui s'accomplissent dans le sein de cet organe liquide. La température de la surface suit une progression décroissante des régions équatoriales, où son *maximum* marque 32 degrés centigrades dans l'océan Indien, le grand Pacifique et la mer Rouge, aux régions glaciales circumpolaires où le *mini-*

mum descend à plusieurs degrés au-dessous de zéro. Considérée dans le sens vertical, la température de la mer suit également une température décroissante des couches superficielles aux couches profondes, jusqu'à une certaine zone où elle demeure constante, dans les conditions régulières. Cette zone, loin d'être la même dans toutes les régions océaniques et de marquer un égal chiffre thermométrique, varie de profondeur suivant les régions et présente une constante de température variable également.

Cette vérité de la progression décroissante résulte des sondages entrepris par James Ross, Fitz Roy et autres marins. Si le premier a fait erreur, dit Elisée Reclus, en fixant à 4 degrés au-dessus de zéro la température constante des couches profondes pour toutes les régions marines : chiffre vrai seulement pour les couches profondes des eaux douces dont il marque la plus grande densité ; s'il est démontré que l'eau de mer ne présente son *maximum* de densité qu'à 2 degrés et plus au-dessous du point de glace ; si des observations directes dans les mers polaires ont permis de constater dans les couches profondes une température inférieure à 4 degrés, pouvant même descendre à plusieurs degrés au-dessous de zéro, l'eau restant liquide pourvu qu'elle ne soit pas agitée : il est certain toutefois que la science n'est pas encore assez riche de faits et d'observations, pour résoudre cette question avec toute la rigueur désirable.

La limite supérieure de la zone constante est variable suivant les régions tropicales ou polaires ; et il est probable que chacune de ces régions a sa constante propre de température profonde, comme chacune a sa moyenne de salure, et sa moyenne de température superficielle.

Le liquide océanique de la terre, à l'instar du liquide sanguin des animaux et de la séve des végétaux, possède des caractères physiques et chimiques, dont la constance n'exclut pas de nombreuses variétés du plus au moins, suivant les régions où on l'examine. Ainsi, pour établir un parallèle phy-

siologique entre le sang et la mer : la température de l'océan
dans les couches superficielles, c'est-à-dire considérée relativement à l'étendue sur la planète, marque des degrés divers
dans les différents bassins et offre sa différence *maxima* entre
l'équateur, centre physiologique de la terre, et les pôles qui
en sont les extrémités ; de même le sang, toute proportion
gardée, a une température qui varie avec chaque organe,
quelquefois avec les deux systèmes vasculaires d'un même
organe, plus élevée par exemple dans les veines sus-hépati-
ques que dans les artères de ce nom pour le foie, et qui varie
principalement de 4 à 5 degrés des extrémités aux parties
centrales : d'un autre côté, considérée des couches superficielles aux couches profondes la température va en diminuant
jusqu'au niveau de la zone constante dans l'océan, tandis que
dans le sang elle va en augmentant de la périphérie au centre : progression en sens inverse toute naturelle, quand on
sait que la mer a pour principal agent de sa température élevée le soleil dont l'influence est extérieure, et que le sang est
lui-même son foyer de chaleur par les mouvements qui s'accomplissent dans l'intimité organique ; où les phénomènes de
nutrition sont plus actifs au centre qu'à la périphérie, et le
rayonnement à son *minimum* d'intensité.

Si l'on compare le degré de salure du liquide océanique et
les proportions d'éléments constituants du liquide sanguin,
on remarque des différences analogues suivant les régions
observées, et que la quantité des éléments est proportionnelle
en général à l'intensité des mouvements vitaux : *maximum*
dans le foie, dans la rate, dans les reins pour le sang ; *maximum* dans les régions équatoriales pour l'océan.

La constance des éléments, la variabilité des proportions
suivant les régions et les organes, et la constance des proportions pour une région ou un organe donné : voilà les trois
caractères essentiels que présentent dans leur constitution chimique le liquide océanique et le liquide vasculaire.

Les flots sont sans cesse renouvelés dans les nombreux bassins de l'océan, par des courants qui se rattachent à la circulation générale ; le sang est sans cesse renouvelé dans les capillaires des organes, par le sang révivifié qui arrive des artères et du cœur : cependant chaque bassin conserve son cachet spécial dans la proportion de ses éléments, et chaque organe dans celle du sang qui le nourrit. Constance admirable, relevant des propriétés physiologiques locales et intrinsèques de chaque bassin et de chaque organe, dont elle proclame la vitalité !

Les phénomènes auxquels on peut rattacher la constance des proportions sont, pour chaque bassin océanique : la circulation intermédiaire sous-marine, l'apport des fleuves et des rivières, l'évaporation superficielle.

L'océan, considéré comme organe isolé, représente une individualité fonctionnelle, une unité physiologique vasculaire, dont les courants sont l'image des artères et des veines de la circulation animale, et dont les couches intermédiaires, relativement calmes, animées seulement par le mouvement des vagues et de la marée, et principalement les couches profondes, que l'examen microscopique des coquillages autorise à regarder en certaines régions comme absolument calmes et privées de mouvements sensibles, sont l'image du système capillaire ; où la circulation plus lente favorise les mouvements intrinsèques des supports vitaux, leurs transformations et leurs évolutions.

Envisagé dans ses rapports avec les deux autres organes du même organisme planétaire, l'océan est relié au foyer central par la circulation aquatique intermédiaire, à laquelle se rattache le système des fleuves et des rivières ; et à l'atmosphère par le phénomène de l'évaporation, par la circulation mécanique des nuages et leur résolution en pluie : ainsi la circulation océanique est une fraction de la grande circulation aquatique générale.

On se ferait une idée fausse des courants et de leurs anastomoses, si on croyait à un cours toujours régulier et sensible, comme celui du courant sanguin emprisonné dans les parois de son cylindre vasculaire. L'observation n'a pas encore permis de constater rigoureusement les jonctions anastomotiques de tous les courants. Mais, outre que ces recherches sont entourées de difficultés sérieuses et qu'il est difficile de constater des courants affaiblis et sous-marins, il faut savoir que le courant, en tant que courant, peut diminuer progressivement d'intensité au point de devenir insensible pour nous, sans cesser pour cela d'être intact dans son individualité, d'avoir son existence et son activité propre, et de poursuivre sa ligne de communication physiologique avec les autres courants. Le dynamisme des courants peut osciller d'un *maximum* à un *minimum*, sans se détruire, sans s'éteindre. La vitalité intrinsèque des supports océaniques est un garant de leur stabilité physiologique. Seuls, comme je l'ai dit précédemment, les courants secondaires sont susceptibles de changer de direction et de siége; mais tous sont variables dans leur intensité : c'est une loi vitale de physiologie comparée.

La prédominance des points d'appel, la prépondérance fonctionnelle des foyers secondaires volcaniques règle le trajet, et les changements de direction des courants de second ou de troisième ordre.

L'oscillation d'un *maximum* à un *minimum* dynamique est également vraie pour les courants naissants que pour les courants formés.

Il est un phénomène d'observation, rendant parfaitement compte de ce jeu dynamique : je veux parler des *filets* d'inégale température, les uns plus chauds, les autres plus froids, qu'on a signalés dans le cours des deux Gulf-stream.

Je dis qu'il faut généraliser ce fait en une vaste conception physiologique, applicable non-seulement au liquide marin, et à la force calorique, mais également aux laves cellulaires et à l'atmosphère, et aux forces vives en général. Nous verrons de plus en plus l'importance de ces *filets dynamiques*.

Les courants ne sont à leur origine que de simples filets dynamiques, éloignés les uns des autres; leur nombre augmente progressivement, leur rapprochement se fait; et le courant formé, tout fier de la majesté de son cours et de la noblesse de ses rives, représente à l'imagination qui veut le décomposer en ses éléments, un assemblage physiologique, un faisceau vivant de filets dynamiques. Tels on voit, dans l'organisme animal, les muscles volontaires composés de faisceaux striés, et ces faisceaux eux-mêmes formés d'un assemblage de fibrilles musculaires.

CHAPITRE III

Organe atmosphérique.

ART. Iᵉʳ. — *Théorie physiologique des courants de l'atmosphère.*

Organe périphérique de la planète, l'atmosphère, sous une modalité différente de supports, a le même type d'organisation et le même genre de mouvements que l'océan et que le foyer tellurique : des marées périodiques et une circulation régulière, avec des espaces de ralentissement dynamique et de prolifération fonctionnelle.

L'atmosphère, plus que les autres organes, est en rapport direct et plus intime d'activité avec le soleil. Les atomes de l'éther, en tant qu'atomes de constitution, pénètrent également ment les trois organes et font partie intégrante de tous les éléments organiques, mais sont associés particulièrement, en tant qu'atomes libres, aux supports de l'atmosphère. Ils sont avec eux en contact incessant; ils opèrent des transformations de forces et des échanges de mouvements, dont l'existence est nécessaire à l'entretien de la vie et de toutes les manifestations vitales de la planète, des animaux et des végétaux.

Partant de là, je suis autorisé à chercher la cause fondamentale des mouvements atmosphériques dans la zone supérieure, laquelle regarde le soleil et les espaces interplanétaires; de même que j'ai cherché la cause des mouvements océaniques dans la zone inférieure, ou mieux dans les couches terrestres intermédiaires de la circulation interorganique. Je dis que la zone supérieure de l'atmosphère, dans une étendue quelconque, représente fonctionnellement pour cet organe dans ses rapports avec le soleil ce que le système anastomotique représente, dans les rapports de l'océan et du foyer tellurique.

Ainsi considérée, l'atmosphère est l'image renversée de la mer : celle-là ayant dans ses régions supérieures la zone tranquille que celle-ci possède dans ses régions profondes; l'une enfonçant pour ainsi dire ses racines vivantes dans les flots des rayons lumineux, comme l'autre ses golfes sous-marins dans le sein de l'organe solide; la première puisant dans la source du soleil le principe régulateur de son activité comme la seconde dans la source intraterrestre, et toutes deux se répondant par leur zone superficielle, où les mouvements se développent avec le *maximum* de leur dynamisme. L'agitation des flots est plus grande et plus fréquente dans les couches apparentes de la mer, et l'agitation aérienne dans les couches voisines de la terre et de l'océan, les tempêtes ne tourmentent pas les régions de la profondeur, où s'accomplissent, comme au berceau physiologique de ces organes, dans le calme favorable à leur évolution, les premiers mouvements de leurs fonctions importantes. Il est avéré, par l'examen des coquillages recueillis, que les couches profondes de la mer, au moins dans certaines régions, sont privées de mouvements appréciables et de courants; et, par l'étude des nuages et des courants qui les dirigent, que les couches supérieures de l'atmosphère sont dans un état analogue d'immobilité apparente : le calme de ces zones extrêmes est réservé aux mouvements intimes de prolifération, première phase de toute fonction.

Quiconque a observé l'atmosphère et les nuages dont elle est semée, répandus çà et là comme des îles dans l'océan ou agglomérés par masses comme des continents, sait qu'elle est sillonnée de nombreux courants, superposés par étage et séparés par des intervalles de calme; que la rapidité de ces courants, d'une manière générale, est d'autant plus grande qu'ils sont plus rapprochés de la surface terrestre; que, dans les jours où il est donné de voir trois étages de courants marqués par trois couches de nuages, la rapidité du courant inférieur est la plus forte et celle du courant supérieur la plus faible.

Ces faits, rapprochés des faits analogues tirés de l'observation océanique, et appuyés sur les rapports physiologiques qui existent entre les trois organes planétaires à leur point de contact, révèlent l'existence d'une zone de calmes dans la profondeur de l'atmosphère.

Nous pouvons donc déjà diviser l'atmosphère en deux grandes zones : celle des calmes et celle des courants, zone solaire et zone terrestre, zone constante et zone variable.

S'il est impossible de préciser la limite et la hauteur respectives de ces deux zones, toutefois on peut tenir pour certain que la transition de l'une à l'autre se fait insensiblement; que les courants des couches supérieures de la zone terrestre sont de plus en plus faibles et ralentis; qu'à un point donné les courants proprement dits cessent, la circulation s'arrête n'ayant plus sa raison d'être, et que des mouvements partiels et irréguliers, alternatives de calme et de brise folle, animent seuls le désert de ces hautes régions, au-dessus desquelles le calme régulier de la zone solaire s'étend jusqu'à des limites extrêmes. On sait aussi que la moitié du poids d'une colonne atmosphérique correspond à la hauteur de 5,600 mètres, à cause de la raréfaction progressive des couches supérieures, et que le milieu géométrique ne coïncide pas avec le milieu physiologique; que les vents alizés de retour ne commencent, dans la zone équatoriale, qu'à la hauteur de 7 à 8 kilomètres au-dessus du niveau de la mer, et que la zone terrestre s'élève plus haut encore, au-dessus des montagnes les plus grandioses; que Glaisher et Coxwel, le 5 septembre 1862, ont atteint dans une ascension aérostatique la limite extrême de 10,000 mètres, au delà de laquelle la vie humaine s'éteint et

où le baromètre marquait 165 millimètres, et que la limite
des deux zones est encore supérieure à ce niveau.

Le calme, dont j'ai déjà constaté l'existence relative dans
les laves cellulaires et dans l'organe océanique, occupe une
place essentielle dans la constitution de l'atmosphère.

Il est nécessaire pour l'intelligence du mécanisme, et conforme à la vérité, de distinguer des calmes constants et des
calmes transitoires ; les uns périodiques, les autres non périodiques ; les uns absolus, les autres relatifs.

Le soir, sur les rivages de l'océan, quand la brise de mer
se ralentit et s'endort au déclin et au coucher du soleil, après
avoir pendant le jour caressé de sa fraîche haleine la face altérée des terres, il règne un intervalle de calme, dont la
durée peut être de quelques heures, avant que la brise de
terre qui doit la remplacer ne s'élève dans l'empire de la
nuit. Le même phénomène se reproduit le matin, quand le
soleil de retour dissipe les ténèbres et rend à la brise de mer
sa force et sa fraîcheur.

Quand une tempête est en imminence, un ouragan sur la
terre, un cyclone dans la mer des Indes, un typhon dans les
mers de Chine, on dirait que les éléments atmosphériques se
recueillent un instant pour décupler leur force ; on pressent
que la violence des vents déchaînés sera proportionnelle au
calme précurseur, que dans ce silence de mort un enfantement extraordinaire se prépare ; et la nature, dont la sombre
immobilité nous impressionne tristement, est l'image d'une
femme endormie, ignorante du malheur qui la menace.

Même concentration s'élabore dans un calme identique,
lorsqu'un volcan est en travail dans ses profondeurs inconnues, ou quand les couches corticales de la terre sont mena-
cées d'un tremblement insolite, de secousses véritablement
convulsives ; et, si ces phénomènes doivent se développer au
voisinage des côtes, le calme prodromique se manifeste dans
la mer qui devient unie comme un miroir, et dans l'atmosphère où une plume légère ne peut plus se soutenir : c'est ce

qui fut observé dans le tremblement de terre du Pérou, le 13 septembre 1868.

Cette généralité d'application donne une idée de l'importance du calme dans l'organisation planétaire. C'est un état physiologique particulier, adapté à une fonction spéciale.

L'observation raisonnée des courants, dont la rapidité va en s'amoindrissant de la terre vers le soleil ; le parallèle des régions supérieures et inférieures au point de vue du but fonctionnel à atteindre, celui des premières nécessitant le repos des éléments atmosphériques et celui des secondes au contraire des courants établis et réguliers : tout nous conduit à la certitude physiologique que l'état de calme permanent est l'état où se trouvent les éléments de l'atmosphère dans la zone solaire.

La distinction de deux zones, physiologiquement différentes, est capitale dans l'organisation atmosphérique, rappelle des conditions analogues dans l'océan, et conduit l'esprit sur le terrain de l'organisation animale, où le système capillaire, marié au cellulaire dans une fonctionnalité commune, est au système général artério-veineux, malgré les différences voulues par la situation anatomique diverse, ce que la zone de calme solaire est dans l'atmosphère à la zone terrestre des courants.

Des couches inférieures aux couches supérieures, les nuages diminuant en nombre, en volume, en couleur, et par conséquent dans la quantité de vapeurs d'eau qu'ils contiennent, dont leurs caractères physiques relèvent, et la rapidité de leur cours décroissant dans les mêmes rapports : voilà deux phénomènes certains, liés l'un à l'autre, dont la déduction naturelle est le ralentissement des courants atmosphériques de bas en haut ; deux phénomènes qui établissent une corrélation intime entre les nuages et les courants, où ceux-là deviennent les signes sensibles des courants invisibles, et où l'on peut conclure de l'absence de nuages au delà de certaines limites à la disparition prochaine des courants réguliers. Ni

ceux-ci ni ceux-là n'ont une raison d'être physiologique dans
la zone solaire.

Les deux zones atmosphériques ayant chacune une fonction distincte, il faut savoir s'il existe un rapport de causalité
entre les phénomènes de l'une et ceux de l'autre, et dans
laquelle ce principe générateur doit être placé; en d'autres
termes, il s'agit de décider laquelle des deux mérite le nom
de *zone-mère*.

L'existence du rapport de causalité est une nécessité physiologique, et le siége de ce principe dans la zone solaire est
une chose non moins certaine. Tout le démontre : le rôle
physiologique du calme dans les divers phénomènes de notre
planète; la nature des forces vives, dont la suractivité en
toute occurrence doit s'élaborer dans un état de repos relatif, et cette observation universelle que la génération des
mouvements s'accomplit toujours du petit au grand. Les
courants atmosphériques ne sont pas l'origine des intervalles
de calme qui les séparent les uns des autres; les grands vents
n'engendrent pas le calme qui les annonce, ni le calme qui
leur succède; les tremblements de terre et les éruptions volcaniques ne sont pas la cause génératrice du calme prodromique : donc, en remontant du petit au grand, de la fonction
à la zone fonctionnelle, les courants de la zone terrestre ne
sont pas le berceau ni la source du calme des hautes régions.
Il répugne à l'esprit de penser à la genèse du calme par le
mouvement : aucun fait, soit d'expérimentation ou d'observation, ne peut donner une base à cette idée.

D'une manière générale, le calme est l'origine des courants; c'est une situation physiologique où des forces s'élaborent, où se préparent des mouvements. Il est vrai de regarder la zone solaire comme la zone-mère des phénomènes
atmosphériques, et les calmes qui descendent dans la zone
terrestre, aux régions équatoriale et tropicales, comme des
prolongements de celle-là. Ainsi se préparent, dans le cours
ralenti des capillaires, toutes les forces qui doivent se répan-

dre ensuite dans l'organisme animal et en produire les mouvements. Entre les courants de la zone variable et les calmes
de la zone constante, la même relation physiologique existe
qu'entre le calme prodromique et la tempête qui va se dé-
chaîner, ou le tremblement qui va ébranler les assises de la
terre.

Loin de moi la pensée de rétrécir en sa grandeur physiologique le mécanisme des phénomènes de l'atmosphère, et de
masquer les relations intimes et incessantes qui sauvegardent
l'harmonie de l'unité vitale entre les trois organes de la planète, de même qu'entre celle-ci et le noyau solaire! En réalité la zone des courants relève à la fois de la zone-mère et
de l'organe tellurique, par l'intermédiaire de l'océan ; les
modifications dynamiques de la zone-mère relèvent du
soleil.

On peut se faire une idée de ces calmes solaires, et en voir
l'image dans les zones partielles de calmes, réparties dans
le domaine des courants, à part la différence de raréfaction
atmosphérique ; laquelle, dans les régions les plus éloignées,
doit atteindre un degré considérable.

Sans parler des calmes transitoires, périodiques ou non, il
faut regarder les calmes constants de la zone des courants
comme le reflet physiologique, et comme les prolongements
anatomiques du grand département supérieur des calmes
solaires.

Ces calmes prolongés occupent trois régions distinctes,
dont ils reçoivent le nom ; ce sont les *calmes équatoriaux*, les
calmes tropicaux et les *calmes polaires :* les deux derniers étant
doubles comme les régions de ce nom, et inférieurs aux
calmes de l'équateur par la durée de leur règne et l'étendue
de leur empire.

L'idée qu'on doit avoir des calmes terrestres est celle-ci :
masse d'air où l'immobilité de ses éléments est en permanence de travail fonctionnel, où il n'existe aucun courant
constant, où la plume la plus légère tenue en suspension

n'éprouve aucune oscillation, mais où parfois s'élèvent des brises folles, soufflant, sans aucune apparence de loi, de tous les points de l'horizon ; où l'on voit même des coups de vents violents, qui s'éteignent bientôt et tombent comme un coureur sans haleine : régions couvertes par places de nuages nombreux, d'où s'épanchent des pluies continues et d'une telle abondance, qu'on a pu puiser de l'eau douce à la surface de la mer.

Les calmes équatoriaux forment une zone continue, entourant le globe terrestre comme d'une ceinture. Ils varient en largeur suivant l'océan et suivant la saison : dans l'océan Atlantique leurs limites oscillent entre 250 et 1,000 kilomètres, la plus grande étendue se développant en été ; dans l'océan Pacifique les oscillations se font entre 220 et 1,350 kilomètres. La latitude de ces calmes varie avec la marche du soleil, ou avec l'inclinaison de la terre vers cet astre ; c'est-à-dire qu'elle se conforme aux mouvements périodiques de la circulation tellurique interpolaire. Les limites extrêmes de cette latitude sont 3 degrés sud et 17 degrés nord ; c'est-à-dire que ces calmes se promènent du sud au nord dans un espace d'environ 20 degrés de latitude : soit 400 lieues marines, la lieue marine mesurant 5,555 mètres.

De même que les calmes équatoriaux, les calmes tropicaux forment une zone variable d'étendue et de latitude ; mais loin d'envelopper le globe d'une ceinture continue, ils représentent une bande interrompue, d'une durée transitoire : ce ne sont pas des calmes constants, dans toute la rigueur du mot.

Les limites extrêmes de largeur des calmes du Cancer sont, suivant les saisons, 17 et 38 degrés de latitude nord. Leur champ d'oscillation est aussi de 20 degrés de latitude, comme celui des calmes équatoriaux.

Les calmes polaires sont peu connus ; mais l'analogie autorise à les rapprocher des précédents.

La terre, à ne considérer que le département inférieur des

courants, est entourée d'une couche atmosphérique partagée en cinq zones : la zone des calmes équatoriaux ; la zone double des vents alizés, nord-est et sud-est ; la zone double des calmes tropicaux ; la zone double des vents variables, sud-ouest et nord-ouest prédominants ; et la zone double des calmes polaires. Le département supérieur des calmes solaires couvre, comme d'un manteau uniforme, ce département inférieur formé de calmes et de courants.

Cette masse atmosphérique, que des liens fonctionnels relient physiologiquement à l'océan et au foyer intraterrestre, n'est retenue néanmoins par aucune attache anatomique. Cette disposition lui permet, tout en suivant le mouvement général de rotation diurne, d'accomplir des déplacements intrinsèques, soit dans un sens, soit dans un autre.

L'atmosphère oscille autour de la terre d'un pôle à l'autre, et le fait dans toute sa masse de la manière suivante : de la fin de mai à la fin d'août toutes les zones de calmes et de courants s'élèvent progressivement vers le nord, jusqu'à une certaine limite, 17 degrés pour les calmes équatoriaux et 38 pour les calmes du Cancer, où elles s'arrêtent et demeurent à peu près stationnaires jusqu'en hiver, à la fin de novembre : du commencement de décembre à celui de mars, ces mêmes zones retournent vers le sud, où elles s'arrêtent à une limite de 3 degrés sud pour les calmes équatoriaux et de 24 pour ceux du Capricorne ; station qui dure encore trois mois, jusqu'à la fin de mai ; et alors recommence le mouvement boréal, puis de nouveau le mouvement austral, et ainsi de suite. Il est évident que les calmes polaires subissent un déplacement analogue, inclinent tantôt à droite, tantôt à gauche du pôle tellurique, et ne sont jamais avec lui en superposition anatomique parfaite.

Donc la zone des calmes, dit Maury, n'oscille pas de mois en mois avec le soleil ; elle parcourt son oscillation nord en trois mois, puis reste trois mois stationnaire ; elle parcourt

ensuite son oscillation sud en trois mois, puis reste encore
trois mois stationnaire.

Je ferai remarquer que cette oscillation atmosphérique
s'accomplit en coïncidence avec les mouvements de la circulation interpolaire ; que l'inclinaison boréale de l'atmosphère
persiste pendant les six mois du courant centrifuge et du
courant centripète du même côté ; qu'il en est ainsi de l'inclinaison australe à l'égard de la circulation de ce nom ; que le
mouvement de déplacement atmosphérique se fait avec l'ascension des laves centrifuges, et que l'état stationnaire coïncide avec le retour des laves centripètes, étant retenu par
l'attraction fonctionnelle du ganglion polaire en suractivité ;
que cette marée atmosphérique transversale, avec flux et
reflux périodiques, est une preuve nouvelle à l'appui du système tellurique de circulation interpolaire. J'ajouterai que
l'équateur atmosphérique ne correspond pas à l'équateur tellurique ; pas plus que le pôle atmosphérique au pôle tellurique ; et que tout le système des zones atmosphériques incline
vers l'hémisphère septentrional.

A ce fait de prépondérance boréale, il faut ajouter que les
pluies, les brumes, le tonnerre, les tempêtes et les calmes
sont plus fréquents et plus irréguliers dans l'hémisphère nord
que dans l'hémisphère sud.

Les mouvements de l'océan, courants et marées, relèvent
tous de la circulation diagonale ou de la circulation périphérique avec son système ganglionnaire ; aucun n'est en rapport avec la circulation interpolaire, à moins que ce soit les
marées océaniques des pôles, lesquelles demeurent encore
dans le domaine des hypothèses. Mais il faut reconnaître que
cette oscillation atmosphérique, coïncidant avec l'oscillation
périodique des laves interpolaires, augmente beaucoup les
présomptions en faveur des marées polaires trimestrielles.
Ainsi serait réalisée de tous points la fusion physiologique
des trois organes planétaires : la circulation périphérique
présidant particulièrement à la rotation et à la translation de

la terre; le système des ganglions périphériques, aux courants de l'océan et aux éruptions volcaniques, comme on le
verra plus loin ; la circulation diagonale, aux marées océaniques et aux marées de l'atmosphère ; la circulation interpolaire, au mouvement d'inclinaison terrestre, aux marées
des pôles et aux oscillations de l'atmosphère d'un pôle à l'autre. Harmonie fonctionnelle admirable, source féconde de
pensées sublimes, aussi simple dans sa conception que magnifique dans ses résultats !

Aux précédentes oscillations, si nous ajoutons les marées
verticales, et les courants de l'atmosphère, de toutes vitesses
et de toutes directions, les uns dans le sens de la rotation
diurne les autres en sens contraire, des pôles à l'équateur
et de l'équateur aux pôles, on aura une idée complète des
déplacements qu'éprouve la masse atmosphérique, autour du
globe planétaire et à la surface de l'océan.

Dans son beau livre de la *Géographie physique de la mer*,
Maury a donné des courants de l'atmosphère, comme il
l'a fait des courants de l'océan, une théorie très ingénieuse,
mais non conforme aux enseignements de la physiologie.

« Tout esprit juste, dit-il très bien, doit conclure, en exa-
« minant l'économie de l'univers, que les lois qui régissent
« l'atmosphère et l'océan, sont celles que le Créateur a don-
« nées comme lois d'ordre au monde entier. »

Dans l'hémisphère nord, en prenant le pôle pour point de
départ, un courant supérieur, issu des calmes polaires, se
dirige vers les calmes du tropique du Cancer comme vent
nord-est; descend à cet endroit, traverse les calmes, devient
courant inférieur ou de surface, et gagne la zone équatoriale
sous le nom de vent alizé nord-est. Là il remonte dans les régions supérieures, devient contre-courant des alizés, retourne
vent sud-ouest à la zone du Cancer, descend encore, traverse
ces calmes, et rentre au pôle son point de départ comme
vent sud-ouest inférieur.

En résumé deux courants au point de vue de la direction et quatre courants au point de vue de la situation supérieure ou inférieure : un courant nord-est soufflant du pôle à l'équateur, courant supérieur jusqu'aux calmes du Cancer et courant inférieur ensuite; un courant sud-ouest soufflant de l'équateur au pôle, vent supérieur jusqu'aux calmes du Cancer et vent inférieur ensuite.

Pour l'hémisphère méridional, le système circulatoire est l'image renversée du précédent : un courant sud-est soufflant du pôle à l'équateur, supérieur jusqu'aux calmes du Capricorne, inférieur ensuite ou alizé de surface; un courant nord-ouest soufflant de l'équateur au pôle, supérieur ou alizé de retour jusqu'aux calmes du Capricorne, vent de surface ensuite.

Cependant la circulation des deux hémisphères, loin d'être indépendante l'une de l'autre, se fusionne dans la zone des calmes équatoriaux : les deux alizés se rencontrent, remontent vers les régions supérieures, se croisent en partie et deviennent courants de retour ou contre-courants : l'alizé nord-est se poursuit partiellement dans le contre-courant nord-ouest de l'hémisphère sud; et l'alizé sud est dans le contre-courant sud-ouest de l'hémisphère nord.

Tel est en résumé le système de circulation atmosphérique donné par Maury. Mais sa théorie, c'est-à-dire sa manière de concevoir le mécanisme de cette circulation, est toute mécanique. Pour lui, les zones de calmes sont produites par la rencontre de deux courants animés d'égale rapidité, dont la vitesse acquise se détruit dans le choc; pour lui les courants sont engendrés par les inégalités de température, et leur direction assurée par la force magnétique : ce sont les propriétés magnétiques de l'air, relevant des modifications que subit l'oxygène en présence d'une élévation de température, qui entretiennent la circulation de l'atmosphère. « C'est proba-« blement là, dit-il (page 184), l'agent mystérieux qui guide « les vents d'un hémisphère dans l'autre, avec tout leur cor-

« tége de nuages et d'infusoires qui traversent ainsi les régions
« de calme du Capricorne et du Cancer. »

Je ne puis me défendre de dire que l'idée d'un croisement
complet et régulier, dans la circulation atmosphérique, ne
peut être acceptée avec la durée transitoire des calmes tropicaux, non plus qu'avec les directions multiples des vents de
la zone variable : il faudrait, pour l'admission de cette théorie, que la zone des calmes tropicaux fût constante comme
celle des calmes équatoriaux, et que la zone des vents variables fût une zone de courants constants. Je dis aussi que la
rencontre de deux courants en sens opposé ne peut, en
aucune manière, expliquer les calmes ou nœuds atmosphériques : il suffit, pour le comprendre, de songer à la largeur
variable de ces zones, laquelle s'agrandissant en été refoule
les alizés vers les tropiques, et en hiver les attire en se contractant; faisant pressentir en cela la participation active
d'influences extrinsèques, en même temps que la passivité
relative des courants, en tant que forces mécaniques. La
violence des vents et l'ampleur de leur cours ne sont-elles pas
comme perdues, dans l'immensité de l'océan atmosphérique?
Enfin, si l'on se représente comparativement la rapidité des
vents alizés et la lenteur relative des courants ascendants
dans les calmes équatoriaux, on comprendra qu'il existe dans
cette zone autre chose qu'une simple masse d'air inerte,
rendue immobile par la destruction de deux vitesses acquises;
et qu'il s'y accomplit des phénomènes essentiels au point
de vue de la physiologie atmosphérique.

Dans un organisme formé de trois organes distincts anatomiquement, et reliés ensemble par des liens physiologiques,
il est impossible que des analogies n'existent pas entre ceux-
ci, et ne permettent, étant connu le mécanisme fonctionnel
des deux premiers, de découvrir celui du troisième. Qui
plus est, sachant les rapports physiologiques qui unissent
le foyer tellurique et l'océan à la lune et au soleil, nous
pouvons en déduire sans hésiter que des rapports analogues

se produisent entre ces corps éloignés et l'atmosphère.

Ce qui frappe tout d'abord, c'est la coïncidence de superposition des calmes équatoriaux et du grand canal équatorial
de la circulation périphérique ; coïncidence qui a lieu au
foyer de la Sonde comme au foyer des Antilles, tous deux
représentés par d'énormes ganglions périphériques, où prennent leur source les courants marins principaux.

Que si la zone des calmes équatoriaux empiète davantage
sur l'hémisphère septentrional ; que si, d'une manière générale, les courants océaniques sont plus intenses dans le même
hémisphère ; que si tous les phénomènes hyperdynamiques
de l'atmosphère et de l'océan affectent une pareille préférence, dans la fréquence de leur apparition et dans la violence de leur manifestation, cette particularité constante
devant avoir sa raison d'être dans un fait anatomique constant, et non dans les éléments mobiles où elle se développe,
non plus que dans la lune ni dans le noyau solaire ; il est indiqué d'en chercher la cause dans l'organe tellurique lui-
même où elle ne saurait avoir d'autre siége que les canaux
circulatoires, et les ganglions sur leurs flancs disséminés. En
définitive, cette cause anatomique, impliquant nécessairement un état physiologique proportionnel, n'est autre qu'une
prépondérance de volume ou de nombre des canaux et des
ganglions dans l'hémisphère nord ; soit dans la circulation
périphérique, ou dans la diagonale ; soit dans la circulation
interpolaire ou dans les trois à la fois.

Si l'on considère que les continents, plus nombreux dans
l'hémisphère septentrional, nous ont conduit à la même conclusion ; que le foyer des Antilles a une position sus-équato-
riale ; que les volcans sont en plus grande quantité dans
l'hémisphère nord que dans le sud, ce qui s'accorde avec pareille prédominance des courants océaniques, des tempêtes
et des ouragans ; il ne restera plus de doute à cette proposi-
tion : que l'hémisphère boréal est en suractivité physiologique vis-à-vis de l'hémisphère austral, dans les trois organes

également; et que cet hyperdynamisme fonctionnel relève d'une prépondérance anatomique dans le foyer intraterrestre, de la moitié septentrionale sur la moitié méridionale.

Il n'est pas sans intérêt de rapprocher de ces considérations les différences des races humaines; et de dire, d'une manière générale, que les hommes de l'hémisphère nord sont nés plus intelligents et plus perfectibles que ceux de l'hémisphère sud.

Comme nous avons vu les courants de l'océan, le Gulfstream en particulier, et les laves centrifuges de la circulation interpolaire suivre vers le pôle l'attraction du soleil; ainsi les zones des calmes et des courants atmosphériques subissent cette influence : le soleil les entraîne à la fois vers le pôle boréal dans la saison où il marche vers le tropique du Cancer, et vers le pôle austral dans la saison où il se dirige vers le tropique du Capricorne. Mais le mouvement des laves cellulaires reste toujours la cause première et principale de ces oscillations. Ce sont elles qui produisent, par leur oscillation interpolaire, le mouvement d'inclinaison terrestre, d'où dépend l'oscillation apparente du soleil.

Des coïncidences pleines d'enseignement apparaissent pour les calmes tropicaux : la superposition des calmes du Cancer sur le courant atlantique de ce nom, sur le désert de Sahara, sur le courant Pacifique du Cancer, et sur la partie supérieure du foyer des Antilles; la superposition des calmes du Capricorne sur le courant atlantique de ce nom, sur le courant analogue de l'océan Indien et sur le courant analogue du grand Pacifique.

D'autre part, les calmes polaires coïncident par superposition aux ganglions de ce nom, à la mer libre au nord, à une mer centrale au sud et à des foyers volcaniques.

Il convient d'ajouter que les calmes tropicaux, par suite de leur déplacement et de leur variation d'étendue, sont plus ou moins en rapport soit avec les courants circulaires de l'océan, soit avec les calmes relatifs que ceux-ci interceptent dans leur trajet. Ces calmes relatifs, susceptibles à l'occasion d'être bouleversés par des tempêtes, mais privés de courants réguliers, représentent comme les plaines de l'océan, au travers desquelles les courants tracent leur route.

Si les calmes atmosphériques recouvrent une zone terrestre plutôt qu'une autre, et si les calmes tropicaux ont une durée moins constante que les équatoriaux, la cause de ces lieux d'élection et de cette différence entre eux doit être cherchée plutôt dans l'organe tellurique que dans l'atmosphère elle-même.

Le lien qui fixe le lieu d'élection des calmes et qui en garantit la durée ne peut être qu'un lien physiologique ou fonctionnel ; et, comme il n'y a pas de fonction sans attraction correspondante et sans phénomènes de prolifération, il faut en déduire qu'il existe, entre les calmes de l'atmosphère et les régions telluriques sous-jacentes, des rapports tels que l'on y trouvera, en même temps que dans la zone-mère, la clef du mécanisme des courants.

Les calmes équatoriaux ont un lien physiologique avec le grand canal équatorial de la circulation périphérique, et avec les puissants ganglions à manifestations volcaniques qui constituent le foyer de la Sonde et le foyer des Antilles ; tellement que ces superpositions anatomiques que j'ai signalées plus haut, loin de se faire par coïncidence fortuite, se rattachent à ce que la planète a de plus intime dans son organisation et dans le fonctionnement de son mécanisme vital.

Les calmes polaires ont un lien physiologique bien accentué dans les ganglions volumineux et puissants, qui terminent aux deux pôles la circulation interpolaire.

Les calmes tropicaux tiennent physiologiquement à un canal sous-jacent de la circulation périphérique ; mais ce canal est secondaire, moins actif, ne possède disséminés sur son cours que de rares foyers ganglionnaires ; et il est juste de voir un rapport de cause à effet, entre cette infériorité relative du canal et les caractères moins prononcés des calmes tropicaux.

Ces relations d'ordre physiologique, loin d'être une vaine hypothèse, sont corroborées par le caractère même des calmes ; par leur rotation dans le sens du mouvement de rotation diurne, quoique moins rapide que celle-ci, comme le démontre l'observation des nuages équatoriaux ; par l'absence de courants réguliers, et par le tourbillon ou courant atmosphérique circulaire, que les physiciens admettent autour des calmes polaires, tournant aussi de l'occident en orient dans le sens de la rotation diurne. Les tourbillons circumpolaires ; les calmes circulaires des tropiques et de l'équateur ; les courants océaniques circulaires du Cancer et du Capricorne, et les courants équatoriaux parallèles dans l'océan Pacifique, transverses dans les autres océans : tous ces phénomènes dynamiques sont reliés les uns aux autres par un même rapport, tous relèvent des influences telluriques, les premiers des ganglions polaires, les autres des canaux de la circulation périphérique.

D'une manière générale, comme nous le verrons plus loin, le foyer tellurique est une source d'où s'échappent dans l'atmosphère des poussées de forces vives, entraînant avec elles dans leur ascension centrifuge des masses de vapeurs d'eau enlevées à l'océan. Ce mécanisme préside à ce qu'on appelle les changements de temps. Le beau temps, le vent, la pluie, le calme, tout relève de cette fonction interorganique, laquelle elle-même relève du soleil.

On observe ces phénomènes, qui révèlent leur principe, dans toutes les zones atmosphériques, même dans les zones de calmes ; mais ces zones ont pour caractère spécial de présenter le calme comme élément dominant et très accentué, tandis que le vent est à son *minimum* de développement et privé de toute régularité dans son cours. Il ne faut donc pas voir entre les zones de calmes et les zones de courants une différence essentielle, mais seulement une prédominance du calme dans celles-là, et une prédominance du vent dans celles-ci.

Quand le vent souffle dans une zone variable, il témoigne d'une émanation dynamique du foyer intraterrestre au travers de l'océan ; quand le vent retient son haleine et que le calme règne seul dans l'empire aérien, ces deux phénomènes, dont l'un est la négation de l'autre, annoncent également la suspension de cette émanation dynamique ; soit que les laves cellulaires aient épuisé momentanément leur suractivité, ou qu'elles l'emploient à une autre transformation, ou qu'il se soit opéré un déplacement quelconque de ces forces vives centrales. Eh bien ! ce qui est vrai accidentellement pour une zone de courants, est vrai normalement pour une zone de calmes. Dans l'une les courants sont constants et les calmes accidentels ; dans l'autre les calmes sont constants et les courants accidentels. La règle de celle-ci est l'exception de celle-là, et réciproquement.

Il suit de là que les calmes des zones de ce nom doivent être attribués à la réduction *minima* de l'émanation tellurique ; et que ce dégagement *minimum* par voie centrifuge trahit une fonction particulière, où les forces vives des laves cellulaires sont presque absolument employées. Or, il est vrai de dire que les forces telluriques, qui concourent à la rotation et à la translation de la terre, se concentrent comme en autant de résultantes dans les laves périphériques du grand canal équatorial, et dans celles des canaux secondaires des tropiques. Je puis donc faire dépendre ce virement de forces vives, si je puis ainsi dire, de la grande consommation exigée par le mécanisme de la rotation diurne et par celui du déplacement de la terre dans l'espace. Cette dépendance est confirmée par la supériorité des calmes équatoriaux, en rapport avec l'importance majeure du canal équatorial.

A cette absorption des forces vives telluriques par une fonction, vient se joindre, particulièrement pour la zone équatoriale, une nouvelle consommation dynamique dans les

nombreux foyers ganglionnaires, et surtout dans les foyers
de la Sonde et des Antilles. L'émanation tellurique est effectuée dans ces phénomènes, pour les besoins de la prolifération des courants marins.

Dégagement *minimum* d'une part, dégagement et consommation par une autre fonction d'autre part : je reviens ainsi
aux mêmes conclusions générales que pour la zone des vents.

En définitive, je le répète, les calmes de l'atmosphère,
étant une manifestation continue de cet organe, se rattachent
directement à une cause également continue dans l'organe
tellurique. Cette cause est une fonction, une ou plusieurs.
Cette fonction agit à l'égard des calmes par détournement de
forces vives, par déplacement dynamique ; soit qu'il y ait
moindre dégagement centrifuge, soit qu'il y ait dégagement
dans un autre but fonctionnel que celui des courants atmosphériques.

Si les calmes équatoriaux sont constants, ils ne laissent
pas que de former autour de la terre un cercle interrompu
çà et là par des brises quotidiennes et des moussons, que fait
naître le littoral des continents et des îles. C'est ainsi que
dans le foyer de la Sonde, au milieu des îles nombreuses qui
le constituent, les calmes équatoriaux disparaissent. Il paraît
également que dans l'océan Indien les calmes sont peu prononcés, du moins pendant une partie de l'année, pendant
l'été de l'hémisphère nord ; alors que soufflent vers les côtes
asiatiques les moussons sud-ouest, fruits du renversement
des alizés nord-est, alimentés encore par les alizés sud-est de
l'hémisphère sud.

En tenant compte des différences de grandeur, on ne saurait nier qu'il existe une ressemblance de mécanisme et de
propriétés entre les calmes du département terrestre et les
calmes du département solaire ; que si ceux-ci sont le berceau fondamental des phénomènes atmosphériques en général, par les courants magnétiques dont ils sont traversés,
ceux-là sont la source des courants qui séparent entre elles

les zones des calmes; et que, dans le mécanisme général, l'influence tellurique est à la zone terrestre de l'atmosphère ce que l'influence solaire est à la zone-mère. L'action du soleil se reflète dans la zone-mère; l'action de celle-ci dans l'organe tellurique, et celui-ci enfin réagit sur la zone des courants atmosphériques. Telle est la succession de ce mécanisme physiologique, que l'étude du magnétisme rendra plus manifeste.

Dans un organisme cellulaire où manque un agent spécial d'impulsion, et où néanmoins règne une circulation régulière, comme dans l'organe tellurique et dans l'océan, nous avons vu que cet organe particulier, qui fait défaut en tant qu'organe particulier, existe en tant qu'effet produit, et est remplacé comme cause productrice par un foyer de genèse, d'élaboration primitive, par un foyer de prolifération enfin ; et nous savons que ce foyer remplit le double rôle physiologique de foyer d'impulsion et de foyer d'attraction.

Toute fonction qui s'accomplit consume des forces vives; comme telle elle agit par attraction sur les forces et les éléments en disponibilité, si je puis ainsi dire. Mais toute fonction qui s'accomplit produit en même temps des forces vives : comme telle elle devient foyer d'impulsion pour les forces qui dérivent de son sein. Toute fonction est à la fois un berceau et un tombeau. Voilà pourquoi les ganglions dans l'organe tellurique, les foyers volcaniques dans l'océan et dans l'atmosphère les zones de calmes représentent un double foyer d'attraction et de prolifération, pour les courants établis en circulation régulière dans chacun de ces trois organes.

Les zones de calmes, prolongements anatomiques de la zone-mère, ont pour bases organiques de leur lieu d'élection des fonctions majeures qui s'accomplissent dans les organes sous-jacents, l'océan et le foyer terrestre ; puis, étant établies, elles deviennent à leur tour centres de fonctions, et remplissent les rôles de foyer d'attraction et de foyer d'impulsion ou de prolifération, dans l'économie de l'atmosphère.

Au nom de l'analogie, on peut voir dans les trois organes

la même représentation de courants : ceux-ci de l'équateur aux pôles ou des pôles à l'équateur, courants interpolaires des laves, Gulf-stream de l'océan, vents alizés et leur prolongement jusqu'aux pôles : ceux-là ascendants et descendants, courants centrifuges et centripètes de la circulation diagonale, courants océaniques d'anastomose et filets dynamiques d'origine, dans l'atmosphère pareillement filets dynamiques d'origine et courants d'anastomose entre les différentes couches de vents; on pourrait y joindre pour l'océan et l'atmosphère le mouvement des marées en sens vertical, de même que le mouvement d'oscillation interpolaire de l'atmosphère dans la première répartition des mouvements organiques : enfin courants périphériques, plus ou moins dans le sens de la rotation diurne ou en sens inverse, tels que les courants de la circulation des laves dite périphérique, les courants équatoriaux et les courants tropicaux de l'océan, et tels enfin que les vents variables qui soufflent d'orient ou d'occident.

Filets dynamiques d'origine !... tel est en effet le moyen commun de genèse et de prolifération des courants de l'atmosphère et des courants de l'océan. Les calmes, ou nœuds atmosphériques, sont le berceau où apparaissent et se développent ces filets dynamiques. Il en est ainsi dans la profondeur tranquille de l'océan. Et, si l'atmosphère est l'image renversée de l'océan, le soleil remplissant pour celle-là le rôle du foyer tellurique pour celui-ci, on doit nécessairement demander aux hauteurs de la zone-mère l'émergence des courants aériens par l'intermédiaire des filets dynamiques. Mais, en raison de sa situation même, l'atmosphère relève à la fois du soleil par sa zone-mère et de l'organe tellurique par l'intermédiaire de l'océan. Aussi bien existe-t-il, dans la réalité, deux sources ou deux lieux d'émergence pour les courants de l'atmosphère : la région des calmes, solaires et terrestres, je veux dire la zone-mère et les prolongements anatomiques dans le département des courants, et la région marine, qui reçoit ses impressions du foyer intraterrestre.

Ces deux sources des courants aériens, ou vulgairement des vents, se rattachent au système magnétique de l'atmosphère et au système magnétique de la terre.

Dans l'application, il est rationnel de regarder les calmes équatoriaux et les calmes polaires comme les foyers principaux d'attraction et de prolifération, et les calmes des tropiques comme des foyers secondaires ou de renforcement, sans qu'il n'y ait du reste aucune différence de mécanisme, entre les uns et les autres.

Parti de l'équateur, dont la zone des calmes tient la suprématie fonctionnelle vis-à-vis des autres, le courant supérieur sud-ouest de l'hémisphère nord se dirige vers les calmes du Cancer, et vient s'y confondre et disparaître comme un fleuve dans l'immensité de l'océan.

Je ne puis admettre l'hypothèse de l'entrecroisement, proposée par Maury, dans laquelle le courant alizé supérieur deviendrait courant descendant, pour se continuer ensuite courant de surface dans la zone des vents variables. La plus grande hauteur du baromètre ne suffit pas pour justifier cette hypothèse. La vérité est que dans les calmes il n'existe aucun courant proprement dit : l'observation le démontre; et, si l'on voulait soutenir quand même la réalité du courant descendant, dans des proportions très ralenties, en justifiant la différence de vitesse par toute la quantité qui en a été détruite dans le choc des deux courants contraires, il serait toujours incompréhensible qu'un courant pût avoir lieu, quelque ralenti qu'il soit, sans se manifester à nous par des propriétés sensibles; et il faudrait expliquer pourquoi le choc des courants produit, contrairement aux lois physiques et dynamiques, une zone de calmes au lieu d'une zone de tourbillons.

Les zones de calmes ont leur raison dans des conditions plus élevées, dans des conditions d'ordre fonctionnel. Les zones des calmes priment, dans le domaine physiologique, les zones des courants.

Les courants disparaissent dans les calmes; leurs éléments se dissocient; l'association de leurs parties diverses se désagrége; l'unité se divise en ses fractions; l'individualité se fond dans une zone collective, où se préparent les germes de nouvelles individualités; la synthèse descend sur le terrain analytique; le courant d'arrivée est mort, le courant de départ n'est pas encore formé : il n'existe régulièrement dans la zone des calmes que des filets dynamiques ou de prolifération, et accidentellement des brises irrégulières et des coups de vents.

Quoi qu'il en soit, le courant supérieur sud-ouest de la zone constante, virtuellement et non réellement entrecroisé, reparaît comme courant inférieur dans la zone variable, au sortir des calmes du Cancer, et se dirige vers les calmes polaires, où il s'abîme à son tour dans une pareille dissociation.

Parti des calmes polaires du nord, le courant supérieur nord-est se dirige, sous l'attraction des calmes du Cancer, vers leur zone où il disparaît également; de l'autre côté des calmes il est remplacé par un courant inférieur de même direction : c'est l'alizé nord-est, soumis à l'attraction du foyer équatorial où il va s'engloutir.

Dans l'hémisphère méridional, mêmes phénomènes, même simplicité de circulation; mais la direction des courants est, comme je l'ai dit, l'image renversée des précédents.

Le courant nord-ouest, remplaçant le sud-ouest de l'hémisphère septentrional, prend sa source dans les calmes équatoriaux, et trouve dans les calmes du Capricorne un point d'appel qui règle sa direction en même temps qu'un foyer de renforcement et de renouvellement; où, après s'être décomposé, il reparaît sur l'autre rive comme courant inférieur ou de surface, pour poursuivre son cours jusqu'aux calmes polaires, nouveau point d'appel.

Parti de ces calmes, le courant supérieur sud-est, qui remplace le nord-est de l'hémisphère septentrional, obéit au point d'appel des calmes du Capricorne, s'y décompose pour se revivifier, et devient ensuite courant de surface, sous le nom d'alizé sud-est.

Telle est la synthèse théorique des courants aériens; il y en a deux dans chaque hémisphère : nord-est et sud-ouest dans l'hémisphère boréal; sud-est et nord-ouest dans l'hémisphère austral.

La circulation de l'atmosphère est aussi simple en sa constitution essentielle, que celle de l'océan et du centre terrestre; et dans les trois organes règne l'harmonie d'un même mécanisme fonctionnel : foyers de prolifération et d'attraction divisés en principaux et en secondaires; et courants intermédiaires. Les calmes et les groupes ganglionnaires appartiennent à un même ordre physiologique.

Les apparences, il est vrai, semblent faire des courants atmosphériques un système embrouillé, dépouillé de lois fixes et régulières et ayant l'instabilité pour caractère fondamental. Mais en réalité les variations atmosphériques, lesquelles sont propres à la zone dite variable, loin de détruire l'harmonie générale dus ystème, y apportent une confirmation nouvelle; en tant que les causes locales dont elles relèvent sont réglées également par les lois des causes générales. Dans cet ensemble merveilleux on ne sait ce qu'on doit le plus admirer, de la régularité du mécanisme au milieu de la diversité et de l'instabilité des courants dans la zone variable, ou de la régularité des courants constants dans un organe à constitution gazeuse, si mobile par lui-même, et privé de parois emprisonnantes pour les flots aériens qui le traversent. C'est bien là une preuve éclatante, que les lois fonctionnelles sont une plus sûre barrière que les obstacles physiques contre les déchaînements d'un dynamisme révolté! Et c'est ainsi que, dans la société humaine comme dans chaque individualité, les lois religieuses et morales opposent aux passions mauvaises, un frein plus solide et plus durable que la force brutale ou matérielle!

Les courants variables sont propres à l'océan comme à

l'atmosphère, et pour la même raison. Cette propriété des organes mobiles explique les contradictions apparentes des observations de certains navigateurs, les uns signalant un courant dans un sens, les autres niant ce courant ou le signalant dans une direction opposée. Dans l'organe tellurique seul il n'y a pas et il ne peut y avoir de courants variables, en tant que direction, à cause des parois solides formant aux laves cellulaires des canaux réguliers.

On est frappé tout d'abord de voir que les vents variables n'appartiennent qu'à une zone dans chaque hémisphère, dont la largeur est le double de celle des vents constants ou alizés; que le courant supérieur nord-est de cette zone variable est constant; et que les variations ne se manifestent que dans les courants inférieurs ou de surface. En continuant l'observation de ceux-ci, on voit qu'ils sont représentés tantôt par une seule couche de courants, en tant du moins qu'ils soufflent dans une direction unique ; et tantôt par plusieurs couches de courants, soufflant parfois dans la même direction encore avec une vitesse différente, et d'autrefois en sens divers et opposés : on voit également, comme je l'ai déjà dit, que les couches supérieures de courants sont toujours plus lentes et moins agitées, les couches inférieures plus rapides et plus tourmentées ; que le nombre des couches de courants et leur rapidité augmentent dans les mauvais temps; et que, d'une manière générale, le mauvais temps se fait de bas en haut, c'est-à-dire des couches inférieures aux couches supérieures, tandis que le beau temps se fait de haut en bas. „

Le principe de la circulation atmosphérique découle directement des zones de calmes, et indirectement de la zone-mère et du foyer tellurique. Mais, en pratique, si je puis ainsi dire, les causes directrices des courants sont plus nombreuses et plus variées. La modalité des courants relève d'influences multiples.

Il faut diviser les courants de l'atmosphère en trois ordres :

17

les courants *continus* ou constants (alizés) ; les courants *inter-mittents* (moussons, brises de terre et de mer); et les courants *irréguliers* (vents variables).

Un courant est constant et souffle d'une façon continue, lorsque, entre la zone génératrice et la zone qui sert de point d'appel, il n'existe aucun obstacle à la circulation, aucune cause de modification dans la direction du courant. Tous les courants supérieurs sont nécessairement des courants continus : ils soufflent au-dessus des plus hautes montagnes, et à 10,000 mètres au moins au-dessus du niveau de la mer. Tels sont l'alizé de retour sud-ouest dans l'hémisphère septentrional, l'alizé nord-ouest dans l'hémisphère méridional ; tels encore le courant nord-est dans la zone boréale des vents variables, et le courant supérieur sud-est dans la zone australe correspondante. Si le mot alizé (*alis*, uni, régulier) est synonyme de vent continu et constant, on doit embrasser dans cette désignation tous les courants constants, à quelque zone qu'ils appartiennent : alizés inférieurs et supérieurs de la zone constante, alizés supérieurs de la zone variable.

Les obstacles à la direction uniforme des courants sont mécaniques et dynamiques. Les premiers sont des *causes physiques* de déviation, telles que les chaînes de montagnes. Les seconds sont des *causes physiologiques* : celles-ci essentielles et bien autrement importantes que celles-là.

Les causes dynamiques, toutes de l'ordre attractif fonctionnel, sont dans leurs manifestations tantôt intermittentes, tantôt irrégulièrement variables. Si les montagnes représentent les causes physiques, les terres, d'une manière générale, appartiennent aux causes dynamiques ; et plus spécialement les côtes, c'est-à-dire les lieux de transition entre la mer et les terres.

Il paraît étrange d'appliquer aux terres vis-à-vis de l'atmosphère une influence dynamique, tantôt continue, tantôt intermittente, tantôt irrégulière et mobile : rien cependant n'est plus exact en réalité, pour qui veut envisager la

planète comme un organisme vivant, soumis à des variations
d'activité physiologique, et l'atmosphère comme subissant la
double influence dynamique du noyau solaire et de la circulation tellurique. En effet, dans l'action des terres sur les
courants atmosphériques, il faut, pénétrant par la pensée
jusqu'aux entrailles nucléolaires, rapporter tout à la manière
d'être dynamique des canaux et des ganglions sous-jacents;
de même que nous l'avons fait pour les laves ascendantes
et descendantes de la circulation diagonale, dans l'étude des
marées océaniques.

Moussons. — Les alizés proprement dits, qui sont continus lorsqu'ils soufflent au milieu des plaines océaniques, se
tournent en moussons sous l'influence des côtes.

Dans l'hémisphère septentrional, les alizés de l'Atlantique
deviennent moussons sud-ouest de l'Afrique, et moussons
sud-est de l'Amérique centrale, lorsque le soleil s'avance vers
le tropique du Cancer; et en même temps les alizés de la mer
des Indes deviennent moussons sud-ouest du golfe d'Oman et
du golfe de Bengale, et les alizés de la mer de Chine forment
les moussons de ses côtes.

Dans la mer de Chine, on distingue trois variétés de moussons : la mousson nord-est soufflant d'octobre à février, pendant quatre mois, dans la direction de l'alizé; la mousson
d'est soufflant en mars et avril; et la mousson de sud, en
juin, juillet et août.

Il est constant que les moussons mettent un mois à se former ou à se renverser; et que les plus longues ne durent que
cinq mois, le sixième étant consacré au phénomène du *renversement des moussons*.

Dans l'hémisphère méridional on voit des moussons dans
les îles de l'archipel de la Sonde, et sur les côtes septentrionales de l'Australie; mais ces vents ne soufflent ni dans
l'Atlantique du sud, ni dans le Pacifique du sud.

En résumé, les moussons sont des vents réguliers, intermittents et périodiques, qui soufflent de un à cinq mois suivant les régions, et qui prennent naissance dans la zone des vents alizés, au voisinage des côtes. Elles rappellent les brises de terre et de mer ; lesquelles sont des moussons en miniature, des moussons quotidiennes ou journalières ; comme les moussons sont des brises mensuelles, bimensuelles, trimestrielles ou semestrielles ; comme enfin les alizés méritent par leur continuité le nom de vents annuels.

La direction des moussons, comme celle des brises, est contingente et variable d'une manière générale ; mais fixe pour une région donnée : elle dépend de la situation des côtes qui leur servent de points d'appel, et l'époque de leur mise en vigueur est basée sur la marche apparente du soleil.

Si les alizés demeurent invariables au milieu des mers et se renversent en moussons au voisinage des côtes, il paraît naturel de rapporter à celles-ci la cause de ce changement : tous les auteurs sont d'accord sur ce point, mais ils diffèrent dans l'explication du mécanisme.

L'opinion en cours dans la science, et soutenue par l'illustre Maury dans son livre plein de poésie (1), est la mise en état de point d'appel des terres échauffées par les rayons solaires, quand l'astre royal s'élève pour le nord vers le tropique du Cancer, et pour le sud vers le tropique du Capricorne : c'est la dilatation de l'air dans les plaines arides des déserts et son mouvement d'ascension vers les régions supérieures, nécessitant à titre de remplacement un courant inférieur, fourni par les couches d'air sus-marines d'une moindre température.

Cette théorie dont le mécanisme se confond avec celui des brises de terre et de mer, à part l'intensité et l'étendue d'action, a l'inconvénient essentiel de ne pouvoir justifier en même temps et la permanence des moussons et le mouvement

_____

(1) *Géographie physique de la mer.*

alternatif des brises ; en d'autres termes, de ne pouvoir expliquer pourquoi l'alternation des unes se fait tous les jours, et celle des autres tous les deux, trois, quatre ou cinq mois. Si les déserts représentent des surfaces surchauffées et des points d'appel énergiques vis-à-vis des couches atmosphériques sus-marines, il n'en est pas moins vrai que cette suractivité, subissant le mouvement alternatif du jour et de la nuit, aussi bien que les côtes, en devrait aussi bien que celles-ci manifester l'influence dans leurs effets : ce qui reviendrait à annihiler l'existence des moussons. Mais au surplus il existe des moussons, pour la formation desquelles on ne peut invoquer aucun désert à titre de point d'appel : telles sont les moussons sud-ouest, qui soufflent sur les côtes occidentales de l'isthme de Panama et de la Nouvelle-Grenade.

Dans cette théorie d'ordre physique l'harmonie physiologique de l'organisme planétaire ne joue aucun rôle, les relations fonctionnelles entre les divers organes ne trouvent pas leur place, et la cause des courants et de leurs modalités diverses ne relève que de l'atmosphère. Il n'en est pas ainsi.

Emané de la profondeur des calmes tropicaux, par la synthèse progressive de ses filets dynamiques, comme on voit les courants océaniques naître et se développer insensiblement par des filets dynamiques et des mouvements irréguliers, l'alizé, pour ne parler ici que de ce courant principal, souffle d'une haleine continue vers le point d'appel des calmes équatoriaux ; soumis dans sa marche régulière à l'attraction fonctionnelle de cette zone et des laves de la circulation périphérique ; renforcé sur son parcours par des filets atmosphériques qui se déversent en son sein comme des affluents dans le lit d'un fleuve ; garanti dans sa durée et dans sa continuité par la prolifération dynamique des éléments aériens, et par le principe de la transformation des forces vives ; recevant du foyer tellurique, par l'intermédiaire de l'océan sur les flots duquel il s'allonge, une impression sans cesse re-

nouvelée d'excitation dynamique, et des filets fécondants qui
régénèrent son activité; enfin subissant, de la part du foyer
terrestre, une attraction permanente et continue, dont l'efficacité maintient son cours suivant une voie régulière et inin-
terrompue.

Telles sont, si je puis ainsi dire par analogie, les parois
toutes dynamiques d'un courant atmosphérique, faites à
l'image de celles des courants océaniques : un champ de prolifération fonctionnelle au point de départ; un champ d'attraction fonctionnelle au point d'arrivée; des couches am-
biantes de prolifération secondaire sur le trajet à parcourir,
principalement dans ces régions intermédiaires au courant
de surface et au courant supérieur de retour; enfin une émanation dynamique continue le long de sa paroi inférieure,
sous l'influence de l'océan et des laves intraterrestres.

Ainsi encaissé dans ses parois dynamiques, le courant de
l'atmosphère, tout en conservant l'avantage d'une déviation
possible, demeure garanti dans son lit non moins sûrement
que les laves cellulaires dans leurs canaux protecteurs. Aussi
bien cette déviation d'un courant, quelque simple qu'elle paraisse à nos yeux, exige-t-elle pour se produire une cause
puissante, une cause physiologique comme celle qu'elle remplace! C'est un foyer d'attraction, un point d'appel momentanément plus actif; lequel dans sa sphère d'activité accapare
à son profit le monopole des forces atmosphériques. Une
lutte paraît s'établir entre les deux foyers; sa durée varie
avec l'importance du courant renversé : durée de quelques
heures pour les brises de terre et de mer, durée d'un mois
environ pour les moussons.

La cause physiologique du renversement d'un courant
étant un point d'appel résidant en un foyer d'attraction fonctionnelle, il faut déterminer le siége de ce foyer pour les
moussons; ensuite pour les brises de terre et de mer; puis
pour les vents variables.

Pour les moussons, qu'on peut regarder comme des cou-

rants continus dans leur marche et intermittents dans leur
apparition, l'océan reste au second plan, et les deux autres
organes terrestres entrent en activité fonctionnelle prépondérante.

Quand le soleil, s'écartant de la ligne équinoxiale, s'élève
progressivement vers le parallèle d'un tropique, il se manifeste une suractivité générale dans l'hémisphère correspondant, vis-à-vis de l'hémisphère opposé : suprématie fonctionnelle dans les laves cellulaires et particulièrement dans le
ganglion polaire, suprématie dans les courants océaniques,
suprématie dans l'atmosphère. Nous avons déjà constaté tous
ces caractères, ajoutant que les deux derniers relèvent directement du premier, comme à son tour il relève du soleil
par l'intermédiaire du système magnétique. Cependant, en
outre de ce mécanisme physiologique intrinsèque, le soleil a
une action extrinsèque et directe sur l'atmosphère, en tant
qu'organe périphérique. C'est comme tel que, dans les conditions précisées, au milieu des trois ordres de suractivités dé-
crites, il y a néanmoins suractivité majeure ou prépondérante
dans l'organe atmosphérique. L'atmosphère devient alors l'i-
mage de la périphérie cutanée; laquelle, dans l'organisme
animal, tient, durant l'été et d'une manière générale, la prépondérance d'activité fonctionnelle vis-à-vis des viscères intérieurs.

Mais il existe dans chaque hémisphère deux circonscriptions atmosphériques : celle des terres et celle de la mer.

En résumant ce qui a été expliqué précédemment : la suractivité de l'hémisphère septentrional sur l'hémisphère méridional; la suractivité initiale des régions sous-continentales
éteinte il est vrai dans leur travail génésique de sécrétion ; la
suractivité actuelle et définitive des régions telluriques sous-
marines; la propriété des surfaces continentales d'être un
foyer d'attraction fonctionnelle vis-à-vis des couches atmosphériques de voisinage, en raison des phénomènes de la vie
animale et de la vie végétale qui s'y accomplissent, lesquels

sont eux-mêmes un résultat de la suractivité planétaire correspondante; et la conséquence de cet état de choses, par laquelle l'atmosphère sus-continentale se trouve être en prépondérance fonctionnelle sur l'atmosphère marine : on réunit les deux termes de la question, le point de départ et le point d'arrivée, la suractivité tellurique sous-marine et la suractivité atmosphérique sus-continentale, dont l'intermédiaire physiologique obligé est l'océan ; et on arrive facilement à comprendre que, dans la marche du soleil vers les tropiques, la suractivité tellurique sous-marine représente au point de départ le champ de prolifération fonctionnelle, et que la suractivité atmosphérique sus-continentale représente au point d'arrivée le champ d'attraction fonctionnelle; puis, qu'entre ces deux termes de la question, par le mécanisme des filets dynamiques, un courant s'établit de l'un à l'autre, visible seulement dans l'atmosphère où il prend le nom de mousson.

Il résulte de cette énumération comparative, que la suprématie de l'hémisphère boréal sur l'hémisphère austral se complète par le concours fonctionnel des trois organes planétaires ; que le ganglion boréal est l'élément dominant pour l'organe tellurique ; que l'atmosphère sus-continentale supplée par son hyperdynamisme relatif à l'infériorité également relative des régions sous-continentales; et qu'ainsi, malgré la prépondérance des mers et des régions sous-marines dans l'hémisphère austral, la suprématie physiologique reste à l'hémisphère boréal. On peut même généraliser ce qui vient d'être dit pour les moussons ; on peut établir que, d'une manière générale, les régions sous-marines septentrionales et méridionales représentent également le champ de la prolifération fonctionnelle à l'égard des régions atmosphériques sus-continentales, lesquelles représentent le champ d'attraction fonctionnelle. Ce mécanisme est vrai, non-seulement pour chaque terre par rapport à la mer qui l'environne, mais aussi pour les masses continentales de l'hémisphère nord par rapport aux grandes étendues marines de l'hémisphère sud.

Et cette déduction physiologique est en rapport avec les faits relatés par Maury, de la plus grande abondance des pluies dans l'hémisphère nord et de la plus grande somme d'évaporation dans l'hémisphère sud.

Ces deux termes de la question sont constants dans le mécanisme des courants, quelle que soit la modalité de ceux-ci.

Si le point de départ et le point d'arrivée sont invariables comme principes, ils sont au contraire variables dans leur lieu d'application, et subissent l'influence des causes dynamiques de déplacement. C'est la fixité des foyers fonctionnels qui fait les vents continus, les alizés; c'est l'intermittence de ces foyers ou leur déplacement périodique qui fait les moussons.

Les alizés ont leur foyer d'attraction dans la zone équatoriale, calmes atmosphériques et canal des laves cellulaires; leur foyer de prolifération dans la zone tropicale, calmes atmosphériques et canal périphérique. Les moussons, ou alizés renversés, ont leur foyer de prolifération dans la zone équatoriale, et leur foyer d'attraction dans la région atmosphérique sus-continentale.

La durée d'un mois exigée pour l'établissement des moussons, temps pendant lequel des brises folles et les deux vents en antagonisme soufflent tour à tour, n'apporte à ce mécanisme aucune difficulté sérieuse; ayant sa raison d'être dans le caractère dynamique des éléments en cause, dont elle est un témoignage éloquent, et dans l'évolution progressive que suit le développement de la suractivité sus-continentale; mécanisme qui n'est pas sans laisser par intervalle un retour de prépondérance au foyer de prolifération tropicale, et par suite au souffle de l'alizé.

Il ressort de là que tout centre fonctionnel, étant par essence foyer de prolifération et foyer d'attraction, remplit dans un cas donné indifféremment l'un ou l'autre de ces deux rôles, à l'égard d'un courant.

Les trois variétés de moussons de la mer de Chine ne mo-

difient aucunement le mécanisme général : elles relèvent de
la disposition des terres et de la puissance croissante du point
d'appel sus-continental, dont elles suivent la marche ascen-
sionnelle. A vrai dire, la mousson nord-est n'est autre que
l'alizé lui-même.

Quant au fait de l'absence des moussons dans les mers de
l'hémisphère sud, à l'exception de l'archipel de la Sonde, il
relève de la prépondérance connue de l'hémisphère nord
sur l'hémisphère sud, du peu d'étendue des terres dans
celui-ci et, par suite, de l'infériorité relative du dynamisme
atmosphérique. L'exception des îles de la Sonde vient confirmer la règle et fortifier l'explication, en tant qu'il existe
là des points d'appel énergiques, dont l'action s'ajoute à
celle de l'atmosphère sus-continentale ou insulaire : je veux
dire les foyers volcaniques nombreux que l'on voit en ces
régions.

Les alizés apportent à la zone équatoriale les éléments
atmosphériques que les moussons entraînent à leur tour vers
les surfaces continentales, pour y satisfaire les besoins incessants de la vie animale et de la vie végétale.

Brises de terre et de mer. — Tandis que les moussons sont limitées à certaines régions des vents alizés, ne
soufflant qu'une partie de l'année comme vent de mer et
l'autre partie comme vent de terre, mais alors confondues
avec l'alizé, les brises de terre et de mer, courants périodiques et intermittents comme les moussons, soufflent toute
l'année dans certaines régions du globe.

Les moussons et les laves cellulaires de la circulation interpolaire coïncident dans leur cours avec le mouvement d'inclinaison terrestre pour chaque hémisphère, et avec les
rapports plus directs qui en résultent, entre le soleil et l'hémisphère qui s'incline vers lui jusqu'à la latitude de son
cercle tropical. Ces deux phénomènes coïncident en un mot

avec le mouvement apparent du soleil qui règle les saisons ; et la durée de leur évolution est de six mois pour chaque hémisphère.

Au contraire, les brises de terre et de mer coïncident, ainsi que les laves cellulaires de la circulation périphérique, avec le mouvement apparent du soleil qui règle les jours ; et la durée de leur évolution est de douze heures pour chaque moitié de l'orbite terrestre. Telles on voit les marées océaniques, et les laves de la circulation diagonale, coïncider avec le mouvement apparent de la lune qui règle les mois ; et la durée de leurs évolutions successives se mesurer par des intervalles de six heures.

Les alizés relèvent dans leur mécanisme des calmes atmosphériques et des canaux de la circulation cellulaire sous-jacente. Les moussons relèvent de la suractivité fonctionnelle des couches atmosphériques sus-continentales, laquelle est en rapport avec le travail de la végétation. Les brises de terre et de mer relèvent d'une impression faite sur les côtes, impression dynamique sans cesse détruite et sans cesse renouvelée. C'est ainsi que le mécanisme de ces trois ordres de courants devient de plus en plus localisé ou partiel.

Les côtes représentent le point de transition progressive entre les couches atmosphériques sus-continentales, en état de suractivité fonctionnelle, et les couches sus-marines en état relatif d'infériorité analogue. Nous savons que, dans l'organisme animal, toute impression sur le système nerveux devient une cause de manifestation dynamique, variable suivant l'organe impressionné ; et que, s'annihilant par sa continuité, cette impression a besoin pour être efficace d'un renouvellement incessant. Les choses ne se passent pas autrement dans la physiologie planétaire.

Lorsque le soleil, s'avançant vers un des tropiques, échauffe de ses rayons l'hémisphère correspondant, les terres et les régions atmosphériques en éprouvent également le bénéfice d'une impression nouvelle et féconde. Mais cette impression, renouvelée à chaque printemps, une fois par an seulement, s'annihile par la durée de cette action ; en sorte que le mécanisme des moussons ne relève pas absolument de cette impression fugitive. Cependant elle a sa valeur ; elle agit comme cause déterminante ; elle préside à l'antagonisme fonctionnel qui s'établit entre les régions continentales et les régions marines : une fois cet antagonisme établi, la mousson qui continue relève de l'hyperdynamisme continental.

La rotation diurne produit une action plus efficace, une impression plus féconde, parce qu'elle est plus souvent renouvelée.

La prépondérance continentale persiste toujours relativement à l'atmosphère marine ; la différence d'impression des jours et des nuits reste sans effet appréciable sur cette disposition physiologique générale, tant que le soleil se maintient au-dessus du même hémisphère, ou mieux tant que persiste la suractivité fonctionnelle du ganglion polaire : c'est là la cause des moussons continues dans la région des alizés. Mais les zones côtières sont dans des conditions spéciales ; elles représentent des zones de transition ; elles subissent l'influence des jours et des nuits en raison de leur plus grande impressionnabilité ; et le fruit de ces modifications dynamiques se révèle dans le phénomène des brises de terre et de mer.

L'aurore a dissipé les ténèbres de la nuit ; le soleil, majestueux comme un roi, se lève dans la pourpre de l'orient : tout ce qui relève de son empire monte son dynamisme à l'échelle de l'impression solaire, renouvelée chaque matin. C'est une impression stimulante et vivifiante, je dirais presque fécondante, à laquelle tout participe : les laves cellulaires des canaux périphériques, les flots de l'océan, les végétaux qui servent de parure à la terre, les animaux qui animent ses déserts, les hommes qui unissent la prière de l'âme à l'amour du cœur, et l'atmosphère dont les ondes mobiles nourrissent tous ces êtres vivants, végétaux et animaux ;

l'atmosphère qui participe à la fécondité de la terre, dont elle aspire les émanations ; l'atmosphère qui fournit le principe de la vie aux végétaux et aux animaux et bénéficie de tous les effluves qui abondent en son sein. Dans ce *crescendo* dynamique, occasionné par l'impression des premiers rayons du soleil d'orient, l'atmosphère continentale atteint une échelle supérieure à celle de l'atmosphère marine; laquelle, placée dans des conditions physiologiques différentes, concourt à un autre but fonctionnel que la première.

La déduction physiologique de cet état de choses est la mise en point d'appel de l'atmosphère continentale, l'attraction du moins par le plus exercée sur les couches aériennes des régions marines, et la suractivité particulière des zones côtières en tant que zones de transition.

Les deux premières conditions sont communes au mécanisme des moussons et des brises : il n'y a entre l'un et l'autre qu'une différence d'étendue ; mais la troisième marque le mécanisme des brises d'un cachet spécial.

Au milieu de la zone côtière, au point de transition des deux organes tellurique et océanique, il est une ligne physiologique particulière, dite la ligne des côtes; laquelle ne représente l'état physiologique ni de l'atmosphère continentale ni de l'atmosphère marine, mais un état mixte propre, doué d'une sensibilité *sui generis*, que je comparerai volontiers, pour me faire bien comprendre, aux points dits névralgiques dans l'organisme animal. Les éléments anatomiques de ces points et de ces lignes sont dans une situation physiologique identique, au point de vue de l'impression sans cesse renouvelée qu'ils reçoivent, à raison de leur position intermédiaire. Il y a dans les deux cas, avec la fixité du lieu d'élection par cause anatomique, un renouvellement continu de l'élément impressionné par cause physiologique. Or, l'on sait que la manifestation continue d'une impression exige, soit le renouvellement continu de la cause impression-

nante pour un même élément impressionné, soit le renouvellement continu de l'élément impressionné pour une même
cause impressionnante. Par l'un ou par l'autre de ces modes
d'organisation, on arrive au même résultat fonctionnel.

Le point névralgique et la ligne des côtes représentent également une suractivité physiologique relative, par rapport
aux régions voisines.

La ligne des côtes, étant un foyer mobile de suractivité,
synthèse indivisible où il est impossible de distinguer physiologiquement le point d'entrée et le point de sortie, doit
obéir dans la direction de son courant à l'attraction fonctionnelle d'un foyer fixe et prédominant. N'ayant aucune fonction à remplir sur place, la ligne des côtes n'attire pas, elle
obéit à une attraction ; ou si elle possède, en tant que suractivité, une certaine propriété attractive, c'est à titre secondaire, agissant dans le même sens que l'attraction principale.

La ligne des côtes est une étape physiologique entre deux
foyers fonctionnels, celui du point de départ agissant par
impulsion et prolifération et celui du point d'arrivée agissant
par attraction.

J'ai dit qu'*un foyer fonctionnel peut devenir tour à tour
centre d'attraction et centre d'impulsion;* c'est-à-dire jouer
le rôle physiologique du point de départ ou du point d'arrivée. C'est surtout dans le mécanisme alternatif des brises de
terre et de mer, qu'il est facile de constater cette vérité physiologique, qu'on peut regarder comme une loi fondamentale
et comme un axiome.

Pendant le jour le foyer d'attraction occupe les régions
sus-continentales, et le foyer d'impulsion les régions telluriques sous-marines, secondairement l'océan lui-même : la
brise de mer envoie son haleine humide et fraîche, aux végétaux et aux animaux avides de la recevoir. Pendant la nuit le
foyer d'attraction devient sous-marin, siége dans les laves
cellulaires, agit par l'intermédiaire des flots de la mer sur le

foyer d'impulsion; lequel maintenant s'est fixé dans les régions atmosphériques sus-continentales.

La prédominance d'action alterne de l'un à l'autre de ces deux foyers de suractivité, suivant les influences extrinsèques, émises par la lune et par le soleil.

Le jour, l'influence du soleil est directe : il s'opère un déplacement de suractivité du centre tellurique à la périphérie, au profit des régions continentales; le mécanisme des brises de mer et celui des moussons se confondent ici. La nuit, le déplacement s'accomplit en sens inverse, de la périphérie au centre. Deux points de vue sont à considérer : le déplacement d'un hémisphère à l'autre, par lequel la suractivité fonctionnelle se porte toujours du côté du soleil, laissant l'infériorité relative dans l'empire de la nuit; et le déplacement réel, quoique moins important que le premier, qui s'opère dans un même hémisphère de l'atmosphère aux laves centrales sous-jacentes. C'est de ce dernier que relève la brise de terre, prenant sa source dans le foyer d'impulsion des régions sus-continentales, sous l'influence attractive des régions telluriques sous-marines. Le premier déplacement a pour effet d'amoindrir le souffle de la brise de mer; et le second, de faire naître le souffle de la brise de terre. Entre les deux foyers existe la ligne de côte, agissant tantôt dans le sens de l'un, tantôt dans le sens de l'autre.

Tel est le mécanisme de la brise de terre et de la brise de mer. Vouloir rattacher ces phénomènes à des causes purement physiques, la brise de mer à la dilatation de l'air continental surchauffé, la brise de terre au refroidissement nocturne par rayonnement de l'atmosphère des continents ou des îles, est d'une insuffisance théorique qui n'échappe aujourd'hui à aucun physicien.

Ne sait-on pas que sur les côtes d'Afrique les brises de terre sont chaudes, et les brises de mer froides? Thomas Miller n'a-t-il pas observé, en certains parages de la côte d'Afrique (1), qu'il se produit, de juin à octobre, de fortes rosées pendant lesquelles les brises de terre et de mer sont faibles et parfois insensibles? N'a-t-on pas vu, en certaines régions tropicales, souffler les brises de terre et de mer, même pendant la saison pluvieuse, malgré la couche permanente de nuages qui voile le soleil, arrête ses rayons, et s'oppose au refroidissement nocturne par rayonnement aussi bien qu'à la dilatation de l'air pendant le jour.

Aussi bien, les physiciens et les marins reconnaissent-ils aujourd'hui, dans ces modifications des courants atmosphériques, l'influence combinée du rayonnement, de l'électricité, de la lune, de l'état hygrométrique de l'air, de la hauteur des montagnes, de la direction des côtes par rapport aux vents régnants, de leur étendue et de la position du soleil. Cette énumération de causes multiples, où les accessoires et les principales sont confondues, démontre l'ignorance du véritable mécanisme.

Dans une théorie digne de ce nom, les exceptions doivent se justifier aussi bien que la règle.

Les brises de terre et de mer qui font défaut le plus souvent, lorsque le ciel est couvert; les brises de terre et de mer qui dans la saison des pluies ne soufflent pas, en général, sur les côtes tropicales, et qui manquent l'hiver dans les pays froids : voilà des phénomènes qui n'ont de l'exception que l'apparence. Ils sont en réalité dans la règle; ils ne se produisent pas, parce que leur cause déterminante n'agit pas; parce que l'antagonisme ne s'établit pas entre un foyer d'attraction et un foyer d'impulsion; parce que le soleil, l'agent principal de ces modifications dynamiques, ne se trouve pas dans les conditions voulues : et l'exception réelle est de voir alors se manifester ces brises, en l'absence de leurs foyers directeurs. Ces brises exceptionnelles ont lieu quelquefois, je l'ai dit.

_____

(1) *Nautical Magazine*, juin 1855.

C'est ici qu'il convient de faire remarquer que l'intensité fonctionnelle n'est pas nécessairement en rapport avec le degré de température appréciable ou de chaleur sensible, et que, dans les régions tropicales où le dynamisme s'élève à une plus haute puissance, un foyer d'attraction peut s'établir exceptionnellement sans le concours direct des rayons solaires.

Comparez, à ce propos, la température des plaines arides et des déserts à celle des pays boisés, fertiles et habités : vous verrez la chaleur sensible acquérir un plus grand développement dans celles-là que dans ceux-ci, toutes choses égales d'ailleurs ; et cette différence ne doit pas être attribuée exclusivement à l'action mécanique des abris protecteurs, mais à une cause physiologique, aux phénomènes vitaux qui accaparent et transforment les forces vives. La chaleur sensible est plus grande dans les plaines désertes ; malgré une chaleur sensible moins développée, l'intensité dynamique et fonctionnelle est plus puissante dans les terres cultivées et peuplées, et la localisation du point d'appel, à l'endroit des brises de mer et des moussons, est plutôt dans celles-ci que dans celles-là.

Il y a là une loi d'antagonisme local, entre les modalités des forces vives ; entre la force libre, la force travail et la modalité sensible.

Mécanisme des vents variables. — Deux grandes zones de courants atmosphériques partagent chacun des hémisphères : la zone des alizés et celle des vents variables ; la première circonscrite entre les calmes équatoriaux et les calmes tropicaux, la seconde entre ceux-ci et les calmes polaires. Les alizés sont des courants continus qui relèvent d'un mécanisme continu, dont les sources communes sont les zones limitrophes des calmes, en y ajoutant le foyer tellurique pour le courant inférieur et le foyer de la zone-mère pour le

courant supérieur. Les moussons sont des courants continus
et périodiques, qui relèvent d'un mécanisme périodique. Les
brises de terre et de mer sont aussi des courants périodiques
et intermittents, qui relèvent d'un mécanisme analogue.

Les alizés, les moussons, les brises de terre et de mer, tels
sont les trois ordres de courants atmosphériques qui appartiennent à la zone des vents continus. Les brises de terre et
de mer, et les vents variables appartiennent à la seconde
zone, dite zone à modalité variable.

Les brises étant les seuls courants périodiques de cette
zone, et leur manifestation n'ayant pas lieu pendant l'hiver,
on peut en déduire que la variabilité des vents a pour cause
apparente les inégalités de température; mais il est nécessaire de chercher la cause réelle, et le mécanisme de leur
genèse et de leurs évolutions.

Trois foyers principaux d'attraction fonctionnelle existent
dans l'organe tellurique; lesquels, résultant de la distribution
de son système circulatoire, étendent leurs effets sur les phénomènes de l'océan et sur ceux de l'atmosphère. C'est le
ganglion central, commun aux trois systèmes de circulation,
à l'action duquel vient s'ajouter le grand canal équatorial et
les ganglions qui le fortifient. Ce sont les ganglions polaires,
boréal et austral. Les premiers foyers exercent leur attraction sur la zone interceptée entre les calmes tropicaux et les
calmes équatoriaux, dans chaque hémisphère. Les foyers
polaires étendent leur empire sur la zone comprise entre
les calmes polaires et les calmes tropicaux.

Cela étant, il est naturel que le courant, qui obéit à chacune de ces attractions majeures et se dirige vers elle, soit
un courant de surface, c'est-à-dire soit le plus rapproché possible de sa source d'attraction : alizé nord-est et sud-est pour
le point d'appel du ganglion central et du canal équatorial ;
courants sud-ouest et nord-ouest pour le point d'appel des
ganglions austral et boréal. De même, les courants qui obéissent à l'attraction majeure de la zone-mère sont des cou-

rants supérieurs, c'est-à-dire le plus rapprochés possible de leur source d'attraction : alizés de retour sud-ouest et nord-ouest d'une part; courants supérieurs nord-est et sud-est d'autre part.

Il faut regarder, dans la zone variable, les courants prédominants sud-ouest et nord-ouest comme appelés par l'attraction polaire; celui-là du ganglion boréal et celui-ci du ganglion austral. Si les rapports de cette zone avec le soleil étaient les mêmes que ceux de la zone tropicale, ou si, sans être semblables, ils étaient constants dans leur manière d'être, on ne saurait douter que les courants ne fussent continus à la façon des alizés. Puisqu'ils ne le sont pas, et que la cause attractive de leur direction et de leur prédominance est connue, il reste à chercher ailleurs la cause de leur variabilité. Car cette expression de vents prédominants dans la zone variable doit être ainsi entendue : que ces courants possèdent virtuellement, dans l'attraction du ganglion polaire, une cause directrice de continuité; mais que des influences nouvelles de déplacement mettent obstacle à cette attraction éloignée et modifient la direction des vents en changeant la position des points d'appel.

En considérant tous les vents qui soufflent dans la zone intertropicale, vents continus et vents périodiques, on leur reconnaît deux causes déterminantes : une cause générale pour les premiers, intimement liée à l'organisation planétaire et à la synthèse physiologique ; une cause locale ou partielle pour les seconds, liée aux rapports de la planète avec le soleil. Si l'on considère parallèlement les vents des zones variables, on y découvre également deux causes déterminantes : l'une générale, de même nature que celle ci-dessus, pour les courants dits prédominants envisagés dans leur signification virtuelle; l'autre locale pour le phénomène caractéristique de la variabilité. Il y a donc partout unité de mécanisme et conformité de causes génératrices : la variabilité relève du même mécanisme que la continuité; la différence n'est pas dans la nature de la cause, ni dans son mode d'action, mais dans le siége de cette cause. Ici point d'appel variable, là point d'appel fixe, ailleurs point d'appel périodique : voilà la différence essentielle.

Le mode périodique et le mode variable relèvent tous deux de la vie de relation de la planète, c'est-à-dire de ses rapports physiologiques avec la lune et le soleil. Le mode fixe relève de la vie qu'on pourrait appeler végétative ou organique, par conformité avec les divisions de la vie animale. Mode fixe et mode périodique en permanence dans les zones intertropicales ; mode variable en permanence dans les zones extratropicales, et quelquefois mode périodique sous forme de brises de terre et de mer.

La vie de relation a plus de manifestations dans la seconde zone que dans la première ; c'est le contraire pour la vie organique : cette différence est une conséquence du mouvement d'inclinaison de la planète vers le soleil.

Il est facile, tout en restant sur le terrain de la logique et de la vérité, de dégager l'unité circulatoire de la multiplicité apparente dont la zone des vents variables est encombrée ; et de ramener tous les autres vents aux deux types prédominants, dont ils ne seraient que des déviations par déplacement de point d'appel.

Dans l'hémisphère boréal, où le sud-ouest prédomine comme courant inférieur et le nord-est comme courant supérieur, les vents ouest, sud et sud-est sont des dérivés du premier, et les vents nord-ouest, nord et est des dérivés du second.

Dans l'hémisphère austral, où le nord-ouest prédomine comme courant inférieur et le sud-est comme courant supérieur, les vents ouest, nord et nord-est sont des dérivés du premier, et les vents est, sud et sud-ouest des dérivés du second.

En d'autres termes, deux courants principaux : l'un sud, qui obéit à l'attraction polaire pour l'hémisphère septen-

trional; l'autre nord, qui obéit à l'attraction tropicale et
équatoriale. Il n'y en a pas d'autres, parce qu'il n'y a pas
d'autres foyers principaux d'attraction. Et si la direction de
ces courants se trouve être sud-ouest au lieu de sud et nord-
est au lieu de nord, comme dans l'hémisphère méridional
elle est sud-est et nord-ouest, cette particularité ne change
rien au mécanisme d'attraction ni au siége du foyer attractif;
elle tient, comme chacun sait, à l'influence de la rotation
diurne, dont la rapidité va en diminuant de l'équateur aux
pôles et en augmentant des pôles à l'équateur; conséquence
des cercles de latitude dont le diamètre diminue ou augmente dans les mêmes rapports.

Les phénomènes de l'atmosphère sont comme les signes
sensibles par lesquels on peut juger de l'état dynamique de
la zone-mère d'une part, et du foyer intraterrestre d'autre
part. Et tandis que les alizés de la zone continue ne relèvent
que des systèmes de circulation diagonale et périphérique,
les courants variables des zones extratropicales relèvent des
trois systèmes circulatoires.

Le foyer équatorial et central (ganglion central, ganglions
équatoriaux et grand canal équatorial), le foyer tropical (canal
périphérique tropical), et les foyers polaires (ganglions boréal et austral) sont avec l'atmosphère en communication
physiologique incessante par l'intermédiaire de l'organe océanique, et sont entre eux en équilibre proportionnel de stabilité dynamique, basé sur les besoins de leurs fonctions respectives; de même que, dans l'organisme animal, les viscères
sont en équilibre de fonction, bien que d'inégale vitalité intrinsèque. Toutes les modifications en plus ou en moins qui
se produisent dans le dynamisme de ces foyers générateurs
ont un retentissement nécessaire dans la modalité dynamique des phénomènes de l'atmosphère.

Dans la zone continue, le foyer équatorial ayant un monopole d'activité que nul autre ne peut contrebalancer et les
rapports solaires n'y subissant pas de grandes variations, les

alizés soufflent dans une direction constante, si ce n'est au voisinage des continents où ils se renversent en moussons par cause spéciale d'attraction ; les modifications dynamiques intraterrestres ne se révèlent dans ces courants que par des changements proportionnels de leur intensité.

Dans la zone variable, la direction constante des courants n'est plus garantie par un monopole d'attraction hors de toute rivalité ; les ganglions polaires sont insuffisants à combattre les effets produits sur la planète par la variabilité des rapports du soleil ; et, comme il résulte de cette situation physiologique que la suractivité tellurique oscille d'un foyer secondaire à l'autre, sans avoir un siége fixe, les courants de l'atmosphère se mettent en rapport avec ces déplacements des points d'appel, et la variabilité devient leur premier caractère physiologique.

Compris entre deux foyers du système de circulation périphérique, les alizés ne peuvent que témoigner de l'état relatif de leur activité ; tandis que, limités d'une part par un foyer de la circulation périphérique et d'autre part par un foyer de la circulation interpolaire, les vents variables viennent nous parler de l'état relatif de ces deux systèmes : comment l'équilibre physiologique se maintient entre eux, et quand il se produit des déplacements de suractivité.

Lorsque le vent sud-ouest règne dans l'hémisphère septentrional, comme courant inférieur de la zone variable, il proclame dans son langage que le foyer d'attraction, auquel il obéit, a pour siége le ganglion boréal, et que le foyer de prolifération et d'impulsion a pour siége la zone tropicale : c'est dire que la suractivité fonctionnelle est cantonnée dans le système de la circulation périphérique ; vérité plus fortement confirmée, si le courant inférieur nord-ouest souffle en même temps dans l'hémisphère méridional. Mais il convient de distinguer la suractivité fonctionnelle répandue dans le système tout entier de circulation, et la suractivité limitée à tel ganglion ou à tel autre.

Quand le courant inférieur souffle du nord dans l'hémisphère septentrional, et du sud dans l'hémisphère méridional, c'est une preuve physiologique que l'ordre des points d'appel a été interverti ; que le ganglion polaire est devenu foyer d'impulsion et de prolifération, et que les calmes tropicaux sont devenus foyers d'attraction.

D'une manière générale, toutes choses égales d'ailleurs, le foyer d'impulsion jouit de la suprématie fonctionnelle vis-à-vis du foyer d'attraction. Mais chaque foyer est lui-même une synthèse, composée de deux éléments ou de deux facultés, la faculté attractive nécessaire à l'alimentation fonctionnelle, et la faculté d'impulsion par prolifération ; toutes deux conséquences de l'évolution des forces vives en état de suractivité organique ; celle-ci rayonnement centrifuge et celle-là rayonnement centripète.

Qu'on veuille bien se rappeler deux lois physiologiques citées précédemment :

Toute fonction qui se développe consume des forces vives qu'elle attire ;

Toute fonction qui se détruit dégage des forces vives.

Or, les éléments d'une fonction collective, comme celle des ganglions telluriques et des calmes de l'atmosphère, sont à la fois et incessamment en phase de développement dans une région et dans une autre en phase de déclin. Dans tel endroit par conséquent la faculté proliférante l'emporte sur la faculté d'attraction ; dans tel autre au contraire celle-ci sur celle-là. Il est de ces prédominances fixes dans la zone des vents alizés, et dans celle des vents variables des prédominances mobiles et alternatives. Bref, les expressions de foyer d'impulsion et de foyer d'attraction n'ont qu'une valeur résultante. En réalité tous les deux sont des centres de prolifération organo-dynamique, mais avec une résultante extrinsèque variable ; et c'est de celle-ci que le foyer tire sa désignation fonctionnelle.

Toutes ces considérations sont absolues en principe, mais relatives dans l'application.

Les six premiers mois de l'année 1870, où le courant nord et ses trois dérivés ont soufflé presque constamment, nous offrent un exemple récent de ce déplacement du point d'appel, de cette répartition des foyers fonctionnels. La suractivité de prolifération s'est portée du système périphérique et du système diagonal dans le système interpolaire. En même temps il a régné une période de sécheresse, dont il est curieux de rechercher la cause et le mécanisme.

On admire avec raison l'harmonie qui préside à la distribution des fonctions physiologiques, les rapports qui relient entre eux les trois organes de la planète : on admire comment, par un mécanisme aussi simple, s'accomplit un échange réciproque d'influence dynamique entre le foyer central et l'atmosphère ; comment à chaque système de la circulation centrale est réservée pour ainsi dire une spécialité fonctionnelle : au système périphérique la rotation diurne et les courants océaniques, au système interpolaire l'inclinaison terrestre sur son axe, et les marées océaniques au système diagonal, sans préjudice dans tous les cas de l'influence primitive de la lune et du soleil.

Il n'est pas douteux que ces trois systèmes concourent à la fois, chacun dans la limite de son activité, à la genèse des courants de l'atmosphère ; et ne déversent, par l'intermédiaire du liquide océanique qui se tourne en vapeurs, le trop plein de leur vitalité, l'excédant de leurs forces vives dans les nuages qui s'élèvent insensiblement du sein des mers, et qu'emportent les vents. Cependant, considérant les rapports de situation qui unissent dans tout organisme une cause à son effet, considérant qu'en général il y a unité de direction entre la ligne imaginaire ou idéale d'un phénomène dynamique et la ligne anatomique des éléments qui l'engendrent ; comme on le voit entre la circulation périphérique, la rotation diurne et les courants circulaires de l'océan ; comme on le voit entre la circulation interpolaire et le mouvement d'inclinaison de la terre; comme on le voit encore entre le phénomène des marées et celui de la circulation diagonale : je ne crois pas m'écarter de la vérité, en disant que ce même système de circulation diagonale demeure, pour l'océan, l'agent principal du dégagement dynamique nécessaire à la conversion de l'eau en vapeurs, au mécanisme de la formation des nuages et de leur résolution en pluie. Quand je dis agent principal, c'est relativement aux autres systèmes de la circulation tellurique : car en réalité, le mécanisme de genèse des nuages et de la pluie est complexe; il relève encore du système électro-magnétique et des influences lunaire et solaire.

La ligne virtuelle qui monte aux nuages, comme celle qui s'élève ou s'abaisse avec les marées, se trouvant en parfaite continuation dynamique avec la ligne anatomique des canaux centrifuges et centripètes du système diagonal, devient donc par analogie une preuve de présomption de leur rôle principal dans le mécanisme des nuages et de la pluie ; et l'analyse raisonnée de tous les autres phénomènes météorologiques viendra, en corroborant cette preuve, la transformer en certitude physiologique.

Si ce mécanisme relève par en bas des laves cellulaires en circulation diagonale, il faut en conclure que, dans la période de sécheresse de 1870, l'état dynamique du foyer terrestre était dans les rapports suivants d'activité relative : *maximum* fonctionnel du ganglion boréal ; *minimum* fonctionnel du système de circulation diagonale, et *minimum* du système périphérique, dans les canaux circulaires du Cancer, de l'Équateur et dans le ganglion central.

Cette répartition dynamique peut être partielle dans une moitié du globe, partielle dans une moitié d'hémisphère, ou généralisée dans les deux faces d'un même hémisphère, comme dans les deux hémisphères eux-mêmes. Pour juger de l'étendue de la manifestation, dans un cas donné, il faut connaître l'état météorologique des différentes régions du globe.

Pour qui veut se rappeler ici les déductions de Maury, d'après lesquelles les pluies de l'hémisphère boréal seraient alimentées principalement par les mers de l'hémisphère austral, ce qui, soit dit en passant, ne peut servir de preuve à la théorie du croisement des vents, il sera encore mieux démontré que, dans le cas cité, le *minimum* fonctionnel du système diagonal était général, au moins dans une moitié du globe, dans l'hémisphère nord et dans l'hémisphère sud; puisque, si la circulation diagonale eût été au *maximum* fonctionnel dans l'hémisphère méridional, le dégagement des vapeurs et la formation des nuages auraient empêché la sécheresse de l'hémisphère septentrional; en même temps que l'émanation hyperdynamique au travers de l'océan, contrebalançant par la suractivité de sa cause génératrice celle de la circulation interpolaire, aurait détruit bientôt en celle-ci la localisation des points d'appel, et rendu par suite la faculté d'impulsion au système périphérique : c'eût été à la fois et la fin du courant nord pour notre hémisphère et la fin de la sécheresse.

Il faut se représenter toute l'étendue des laves telluriques comme sécrétant à la fois, pour ainsi dire, au travers de l'océan, des émanations incessantes de vapeurs d'eau, et comme dégageant sans cesse des poussées dynamiques centrifuges. C'est l'exosmose planétaire. Tous ces produits s'élèvent dans l'atmosphère, et font des couches aériennes comme le miroir où se reflète l'état physiologique du foyer terrestre. Dans ce domaine des laves cellulaires, où partout s'accomplit un mouvement fonctionnel, si une région tellurique devient en suractivité vis-à-vis des autres, elle sera dès lors point d'appel et foyer de dégagement plus considérable, c'est à-dire foyer d'attraction pour les autres régions cellulaires dont elle aura tendance à accaparer les forces vives excédantes, et foyer de prolifération et d'impulsion pour les courants atmospériques et pour les mouvements océaniques. C'est une situation relative. Tel on voit, dans notre organisme, un vis-

cère congestionné donner un plus grand dégagement de chaleur et de forces vives, fournissant en même temps au
rayonnement physiologique et au rayonnement pathologique : il agit comme foyer d'attraction envers les autres
viscères, et d'une manière générale envers toute force déplacée ; il agit comme foyer de prolifération ou d'impulsion
envers la périphérie et l'organisme entier, qu'il inonde des
produits de la fièvre.

En résumé, le champ tellurique offre l'image d'une immense plaine fonctionnelle, hérissé çà et là, à la façon des
reliefs du sol, de nombreuses inégalités dynamiques ; c'est
une répartition de *maximum* et de *minimum*, d'*hyper* et d'*hypo*-
dynamisme, de plus et de moins : ceux-là points d'appel plus
énergiques que ceux-ci, et sources plus fécondes de forces
vives. C'est ainsi que toute organisation vivante est constituée ; c'est ainsi que toute organisation sociale est établie :
celle-ci est faite à l'image de celle-là. Mais dans cette plaine
physiologique accidentée, il faut faire une distinction entre
les foyers principaux et les foyers secondaires, entre les
foyers fixes et les foyers mobiles. Si les foyers principaux
n'étaient pas fixes, l'organisation serait instable ; si les foyers
secondaires et tertiaires n'étaient pas mobiles, l'organisation
mal équilibrée serait défectueuse.

L'état physiologique d'une période de sécheresse étant
ainsi défini, on comprend que celui d'une période pluvieuse
sóit caractérisé par la prédominance fonctionnelle en d'autres
conditions : soit par la suractivité du système diagonal, probablement aussi du système périphérique, avec *minimum*
fonctionnel du système interpolaire.

On a signalé, pour l'année 1870, que la fin de la sécheresse
et le retour de la pluie ont été précédés de quelques jours
par des pluies sur l'océan Atlantique, avec vent d'ouest. Je
note ce fait, comme favorable au rôle de la circulation diagonale, et comme démontrant que, si l'opinion de Maury est
vraie d'une manière générale, cependant chaque bassin

océanique peut alimenter de pluies et de nuages les terres qui l'entourent, en tant qu'il est desservi par une circonscription de la circulation diagonale.

Un déplacement de forces et de suractivité dans l'ordre physiologique, quand plusieurs organes sont en présence, peut s'accomplir de plusieurs manières, et les trois systèmes de la circulation tellurique, bien que systèmes seulement par rapport à l'organe commun qu'ils représentent, jouissent néanmoins, à cause de leur importance, des mêmes droits fonctionnels que les organes entiers des organismes animaux.

Deux modes de déplacement nous étant connus : l'un partiel et limité au même hémisphère, entre un ganglion polaire et un canal périphérique, par exemple, l'autre général entre le système interpolaire et le système périphérique, il reste à formuler le troisième, limité au système interpolaire, entre le ganglion boréal et le ganglion austral ; dans lequel le système périphérique, à cause de sa supériorité physiologique, se tourne immédiatement en point d'appel vis-à-vis du ganglion dépouillé.

La connaissance exacte des courants atmosphériques dans les deux hémisphères, durant cette période, pourrait seule, par induction, nous amener à découvrir le mode de déplacement qui s'est effectué. C'est ainsi que le courant nord-ouest dans la zone variable de l'hémisphère méridional, ayant régné avec persistance dans les six mois écoulés, nous ferait croire au déplacement du système interpolaire dans le système périphérique ; tandis que le vent sud-est dans les mêmes régions et dans les mêmes conditions, étant donné le vent sud-ouest dans l'hémisphère septentrional, nous ferait croire au déplacement du ganglion boréal dans le ganglion austral, avec prédominance du système périphérique dans l'hémisphère nord.

Quant au système diagonal, il est également susceptible, dans chacune de ces zones, d'éprouver des déplacements partiels et d'entrer partiellement en suractivité, réglant ainsi la distribution des zones pluvieuses.

Que si le mécanisme de la formation des nuages et du dégagement des vapeurs relève, pour ce qui regarde le foyer tellurique, particulièrement du système de la circulation diagonale, il le fait aussi, comme je l'ai dit, mais en moindres proportions, des deux autres systèmes : sur la mer libre du pôle, dont les profondeurs ne peuvent avoir aucun rapport physiologique avec le système diagonal, le phénomène du dégagement des vapeurs prend sa source dans le ganglion polaire sous-jacent.

Celui qui voudra posséder une idée plus complète de cette relation physiologique, par laquelle le phénomène de la pluie et celui de la formation des nuages se rattachent directement aux mouvements des laves cellulaires, se représentera les canaux de la circulation intermédiaire, système de transition entre l'organe tellurique et l'organe océanique, et comprendra que c'est par l'intermédiaire obligé de cette circulation spéciale, également répartie dans toute l'étendue de la croûte terrestre, que s'opère le mécanisme de ce phénomène complexe. Aucune communication physiologique n'a lieu entre le centre terrestre et les deux organes qui l'enveloppent, laquelle ne passe par les transformations dynamiques de cette zone : c'est par elle que le phénomène des marées relève de la circulation diagonale ; c'est par elle que les courants océaniques dérivent de la circulation périphérique et des ganglions disséminés ; c'est par elle que les courants inférieurs de l'atmosphère se rattachent aux canaux périphériques et aux ganglions polaires ; c'est par elle enfin que le phénomène du dégagement des vapeurs se relie à la circulation diagonale ; de même que les nuages se relient à l'océan par les vapeurs qui s'en élèvent.

Il est facile maintenant, pour le graver mieux dans l'esprit, de résumer ce mécanisme commun dans une formule synthétique.

Ainsi nous avons au point de départ, dans les laves cellulaires, quel que soit le système : une force *moléculaire première*, engendrant sa *calorique première;* laquelle, se diffusant par l'intermédiaire de la force électro-magnétique dans les supports de la circulation intermédiaire, s'y résume en une force *moléculaire seconde*, d'où naît une *calorique seconde;* laquelle à son tour, par le moyen de la même force électrique, se diffuse dans les mouvements de l'organe océanique, et s'y transforme en une force résultante *moléculaire troisième*, donnant aussitôt sa *calorique troisième.* Ce sont autant d'expressions collectives.

C'est de cette calorique troisième que partent les différentes séries des phénomènes physiologiques ci-dessus énoncés. Il faut regarder chacune de ces forces synthétiques, ou de ces résultantes dynamiques, comme représentant une série fonctionnelle, ou encore comme autant d'étapes physiologiques d'une fonction planétaire en voie d'accomplissement. Toutes les fonctions organiques peuvent se résumer ainsi en séries, ou en étapes dynamiques.

Les considérations qui précèdent, en nous donnant l'idée exacte du courant prédominant de la zone variable dans sa conception virtuelle, nous font voir, en supposant réelle pour un instant la continuité de ce courant, chaque hémisphère divisé par les calmes tropicaux en deux grandes zones de courants atmosphériques, avec trois foyers fonctionnels, dont l'un est commun aux deux hémisphères : c'est le foyer équatorial ; puis nous enseignent que, dans chaque hémisphère, les courants inférieurs partent du même foyer tropical et se tournent le dos pour se diriger : le sud-ouest vers le ganglion boréal, le nord-est vers les calmes équatoriaux, le nord-ouest vers le ganglion austral, le sud-est vers les calmes équatoriaux ; tandis que dans les courants supérieurs l'ordre est interverti. Les deux courants supérieurs convergent vers le foyer tropical : le nord-est et le sud-ouest pour l'hémisphère nord ; le sud-est et le nord-ouest pour l'hémisphère sud.

Les courants inférieurs sout divergents à partir d'un foyer unique ; les courants supérieurs sont convergents au contraire vers un foyer unique.

Telle serait la physiologie des courants atmosphériques dans toute sa simplicité ! Telle serait cette physiologie, où il ne soufflerait sur la surface des terres et de l'océan que des alizés, des moussons et des brises de terre et de mer, si la zone dite variable ne recélait en son sein des conditions spéciales de mobilité !

Chacun peut à loisir observer les phénomènes suivants, qui tous se résument en *variations dynamiques d'intensité et de direction* des courants de l'atmosphère.

Prenant les arbres pour points de repère naturels et les girouettes pour points de repère artificiels, il n'est pas rare de voir, pour les courants de surface, les feuilles de deux arbres voisins inégalement agitées, à plus forte raison de deux arbres éloignés, et souvent même les feuilles de celui-ci immobiles encore lorsque déjà les feuilles de celui-là ont cessé de l'être : observation que j'ai faite par une simple brise, par un petit vent, par un grand vent, et par un vent de tempête ; il n'est pas rare de voir également deux girouettes voisines marquer une direction différente. Quand le vent souffle du sud, les girouettes en présence indiquent souvent en même temps celle-ci le sud-est, celle-là le sud-ouest, une autre l'ouest ou le sud. Quand le vent souffle du nord, elles indiquent le nord-est, l'est, le nord et le nord-ouest. On pourra dire que les girouettes ne sont pas également sensibles : cela est vrai bien souvent ; mais cette cause d'erreur n'existe plus pour deux girouettes voisines connues, dont on a étudié les mouvements quotidiens et par des courants différents.

Dans les courants plus élevés, les nuages sont les points de repère naturels. Or, les nuages, poussés par un même courant, ne suivent pas toujours la même direction et ne se meuvent pas toujours avec la même intensité. Dans un courant général sud, les uns viennent du sud-est, les autres du sud-ouest, et tous tendent vers un même point qui les attire ; de même dans un courant général nord, ceux-ci viennent du nord-est et ceux-là du nord-ouest. Dans les temps orageux, où ces variations sont plus communes, on voit deux nuages s'avancer l'un vers l'autre de deux points opposés de l'horizon, et venir se fondre dans un foyer unique.

Mêmes variations entre les couches de nuages superposées : tantôt le courant du sol est rapide, les arbres sont agités par un mouvement énergique, et les nuages qu'on regarde plus haut sont entraînés dans un cours tranquille ; tantôt au contraire le cours des nuages est précipité, et les arbres n'éprouvent encore qu'une brise à peine sensible.

Les directions sont aussi variables que l'intensité. Deux courants superposés peuvent différer depuis la simple obliquité jusqu'à l'opposition entière.

On peut établir, comme règle de l'intensité, que le plus souvent elle va en diminuant des courants inférieurs aux courants supérieurs, et que, dans les temps pluvieux ou orageux, la coloration des nuages est d'autant plus foncée, plus grise ou noire, plus pluvieuse ou orageuse, en un mot, qu'ils sont plus rapprochés de la surface du sol. Car, si dans la zone continue les alizés ne présentent que deux couches de courants, l'un supérieur, l'autre inférieur, il faut savoir que dans la zone variable, où le courant supérieur seul est continu, la région du courant inférieur se partage, suivant les temps, en un nombre plus ou moins grand de couches aériennes inégalement animées. Ce sont autant de courants superposés depuis le sol jusqu'aux nuages les plus élevés.

Il est à noter que la pluralité de ces courants appartient aux périodes pluvieuses et orageuses, et qu'elle est limitée à la partie inférieure, c'est-à-dire à cette partie de l'atmosphère qui subit particulièrement l'influence tellurique ; tandis que la région supérieure, qui subit l'influence de la zone-mère, est plus régulière et conserve la continuité de son courant. La déduction logique de ces faits est qu'il faut demander au foyer des laves cellulaires le mécanisme des vents variables, comme on l'a fait pour celui des vents continus.

Observations. — « Le 16 septembre 1869, 16 1/2 degrés à six heures du matin, avec ciel pur ; plus tard, ciel couvert, vent fort avec rémissions marquées, à direction sud-ouest partout ; l'après-midi, éclaircies nombreuses, vent moins fort à direction ouest ; à trois heures, trois couches de nuages : l'inférieure, composée de *cumulus* gris pluvieux, est rapide ; la moyenne, formée de nuages gris-blanc, est plus lente ; et la troisième est calme, marquée par de petits *stratus* blancs. Le soir, ciel épuré. »

« Le 20 septembre de la même année : 12 degrés à six heures du matin ; ciel couvert gris, brise sud partout, humide ; à midi la girouette marque est. Il y a trois couches de nuages : *cumulus* gris pluvieux pour l'inférieure où ils sont chassés par un vent d'est ; mêmes nuages pour la couche moyenne où ils sont poussés par un vent de sud, et pour la supérieure couche compacte de nuages blancs, sans apparence de courant. Après deux heures de l'après-midi, pluie fine à type continu ; forte ondée à sept heures du soir ; pleine lune qui ne paraît pas ; vent et pluie la nuit. »

« Le 24 du même mois : 16 degrés à six heures du matin ; à sept heures, deux couches de nuages : une supérieure, formée de *cumulus* noirs et blancs disséminés, avec brise douce nord-ouest ; une inférieure à brise forte sud-ouest, formée de *cumulus* gris pluvieux ; près du sol, brise douce sud-ouest. Plus tard, ciel couvert uniformément, un peu de bruine de neuf à dix heures ; brise douce sud-ouest aux nuages, variant de l'ouest au sud à la girouette ; ciel épuré la nuit. »

Je donne ces observations à titre d'exemple.

19

Il ressort de tout ce qui précède que la zone variable est un immense océan aérien, sillonné en sens divers par des courants instables, sans nulle fixité de direction, et avec la plus grande complexité apparente. Mais on verra cependant que cette variabilité relève de causes constantes et connues, et qu'elle est réglée par un mécanisme unitaire au milieu des plus grandes diversités de formes. En un mot, les courants varient dans leur intensité, dans leur direction et dans leur volume, à l'instar des points d'appel qui les commandent ; mais les lois qui gouvernent les modalités de leurs évolutions sont invariables.

Les courants de la zone variable se produisant, en nombre plus ou moins grand, par étages successifs, on peut, comparant dans une conception synthétique chaque foyer d'émanation au tronc principal d'un système vasculaire, regarder les calmes polaires et les calmes tropicaux comme des troncs principaux, comme des cœurs d'où s'écoulent, en nombre et à des hauteurs variables, les courants atmosphériques, véritables ramifications vasculaires et dynamiques. Mais les variétés de distribution, exceptionnelles dans l'organisme animal, où les courants sont emprisonnés par des parois solides, sont ici comme dans l'océan, la règle, la condition normale et la manière d'être physiologique de ces courants ; lesquels n'ont pas d'autres entraves que les parois dynamiques de leur parenchyme organique et générateur.

Il est curieux de faire ici, par fantaisie scientifique en même temps que pour ne manquer aucune occasion de glorifier l'unité universelle, un rapprochement entre les courants d'une zone atmosphérique et les grands arbres qui l'habitent. Dans la zone continue, nous voyons en parallèle : d'un côté des arbres monocotylédones gigantesques, où le tronc forme à lui seul presque tout le végétal, d'un autre côté les courants alizés uniformes qui, d'un foyer à l'autre, se dirigent sans aucune ramification à l'image d'un tronc unique. Au contraire, dans la zone variable : arbres dycotylédones, où le tronc se ramifie en branches multiples dont le système est aussi important que le sien, et courants divers qu'on peut assimiler aux ramifications des branches émanées d'un même tronc.

Unité de modalité dans la zone continue; modalités variables dans la zone extratropicale; unité de mécanisme partout, partout également variétés d'intensité, parce que la vie c'est le mouvement, c'est la mobilité, ce sont les alternatives du plus et du moins.

Les courants variables, dont le nombre de couches ou d'étages ne dépassent pas quatre, si l'on en juge par les faits d'observation, loin de s'étendre du foyer polaire au foyer tropical ou réciproquement, comme le font les courants de la zone constante où la continuité règne également dans la longueur et la direction, n'ont qu'un souffle plus ou moins prolongé; lequel s'interrompt successivement pour obéir à des causes secondaires, points d'appel dont l'influence vient dévier la direction de son cours. Cette manière d'être permet de dire que les vents variables soufflent d'une haleine entrecoupée dans l'étendue de leur empire.

Le mécanisme de cette circulation variable relève de *foyers secondaires et mobiles*. Nous avons vu que, dans la zone des alizés et des moussons, il n'existe que des *foyers principaux et fixes* pour ceux-là, et des *foyers périodiques* pour ceux-ci.

L'atmosphère recèle en sa trame organique deux ordres d'éléments : les atomes éthérés et libres et les molécules constituantes de sa vitalité intrinsèque; *tous deux* disséminés dans l'étendue de la périphérie terrestre; *tous deux* diffusés pour les besoins de l'organe planétaire et des êtres qui respirent en son milieu; *tous deux* enfin concourant à la concentration des foyers mobiles secondaires, de même qu'au mécanisme du *travail congestif*, base dynamique de ces points d'appel.

Les éléments de l'atmosphère, aussi bien que les éléments du sang dans la vie animale, ont la propriété d'entrer en travail congestif de prolifération : c'est-à-dire qu'ils sont susceptibles de se concentrer en un point, d'y acquérir une grande suractivité fonctionnelle par les conditions spéciales où ils se trouvent, de marquer aux yeux cette modalité dynamique par des caractères physiques constants, et d'accomplir, par voie de transformation, soit en force vive, soit en travail, des phénomènes atmosphériques parfaitement définis.

Le travail congestif est une agglomération fonctionnelle de supports organiques élémentaires, avec tension ou suractivité de leurs forces vives ; c'est une phase d'hyperdynamisme, dont le terme est toujours une transformation proportionnelle, à moins que, trop faible et subissant l'influence d'une attraction majeure, elle ne s'éteigne progressivement dans une diffusion successive de ses éléments.

Les nuages sont les lieux d'élection du travail congestif dans l'atmosphère, et par conséquent des foyers mobiles et secondaires de la zone variable.

Les nuages, produits de condensation de la vapeur d'eau atmosphérique, sont formés, d'après certains auteurs, de gouttelettes pleines agglomérées, entourées et séparées les unes des autres par une couche d'air humide ; et d'après d'autres auteurs, par des vésicules creuses, mesurant de $0^{mm},02$ à $0^{mm},03$, remplies et entourées d'air humide.

Tout porte à croire que cette seconde opinion est la véritable : et la suspension dans l'atmosphère des vapeurs condensées, et l'analogie de structure vésiculaire ou cellulaire avec tous les corps organiques et leurs éléments, enfin la convenance plus parfaite de cette modalité avec les phénomènes dynamiques qui s'y accomplissent. Modalité gazeuse au point de départ, dans son mouvement centrifuge ou d'expansion ; modalité mixte, gazo-liquide ou vésiculaire, à l'étape intermédiaire des nuages, et modalité liquide au point d'arrivée, dans son mouvement centripète ou de concentration : telle est la trinité de transformations organiques qu'éprouve l'eau terrestre dans sa migration atmosphérique,

depuis le moment où elle s'évapore à la surface des mers
jusqu'à l'époque de sa chute en pluie. S'élever en vapeurs, se
diffuser dans la masse aérienne, se condenser en nuages, circuler avec les courants atmosphériques et retomber en pluie,
voilà une belle mission physiologique de l'élément liquide !

Ainsi conçus, les nuages, formés de vésicules aqueuses
avec contenu et paroi enveloppante, représentent comme
une trame organique, de nature spongieuse, où les vésicules
creuses sont faites à l'image des cellules, et où les espaces
intervésiculaires figurent les espaces intercellulaires. Ces derniers communiquent les uns avec les autres, et établissent des
rapports physiologiques entre les nombreuses vésicules agglomérées, comme on voit les canalicules anastomotiques relier
entre elles les cellules étoilées et les cellules plasmatiques.
Un air humide concentré circule dans ce système canaliculaire; un air analogue, plus concentré encore, est contenu
dans les vésicules fondamentales. Entre le contenu de ces
deux systèmes existent des rapports incessants, des phénomènes dynamiques de conjonction et de prolifération s'accomplissent. Tels on voit, dans un organe animal, des phénomènes semblables de conjonction fonctionnelle se produire
entre les éléments du sang et ceux des cellules qui bordent
les rivages vasculaires !

Cette disposition organique est toute favorable à la genèse
des phénomènes qui s'accomplissent dans les nuages, au mécanisme de la pluie, de l'orage et du travail congestif qui les
prépare.

Les foyers d'appel secondaires sont caractérisés dans les
nuages par le développement d'un travail congestif ou d'une
tension congestive; mais il va sans dire que tous les nuages
ne se trouvent pas en pareille situation.

Négligeant ici la coloration produite exclusivement par
certaines décompositions des rayons lumineux, comme dans
les nuages rouges et jaunes, je distinguerai, au point de vue
de la manière d'être physiologique des vésicules aqueuses,

trois catégories de nuages : celle des nuages blancs, celle des nuages gris dits pluvieux et celle des nuages noirs dits orageux ; trinité d'organisation, laquelle relève d'une différence dans la condensation et dans la concentration des vapeurs d'eau, et d'où découlent trois ordres de phénomènes correspondants.

Les nuages blancs représentent un *minimum* de condensation des vésicules aqueuses et un *maximum* de diffusion des vapeurs ; ils n'ont aucune tendance à la genèse congestive et à ses conséquences. Les nuages gris représentent un *maximum* de concentration vésiculaire et de condensation des vapeurs ; l'air qui circule dans les espaces intervésiculaires est saturé de vapeurs d'eau. Les nuages noirs représentent aussi un *maximum* de concentration dynamique, mais non de saturation humide ; ce sont eux qui donnent l'image la plus parfaite du travail congestif atmosphérique, avec modalité électrique.

Les nuages gris sont le siége anatomique d'un état congestif particulier, caractérisé par l'échelle dynamique peu élevée des forces vives, et par la prédominance de ces forces en modalité *travail*. Les nuages noirs au contraire sont remarquables par l'intensité dynamique de leurs supports, par la prédominance des forces en modalité *libre* et par la suractivité électrique qui leur imprime un cachet spécial. Ces derniers sont le lieu ordinaire de localisation des foyers mobiles d'attraction secondaire.

M. Hossard, capitaine d'état-major, cité par Arago (1), a remarqué, comme signe précurseur des orages, que, sur plusieurs points de la couche des nuages inférieurs, se font des soulèvements qui s'élèvent comme des fusées verticales, et vont établir des communications entre plusieurs couches distantes de nuages superposées.

On voit aussi, dit Arago, dans les nuages orageux, une ap-

(1) *Annuaire du bureau des Longitudes*, Arago, année 1838.

parence de fermentation qu'un physicien anglais, Forster, a comparé au mouvement que présente la surface d'un fromage rempli de vers.

Ces mouvements vermiformes de la face inférieure et ces soulèvements de la face supérieure sont des phénomènes certains, par lesquels se manifeste à nos yeux le dynamisme des nuages orageux. Ils mettent en évidence les mouvements plus intimes, qui s'accomplissent dans la trame organique du nuage, dans les espaces intra et intervésiculaires.

Dans l'ordre planétaire aussi bien que dans l'ordre animal, toute suractivité dynamique localisée en un organe ou en une fraction d'organe, acquérant des proportions hyperfonctionnelles et accomplissant son évolution par un mécanisme déterminé qu'on désigne par le nom caractéristique de travail congestif, se tourne vis-à-vis des autres organes ou des autres fractions organiques en point d'appel plus ou moins énergique. C'est un foyer hyperfonctionnel, jouant à la fois le rôle de foyer d'attraction et de foyer de prolifération, d'après ce qui a été dit plus haut.

Comme on voit le foie en travail congestif se dégorger par un flux de bile, fournir au rayonnement pathologique une poussée fébrile, et en même temps refroidir la périphérie ou déplacer une souffrance antérieure par attraction hyperfonctionnelle; tels, dans la tension orageuse qui les tourmente, les nuages électriques attirent à eux les nuages moins puissants qui les entourent, aspirent pour ainsi dire des courants atmosphériques centripètes par rapport à leur foyer, en font naître d'autres qui deviennent centrifuges, puis se soulagent dans une ondée résolutive, où leurs forces viennent éteindre l'excédant de leur vitalité. Le foyer orageux attire à lui les nuages voisins et les courants qui les conduisent; ceux-ci agissent par influence sur d'autres plus éloignés, lesquels à leur tour en impressionnent de plus reculés encore, agrandissant ainsi de plus en plus, suivant les circonstances, le cercle d'action du travail congestif central. Depuis les petites attractions de nuages à nuages jusqu'à ces puissantes concentrations qui s'imposent à toute une vaste région, les limites fonctionnelles de ce phénomène peuvent atteindre toutes les dimensions.

Des faits nombreux d'observation, que chacun peut vérifier dans les moments opportuns, viennent corroborer cet établissement théorique des foyers secondaires d'attraction dans la zone variable.

Observations. — « Le 8 juillet 1870, après six mois de sécheresse, couche de nuages noirs et orageux le matin à l'horizon ouest, s'élevant lentement vers l'est; brise est aux girouettes. A midi, ciel tout couvert, pluie et tonnerre, petite brise est aux nuages, petit vent ouest aux girouettes. Entre ce changement de direction du vent de surface, j'ai remarqué quelques instants de vent variable, de brise folle. A trois heures, calme partout; ciel toujours orageux sans bruit ni tonnerre, sud-ouest aux nuages et nord-est à la girouette. A cinq heures, ciel épuré, calme; mêmes vents.

« Le lendemain, 9, au matin, grande manifestation orageuse avec pluie abondante et tonnerre; petite brise sud-est partout.

« Le 11 juillet, à quatre heures de l'après-midi, plusieurs couches de nuages noirs et orageux qui montent rapidement les uns du sud-ouest, les autres du sud-est, d'autres du sud; brise est et nord-est aux girouettes. Il s'élève tout à coup une violente tempête sèche, c'est-à-dire un grand vent sans pluie, durant laquelle les girouettes ont marqué sud et sud-ouest comme les nuages. Après l'orage, nuages sud, girouettes nord-ouest et ouest.

« Le lendemain, ciel gris toute la matinée, épuré ensuite, ouest partout; courant rapide aux nuages et petite brise sur terre. »

On peut tirer plusieurs enseignements de ces observations :

que le foyer orageux est converti en point d'appel pour le courant du sol, lorsque ce courant et celui des nuages sont préalablement distincts, ce que démontre l'antagonisme de direction des deux courants dans la journée du 8 juillet 1870 ; que le foyer orageux, lorsqu'il acquiert une grande intensité, laquelle implique une grande étendue, complète son rôle attractif vis-à-vis du courant du sol en l'absorbant dans un cours unique, et en l'entraînant dans la même direction que lui ; que le changement de direction d'un courant partiel et local, quelque petit qu'il soit, représente physiologiquement la miniature du renversement d'une mousson et d'une brise de terre et de mer, où un intervalle de brise folle et de vent variable précède l'établissement de chaque courant : on pourrait même établir un rapprochement entre ce fait et celui de l'existence des brises folles et des vents variables dans la région des calmes, mais ce n'est pas le moment d'en parler ici ; qu'à la suite d'un orage, les nuages qui en forment pour ainsi dire la queue, traînards qui n'ont pas pris part au combat, sont emportés comme à la débandade et par un cours précipité, séparés les uns des autres, et tenant pour la couleur le milieu entre les nuages noirs et les nuages gris pluvieux : phénomènes d'entraînement, lesquels manifestent l'action attractive que le foyer orageux qui s'éloigne exerce derrière lui ; enfin que la réunion du courant du sol et du courant des nuages annonce toujours une plus grande stabilité dans le temps, soit beau, soit mauvais, suivant les circonstances, parce qu'elle indique le concours d'un plus grand nombre d'éléments atmosphériques vers un même but fonctionnel et l'existence d'un seul foyer d'appel plus puissant, tandis que l'état contraire, où le courant du sol et celui des nuages sont en direction différente et quelquefois opposée, devient, par des raisons inverses, le cachet de l'instabilité et de la variabilité.

Lorsqu'après une période de sécheresse et de chaleur, le ciel vient à se couvrir de nuages disséminés et nombreux,

gris et gris-blancs, et que la température s'abaisse subite-
ment en devenant humide, bien que la pluie ne s'épanche pas
encore, ne le fait souvent que plusieurs jours après et même
quelquefois ne tombe aucunement, on est accoutumé d'entendre cette phrase vulgaire que chacun sait et redit : Il est
tombé de l'eau quelque part, ou un orage est passé pas loin
d'ici; et l'on voit un rapport de cause à effet entre ce phénomène de voisinage et le changement de température locale.

Ainsi, du 11 au 25 juillet 1870, le ciel était pur, la chaleur
élevée, et la brise soufflait de l'orient; le 25, la température
s'abaisse, on voit quelques nuages qui viennent du sud et de
l'ouest; le 26 au matin il fait très frais, le ciel est couvert, les
nuages et les girouettes marquent ouest; le ciel s'épure dans
la journée; le 27, le ciel est encore couvert, le temps humide,
la brise souffle d'ouest partout, et l'après-midi seulement un
orage éclate avec pluie et tonnerre.

Voilà entre mille un exemple où la température locale a été
modifiée par une influence de voisinage, et que l'on ne peut
expliquer sainement que par le mécanisme d'un déplacement
calorique et l'attraction d'un foyer d'appel secondaire. En
effet, l'orage qui donna le 27 sur Versailles, amené par un
courant d'ouest, existait déjà le 26 et le 25 en d'autres lieux
de plus en plus à l'occident, où il a pris naissance sur l'océan
Atlantique. Son premier effet sur la zone atmosphérique qui
passe par Versailles a été de détourner le courant est et d'en
attirer par déplacement physiologique les forces vives pour
en nourrir la suractivité fonctionnelle de ses éléments intrinsèques : d'où abaissement de température, devenant ainsi un
signe prodromique d'un orage ou d'une pluie à venir, lorsque
toutefois cette suractivité orageuse acquiert une assez grande
puissance pour vivre plusieurs jours.

Ce qu'un orage qui approche, étant encore à une, deux ou
trois journées de distance, prend à une localité de forces
vives par déplacement fonctionnel, il le lui rend plus tard
sous une autre forme et en plus grande proportion; car les

nuages orageux sont des terrains de prolifération dynamique. Tel on voit, dans l'organisme animal, un viscère irrité abaisser la température de la peau par le déplacement de sa calorique qu'il concentre en ses éléments, et lui rendre ensuite, en plus grandes proportions par le mécanisme de la fièvre, les forces vives dont il l'a momentanément dépouillée.

C'est aussi par ce déplacement d'activité atmosphérique qu'un orage se trahit à distance par un mouvement du baromètre.

L'évolution fonctionnelle d'un orage, comme toute évolution d'un phénomène dynamique quelconque, se partage en trois périodes : la période de genèse et d'augment, la période d'état et la période de déclin.

Dans ces trois périodes, le foyer fonctionnel joue le double rôle d'attraction et de dégagement; mais le rôle attractif domine dans la première, le rôle de dégagement et d'impulsion dans la troisième, et tous deux sont à peu près également développés dans la période d'état.

Cette répartition des prépondérances est basée sur deux lois physiologiques fondamentales que j'ai déjà énoncées plusieurs fois : *une fonction qui s'accomplit consume des forces vives*, parce que le rôle d'attraction l'emporte sur le rôle de dégagement; et *une fonction qui s'éteint dégage des forces vives*, parce que le rôle d'attraction n'a plus sa raison d'être. Ce rôle coïncide avec les besoins de la fonction; il apporte les éléments nécessaires pour nourrir la suractivité organique.

La fonction est à la fois un phénomène de prolifération intrinsèque, et de prolifération extrinsèque. Le premier mode de prolifération appartient surtout aux deux premières périodes, et le second aux deux dernières. Celui-là coïncide avec le rôle d'attraction, et celui-ci avec le rôle de dégagement. Un courant centripète par rapport au foyer fonctionnel est commandé par la prolifération intrinsèque des éléments dynamiques, tandis qu'un courant centrifuge relève de la prolifération extrinsèque. L'un concourt à la période de concentration fonctionnelle; l'autre à la période de diffusion.

Durant la phase de développement de l'orage, tous les courants du voisinage sont tributaires de sa suractivité; mais lorsque celle-ci descend les degrés de son échelle vitale, c'est le centre à son tour qui devient tributaire de la circonférence.

Dans la zone des alizés aussi bien que dans celle des vents variables le mécanisme est identique : le caractère différentiel de la zone variable est dans la mobilité des foyers secondaires et dans la nature orageuse ou électrique de leur fonction.

Les courants atmosphériques, à l'image des courants de l'océan et de ceux des laves cellulaires, sont tous attirés par devant ou poussés *à tergo* : ils sont le fruit d'une fonction qui s'élabore et consume des forces vives, ou d'une fonction qui s'éteint et en dégage.

. Dans les foyers secondaires et mobiles de l'atmosphère, la fonction est éphémère et se déplace sans cesse; ou, à un point de vue plus général, la fonction dite orageuse est en permanence comme propriété dans l'atmosphère, mais ses points de localisation varient et se déplacent. Dans les foyers principaux des calmes, comme dans les foyers principaux ou secondaires de l'organe tellurique, la fonction est permanente en tant que propriété et en tant que localisation; mais elle varie d'intensité, et l'on assiste, sinon à des déplacements fonctionnels absolus, du moins à des déplacements de suractivité dans une étendue fonctionnelle donnée.

Dans une zone continue aussi bien que dans une zone variable, toute fonction se fait et se défait sans cesse : telle est la loi de son évolution physiologique! C'est une toile de Pénéloppe dans l'ordre vital. La distinction des trois phases d'évolution, d'augment, d'état et de déclin, est donc vraie dans un cas comme dans l'autre, avec cette différence qu'elle est générale et absolue dans les foyers mobiles, partielle et relative dans les foyers fixes.

En thèse générale, vous pouvez dire en regardant un courant variable dans un temps orageux ou pluvieux : il va vers un orage qui se forme, ou il vient d'un orage qui se détruit.

Dans le cours d'une année, il existe trois périodes de temps : les périodes pluvieuses, les périodes orageuses et les périodes sèches.

Le mécanisme des foyer mobiles appartient essentiellement aux périodes orageuses. C'est pendant ces périodes que les courants atmosphériques changent le plus souvent de direction; elles sont spéciales à la saison chaude, exceptionnelles en hiver, et la force électrique y joue le rôle principal. Dans les périodes orageuses, il est des jours où la direction des courants atmosphériques (nuages et girouettes) varie deux, trois et quatre fois. Ce fait ne peut s'expliquer que par le déplacement de suractivité congestive, sous l'action des lois de l'électricité par influence, entre les divers foyers orageux en présence dans une région donnée.

Les périodes pluvieuses sont plus ou moins longues et plus ou moins étendues. Les plus courtes et les moins étendues rentrent absolument dans le mécanisme des foyers mobiles, à modalité non électrique, et relèvent de l'influence dynamique des laves cellulaires comme les périodes orageuses relèvent de l'influence dynamique de la zone-mère. Il en est ainsi des plus longues et des plus étendues; lesquelles se rapprochent davantage des zones continues par la durée relativement longue des mêmes courants, et offrent, comme signe particulier, des poussées congestives partielles, des foyers mobiles tertiaires, dont la manifestation locale au milieu de la période pluvieuse générale, marque celle-ci du cachet de la recrudescence, quelquefois même d'une intermittence régulière, sans déranger pour cela la situation relative du foyer principal qui forme la période. Ainsi nous voyons des recrudescences nocturnes dans presque toutes les maladies; ainsi dans les fièvres continues apparaissent souvent des accès intermittents.

Les périodes pluvieuses générales et les périodes sèches générales, ainsi désignées parce qu'elles règnent sur de grandes régions en même temps, relèvent également du centre tellurique, dont le foyer principal de dégagement règle les mouvements du foyer atmosphérique secondaire dans celles-là, et dont la prédominance du rôle attractif garantit le beau temps dans celles-ci. Je m'explique.

La distinction que j'ai faite de deux tendances dans un foyer fonctionnel, ou bien de deux rôles, est également vraie pour les fonctions particulières à chaque organe et pour celles qui sont communes aux trois organes planétaires. Vraie pour les foyers fixes des calmes atmosphériques, vraie pour les foyers mobiles des zones variables, elle l'est encore pour les foyers ganglionnaires telluriques, et pour le mécanisme merveilleux par lequel l'atmosphère est reliée à l'océan et au centre terrestre.

Les fonctions telluriques, soit d'un système circulatoire ou d'un autre, possédant la double propriété d'attraction par prolifération intrinsèque et de dégagement par prolifération extrinsèque, sont tantôt en prédominance de celle-là et tantôt en prédominance de celle-ci. Cet antagonisme fonctionnel se manifeste entre les différents systèmes de la circulation tellurique, entre les différentes parties d'un même système, entre tel ganglion et tel autre, et particulièrement entre les régions de l'hémisphère boréal et celles de l'hémisphère austral, de même qu'entre les deux faces opposées d'un hémisphère ; il se manifeste encore dans les rapports fonctionnels, qui unissent les laves cellulaires à l'océan et à l'atmosphère.

Pour faire des applications, la prédominance du rôle attractif règne dans le ganglion austral et celle du rôle de dégagement dans le ganglion boréal : alors les régions de la zone variable, dans l'hémisphère septentrional, sont soumises au vent du nord et à ses dérivés, avec ou sans pluie, selon la prédominance de modalité des forces vives, modalité libre ou modalité travail. D'autres fois le rôle est interverti : le rôle du dégagement prédomine au ganglion austral et le rôle attractif au ganglion boréal.

Cette seconde application pour l'hémisphère septentrional nous conduit à l'antagonisme entre le système interpolaire, résumé dans son ganglion boréal, et le système diagonal ou le système périphérique. La prédominance du rôle d'attraction est au ganglion polaire, et la prédominance du rôle de dégagement dans le système diagono-périphérique, résumé dans le canal tropical par exemple : alors la zone variable, dans l'hémisphère nord, est soumise au vent du sud et à ses dérivés.

Dans une troisième application le rôle de dégagement prédomine dans les régions telluriques sous-atlantique, et le rôle d'attraction dans les régions opposées sous-pacifiques; ou inversement. Le siége de ces prédominances est ici le système diagonal et le système périphérique.

Enfin, il est un grand nombre d'autres applications, plus localisées encore, moins étendues; lesquelles varient souvent et viennent se refléter dans les phénomènes atmosphériques.

Quand le rôle de dégagement règne en un système ou en une région de ce système, il se produit du centre à la périphérie planétaire, par le mécanisme des filets dynamiques, une poussée incessante de forces centrifuges. Au contraire, quand le rôle d'attraction remplace le précédent, il se fait comme une aspiration dynamique des forces centripètes. Dans le premier cas, les manifestations physiologiques se diffusent dans l'océan et dans l'atmosphère; dans le second cas elles se concentrent dans le foyer des laves cellulaires. Mais, en raison de l'antagonisme qui existe entre telle région ou telle autre de ce foyer, les forces centripètes ou afférentes du point d'attraction vont concourir aux forces centrifuges ou efférentes du point de dégagement, établissant ainsi dans la planète une véritable circulation interorganique, dont les courants varient sans cesse et dans toutes les directions.

Je dirai donc, pour en revenir à mon point de départ, que

la période de sécheresse qui règne sur une région donnée de la zone variable, avec vent nord et nord-est comme celle de 1870, se rattache à la prédominance du rôle attractif dans le système diagonal sous-jacent à cette région, et à la prédominance du rôle de dégagement dans le ganglion polaire boréal. On voit dès lors le courant interorganique : nord-est dans l'atmosphère, sud-ouest dans le foyer tellurique, véritable courant anatomique et physiologique dans celle-là, courant dynamique et virtuel dans celui-ci; et pour compléter le circuit : courant ascendant dans la mer libre du pôle, et courant descendant dans l'océan Atlantique.

La terre est partagée en circonscriptions plus ou moins nombreuses et plus ou moins étendues de ces diverses périodes, sèches, pluvieuses et orageuses.

Si l'on veut se représenter par l'imagination une période orageuse, embrassant par exemple la moitié de l'Europe, on en concevra la synthèse comme formée d'un nombre variable de foyers mobiles secondaires, avec leurs courants convergents et divergents : chacun de ces foyers pourvu d'une puissance attractive, proportionnelle à la prolifération intrinsèque de ses éléments; les plus actifs exerçant au loin leur influence sur des foyers inférieurs, et pouvant en faire avorter la fonction en l'accaparant insensiblement dans leur sphère d'activité; l'atmosphère ainsi divisée en cercles orageux, dont le foyer d'élaboration est le centre et dont les courants sont les rayons; chacun de ces cercles gravitant pour ainsi dire l'un autour de l'autre, les plus faibles soumis au plus fort, s'influençant réciproquement de manière à modifier presque sans cesse les courants atmosphériques dans leur direction et dans leur étendue; enfin, offrant à l'esprit dans ce spectacle le jeu d'un système de *féodalité physiologique*, comme l'étude de l'organisme animal nous a présenté un système non moins curieux de *féodalité pathologique*.

Soit un foyer orageux en voie d'élaboration sur l'océan Atlantique : il attire à lui, de tous les points d'une certaine circonférence, les courants atmosphériques dont les éléments lui sont nécessaires; il détermine des courants de direction diverse, suivant le lieu où l'on est placé, courants nord, sud, ouest et est. Cependant, d'une manière générale, la longueur d'un ou de plusieurs de ces courants, et par suite la régularité du cercle orageux peuvent subir de fréquentes atteintes, soit de la part de certaines dispositions locales des terres, ou de la part des cercles limitrophes, ou encore de ces influences extrinsèques qu'il est impossible de préciser à l'avance; lesquelles néanmoins se manifestent fréquemment et relèvent de l'action lunaire, solaire et tellurique : je citerai le passage du jour à la nuit, de la nuit au jour, les phases de la lune et les mouvements des laves cellulaires.

Ces foyers mobiles orageux sont le caractère essentiel, au point de vue du mécanisme, de la zone des vents variables. On les retrouve encore dans la zone des calmes équatoriaux, où ils sont en rapport avec les localisations de suractivité dans tel ou tel ganglion périphérique, disséminés sur le grand canal équatorial.

Lorsqu'il règne une période générale et prolongée, soit de pluie ou de sécheresse, les vents quittent leur caractère variable, le mécanisme de la zone variable se confond momentanément avec celui de la zone continue; et c'est alors que soufflent réellement les vents dits régnants, dont j'ai parlé en commençant : le sud-ouest dans la période pluvieuse, et le nord-est dans la période de sécheresse.

Art. II. — *Théorie physiologique des marées de l'atmosphère.*

L'atmosphère est l'organe périphérique de notre planète ; écran physiologique par lequel elle se met en rapport direct avec les influences dynamiques de la lune et du soleil, et lequel en reçoit plus vivement les impressions, non-seulement

20

à cause de son voisinage, mais par la nature de ses éléments et la modalité gazeuse qui le caractérise.

Sa hauteur vraie est inconnue, à cause de la raréfaction progressive que subissent les molécules aériennes. Evaluée approximativement à 70 lieues par Henri de Parville, à 85 lieues (340 kilomètres) par Emmanuel Liais, elle est sans doute plus élevée encore : au reste il importe peu à la science d'en connaître exactement la limite supérieure, et l'étude de la physiologie ne souffre aucunement de cette incertitude.

Cependant, Laplace ayant calculé que la force spéciale d'attraction de la terre ne se perd qu'à plus de dix mille lieues (42,000 kilomètres) de hauteur, et qu'alors seulement commence véritablement l'espace interplanétaire, où les atomes éthérés recouvrent leur liberté individuelle, il est logique de regarder cette limite d'action physiologique de la planète comme correspondant à une limite anatomique de l'atmosphère ; et l'on est autorisé à croire, par cette considération, que les dernières molécules aériennes s'élèvent, de plus en plus disséminées et de plus en plus rares, jusque dans le voisinage de cette hauteur approximative ; à moins toutefois que l'on admette, avec le père Secchi et d'autres astronomes, que chaque planète est entourée par delà son atmosphère, d'un tourbillon d'éther, à la façon de toutes les molécules constitutives des corps.

Appliquant le raisonnement à ces idées, considérant que les espaces interplanétaires sont semés exclusivement d'atomes éthérés, les espaces atmosphériques d'atomes éthérés et d'atomes chimiques combinés dans certaines proportions pour former des molécules, ce qui constitue l'air proprement dit, et que tout dans la nature se fait par gradation insensible, preuve manifeste de l'unité universelle, on peut croire, sans crainte de se tromper, ayant pour soi les résultats de l'observation dans les couches inférieures, que de ces couches inférieures où règnent en majorité les molécules chimiques, dites aériennes, l'éther domine de plus en plus à mesure que l'on s'élève et que l'air devient plus raréfié; en sorte qu'aux dernières limites la distribution des éléments se trouve renversée, les atomes éthérés régnant exclusivement ou à peu près dans les couches extrêmes, comme les molécules aériennes dans les couches inférieures. Il est donc fort probable qu'un tourbillon d'éther entoure chaque planète et lui appartient physiologiquement, et qu'il est, à ce même titre, très distinct de l'éther des champs éthérés environnants.

L'atmosphère planétaire est formée organiquement par une zone d'air dans les régions inférieures, par une zone d'éther dans les régions supérieures, et intermédiairement par un mélange d'air raréfié et d'éther libre.

L'air devient de plus en plus rare, à mesure que l'on s'élève, car le poids d'une colonne d'air d'un centimètre carré de surface équivalant à celui d'une colonne de mercure de $0^m,76$ de hauteur ou dont le volume est de $0^m,76$ cube, la moitié de cette hauteur barométrique se réalise à 5,600 mètres au-dessus du niveau de la mer; et toute la masse atmosphérique supérieure, ne pesant pas plus que cette couche inférieure, ne représenterait pas un volume plus grand, si ses éléments étaient également rapprochés.

On a constaté que la pression atmosphérique est de $0^m,758$ dans la zone équatoriale; qu'elle s'accroît progressivement du 10e au 35e degré de latitude dans les deux hémisphères; qu'elle atteint alors son *maximum* : $0^m,762$ ou $0^m,764$; qu'elle diminue ensuite jusqu'aux pôles, où elle est de $0^m,756$, et qu'enfin, d'après James Ross et Wilkes, elle est un peu plus forte dans l'hémisphère nord que dans l'hémisphère sud : c'est-à-dire que des trois zones de calmes, celle des calmes tropicaux présente une hauteur barométrique plus grande que les deux autres; que celle des calmes polaires est la plus basse, et intermédiaire celle des calmes équatoriaux : c'est-à-dire que la pression est plus forte au foyer d'émergence des alizés qu'à leur foyer d'attraction dans la zone équatoriale, et

que cette même pression est plus forte au foyer tropical de
dégagement des vents régnants sud-ouest qu'à leur foyer
d'attraction dans les calmes du pôle boréal; de sorte que,
pour chaque hémisphère, la zone des calmes tropicaux représente à la fois un double foyer d'impulsion des courants
atmosphériques et le *maximum* de la pression barométrique.
C'est dire enfin que, dans les calmes tropicaux, la suractivité physiologique des éléments de l'atmosphère règne dans
les couches inférieures, au voisinage de l'océan et du foyer
tellurique, tandis que, dans les calmes polaires et équatoriaux, elle règne dans les couches supérieures, au voisinage
de la zone-mère; car l'interprétation physiologique de la
pression barométrique ou de l'atmosphère doit être ainsi
formulée : la pression dite de l'atmosphère, sur la colonne
barométrique prise comme terme de comparaison, est la
traduction physique des mouvements dynamiques qui s'accomplissent entre les éléments de cet organe; son énergie est
proportionnelle à l'intensité dynamique dans les couches inférieures, et sa diminution proportionnelle à cette même intensité dans les couches supérieures ; en d'autres termes, le
maximum barométrique équivaut au *plus* dynamique en bas,
et le *minimum* barométrique au *plus* dynamique en haut.

Nous savons que les calmes sont des zones de polifération
fonctionnelle; que ces zones sont divisées en deux couches
dans le sens de la hauteur; que le rôle d'attraction règne
dans l'une et le rôle de dégagement ou d'émergence dans
l'autre : ainsi les calmes tropicaux sont foyers de dégagement en bas et foyers d'attraction en haut; les calmes équatoriaux et les calmes polaires sont tous les deux foyers d'attraction en bas et foyers de dégagement en haut. C'est de
cet antagonisme de direction que relève l'harmonie fonctionnelle des courants. Le foyer d'émergence est pour ainsi dire
le commencement et le foyer d'attraction la fin de la fonction. Or, le *maximum* dynamique répond au point de départ
plutôt qu'au point d'arrivée; il y a suractivité majeure dans

les couches de prolifération extrinsèque, et suractivité mineure dans les couches de prolifération intrinsèque.

Il suffit d'avoir énoncé cette situation relative pour justifier le *maximum* barométrique dans les calmes tropicaux, et son *minimum* dans les calmes de l'équateur et dans ceux des pôles.

Trois ordres de variations barométriques existent dans l'atmosphère : deux de variations constantes et régulières, une de variation irrégulière et accidentelle. Les deux premières sont des variations de lieux ou d'heures, dont celles-là viennent d'être étudiées et dont celles-ci vont l'être sous le nom de marées atmosphériques; la troisième consiste dans différentes modifications, lesquelles coïncident avec les changements de temps. Toutes trois, relevant de ce qu'on appelle la pression atmosphérique, s'accomplissent, malgré les dissemblances apparentes des conditions où elles s'opèrent, par un même mécanisme d'évolution physiologique.

Ces trois ordres de variations barométriques sont l'expression physique, ou les signes sensibles, des mouvements dynamiques correspondants, dont l'atmosphère est le siége.

Les marées atmosphériques, plus sensibles et plus régulières sous les tropiques, dans la zone des courants continus, ont trois phases d'évolution, à l'instar des marées de l'océan et des marées du système diagonal : la phase d'augment, celle d'état et celle de déclin; la phase de montée et la phase de descente, le flux et le reflux. Les deux principales s'accomplissent chacune dans un espace de six heures environ, y compris la phase d'état, de sorte que quatre périodes successives se produisent dans les vingt-quatre heures. Le *maximum* de la première marée atmosphérique est vers 9 heures du matin, son *minimum* vers 3 heures de l'après-midi; le *maximum* de la seconde marée est vers 9 heures du soir, et son *minimum* vers 4 heures du matin.

Il faut savoir qu'il existe de légères variations d'heures,

suivant les lieux et les saisons; que les deux mouvements de la seconde marée sont moins prononcés que ceux de la première; et que, les oscillations verticales de l'atmosphère ne pouvant être constatées directement par nos yeux, les oscillations correspondantes de la colonne barométrique sont celles que nous prenons pour termes de comparaison : qu'ainsi, le *maximum* barométrique étant produit par le *maximum* en bas de l'atmosphère et le *minimum* barométrique par le *minimum* en bas, les expressions consacrées sont expressions de convention, lesquelles doivent être retournées par la pensée, si l'on veut, continuant la comparaison avec les marées océaniques, se faire une idée aussi juste que possible des mouvements d'oscillation verticale de l'atmosphère : c'est-à-dire que la marée haute barométrique de 9 heures du matin est véritablement la marée basse de l'atmosphère, où la suractivité dynamique se porte de haut en bas, où la pression, synonyme de tension, se manifeste dans les couches inférieures, ce qui élève la colonne de mercure ; c'est-à-dire que la marée basse barométrique de 3 heures est la marée haute de l'atmosphère; que la marée haute barométrique de 9 heures du soir est la marée basse de l'atmosphère ; et que la marée basse barométrique de 4 heures est la marée haute de l'atmosphère, où la suractivité dynamique se déplace des couches inférieures aux couches supérieures.

L'observation démontre que les périodes de six heures ne sont pas rigoureusement exactes pour chaque mouvement des marées atmosphériques; que, malgré cela, celles-ci se reproduisent toujours aux mêmes heures, les variations de durée étant absorbées par la phase d'état, laquelle est plus ou moins longue suivant ces variations ; qu'au contraire dans les marées océaniques, où la phase d'état est toujours la même, le renouvellement des périodes se fait chaque fois à des heures différentes; que le mécanisme de celles-ci relève principalement de l'influence combinée de la lune et de la circulation diagonale; et que le mécanisme de celles-là relève principalement de l'influence du soleil et du dynamisme général de la planète.

La planète étant supposée coupée par deux lignes perpendiculaires, on se souvient que les marées océaniques coïncident lorsqu'elles sont situées sur la même ligne, et que les marées d'une ligne alternent avec les marées de la ligne perpendiculaire. Il en est de même pour l'atmosphère : les quatre mouvements de marée montante et de marée descendante s'accomplissent deux par deux.

La coïncidence des marées océaniques parallèles et l'alternance des marées perpendiculaires ont trouvé leur raison d'être dans le fonctionnement physiologique de la circulation diagonale, sous l'influence dynamique de la lune. La coïncidence analogue et l'alternance des marées atmosphériques trouve sa raison d'être, non moins légitime, dans le déplacement dynamique de suractivité qui s'opère entre l'organe tellurique et la zone-mère, sous l'influence du soleil.

Il est curieux de remarquer que la marée basse et directe de 9 heures du matin coïncide avec la marée basse en sens inverse de 9 heures du soir; que la marée haute et directe de 3 heures de l'après-midi coïncide avec la marée haute en sens inverse de 4 heures du matin, et réciproquement; tandis que la double marée basse et parallèle de 9 heures du matin et de 9 heures du soir coïncide avec la double marée haute perpendiculaire de 3 heures et de 4 heures, et réciproquement.

Neuf heures et neuf heures d'une part, matin et soir; trois heures et quatre heures d'autre part, jour et nuit : quelle est la signification physiologique de ces heures mises en parallèle?

De cette situation relative il ressort une première vérité, c'est que l'antagonisme entre la zone parallèle des marées et la zone perpendiculaire est également vrai pour l'atmosphère et pour l'océan. Le mécanisme de ces deux phénomènes est aussi simple dans un cas que dans l'autre.

Pour l'étude des marées, l'atmosphère doit être partagée en quatre zones, comme l'océan; les unes et les autres sont également correspondantes aux zones de la circulation diagonale sous-jacente. Ces quatre zones, distinctes dans l'ordre anatomique, se réunissent en deux dans l'ordre physiologique : une zone dite parallèle et une zone perpendiculaire (1).

Chaque zone renferme une marée de jour et une marée de nuit, toutes deux symétriques. Le mécanisme de la marée de trois heures, ou 3-4, relève de l'action physiologique du jour; le mécanisme de la marée de neuf heures, ou 9-9, relève de l'action physiologique de la nuit.

Le rôle du soleil, ou l'action prolongée du jour dans la marée de trois heures, produit une suractivité générale des forces vives atmosphériques, avec tension spéciale dans les couches supérieures : c'est un état hyperdynamique de la périphérie, impliquant un *moins* proportionnel dans les forces vives telluriques. Le rôle de la nuit dans la marée perpendiculaire est de produire un amoindrissement dynamique dans les forces générales de l'atmosphère : c'est un état hypodynamique de la périphérie, avec refoulement de dehors en dedans, avec *plus* proportionnel dans les forces vives telluriques. Limité à l'atmosphère, ce déplacement dynamique est aussi manifeste que d'un organe à l'autre : le *plus* des couches supérieures de l'atmosphère implique en même temps le *moins* des couches inférieures et de l'organe tellurique; de même que le *plus* de celui-ci implique le *plus* des couches inférieures de l'atmosphère et le *moins* des couches supérieures. Tel on voit s'accomplir dans notre corps un déplacement analogue, sous l'influence du jour ou de la nuit, un déplacement de viscères à la peau ou de la peau aux viscères. C'est à cette action physiologique de la nuit, que se rattache le mécanisme des recrudescences nocturnes.

Diffusion de dedans en dehors et suractivité périphérique

(1) Ces expressions sont relatives au méridien de Paris.

par le soleil; concentration de dehors en dedans et suractivité centrale par la nuit : tels sont les deux phénomènes incontestables sur lesquels s'appuie le mécanisme des marées atmosphériques. Mais à ce mécanisme général il convient d'ajouter l'influence régulatrice des laves cellulaires en circulation diagonale, on pourrait dire aussi de la circulation périphérique; car ces deux systèmes éprouvent à la fois les variations dynamiques du jour et de la nuit.

Toutefois la coïncidence de la marée en sens inverse avec la marée directe, aussi bien dans l'atmosphère que dans l'océan, et l'antagonisme des marées parallèles et des marées perpendiculaires, doivent être regardés comme relevant principalement des mouvements de la circulation diagonale.

Dans le mécanisme du jour, la périphérie est transformée en point d'appel vis-à-vis des forces centrales, ou seulement pour l'atmosphère vis-à-vis des couches inférieures. Dans le mécanisme de la nuit, le foyer des laves cellulaires devient à son tour le point d'appel vis-à-vis de la périphérie.

Cette harmonie fonctionnelle qui existe aux deux points opposés d'une même zone parallèle, sans mettre un obstacle absolu aux manifestations de l'antagonisme dans les variations irrégulières des changements de temps, doit néanmoins être regardée comme les rendant moins faciles ; d'où il faut conclure que l'antagonisme régulier maintient son influence sur les phénomènes d'antagonisme irrégulier ; et que, à cause de l'action du système diagonal, les déplacements de suractivité s'effectuent principalement dans le sens des zones perpendiculaires.

Si les marées en sens inverse coïncident avec les marées directes, dans l'atmosphère comme dans l'océan, il faut nécessairement que celles-là soient plus faibles que celles-ci : on a constaté en effet que les mouvements atmosphériques de neuf heures du soir et de quatre heures du matin sont moins accentués que les deux autres.

L'amplitude des oscillations barométriques, lesquelles traduisent à nos yeux le phénomène des marées, décroît avec la latitude : elle est de 2^{mm},28 sous l'équateur ; de 1^{mm},8 à la latitude de 23°,55 ; et de 0^{mm},67 à 48° de latitude.

Si l'heure des marées est constante pour un même lieu et une même saison, elle ne l'est plus pour des saisons ni pour des lieux différents : ses variations s'étendent d'un quart d'heure à une heure et même à deux heures ; ce qui rend compte des chiffres divers donnés par les auteurs.

Les marées atmosphériques sont des phénomènes réguliers, sur le développement desquels cependant bien des causes peuvent influer. Plus caractérisées et plus régulières dans la zone des courants continus, elles le sont moins dans la zone des vents variables, où les changements incessants d'activité dynamique ne laissent pas que d'en contrarier l'évolution : leur mécanisme fait assez comprendre qu'elles se développent en raison directe du calme atmosphérique, et en raison inverse de son agitation ; tellement qu'elles sont plus ou moins amoindries et arrêtées par les mouvements atmosphériques, desquels relève, dans les zones variables, le mécanisme des changements de temps.

Ces mouvements se traduisent à nos yeux par des variations barométriques irrégulières.

J'ai distingué trois périodes de temps : les périodes orageuse, sèche et pluvieuse. Or, toutes les variations irrégulières du baromètre, correspondantes aux changements de temps, se réduisent à deux : le baromètre est *haut* plus ou moins ; ou il est *bas*, plus ou moins. Le baromètre haut appartient essentiellement aux périodes de sécheresse ; le baromètre est ordinairement haut, quelquefois bas dans les périodes orageuses ; enfin le baromètre bas appartient essentiellement aux périodes pluvieuses.

Mais s'il est facile d'unir les mouvements généraux du baromètre aux périodes de temps, il ne l'est pas autant lorsqu'on veut comparer ces mêmes mouvements à la succession des jours; car alors on peut voir le baromètre bas coïncider avec un ciel pur ou à peu près, et le baromètre haut avec un ciel plus ou moins nuageux : c'est que, dans l'appréciation physiologique de l'état de l'atmosphère, il faut moins considérer la situation actuelle que la tendance ou la marche de l'état dynamique; c'est-à-dire moins le jour que la période et moins le lieu où l'on est que la région à laquelle il appartient, en un mot que la sphère dynamique dans laquelle on se trouve alors; de même que, pour ne pas s'égarer dans le diagnostic d'une maladie, il convient généralement de donner à la marche des symptômes plus de valeur qu'à leur caractère particulier.

Dans les deux variations atmosphériques que j'ai étudiées jusqu'ici, celle suivant les lieux et celle suivant les heures, la constance et la régularité sont le caractère essentiel, en tant qu'elles relèvent d'un ordre de causes dont l'action est permanente et régulière : je veux parler de la distribution physiologique des zones de l'atmosphère et de l'influence solaire. Le résumé synthétique de ces deux ordres de variations doit ainsi se formuler : existence permanente et nécessaire, vu la constitution planétaire et ses rapports avec le soleil, d'une couche de suractivité partielle relative, c'est-à-dire d'un *maximum* et d'un *minimum*, soit en haut, soit en bas du département terrestre de l'atmosphère, vis-à-vis duquel la zone-mère (département solaire) devient pour les couches supérieures ce que l'organe tellurique est pour les couches inférieures : un point d'appel ou de concentration par suractivité fonctionnelle ; en sorte que la tension congestive dans le département terrestre de l'atmosphère oscille incessamment, dans le mécanisme des marées et en vertu de la *loi* connue *de déplacement*, d'un foyer à l'autre suivant les conditions dynamiques du jour et de la nuit.

Les variations, suivant les lieux, sont régulières et invariables. Les variations, suivant les heures, sont régulièrement variables. Les variations qui caractérisent les changements de temps sont irrégulièrement variables.

A ces dernières, embrassant également le résumé synthétique des deux autres, le *maximum* en haut ou en bas, celui-là coïncidant ordinairement avec un ciel nuageux et le baromètre bas, et celui-ci avec un ciel pur et le baromètre haut, il faut ajouter, pour être complet, un état de l'atmosphère particulier aux périodes orageuses où la tension dynamique est générale, mais encore avec prédominance soit en haut soit en bas, c'est-à-dire avec *maximum* et *minimum*. Dans ces cas, la localisation de la prédominance n'est pas toujours en rapport avec les apparences du temps; et c'est alors qu'apparaissent les prétendues anomalies et les incertitudes du baromètre, lesquelles ne sont rien moins que cela.

Ainsi le baromètre est bas et indique pluie ou vent, et cependant le ciel est pur, sauf quelques nuages disséminés et plus ou moins orageux; ou bien le baromètre est haut et le ciel presque entièrement nuageux, quelle que soit du reste la direction du vent dans les deux cas. L'inexactitude n'est pas ici dans le baromètre, mais dans les apparences trompeuses de l'atmosphère. Car quelquefois le *maximum* peut être en haut avec un ciel pur, et en bas avec un ciel nuageux. Ces temps représentent un état physiologique spécial; lequel tantôt appartient en propre à la sphère où il se manifeste, et tantôt relève d'une sphère voisine, dans laquelle les mouvements barométriques se produisent régulièrement.

Quoi qu'il en soit, ces apparentes anomalies sont un des caractères des périodes orageuses, dont il n'est pas rare de voir les phénomènes revêtir le cachet d'une intermittence réelle, ayant toutes les analogies possibles avec les intermittences morbides dans l'organisme animal. C'est ainsi qu'on observe des orages se former à la même heure pendant plusieurs jours de suite; c'est ainsi qu'on voit des ondées tomber tous les matins ou tous les soirs, soit à la même heure chaque jour, soit en avançant ou en retardant sur l'heure de la veille.

Etant donné l'étendue, la constitution et les rapports physiologiques de l'atmosphère, l'échelle dynamique ne saurait être la même, non plus dans les diverses couches envisagées de haut en bas que dans les différentes zones considérées d'un pôle à l'autre. Telles on voit, pour comparer les grandes choses aux petites, régner des inégalités dynamiques dans les diverses régions de la périphérie cutanée des animaux, sans préjudice de l'harmonie générale et de la régularité des fonctions. Il est même naturel qu'il en soit ainsi ; et les nuances du plus et du moins, du *maximum* et du *minimum*, sont des caractères essentiels de toute organisation vitale, de tout dynamisme physiologique. Aussi bien, en raison de ces variations normales dont le mécanisme est connu et dont la prévision lointaine est impossible, est-il puéril d'aspirer à la connaissance précise du temps à venir, lorsque du jour au lendemain notre diagnostic est si souvent mis en défaut ! C'est qu'il ne suffit pas d'examiner le soleil et la lune pour arriver à la prédiction du temps ; juger par analogie avec le passé est encore insuffisant : il faut compter avec tous les rouages de la physiologie terrestre, avec la variabilité propre à tout dynamisme organique, tant dans le corps impressionnant que dans le corps impressionné ; et celui qui, connaissant l'état actuel de modalité fonctionnelle des trois organes terrestres, dans leurs plus petites fractions, et avec cela l'état actuel de la lune et du soleil, voudrait sur le temps du lendemain porter un diagnostic précis ; celui-là, d'une manière générale, courrait bien souvent le risque de se tromper, tant il est vrai qu'on ne peut former que des conjectures sur le lendemain d'un mode fonctionnel ! Tant il est vrai que la physiologie terrestre est aussi pleine de surprises que la physiologie animale !

Dans la périphérie animale et dans la périphérie planétaire, il est des variations fixes et permanentes de température ou d'activité vitale : ainsi entre les pieds et les creux axillaires, par exemple ; mais c'est là plutôt une différence dynamique de région à région, comme entre les calmes équatoriaux et les calmes polaires, qu'une variation véritable. La variabilité proprement dite, cachet essentiel de toute organisation physiologique, réside dans les relations qui unissent la périphérie au centre et réciproquement, et dans les relations avec les agents extérieurs, tels que la lune et le soleil.

La variabilité dynamique, où il faut chercher pour l'atmosphère le mécanisme des changements de temps, se présente avec le caractère constant de *maximum* dans une couche donnée et de *minimum* dans une autre ; c'est-à-dire que les éléments atmosphériques sont en tension vitale, ou en suractivité fonctionnelle, dans celle-ci, et en disposition contraire dans celle-là. La *loi d'antagonisme* maintient l'activité relative de ces deux régions, et les *lois de métastase* et *de déplacement* président à tous les changements de suractivités. (Voir *Pathologie unitaire.*)

En général, lorsque le temps est beau, c'est-à-dire le ciel pur, l'air sec et la température plus ou moins élevée, suivant la saison, le *plus* fonctionnel, subissant l'attraction de l'hyperdynamisme qui règne dans les régions animale et végétale, établit son lieu d'élection dans les couches inférieures de l'atmosphère, y concentre les éléments aériens en suractivité dynamique, et s'y traduit sensiblement par le *maximum* barométrique : situation correspondante à la marée basse de l'atmosphère.

En général également, lorsque le ciel est nuageux, le temps couvert comme on dit, humide, pluvieux, les mouvements dynamiques se ralentissent dans les régions animale et végétale, et le *plus* fonctionnel, suivant l'attraction hyperdynamique des phénomènes qui s'élaborent dans les nuages et des travaux qui en découleront, établit son lieu d'élection dans les couches élevées de l'atmosphère, y concentre les supports aériens, et se traduit sensiblement par le *minimum* barométrique : situation correspondante à la marée haute de l'atmosphère.

Il est une troisième catégorie de temps, dont le mécanisme est intermédiaire aux deux précédentes, et où la situation relative du *maximum* et du *minimum* ne peut se préjuger par la seule inspection du ciel, pur ou nuageux. C'est dans cette catégorie que rentrent les prétendues erreurs du baromètre, comme je l'ai dit.

Par exemple, le ciel est pur, mais la période orageuse, le baromètre est haut ; à un moment donné les nuages se forment, le temps se couvre, l'orage éclate, le baromètre baisse légèrement, tout en restant haut. Qu'est-ce à dire ? Cela signifie que la couche des nuages a agi à la façon d'un révulsif par attraction fonctionnelle, accaparant pour ses besoins une partie de la suractivité dynamique des couches inférieures : la tension atmosphérique s'est généralisée dans cet espace, a perdu en intensité ce qu'elle a gagné en étendue, et le *maximum* est encore resté dans les couches inférieures, accusant ainsi une infériorité relative dans la région orageuse.

Dans un autre exemple, le ciel est pur, le soleil exerce toute son influence, et cependant le baromètre est bas, annonçant par là la localisation du *maximum* atmosphérique dans les régions supérieures. Il faut admettre ici une généralisation de suractivité comme dans le premier exemple, avec cette différence que, sous une influence quelconque, le *maximum* est porté en haut au lieu de rester en bas.

Cette catégorie de temps est essentiellement variable : aussi appartient-elle en général aux périodes orageuses ! L'équilibre est instable. On peut comparer cette situation de l'atmosphère aux fièvres nerveuses de l'organisme humain.

Telles sont ce qu'on peut appeler les trois modalités barométriques de l'atmosphère ou du temps.

Le déplacement de suractivité, irrégulier dans le mécanisme des changements de temps, n'empêche pas le développement régulier du mécanisme des marées, mais le di-

minue dans certaines circonstances et peut le rendre inap-
préciable.

D'une part, le *maximum* est en bas généralement quand le
ciel est pur; d'autre part, le *maximum* des marées est tantôt
en bas, tantôt en haut, suivant l'heure de la journée, sous
l'influence du soleil. Malgré les apparences, la contradiction
n'existe pas entre ces deux états physiologiques. Celui-ci relève d'une action générale du soleil sur les laves en circulation tellurique, et secondairement sur l'atmosphère elle-
même; son rhythme est régulier et périodique comme celui
de la circulation diagonale; il relève, dans la succession
alternative du *maximum* et du *minimum* en une zone donnée,
du mouvement de rotation diurne et de la circulation périphérique. Celui-là est partiel dans ses manifestations et dans ses
causes; il est indépendant du mouvement de la circulation
périphérique et de la succession alternative du système diagonal. Il appartient plus à la vie organique et l'autre à la
vie de relation. Ils se rattachent tous deux au dynamisme
des laves cellulaires; mais l'un particulièrement aux mouvements réguliers et fonctionnels de la circulation tellurique,
et l'autre aux modifications dynamiques de ces masses cellulaires, indépendamment des mouvements circulatoires. Celui-
là relève du système, celui-ci de l'état dynamique pur et
simple.

Art. III. — *Synthèse de l'organe atmosphérique.*

Un noyau solaire, élément conservateur qui préside aux des-
tinées de son cortége organique; une centaine de nucléoles
planétaires, grandes, petites et moyennes planètes; des lunes
comme satellites autour des principales : tous ces corps
animés d'un double mouvement de rotation sur eux-mêmes
et autour de l'astre central; des milliers de corpuscules invisibles, véritables granulations cellulaires, éléments essen-

tiellement vitaux destinés à la génération cellulaire dans les cellules en voie de formation et plus tard concourant à l'unité physiologique des corps constitués, piliers organiques qui assurent la solidité fonctionnelle des rayons lumineux, jetés comme des ponts dynamiques entre le noyau et ses nucléoles : quel beau spectacle, simple et grandiose à la fois, offre à notre intelligence le champ d'une cellule sidérale, cette enceinte où nous sommes inclus, où l'harmonie la plus durable règne entre les trois ordres d'éléments cellulaires, et où cette trinité organique vient se résumer dans l'unité physiologique ! Ah ! combien il goûterait de célestes jouissances, celui qui, d'un regard plus puissant, pourrait embrasser la scène variée de ce tableau divin !

Chacun de ces organes contenus dans la cellule possède une sphère d'attraction, dont l'étendue est proportionnelle à sa puissance vitale. Mais il faut établir une distinction entre l'attraction universelle, ou gravitation, s'exerçant d'un organe à l'autre, et l'attraction de chaque organe pour ses éléments atmosphériques : celle-là est une propriété extrinsèque, tenant à la physiologie générale de la cellule ; celle-ci est une propriété intrinsèque qui ne relève que de la physiologie de l'organe. L'une appartient à la vie organique, l'autre à la vie de relation.

La sphère d'attraction organique a pour limites les parties les plus reculées de l'individualité planétaire et de l'individualité solaire. Avec elle s'arrête la puissance individuelle de chaque planète, et reste seule la puissance individuelle du soleil ; laquelle se confond avec celle de la cellule et embrasse dans son étendue toutes les individualités nucléolaires.

D'après les calculs de Laplace, la sphère d'attraction de la terre pour ses éléments atmosphériques s'étendrait à plus de dix mille lieues (42,000 kil.). Jusqu'à cette limite extrême, les éléments aériens sont retenus par la force centripète de la terre ; au delà ils cessent d'être soumis à cette force de concentration, ils ne s'élèvent pas plus haut : l'espace interplanétaire commence et les atomes éthérés règnent seuls.

Dire que la sphère d'attraction d'une planète s'étend jusqu'à une limite donnée, soit dix mille lieues pour la terre,
c'est dire évidemment que les régions les plus lointaines de
l'atmosphère atteignent cette hauteur; car quelle serait la
valeur physiologique de cette sphère et quel serait son rôle,
si, les éléments atmosphériques s'arrêtant à un niveau inférieur, elle s'exerçait dans un espace étranger à la physiologie planétaire et régnait dans une région privée de supports organiques, traversée seulement par les rayons éthérés
du soleil?

Que les molécules aériennes qui occupent ces hautes régions, graduellement diminuées dans leur nombre et de plus
en plus espacées, arrivent à un degré de raréfaction aussi
grand qu'on voudra l'imaginer; ce fait est incontestable par
suite de l'amoindrissement progressif qui se fait de bas en
haut dans la puissance attractive de la planète sur les éléments de son atmosphère, par suite de la diminution de la
force centripète et de l'augmentation de la force centrifuge;
mais cette raréfaction, quelle qu'elle soit, n'est nullement
contraire à l'existence des molécules atmosphériques jusqu'aux dernières limites de la sphère d'attraction. Loin de là,
et le fait opposé serait plutôt à démontrer; car il est tout
naturel que les éléments de l'atmosphère, en raison même de
leur élasticité et de leur modalité gazeuse, tendent à s'é-
pancher dans tous les sens, aussi bien verticalement qu'horizontalement, tant qu'une barrière, soit mécanique ou
dynamique, ne vient pas mettre obstacle à leur propriété
d'expansion. Cette barrière dynamique, dans le sens vertical,
c'est la limite de la sphère d'attraction; c'est la fin d'une
fonction et le commencement d'une autre.

On peut donc regarder comme certain, au point de vue
physiologique, que l'atmosphère d'une planète quelconque a
pour libre carrière toute l'étendue que mesure la sphère
d'attraction de cette planète. Mais il n'est pas moins vrai que

la limite mesurable d'une atmosphère est de beaucoup inférieure à ce niveau.

Les molécules de l'atmosphère, libres d'évoluer et de céder à leur propriété d'expansion dans l'enceinte de leur organe, ne le sont plus lorsqu'elles en atteignent la limite supérieure : l'attraction terrestre et la fonction magnétique constituent la double barrière dynamique, laquelle isole dans son individualité notre planète et son organe atmosphérique. La parfaite harmonie fonctionnelle, et l'équilibre physiologique qui règne entre les organismes planétaires d'une même cellule, joint à l'absence d'une attraction étrangère plus puissante sur les derniers éléments de l'atmosphère, est une garantie nouvelle de solidité pour cette barrière dynamique. En effet, entre chaque organisme planétaire, il existe un espace interplanétaire plus ou moins grand; et, chaque planète ayant pour ses éléments périphériques la même barrière dynamique, il est vraiment impossible que les éléments de l'une soient attirés par la sphère de l'autre.

Bref, l'atmosphère terrestre, en tant qu'organe, a environ 10,000 lieues de bas en haut; cette hauteur existant au pode et à l'antipode donnerait un diamètre de 20,000 lieues, si les deux rayons étaient juxtaposés. D'un autre côté, la terre proprement dite mesure 3,000 lieues de diamètre et 9,000 de circonférence; il en résulte pour le corps planétaire tout entier un diamètre de 23,000 lieues et une circonférence de 69,000 lieues.

Sachant que le champ d'une cellule sidérale est occupé par un noyau central, par des centaines de planètes et, dans l'intervalle qui les sépare, par des milliers de corpuscules cellulaires, véritables éléments granulaires par analogie physiologique; sachant d'autre part que chacun de ces organes, dont le diamètre varie à l'infini depuis celui du soleil, lequel est de 357,290 lieues, jusqu'à celui d'un corpuscule granulaire, lequel se mesure par mètres, est entouré d'une couche d'atmosphère, dont l'étendue est proportionnelle à leur activité, il est logique de déduire de cet état constitutionnel que, dans l'organisme cellulaire, les vides interplanétaires sont relativement peu considérables; que partout sont semés des corps organisés; que la limite atmosphérique de l'un est relativement voisine de la limite atmosphérique d'un autre, grâce aux corpuscules innombrables qui se meuvent dans les espaces interplanétaires; et qu'ainsi, d'une manière générale, le champ cellulaire tout entier représente un immense océan d'atmosphère, où baigne et vit le groupe nombreux de ses organes constituants : vérité approximative, à laquelle il est nécessaire d'ajouter cette remarque, que la densité de l'atmosphère augmente en s'approchant du corps auquel elle appartient et diminue en s'en éloignant. Par cette disposition, en même temps que chaque organisme partiel, solaire, planétaire et corpusculaire, maintient son individualité et sa vie spéciale par sa sphère d'attraction, laquelle oppose une barrière dynamique à la fusion des atmosphères, l'organisme général ou cellulaire assure la vie d'ensemble par ces rapports de voisinage, et défend à son tour vis-à-vis des autres cellules sa propre individualité, au moyen de la sphère d'attraction cellulaire, laquelle n'est autre que la résultante des sphères d'attraction partielles qu'elle englobe en son sein.

Nous tenons pour certain que la terre, et avec elle toute autre planète, est entourée, par delà les limites extrêmes de sa sphère d'attraction et de son atmosphère, d'un anneau de corpuscules météoriques invisibles; lesquels représentent, au point de vue fonctionnel de la cellule sidérale, les granulations des cellules animales, et dont les atmosphères sont plus ou moins éloignées de celle de notre planète.

Les physiciens s'accordent aujourd'hui à considérer ces petits corps météoriques, comme l'origine des météores lumineux qu'on appelle *étoiles filantes* et *aérolithes* : masses plus ou moins volumineuses, de nature terreuse et métallique, détachées on ne sait par quel mécanisme ni dans quel but de leur organisme-mère, devenant momentanément lumineuses en traversant notre atmosphère, et tombant quelquefois sur la terre ou disparaissant dans ces régions inconnues.

L'existence des aérolithes est un témoignage de l'existence des corpuscules cellulaires. Personne n'admet plus dans la science que ces masses viennent des volcans de la lune, comme le croyait Laplace : car on se demanderait en vertu de quelle puissance elles peuvent s'échapper de la sphère d'attraction de ce corps; ni qu'elles se forment de toutes pièces par condensations successives, dans les hautes régions de l'atmosphère terrestre.

Les caractères physiques de ces aérolithes, de substance terreuse ou métallique, nous prouvent que la constitution organique des corpuscules, dont ils dérivent, est de même nature que celle des planètes; que ces corpuscules météoriques ont un noyau solide, et, en raison de leur vitalité excessive, qu'ils possèdent autour de ce noyau un océan liquide et une atmosphère gazeuse. Du fragment solide détaché on conclut à l'organe solide; et de celui-ci aux deux autres, par l'impossibilité physiologique où est un organisme de vivre sans l'association de ces trois organes en un seul corps. Ainsi se trouve réalisée l'unité de constitution dans notre cellule solaire.

Il suffit de se reporter aux cellules animales, pour avoir la preuve directe de cette vérité, au nom de la physiologie comparée. Tous les micrographes admettent que les noyaux, les nucléoles et les nucléolules, ont le même mode de constitution; que chacun de ces éléments représente des individualités de plus en plus petites, à type toujours cellulaire; et que, si les granulations moléculaires étaient décomposées, leur organisation analogue deviendrait évidente. Tous les organes d'un organisme cellulaire sont eux-mêmes des corps cellulaires, à diamètre de plus en plus rétréci : une cellule est formée d'éléments cellulaires. Ainsi le soleil, les planètes et les corpuscules météoriques qui les séparent, sont autant d'individualités organiques, de corps cellulaires à dimensions différentes, dont l'association fonctionnelle dans une enceinte donnée constitue une grande cellule, une cellule-mère ou synthétique, une unité physiologique complexe; laquelle à son tour se rattache à une unité supérieure, à un organisme plus grand et plus complexe encore, composé d'un nombre infini de grandes cellules remplies de petites.

Quant à l'atmosphère des corpuscules, il faut, pour s'en faire une idée raisonnable, se rappeler ces deux vérités fondamentales, qu'on peut mettre au rang des axiomes physiologiques : 1° que *la sphère d'attraction organique d'un corps est proportionnelle à sa puissance vitale ;* 2° que *cette sphère d'attraction est l'enceinte dynamique de l'atmosphère :* double axiome dont l'on peut tirer la conséquence, que *plus un corps organisé dans l'ordre sidéral recèle de vitalité en son sein, plus il est enveloppé d'une atmosphère étendue.*

Tout vient à l'appui de cette vérité physiologique : et la supériorité dynamique qui va en augmentant des organes solides aux organes liquides, de ceux-ci aux organes gazeux; et l'atmosphère plus considérable des grandes planètes; et l'atmosphère très restreinte des lunes, qu'on regarde comme des planètes vieillies et qui sont en réalité d'un genre différent. Comme d'autre part il est physiologiquement démontré que les supports granulaires d'une cellule en sont les éléments vitaux, c'est-à-dire des éléments doués d'un hyperdynamisme normal, il est logique d'admettre que les granulations d'une cellule sidérale, qu'on me passe cette expression d'analogie, sont constituées comme des petits corps planétaires invisibles, où l'organe solide et le liquide n'ont que des dimensions très petites, absolument et relativement, c'est-à-dire par rapport aux planètes véritables et par rapport à leur organe gazeux, à l'atmosphère qui les enveloppe; et que ces corpuscules sont doués d'une vitalité spéciale, d'une activité supérieure à celle des planètes, ayant pour fonction de soutenir le dynamisme des rayons éthérés et d'en multiplier les effets.

On peut citer l'aérolithe d'Orgueil, présentant une matière semblable à la tourbe, probablement d'origine organique, comme preuve de la constitution des corpuscules météoriques, de l'existence des trois organes, solide, liquide et gazeux; en remontant logiquement de la matière organique au corps organisé, et de celui-ci, végétal ou animal, à la présence de l'air et de l'eau pour l'entretien et même pour la manifestation de sa vie.

Il est permis de penser que toutes les atmosphères des corpuscules se fondent en une zone atmosphérique commune, où s'agitent et se déplacent sans cesse ces éléments primordiaux de toute organisation, ces pivots cellulaires, dont plus tard nous verrons encore s'agrandir l'importance physiologique.

Les comètes elles-mêmes, organes voyageurs, dont les unes limitent leur course à l'enceinte d'une cellule solaire et dont les autres partagent le tribut de leur fonction entre deux ou plusieurs cellules, fournissent un témoignage visible à la vérité physiologique qui vient d'être énoncée. On sait que ces corps migrateurs sont composés d'un *noyau* central, d'une atmosphère enveloppante qu'on appelle *tête* et d'une queue plus ou moins longue qu'on appelle *chevelure ;* on sait que le noyau est toujours relativement très petit, qu'il manque totalement dans certaines comètes, et qu'alors il ne reste plus qu'une tête quelquefois sans queue. Or la tête et la chevelure dé la comète en représentent l'organe atmosphérique, ou gazeux ; et les proportions de cet organe viennent justifier les idées émises sur la constitution des corpuscules, et sur l'importance de leur atmosphère.

Sans aller plus loin dans cette question, nous pouvons tenir pour certain, dès à présent, que l'atmosphère des corpuscules météoriques, dans les régions interplanétaires où existent ces éléments vitaux, forme une zone continue d'une étendue considérable, sans doute très raréfiée.

Quant à la situation de ces corpuscules dans le champ de

la cellule, elle sera expliquée en son lieu, à propos de la physiologie solaire et cellulaire.

Enfin, les espaces interplanétaires étant les sentiers des comètes, il faut, pour se faire une idée exacte du voisinage relatif de tous les corps intracellulaires, se figurer ces organes voyageurs occupant chaque place où ils doivent passer à un moment donné; il faut se figurer tous les anneaux corpusculaires répandus suivant un certain ordre, et comblant ces espaces immenses où nos yeux n'aperçoivent que le vide : et alors on comprendra cette vérité approximative, que le champ d'une cellule sidérale est un vaste océan d'atmosphères, où se meuvent, chacun suivant ses lois, les corps ou les organes qui la représentent.

L'atmosphère terrestre est un organe périphérique, dans lequel nous avons étudié des courants et des calmes relatifs, comme il y en a dans les deux autres organes, et où se présente à l'esprit la même distinction physiologique du système circulatoire des courants et du système capillaire des calmes.

L'unité de plan se révèle partout à notre imagination : dans cette ressemblance des systèmes circulatoires pour les trois organes de l'organisme planétaire, et dans leur ressemblance avec les systèmes des corps animaux.

Dans l'organe tellurique ou solide les courants, emprisonnés dans des canaux, ont des parois matérielles : il en est de même dans l'organisme animal; dans les organes océanique et atmosphérique les courants n'ont pas de parois, si ce n'est des parois dynamiques, comme nous l'avons vu : ils jouissent à cause de cela d'une grande liberté de carrière, offrent de nombreuses irrégularités apparentes dans la direction qu'ils suivent, mais restent toujours soumis à l'unité de mécanisme, laquelle règle et dirige leurs mouvements réguliers aussi bien que leurs mouvements variables.

Dans l'organe tellurique le système capillaire est représenté par les vastes agglomérations celluliformes ou ampullaires, auxquelles j'ai donné le nom, par analogie physiologique, de ganglions ; c'est-à-dire par les ganglions polaires, par les ganglions périphériques et par le ganglion central. Dans l'océan ce système occupe la zone profonde, séjour du calme, au voisinage de la circulation intermédiaire. Dans l'atmosphère, ce qui représente fonctionnellement le système capillaire est situé d'une part dans les sections de calmes, lesquelles coupent à plusieurs intervalles le département terrestre de l'atmosphère, et d'autre part dans la zone-mère, autrement dit dans le département solaire de cet organe.

Tout ce qui est l'image du système capillaire, au point de vue fonctionnel, mérite le nom de *zone génératrice*.

La zone génératrice est tournée vers le foyer d'où elle reçoit l'aliment de son activité : elle occupe les parties profondes dans l'océan, au voisinage du foyer tellurique ; elle occupe les régions supérieures dans l'atmosphère, au voisinage relatif du foyer solaire : cependant les calmes atmosphériques inférieurs sont tournés vers le foyer terrestre, d'où ils tirent le principe de leur fonction. Ces zones de calmes sont comme autant de piliers dynamiques, unissant la périphérie planétaire à la vie centrale, dans les régions principales de concentration.

Il est impossible de déterminer exactement à quelle hauteur prend fin le département terrestre de l'atmosphère, et commence le département solaire de la zone-mère. On peut dire que cette limite est toujours supérieure à la plus grande élévation des nuages et des courants : or, le contre-alizé et les *cirrus* les plus éloignés du sol ne dépassent guère le niveau de 8,000 mètres ; mais la connaissance des habitudes physiologiques d'un corps organisé nous porte à établir un espace intermédiaire plus ou moins étendu, un espace de transition, où se terminent insensiblement et progressivement les phénomènes de la zone animale et où s'élaborent ceux de la zone génératrice ; zone jouissant, par sa position même, d'une suractivité particulière, recevant des deux zones qui l'entou-

rent des impressions sans cesse détruites et sans cesse renouvelées, et comparables sous ce rapport à la ligne des côtes,
de même qu'aux points névralgiques dans l'organisme animal.

La plus grande densité de l'atmosphère existe dans la zone
animale ; c'est tout naturel : c'est là qu'est nécessaire le plus
grand déploiement de forces vives, pour la manifestation des
vents, des tempêtes, et pour l'entretien des vies animale et
végétale. Dans la zone-mère la situation et les exigences sont
différentes : les éléments aériens sont plus disséminés, et leur
rôle demande plus de lenteur et moins d'énergie ; les spirales
magnétiques sillonnent cette immense étendue, et sa fonction physiologique en relève ; c'est la périphérie du corps
planétaire, la plus éloignée des grands phénomènes de la vie
terrestre, auxquels elle prend sans doute une part essentielle
en tant que région magnétique, mais non en tant qu'atmosphère.

La zone inférieure occupant un rang dans la physiologie
planétaire, en tant qu'atmosphère proprement dite, et la zone
supérieure occupant un autre rang en tant que région magnétique : voilà deux étages fonctionnellement différents d'un
même organe. Telle on voit la peau, organe périphérique du
corps animal, divisée en deux étages anatomiques et physiologiques : celui du derme et celui de l'épiderme, le premier
plus profond et bien plus riche en éléments de vie que le second.

L'homme vit plongé dans cet océan gazeux de l'étage inférieur, tel que le poisson dans l'océan liquide. Notre zone atmosphérique est inhabitable pour les fils de l'onde ; et la zone
magnétique, voire même la zone de transition, oppose une
barrière infranchissable aux tentatives des fils de la terre. La
vie de l'homme lui échappe à dix mille mètres au-dessus du
niveau de la mer.

La surface du sol est un point de départ commun, d'où la
température va en augmentant graduellement des couches

superficielles aux couches profondes de la terre, et en diminuant graduellement des couches inférieures aux couches supérieures de l'atmosphère. Cependant l'augmentation de
l'une et la diminution de l'autre ne se prononcent qu'à partir
d'un certain niveau : pour la terre ce niveau est à 25 mètres
en moyenne de profondeur, et pour l'atmosphère M. Prestel
a démontré que la température va en augmentant de bas en
haut jusqu'à neuf mètres au moins ; M. Glaisher a constaté,
dans la nuit du 2 octobre 1867, un accroissement continu de
chaleur jusqu'à la hauteur de 300 mètres ; en d'autres ascen-
sions, on n'a vu aucune diminution de température jusqu'à
700 mètres. Ces résultats différents prouvent que les nombreux
phénomènes météorologiques, dont l'atmosphère est le théâtre,
peuvent d'un jour à l'autre modifier la température régulière
de la zone des courants : c'est ainsi que l'on voit dans la mer
les ondes s'échauffer pendant les agitations successives d'une
violente tempête. Cependant on admet que, d'une manière
générale, la température diminue de 1 degré par chaque
couche de 180 mètres de hauteur, jusqu'aux nues les plus
élevées ; et l'on croit qu'au delà la couche qui répond à 1 degré d'abaissement de température devient de plus en plus
large. Enfin l'on estime à 60 degrés de froid la température
des espaces interplanétaires en dehors de toutes les limites
atmosphériques.

Dans les montagnes des Alpes, où des observations ont été
faites à ce sujet, la température de zéro degré ou de glace
fondante est à environ 2,200 mètres de hauteur.

Telle est l'opinion scientifique sur les conditions climaté-
riques de l'atmosphère dans ses hautes régions ; mais il est à
croire que, dans les régions supérieures de la zone-mère, où
les spirales électriques et magnétiques sont en continuelle
activité de fonction, la température reste constante ou ne
varie que très légèrement, comme elle est constante dans les
couches profondes de l'océan ; parce que, dans l'une et dans
l'autre de ces zones, images du système capillaire, les forces

vives se manifestent principalement en modalité *libre*, très peu en modalité *sensible* et pas du tout en modalité *travail*.

Une grande vérité, grosse de déductions, ressort de ces considérations : c'est, d'une manière générale, le *maximum* de la température atmosphérique, ou de la chaleur sensible, dans la zone des courants, et particulièrement dans les couches inférieures de cette zone.

Maximum dans la zone des courants; *minimum* dans la zone-mère ; *minimum* encore plus prononcé dans les espaces interplanétaires, ces sentiers de la cellule où n'existe aucun des éléments atmosphériques, soit de notre planète ou d'une autre, et où règnent exclusivement les atomes éthérés : telle est la situation relative de température, dont le bilan physiologique est facile à relever, savoir : le concours réciproque que se prêtent dans l'évolution de leurs fonctions les atomes éthérés et les éléments aériens, l'association constante de ces deux ordres d'éléments dans tous les phénomènes de l'atmosphère, tant de notre planète que des autres, ce qui conduit à cette vérité qu'ils se fécondent l'un l'autre et demeurent stériles ou neutres lorsqu'ils sont isolés; l'état neutre des rayons éthérés dans les espaces interplanétaires, l'absence de toute fonction, autre que celle de transmission, l'absence de toute évolution dynamique, ce qui fait de ces espaces de véritables sentiers conducteurs, unissant entre eux les différents corps inclus dans la cellule, et ce qui permet de les assimiler, sous ce rapport, aux nerfs conducteurs d'impressions de l'organisme animal; la manifestation exclusive des forces vives en modalité libre, dans ces espaces comme dans les cordons nerveux, force libre du genre lumineux, du genre calorique et du genre électrique; la traduction de chacune de ces forces en leurs trois modalités dynamiques au contact des éléments atmosphériques de chaque planète, c'est-à-dire la décomposition analytique de toutes leurs propriétés pour concourir aux évolutions fonctionnelles des organes planétaires, par opposition à l'unité synthétique de leurs mouvements neutres dans les sentiers déserts de l'organisme cellulaire ; enfin, comme conséquence de tout ce qui précède, l'unité physiologique démontrée dans un tel organisme, la dépendance relative des planètes vis-à-vis du noyau solaire en même temps que leur individualité sauvegardée, et tous ces éléments réunis ou mieux associés éveillant en l'imagination l'image d'îles et d'îlots organiques, enchaînés au noyau central et suspendus pour ainsi dire à sa suprématie fonctionnelle par les rayons éthérés, lesquels sont assimilables dans leur fonction aux nerfs des corps animaux.

Les atomes éthérés, ne se manifestant dans les espaces interplanétaires ni en modalité sensible, ni en modalité travail, apportent à la théorie diatomique un témoignage des plus favorables : la prolifération d'une force exige le concours de deux ordres de supports ; marquent une différence essentielle entre un organe proprement dit, mis en puissance fonctionnelle, et un simple corps conducteur qui n'a que des propriétés de transmission : l'état organisé des planètes dans leurs trois parties est mis par là en pleine évidence ; puis établissent l'individualité distincte des supports éthérés et des supports chimiques de l'air. Dans chaque organe atmosphérique se coudoient et s'associent les atomes de l'éther et les atomes chimiques de la planète ; tous les deux harmonisent leurs mouvements, marient leurs propriétés et donnent naissance aux forces vives nécessaires à l'évolution des fonctions organiques.

Cela étant, les manifestations calorique et lumineuse ne se produisant que dans les atmosphères, au contact de leurs éléments et en proportion de leur densité, tandis que les espaces intermédiaires restant neutres, simples agents de transmission, ne concourent ni à augmenter ni à diminuer l'intensité des forces, malgré la longueur du chemin parcouru, il ne faut pas trop se hâter de conclure d'une planète à l'autre. Ainsi, la terre étant en moyenne à 38 millions de lieues du soleil, Jupiter à 198 millions, Saturne à 364,350,000 lieues, Uranus à 729 millions et Neptune à 1 milliard 140 millions de lieues, il ne faut pas conclure de là que l'intensité de la chaleur et de la lumière diminue proportionnellement aux distances, et juger de la température des autres planètes par celle de la terre.

Une différence dans la composition chimique de l'atmosphère, une densité plus grande, une vitalité supérieure de cet organe ; une propriété correspondante du sol ; une vitalité supérieure des laves cellulaires, impliquant un développement proportionnel de la chaleur centrale, voilà du côté des corps planétaires autant d'éléments inconnus, pouvant apporter une compensation à l'effet de la distance.

Mais la diminution de la chaleur et de la lumière est-elle réelle dans les proportions de la distance? Le soleil n'exerce-t-il pas une influence à peu près égale sur tous les éléments de sa cellule?

Il est certain d'abord que le rayon éthéré, en tant que conducteur de la lumière et de la chaleur, ne se propage pas par voie de déplacement successif, du soleil aux planètes diverses échelonnées autour de lui dans l'enceinte cellulaire ; du foyer central, point de départ unique, aux foyers secondaires ou tertiaires, points d'arrivée multiples disséminés çà et là dans un ordre régulier. Sa propagation est de nature vibratoire ; et ce sont en réalité les impressions qui se propagent d'un point à un autre et non les atomes eux-mêmes.

Il n'y a pas de vide dynamique dans le champ d'une cellule ; les atomes éthérés sont partout répandus, aussi bien dans les organismes planétaires à l'état d'association que dans les espaces interplanétaires à l'état libre : il serait impossible, avec une telle contexture organique, que les rayons éthérés pussent se mouvoir dans le sens d'un déplacement réel, si ce n'est en rotation comme les mouvements électrogènes.

Si ce sont les impressions qui se propagent, sous l'influence d'un *stimulus*, faut-il admettre une diminution d'intensité dans la propagation de l'impression, lorsqu'elle parvient à une grande distance du point de départ? Je dirai d'abord que, tout étant relatif, il s'agit de s'entendre sur l'expression de grande distance.

Dans une cellule animale, dirons-nous que la distance est grande, du petit noyau central aux parois cellulaires qui l'enveloppent? Non; et nous ne doutons pas que son action s'étende également, sur tout l'espace qui relève de son activité physiologique. Dans un corps animal tout entier, dirons-nous que la distance est grande d'un point quelconque de la peau ou des viscères aux centres nerveux de la moelle et du cerveau? Non; car nous savons par expérience qu'une impression faite au pied est perçue par le cerveau, aussi nettement et aussi promptement qu'une impression faite sur le cou, bien que la distance soit relativement considérable entre ces deux parties de notre corps. Eh bien! le même raisonnement est applicable à chaque cellule sidérale, dont les dimensions relatives vis-à-vis de son soleil ne sont pas plus grandes que celles d'une cellule animale vis-à-vis de son noyau.

Les impressions non avenues pour notre cerveau sont celles produites par des causes insuffisantes. Supposé deux impressions périphériques égales en intensité, elles se traduiront chacune par une sensation également intense, quelle que soit la distance du point de départ au point d'arrivée.

Toutes les impressions émises par le soleil étant supposées égales, à un moment donné, nous avons donc lieu de croire qu'elles parviennent aux diverses planètes en de pareilles conditions d'activité; sur lesquelles viennent agir ensuite, chacun suivant sa nature, les éléments atmosphériques de ces planètes et leurs caractères.

Entre l'organisme animal et l'organisme d'une cellule sidérale, la situation, pour être renversée, n'en est pas moins identique : dans notre corps, l'impression est périphérique et la sensation centrale; dans une cellule solaire l'impression

est centrale et la sensation périphérique. Pour plus d'exactitude encore, il faut dire que dans les deux cas la transmission de l'impression a une double direction : elle est centripète et centrifuge successivement ; il y a l'impression d'aller
et l'impression de retour : le soleil reçoit l'impression des
planètes, lesquelles reçoivent l'impression du soleil. L'organisation est si parfaite dans ce beau corps sidéral que chaque
organe, grand ou petit, noyau ou nucléole, est en même
temps un agent d'impression et un théâtre de sensation. Il
s'accomplit entre eux tous un échange incessant d'impressions physiologiques.

Une cellule est une véritable unité physiologique ; et le
noyau, son élément conservateur, a une sphère d'activité
égale au champ cellulaire : c'est une vérité incontestable,
applicable à toutes les cellules, de quelque organisme ou de
quelque organe quelles relèvent.

Depuis les travaux de Galilée, de Képler et de Newton, il
est scientifiquement établi que le soleil exerce sa puissance
d'attraction, sur la planète la plus éloignée de son système
aussi bien que sur les plus rapprochées. Cela seul ferait déjà
supposer que les différences d'intensité lumineuse et calorique, dans une même enceinte cellulaire, ne varient pas entre
les diverses planètes en raison proportionnelle de leur distance au noyau central. Mais cette hypothèse se tourne en
certitude devant les considérations physiologiques qui précèdent : le contraire impliquerait que la puissance vitale de la
cellule et de ses éléments va en diminuant, dans d'énormes
proportions, du centre à la périphérie.

Sans doute qu'il est vrai, d'une façon générale, que les
phénomènes vitaux se manifestent avec une plus grande intensité fonctionnelle dans les viscères du corps animal qu'à
sa surface cutanée; mais ce fait, conformé à la constitution
organique, n'empêche pas que virtuellement la vitalité est la
même à la périphérie qu'au centre. Pour la cellule solaire il
n'en est pas autrement : et la grandeur de la planète Neptune

avec son cortége lunaire s'accorderait mal avec l'hypothèse d'un amoindrissement physiologique.

Au surplus, le fait de l'accroissement de la distance est corrigé par un autre : tant sont admirables les dispositions harmoniques, qui règnent dans la constitution des corps organisés !

Les planètes intermédiaires, qui se meuvent entre le soleil et les planètes extrêmes, remplissent vis-à-vis de celles-ci un rôle actif, en tant qu'elles jouent, à l'égard des atomes éthérés, le rôle que la cellule nerveuse exerce dans l'organisme animal, sur les molécules du *cylinder axis* qui s'épanchent en son sein : c'est-à-dire que tous les nucléoles qui précèdent doivent être considérés, par rapport à ceux qui suivent, comme autant de centres d'activité renouvelant successivement pour les atomes de l'éther leur impression initiale, et devenant ainsi une source de redoublement et de continuité pour les mouvements atomiques de cet organe conducteur. L'anneau des petites planètes, situé entre Mars et Jupiter, et particulièrement l'essaim innombrable et invisible des corpuscules météoriques jouent assurément le rôle principal dans ce mécanisme du renouvellement successif de l'impression. Cette propriété est un attribut spécial des organes atmosphériques.

Le soleil étant le foyer principal, on peut regarder tous ces corps espacés autour de lui comme des foyers secondaires d'élaboration, pour le courant physiologique qui oscille incessamment du centre à la périphérie et de la periphérie au centre.

Cependant, s'il résulte de la constitution même de la cellule solaire que la vibration éthérée, fréquemment renouvelée dans son parcours, arrive avec une aussi grande intensité à Neptune qu'à Mercure par exemple, il ne s'ensuit pas pour cela que la climatologie de toutes les planètes soit la même. Dans cette question complexe beaucoup d'éléments sont à considérer : l'atmosphère, le foyer tellurique, la puissance

vitale de la planète, sa vie organique et sa vie de relation en
un mot. La puissance vibratoire est à peu près la même dans
tout le parcours des rayons éthérés ; et la différence de
leurs effets au contact des planètes a sa source dans l'organisation de celles-ci.

Pour se convaincre qu'il n'en est pas autrement, il suffit
de se rappeler la température de —60 degrés des espaces
interplanétaires, et la diminution progressive de la chaleur
des couches inférieures aux couches supérieures des atmosphères.

La question de la grandeur apparente de l'astre solaire ne
doit pas nous arrêter : pour Neptune, la surface lumineuse
apparente du soleil est 6,670 fois moins considérable que pour
Mercure, et pour la Terre 7 fois plus petite que pour Mercure ; mais ce n'est que par hypothèse que l'on a calculé la
quantité de chaleur et de lumière reçue par une planète, sur
sa distance au soleil.

Il ne faut pas oublier que nous sommes dans un domaine
physiologique, et non sur un terrain purement physique. Sans
doute que, dans un corps organisé, comme nous le voyons
dans le corps animal, il existe des différences vasculaires et
nerveuses relativement considérables, sans détruire pour
cela l'équilibre harmonique de toutes les fonctions, parce
que les forces sont réparties entre les organes proportionnellement à l'importance et aux besoins de celles-ci. Mais ici la
question n'est pas tout à fait la même. Malgré la grande
étendue de son empire, la cellule solaire ne représente tout
au plus, vis-à-vis du corps sidéral auquel elle appartient,
qu'un petit organe ; et il serait illogique d'assimiler en tous
points un simple organe à un organisme complet.

Laissant donc à la physiologie du corps sidéral les grandes
différences fonctionnelles et organiques, conciliables avec
l'harmonie de la vie, il faut reconnaître néanmoins, à la cellule solaire elle-même, des différences fonctionnelles et des
inégalités vitales ; la variété des dimensions planétaires en

est un témoignage : Mercure a 1,244 lieues de diamètre, Vénus 3,140 lieues, la Terre 3,000 lieues, Mars 1,600 lieues, Jupiter 35,790 lieues, Saturne 28,768 lieues, Uranus 13,850 lieues, Neptune 15,044 lieues. Mais ces variétés anatomiques, et les variétés fonctionnelles qui en résultent, sont indépendantes de la distance au soleil et de ses effets, appartiennent en propre aux corps planétaires eux-mêmes, relèvent de leur vie organique.

Quant aux lois physiques de propagation de la chaleur rayonnante et de la lumière, elles sont vraies dans le domaine atmosphérique de chaque planète, mais n'existent plus dans les espaces interplanétaires : il ne serait pas conforme à la vérité d'assimiler ces sentiers éthérés au vide atmosphérique, plus ou moins imparfait, que donne la machine pneumatique.

Les inégalités principales de climatologie, qui règnent entre les planètes, ressemblent beaucoup à celles qui caractérisent les saisons dans une même planète, et se rattachent aux mêmes causes : l'allongement de l'orbite planétaire, d'où résulte une époque d'aphélie et une époque de périhélie ; l'inclinaison plus ou moins grande de l'axe planétaire sur son orbite : Mercure, Vénus et Saturne présentent cette inclinaison au plus haut degré, Jupiter est très peu incliné ; enfin la durée plus ou moins courte de la rotation de la planète sur elle-même, d'où résulte une transition plus ou moins rapide du jour à la nuit : rotation de Mercure, 24 h. 5 minutes ; Vénus, 23 h. 21 minutes ; la Terre, 23 h. 56 minutes ; Mars, 24 h. 30 minutes ; Jupiter, 9 h. 55 minutes ; Saturne, 10 h. 29 minutes.

Les différences extrêmes de température sur la terre s'élevant à 60 et 70 degrés entre les pôles et l'équateur, il n'est pas douteux qu'il existe aussi des différences de température considérables entre une planète et une autre : ce que j'ai voulu établir ici, par des considérations physiologiques, c'est que ces différences ne sont pas proportionnelles à la distance de la planète au soleil, qu'elles ne s'élèvent pas aux chiffres trop élevés qui résulteraient de cette loi des distances, et que leur principale source est dans la physiologie spéciale des planètes elles-mêmes.

CHAPITRE IV

Physiologie du système électro-magnétique.

ART. I. — *Système magnétique.*

Préparée par les expériences d'Œrstetd, la théorie de l'é-
lectro-magnétisme, que la nature elle-même met en évidence
par les déviations que la foudre, en tombant, imprime à l'aiguille aimantée, dans son voisinage, a été établie définitivement par l'illustre Ampère ; et aujourd'hui, on regarde
comme identiques en principe la force électrique et la force
magnétique.

Le système électro-magnétique, remplissant dans la vie
planétaire les fonctions du système nerveux dans la vie animale, se divise en deux systèmes particuliers : le système
électrique et le magnétique, comme il y a le système cérébro-
spinal et le ganglionnaire.

Le magnétisme, dans tous les phénomènes qui le caractérisent, se traduit à nous par le double mouvement de *translation* et de *rotation*.

Le mouvement de translation est démontré par plusieurs
expériences, lesquelles se résument en deux conclusions principales : que le mouvement magnétique ou électrique augmente de vitesse dans un conducteur à section variable, en
raison directe du rétrécissement de la section ; et que, dans
un fil conducteur alimenté par une pile, une partie de la
charge revient en arrière, si l'on interrompt la communica-

tion de la pile pour mettre le fil en rapport avec la terre. Ce sont deux lois fondamentales, communes au mouvement électrique et à l'écoulement des liquides.

De l'étude comparée des aimants et des solénoïdes, Ampère a déduit l'identité de ceux-ci et de ceux-là ; que les aimants, comme les solénoïdes, sont traversés par des courants, orientés ou non, suivant les circonstances données ; que la terre elle-même est un aimant ou un solénoïde que parcourent des courants dans la direction de l'est à l'ouest, c'est-à-dire en sens inverse du mouvement de rotation terrestre ; et que par conséquent la force magnétique mise en activité se développe toujours dans le sens d'une rotation.

Il est probable, dit Louis Lucas, qu'il y a des courants magnétiques, analogues à celui de la terre, dans chaque planète et dans le soleil.

D'après les travaux de Kreil, de Sabine, de Bache, dit le Père Secchi, la lune, le soleil et les planètes sont magnétiques.

Au point de vue de la transmission, la force magnétique se propage par un courant, et par un courant en spirale, au point de vue de la modalité de cette transmission. Ainsi se trouve confirmée cette vérité fondamentale, que les mouvements magnétiques s'accomplissent, dans les corps qui les recèlent, dans le double sens de la translation et de la rotation.

Depuis les atomes éthérés, où il prend naissance, jusqu'aux corps planétaires qu'il enroule de ses plis, le courant magnétique se propage par spirales successives.

La force électro-magnétique relève dans notre planète d'un système physiologique spécial, formant comme un quatrième département organique, mais marqué d'une étendue plus considérable que les autres, d'un caractère plus général, et de fonctions dont l'importance se fait sentir sur les phénomènes des trois précédents : trait d'union dynamique entre les organes constitutifs de la planète, servant à la propagation des impressions et au déplacement des forces vives, jouant ainsi le rôle du système nerveux dans l'organisme animal, agent principal de tous les phénomènes complexes qui appartiennent à la physiologie générale de la terre.

L'analogie qui existe entre les planètes d'une même cellule solaire invitant à penser que leurs organes sont de même ordre, affectant la même distribution, et tout ce que nous savons de leur constitution physique venant confirmer cette hypothèse, nous pouvons admettre hardiment, avec les auteurs cités, que tous les corps planétaires sont pourvus d'un système magnétique. Les atomes éthérés également répandus dans tout le champ de la cellule, l'influence du soleil s'exerçant à la fois sur toutes les planètes de sa sphère, la constitution analogue des nucléoles, et l'exigence des besoins généraux de chacun de ces corps et de la cellule qui les résume : tout, je le répète, concourt à établir cette vérité, que les planètes possèdent chacune un système magnétique, et que le soleil, *à fortiori*, en possède lui-même un.

Dans un organisme planétaire donné, tel que celui de la terre, les mouvements caloriques, électriques et lumineux sont si étroitement unis en association fonctionnelle avec les molécules aériennes, que leurs manifestations diverses paraissent être communes, sont enchaînées les unes aux autres ; que leurs mouvements sont soumis à des transformations mutuelles et successives, et qu'il semble impossible à cause de cela de parvenir jamais à les isoler complétement. Mais la scène est tout autre, pour qui veut considérer l'organisme cellulaire dans sa synthèse physiologique. En dehors des corps organisés sont des espaces neutres, sentiers conducteurs assimilés aux cordons nerveux, où il n'existe aucun support d'ordre chimique, aucun élément complexe à l'état de groupe, soit moléculaire ou granulaire; espaces où se meuvent seulement les atomes éthérés, dans un état primitif et d'activité neutre, excluant la modalité *sensible* et la modalité *travail* de leurs forces vives, ou manifestations dynamiques.

« Les essais qui ont été faits, dit Saigey dans sa *Physique*
« *moderne*, tendent à prouver, malgré les incertitudes d'une
« pareille expérience, que l'étincelle ne passe pas dans le
« vide..... Ce ne serait donc qu'au sein de la matière pondé-
« rable que pourrait se produire le mouvement électrique. »
(Lisez : *la modalité sensible de ce mouvement.*) Or, le vide pour
nous s'entend relativement aux éléments de l'atmosphère ;
dans cette acception, les espaces interplanétaires représentent
le vide du système solaire : non pas vide dynamique, mais
vide d'éléments organisés.

La force magnétique se propageant par des courants, ces
courants affectant la forme de spirales comme dans les solénoïdes, l'existence du magnétisme dans l'intérieur de la terre
démontrée par les mouvements de l'aiguille aimantée, et les
régions supérieures de l'atmosphère comparées à un immense
réservoir d'électricité, d'après les observations de Quetelet à
l'observatoire de Bruxelles, et de Becquerel à Paris : voilà
les éléments nécessaires pour parvenir à mettre en son jour
la circulation du système magnétique terrestre, en y ajoutant
les éléments déjà connus de l'anatomie physiologique des
trois organes.

La grande circulation magnétique de notre planète veut
être partagée, pour l'étude, en quatre sections principales,
conformes aux régions qu'elle parcourt. La description qui
va suivre n'est autre chose que la déduction raisonnée et naturelle de ce qui précède ; c'est une analyse féconde, dont
les dix lignes du dernier paragraphe sont la synthèse.

Le pôle nord, par sa prédominance connue, est naturellement le *pôle d'entrée* du courant magnétique ; lequel rencontre
aussitôt le vaste ganglion boréal où il tourne en circuit, descend par un canal interpolaire, circule dans le ganglion polaire austral, revient par le second canal interpolaire, et
rentre dans le ganglion boréal pour recommencer toujours la
même circulation.

Il va de soi que les courants magnétiques suivent le parcours des courants cellulaires : la vitalité fonctionnelle des laves telluriques sert de point d'appel, et leurs canaux servent de conducteurs aux mouvements des supports magnétiques. Ces deux ordres de mouvements dynamiques, loin de se nuire par leur association, se soutiennent réciproquement et concourent à un même but physiologique ; vouloir les séparer pour une autre distribution n'ayant aucun sens fonctionnel, serait contraire à tous les enseignements de la physiologie. La nécessité de cette association étant démontrée, il est manifeste que la circulation interpolaire possède des courants magnétiques, aussi bien que les circulations diagonale et périphérique.

A la sortie du ganglion boréal, le système magnétique se bifurque : il fournit d'une part à la circulation interpolaire, et d'autre part à la circulation périphérique ; il traverse les vastes canaux de celle-ci, en décrivant du nord au sud des spirales plus ou moins régulières mais continues. A chaque canal sa spirale ; et, aucune considération physiologique ne justifiant la même forme héliçoïde pour les canaux, les spirales du courant magnétique sont reliées les unes aux autres par des anastomoses transversales. Ces spirales, il ne faut pas l'oublier, remontent le cours des laves cellulaires.

Par la circulation magnétique périphérique, la terre, dans son organe solide, est assimilable à un solénoïde.

Ces spires, détachées au nord du ganglion boréal, pénètrent au sud dans le ganglion austral, s'y anastomosent avec la section interpolaire, et s'échappent dans l'atmosphère par le pôle austral, lequel devient ainsi le *pôle de sortie* de la terre.

Elevé aux limites extrêmes de la zone-mère, par une série de spirales ascendantes, ce courant de sortie embrasse l'atmosphère dans sa vaste circonférence, remonte successivement du sud au nord par des spirales gigantesques, dirigées également d'orient en occident ; puis, arrivé à l'extrémité septentrionale de la zone-mère, gagne l'organe tellurique par une série de spirales descendantes, et rentre comme courant d'entrée dans le ganglion boréal.

Quant à la circulation diagonale, négligée dans cette rapide description, il faut la considérer, au point de vue de la physiologie magnétique comme elle l'est à celui de la physiologie cellulaire, à la façon d'une division collatérale de la grande circulation périphérique.

Ainsi se trouve garantie la solidarité de tous ces courants, et réalisée l'unité du système magnétique de notre planète : les courants d'entrée et de sortie servent mutuellement d'anastomoses entre la circulation magnétique de l'atmosphère et celle du foyer cellulaire. Dans ce dernier organe, la circulation magnétique se divise en trois sections, une pour chaque système de circulation cellulaire. La section interpolaire s'anastomose avec la périphérique dans les ganglions boréal et austral, et avec la diagonale dans le grand ganglion central, ou indirectement par la section périphérique, ou même directement par des canaux anastomotiques.

L'atmosphère nous offrant à son tour l'image d'un solénoïde dans les immenses spirales qui la circonscrivent, il est logique de regarder notre planète, au point de vue synthétique de sa physiologie magnétique, comme formée de deux solénoïdes, l'un plus grand, l'autre plus petit, et celui-ci inclus dans celui-là, comme la terre et les mers sont enveloppées de toutes parts par l'atmosphère. Dans cette synthèse, le courant de sortie du solénoïde central devient le courant d'entrée du solénoïde périphérique, et le courant de sortie de celui-ci devient le courant d'entrée de celui-là.

Tout porte à croire que les aurores polaires, dont le point de départ siége au lieu d'union des deux solénoïdes planétaires, s'accomplissent dans une zone spéciale, laquelle n'est pas plus la zone des spirales atmosphériques que celle des spirales intraterrestres. Ces aurores représentent une fonction planétaire distincte, laquelle demande son lieu d'élection. Cela est d'autant plus logique, que les aurores émanent des

courants polaires anastomotiques, courants d'entrée ou de
sortie, et non pas des spirales périphériques qui appartiennent à chaque solénoïde : elles doivent alors se répandre
dans la zone qui leur a donné naissance, laquelle est intermédiaire entre le solénoïde atmosphérique et la terre proprement dite.

On a calculé que la hauteur extrême des aurores boréales
est en moyenne à 725 kilomètres du sol. M. Elias Loomis, de
l'Amérique du Nord, a démontré que, dans l'aurore du
28 août 1859, l'extrémité inférieure des fusées se trouvait à
74 kilomètres de hauteur, tandis que leur extrémité supérieure s'élevait à 859 kilomètres; et que les rayons de l'aurore du 2 septembre 1859 étaient compris entre 80 et 796 kilomètres de hauteur (1).

En résumé, l'on peut dire, d'une manière générale, que
les aurores polaires se manifestent dans une zone comprise
entre 10 et 15 lieues d'altitude inférieure, en moyenne,
et 200 ou 300 lieues d'altitude supérieure, formant ainsi une
zone intermédiaire, et autorisant à partager de bas en haut
l'atmosphère en trois zones : celle des courants ou la zone
animale, appartenant au département terrestre de l'atmosphère, celle des aurores qui prendra plus tard une autre désignation plus générale, et la zone des spirales magnétiques,
ces deux dernières appartenant à la zone-mère et au département solaire de l'atmosphère.

Cette esquisse anatomique du système magnétique va nous
aider à en comprendre mieux les manifestations physiologiques.

L'aiguille aimantée est l'instrument qui nous met le plus facilement sur la voie des courants magnétiques intraterrestres,
et par les déviations qu'elle en éprouve et par la direction
qu'elle en reçoit. Il y en a de deux espèces : l'une mobile

(1) Voir le livre de *la Terre,* par Reclus, t. II, p. 442.

autour d'un axe vertical, dans un plan horizontal, l'autre
mobile, autour d'un axe horizontal, dans un plan vertical;
toutes deux manifestant à leur manière les impressions des
courants magnétiques; celle-ci appelée aiguille d'inclinaison,
et celle-là aiguille de déclinaison.

Notre planète, avec un équateur et deux pôles géographi-
ques, possède aussi un équateur et deux pôles magnétiques.
Il n'y a pas coïncidence entre ceux-ci et ceux-là.

Le siége d'un pôle magnétique est variable : il se déplace
tantôt à l'est, tantôt à l'ouest, mais ne s'échappe jamais du
champ d'activité du ganglion polaire auquel il se rattache.
En 1832, il était situé dans la presqu'île Boothia-Félix, pour
l'hémisphère septentrional. Les calculs de Duperrey et de
Gauss font supposer qu'il est situé, pour l'hémisphère méridional, au sud de l'Australie, à 14 degrés 55 minutes du pôle
austral.

Dans chaque hémisphère l'aiguille aimantée se trouve soumise à deux attractions différentes : celle des courants périphériques et celle des courants interpolaires et des courants diagonaux ; les premiers tendant à imprimer à l'aiguille
une direction horizontale, et les seconds une direction perpendiculaire, celle-ci parallèle à l'axe de rotation terrestre et
celle-là perpendiculaire.

La boussole est le thermomètre du magnétisme terrestre.

L'aiguille d'inclinaison, libre d'osciller dans un plan vertical autour de son axe horizontal, prend au niveau de l'équateur une direction horizontale, au niveau des pôles une direction verticale, et entre ces deux points extrêmes une
direction intermédiaire. Il est naturel de conclure de là, que
l'inclinaison de l'aiguille aimantée est la résultante entre l'attraction de la circulation interpolaire et celle de la circulation périphérique.

L'aiguille de déclinaison, libre d'osciller dans un plan horizontal autour de son axe vertical, prend au niveau de l'é-
quateur une direction qui lui est parallèle, au niveau des pôles

une direction perpendiculaire à la première, et entre ces deux points extrêmes une direction intermédiaire. Il est logique d'en déduire que la déclinaison de l'aiguille est la résultante entre deux attractions, celle de la circulation périphérique et celle de la circulation interpolaire se résumant dans le pôle magnétique.

Toute la différence entre ces deux aiguilles provient de la manière dont elles sont montées. L'aiguille de déclinaison est montée de telle façon que, ne pouvant jamais sortir de son plan horizontal, elle ne peut prendre aux pôles la direction verticale des courants interpolaires, et marque seulement l'attraction polaire dans une direction perpendiculaire à celle de l'équateur, tandis que l'aiguille d'inclinaison, autour de son axe horizontal, peut marquer également la direction équatoriale et la direction interpolaire.

En principe, la déclinaison et l'inclinaison se rapprochent d'autant plus de la direction équatoriale que l'aiguille est plus voisine de l'équateur, et au contraire d'autant plus de la direction interpolaire que l'aiguille est plus élevée vers un pôle ou vers l'autre. Les exceptions sont nombreuses.

Pour une même latitude il y a de grandes variations dans l'inclinaison et surtout dans la déclinaison de l'aiguille ; les lignes de même déclinaison et de même inclinaison décrivent des sinuosités quelquefois considérables sur la surface planétaire : on appelle les premières lignes isogones, et les secondes lignes isoclines.

Il faut chercher la cause de ces sinuosités dans l'influence des couches telluriques, dans celle de la mer, des fleuves, des lacs, des montagnes, et aussi dans l'influence des climats. Peut-être faut-il admettre aussi, dans les courants magnétiques comme dans ceux de l'atmosphère et de l'océan, des filets d'inégale intensité, et même une inégalité générale entre les divers courants ? Car il n'est pas douteux que les courants magnétiques et ceux des laves cellulaires s'influencent réciproquement ; que ceux-ci çà et là rencontrent sur leur parcours des causes de suractivité, soit dans un ganglion, soit dans l'embouchure des canaux anastomotiques et des canaux de la circulation diagonale; que par conséquent les courants magnétiques doivent refléter ces inégalités dynamiques et les transmettre aux mouvements de l'aiguille aimantée. On peut encore ajouter à ces causes : la sinuosité des spirales magnétiques fondée sur le mode d'anastomose des canaux périphériques, par des canaux transverses et obliques, et l'influence des courants de la circulation intermédiaire.

En dehors de toutes ces causes, constantes et anatomiques, la variabilité des mouvements de l'aiguille dans un même lieu nous conduit à rechercher des causes de nature dynamiques, et par conséquent variables. Celles-ci se rattachent à toutes les manifestations physiologiques des organes pris individuellement, et de l'organisme terrestre considéré dans ses phénomènes complexes; elles sont soumises à tous ces changements d'intensité fonctionnelle, lesquels relèvent, par la loi de métastase, des déplacements dynamiques.

La terre, pour l'étude générale des déclinaisons de l'aiguille, a été divisée en deux zones magnétiques, dont l'une occupe l'océan Atlantique, la mer des Indes, la Méditerranée, l'Europe et l'Afrique, et dont l'autre tient tout l'océan Pacifique, les deux Amériques et une partie de l'Australie; la première caractérisée par la déclinaison occidentale de l'aiguille, et la seconde par sa déclinaison orientale : c'est-à-dire que la déclinaison se fait dans les deux cas du côté du foyer des Antilles, parce que le pôle magnétique se trouve au nord de ce côté; direction dans le sens de la rotation terrestre et en sens inverse des spires magnétiques pour l'une, et direction en sens inverse de la rotation terrestre et dans le sens des spires magnétiques pour l'autre; toutes deux du reste séparées par une ligne dite sans déclinaison, où l'aiguille pointe directement vers le pôle magnétique. La résultante de toutes les déclinaisons occidentales se fait dans une ligne fictive du sud-est au nord-ouest, et la résultante de toutes les déclinaisons orientales, dans une ligne du sud-ouest au nord-est.

La terre est divisée en zones magnétiques, comme l'atmosphère en zones de calmes et de courants.

La place des zones magnétiques n'est pas stable. Il se produit une oscillation séculaire, telle que l'ensemble de chaque zone se dirige périodiquement de l'orient à l'occident et de l'occident à l'orient; espèce de balancement où la ligne sans déclinaison orientale se déplace progressivement jusqu'aux lieux qu'occupait la ligne sans déclinaison occidentale, et celle-ci jusqu'à la place de celle-là, pour revenir ensuite chacune vers leur première position.

On remarquera que chaque zone magnétique embrasse une moitié de la terre, plus ou moins exactement, avec cette différence des zones de la circulation diagonale que celles-ci se croisent perpendiculairement dans l'épaisseur de la planète, et que celles-là sont directement opposées l'une à l'autre, moitié par moitié; ce qui, joint au déplacement séculaire et périodique que nous venons d'indiquer, démontre l'indépendance relative des phénomènes magnétiques et des phénomènes telluriques proprement dits, et justifie l'importance individuelle que prend la force magnétique de la planète en constituant un véritable système organique.

Je noterai encore que chaque ligne sans déclinaison passe au voisinage d'un foyer ganglionnaire équatorial, l'une à l'occident du foyer de la Sonde, et l'autre à l'orient du foyer des Antilles.

Dire que, dans les lignes sans déclinaison, l'aiguille pointe directement vers le pôle, c'est dire que sa direction n'est plus une résultante entre deux attractions de sens perpendiculaire, qu'elle n'est plus soumise à l'attraction équatoriale et qu'elle relève exclusivement de la circulation interpolaire. Il est naturel de se demander quelle est la cause de cette particularité. Elle ne réside pas dans une condition de structure de l'organe tellurique : le déplacement séculaire et. périodique de ces lignes sans déclinaison en est une preuve certaine. Faut-il l'attribuer à une disposition spéciale de nouveaux courants magnétiques, lesquels formeraient une nouvelle circulation interpolaire, non plus centrale comme celle que nous connaissons mais périphérique, croisant du nord au sud les canaux de la circulation de ce nom, et coïncideraient avec toutes les sinuosités de la déclinaison, occidentale ou orientale, de l'aiguille aimantée? Rien ne justifie une pareille supposition ; cette nouvelle circulation n'a pas sa raison d'être.

Sans doute que, dans l'intérieur de la terre, les courants magnétiques décrivent de nombreuses flexuosités ; que les canaux anastomotiques et ceux de la circulation diagonale ne sont pas dans le même sens que ceux des circulations périphérique et interpolaire; et que les canaux de la circulation dite intermédiaire sont eux-mêmes parcourus par de nombreux courants, qui ne font qu'ajouter aux sinuosités de cet ensemble complexe, et en apparence compliquée. Mais en réalité rien n'est plus simple que la circulation magnétique de notre planète.

Tous ces courants divers se résument en deux circulations principales : l'interpolaire et la périphérique, correspondant aux circulations de même nom des laves cellulaires; la seconde représentant le solénoïde tellurique, dont la première est l'axe fondamental, et dans le cours de laquelle viennent se déverser, à titre de branches collatérales, les courants magnétiques de la circulation diagonale et des canaux anastomotiques.

Tous les courants des deux circulations principales se résument en *deux directions actives* : la direction interpolaire et la direction équatoriale. Quant aux sinuosités des lignes isogones et des lignes isoclines, elles n'attestent en définitive que des *impressions* diverses, si je puis ainsi dire, de l'aiguille aimantée, impressions variables suivant les lieux et dans un même lieu suivant les circonstances.

Ces impressions de l'aiguille sont le signe sensible des courants magnétiques intraterrestres, et la variété des impressions trahit la variété dynamique des courants, non pas dans leur direction mais dans leur intensité. Tels on voit dans l'océan les courants marins suivre les foyers ganglionnaires ou volcaniques sous-jacents, se développer en raison de leur puissance, se déplacer quelquefois comme les points d'appel qui les dirigent ; tels les mouvements de l'aiguille aimantée, suivis dans les lignes de déclinaison et d'inclinaison, marquent les foyers magnétiques du centre cellulaire, varient avec leur intensité inégale, se déplacent avec le siége de leur suractivité, et donnent les apparences d'une circulation magnétique variable, tandis qu'en réalité il n'y a de variables que les points d'appel ou les lieux d'élection des suractivités.

Ce qu'on pourrait dire de spécial pour les lignes isoclines, c'est qu'elles subissent l'attraction de la circulation diagonale, agissant comme intermédiaire entre la direction équatoriale et la direction interpolaire.

Si l'on suspend à un fil de soie une aiguille aimantée, libre alors de suivre toutes les directions suivant la plus forte attraction, on la voit tenir de l'une et de l'autre aiguille de déclinaison et d'inclinaison, marquant la direction équatoriale au niveau de l'équateur magnétique, aux pôles la direction interpolaire, et une direction résultante de leurs deux attractions dans l'intervalle de ces points extrêmes. C'est une preuve de l'importance relative des diverses circulations magnétiques de la terre.

Outre les variations suivant les lieux que subit l'aiguille aimantée, elle éprouve encore des variations ou oscillations annuelles et diurnes ; division qui nous rappelle les variations du baromètre.

Les variations annuelles coïncident avec les équinoxes et les solstices. Dans l'Europe occidentale, suivant les observations de Cassini, l'aiguille se dirige vers l'est entre l'équinoxe de mars et le solstice de juillet, puis se reporte vers l'ouest, où elle arrive à sa plus grande déclinaison à la fin de l'hiver. L'amplitude totale de ces oscillations a été à Paris, en 1784, d'environ 20 minutes.

Les variations diurnes, en France, ont une amplitude qui varie entre 5 et 25 minutes. L'aiguille se dirige de l'est à l'ouest entre 8 heures du matin et une heure de l'après-midi, puis elle retourne vers l'est, où elle se trouve vers 10 heures du soir à peu près dans la même position que le matin. Ces variations diurnes sont plus considérables dans les régions circumpolaires que dans celles des tropiques.

Quelle est la signification physiologique de ces variations de l'aiguille de déclinaison, de ce *maximum* et de ce *minimum* d'amplitude ?

De mars à juillet l'aiguille marche lentement, de la position occidentale qu'elle avait vers une direction plus orientale, c'est-à-dire qu'elle se rapproche de la verticale ou de la direction interpolaire. Or, c'est précisément à cette époque de l'année que le ganglion boréal entre en prédominance, pour concourir au phénomène d'inclinaison de la terre vers le soleil : ce ganglion, placé en suractivité relative vis-à-vis de la circulation équatoriale, produit les effets d'un point d'appel énergique. C'est une prépondérance de l'attraction polaire sur l'attraction équatoriale.

Passé le solstice de juillet, la suractivité boréale diminue, l'aiguille revient vers sa direction première. A l'équinoxe d'automne, la suractivité passe dans le ganglion austral pour concourir au phénomène d'inclinaison de l'hémisphère méridional vers le soleil, et la déclinaison de l'aiguille atteint son *maximum* occidental; c'est-à-dire que l'attraction équatoriale prend alors la prépondérance vis-à-vis de l'attraction polaire amoindrie. Et ainsi tour à tour.

Dans la première moitié du jour, la déclinaison de l'aiguille augmente son amplitude occidentale, pour la diminuer progressivement dans la seconde moitié. Or, la première phase coïncide avec une poussée cellulaire et dynamique, si je puis ainsi dire, dans les canaux de la circulation périphérique et diagonale; laquelle, représentant une suractivité relative et fonctionnelle, agit à la façon d'un point d'appel, tandis que la seconde phase coïncide avec l'amoindrissement de cette suractivité, ce qui remet les choses dans leur premier état, en effaçant la prépondérance momentanée que le système périphérique avait encore acquis momentanément vis-à-vis du système interpolaire, résumé dans son ganglion.

En définitive, la variation annuelle relève tantôt d'une prépondérance polaire, tantôt d'une prépondérance équatoriale. La variation diurne relève toujours de la suprématie équatoriale, où vient se résumer l'influence de tous les courants périphériques, anastomotiques et diagonaux. Toutes deux sont un signe sensible des phénomènes fonctionnels de l'organe tellurique, et confirment la corrélation qui existe entre les laves cellulaires et le magnétisme intraterrestre.

Notre planète est riche de courants magnétiques, qui ne sont pas sans exercer une influence réciproque les uns sur les autres. Les lois des courants sur les courants, découvertes par Ampère, sont applicables aux courants planétaires.

Il existe deux lois principales :

1º Les courants parallèles et dirigés dans le même sens s'attirent;

2º Les courants parallèles et dirigés en sens contraire se repoussent.

Or, pour résumer la circulation magnétique circumplanétaire dans ses directions principales, il faut en considérer deux : la direction horizontale, est-ouest des deux côtés, et la direction verticale, nord-sud d'une part, sud-nord d'autre part; toutes deux doubles pour chaque solénoïde, mais la seconde plutôt virtuelle que réelle.

Dans le solénoïde tellurique les courants horizontaux, opposés l'un à l'autre, sont parallèles et de sens contraire : ils se repoussent; les courants verticaux sont parallèles et de même sens, ils s'attirent. Il y a bien entre eux le double courant interpolaire, mais son action est annihilée, à ce point de vue, par sa double direction en sens inverse.

Dans le solénoïde atmosphérique les courants horizontaux sont parallèles et de sens contraire : ils se repoussent; les courants verticaux sont parallèles et de même sens, ils s'attirent.

Si l'on compare ces deux solénoïdes l'un à l'autre, on voit que les courants verticaux de celui-ci sont parallèles et de sens contraire aux courants verticaux de celui-là, et que les courants horizontaux d'un même côté sont parallèles et de même sens; que par conséquent ceux-ci s'attirent, et ceux-là se repoussent.

En résumé, dans un même solénoïde, pris isolément, ce sont les courants horizontaux qui se repoussent et les verticaux qui s'attirent; et dans les deux solénoïdes comparés, du même système, ce sont les verticaux qui se repoussent et les horizontaux qui s'attirent.

Il paraît résulter de cette situation que, dans les deux solénoïdes du même système magnétique, les courants, se neutralisant réciproquement par une action contraire, n'exercent aucune influence les uns sur les autres. Telle n'est pas la vérité : car il n'est pas douteux que les courants horizontaux, qui ont une existence anatomique, jouissent d'une plus grande propriété attractive et de plus de droits que les courants verticaux, qui sont une résultante dynamique, virtuelle, sans existence anatomique véritable, autrement que par les anastomoses unissant entre elles les spirales périphériques. Ainsi, en négligeant l'action inférieure des courants verticaux, il reste physiologiquement établi :

1° La répulsion des courants horizontaux atmosphériques, laquelle concourt au phénomène de la gravitation universelle ;

2° La répulsion des courants horizontaux telluriques, agissant dans le même sens et concourant au même phénomène ;

3° L'attraction, de chaque côté, entre les courants horizontaux du solénoïde tellurique et les courants horizontaux du solénoïde atmosphérique, laquelle garantit les rapports dynamiques qui relient entre eux les trois organes planétaires, concourt au phénomène de l'attraction terrestre et aux phénomènes complexes de la physiologie générale de la planète.

Aux deux lois énoncées il faut en ajouter deux autres, lesquelles trouvent leur application dans les courants magnétiques de la terre, et ont une importance physiologique indubitable, bien que d'ordre local :

1° Deux courants, qui font un angle, s'attirent s'ils marchent tous les deux vers le sommet de l'angle, ou bien encore si tous les deux s'éloignent de ce sommet;

2° Deux courants, qui font un angle, se repoussent, si l'un d'eux s'approche du sommet de l'angle et si l'autre s'en éloigne.

Ces deux lois se réalisent dans les circulations collatérales de la grande circulation périphérique, principalement dans le solénoïde central, je veux dire dans les circulations diagonale et anastomotique. Ces nombreux canaux s'abouchent sous des angles variables, que partagent leurs courants magnétiques ; et, s'il est impossible de vérifier directement l'ouverture de ces angles, on le peut indirectement et logiquement par les effets qui en dérivent dans le magnétisme local.

Soit un canal anastomotique, oblique du nord au sud et de l'est à l'ouest, entre deux canaux périphériques, c'est-à-dire oblique dans la direction du nord-est au sud-ouest, en sens direct des courants magnétiques et inverse du courant des laves cellulaires. Ce canal est traversé par un courant magnétique, de même direction que lui et servant d'anastomose entre deux spirales périphériques.

Cette anastomose réunit les deux conditions de la première

loi : l'angle de départ est formé par deux courants qui s'en
éloignent, et l'angle d'arrivée par deux courants qui s'en approchent. Il en résulte une attraction entre les deux courants
périphériques voisins, dont l'importance est manifeste pour
l'organisation du solénoïde. Ces anastomoses magnétiques,
images des anastomoses que nous avons vues entre les courants de l'atmosphère et ceux de l'océan, concourent à la
formation de la résultante verticale dont il a été parlé.

Soit au contraire un canal anastomotique, oblique du nord
au sud et de l'ouest à l'est, en sens direct de la circulation
cellulaire et inverse des courants magnétiques ; c'est le cas
de la seconde loi : l'angle de départ et l'angle d'arrivée sont
formés tous les deux par un courant qui s'approche du sommet, et par un courant qui s'en éloigne ; il y a répulsion entre
les deux spirales périphériques de voisinage, sous cette influence.

Ces canaux anastomotiques de sens différent sont répartis
dans un certain ordre le long des grands canaux périphériques de la terre ; ils déterminent des sinuosités dans les spirales magnétiques, par ce mélange successif de répulsion et
d'attraction, exercent une influence directrice sur les sinuosités des lignes isogones et des lignes isoclines, et reflètent
leur mobilité dynamique dans les mouvements de l'aiguille
aimantée. Dans les spirales atmosphériques, dégagées de
toute entrave anatomique, ce mélange d'anastomoses en sens
inverse, n'ayant aucune raison de fixité, doit se faire et se
défaire, pour ainsi dire, suivant les occurrences fonctionnelles. On peut regarder, au point de vue physiologique, les
sinuosités des spirales telluriques comme un correctif à leur
emprisonnement anatomique.

On peut maintenant résumer comme il suit les manifestations de l'aiguille aimantée : *maximum* d'attraction équatoriale dans la zone de ce nom, *maximum* d'attraction polaire
dans la zone polaire, et entre ces deux extrêmes, variations
du plus et du moins, lignes sinueuses en rapport non-seule-

ment avec les sinuosités relativement fixes des spirales périphériques, mais avec les sinuosités purement dynamiques et essentiellement mobiles des lieux d'élection de suractivité magnétique ; foyers d'attraction qui se forment principalement à l'embouchure des canaux anastomotiques et diagonaux dans les grands canaux périphériques, ou encore au niveau des ganglions disséminés, car il y a une corrélation réciproque entre les mouvements cellulaires et les mouvements magnétiques.

Ces rapports sont manifestes, et la boussole est un livre où nous pouvons lire les variations dynamiques du magnétisme central. Au reste, les lignes isoclines et les lignes isogones ne sont que des variations, en plus ou en moins, de déclinaison et d'inclinaison, suivant la latitude et la longitude.

Dans la circulation diagonale, en admettant, d'après la considération du cours des spirales périphériques, que le courant magnétique s'y produise dans le même sens que celles-ci et en sens inverse de la rotation terrestre, c'est-à-dire du canal centripète au canal centrifuge et non du centrifuge au centripète, on voit se réaliser dans chaque zone perpendiculaire les conditions les plus favorables à l'attraction réciproque du courant diagonal et du courant périphérique voisin ; ce qui s'accorde bien avec les rapports fonctionnels qu'ont entre elles ces deux circulations.

Ainsi, de ce côté de notre planète et de l'est à l'ouest nous voyons successivement : deux courants qui s'approchent d'un angle, deux courants parallèles et de même sens, et deux courants qui s'éloignent de l'angle qu'ils forment. Du côté opposé de la planète, même répétition de situation.

Et il nous est déjà permis de faire cette remarque générale : que tous les grands courants magnétiques, qui doivent concourir à des travaux fonctionnels communs, sont disposés de telle manière qu'ils s'attirent, tandis que ceux qui ne remplissent pas cette condition physiologique sont disposés de telle manière qu'ils se repoussent.

Les courants diagonaux et périphériques, les spirales telluriques et les spirales atmosphériques du même côté rentrent
dans le premier cas; les courants horizontaux opposés du
solénoïde tellurique et les courants horizontaux opposés du
solénoïde atmosphérique appartiennent au second.

En outre de l'attraction et de la répulsion, les courants
magnétiques de la terre exercent encore les uns sur les autres
une influence remarquable, laquelle relève des lois connues
de la physique magnétique, et d'où découlent des phénomènes physiologiques importants.

Faraday a fait connaître en 1832 les lois de l'induction :

1° Un courant qui commence fait naître dans un circuit
voisin un courant de sens contraire;

2° Un courant qui finit fait naître dans un circuit voisin un
courant de même sens;

3° Un courant qui s'approche d'un circuit y fait naître un
courant de sens contraire;

4° Un courant qui s'en éloigne y fait naître un courant de
même sens.

Si les spirales telluriques, maintenues dans l'enceinte des
canaux cellulaires, ne peuvent subir que de légers déplacements, soit dans un sens ou dans un autre, autant que le leur
permettent les parois qui les environnent, il en est tout autrement des spirales atmosphériques. Dégagées de toute entrave
anatomique, elles n'ont de limites que celles de leur zone
fonctionnelle; comprises entre la zone des aurores polaires
et l'extrême limite de l'atmosphère, au voisinage de l'espace
interplanétaire, elles ont une carrière haute de plusieurs
mille lieues, pour exécuter leurs mouvements et préluder à
des fonctions considérables. Cette zone magnétique est
comme l'enveloppe épidermique de la planète; c'est comme
une ceinture protectrice et isolante : il n'en fallait pas moins
pour élever la défense de l'individualité terrestre à la hauteur de son organisation, et à celle des corps attractifs qui

l'entourent ; et, avec des spirales aussi étendues que celles
du solénoïde atmosphérique, il ne fallait pas une moindre
carrière pour réaliser les mouvements d'attraction et de répulsion, de flux et de reflux, que font naître en elles les conditions physiologiques que nous allons voir.

Deux tendances principales se manifestent dans l'organisme
planétaire, comme en tout organisme animal : la tendance à
l'expansion ou à la diffusion périphérique et celle à la concentration, la tendance centrifuge et la tendance centripète ;
toutes deux relevant de l'influence solaire et coïncidant avec
une saison différente, dont elles constituent le caractère général.

En été, lorsque les rayons lumineux embrasent notre atmosphère de leur plus vive intensité, toutes les forces vitales
de la planète, obéissant à cette attraction supérieure, tendent
à s'élever chacune vers la périphérie de leur organe respectif ;
c'est alors que la vie animale et la vie végétale enrichissent
la surface de la terre de la splendeur de leurs phénomènes,
et du plus grand déploiement de leur activité. Des effets
opposés sont la marque de l'hiver : les rayons lumineux
brillent à peine d'un éclat passager ; l'atmosphère descend à
l'hypodynamisme physiologique ; aucun point d'appel ne
règne plus à la périphérie ; les forces vitales planétaires se
concentrent chacune dans la profondeur de leur organe respectif ; les vies animales et les vies végétales se mettent à
l'unisson de cette concentration physiologique.

Participant à ce mouvement général de la vitalité planétaire, les courants magnétiques de l'atmosphère s'abaissent
progressivement à l'entrée de l'hiver, se rapprochent des
courants magnétiques intraterrestres, atteignent un certain
niveau qui est leur *minimum* de hauteur, et se relèvent ensuite progressivement au printemps, jusqu'à leur limite supérieure ou *maximum* de hauteur. Ils recommencent à chaque
saison principale ce mouvement d'approchement et d'éloignement, de montée et de descente, qui est la base de toutes

les manifestations fonctionnelles de l'organisme planétaire.

Tout dans la planète a son *maximum* et son *minimum* de hauteur, soit réel par déplacement anatomique, soit virtuel ou dynamique : la marée des laves interpolaires, la marée des laves diagonales, la marée océanique, la marée de l'atmosphère, les mouvements des spirales magnétiques.

Entre ces deux limites extrêmes, entre ce *maximum* et ce *minimum,* il est une position intermédiaire et moyenne, de laquelle on part pour indiquer leur phase de descente et leur phase de montée, leur temps de flux et leur temps de reflux.

Mais chaque spirale du solénoïde possède le privilége d'une indépendance fonctionnelle relative. L'ensemble du magnétisme terrestre représente un système ; chaque circulation distincte, un organe ; et dans les solénoïdes, chaque spirale est un élément d'activité propre, comme le sont dans le corps humain les nerfs à l'égard des centres nerveux.

Grâce à cette distribution féconde, nous savons que la phase de descente et de montée des spirales atmosphériques ne se produit pas d'une façon commune, uniforme, dans l'ensemble du solénoïde à la fois ; qu'il existe un premier dédoublement, en coïncidence avec chaque hémisphère ; que la descente dans l'hémisphère septentrional s'accomplit pendant la montée de l'hémisphère méridional, et réciproquement, ce qui établit entre ces deux moitiés physiologiques un antagonisme évident ; et que, si dans chaque moitié chaque phase est une et générale, cela n'empêche pas les spirales magnétiques de se distinguer entre elles par des inégalités dynamiques : celles-ci descendent ou montent plus rapidement, celles-là plus lentement ; celles-ci descendent d'un cours uniforme et régulier, celles-là d'un cours inégal ; les unes s'abaissent et s'élèvent tour à tour avant de parvenir au terme de leur phase, les autres s'approchent ou s'éloignent plus ou moins des spires de voisinage. Enfin, en dehors de toutes ces variétés, il faut tenir compte de l'intensité dynamique de chaque spire, laquelle est aussi mobile dans une spirale particulière que dans le solénoïde tout entier. Ces inégalités appartiennent en propre aux phénomènes vitaux. Sous ce rapport, les solénoïdes planétaires sont dans des conditions spéciales et ne sauraient être comparés aux instruments de physique du même nom; la même différence les sépare, laquelle sépare les phénomènes de combinaison vitale qui s'accomplissent dans nos organes et les phénomènes de combinaison chimique qui s'accomplissent dans une cornue de laboratoire.

Ces inégalités dynamiques, nous les avons déjà constatées dans les courants de l'océan et dans ceux de l'atmosphère. Elles représentent en quelque sorte, pour le système circulatoire de la planète, les vaisseaux d'inégales dimensions et par conséquent d'inégale ondée sanguine dans les corps animaux; dans la circulation tellurique, laquelle a plus de rapports anatomiques avec la circulation animale, elles sont représentées aussi par des canaux de calibre inégal.

Les courants atmosphériques font naître dans les courants telluriques un courant de sens contraire quand ils s'en approchent l'hiver, et un courant de même sens quand ils s'en éloignent l'été.

La terre se trouvant en même temps en été dans un hémisphère et en hiver dans un autre, assiste à l'abaissement des spirales atmosphériques dans une de ses moitiés et à leur élévation dans l'autre. Ces mouvements sont nécessairement accompagnés, dans chaque moitié correspondante du solénoïde tellurique, d'un courant induit de sens différent, ici de même sens, là de sens opposé. Comme, d'autre part, chaque spirale atmosphérique possède une certaine indépendance d'activité, se rattachant à l'influence variée et locale de leur situation respective, celles-ci s'abaissant plus promptement que celles-là, leurs mouvements se décomposant en plusieurs étapes, et quelquefois dans une même spirale le temps de descente s'interrompant momentanément pour un mouvement d'élévation, ou inversement, il en résulte autant de modifications dans les courants induits du solénoïde tellurique, et dans les phénomènes qui en dérivent.

Un courant de sens contraire devient une résistance dans un courant préexistant, et l'intensité circulatoire des spirales telluriques décroît proportionnellement à l'intensité du courant induit, laquelle se manifeste en raison directe de l'abaissement des spires atmosphériques ; c'est-à-dire que le solénoïde terrestre, dans la saison d'hiver, voit diminuer son activité fonctionnelle et ses propriétés d'expansion, en raison du rapprochement du solénoïde de l'atmosphère. Une parfaite harmonie règne entre ces courants.

Pour se faire une idée complète de ces phénomènes, il faut concevoir un courant magnétique, non comme une simple ligne idéale ou comme un tout indivisible, mais comme étant formé, dans une certaine largeur variable, d'un nombre indéterminé de filets magnétiques ou petits courants juxtaposés, doués chacun d'une indépendance relative pour des phénomènes partiels et se réunissant pour les grandes fonctions dans un concours commun d'activité. A ces filets, analogues à ceux des courants océaniques et des courants aériens, répondent les inégalités dynamiques dont nous avons parlé ci-dessus. Alors, quand un courant induit de sens contraire se manifeste, ou il se traduit par une résistance commune au courant préexistant pris dans son ensemble synthétique, ou il le fait seulement sur un certain nombre de filets qu'il ralentit dans leur cours ; dans les deux cas le résultat est un obstacle dynamique, un amoindrissement d'activité.

Chaque spirale est une petite synthèse, dont les filets dynamiques sont les éléments constitutifs. Il y a indépendance relative pour les spirales entre elles ; il y a indépendance relative pour les filets dynamiques entre eux.

Dans un lieu donné d'un organisme vivant aucune force vitale ne disparaît, qu'elle ne soit transformée ou déplacée. Un obstacle à un courant établi équivaut à une destruction locale de forces vives : une partie de ces forces peut se transformer sur place, les autres se déplacent et se jettent sur d'autres sections magnétiques de la circulation intraterrestre.

Ce déplacement dynamique peut suivre deux directions : ou il entre dans la circulation diagonale, ou il entre dans la circulation interpolaire. Dans celle-ci il rencontre aussitôt un point d'appel auquel il obéit, dans la suractivité du ganglion polaire opposé, laquelle coïncide avec l'été de cet hémisphère et son inclinaison vers le soleil. Dans celle-là il s'emmagasine, élève son échelle dynamique par des transformations successives, et se prépare à concourir aux grandes manifestations fonctionnelles de la saison.

C'est ainsi que l'abaissement des spires atmosphériques détermine, dans le dynamisme intraterrestre, un effet concordant avec toutes les influences hibernales, et aide à la concentration des forces de la périphérie au centre. C'est ainsi qu'il devient la cause première, pour faire abstraction du soleil, des phénomènes généraux qui caractérisent l'hiver.

L'atmosphère refoule vers le foyer cellulaire les forces vitales de la planète ; mais ce foyer les lui rend décuplées, sous une autre forme, par le mécanisme de la circulation diagonale, par le mécanisme ci-dessus donné de la formation des nuages, du vent et de la pluie. Tel on voit, dans l'organisme animal, un viscère enflammé refroidir la peau dans le premier stade de la fièvre, et l'inonder ensuite, sous une forme sudorale, d'une poussée dynamique plus considérable que celle perdue par ce tégument.

Le *moins* de la circulation périphérique se tourne en *plus* de la circulation diagonale, et de celui-ci dérivent les phénomènes de l'hiver : nuages, pluie, vents, tempêtes.

Si en hiver le point d'appel général est au centre de la planète, dans les ganglions et dans les canaux cellulaires, en été ce point d'appel se déplace sous l'influence attractive du soleil, et vient s'établir à la périphérie planétaire. La tendance était à la concentration ; elle est à l'expansion et à la diffusion.

Les spires atmosphériques, suivant ce mouvement centrifuge qu'elles servent à régler, après le soleil, commencent leur temps de montée et s'éloignent des spires telluriques ; sous l'influence de cette séparation un courant de même sens se produit en celles-ci.

Un courant de même sens ajouté à un courant préexistant se tourne en surcroît d'activité, au lieu d'être un obstacle comme dans le cas précédent. Ce courant induit, participant au mouvement et à la direction des spires telluriques, s'unit également à leur tendance expansive et devient un appoint à la vertu de leurs propriétés fonctionnelles.

Ainsi chaque temps différent des spirales atmosphériques engendre dans les spirales telluriques un effet différent, lequel se met toujours en harmonie avec la tendance physiologique de la saison, et concourt au même but final.

C'est toujours la grande *loi* universelle *de compensation*, qui préside à toutes ces répartitions, suivant les saisons et suivant les lieux, du *maximum* et du *minimum* magnétique. Les *lois de métastase* et *de déplacement* règlent les cas particuliers. Les mêmes lois gouvernent l'organisme planétaire, lesquelles gouvernent le corps humain ; le sens est le même, il suffit d'en modifier quelque peu les expressions.

De ce phénomène périodique de descente et de montée des spirales atmosphériques découle une nouvelle vérité, touchant la limite supérieure de l'atmosphère : c'est qu'*elle est variable suivant les saisons*, comme la hauteur de ces spirales qui la circonscrivent ; plus élevée en été sous l'influence expansive et centrifuge, plus basse en hiver sous l'influence centripète. La hauteur de la zone magnétique, où se donnent carrière les spirales atmosphériques, doit être de plusieurs milliers de lieues : une moindre hauteur ne serait pas en rapport avec la grande circonférence du solénoïde, ni avec l'importance des phénomènes qu'elles doivent produire dans les organes sous-jacents.

En dehors de l'action dynamique, le mouvement lent de

flux et reflux est encore en parfaite harmonie, même au point de vue organique, avec la tendance physiologique de chaque saison. En hiver, les éléments atmosphériques, refoulés vers les régions inférieures, viennent prêter assistance, en tant que supports animés, aux vents et aux tempêtes de cette saison, tandis que l'été, se diffusant dans la vaste carrière ouverte devant eux sous le nom de zone magnétique, ils soulagent pour ainsi dire les régions inférieures d'un excédant de supports. Cependant on comprendra que ce déplacement vertical, véritable marée semestrielle, est relativement peu considérable, si l'on pense combien sont rares dans ces hautes régions les éléments atmosphériques, et qu'à 5,600 mètres seulement au-dessus du niveau de la mer se trouve, quant à la masse, le partage de la moitié de ces éléments.

Le mode de rapprochement et d'éloignement a la plus grande importance pour les résultats physiologiques : il se fait par étapes successives, par séries d'activité et de repos, desquelles dérivent pour les spires telluriques autant de courants induits nouveaux, que séparent des intervalles de calmes ; c'est une succession d'influences, dont l'impression toujours renouvelée est toujours agissante, et non une influence uniforme dont l'impression s'annihile par sa continuité. Les spirales atmosphériques tiennent ce mode d'action de leur dynamisme même, prouvant par là qu'elles relèvent d'un organisme vivant et qu'elles sont dans les meilleures conditions voulues pour la plus grande activité des courants induits : la physique nous apprend en effet que les courants induits sont éphémères, et que, non-seulement ils cessent quand leur cause génératrice est suspendue, mais même bien avant si celle-ci se prolonge ; ainsi les courants induits sont de véritables courants d'impression, et dans les spirales telluriques ils se trouvent sans cesse arrêtés et sans cesse renouvelés pour le plus grand bénéfice des fonctions saisonnières, auxquelles ils prêtent assistance.

Il est une autre propriété, appartenant à tous les courants magnétiques de la planète et exerçant une influence aussi importante que fréquente sur les phénomènes qui en découlent : c'est encore l'inégalité dynamique, comprise cette fois dans un sens plus large que ci-dessus et signifiant, non plus seulement le mode de descente et de montée des spires atmosphériques, mais l'intensité même des courants variable suivant les jours, les lieux et les saisons. Cette intensité, tantôt plus rapide tantôt plus ralentie, les tient à l'égard les uns des autres dans une mobilité dynamique remarquable et dans une diversité fonctionnelle analogue.

Du soleil, des autres planètes et des phénomènes terrestres eux-mêmes, en un mot de tout le milieu dynamique où ils fonctionnent, les courants magnétiques reçoivent des impressions : les spires atmosphériques particulièrement des corps extérieurs à la planète, et les spires telluriques de l'organisme terrestre lui-même. Les inégalités dynamiques qui en sont le fruit sont marquées, non-seulement par une différence dans l'intensité du courant, mais par une concentration plus ou moins grande de supports dynamiques; inégalités qui établissent dans ces courants une situation physiologique assimilable à celle de nos vaisseaux sanguins, lesquels sont tantôt à l'état de circulation simple, tantôt à l'état congestif plus ou moins développé.

Un courant magnétique, ne pouvant demeurer dans une égalité inaltérable, contraire à l'essence des phénomènes vitaux, traduit son individualité dynamique de deux façons sous l'impression des influences précitées : par une augmentation ou une diminution de vitesse, et par une augmentation ou une diminution dans une masse donnée de supports animés; témoignage dans les deux cas d'un hyperdynamisme ou d'un hypodynamisme, absolu ou relatif, avec des résultats différents suivant que la suractivité s'épuise en vitesse ou se multiplie dans un état congestif.

Un courant qui augmente d'intensité est assimilable, pour

l'effet d'induction produit sur un circuit voisin, à un courant qui s'approche ou à un courant qui commence : il y fait naître un courant de sens contraire, qui favorise en hiver le mouvement centripète des forces planétaires, en s'ajoutant à l'effet de la descente périodique des spirales atmosphériques, et contrarie en été leur mouvement centrifuge, par un effet opposé à celui que détermine la montée de ces spirales.

Un courant qui diminue d'intensité est assimilable, sous le même rapport, à un courant qui s'éloigne ou à un courant qui finit : il fait naître dans le circuit voisin un courant de même sens, qui contrarie en hiver le mouvement centripète des forces planétaires, et en été favorise leur mouvement centrifuge.

Cette double assimilation est commandée par la loi de compensation.

Les spirales atmosphériques étant, dans une même période soit de montée ou de descente, tantôt en hyperdynamisme, tantôt en hypodynamisme, on comprend que de cette variation successive de modalités vitales découle le principe des changements de temps, observés dans chaque saison : pourquoi le cours de l'hiver est parfois interrompu par des jours sereins, d'une douce température, pourquoi la saison d'été est attristée souvent par des jours froids et humides. Autrement si l'influence des phénomènes de montée ou de descente était exclusive, dans une période donnée, la plus grande et la plus triste régularité présiderait à la manifestation fonctionnelle des saisons ; on n'aurait jamais de jours chauds en hiver, ni de jours froids en été.

Chacun remarque que ce mélange de température est le caractère propre des zones variables, parce que c'est en elles qu'est plus variable et plus mobile l'échelle dynamique des courants planétaires, magnétiques et autres, plus stable et plus régulière dans les régions équatoriales et polaires.

Toutes les influences du solénoïde atmosphérique apparaissent dans l'organe terrestre, non-seulement reproduites

24

par les courants du solénoïde tellurique, mais fécondées et
multipliées par la conjonction de ces courants et des laves
cellulaires en circulation. Il est naturel de comparer, pour
le mécanisme d'action et les conditions organiques, la différence qu'il y a entre les spirales atmosphériques seules et les
spirales telluriques mariées aux laves cellulaires à la différence qui sépare, dans l'organisme animal, les molécules
nerveuses isolées dans les tubes de ce nom et les mêmes
molécules, associées dans les cellules nerveuses à des éléments granulaires, à des supports vitaux. Il faut aussi comparer, pour la puissance fonctionnelle qui en est le fruit, la
conjonction des courants magnétiques et des laves cellulaires
à la conjonction vasculo-cellulaire, laquelle préside à la
genèse de nos sécrétions et, en général, de tous les produits
organiques.

Cette conjonction est une vertu d'attraction pour l'organe
qui en est le siége, et une garantie de solidité pour l'évolution de ses fonctions. Les laves en circulation, représentant
physiologiquement les forces cellulaires de l'organisme animal, sont pour l'organe tellurique l'aimant qui fixe l'instabilité des forces magnétiques, consolide les fonctions auxquelles
toutes deux concourent, et s'oppose aux causes extérieures
de déplacement : c'est l'attraction fonctionnelle de l'organe,
reposant sur sa vitalité intrinsèque.

Dans l'application des phénomènes d'induction et des lois
des courants aux spirales du solénoïde planétaire dédoublée
est la clef de tous les phénomènes complexes de la terre;
lesquels appartiennent à la physiologie générale de cet organisme, et non à la physiologie spéciale de chaque organe.

Art. II. — *Système électrique.*

L'unité de mécanisme qui règne dans l'univers établit, entre les supports fondamentaux et les phénomènes physiolo-

giques qui en découlent comme d'une source dynamique, une corrélation et une ressemblance telle que, pour un esprit accoutumé à ce genre d'observation, il est aussi facile de remonter le courant des transformations successives, étant donné un phénomène météorologique accompli, que d'en suivre le trajet, à la dérive pour ainsi dire, en partant d'un support dynamique initial. En d'autres termes, il est aussi facile de remonter du phénomène au support que de descendre du support au phénomène.

C'est ainsi que nous avons vu la terre, et avec elle toutes les planètes, animée d'un double mouvement de rotation, et de translation, basé sur les propriétés dynamiques de leurs molécules élémentaires. C'est ainsi que le système magnétique est constitué en un double solénoïde, par des spirales de rotation et de translation, à l'instar des supports moléculaires sur lesquels il s'appuie. C'est ainsi que l'on arrive à une constitution analogue pour le système électrique, dont la similitude avec le précédent est avérée; et c'est par la même logique que les mouvements intrinsèques des supports électriques se révèlent, dans les spirales de rotation et de translation des cyclones et des ouragans, aussi bien que dans les anneaux circumpolaires des aurores boréales et australes, dont la rotation s'exécute dans le sens de la rotation terrestre.

, En résumé, et d'une manière générale, les phénomènes dynamiques de la planète reproduisent, dans leurs mouvements, ceux des éléments qui leur ont donné naissance.

Aussi bien, pour mieux comprendre le mécanisme de l'électricité et le rôle qu'elle joue dans notre planète, j'arrive, en m'appuyant sur les données de la science et sur des faits d'observation, à l'organisation de ce système qui n'est qu'une division du grand système magnétique. L'électricité est une force vive basée sur des supports; elle appartient essentiellement au corps planétaire, en tant que modalité sensible; elle y remplit une fonction *sui generis*, et il serait contraire aux enseignements de la physiologie qu'une telle puissance fonctionnelle ne fût pas établie en système, ne fût pas revêtue d'une organisation véritable.

L'électricité est de même nature que le magnétisme et relève d'un même ordre de supports : la similitude de leurs lois le démontre et tous les physiciens l'admettent. Cependant, quoique de même essence, leurs phénomènes se distinguent par un cachet spécial, lequel justifie dans la science l'étude séparée de leurs manifestations. La déduction à faire de cette similitude fondamentale et de cette différence, est que le système de ces deux puissances revêt le même mode d'organisation, mais avec des nuances différentielles tant au point de vue anatomique qu'au point de vue dynamique.

Les lois sont communes pour le magnétisme et pour l'électricité : lois des attractions et des répulsions, de Coulomb ; lois des courants sur les courants, d'Ampère ; lois d'induction, de Faraday.

Le système électrique, comme le magnétique, est représenté par un double solénoïde : l'un atmosphérique, l'autre tellurique ; compris tous les deux entre les spirales magnétiques de la périphérie et les spirales magnétiques du centre ; système intermédiaire par sa position, n'apportant aucune entrave à l'évolution des phénomènes magnétiques, par suite de la double direction opposée de son courant de chaque côté de la planète, et remarquable par l'état physiologique du milieu où il règne.

Des physiciens ont comparé la terre à une pile thermoélectrique ; cette comparaison est juste.

Le principe de ce mode d'électricité réside, non pas dans la différence des supports, mais dans celle de la température.

Si Seebeck, en 1823, a reconnu qu'un courant se développe lorsqu'on chauffe une soudure d'un circuit métallique formé de métaux différents, il est également vrai qu'un courant prend naissance dans un seul et même métal, lorsque celui-ci est *inégalement* chauffé dans ses diverses parties. Qui plus est, le courant se manifeste encore si, au lieu d'être chauffé inégalement, le produit métallique est *inégalement* frotté. Dans tous les cas, le courant se dirige de la partie plus chaude vers celle qui l'est moins.

De ces faits réunis et comparés, il résulte que le principe d'inégalité de température, des piles thermo-électriques, n'est lui-même que la conséquence d'un principe plus général qu'on doit appeler le *principe d'inégalité dynamique*. C'est en lui, comme en leur source, que puisent leur efficacité toutes les causes secondaires qui président au dégagement de la force électrique.

L'inégalité dynamique est la manière d'être physiologique de tout organisme vivant : elle se manifeste d'organe à organe et d'élément à élément ; nous avons eu déjà plusieurs fois l'occasion de la mettre en évidence.

Sans en chercher des exemples dans l'organisme animal, où l'électricité se manifeste en modalité spéciale, nous en trouvons un grand nombre dans l'étude des organes planétaire .

Si l'inégalité dynamique est l'état normal des corps vivants, au point que l'égalité absolue du dynamisme équivaut dans un corps donné à la mort de son individualité physique, l'inégalité calorique, considérée isolément, est plus restreinte dans ses manifestations, variable comme celle-là dans son intensité et dans sa localisation, mais plus appréciable, pour notre planète, à l'union de ses trois organes et dans les couches voisines.

Au point de jonction de la terre, de l'océan et de l'atmosphère, sont réunies à la fois les deux conditions de la pile thermo-électrique : la différence des supports et la différence de température, d'où résultent, *à fortiori*, les conditions de l'inégalité dynamique. De là, jusqu'à une certaine hauteur ou profondeur variable pour chaque organe, s'étendent des couches successives où règnent, plus ou moins accusées, les mêmes conditions physiologiques.

Dans la terre proprement dite : substances chimiques nombreuses, minérales, végétales, animales, jouissant de propriétés diverses, possédant une échelle dynamique variable et coïncidant avec une température différente suivant la profondeur, les terrains et les contrées. Dans l'océan : température différente suivant la latitude de l'équateur aux pôles, et suivant la profondeur, en même temps que proportions variables de ses éléments constitutifs. Dans l'atmosphère : pareilles variations suivant l'altitude, suivant la latitude, et dans la proportion de ses éléments : les variations caloriques et dynamiques de ce dernier organe, en raison de sa situation périphérique, sont plus grandes et plus étendues ; toute la zone des courants est particulièrement remarquable sous ce rapport.

Chacun de ces organes est en communication directe avec les deux autres : l'organe tellurique avec l'océan et l'atmosphère, l'organe océanique avec l'atmosphère et la terre proprement dite, l'organe atmosphérique avec la terre et l'océan.

Dans cette situation relative des organes planétaires, et dans les mouvements dynamiques incessants qui s'accomplissent dans chacun et entre eux, est une source permanente et physiologique d'électricité, dite incomplétement thermo-électrique. Cette zone, laquelle mérite par sa disposition le nom de *zone des relations*, occupe une place spéciale dans l'organisation planétaire : c'est le berceau organique de la force électrique, c'est le terrain physiologique où son système prend racine.

Chaque organe planétaire, en outre de ses éléments propres, à modalité granulaire et moléculaire, à texture et à propriétés différentes, possède, infiltrés pour ainsi dire dans sa trame, des supports éthérés à modalité atomique, ces supports originels de toute force vive, ici l'état libre, là associés aux éléments moléculaires et aux granulations.

Les molécules et les granulations, éléments organisés d'ordre chimico-vital, sont les supports constitutifs de **chaque** organe ; les supports électro-magnétiques sont les éléments généraux de l'organisme planétaire ; les supports éthérés, dans leur acception la plus vaste, sont les éléments plus généraux encore de l'organisme cellulo-solaire : telle est la progression physiologique, dans laquelle les manifestations dynamiques des premiers ne peuvent exister, en principe, sans l'appui des seconds, et où cependant, dans des circonstances données, les seconds ne peuvent se manifester que consécutivement aux premiers.

Si l'on prend, par exemple, un bâton de verre ou de résine, chose morte, l'électricité n'y devient sensible que par le moyen du frottement ou de la chaleur, c'est-à-dire en imprimant un mouvement artificiel ou communiqué aux éléments moléculaires de ce bâton : la force motrice du frottement se tourne en force calorique, laquelle se transforme en force électrique. Mais, si, au lieu de prendre une chose inerte, on considère l'organisme planétaire, il devient évident qu'il ne saurait exister, en tant que corps physiologique, sans le système électro-magnétique, de même que la cellule planéto-solaire perdrait son unité d'organisation, sans la présence du système éthéré.

En d'autres termes, les manifestations dynamiques procèdent, dans les corps vivants de haut en bas et dans les corps morts de bas en haut. Dans les laboratoires, on n'opère que sur des choses mortes plus ou moins modifiées, et le dynamisme que l'on en tire n'est toujours qu'un dynamisme communiqué, qu'un dynamisme d'emprunt, mouvement vitaliforme et non vital, mouvement chimique et non organique, cessant avec la cause qui le met en jeu.

Le dynamisme des laboratoires est aussi distant des phénomènes planétaires que des phénomènes de la vie animale. Cependant, comme nous agissons nécessairement sur les supports de l'organisme planétaire, le mécanisme est toujours le même tant dans l'ordre artificiel que dans l'ordre naturel, c'est-à-dire que les phénomènes s'accomplissent, dans un cas comme dans l'autre, par transformations équivalentes et successives de forces vives ; mais là est le seul point commun : les corps vivants se distinguent des autres par des phénomènes de prolifération. Le cachet de la vie est dans cette faculté.

La zone des relations est sillonnée par de nombreux courants électriques, non orientés, non disposés en système régulier ; revêtant dans l'atmosphère, la modalité positive lorsque le ciel est pur, la modalité positive et négative lorsque le ciel est orageux, et, malgré que la différence des supports et l'inégalité dynamique aient leur *maximum* d'influence à l'union des trois organes, augmentant d'intensité de bas en haut dans les couches atmosphériques, comme il est facile de le constater au moyen de l'électroscope, à ce point que tous les physiciens regardent les hautes régions de l'atmosphère comme un vaste réservoir d'électricité. A cette hauteur l'air est plus sec, et moins bon conducteur de l'électricité, tandis que, dans les couches inférieures, les vapeurs d'eau qui se dégagent des mers, servant de véhicules aux supports électriques, rendent l'air bon conducteur, d'autant plus que l'humidité est plus grande : aussi bien cette propriété est-elle plus développée en hiver qu'en été ! Sous ce rapport, il faut comparer l'air sec supérieur au bâton de verre et au bâton de résine, employés dans le laboratoire de physique, et l'air inférieur plus ou moins humide au métal bon conducteur ; l'un est isolant, l'autre ne l'est pas, comme on dit.

La mise en activité des supports électriques ayant son principe dans les couches inférieures de l'atmosphère, à l'union des trois organes, de nombreux courants y prennent naissance d'une façon incessante, se dirigent dans tous les sens, particulièrement de l'équateur aux régions polaires et de bas en haut, et, entraînés par les vésicules aqueuses dans les courants atmosphériques ascendants, s'élèvent à la région des nuages, la traversent, et vont s'accumuler en un réservoir dans la zone intermédiaire, laquelle peut prendre pour cela le nom de zone électrique : c'est un immense fleuve d'électricité, dont la source est à l'union des trois organes. Il est relié à son berceau par des courants toujours épuisés et toujours renouvelés ; nouvelle application de ces filets dynamiques, que nous avons vus à l'origine des courants marins et aériens, et à l'origine de tous les phénomènes complexes de la physiologie générale de la planète.

Ce réservoir d'électricité n'en est pas un dans le sens physique du mot, mais bien dans le sens dynamique ; il est organisé en un système régulier, où viennent se résumer tous les courants centrifuges dont il est l'image synthétique.

Ce système, étant connus les errements des courants magnétiques, leur similitude avec les courants électriques et les errements des phénomènes de ce nom, se déroule en spirales autour de la terre, du pôle boréal au pôle austral, et représente aussi lui un solénoïde planétaire.

La zone anatomique du solénoïde électrique étant connue, et son berceau dynamique également, situé dans la zone animale ou des relations, dite encore la zone des courants, il est probable que le solénoïde magnétique, dont la zone anatomique est encore plus élevée puisqu'elle atteint les limites de la sphère d'attraction terrestre, a son berceau dynamique dans l'espace interplanétaire, par des filets dynamiques éthérés émanés des régions extérieures. Cette hypothèse, qu'il est impossible de prouver, emprunte une grande force à tout ce qui précède ; elle est en rapport avec la vie de relation que dessert le système magnétique, comme l'autre origine est en rapport avec la vie organique, à laquelle préside le système électrique : origine centrifuge d'un côté, origine centripète de l'autre.

Ces filets magnétiques d'origine rappellent les courants magnétiques que plusieurs auteurs, tels que Louis Lucas et Alliot, ont admis, avec bien moins de raisons, dans les espaces interplanétaires, allant d'une planète à l'autre et du soleil aux

planètes. La nature et les fonctions du système éthéré, organe de transmission, ne s'accordent pas avec cette hypothèse des courants interplanétaires, lesquels ne sont possibles que dans les corps planétaires, au contact des éléments
éthérés et des éléments chimiques, à la fusion des uns et des
autres.

Cette considération majeure paraît même contraire à mon
hypothèse des filets dynamiques éthérés. Au surplus, lais-
sons de côté ces deux hypothèses, et contentons-nous des
choses positives. Or, il est positif, dans l'ordre physiologique
où je suis placé, que le solénoïde magnétique reçoit des
filets dynamiques centrifuges par rapport à la terre, émanant
des vastes plaines atmosphériques qui le séparent du solénoïde électrique; et il est permis de croire que ces filets
dynamiques remplissent des fonctions d'anastomose entre
l'un et l'autre de ces deux solénoïdes.

Pour que l'équilibre fonctionnel soit garanti entre l'atmosphère et le foyer central, pour que la transmission et la
transformation des impressions, de l'une dans l'autre, soient
assurées, la logique enseigne que le double solénoïde de
l'atmosphère doit être reproduit dans l'organe tellurique :
c'est-à-dire que, le solénoïde magnétique ayant pour siége
anatomique les canaux de la grande circulation tellurique, le
solénoïde électrique du même organe, moins profondément
situé, doit avoir pour siége les canaux du système intermédiaire; ayant tous les deux une position relative correspondante à celle qu'ils occupent dans l'atmosphère. Aussi bien,
de chaque côté de la planète, le double solénoïde électrique
se trouve inclus, pour la moitié de ses spirales, entre chaque
moitié correspondante des spirales magnétiques, périphériques et centrales; le solénoïde magnétique central est tout
entier enveloppé par le solénoïde central électrique, comme
celui-ci l'est par le solénoïde électrique de l'atmosphère, et
comme tous le sont par le grand solénoïde magnétique de
la périphérie planétaire.

Telle est la synthèse du système électro-magnétique, que nous pouvons déjà concevoir par les seules données qui précèdent, et que viennent confirmer encore des faits et des expériences.

De même que l'électroscope, par la sensibilité de ses lames d'or, démontre que l'électricité de l'atmosphère est positive, augmentant de quantité et de tension des couches inférieures aux couches supérieures où la sécheresse de l'air, c'est-à-dire la disette des vésicules aqueuses, rendant ces régions isolantes, concourt à l'accumulation de cette force, à l'orientation de ses courants et à l'établissement de ses spirales ; ainsi les mouvements de l'aiguille aimantée dans l'ordre de la déclinaison et de l'inclinaison, ainsi dans l'orage le phénomène de l'éclair, ainsi le phénomène des aurores polaires : tout atteste que les forces électro-magnétiques de l'atmosphère ne sont que la moitié d'un tout, qu'une moitié de système dont l'autre occupe les profondeurs telluriques, et sans le concours de laquelle ces divers phénomènes ne pourraient en aucune façon se produire.

Beaucoup de faits, en témoignant de la réalité des orages souterrains, confirment l'existence du solénoïde tellurique : les éclairs, le tonnerre, la fumée, la flamme qui s'échappe de certaines grottes de Norvége, par exemple, du roc du Prodige ou montagne de Troldjol, entre Bergen et Trondhjem ; l'eau de certaines sources, de puits, de lacs, qui se trouble ou qui déborde au moment des orages, faisant même parfois entendre de grands bruits, comme il arrive en Italie ; l'eau de la mer qui bouillonne et s'élève vers les nuages orageux, comme il a été observé en 1827, à bord du paquebot le *New-York ;* ce fait recueilli par Brydone, où un homme et deux chevaux furent tués par une forte détonation, sur les bords de la Twed, sans aucun éclair, sans aucun roulement de tonnerre, comme si le coup était parti de bas en haut, c'est-à-dire de la terre ; le fait de Mafféï, qui vit en 1713, pendant un orage, une vive lumière s'agiter quelque temps *à la surface du pavé*, étant au château de Fosdinovo ; un fait analogue observé à Venise par l'abbé Girolamo Lioni de Cenada ; un pareil fait observé par l'abbé Richard, auteur de l'*Histoire de l'air et des météores ;* le fait d'une flamme épaisse aperçue, en septembre 1767, pendant un violent orage de nuit, en Poitou, sur un étang, près de Parthenay, dont les poissons furent trouvés morts le lendemain ; enfin les globes de feu sortant de la mer (éclairs de 3ᵉ classe) par un temps serein, sans orage au ciel, et produisant les effets de la foudre : ce cas fut observé, le 4 novembre 1749, sur le navire anglais *la Montagne* (1).

De tous ces faits, beaucoup d'auteurs ont pensé que les éclairs foudroyants des orages partent de la terre et non des nuages, sont ascendants et non descendants.

Si nous consultons les expériences, elles répondent « que « lorsque la température n'est pas très haute, dans la sou- « dure d'un courant métallique, l'intensité du courant est « sensiblement proportionnelle à l'accroissement de tempé- « rature ; mais cela n'est vrai que dans le cas où l'élévation « de température est très petite. Si cette élévation devient « considérable, l'intensité du courant grandit en général plus « lentement que la température, et quelquefois même il ar- « rive un moment où elle diminue, tandis que la température « continue à croître. M. Regnault a constaté que, si l'on as- « socie le cuivre et le fer, et qu'on élève peu à peu la tempé- « rature, l'intensité du courant cesse d'augmenter vers 230 « degrés ; l'aiguille du galvanomètre reste stationnaire de « 230 à 260 degrés ; quand on atteint des températures plus « hautes, l'aiguille rétrograde et l'intensité du courant di- « minue, quoique la température aille toujours en augmen- « tant. M. Becquerel a même reconnu, qu'à des tempéra- « tures plus élevées encore, le courant changeait de sens et

(1) Voir *Annuaire des longitudes,* 1838, par Arago, et *la Terre,* par Reclus.

« se rendait du fer au cuivre à travers la soudure échauf-
« fée (1). »

Faisant à la terre l'application de ces expériences, d'autant
mieux appropriées que l'organe tellurique renferme en ses
entrailles tous les métaux, et possède une température croissante de l'épiderme à une profondeur donnée, les vérités qui
suivent se déduisent logiquement : l'existence de nouveau
confirmée des courants intraterrestres ; les couches profondes
du sol converties en réservoir d'électricité à l'instar des couches élevées de l'atmosphère ; la limite de ce réservoir commençant à la profondeur qui correspond à 200 ou 300 degrés
de température, c'est-à-dire là où les courants n'augmentant
plus d'intensité doivent s'accumuler et s'organiser, et s'étendant jusque dans les canaux du système intermédiaire ; l'é-
lectricité se déroulant en spirales et en solénoïdes dans ces
canaux, où la température varie peu ; la vitesse électrique et
magnétique ayant un cours plus ralenti dans les solénoïdes
internes de la planète que dans les courants libres des espaces intermédiaires, que dans les courants détachés des zones
génératrices, particularité voulue par la température plus
élevée que 300 et 400 degrés, et conforme aux phénomènes
fonctionnels de conjonction physiologique, entre les spirales
et les laves telluriques ; les solénoïdes intraterrestres ayant
peut-être à cause de cela un cours moins rapide que les solénoïdes de l'atmosphère, ceux-ci servant plus spécialement
aux fonctions de transmission et de propagation, et ceux-là
aux fonctions organiques des manifestations planétaires ;
enfin, par suite des modifications qui résultent du milieu différent et d'une température encore supérieure, le solénoïde
magnétique se développant dans la région centrale de la circulation tellurique, et suivant dans son cours une direction
opposée à celle du solénoïde électrique.

Les anneaux circumpolaires, constatés pour la première

(1) *Physique*, de Boutan et d'Almeida, p. 583.

fois par Hansteen dans les aurores boréales, effectuant une rotation d'occident en orient, et ces anneaux appartenant au système électrique, il en résulte, pour celui-ci, dans ses deux divisions, une rotation générale dans le sens de la rotation terrestre, et par conséquent, pour le solénoïde magnétique, dans ses deux divisions également, une rotation en sens contraire, d'orient en occident.

Cette situation respective des deux systèmes, conforme à tout ce qui précède, est en rapport avec leur rôle dans la physiologie planétaire. Le système magnétique, desservant la vie de relation, circule dans le sens de la rotation apparente du soleil, c'est-à-dire de son influence dynamique, et le système électrique, réservé à la vie organique, se déroule dans le sens du mouvement terrestre et de la circulation des laves cellulaires.

Les divers départements de cette synthèse électro-magnétique sont unis les uns aux autres par des filets dynamiques. Nous avons déjà vu le solénoïde magnétique relié dans l'atmosphère au solénoïde électrique ; nous avons vu celui-ci relié à la surface du sol et des mers ; il se relie de même au solénoïde électrique de la terre, par ces mêmes filets dynamiques qui servent d'intermédiaire entre la circulation diagonale et les phénomènes météorologiques, et ces filets en se continuant de dehors en dedans par les canaux de la circulation intermédiaire, unissent enfin le solénoïde électrique au solénoïde magnétique, dans les entrailles de la terre. Ainsi se trouve réalisée la sublime unité physiologique de ces trois organes !

Une autre considération vient révéler encore cette organisation. Les deux solénoïdes homologues de l'atmosphère se repoussent, en tant que courants parallèles et de sens contraires ; les deux solénoïdes homologues de la terre se repoussent, pour la même raison. Au contraire, les deux solénoïdes antagonistes ou de nom contraire de chaque système s'attirent, en tant que courants parallèles et de même sens. L'individualité magnétique et l'individualité électrique sont ainsi garanties l'une et l'autre.

Il est sans doute démontré, par les expériences électriques de laboratoire, que l'électricité a pour siége de prédilection la surface des corps, et qu'elle s'écoule par les pointes. Autre terrain, autre condition. Ce qui est vrai pour des substances inertes ne l'est plus, d'une façon aussi absolue, pour un organisme en activité physiologique : autrement l'électricité s'écoulerait sans cesse de la terre par les arbres qui, comme des pointes, en hérissent la surface. Il n'en est pas ainsi. Le solénoïde tellurique est sauvegardé en ses régions profondes par la plus grande sécheresse des couches, et par l'attraction fonctionnelle des supports laviques auxquels il est associé ; c'est en des conditions analogues qu'est maintenu le solénoïde atmosphérique. Dans les couches intermédiaires qui s'étendent de l'un à l'autre, aussi bien dans l'atmosphère que dans la terre, les conditions sont différentes : inégalité dynamique plus grande et plus changeante, concourant à la mise en activité des supports électriques ; humidité du milieu par des vésicules aqueuses à l'état de vapeurs ou par de l'eau proprement dite, servant de véhicule à ces supports.

Dans cette zone de relations, si les supports électriques s'élèvent en courants de bas en haut, ce n'est pas qu'ils soient orientés de vésicules en vésicules : le courant appartient à l'atmosphère, dont ils ne font que suivre passivement les filets dynamiques centrifuges. Le courant électrique se trouve ainsi exister de fait, mais non comme unité physiologique ; chaque vésicule aqueuse qui monte possède son solénoïde électrique en miniature, mais ces courants entraînés de compagnie ne sont pas orientés, ne sont pas réunis bout à bout par voie d'anastomose. Pourquoi?... parce qu'ils ne sont pas en activité fonctionnelle.

Lorsqu'un orage gronde, il est d'autant plus fort, en général, que la température est plus élevée et l'air plus sec, parce que, l'air sec étant mauvais conducteur de l'électricité par suite de sa disette de vésicules aqueuses, cette force s'accumule en tension, c'est-à-dire en état congestif, dans les nuages ; la communication avec la terre ne s'opère alors que par voie forcée, au moyen de l'éclair. L'éclair représente un courant accidentel, anastomotique, dont les zigzags dévoilent les sinuosités, ordonnées par l'état plus ou moins humide des diverses couches d'air. La pluie survenant, il se fait ordinairement que le tonnerre et les éclairs diminuent de fréquence et d'intensité ; ce fait s'explique par la voie facile ouverte à l'électricité, chaque filet de pluie représentant un courant accidentel, anastomotique, entre l'électricité des nuages et celle de la terre.

On dira peut-être que la force électrique diminue, parce qu'elle se transforme en force motrice pour concourir à la chute de la pluie ; cette explication est pour le moins insuffisante : la chute de la pluie ne peut absorber toute la quantité d'électricité qui s'éteint, et elle tient toujours en réserve, à l'état latent dans les vésicules aqueuses, en compagnie de la force électrique, une certaine somme de force calorique émanée de l'évaporation des mers.

Si le foyer hyperélectrique s'éteint dans la région des nuages, c'est que sa force s'écoule par les courants accidentels que la pluie vient lui offrir. Ainsi est démontré pour les vésicules aqueuses le rôle de véhicule qu'elles jouent dans ce mécanisme, et que d'autres phénomènes confirment à l'envi : la localisation des orages dans les nuages atmosphériques ; la teinte particulière que leur imprime le temps dit orageux ; la fréquence des orages en rapport avec celle des pluies ; leur absence dans les pays où il ne pleut jamais, comme au Pérou ; les zigzags de l'éclair ; la lueur qu'offrent souvent les nuages durant l'évolution d'un cyclone ; la lumière d'origine électrique qu'émettent des gouttes de pluie dans les mêmes conditions ; enfin l'action connue et démontrée de l'évaporation sur le dégagement de l'électricité, dont les supports sont portés dans les couches supérieures par les vapeurs qui s'élèvent.

Il faut dire que l'électricité, à l'état d'hyperdynamisme, se manifeste à nous, en modalité sensible, par deux phénomènes principaux : les orages et les aurores polaires ; que celles-ci sont l'expression hyperélectrique des régions polaires comme ceux-là le sont des régions tropicales et tempérées ; qu'il résulte de cette distinction, fondée sur des faits, une division électrique de notre planète en deux camps de manifestations différentes d'une même force, entre lesquels s'étend une zone neutre, dépourvue de phénomènes électriques ; enfin, qu'en outre de ces grandes fonctions, l'électricité planétaire se révèle à nous, dans son état dynamique simple, par l'action qu'elle exerce sur telle ou telle substance.

On connaît ces trois lois du développement des orages :

1° La fréquence des orages va en diminuant de l'équateur aux pôles ;

2° La fréquence des orages va en diminuant des côtes à la haute mer ;

3° La fréquence des orages va en diminuant des côtes au centre des continents.

Ce qui revient à dire que le *maximum* de leur fréquence et de leur intensité règne dans les régions tropicales et dans la zone littorale des terres. Or, cette zone littorale est précisément le *point de jonction*, où les trois organes de la planète communiquent ensemble, et où se localise particulièrement le grand principe d'inégalité calorique et dynamique.

La zone des relations étant le champ général de la genèse électrique, avec des lieux d'élection pour le plus et pour le moins, on comprend que l'évaporation des eaux, que la végétation et tous les phénomènes dynamiques qui s'accomplissent dans cette enceinte aient été successivement reconnus par les physiciens, comme cause et source de l'électricité qui nous enveloppe. On comprend aussi que le *maximum* des orages et de l'électricité aille en diminuant de l'équateur aux régions circumpolaires, et que la zone littorale soit le siége principal de ce *maximum*. En pleine mer et dans les îles, il est prouvé par les voyages des navigateurs qu'il ne tonne jamais au-delà de 75 degrés de latitude nord : il tonne très rarement en Islande, mais pourtant le docteur Thortensen a entendu tonner une fois en deux ans ; le nombre moyen des orages s'élève rarement à 20 en France, en Angleterre, en Allemagne, tandis que dans l'Inde et dans le Brésil il dépasse souvent 50, et même 100 dans certains endroits (1).

Par l'électroscope, par l'éclair des temps orageux, et par tous les phénomènes qui démontrent que l'électricité a deux foyers de localisation, un dans l'atmosphère et l'autre dans les entrailles terrestres, il est révélé également que dans ces deux foyers la modalité dynamique est différente ; que l'électricité de celui-ci, quoique de même nature que l'électricité de celui-là, possède une spécialité d'influence sur les corps voisins, et que cette différence d'action, se manifestant dans toutes les circonstances de leur activité, paraît inséparable de leur manière d'être.

On a désigné d'une façon particulière chacune de ces manifestations électriques, en commettant d'abord l'erreur de les attribuer à deux forces contraires, à deux fluides opposés.

L'électricité atmosphérique est dite positive et marquée par le signe $+$; l'électricité tellurique est dite négative et marquée par le signe $-$.

Franklin, le premier, a pensé que ces deux manifestations dérivent d'une seule et même force, dont la positive annonce une plus grande intensité, et la négative une moins grande. Aujourd'hui cette idée est reconnue vraie. Il s'agit d'en bien comprendre le sens physiologique.

Chaque solénoïde électrique représente un courant sinueux ; chaque courant a deux pôles, l'un d'entrée, l'autre de sortie ;

(1) Arago, *Annuaire des Longitudes*, 1838.

et le courant positif de l'atmosphère, marquant une plus
grande intensité, représente le courant de départ ou d'entrée
du système, dont le courant négatif est le courant de sortie.

Sans doute que le milieu du solénoïde tellurique offre une
température supérieure au milieu atmosphérique; le courant
devrait donc se diriger du milieu le plus chaud vers celui qui
l'est moins. Mais au-delà de 4 et 500 degrés, comme Becquerel l'a observé, le sens du courant est modifié, et il se fait du
milieu moins chaud vers celui qui l'est plus. La même remarque est applicable au système magnétique.

Chaque système se décompose en deux solénoïdes ou deux
courants, l'un d'entrée, l'autre de sortie; chaque solénoïde se
termine par deux pôles, dont le pôle de sortie du premier se
continue avec le pôle d'entrée du second, et dont le pôle de
sortie du second se continue avec le pôle d'entrée du premier.

De cette disposition résulte un premier antagonisme, que
j'appellerai *antagonisme organique*, basé sur les propriétés
fondamentales du plus et du moins dynamique, et se rattachant à la constitution même du corps planétaire. Le solénoïde
de l'atmosphère figure un état dynamique supérieur; le solénoïde tellurique, un état dynamique inférieur, non pas du
milieu où il se déroule mais de lui-même, de son propre
cours et de son intensité : les expériences le prouvent, en démontrant le ralentissement du courant et sa direction renversée sous l'influence d'une température trop élevée. Les
phénomènes produits sont la conséquence de cet antagonisme
sans lequel aucune manifestation n'aurait lieu.

L'antagonisme est le jeu du plus et du moins; c'est la condition physiologique de toute manifestation vitale.

Or, il est un antagonisme qui prime tous les autres, dans
le système électro-magnétique : c'est l'*antagonisme organique*,
lequel mérite ce nom parce qu'il tient à l'essence même du
système, et qu'il demeure stable au milieu de toutes les variations de l'*antagonisme* que j'appellerai *fonctionnel*.

Celui-ci, s'appuyant également sur le jeu du plus et du moins, le fait dans des conditions différentes, lesquelles ne sont pas liées à l'essence du système. Il siége tantôt dans une région, tantôt dans une autre; il est changeant et mobile; sa localisation, déterminée par telle ou telle circonstance, n'a rien d'absolu; les lois de déplacement et de métastase règlent son mécanisme.

En été, l'antagonisme fonctionnel se résume dans l'hyperdynamisme du courant électrique de l'atmosphère, et se manifeste par les phénomènes qui en découlent : les orages, les cyclones, les pluies orageuses, etc. En hiver, l'antagonisme fonctionnel se résume dans le courant négatif de la terre, lequel entre dans une période d'hyperdynamisme, et se traduit par des phénomènes d'origine tellurique : c'est alors que les aurores polaires présentent leur *maximum* de fréquence, surtout aux époques intermédiaires des équinoxes, où elles sont favorisées par la suractivité générale qui étend son influence sur les trois organes de la planète.

L'antagonisme fonctionnel, ayant pour principe le déplacement de suractivité ou de manifestation fonctionnelle, est tout différent de l'antagonisme organique, dont le principe est inséparable de la constitution du système électrique ou magnétique. Celui-là est multiple dans ses manifestations; celui-ci est un : il est positif et négatif, plus et moins de par l'organisation; il a pour siége le courant d'entrée et le courant de sortie, chacun considéré dans son ensemble et comme unité; il s'applique aussi aux pôles, non du même courant, mais des deux réunis : il y a antagonisme organique entre le pôle d'entrée du solénoïde positif et le pôle de sortie du solénoïde négatif, entre le pôle de sortie du premier et le pôle d'entrée du second. Cet antagonisme des pôles est la conséquence de celui des courants.

Exprimer l'antagonisme, c'est dire qu'il y a, soit entre les pôles ou entre les solénoïdes, communauté d'action physiologique, sinon toujours en activité, du moins toujours en puissance ; car l'antagonisme vital implique l'harmonie, sous peine de désorganisation. Il n'en est pas autrement dans l'ordre moral, entre l'homme et la femme associés par le mariage ; il n'en est pas autrement dans l'ordre social, entre le peuple et le gouvernement associés par un pacte traditionnel.

Mais cette association de l'harmonie et de l'antagonisme organique et fonctionnel doit s'entendre largement, dans une conception synthétique. Par exemple, étant données l'organisation de la terre et celle de son système électro-magnétique, les solénoïdes d'entrée et de sortie s'attirent réciproquement, considérés dans leurs spirales superposées, en vertu de la loi des courants parallèles et de même sens ; tandis que les extrémités polaires, boréales et australes, se repoussent et tendent à s'écarter, parce qu'on peut les résumer en deux lignes idéales formant un angle, dont l'une s'approche du sommet et l'autre s'en éloigne. On croirait que les lois d'attraction et de répulsion sont indépendantes de la question d'harmonie et d'antagonisme réunis. Il n'en est rien. Et ces deux faits opposés d'antagonisme concourent à l'harmonie générale du système électrique, ou magnétique, en fonction.

L'attraction équatoriale, pour tout résumer en un mot, s'oppose à la force centrifuge plus grande en cette zone de la planète. La répulsion polaire s'oppose à la force centripète de cette région, laquelle y prend d'autant plus d'empire que la force centrifuge y fait défaut. Celle-ci ajoute à une insuffisance ; celle-là retranche à un excès : toutes deux concourent à l'harmonie générale. Le moins de l'une et le plus de l'autre sont également contrebalancés.

L'antagonisme fonctionnel se produit avec de nombreuses variations de siége et d'intensité. Il affecte indifféremment le solénoïde positif et le solénoïde négatif, parce qu'il est essentiellement relatif, tandis que l'antagonisme organique est absolu ; tantôt il est périodique comme celui des saisons, tantôt il est irrégulier ; il embrasse un hémisphère entier, ou se lo-

calise dans une ou plusieurs spirales ; il peut même se res-
treindre davantage dans ses manifestations. Cette étude se confond avec celle des changements de temps.

Sous ce rapport, il y a harmonie parfaite de mouvements
entre les solénoïdes magnétiques et les solénoïdes électriques ;
les variations de l'un se reproduisent exactement en l'autre.
De même qu'entre les deux solénoïdes électriques, l'antagonisme physiologique se révèle entre le solénoïde magnétique
de l'atmosphère et le solénoïde électrique de la terre. A ce
point de vue, les deux solénoïdes d'un même organe, positif
ou négatif, sont comme s'ils n'étaient qu'un : l'antagonisme
n'éclate que d'un organe à l'autre ; il suppose un changement
de milieu, un terrain différent.

L'unité des solénoïdes de même nom, positif ou négatif, se
manifeste dans celle des phénomènes qui en découlent, dans
l'unité d'action des courants homonymes des deux systèmes
distincts.

L'unité physiologique des pôles d'un même solénoïde est
démontrée par ce fait, aujourd'hui certain, de la coïncidence
d'apparition des aurores boréales et des aurores australes.

La dualité ou l'antagonisme, entre solénoïdes de nom contraire, positif et négatif, est écrite dans la manifestation alternative de leurs phénomènes ou de leur hyperdynamisme.

Il y a unité physiologique dans toutes les manifestations
d'ordre atmosphérique ; il y a unité dans les manifestations
d'ordre tellurique ; mais il y a alternative et périodicité entre
l'évolution de celles-ci et l'évolution de celles-là.

Si la coïncidence des aurores polaires prouve l'unité des
pôles d'un même solénoïde, elle n'empêche pas que les pôles
pris en général, étant la synthèse de deux courants d'entrée
et de sortie, ne soient en antagonisme l'un par rapport à
l'autre.

Quel est le sens physiologique des aurores polaires ?
« L'apparition de l'aurore boréale, dit de Humboldt, est l'acte
« qui met fin à un orage magnétique, de même que, dans les

« orages électriques, un phénomène de lumière, l'éclair, an-
« nonce que l'équilibre momentanément troublé vient de se
« rétablir dans la distribution de l'électricité. »

Les aurores sont plus nombreuses en hiver, et plus intenses
dans la période des équinoxes. Elles s'opèrent par le mécanisme des éclairs, pour égaliser la répartition du dynamisme
électrique; elles cheminent du solénoïde en suractivité vers
l'autre. La différence d'aspect entre ces deux phénomènes a
sa raison d'être dans la différence organique du milieu. Entre
les deux solénoïdes, positif et négatif, où se produit l'éclair,
s'étend un espace dépourvu de courants orientés, mais riche
de courants partiels indépendants et de vésicules aqueuses
qui leur servent de supports, au point qu'à un moment donné
il peut s'établir avec ces éléments un courant d'anastomose
accidentel. Entre les deux extrémités d'un courant qui se font
suite au pôle, boréal et austral, la situation n'est plus la
même : les spirales se continuent, comme l'attestent les courants de rotation observés par Hansteen dans les aurores.
Voilà pourquoi l'aurore, ou l'éclair polaire, suivant la voie
tracée par ces sentiers physiologiques, au lieu d'être en zig-
zag et en filet, s'étale et se déroule en éventail; ou bien,
quand l'intensité de sa lumière n'est pas uniformément répartie, couvre le ciel de plaques plus ou moins grandes, d'où
s'échappent des rayons divergents.

Les aurores polaires sont un phénomène de la vie organique de la planète; et, de toutes les observations et de tous
les calculs faits par Bravais, par M. Elias Loomis, physicien
des Etats-Unis, et par d'autres, il résulte que l'altitude des
aurores est comprise entre 1,000 mètres et 800 kilomètres.
Or la zone magnétique de l'atmosphère est bien au-delà de
cette hauteur. Il faut supposer, pour admettre la nature magnétique des aurores, qu'elles proviennent du solénoïde magnétique de la terre et qu'elles aboutissent à la zone électrique de l'atmosphère. Ce serait alors un phénomène mixte.

On a fait remarquer qu'il existe une grande analogie entre

les couleurs de ces aurores et les couleurs des rayons électriques dans le vide pneumatique.

L'aurore boréale du 4 février 1872 s'étendait sur le ciel
par grandes plaques rouges, avec rayons convergents vers
le pôle. J'ai observé, de 7 à 8 heures du soir : 1° de grandes
traînées grisâtres, semblables à ce qu'on appelle des traînées
de pluie, précédant la coloration de l'aurore et formant ensuite les rayons ; 2° les nuances de l'arc-en-ciel se dessinant,
vaguement, il est vrai, à l'instant rapide et intermédiaire, où
le rayon sombre va passer au rouge, où il n'est déjà plus
sombre et où il n'est pas encore rouge ; 3° les étoiles visibles
par transparence, comme au travers d'un voile rouge ou
d'un brouillard léger.

Ces trois faits ne révèlent-ils pas la présence de la vapeur
d'eau dans ces hautes régions, en même temps que le rôle
des vésicules aqueuses comme véhicules des supports électriques ?

En résumant cette synthèse électro-magnétique, on pourrait s'étonner de voir d'un même ordre de supports dériver
deux systèmes distincts, et dans chacun deux manières d'être
différentes. Cependant, en jetant les yeux sur l'organisation
animale, la même particularité nous apparaît. La force nerveuse, une dans son essence, relève d'un seul ordre de supports, mais ce support revêt une manière d'être dans le système cérébro-spinal et une autre dans le système ganglionnaire. Il y a quelque chose de spécial dans l'organisation de
chaque système, quelque chose qui se reproduit dans les
manifestations physiologiques de la force vive, tout en respectant l'unité du support élémentaire et en couvrant les
deux ordres de fonctions d'un caractère commun. Ainsi la
lumière, la chaleur et l'électricité, en tant que forces vives,
dérivent d'un même support atomique, dont elles attestent
autant de manières d'être différentes sans rompre l'unité.

Pour le système électro-magnétique, la différence est moins

dans le support lui-même que dans ses rapports avec les éléments planétaires.

Le système général électro-magnétique, dédoublé en deux systèmes particuliers, se dédouble aussi en deux manières d'être dans chacun de ceux-ci. Ce système général de propagation relève du principe de dualité, aussi bien dans le corps planétaire que dans le corps animal. Il semble que les supports éthérés reçoivent un cachet spécial de l'organe où ils sont contenus : le courant atmosphérique est positif, le courant tellurique est négatif; celui-ci semble appartenir à un degré inférieur de vitalité, à cause de la grande élévation de température sans doute, et celui-là à un degré supérieur; l'un est le courant d'entrée et l'autre le courant de sortie d'un système unique dédoublé.

Le système nerveux animal, dans chacun de ses départements, nous offre des dissemblances analogues, suivant les organes où il se ramifie; il revêt des propriétés spéciales en harmonie avec les fonctions qu'il doit desservir : le système nerveux du foie a une manière d'être distincte de celle des nerfs intestinaux; le système du cœur ne se confond pas avec celui des poumons.

Quant aux différences dynamiques, en plus ou en moins, lesquelles relèvent des lois de métastase et de déplacement et gouvernent l'antagonisme fonctionnel, communes également à l'organisation animale et à l'organisation planétaire, elles appartiennent à l'essence même de la biologie, et sont indépendantes de la manière d'être imprimée par tel ou tel organe.

Les deux causes principales, dont relèvent ces déplacements et l'hyperdynamisme fonctionnel, sont le foyer solaire et le foyer tellurique.

La physiologie du système électro-magnétique se partage en deux états fonctionnels : l'*état dynamique* simple et l'*état hyperdynamique*, et fournit par là un exemple nouveau de l'unité fondamentale, sur laquelle sont basés et l'organisation

de tous les corps, de tous les organes, de tous les éléments
organiques, et le mécanisme d'évolution physiologique. Les
lois de la vie sont universelles.

L'organe tellurique dans ses laves cellulaires, l'océan dans
ses courants et dans les vagues des marées, l'atmosphère
dans ses météores et dans ses courants, et le système électro-
magnétique, toutes ces divisions organiques de notre planète reconnaissent deux états fonctionnels, celui d'activité
simple et celui de suractivité, le dynamisme et l'hyperdynamisme, le plus et le moins relatif.

L'antagonisme organique est constant dans tous les cas.
L'antagonisme fonctionnel appartient à l'état hyperdynamique. L'état dynamique simple est représenté par le calme
de toutes les fonctions, le silence de toutes les manifestations,
dont les unes permanentes sont à leur *minimum* de développement, et dont les autres passagères ou périodiques n'existent pas.

Tous ces caractères de l'électricité planétaire, établie en
système organo-physiologique, sont reproduits dans nos
expériences de laboratoire, où nous faisons naître artificiellement des manifestations électriques.

Enfermés que nous sommes entre deux solénoïdes, plongés
dans un océan d'air, au sein même du foyer de dégagement
des courants électriques, nous pouvons les rendre appréciables, les fixer et les condenser sur certaines substances à
notre disposition ; substances mortes et inertes, supports
passifs, provenant des trois ordres de vie connus : la vie animale, la vie végétale et la vie planétaire, celle-ci fraction de
la vie sidérale.

Les supports dynamiques sont à notre portée, nous pouvons les manier pour ainsi dire, mettre en jeu leurs forces
vives, dont le mécanisme de transformation est le même dans
l'ordre naturel et dans l'ordre artificiel ; nous pouvons tout
reproduire, tout..... excepté le phénomène de la prolifération

dynamique, lequel marque les corps vivants d'un cachet inimitable.

Le frottement, la chaleur et les combinaisons chimiques sont les moyens ordinaires dont on se sert pour développer artificiellement l'électricité.

Deux corps frottés l'un contre l'autre s'établissent en état électrique distinct ; un même corps, inégalement frotté ou inégalement chauffé, présente aussi deux manières d'être électriques. Le mécanisme est le même dans les deux cas. L'électricité se développe par transformation équivalente, soit de la force calorique d'emblée, soit de la force calorique émanée d'une force motrice éteinte.

La quantité d'électricité est proportionnelle à l'intensité du frottement et à celle de la chaleur, jusqu'aux limites rapportées plus haut.

Le principe général du développement électrique, dans les corps inertes, est encore l'inégalité dynamique ; son mécanisme est celui des transformations dynamiques.

La cause de toute manifestation électrique est un antagonisme entre le plus et le moins ; le principe de l'inégalité dynamique n'est pas autre chose. Aussi bien l'électricité, en se manifestant, reproduit-elle dans ses supports organisés l'antagonisme du plus et du moins qui lui a donné naissance. Ce qui est dans la cause est dans l'effet, dans l'ordre artificiel comme dans l'ordre naturel.

Une des manifestations de l'électricité expérimentale est l'attraction des corps légers. Les substances qui par le frottement acquièrent la propriété d'attirer une balle de sureau sont dites électrisées : le verre, la résine ; les substances qui ne prennent pas cette propriété sont dites anélectriques, ou mieux sont considérées comme corps conducteurs de l'électricité qu'elles ne gardent pas : telles sont les substances métalliques. C'est la distinction des corps *bons conducteurs* et *mauvais conducteurs*.

Tout cela est relatif. Gray l'a démontré, en 1727, en faisant

voir qu'un métal devient isolant et s'électrise, lorsqu'il est
placé dans certaines conditions, si, par exemple, on interpose
entre lui et la main qui le tient un tube de verre.

Cette expérience donne à penser que, dans les entrailles de
la terre, où se déroulent les spirales du solénoïde électrique,
les couches telluriques sont isolantes ou mauvaises conductrices, comme il a lieu pour le solénoïde positif dans l'atmosphère, soit par la nature même des substances qui s'y trouvent, soit par la manière dont elles sont distribuées.

Quoi qu'il en soit, pour les corps inertes qui servent dans
nos expériences, la propriété isolante veut dire qu'il ne s'é-
tablit aucun courant de communication entre eux et la terre
ou l'atmosphère ; la propriété conductrice a une signification
contraire. Il y a là sans contredit une spécialité de telle ou
telle substance, de même qu'il y a spécialité de l'organe atmosphérique pour le solénoïde positif, et de l'organe tellurique pour le négatif. Le verre présente la double spécialité
du courant positif et de l'électricité indépendante. La résine,
la double spécialité du courant négatif et de l'électricité indépendante. Les métaux n'ont que la spécialité de l'électricité
diffuse.

Il est à remarquer que la manière d'être, positive et négative, ne s'accentue pas dans les corps conducteurs, tant que
le courant n'est pas isolé ou rendu indépendant. On peut
faire passer un courant positif ou négatif dans tel ou tel
métal ; mais celui-ci ne sert que de véhicule et demeure indif-
férent à la manière d'être de l'électricité. Il n'en est plus
ainsi dans les piles, où l'on associe tel et tel métal en combinaison chimique.

Cette différence entre les corps conducteurs et les corps
isolants s'explique d'elle-même par la loi d'antagonisme : il
n'y a pas d'antagonisme dans un corps où l'électricité ne séjourne pas ; l'antagonisme, pour s'établir par localisations de
plus et de moins, veut avoir droit de domicile ; il lui faut un
certain laps de temps, et où il n'y a pas d'antagonisme, il n'y

a pas non plus distinction entre l'électricité positive et l'électricité négative.

En présence de tous ces faits, il y a lieu de comparer :

1° Les substances conductrices en général, métalliques ou autres, à la zone des relations dans l'organisme planétaire, zone plus ou moins remplie de vésicules aqueuses conductrices;

2° Les substances isolantes vitrées, ou analogues, à la zone atmosphérique du solénoïde positif;

3° Les substances isolantes résineuses, ou analogues, à la zone tellurique du solénoïde négatif.

On aurait ainsi la représentation artificielle du système électrique de la planète : un réservoir organisé en solénoïde dans la couche vitrée, un réservoir organisé en solénoïde dans la couche résineuse, et dans la couche métallique intermédiaire un lien de communications et d'anastomoses.

Pour poursuivre la comparaison, le courant positif du verre devient le courant d'entrée, le courant négatif de la résine devient le courant de sortie, et chacun de ces courants a son double pôle, pôle d'entrée et de sortie. Cette petite synthèse, dans l'ordre artificiel, est la miniature de la grande synthèse électrique de la planète.

De l'énoncé des faits une autre conséquence ressort évidente, et d'ordre dynamique.

Quand, par le frottement, vous développez la force électrique dans un bâton de verre ou de résine, il est naturel que, se manifestant proportionnellement à l'intensité du frottement et de la chaleur qui en résulte, elle s'accumule en *tension*, comme le disent tous les auteurs. Cette tension, fruit d'une force en suractivité qui ne peut se répandre ni se transformer, représente l'*état congestif* de l'organisme animal, moins le phénomène de la prolifération.

« L'électricité a deux modalités, dit le père Secchi, *tension* « et *courant*. Ces deux mouvements sont corrélatifs : l'un « cesse quand l'autre commence..... La tension consiste en

« accroissement de la masse et de la vitesse de l'éther, ren-
« fermé dans un conducteur, lorsque des obstacles s'opposent
« à sa libre diffusion. »

Cette définition de la tension renferme exactement les caractères organiques des molécules en état congestif.

Dans la substance métallique non isolée, un effet contraire
se produit : la force électrique se répand dans la terre au fur
et à mesure de sa mise en activité, aucune tension n'a sa raison d'être.

Aussi bien, l'action de ces deux ordres de substances sur
un corps léger, tel qu'une balle de sureau, est-elle toute différente! Celles-là attirent, celles-ci n'attirent pas. Quel est le
mécanisme de cette attraction?

« Ampère, appuyé sur des faits d'expérience, propose une
« théorie nouvelle des aimants. Pour lui, il n'y a plus ni fluide
« austral ni fluide boréal : un aimant est un véritable solé-
« noïde, et, tout autour des particules qui le constituent, cir-
« culent des courants de même sens dans une perpétuelle ac-
« tivité. L'ensemble de ces courants préexiste dans l'acier et
« dans le fer doux, avant l'aimantation ; mais alors ils sont di-
« rigés les uns dans un sens, les autres dans un autre, sans
« aucun ordre régulier, et leurs actions égales et contraires
« s'équilibrent. Toute cause qui produit l'aimantation a pour
« effet d'amener un certain nombre de courants à prendre
« des positions telles qu'ils circulent dans le même sens ; ces
« courants forment dès lors des séries de solénoïdes, placés
« les uns le long des autres (1). »

Appuyé sur l'unité fondamentale de l'électricité et du
magnétisme, et sur l'analogie de tous leurs phénomènes, il
est logique de généraliser cette conception d'Ampère et de
l'appliquer à toutes les substances inertes, tant pour l'électricité que pour le magnétisme.

Tout ce que nous appelons substances inertes provient en

_____

(1) *Traité de Physique*, de Boutan et d'Almeida, p. 561.

définitive du corps terrestre, ou des corps animaux et végétaux. Ces débris ou ces résidus d'organismes sont plongés comme nous dans un milieu aérien, rempli et vivifié par les supports dynamiques de la planète et de la cellule solaire : je veux dire les supports électro-magnétiques organisés et les supports éthérés simples, lesquels pénètrent dans tous les corps, au travers de toutes les substances, où ils s'associent dans l'intimité de leur trame à leurs éléments constituants.

Les supports électriques sont infiltrés dans tous les corps, avec cette différence que, dans les corps vivants, ils font partie intégrante de l'organisation, et que dans les substances inertes ils se tiennent à la surface des particules élémentaires. Dans l'atmosphère ils circulent et se déplacent par le moyen des vésicules aqueuses.

Chaque vésicule aqueuse doit être regardée comme un solénoïde en miniature, ayant son pôle d'entrée et son pôle de sortie. Quand l'air est sec, ces vésicules plus ou moins espacées, s'opposant à la mise en série des petits solénoïdes, rendent la zone des relations mauvaise conductrice, c'est-à-dire dépourvue de courants électriques d'ensemble ; il n'y a pas, comme on dit, orientation des courants particuliers ou vésiculaires. Plus l'air est humide, plus ces courants vésiculaires sont nombreux : l'orientation se manifeste, c'est-à-dire que, les petits courants se mettant en série par l'opposition réciproque de leurs pôles de direction contraire, il s'établit un courant d'ensemble, formé d'une série de petits solénoïdes juxtaposés, et représentant un véritable courant d'anastomose entre l'électricité positive des nuages et l'électricité négative de la terre.

L'éclair est un courant anastomotique analogue, s'établissant avec violence au travers d'un air sec, en raison de la force de tension, ou de l'état congestif, que l'électricité a acquise dans un nuage orageux.

Un nuage est une association de vésicules aqueuses, et de solénoïdes vésiculaires. S'il est orageux, ses solénoïdes sont orientés de vésicule à vésicule, en sorte que chaque nuage orageux représente un solénoïde collectif, plus ou moins grand, formé par la réunion de tous ces petits solénoïdes individuels.

Les nuages orageux sont entre eux orientés ou non orientés.

Entre l'état congestif d'un nuage orageux et la simple tension dynamique développée dans un bâton de verre isolant, la différence est aussi grande qu'entre un phénomène d'ordre vital ou physiologique et un phénomène d'ordre dynamique purement et simplement, ou, si l'on veut, d'ordre physique : il y a *prolifération dynamique* dans l'état orageux des nuages, sous l'influence solaire ou tellurique; il y a seulement *accumulation dynamique* dans le bâton de verre ou de résine frotté.

A l'appui de cette opinion, laquelle fait des vésicules aqueuses les véhicules de la force électrique, il faut citer le phénomène des pluies lumineuses, celui des neiges, des grêles lumineuses, et celui des pluies de poussières lumineuses. Ces observations, rapportées par Arago dans son *Annuaire* de 1838, sont dignes de foi.

Les solénoïdes *intravésiculaires* de l'atmosphère sont représentés, dans les corps inertes, par des solénoïdes *périmoléculaires*, lesquels se déroulent en spirales autour des particules de ces corps, sans aucune orientation dans les circonstances ordinaires. C'est l'état dynamique des corps inertes, où préexiste la spécialité pour telle ou telle manière d'être de l'électricité. L'état hyperdynamique commence quand, par le frottement ou d'autres causes, on suractive l'électricité latente de ces corps, laquelle prend alors une orientation déterminée.

L'état dynamique est effectif dans l'organisme planétaire : il est virtuel dans les substances inertes. L'état hyperdynamique est caractérisé dans les deux cas par l'antagonisme des forces vives suractivées. Un bâton de verre frotté voit, non-seulement ses solénoïdes particuliers s'orienter, mais leur taux dynamique s'élever, et l'inégalité dynamique s'établir, soit entre eux, soit entre la surface et les particules plus profondes, par suite du frottement et de la chaleur inégalement répartis.

L'inégalité dynamique est la cause majeure de l'orientation. L'orientation est la mise des solénoïdes individuels en état d'antagonisme. L'antagonisme est la condition essentielle des manifestations extérieures. Le courant collectif s'établit, avec un pôle d'entrée et un pôle de sortie ; il représente une synthèse physiologique, ou une association de séries dynamiques organisées.

Un corps isolant, inerte, étant donné dans ces conditions, si vous en approchez une balle de sureau, il se produit des phénomènes d'attraction qu'il faut analyser. C'est une expérience fondamentale, dite de la balle de sureau ou du pendule électrique.

Soit un bâton de verre frotté avec de la flanelle pour l'électriser, un bâton de résine frotté avec une peau de chat, et une balle de sureau suspendue à un fil de soie isolant.

Dans une première expérience, le bâton de verre, approché de la balle de sureau, l'attire ; on les sépare alors. Dans une seconde expérience, le même bâton de verre, approché de la balle de sureau, la repousse. Dans une troisième expérience, le bâton de résine est approché de la balle de sureau électrisée par le verre, et celle-ci, au lieu d'être repoussée comme dans la seconde expérience, est attirée comme dans la première. Si l'on emploie le bâton de résine dans les deux premières expériences, et le bâton de verre dans la troisième, les mêmes phénomènes se reproduisent.

Dans la première expérience, le bâton de verre électrise par influence la balle de sureau. Qu'est-ce à dire ? Dans l'espèce, l'électrisation par influence implique un courant d'anastomose du corps qui électrise vers le corps qui est électrisé. Ce courant a pour effet de suractiver les supports inactifs de l'électricité dite latente, et d'orienter les courants particulaires en deux résultantes, celle d'entrée et celle de sortie. La prédominance, en tant que résultante, est naturellement au courant de même nom que celui de la source. L'autre courant reste comme nul, par antagonisme.

L'attraction est opérée par le courant d'anastomose, en vertu de la loi des courants qui forment un angle, dont tous les deux s'éloignent du sommet.

Dans la seconde expérience, quand le courant positif de la balle de sureau est opposé au courant également positif du bâton de verre, la situation est différente : ces deux courants de même nom ne peuvent s'établir en système physiologique, ils se placent vis-à-vis l'un de l'autre en parallélisme et de sens contraire, ils se repoussent comme tels; ils ne s'envoient pas d'anastomoses, parce qu'il n'y a entre eux aucune sympathie fonctionnelle, si je puis ainsi dire, ou bien, s'ils s'envoient une anastomose, elle est de nul effet en tant que produisant deux actions contraires, l'attraction à un angle et la répulsion à l'autre.

Ici, contrairement à ce qui a lieu pour la planète, on néglige les actions des solénoïdes particulaires et de leurs spirales les unes sur les autres, pour l'action majeure de la résultante, du courant collectif dans le sens de la longueur. Dans la planète, le solénoïde positif et le solénoïde négatif s'attirent, par la disposition de leurs spirales parallèles et de même sens, le courant collectif étant de peu de valeur relative dans le sens interpolaire. Dans cette expérience au contraire, les solénoïdes particulaires sont négligés, et les deux courants collectifs ou synthétiques se repoussent, en tant que parallèles et de sens contraire.

Il faut toujours, par l'imagination, chercher à construire le système électrique, dans une synthèse fonctionnelle, par analogie avec ce qui a lieu dans l'organisme terrestre.

Le mécanisme de la seconde expérience est donc le contraire de celui de la première : dans celle-ci l'attraction résulte du courant d'anastomose; dans celle-là la répulsion se déduit de la situation respective des courants principaux. Il y a sympathie fonctionnelle et tendance à la fusion dans le premier cas : voilà pourquoi le rôle actif est réservé à l'anastomose. Il n'y a aucune sympathie dans le second cas, aucun besoin de fusion : voilà pourquoi le rôle actif, enlevé à l'anastomose, reste aux courants principaux, qui conservent leur individualité indépendante.

La sympathie est, pour ainsi dire, un besoin d'anastomose. L'existence de ce besoin implique un but fonctionnel. La sympathie est une anastomose virtuelle; l'anastomose est une sympathie effectuée, réalisée.

Dans la troisième expérience, un courant positif et un courant négatif sont en présence, c'est-à-dire un courant d'entrée et un courant de sortie; il y a antagonisme organique entre eux. Ils se placent vis-à-vis l'un de l'autre en parallélisme et de même sens : ils s'attirent comme tels. De plus, ils s'envoient réciproquement un courant anastomotique, formant, de part et d'autre, un angle dont les deux côtés s'écartent à la fois ou s'approchent du sommet : comme tels ils s'attirent encore.

Ces deux courants antagonistes ont une sympathie fonctionnelle, en tant qu'ils peuvent former un système électrique complet, avec solénoïde d'entrée et solénoïde de sortie.

Le mécanisme de la troisième expérience embrasse ainsi celui de la première et celui de la seconde; l'action des courants d'anastomose concorde avec l'action des courants principaux. Le rôle actif est partagé entre les deux.

En résumé, appliquer par l'imagination la synthèse du système électrique à tout cas donné, et voir les rapports réciproques qu'ont entre eux, dans l'ordre physiologique, les courants principaux et les courants d'anastomose : voilà le secret de ce mécanisme, étant admis que tout courant, en rapport de voisinage avec un autre, dans les limites de leur sphère d'action, tend à s'établir avec lui en véritable système, à l'i-

mage du système électrique ou magnétique de la planète, et
que, lorsque cette tendance ne peut être satisfaite, comme
dans la seconde expérience, c'est avec un des solénoïdes de
la terre qu'il se met en harmonie de circulation.

O logique de la vérité! admirable enchaînement des faits!
ô champ fécond et inépuisable de toutes choses, où l'analyse
induit de proche en proche pour s'élever à la synthèse, et où
la synthèse déduit de proche en proche pour descendre vers
l'analyse! Mon esprit est entraîné par une force supérieure
de celle-ci dans celle-là et de celle-là dans celle-ci!..... Et
voilà que je sors du domaine artificiel pour entrer dans un
domaine vivant : le pendule électrique me conduit au magnétisme animal.

Le magnétisme animal relève, comme le pendule électrique,
des lois des courants sur les courants et des lois d'induction.

On peut le définir : la science d'harmoniser des courants
électriques de voisinage entre deux personnes données, en
envoyant, par la puissance de la volonté et de la sympathie,
des courants d'anastomose du plus fort vers le plus faible.
Ces deux dernières expressions sont absolues ou relatives,
suivant les circonstances. Mais là, comme en toutes choses, il
y a une manière de faire, un mécanisme d'action.

Chaque organisme animal a une sphère d'activité et d'attraction, comme chaque planète. Chaque individualité possède, plus ou moins développées, une puissance d'émission
et une puissance d'attraction, une force centrifuge et une
force centripète.

Notre système nerveux, dédoublé en cérébro-spinal et en
ganglionnaire, représente dans chacun de ces départements
un système électrique complet, avec courant d'entrée et courant de sortie ; celui-là figuré par la direction centripète des
nerfs sensitifs et celui-ci par la direction centrifuge des nerfs
moteurs. Le cerveau et la moelle épinière, centres intermédiaires entre ces deux courants de direction et de noms diffé-

rents, auxquels il faut ajouter les ganglions nerveux pour le système sympathique, sont comparables à la zone des relations dans l'organisme planétaire, et au rôle qu'elle joue dans l'entretien de la force électrique terrestre.

Le corps animal est un système électrique double, positif et négatif; cependant la modalité positive l'emporte en tant que résultante. La même organisation appartient à chaque partie du corps, à chaque membre; cependant, d'après leur expérience, les magnétiseurs reconnaissent une résultante négative prédominante à la main gauche, et une résultante positive prédominante à la main droite, c'est-à-dire que celle-ci jouit de la propriété centrifuge et du rôle émissif, et celle-là de la propriété centripète et du rôle attractif. En d'autres termes, et à ce point de vue, il y a supériorité du dynamisme sensitif dans le membre gauche, et supériorité du dynamisme moteur dans le membre droit.

Magnétiser, c'est s'anastomoser. — S'anastomoser, dans les conditions humaines, c'est sortir de sa sphère d'activité physiologique.

Sortir de sa sphère !..... est-ce conforme à la fin de notre organisation? Sortir de sa sphère !..... est-ce utile ou dangereux dans l'ordre social? Sortir de sa sphère !..... est-ce un état de perfectionnement physiologique ou un état de déviation pathologique? Voilà autant de questions que l'avenir sera plus à même de résoudre que le présent.

Cependant, dit M. Bertulus, professeur de pathologie interne à Marseille : « Il serait très malheureux que la science « encourageât les expériences dites magnétiques, en s'inclinant devant ce qu'elles ont de réel : il est des vérités qu'il « vaut mieux mille fois laisser dans l'ombre, à cause de leurs « conséquences antisociales; la vulgarisation des pratiques « magnétiques serait une calamité, elle laisserait la société « sans garantie devant tous les genres de crimes (1). »

(1) *L'Athéisme,* par le docteur Bertulus, p. 210.

Quoi qu'il en soit, on peut magnétiser par les seules forces de son organisme, ou par les forces de la planète que l'on attire à soi. C'est alors qu'on sert d'intermédiaire, ou de *médium ;* on est anastomosé avec la planète d'une part, et d'autre part avec la personne qu'on magnétise. Cette seconde manière est, dit-on, moins fatigante et plus habile que la première. On le comprend.

Pour moi, je l'avoue, je ne connais encore que la théorie du magnétisme animal. Et je dois à M. le docteur Clever de Maldigny, très versé dans cette étude, de curieux renseignements.

Cependant, si j'admets le système animal comme fait, je le nie comme théorie appuyée sur un fluide spécial et universel, sur l'*esprit vital* du monde dont l'homme pourrait disposer à son gré. Je le nie dans ce sens, parce que rien ne le prouve et qu'il conduit au panthéisme.

Je conclus en disant :

1° Beaucoup de faits de magnétisme animal sont faux et simulés (*magnétisme industriel*) ;

2° D'autres faits sont vrais et relèvent d'un état nerveux particulier (convulsions, hystérie, extase, catalepsie, somnambulisme, hallucinations (*magnétisme pathologique*) ;

3° Leur mécanisme de production est spontané ou provoqué, soit par une exaltation intrinsèque pour ainsi dire, soit par l'impression d'autrui, par influence morale, par l'action d'une âme sur une autre plus faible ;

4° Dans le domaine des âmes, il faut croire qu'il y a des attractions dont nous n'avons sur la terre qu'une faible idée, comme il y a des attractions des corps. Il est possible que les faits de magnétisme animal relèvent en partie de cet animisme, par l'intermédiaire du système nerveux ;

5° La meilleure preuve que ces faits sont exceptionnels et non physiologiques dans les conditions humaines, c'est qu'il faut toujours pour leur accomplissement des personnes de choix et à tempérament nerveux, et, quant aux possédés et aux esprits, c'est que, une fois dominé par un esprit, on ne peut plus s'en débarrasser. J'en conclus que c'est un état pathologique ;

6° De même que les hommes des cirques font une étude spéciale du jeu des muscles et sont capables d'une souplesse extraordinaire, ainsi je crois que, par une étude et avec un tempérament spécial, on peut arriver à un jeu en apparence anormal de l'exercice des sens et à des formes particulières de sommeil incomplet (1) ;

7° Enfin je crois qu'on peut diriger scientifiquement, suivant certaines lois, les influences morales et les émissions dynamiques d'impressions. On s'anastomose dynamiquement par impression. Là est le véritable *magnétisme animal physiologique*.

Il a été dit que certaines substances ont une spécialité pour telle ou telle manière d'être de l'électricité : cette propriété n'est pas exclusive, car le verre, par exemple, s'il est frotté contre lui-même, prend la modalité positive sur une de ses faces et sur l'autre la négative. Ce mode de manifestation, démontré par l'expérience, est conforme à la logique de l'organisation planétaire. Si la zone des relations recèle les supports dynamiques en double modalité, et si cette duplicité dynamique ne détruit pas l'unité fondamentale, il va de soi que toutes les substances inertes, contenues dans ce milieu et infiltrées de ces supports, doivent présenter aussi l'une et l'autre modalité, avec ou sans préférence, suivant les caractères moléculaires de leur constitution.

L'état dynamique des corps inertes mérite plus justement le nom d'*état neutre*, que les auteurs lui ont donné ; état virtuel, dont le *défaut d'orientation* et l'*égalité dynamique* des solénoïdes particuliers sont les caractères propres et négatifs, et la cause qui met obstacle à toute manifestation : il y a des

(1) *Dictionnaire encyclopédique des Sciences médicales*, article *Mesmérisme*, par le docteur Dechambre.

supports et une force électrique, mais latente ou neutre ; elle
n'est ni positive, ni négative. Il résulte bien de cette situation
que le support électrique est un, et que la manifestation différente de sa force, conséquence de l'impression reçue et de
l'inégalité dynamique, est un *état d'antagonisme*, indispensable à son activité effective.

Les deux modalités électriques se développant dans tout
corps inerte, soumis au frottement ou à la chaleur, et celui-
ci ou celui-là ayant une spécialité manifeste pour la positive
ou la négative ; d'autre part, la force électrique s'établissant
en courant aussitôt qu'elle devient orientée, et le courant
d'ensemble dans un corps donné étant composé de tous les
petits courants particuliers de ses éléments, il faut prendre
de l'électricité en état dynamique l'idée qui se déduit naturellement de ces prémisses : le corps inerte, soit un bâton de
verre ou de résine, est traversé par une série de petites spirales particulières, orientées en deux directions opposées ;
l'une représente le courant ou solénoïde d'entrée et l'autre le
solénoïde de sortie, ayant tous les deux un double pôle : c'est
un système électrique complet, virtuellement parlant ; ces
deux courants synthétiques se déroulent en spirales successives, à la façon des cyclones et des ouragans qui naissent
dans l'atmosphère, mais l'antagonisme des modalités se reproduit dans les courants, plus ou moins accusé suivant les
substances ; les corps isolants et à spécialité électrique sont
ceux où l'antagonisme apparaît avec toute sa puissance :
c'est par la loi d'antagonisme, et à titre de résultante, que
le bâton de verre ne manifeste que son courant d'entrée ou
positif, laissant l'autre dans une telle infériorité qu'il passe
inaperçu ; c'est par la même loi, et en tant que résultante,
que le bâton de résine ne manifeste que son courant négatif,
ou de sortie. Tel on voit, dans notre corps, l'antagonisme
exister entre le membre gauche et le membre droit, celui-ci
en résultante positive et celui-là en résultante négative.

Dans les substances métalliques, ou autres dépourvues de

spécialité électrique, l'antagonisme se déclare encore, mais ce n'est plus entre les courants ; c'est entre les pôles, où il paraît que la puissance dynamique se concentre, le courant d'entrée se résume dans le pôle positif, et dans le pôle négatif le courant de sortie.

En un point intermédiaire, toute influence dynamique disparaît, pour croître progressivement de cette ligne jusqu'aux pôles ; on appelle cette ligne la *ligne neutre*. Les auteurs l'attribuent à la présence de l'électricité neutre, latente ou non décomposée. Avec la théorie des courants, cette ligne ne peut être expliquée que par l'hypothèse d'un *entrecroisement* en ce point, entre le courant d'entrée et le courant de sortie, d'où il résulte un équilibre entre les deux actions produites.

Il faut rapprocher cette ligne neutre des lignes sans déclinaison de la planète. Dans les deux cas, il y a équilibre dynamique produit par deux actions opposées.

Il est vrai que, dans ces corps conducteurs où le courant électrique paraît n'avoir aucun lien qui le fixe aux particules élémentaires, on peut dire que chaque solénoïde particulaire n'a qu'une durée instantanée, que son existence cesse avec la source qui l'engendre, et que tous ces courants partiels ainsi détruits s'accumulent dans l'extrémité polaire qui les arrête, les courants partiels d'entrée dans le pôle positif et les courants partiels de sortie dans le pôle négatif.

L'hypothèse de l'entrecroisement est réelle, tant que les courants existent dans leur ensemble ; lorsqu'ils cessent avec la source, l'entrecroisement n'a plus sa raison d'être, et sa place est occupée par une région dépourvue d'antagonisme, où la force électrique reste comme avant sans orientation et sans modalité, à l'état latent ou neutre.

Il ressort de toutes ces considérations que les corps isolants sont ceux où, après l'électrisation, l'inégalité dynamique où l'antagonisme séjourne plus ou moins longtemps, en raison d'un état moléculaire spécial ; et que les corps conducteurs, qui ne gardent pas l'électricité, sont, à raison d'un état moléculaire opposé, impuissants à conserver en eux-mêmes l'antagonisme ou l'inégalité dynamique.

Pour me résumer, je dirai que les lois des courants embrassent tout entière la physiologie du système électro-magnétique. Tous les phénomènes d'attraction et de répulsion relèvent de ces lois.

Les électricités de même nom se repoussent, parce que leurs courants se mettent en parallélisme et de sens contraire. Les électricités de nom contraire s'attirent, parce que leurs courants se mettent en parallélisme et de même sens.

Les phénomènes d'électricité artificielle sont naturellement la reproduction des phénomènes de l'électricité planétaire; ceux-là sont faits à l'image de ceux-ci. Or, l'étude des solénoïdes de la planète nous enseigne que, dans les manifestations électriques, de *même nom* pour les courants est synonyme de *direction contraire*, et de *nom contraire* synonyme de *même direction*.

Les électricités de même nom se repoussent comme les solénoïdes homologues de l'atmosphère et comme les solénoïdes homologues de la terre.

Les électricités de nom contraire s'attirent comme les solénoïdes antagonistes de chaque système planétaire.

L'importance de ces lois fondamentales, qu'il faut toujours avoir présentes à l'esprit dans l'étude des phénomènes électriques et dont relève le mécanisme physiologique des changements météorologiques de notre planète, m'engage à les reproduire à la fin de ce chapitre :

1° Les courants parallèles et de même sens s'attirent ;

2° Les courants parallèles et de sens contraire se repoussent ;

3° Deux courants s'attirent, qui forment un angle et marchent tous deux vers son sommet, ou tous les deux s'en éloignent;

4° Deux courants se repoussent, dont l'un marche vers le

sommet de l'angle qu'ils forment et dont l'autre s'en éloigne.

Ces quatre premières lois méritent le nom de *lois organiques*, parce qu'elles sont liées à l'organisation même du système électro-magnétique. Les quatre suivantes méritent le nom de *lois fonctionnelles*, comme étant liées particulièrement aux manifestations physiologiques du même système :

1° Un courant qui commence fait naître dans un circuit voisin un courant de sens contraire ;

2° Un courant qui finit fait naître dans un circuit voisin un courant de même sens ;

3° Un courant qui s'approche développe un courant de sens contraire ;

4° Un courant qui s'éloigne développe un courant de même sens.

Ce sont les lois d'induction des auteurs.

En analysant le mécanisme de ces lois, on arrive à les résumer en deux lois organiques et en deux lois fonctionnelles ; et il se confirme que celles-là tiennent à la constitution organique du système, et que celles-ci, d'ordre physiologique, rentrent dans le mécanisme unitaire des lois universelles.

Une loi fondamentale et de base organique domine les huit lois qui précèdent. On peut ainsi l'énoncer : *entre deux courants voisins*, c'est-à-dire dont la distance ne dépasse pas leur rayon d'action, *il s'établit toujours un courant d'anastomose*, se dirigeant du plus fort vers le plus faible. Cette anastomose est unique ou multiple, régulière ou irrégulière, suivant les circonstances ; peu importe ces particularités. A ceux qui feront des objections contre l'existence de cette anastomose, dans un milieu non conducteur, je répondrai que cette propriété conductrice est relative, et que, dans tous les cas, les choses s'accomplissent comme si l'anastomose existait constamment. Virtuelle ou réelle, l'anastomose entre deux courants voisins est une nécessité dynamique, en vertu de laquelle ces courants tendent à se mettre en état d'antagonisme fonctionnel.

Deux courants sont parallèles et de même sens : il s'établit entre eux un courant anastomotique, formant un angle, dont les deux côtés s'éloignent du sommet au départ et s'en approchent à l'arrivée.

Deux courants sont parallèles et de sens contraire : la branche anastomotique s'établit, dont les côtés s'éloignent du sommet de l'angle au départ, mais dont à l'arrivée un des côtés s'approche et l'autre s'éloigne du sommet.

Il se fait ainsi que le mécanisme des deux premières lois organiques se confond avec celui des deux secondes.

Dans la première loi organique, le courant A qui envoie l'anastomose diminue d'autant sa force : c'est un *moins* primitif, lequel se reproduit en *plus* dans le courant anastomotique et dans le courant B. L'équilibre est donc détruit entre les deux courants principaux ; il se rétablit par leur rapprochement. Mais un courant qui s'approche fait naître dans l'autre un courant de sens contraire. Dans l'espèce, ce courant de sens contraire détruit par un moins proportionnel le plus du courant B. Il y a compensation dans les deux cas, il se produit successivement deux actions opposées. Le courant A donne au courant B, par son anastomose, un plus dynamique primitif qu'il détruit ensuite, en se rapprochant, par un moins dynamique consécutif. Après cette double opération instantanée, l'équilibre persiste entre les deux courants, après comme avant, car la loi de compensation est fondamentale, et l'équilibre détruit d'une façon se refait toujours d'une autre.

Dans le second cas, le commencement du phénomène est le même ; le plus du courant anastomotique provient d'un moins du courant A, mais cette branche anastomotique arrive à contre-courant dans le courant B ; c'est une cause d'amoindrissement dynamique. *Moins* au point de départ, *moins* au point d'arrivée, et *plus* dans la branche intermédiaire d'anastomose : telle est la situation. L'équilibre est encore rompu. Le courant d'anastomose ne pouvant donner son plus au courant B, à cause du contre-sens, le rend au courant A, qui, consécutivement, se trouve en plus dynamique à l'égard du courant B. Pour rétablir l'équilibre, le courant A s'éloigne ; en s'éloignant il fait naître un courant de même sens dans le courant B, corrige ainsi l'effet du moins primitif, et agit en sens inverse du premier cas.

Dans le premier cas, le courant A donne un plus primitif qu'il détruit par un moins consécutif dans le courant B. Dans le second cas, le courant A donne un moins primitif au courant B, et le détruit par un plus consécutif. La loi de compensation n'est jamais en défaut.

Le même mécanisme convient à la troisième et à la quatrième loi organique. Entre les deux courants qui font un angle il se fait une anastomose, laquelle se trouve tantôt entre deux courants de même sens, tantôt entre deux courants de sens contraire.

Passons aux lois d'induction.

Un courant qui commence, ou qui augmente d'intensité, fait naître un courant de sens contraire. Le premier signifie plus, le second signifie moins : loi de compensation. L'anastomose joue son rôle. Le plus du premier rompt l'équilibre, lequel ne peut se rétablir que par l'éloignement du second courant ou par sa diminution.

Un courant qui s'approche donne le même résultat, et par le même mécanisme. C'est le plus qui réclame le moins, soit directement, soit indirectement par l'éloignement.

Un courant qui finit, ou qui diminue d'intensité, fait naître un courant de même sens. Le premier signifie moins, le second signifie plus : il y a déplacement et compensation. Tout à l'heure le plus absorbait le moins déplacé ; ici c'est le moins qui se déplace primitivement vers le plus.

Un courant qui s'éloigne donne le même résultat, et par le même mécanisme.

Plus primitif et moins consécutif, moins primitif et plus consécutif : nous retrouvons ici le jeu physiologique de la vie animale, réglé par les lois fondamentales de compensation, d'antagonisme, de métastase, de déplacement, de réparation.

Le mécanisme est le même partout, dans des applications différentes.

Tel est le résumé des lois électro-magnétiques.

Il n'est pas sans intérêt de récapituler ici les principales raisons qui m'ont fait admettre un système physiologique distinct pour l'électricité et pour le magnétisme, en même temps qu'une direction opposée pour chacun d'eux. Ce sont :

1° La séparation de la vie organique et de la vie de relation, et la nécessité physiologique d'un système distinct pour chacune d'elles, comme dans l'organisme animal, il y a le système cérébro-spinal pour celle-ci et le système ganglionnaire pour celle-là ;

2° Le mouvement de rotation d'occident en orient, des anneaux dans les aurores polaires ;

3° L'action spéciale qu'exercent les tremblements de terre sur les phénomènes électriques, et l'action spéciale des aurores sur les phénomènes magnétiques, bien qu'en réalité celles-ci aient une action commune sur les deux ordres de phénomènes, en raison de leur origine. Si l'on peut juger des causes par leurs effets, ceux des tremblements de terre dévoilent leur origine électrique et ceux des aurores leur origine électro-magnétique ;

4° La situation différente du solénoïde électrique au centre de l'atmosphère et celle du solénoïde magnétique à sa périphérie ; tellement que l'action du frottement, dont parle M. Linder dans un discours prononcé à l'Académie de Bordeaux, le 12 mars 1872 (1), ne peut être invoquée que pour celui-ci, lequel subit, on peut le dire avec autant de vérité, l'influence attractive du soleil dans sa marche apparente,

_____

(1) *Revue scientifique* du 19 avril 1873, n° 42.

tandis que le solénoïde électrique a subi dans sa formation l'influence du mouvement de rotation terrestre, plus en rapport avec ses usages ;

5° Le principe d'antagonisme qui règne entre deux systèmes établis pour un même but fonctionnel, au point que, si ces deux systèmes existent réellement, l'un a dû se développer nécessairement en sens contraire de l'autre. Le système magnétique est en antagonisme de direction avec le mouvement de rotation terrestre ; le système électrique est en antagonisme de direction avec le magnétique. Dualité, antagonisme et inégalité dynamique, ces trois principes fondamentaux se retrouvent dans la situation différente et opposée de ces deux systèmes d'une même force.

Je devrais dire, pour terminer, que les spirales électriques reproduisent les mêmes mouvements fonctionnels que nous avons étudiés dans les spirales magnétiques, et que l'amplitude de ces mouvements exige une étendue considérable pour la carrière du solénoïde positif de l'électricité dans l'atmosphère. C'est ainsi qu'on arrive à utiliser, dans un emploi fonctionnel, la profonde hauteur de dix mille lieues qu'aurait l'atmosphère, d'après les calculs de Laplace sur les limites de la sphère d'attraction terrestre. Mais j'en ai dit assez pour que chacun comprenne la division de l'atmosphère, de haut en bas, en trois zones principales : la zone magnétique, occupant plusieurs milliers de lieues ; la zone électrique, avec une étendue un peu moins grande, mais pouvant mesurer deux mille lieues, lorsque l'autre en mesure peut-être quatre ou cinq ; enfin la zone des relations ou zone animale, d'une minime étendue relativement. Ce que j'ai appelé la zone des aurores polaires se confond avec la partie inférieure de la zone électrique. Entre chaque zone règne un espace libre, intermédiaire, où se meuvent seulement des filets dynamiques d'origine et les courants d'anastomose. C'est au travers de ces espaces intermédiaires, qu'on peut comparer aux zones de calmes qui séparent les zones de courants dans la grande

zone commune des relations, que s'accomplissent les phénomènes d'induction fonctionnelle.

Enfin, dans une dernière phrase synthétique, je résumerai
la signification physiologique du système électrique et du système magnétique : *antagonisme organique, parsemé d'antagonismes dynamiques, pour aboutir à une harmonie fonctionnelle.*
L'harmonie est dans la fonction, l'antagonisme dans les facteurs ; la vie est une multiplication.

PHYSIOLOGIE GÉNÉRALE DE L'ORGANISME PLANÉTAIRE

CHAPITRE V

Organisme planétaire.

ART. Ier. — *Du temps météorologique.*

Tout corps vivant et organisé jouit de propriétés physiologiques, que l'on divise en deux départements : ce sont les propriétés de la *vie organique* et celles de la *vie de relation*. Ces dernières se subdivisent en deux ordres : l'ordre de la vie intérieure ou interorganique, et celui de la vie extérieure.

Connaissant déjà par la physiologie spéciale les phénomènes de la vie organique, il nous reste à étudier ceux de la vie de relation intérieure, c'est-à-dire ceux dont la production et l'évolution exigent le concours réuni, en des proportions variables suivant les circonstances, de la physiologie spéciale des trois organes fondamentaux et du système électro-magnétique.

Le système électro-magnétique est le système unissant des trois organes, lesquels s'abouchent aussi entre eux par des pores organiques, tels que les bouches des volcans et les ouvertures qui font suite aux canaux de la circulation intermédiaire. C'est le système de transmission, et de transformation à distance des forces vives planétaires; c'est l'intermédiaire obligé de tout déplacement; c'est le système spécial de la

physiologie générale. Il est à l'organisme planétaire ce que
le système nerveux est à l'organisme animal, ce que le système éthéré est à la cellule sidérale ou planéto-solaire.

Prenons un exemple. Soit une suractivité du dynamisme
cellulaire en un point quelconque des canaux telluriques,
laquelle ne peut se transformer sur place et tend à se déplacer : les courants magnétiques ou électriques la reçoivent
sous forme d'impressions équivalentes; ils la transmettent
soit aux molécules de l'océan, soit à celles de l'atmosphère,
où elle va se résoudre en des phénomènes généraux et complexes, après la série des proliférations successives, en tempêtes dans celui-là, en vents violents dans celui-ci, avec production de nuages et de pluies.

Toutes les manifestations physiologiques d'un corps se
traduisent en trois états dynamiques différents : l'état dynamique simple, échelle moyenne et normale des forces organiques, l'état hypodynamique ou inférieur, et l'état hyperdynamique ou supérieur. A celui-ci se rattachent tous les
phénomènes de suractivité, avec établissement du second
par antagonisme.

Le déplacement dynamique, par voie de transformation
équivalente et au moyen d'un système *ad hoc*, d'un organe
dans un autre, dans une même enceinte organique donnée,
voilà le principe fondamental et universel de la physiologie
générale; vrai pour le corps animal, vrai pour le corps terrestre, vrai pour un corps planétaire ou solaire quelconque,
vrai pour tout organisme cellulo-solaire, vrai enfin pour le
corps sidéral dans sa sublime synthèse.

Cette loi primordiale, semant de proche en proche la manifestation de ses attributs, depuis le dernier échelon planétaire
de l'analyse sidérale jusqu'à la plénitude de sa synthèse, est le
témoignage de l'unité du corps sidéral, considéré dans sa constitution anatomique et dans son fonctionnement physiologique. Elle implique, par son existence même, celle de l'harmonie proportionnelle entre tous les organes, c'est-à-dire de

l'équilibre physiologique fondé sur la proportion fonctionnelle. Dans cette immense coordination, quelle belle perspective physiologique !

Mais restons dans les limites de l'organisme terrestre, dont
il faut établir le bilan de la situation physiologique, en revenant un peu sur ce qui a été dit dans le chapitre précédent.

La physiologie générale de la terre passe par quatre phases successives, dont deux principales et deux secondaires :
ce sont les saisons.

La phase d'été est caractérisée : anatomiquement par
l'élévation d'un hémisphère vers le soleil ; physiologiquement
par la suractivité dynamique du ganglion polaire correspondant, et par le *maximum* de hauteur des spirales électro-
magnétiques de l'atmosphère; il découle de cette situation
une foule de phénomènes consécutifs.

La phase d'hiver est caractérisée : anatomiquement par
l'abaissement d'un hémisphère; physiologiquement par l'hypodynamisme relatif du ganglion polaire correspondant, et
par le *minimum* de hauteur des spirales atmosphériques; il
en découle également un grand nombre de manifestations
fonctionnelles.

Les deux phases secondaires, ou intermédiaires, coïncident
avec la transition d'un état à l'autre : celle du printemps
avec l'élévation progressive des spirales de l'atmosphère,
avec la période de flux ou de montée des courants électro-
magnétiques, celle d'automne avec leur abaissement progressif, avec la période de reflux ou de descente ; toutes deux
avec le déplacement, progressif également, de la suractivité
polaire d'un ganglion dans l'autre.

Les courants électro-magnétiques sont hauts en été, bas
en hiver, intermédiaires dans les demi-saisons. La phase de
montée s'accomplit en trois mois ; la hauteur *maxima* dure
trois mois ; en trois mois s'opère le temps de descente, et durant trois mois règne la hauteur *minima*.

Avec la marée haute des spirales atmosphériques coïncide, sous l'influence générale du soleil, la diffusion périphérique des forces vives intraterrestres, et au contraire leur concentration avec la marée basse.

Cette situation physiologique est pour chaque saison la cause fondamentale des phénomènes qui s'y développent.

Cependant la plus grande monotonie attristerait les saisons, si ces mouvements électro-magnétiques s'accomplissaient en toute régularité. La vie aime à promener son mécanisme unitaire au sein des irrégularités phénoménales, et parmi les variétés d'organisation.

Les mouvements propres ou isolés de chaque spirale, garantis par leur indépendance relative, sont la cause organique fondamentale des variations saisonnières, comme les mouvements d'ensemble, limités à chaque hémisphère, le sont pour les saisons elles-mêmes. Cependant, la même saison régnant sur tout un hémisphère, les spires entières participent au mouvement général de flux et de reflux, et les changements de temps, dans une saison et dans un lieu donné, étant toujours plus ou moins partiels, relèvent de mouvements également partiels des courants électro-magnétiques, limités soit à une moitié ou à une fraction de moitié de la spirale.

Si l'on veut, par l'imagination, se représenter la surface générale de ces spirales magnétiques en voie d'accomplissement fonctionnel, la périphérie planétaire nous apparaîtra d'abord divisée en deux camps opposés : l'hémisphère boréal en état de marée montante ou de marée haute, et l'hémisphère austral en état de marée descendante ou de marée basse, ou inversement. Dans chaque hémisphère, principalement dans la zone des vents variables, chaque spirale affectée diversement et partiellement ici d'un mouvement d'ascension, là d'un mouvement de descente, donnera, pour le coup d'œil d'ensemble, la perspective d'une succession de collines et de vallées ; en sorte que chaque spirale, au lieu d'un courant régulier et uniforme, figure un courant qui serpente et se meut par ondulations successives.

C'est ici qu'il convient d'admirer, dans sa noble harmonie, la subordination physiologique qui relie entre eux les divers organes d'un même organisme, la hiérarchie organique et fonctionnelle, sans laquelle tout est désordre et vaine agitation. La terre, par l'intermédiaire du système électro-magnétique, l'organe de sa sensibilité, reçoit les impressions de voisinage, c'est-à-dire du soleil et des autres planètes, aussi bien que celles qui émanent de ses propres entrailles : application de la vie de relation intérieure et extérieure.

Quand le soleil d'été darde ses rayons sur un hémisphère, les spirales atmosphériques correspondantes atteignent le *maximum* de leur élévation, sous l'influence de son point d'appel par suractivité physiologique. Au nom de la loi des courants parallèles et de même sens, et de la loi des courants qui s'éloignent, les spirales telluriques sous-jacentes participent au même mouvement d'expansion et de suractivité : celles-ci s'approchent de celles-là. Ce rapprochement des deux courants prend néanmoins une signification plutôt dynamique que physique : inclus dans des canaux où il ne peut se déplacer que dans d'étroites limites, le solénoïde tellurique résume son attraction et sa suractivité dans l'évolution physiologique des phénomènes de diffusion périphérique ; ce sont les phénomènes propres à la saison d'été, dont les animaux et les végétaux ressentent l'heureuse influence.

La loi de compensation préside à ces déplacements. La suractivité périphérique de l'été s'accompagne, en règle générale, d'un état proportionnel d'hypodynamisme dans les mouvements des laves cellulaires, au moins dans une zone donnée.

A l'été boréal répond l'hiver austral, où les spirales atmosphériques occupent leur *minimum* de hauteur, et où les spirales telluriques, au nom de la loi d'un courant qui s'approche, éprouvent, comme équivalent d'un courant de sens contraire, une diminution dynamique aboutissant, par déplacement de proche en proche, à une augmentation proportionnelle dans les courants du centre, à une concentration physiologique dans le système interpolaire ou dans le système diagonal. Ce sont les spirales du système périphérique qui ressentent directement les impressions des spirales de l'atmosphère, et ces spirales telluriques réagissent à leur tour sur les courants des deux autres systèmes circulatoires.

Dans chaque moitié de chaque hémisphère les mêmes effets se reproduisant, tout se résume en des manifestations de la périphérie terrestre l'été, et l'hiver en des manifestations centrales, conséquences du refoulement de dehors en dedans des forces vives.

Cette alternative des saisons établit un antagonisme entre chaque hémisphère, où la loi de compensation vient satisfaire ses exigences.

D'une part, suractivité atmosphérique et suractivité polaire dans l'hémisphère boréal ; d'autre part, hypodynamisme relatif de la circulation périphérique et du ganglion polaire austral. Si le plus expansif de l'été trouve compensation dans le moins concentratif, le plus concentratif de l'hiver doit à son tour trouver compensation dans le moins expansif. C'est ici qu'apparaît, avec toute son importance, le système de la circulation diagonale.

Source des marées de l'océan, ce système est le berceau principal de toutes les manifestations dynamiques qui s'élèvent du foyer central dans le sein des mers, et ensuite dans l'atmosphère. C'est le système générateur par excellence du vent, des nuages, de la pluie, des tempêtes.

A ce système diagonal si l'on ajoute les ganglions disséminés sur le cours des canaux périphériques, ces ganglions que nous avons vus situés à la racine des volcans, on a, réunis, les deux systèmes organiques principaux, d'où dérivent, par évolutions successives et par voie de prolifération dynamique, les grands phénomènes météorologiques qui jettent l'épouvante sur la terre, sur les mers et dans l'atmosphère : je veux dire les tempêtes de l'océan, les ouragans, les éruptions volcaniques.

Après l'influence solaire, le système diagonal est la source principale du temps météorologique. C'est par lui que le foyer tellurique rend à la périphérie, sous une autre forme, les forces vives excédantes que l'atmosphère a refoulées par le mécanisme centripète de l'hiver, ou par un mécanisme analogue en toute autre saison. Tels on voit les viscères rendre à la peau de l'homme le trop plein de forces vives qu'ils en ont reçu : la fièvre s'allume, tempête de l'organisme animal avec ses frissons, ses tremblements, sa chaleur élevée et ses sueurs ; c'est l'image du vent, des nuages qui congestionnent l'atmosphère et des ondées de pluie, ou pluies critiques, qui terminent cette espèce de fièvre terrestre. Car c'est un principe général, en physiologie, que la concentration dynamique, lorsqu'elle est intense, ne séjourne pas dans l'intérieur où elle serait dangereuse et déborde aussitôt en direction centrifuge, ici par le mécanisme de la fièvre, là par le mécanisme du vent et de la pluie. Autrement, on arrive à des congestions et à des inflammations viscérales dans l'organisme animal, à des tremblements de terre et à des éruptions volcaniques dans l'organisme planétaire.

J'ai déjà parlé des antagonismes dynamiques, variables dans les canaux cellulaires de la planète, non-seulement d'un hémisphère à l'autre, d'un pôle à l'autre, mais aussi dans un même hémisphère d'un système dans l'autre système, et souvent d'une fraction de système dans une autre fraction : plus ici, moins là, concourant par leur inégalité dynamique locale à l'harmonie physiologique générale.

En été : hyperdynamisme dans le ganglion polaire et dans le système de la circulation périphérique ; hypodynamisme dans le système diagonal.

En hiver : hypodynamisme dans le ganglion polaire et

dans le système de la circulation périphérique ; hyperdynamisme dans le système diagonal.

Telle est la situation générale, au point de vue de l'antagonisme fonctionnel ; mais elle est accidentée d'un grand
nombre de variations locales ou partielles.

Le système diagonal étant la source dynamo-tellurique des
marées de l'océan, des tempêtes, et indirectement des phénomènes de pluies, par cette situation d'antagonisme se trouvent justifiées en même temps et la sécheresse relative de la
saison d'été avec le calme des mers, et les pluies habituelles
de l'hiver avec le bouleversement de l'océan.

Je suis ici en opposition, plus apparente que réelle, avec la
théorie de l'illustre Maury (1) : opposition apparente, en tant
que je démontre, dans chaque hémisphère, l'existence d'un
foyer physiologique, présidant à ses tempêtes et à ses pluies,
tandis que Maury, dans son beau livre si plein de science et
de poésie à la fois, a démontré, par l'entrecroisement des
alizés à l'équateur, le passage des vapeurs d'un hémisphère
dans l'autre : que les pluies d'hiver de l'hémisphère septentrional proviennent des vapeurs d'été de l'hémisphère méridional, et réciproquement ; double fait que vient corroborer
la plus grande étendue des mers dans la zone australe, en
coïncidence avec la plus grande abondance des pluies dans
la zone boréale.

Il n'y a pas d'opposition réelle entre la théorie de Maury et
la mienne. En réalité, le phénomène de l'évaporation et celui
des pluies reconnaissent plusieurs causes ; l'action du soleil et
celle du système diagonal ne se contredisent pas ; chacune
agit à sa manière et en son temps : celle-ci dans l'hiver et
celle-là dans l'été.

Le système diagonal concourant, dans l'organisme planétaire, à certaines fonctions de la vie de relation intérieure ou
interorganique, et les systèmes périphérique et interpolaire

(1) *Géographie physique de la mer.*

desservant la vie de relation extérieure, l'antagonisme que je démontre entre ces départements telluriques n'a rien qui doive nous étonner, dans l'ordre physiologique.

Un autre antagonisme ressort de cette situation : celui qui règne entre le système diagonal d'un hémisphère et le système diagonal de l'autre; ce qui rend plus complet l'antagonisme général entre les deux hémisphères, et fait que le déplacement centripète qui s'accomplit en hiver peut servir à la fois à la suractivité diagonale du même hémisphère et à l'expansion centrifuge de l'hémisphère opposé.

Cependant, dans chaque hémisphère, le système diagonal étant partagé en deux zones perpendiculaires, et le mouvement de montée et de descente, auquel correspond la marée montante et la marée descendante de l'océan, s'opérant alternativement dans l'une et dans l'autre zone et simultanément aux deux extrémités de la même, il est légitime de regarder ce double exemple d'harmonie et d'antagonisme dans une fonction périodique, comme un témoignage de pareille harmonie et d'antagonisme analogue dans les phénomènes de même provenance, quoique non périodiques ni de même ordre. Il s'agit de la direction des courants atmosphériques et du phénomène des pluies.

Un phénomène bien commun au bord des mers vient à l'appui de mon dire.

Lorsque le temps n'est pas au beau fixe, mais variable et incertain, il est de notoriété vulgaire qu'à l'heure de la marée montante il tombe fréquemment un grain, que des nuages plus nombreux et plus foncés s'élèvent du sein de l'océan, et que, une fois cette heure passée, si la pluie n'est pas tombée, on peut en conclure qu'il fera beau temps le reste du jour. Et si, à cause même de sa périodicité et de sa fonction spéciale, cette marée diagonale et océanique n'est pas toujours accompagnée de pluie, cédant le pas à d'autres influences plus énergiques, le phénomène que je mentionne n'en demeure pas moins la preuve d'une corrélation intime entre le dégagement des vapeurs océaniques, la formation des nuages, l'intensité plus forte du vent qui s'élève ou qui redouble, et la suractivité de la circulation diagonale. La mer, dans cette circonstance, qu'est-elle autre chose qu'une voie intermédiaire?

La marée océanique relève de la marée diagonale, laquelle relève du système magnétique, lequel reçoit l'impression initiale de la lune et du soleil.

Le dégagement des vapeurs est ici un phénomène d'origine dynamique, attestant l'existence du foyer cellulaire dont les forces vives lui donnent naissance; le vent qui s'élève ou redouble parle le même langage, et la pluie en tombant est un travail ultime, tombeau de ses forces génératrices. Ainsi, dans notre corps, une sécrétion critique résout les forces en excès qui tourmentaient le malade et engendraient la fièvre.

La corrélation et l'antagonisme démontrés, les déductions sont naturelles : la terre partagée en deux zones perpendiculaires pour le temps météorologique, aussi bien que pour les marées de l'océan; la zone atlantique correspondant à la zone pacifique occidentale d'une part, et d'autre part la zone pacifique orientale correspondant à celle de l'océan Indien; l'Europe comprise dans la zone atlantique, dans la section centripète de cette zone, et, par cela qu'elle est limitée par les sections de deux zones perpendiculaires, soumise aux conséquences physiologiques de leur antagonisme; d'où enfin l'état météorologique d'un continent ayant sa source dans l'état dynamique, tantôt d'une zone, tantôt d'une autre, attendu que tous les continents présentent cette position relative et intermédiaire.

Soit l'Europe. Elle est située entre la section centrifuge de la zone atlantique et la section centrifuge de la zone indienne; ces deux zones sont perpendiculaires l'une à l'autre. Elle en subit tour à tour les influences.

Quand le *maximum* dynamique a pour théâtre de ses évolutions la zone atlantique-pacifique, les forces vives en surac-

tivité cheminant de proche en proche, par le mécanisme des
transformations équivalentes et des proliférations successives,
au travers des canaux de la circulation intermédiaire, atteignent les profondeurs marines dont elles élèvent le taux
dynamique au niveau de leur intensité : c'est la première
étape. Les forces océaniques cheminent à leur tour de bas en
haut et se transforment : d'une part, en dégagement de vapeurs, dont les vésicules emportent au travers des airs la
force calorique, dite latente, qui leur a donné naissance, et
concourra plus tard au phénomène de la pluie, travail ultime où elle viendra s'éteindre; d'autre part, en suractivité
atmosphérique, en courants aériens qui s'échappent des flots
comme des filets d'eau vive du sein de la terre : c'est la seconde étape. Alors un vent d'ouest, chargé de vapeurs humides, souffle sur les côtes de l'Europe, en même temps
qu'un vent d'est, également humide, souffle sur les côtes
orientales de l'Asie.

Ces vapeurs sont plus ou moins tièdes, suivant la quantité
de calorique qu'a émise la circulation diagonale, et qui a
concouru à leur dégagement. Ce n'est pas du Gulf-stream
seulement, atlantique ou pacifique, que découle la tiédeur
de ce vent; les variations de température de ce courant sont
impuissantes à expliquer toutes les variations caloriques des
vents. Dans tous les cas, la température du Gulf-stream lui-
même, de quelle source serait-elle dérivée, sinon des laves
en circulation diagonale?

Lorsque le *maximum* dynamique a pour théâtre de ses évolutions la zone indo-pacifique, le même mécanisme de transformations et de dégagement s'accomplit, un vent d'est souffle
sur l'Europe, un vent d'ouest sur les côtes occidentales de
l'Amérique, et un vent d'est humide sur les côtes orientales
de l'Afrique, lequel devient vent d'est sec en arrivant aux
côtes occidentales du même continent.

Telle est du moins la division théorique; mais en pratique
les manifestations ne sont pas toujours aussi régulières.

Antagonisme général entre chaque hémisphère; antagonisme localisé, dans un même hémisphère, entre les deux
systèmes polaire et périphérique et le système diagonal; antagonisme plus localisé encore entre les deux zones perpendiculaires du système diagonal, dans un même hémisphère :
ces lois fondamentales, tout en jetant un grand jour sur le
mécanisme des phénomènes météorologiques, ne suffisent pas,
à cause de l'étendue de leur carrière d'application, aux exigences physiologiques de tous les phénomènes partiels, dont
nous sommes les témoins.

Aux ondulations des spirales atmosphériques correspondent des ondulations analogues dans les spirales telluriques.
Par celles-ci sont engendrées, dans la section de la circulation
phériphérique et de la circulation diagonale, des séries dynamiques où se succèdent le plus et le moins, dans le but de
concourir aux manifestations variées et partielles du temps
météorologique, sans préjudice des grandes fonctions fondamentales. Telle est la quatrième condition organique, plus
accessible par ses résultats à nos moyens d'observation, dont
relèvent en première ligne les changements de temps, lesquels sont rattachés par elle aux variations locales et sériées
de la grande spirale atmosphérique, et finalement par celle-ci
aux influences du soleil et de la lune.

Les ondulations physiques et dynamiques des spirales, et
les séries correspondantes du plus et du moins dans les laves
cellulaires appartiennent encore à la loi d'antagonisme par
compensation. Cette loi donne ainsi quatre applications remarquables dans le domaine de la circulation tellurique : la
première préside à la saison d'été et à la saison d'hiver ; la
seconde et la troisième à la répartition générale, dans un
même hémisphère, des vapeurs, des pluies et des vents; la
quatrième à la répartition des mêmes phénomènes dans des
circonscriptions partielles, plus ou moins étendues.

La première de ces lois, à cause de son vaste champ d'application, est subordonnée dans la pratique aux trois autres,

desquelles relèvent toutes les variations de temps, d'origine tellurique, avec prédominance de l'une ou de l'autre, suivant les circonstances. Il va de soi que le même temps météorologique, beau ou mauvais, règne sur une circonscription continentale d'autant plus grande que la seconde loi prévaut davantage, ou bien encore la troisième ; et qu'inversement le temps est d'autant plus limité dans ses manifestations, et variable, que la troisième loi est plus puissante, plus mobile dans la succession des séries qui la représentent.

Le temps météorologique ou physiologique, qu'on peut définir la manière d'être de la mer et de l'atmosphère par rapport à la terre, et de ces trois organes par rapport au soleil et à la lune, est d'autant plus stable qu'il est sous l'empire de la seconde ou de la troisième loi, d'autant plus changeant qu'il est sous l'empire des mouvements locaux de la quatrième.

Si, en théorie physiologique, la première loi est supérieure aux autres comme étant d'un ordre plus général, en application elle devient subordonnée à la seconde, celle-ci à la troisième, celle-ci à la quatrième ; tant il est vrai que toujours les petits rouages gouvernent les grands ! En quel temps cette vérité a-t-elle été mise plus en évidence que de nos jours ?

Si les manifestations de la première loi relèvent du soleil, il ne faut pas regarder celui-ci comme le seul agent actif. La vitalité intrinsèque des éléments planétaires se manifeste clairement dans le mouvement d'inclinaison boréale et australe ; son influence propre se distingue parfaitement dans les seconde, troisième et quatrième loi. Le contraire serait la négation de l'individualité planétaire. Telle nous voyons l'influence, exercée par le soleil sur l'organisme animal, laisser à celui-ci toute latitude dans la manifestation de sa vitalité intrinsèque.

Ces lois méritent de garder la désignation suivante : la première, *loi d'antagonisme hémisphérique ;* la seconde, *loi d'antagonisme polaire et tropical ;* la troisième, *loi d'antagonisme zonaire ;* la quatrième, *loi d'antagonisme ondulatoire*, pour rappeler comme les aspérités dynamiques des spirales d'où elle tire sa source.

Lorsque la suractivité tellurique est sous-jacente à un continent au lieu de l'être à une portion de l'océan, la communication dynamique qui s'établit entre elle et l'atmosphère, et qui doit le faire par la voie du dégagement des vapeurs, trouve satisfaction à ses besoins dans les mers intérieures, dans les fleuves et les lacs, dont les continents sont entre-coupés.

L'organe liquide est toujours l'intermédiaire, en dehors du phénomène des volcans, entre l'atmosphère et le foyer des laves cellulaires ; sa valeur physiologique intermédiaire est calquée sur sa position anatomique, également intermédiaire.

Pour ne parler que de notre hémisphère, il est des hivers où les vents de sud et d'ouest sont prédominants, et d'autres où le vent prédominant souffle du nord : c'est là une question d'antagonisme, relevant de la seconde loi d'une façon générale et de la quatrième dans ses variations intercurrentes, antagonisme entre l'état dynamique des laves cellulaires dans la latitude circumpolaire et polaire, et dans la latitude tropicale.

Toutes ces localisations hyperdynamiques, ou ondulatoires pour ainsi dire, ne sont pas aussi instables les unes que les autres : celles-ci sont mobiles, parce qu'elles ne reposent sur aucune disposition anatomique appropriée ; celles-là sont plus stables, avec des variations du plus au moins, pour la raison inverse. Il faut ranger dans la seconde catégorie celles qui s'appuient sur des ganglions cellulaires, et celles qui sont sous-jacentes à des mers intérieures, à des lacs, à des fleuves, à des montagnes ; beaucoup de ces dernières sont liées soit à des ganglions, soit à une disposition particulière des canaux de la circulation intermédiaire.

Il va sans dire que les ganglions jouent un rôle considérable dans ces questions, étant, par leur organisation, des points d'appel à suractivité physiologique constante.

Il est opportun de rappeler ici la division du temps en trois périodes : la période orageuse, la période de sécheresse et la période pluvieuse.

Tout ce qui précède s'applique particulièrement aux deux dernières, dont celle-là appartient en général à la saison d'été, et celle-ci à la saison d'hiver.

Il est des vents d'est humides et pluvieux, et l'on voit des étés où domine le vent de l'Atlantique avec ses vapeurs et ses nuages ; ce sont des exceptions au point de vue théorique, mais fréquentes en pratique. Par contre, soit en été, soit en hiver, il arrive que le vent d'ouest souffle plusieurs jours de suite, le ciel conservant sa pureté et sa sécheresse relative ; cependant en pareil cas la température est toujours plus ou moins adoucie, et la différence est plus sensible lorsqu'auparavant le vent soufflait du nord.

D'une manière générale, pour nous qui sommes en France, la période pluvieuse relève de la zone diagonale atlantique-pacifique, et la période de sécheresse de la zone perpendiculaire. Quant à la période orageuse, elle relève spécialement de l'atmosphère et du soleil.

Dans la période orageuse la pluie a un caractère particulier : elle tombe plus grosse, plus rapide, et dure moins longtemps ; c'est une pluie à type aigu, intermittent, une ondée comme on dit, dont le mécanisme rappelle celui de sécrétions critiques du corps animal. Dans la période pluvieuse la pluie tombe plus fine, moins rapide, et dure plus longtemps, quelquefois des jours et des semaines sans tarir : c'est une pluie à type continu, sans aucun attribut des phénomènes critiques.

Nous avons vu qu'il est fréquent d'observer plusieurs courants atmosphériques superposés, l'un marchant dans une direction, l'autre dans une autre ; quelquefois celle-ci est in-

verse de celle-là. Le phénomène de la pluralité des courants
est un caractère des périodes variables ; celui d'une direction
unique appartient aux périodes stables, soit sèches ou pluvieuses. C'est du moins une remarque générale, à laquelle
j'ajouterai celle-ci : quand le changement de temps doit être
durable, presque toujours l'harmonie des courants se rétablit
de haut en bas, c'est-à-dire que le courant supérieur prend la
direction de la période suivante avant le courant inférieur.

C'est dans ce sens que Pline écrivait : « Par la fumée de ce
volcan (stromboli) les indigènes peuvent prédire les vents
trois jours à l'avance (1).

Les courants atmosphériques prenant leur source dans le
foyer des laves cellulaires et dans l'atmosphère elle-même,
soit dans des foyers locaux et mobiles comme les nuages,
soit dans les zones de calmes, il est naturel que la pluralité
des courants reconnaisse pour cause l'une ou l'autre de ces
origines : tantôt deux foyers telluriques différents, tantôt un
foyer tellurique pour le courant inférieur et un foyer atmosphérique pour le courant supérieur, tantôt deux foyers différents dans l'atmosphère.

La période orageuse est toujours d'origine atmosphérique.
La période de sécheresse est tantôt d'origine atmosphérique
et tantôt d'origine tellurique, directement dans le premier
cas, indirectement dans le second. La période pluvieuse est
toujours d'origine tellurique.

Il serait encore plus exact de dire : la sécheresse en tant
que période est d'origine atmosphérique, mais des jours secs
et beaux existent quelquefois avec un vent d'origine tellurique ; la pluie en tant que période est d'origine tellurique,
mais elle tombe parfois avec des vents d'origine atmosphérique.

Il règne dans tous ces phénomènes quelque chose qui
témoigne hautement de leur nature physiologique, et partant

(1) Cité par Reclus, tome Ier, p. 706.

des propriétés vitales de leurs supports : je veux parler de
cette tendance *sui generis*, inconnue dans son principe, en
vertu de laquelle les forces vives en suractivité dans tel ou
tel organe se transforment diversement suivant les cas, tantôt
en courants atmosphériques seuls, tantôt en dégagement de
vapeurs, d'où formation des nuages et de la pluie sans vent,
tantôt en ces deux ordres de phénomènes réunis, vents,
nuages et pluies.

Tout le monde a remarqué que l'apparition de la pluie est
en général suivie de la diminution du vent, et que la naissance du vent engendre la diminution ou la suspension de la
pluie, comme si, dans certaines conditions, il y avait antagonisme entre ces deux phénomènes, ou plutôt entre les deux
causes qui les produisent.

Ces deux causes ne sont en réalité que deux modalités différentes d'une cause unique, la suractivité diagonale. La
raison de l'antagonisme qui règne entre ces deux modalités
est toute vitale. Mais on peut dire que le phénomène de la
pluie, donnant une extinction de forces vives par travail
ultime, révèle une moindre énergie des supports hyperdynamisés, une forme spéciale moins active du travail congestif;
et que le phénomène du vent, étant une transformation de
forces vives sans extinction, révèle une énergie supérieure,
une forme spéciale plus active du travail congestif.

Dans toute suractivité organique, dans toute tension congestive des éléments, si l'on veut analyser les propriétés
dynamiques de chaque support moléculaire ou granulaire,
on restera convaincu que toujours *un travail congestif est la
résultante de trois forces hyperdynamiques, ou de deux seulement
suivant les corps et les organes* : la force lumineuse, la force
calorique et la force électrique. Dans l'organisme animal,
l'*hypercalorie* et l'*hyperélectrie* sont exclusivement développées. Il en est de même dans les laves cellulaires intraterrestres.

En raison de la synthèse organique formée par chaque

support, ces forces individuelles, lorsqu'elles s'élèvent proportionnellement et avec harmonie dans l'échelle hyperdynamique, se résument dans un acte collectif qui porte le nom du support : d'où *hypergranulie*, dérivée de la force granulaire et moléculaire, synthèse et résultante vitale des deux forces composantes. Lorsque, au contraire, ces modalités en s'élevant dans l'échelle hyperdinamique rompent l'équilibre de leurs manifestations et perdent la proportion physiologique de leur activité, la rupture de l'équilibre dynamique se traduit par un état d'antagonisme où l'une accapare le *plus* et l'autre garde le *moins*. Tantôt il y a alors hypercalorie, et tantôt hyperélectrie.

Cependant la pratique fournie par l'observation des phénomènes pathologiques de l'homme et par celle des phénomènes physiologiques de la planète, porte à admettre seulement deux divisions : celle de l'hypergranulie, résultante des deux autres, et celle de l'hyperélectrie, ayant un cachet spécial dans toutes ses manifestations et répondant à la variété nerveuse de l'organisme animal ; en d'autres termes, un état où la suractivité revêt une forme collective, et un état où elle revêt une forme individuelle. Tel est le principe de l'antagonisme qui règne entre la force nerveuse et la force sanguine. C'est l'étude philosophique de cette situation, aussi vraie pour le corps humain que pour le corps planétaire, qui m'a conduit à résumer la force sanguine dans la force granulaire d'où elle émane, à résumer pareillement la force des cellules appuyée sur les granulations moléculaires, et à partager ainsi la vie animale en deux camps de forces vives, résultantes ou individuelles : celui de la force granulaire ou vitale dans le système vasculaire et dans le système cellulaire, et celui de la force électro-nerveuse dans le système nerveux.

La même distinction d'hypergranulie et d'hyperélectrie doit être maintenue dans l'organisme planétaire. La physiologie terrestre présente des phénomènes de suractivité vitale collective, et des phénomènes de suractivité électrique ou

individuelle. Celle-là est la suractivité organique proprement
dite; celle-ci est la suractivité du système général de
transmission et de déplacement.

Pour en revenir aux applications météorologiques, la prédominance du vent relève d'un dynamisme hypergranulaire
le plus souvent, quelquefois d'un dynamisme hyperélectrique :
le premier vent est le vent ordinaire, soufflant en brise ou
en tempête, vent frais, froid ou chaud suivant les circonstances; le second est le vent sec, dit énervant à cause de son
influence sur nous, et qu'on pourrait appeler *vent nerveux*. Le
vent ordinaire chaud et humide est un témoignage de la suractivité calorique, qui prédomine dans l'hypergranulie collective. Le vent froid du nord annonce au contraire un
minimum d'activité calorique, en tant que modalité sensible.

Par son essence, le vent est un phénomène d'hyperdynamisme atmosphérique en modalité libre, ayant pour agents
de vitesse soit les éléments collectifs de cet organe, soit la
force électrique en prédominance supérieure. La pluie est au
contraire une manifestation dynamique en modalité travail.
C'est un travail ultime où les forces vives du vent viennent
s'éteindre. Entre le vent et la pluie règne le même antagonisme qu'entre la modalité libre et la modalité travail d'une
force vive.

Dans l'atmosphère, la prédominance de l'hyperélectrie est
l'image du type nerveux de l'organisme animal; ou plutôt
c'est celui-ci qui est l'image de celle-là.

Tout est antagonisme dans la nature planétaire : entre un
hémisphère et l'autre, entre la zone équatoriale et la zone
tropicale, entre celle-ci et la zone polaire, entre les deux zones diagonales d'un même hémisphère, voire entre les deux
extrémités d'une même zone, en dehors de la question des
marées; entre les diverses ondulations magnétiques et dynamiques dans un canal tellurique donné, dans une même série ondulatoire entre les éléments qui composent la trame des

organes, entre les forces vives, particulièrement entre la
force électrique ou magnétique organisée en système spécial
et la force organique résultante, dite granulaire ou moléculaire; dans les forces vives, entre leurs modalités : la modalité libre, la modalité sensible et la modalité travail; enfin
entre la suractivité tellurique ou centrale et la suractivité atmosphérique ou périphérique, entre la force centrifuge et la
force centripète. C'est de cette situation physiologique complexe que découlent les manifestations du beau et du mauvais
temps; la situation météorologique est une conséquence du
jeu fonctionnel de ces divers antagonismes mis en activité.

Pour qui veut observer chaque jour les variations du
temps, colliger ces observations, les analyser avec soin, en
déduire les conséquences, il ressort clairement que le mécanisme de la physiologie planétaire possède la plus grande
ressemblance avec celui de la physiologie animale; et qu'en
outre des états d'hypergranulie et d'hyperélectrie, on y trouve
également des phénomènes remarquables d'intermittence et
de déplacement des forces, soit du centre à la périphérie ou
de celle-ci au centre.

Ayant pris chaque jour, pendant près de deux ans, l'observation du temps, et ayant fait suivre chaque période ou
chaque série des réflexions qu'elle me suggérait, je crois devoir reproduire ici, à l'appui de mes idées, quelques-unes de
ces observations.

PREMIÈRE OBSERVATION

22 *Novembre* 1868. — 4 degrés au-dessous de zéro à six
heures du matin; temps couvert, brise sud-est, forte par
intervalle, humide; l'après-midi brise sud-ouest, quelques
gouttes de pluie, air tiède et très humide; dans la soirée et
la nuit pluie à type continu avec vent sud fort; premier quartier de la lune.

23 *Novembre.* — 11 degrés à dix heures; temps couvert, vent sud fort, éclaircies par intervalles, petite pluie de temps en temps. Calme. Après quatre heures retour du vent et de la pluie. Le soir calme et éclaircies.

24 *Novembre.* — 8 degrés à onze heures; temps couvert le matin, éclaircies ensuite, calme sud-ouest. Le soir ciel épuré, sans nuages.

25 *Novembre.* — 1 degré au-dessous de zéro à six heures; 0 degré à huit heures, ciel couvert de brouillard, éclaircies dans la journée, calme, sud-est.

26 *Novembre.* — 3 degrés au-dessus de zéro à six heures, et 4 à huit heures; temps couvert, humide, calme, sud.

27 *Novembre.* — Mêmes degrés qu'hier; brouillard épais qui tombe en petite pluie fine par intervalle; temps calme, doux, sud-ouest.

28 *Novembre.* — Même degré qu'hier à six heures, et 2 à huit heures; temps couvert, calme, ouest; le soir les nuages viennent du nord-ouest; il fait froid.

29 *Novembre.* — 1/2 au-dessus de zéro à quatre et huit heures; temps couvert, calme, nord-est.

30 *Novembre.* — 1/2 au-dessus de zéro à six et huit heures, temps couvert, calme, est; éclaircies dans l'après-midi; le soir ciel bleu avec nuages blancs autour de la lune, *pleine lune.*

1er *Décembre.* — 1 degré au-dessous de zéro à huit heures; temps calme, est, ciel bleu le matin, se couvre de plus en plus de nuages blanc gris; le soleil ne paraît pas, et le soir la lune est cachée également, alors les nuages sont plus noirs.

Dans l'après-midi c'était une couche uniforme de nuages blanc gris qui tapissait le ciel, ne ressemblant en aucune façon aux nuages gris pluvieux.

2 *Décembre.* — 6 degrés au-dessus de zéro à six et huit heures; temps couvert, humide, brouillard, calme, sud.

3 *Décembre.* — 2 degrés au-dessus de zéro à six heures et 3 à huit heures; temps couvert avec éclaircies, doux, calme,

sud-ouest; petite pluie fine de temps en temps comme hier, véritable pluie à type continu dans la soirée.

4 *Décembre*. — 7 degrés à six et huit heures, éclaircies, brise sud; belle après-midi, air doux comme au printemps. Le soir vent plus fort, humide, nuages plus nombreux.

5 *Décembre*. — 9 degrés à six heures, temps couvert, petite pluie à type continu presque toute la journée, vent sud, air tiède et très humide.

6 *Décembre*. — 10 degrés à six heures, temps couvert, vent sud, pluie à type continu toute la matinée; éclaircies dans l'après-midi; vent violent toute la nuit, sans pluie, avec quelques coups de tonnerre, dernier quartier de la lune.

7 *Décembre*. — 7 degrés à six heures, temps couvert, calme, sud; pluie à type continu après midi; vent et pluie dans la nuit.

8 *Décembre*. — 10 degrés à six heures; ciel épuré le matin, vent sud, couvert à midi avec pluie et coups de vent, épuré de nouveau ensuite, puis encore recouvert avec pluie dans la nuit.

9 *Décembre*. — 7 degrés 1/2 à six heures et 9 à huit heures; temps couvert, calme, nord.

10 *Décembre*. — 2 degrés 1/2 à six heures et 9 à huit heures, temps couvert, calme, sud; ciel pur l'après-midi, étoilé le soir.

11 *Décembre*. — 7 degrés à six heures, ciel bleu dans la matinée, se couvre dans l'après-midi; sur le soir gros nuages noirs, d'aspect orageux, qui donnent une pluie abondante entre cinq et six heures, à type intermittent, nouvelle ondée à huit heures, vent sud fort.

12 *Décembre*. — 6 degrés à six heures, temps couvert, calme, sud, brouillard toute la matinée, pluie à type continu vers onze heures, éclaircies ensuite.

13 *Décembre*. — 4 degrés à six heures, éclaircies le matin, ciel pur l'après-midi, calme, sud, doux comme au printemps.

14 *Décembre*. — 8 degrés à six heures, beau temps, doux,

brise sud, plus forte le soir, quelques nuages seulement ; le soir le temps se couvre et a une apparence orageuse, nouvelle lune.

15 *Décembre*. — 8 degrés à six heures, temps couvert, calme, sud, pluie à type continu qui a commencé dans la nuit; éclaircies vers dix heures, le soir pluie à type continu et vent.

16 *Décembre*. — 6 degrés à six heures, couvert avec éclaircies, brise sud, pluie de temps en temps à type continu.

17 *Décembre*. — 3 degrés à six heures, couvert avec éclaircies, calme, sud, quelques gouttes de pluie le soir, belle après-midi, vrai temps de printemps.

18 *Décembre*. — 6 degrés à six heures, couvert le matin, pluie à type continu, calme, sud; belle après-midi, les nuages reviennent le soir avec un peu de pluie.

19 *Décembre*. — 6 degrés à six heures, couvert et pluie à type continu le matin, brise sud-ouest; nombreuses éclaircies ensuite avec nuages gris blanc.

20 *Décembre*. — 2 degrés à six heures, couvert, nuages blanc gris, brise est, temps sec, belle journée, un peu froide; ciel étoilé pur le soir et la nuit.

21 *Décembre*. — 1 degré au-dessous de zéro à six heures, le matin le ciel se couvre; pluie à type continu toute la journée, après avoir commencé à dix heures par une forte ondée, vent sud.

22 *Décembre*. — 6 degrés au-dessus de zéro à six heures, temps couvert, brise sud; pluie à type continu de temps en temps, vent plus fort dans la nuit, premier quartier de la lune.

23 *Décembre*. — 8 degrés à six heures, éclaircies le matin, couvert ensuite, puis éclaircies de nouveau dans l'après-midi; le soir ciel pur étoilé, brise sud-ouest.

24 *Décembre*. — 6 degrés à six heures, couvert le matin et pluie, éclaircies ensuite, vent sud-ouest violent; ciel pur étoilé le soir.

25 *Décembre.* — 2 degrés à six heures, éclaircies nombreuses le matin ; le ciel se couvre ensuite, brise sud-ouest qui épure le ciel dans l'après-midi ; ciel pur étoilé.

26 *Décembre.* — 1 degré à six heures, beau temps, ciel bleu, quelques nuages seulement, brise sud-ouest ; le soir temps couvert, petite pluie, vent très froid.

27 *Décembre.* — 4 degrés à six heures, couvert, vent violent sud-ouest, pluie à type continu toute la journée ; éclaircies le soir et un peu de calme avec l'apparition de la lune.

28 *Décembre.* — 4 degrés à six heures, couvert, sans pluie, grand vent sud-ouest toute la journée ; éclaircies le soir avec la lune.

29 *Décembre.* — 4 degrés à six heures, couvert, pluie et grand vent sud-ouest toute la journée ; pleine lune, sans éclaircies au ciel.

30 *Décembre.* — 6 degrés à six heures, ciel épuré le matin, vent sud-ouest moins fort que les jours précédents ; l'après-midi nuages gris blanc nombreux ; forte ondée, type intermittent, entre trois et quatre heures ; calme et ciel étoilé le soir.

31 *Décembre.* — 0 degré à six heures, ciel bleu, quelques nuages, brise sud-ouest ; calme et ciel étoilé le soir.

1ᵉʳ *Janvier* 1869. — 2 degrés au-dessous de zéro à six heures, calme et ciel bleu ; brouillard dans l'après-midi ; vent et pluie dans la nuit, ouest.

2 *Janvier.* — 4 degrés au-dessous de zéro à six heures, ciel bleu, quelques nuages blanc gris, calme, sud-ouest.

3 *Janvier.* — 4 degrés au-dessus de zéro à six heures, éclaircies dans la matinée ; couvert, petite pluie et vent sud-ouest après trois heures.

4 *Janvier.* — Ciel bleu, brise sud-ouest.

5 *Janvier.* — 4 degrés au-dessus de zéro à six heures, couvert, vent sud-ouest fort.

6 *Janvier.* — 5 degrés au-dessus à six heures, couvert,

avec éclaircies dans l'après-midi, calme, ouest; température douce comme au printemps.

7 *Janvier*. — 6 degrés au-dessus à six heures, couvert, brise sud-ouest.

8 *Janvier*. — 6 degrés au-dessus, couvert, bruine toute la journée, brise ouest.

Réflexions.

Cette longue période est remarquable par la prédominance des vents humides, ouest et sud, c'est-à-dire par la persistance de l'hyperdynamisme tellurique dans la zone diagonale sous-jacente à l'Atlantique et à la Méditerranée; elle rentre dans les périodes dites pluvieuses.

Succédant à une série instable, mais à prédominance de vent d'est, elle a pris cours à l'occasion de la lune (premier quartier du 22 novembre); laquelle, constituée en point d'appel, a facilement déplacé d'une zone dans l'autre un état hyperdynamique dont l'instabilité fonctionnelle était le caractère particulier.

La lune, par un seul et même mécanisme, peut produire, suivant les circonstances, deux résultats différents. Le siège de la prédominance dynamique est la source de cette différence.

Si l'hyperdynamisme occupe l'extrémité opposée de notre zone ou bien la zone perpendiculaire asiatique, lorsque la lune s'élève sur notre horizon, agissant attractivement, à la façon d'un agent révulsif, sur les forces intraterrestres, elle les déplace au profit de la zone atlantique et méditerranéenne, transformant ainsi un vent d'est en vent d'ouest ou de sud, et un temps sec en temps humide et doux. Si l'hyperdynamisme est énergique et tenace, et si la lune est moins active, le déplacement est incomplet, le temps ne change pas; il y a seulement ralentissement dans la production des phénomènes météorologiques, qui relèvent de la zone hyperdynamisée.

Lorsque la lune s'élève sur notre horizon et que l'hyperdynamisme occupe l'extrémité atlantique de notre zone diagonale, l'effet attractif se manifeste encore et les forces telluriques, par l'intermédiaire obligé de l'organe océanique et du système électrique, obéissant au point d'appel lunaire, se déplacent de leur foyer intraterrestre vers les hautes régions de l'atmosphère, en diminuant d'autant, avec l'antagonisme zonaire, l'intensité des phénomènes météorologiques.

Il est deux couches physiologiques dans la région des nuages : l'une inférieure, composée de nuages gris ou noirs, où se localise la suractivité atmosphérique dans les périodes dites pluvieuses ; l'autre supérieure, où circulent des nuages plus blancs, moins nombreux et poussés par un courant toujours moins rapide ; celle-ci est au-dessus de la région hyperdynamisée dans les périodes pluvieuses, et c'est elle qui devient à son tour région hyperdynamisée, du moins relativement, dans les circonstances où l'attraction lunaire déplace les forces vives de bas en haut. Les effets barométriques de ce déplacement, quelquefois appréciables, ne le sont pas toujours, à cause des différences nombreuses au milieu desquelles ce phénomène se présente suivant les jours. Il n'y a là rien d'absolu, mais le mécanisme physiologique demeure toujours vrai dans son principe.

Dans tous les cas il convient d'établir cette loi générale : Que *la puissance attractive de la lune, sur les forces disponibles de notre planète, est en raison directe de sa phase mensuelle* (nouvelle lune, premier et dernier quartiers, pleine lune), *et en raison inverse de l'intensité congestive intraterrestre.*

Le 30 novembre, jour de la pleine lune, le ciel était pur le soir, mais un cercle de nuages blancs entourait notre satellite.

Il est d'observation que les phénomènes qui dérivent d'une même cause physiologique, loin d'être identiques, sont souvent opposés les uns aux autres ; c'est un caractère essentiel des corps vivants, que jamais il ne sera donné d'observer

dans les corps inorganisés. Cette loi est commune au corps
animal et au corps planétaire : une forte impression se traduit en nous tantôt par une diurèse, tantôt par une diapho-
rèse, tantôt par une suractivité des fonctions intestinales;
les effets de la lune sur l'organisme terrestre rentrent dans
cette loi.

Le *cercle nuageux autour de la lune* est un fait avéré ; le phénomène qui se traduit par cette expression vulgaire *la lune
mange les nuages* est également vrai. Voici donc deux phénomènes certains, opposés l'un à l'autre, produits par une
même cause ou du moins par un même agent.

La lune, recevant du soleil une chaleur d'emprunt, n'a pas
assez de puissance calorique pour faire parvenir jusqu'à nous
sa chaleur sensible, laquelle toutefois se manifeste dans la région des nuages, où elle produit, par l'action connue de la
chaleur sur les corps liquides, la vaporisation partielle ou
totale de ces nuages, suivant qu'ils se trouvent nombreux ou
en petite quantité. Telle est l'explication scientifique de ce
phénomène : la lune mange les nuages.

Mais est-il bien vrai que la cause de ce phénomène soit
toute physique? est-il concevable qu'un corps tel que la lune
ait assez de calorique sensible pour le rendre appréciable
dans la région des nuages, lorsqu'il ne l'est plus à la surface
de la terre?

Pour moi, le mécanisme d'un phénomène est le mécanisme
de l'autre, et la différence du résultat découle de la différence physiologique où se trouve l'état dynamique des organes
terrestres, au moment où ils reçoivent l'impression lunaire.

La lune a une influence dynamique ; elle joue, vis-à-vis de
la terre considérée dans ses forces physiologiques en mouvement, le rôle d'un point d'appel, soit au nom de la suractivité
calorique d'emprunt qu'elle reçoit du soleil, soit par le foyer
organique de ses propres éléments. La pleine lune représente
le *maximum* du point d'appel. Agissant par déplacement sur
les forces vives intraterrestres, elle les attire dans l'atmo-

sphère, les élève des couches inférieures aux couches supérieures, entraîne dans cette ascension la force calorique de
l'atmosphère qui demeure en bas à un état relatif d'infériorité
dynamique, et diminue la congestion des laves telluriques,
de la même façon et par le même mécanisme que le soleil,
réchauffant notre peau dans un cas donné de congestion
viscérale, rétablit l'équilibre rompu en déplaçant du centre
à la périphérie le dynamisme en excès dans un viscère. C'est
une révulsion.

De ce mécanisme fondamental de l'action lunaire envisagée
comme point d'appel plusieurs phénomènes peuvent résulter.

Si l'hyperdynamisme siége dans la section atlantique, avec
son cortége de manifestations ordinaires, comme la congestion intraterrestre est la source première des nuages, du vent
et de la pluie, phénomènes représentatifs du mauvais temps,
comme c'est elle qui trouble le calme atmosphérique, semblable à une congestion viscérale qui développe la fièvre à la
périphérie cutanée, il est naturel que plus puissante sera l'attraction lunaire, plus amoindrie sera par déplacement la
suractivité terrestre, et plus durable l'amélioration atmosphérique.

Le mauvais temps, personnifié par les nuages, la pluie et
le vent, représente un état de *congestion atmosphérique,* ou
d'hyperdynamisme prenant sa source dans une *congestion
intraterrestre,* comme la fièvre, congestion périphérique généralisée, prend sa source dans une congestion viscérale. Le
mécanisme est le même dans les deux cas, à la différence près
des supports.

Dans une pareille situation, l'influence centrifuge éprouvée
par le dynamisme tellurique se continuant dans l'atmosphère
jusqu'aux régions supérieures, et se traduisant en même
temps par une propriété de diffusion, on comprend que les
nuages se séparent, se dissipent, s'évaporent, laissant un ciel
pur et étoilé à la place d'un ciel couvert et sombre ; effet de
diffusion d'autant plus facile et plus complet que la source

est plus tarie, laquelle alimentait la formation de ces nuages. Et c'est ainsi que la lune mange les nuages.

Mais si la lune a la propriété incontestable d'épurer le ciel et de résoudre les nuages, pourquoi, en d'autres circonstances, le 30 novembre par exemple, au milieu d'un ciel bleu, une couche de nuages blancs existe-t-elle, localisée au voisinage de notre satellite? Quelle est la cause de cette apparente contradiction?

Tous les nuages n'arrivent pas du sein des mers ; il en est qui apparaissent, au-dessus des continents, dans un endroit quelconque du ciel, par condensation sur place de la vapeur atmosphérique, à l'occasion d'un abaissement de température. Il en est des nuages comme des vents, lesquels n'ont pas tous leur foyer d'émanation dans les mers et dans l'organe tellurique. Il y a des vents et des nuages d'origine atmosphérique.

En thèse générale, en hiver, quand le ciel est pur et le temps calme, l'attraction céleste, élevant vers les régions supérieures les forces vives de la terre, occasionne à sa surface ainsi dépouillée un abaissement de température qui aboutit à la congélation de l'eau. Si le 30 novembre, ces conditions étant remplies et le vent soufflant de l'est, le thermomètre n'a pas marqué plus d'un degré au-dessous de zéro le lendemain matin, et si le soir un cercle de nuages s'est formé autour de la lune, il faut en tirer cette conclusion que l'attraction lunaire, malgré la phase de pleine lune, a été rendue insuffisante par une cause agissant en sens inverse ; cause attractive également, dont seul l'organe tellurique peut nous donner la clef.

La terre, contrebalançant l'attraction lunaire par la sienne, trahit en ses flancs une suractivité de forces vives, un travail congestif intense ; lequel monopolisant, à titre de point d'appel hyperphysiologique, le plus de forces vives possible dans la sphère de son influence, dépouille la périphérie atmosphérique de celles qui l'animent, et, conséquence forcée, en abaisse la température dans une proportion équivalente. C'est là un mécanisme identique, mais en sens opposé, à celui que nous avons analysé tout à l'heure. Tandis que, sous l'empire de l'attraction lunaire prédominante, la surface du sol, cédant sa force calorique aux couches supérieures de l'atmosphère, a vu descendre sa température jusqu'à la congélation, maintenant par l'attraction antagoniste de la terre en suractivité congestive, c'est l'atmosphère d'en haut qui se dépouille pour celle d'en bas, et subit à son tour l'abaissement de température. Ce déplacement de la calorique supérieure, laissant la vapeur d'eau dans un froid relatif, la condense en nuages, lesquels ainsi se manifestent au sein de l'air, en dehors des émanations maritimes, dans un endroit quelconque des continents, partout où se fait le déplacement de la périphérie au centre, et rentrent parfaitement dans le mécanisme unitaire de la genèse des nuages.

La localisation des nuages au voisinage de la lune relève de ce satellite lui-même, dont elle marque un reste d'influence attractive, et non plus de la terre. Exerçant son influence sur les éléments atmosphériques, dans un rayon donné, la lune y tient concentrés des supports dynamiques en plus grand nombre, produisant là une suractivité physiologique, et avec eux une plus grande abondance de vapeurs d'eau. Cette sphère fournit, de même que les autres, au déplacement de la calorique attirée par le foyer congestif intraterrestre, mais n'en conserve pas moins toujours une prédominance relative de forces et de vapeurs accumulées ; aussi bien, quand la température supérieure s'abaisse par cette spoliation, est-elle la première à en marquer l'effet, et la plus sensiblement influencée ! Ses vapeurs se condensent tandis que les autres, plus rares, gardent l'état invisible. Les deux corps en présence se partagent ainsi le privilége d'une action commune.

C'est l'attraction terrestre qui occasionne la formation de ces nuages par déplacement de la force calorique supérieure ;

mais c'est l'attraction lunaire, par concentration de vapeurs, qui localise leur manifestation dans le cercle de son influence.

Que des nuages véritables, ou seulement un cercle nébuleux, environnent la lune; que ce phénomène s'accomplisse en hiver ou en été, le mécanisme de formation est toujours le même. Et nous pouvons en tirer cette conclusion, confirmée par l'expérience des peuples : que le cercle nébuleux autour de la lune présage, suivant les cas, la persistance ou le retour des vents sud et ouest; c'est-à-dire la persistance ou le retour de l'hyperdynamisme dans la zone diagonale atlantique; ce fait est arrivé dans mes observations, et le vent, qui soufflait de l'est le 30 novembre, a passé au sud le 1er décembre au soir.

Les quelques jours où, dans cette série atmosphérique, le vent a soufflé du nord et de l'est, malgré une prédominance constante et manifeste de l'hyperdynamisme sous-atlantique, doivent être considérés comme des temps de repos dans l'effervescence diagonale; analogues aux temps de rémittence qui, dans l'organisme animal, rompent, alternativement avec des accès intermittents, la continuité d'un état fébrile général. Cette rémittence momentanée laisse la carrière libre à un courant atmosphérique émané d'un autre foyer de prolifération, secondaire par rapport à la série et au foyer atlantique qui l'entretient. C'est encore une manifestation d'antagonisme, où la compensation est opérée du moins au plus au lieu de l'être du plus ou moins.

Ce *déplacement par rémittence*, dans une *série continue*, nous aide à comprendre le mécanisme des déplacements presque quotidiens, parfois bi-quotidiens, qui caractérisent une *série variable*, laquelle, instable dans ses manifestations, est rarement de longue durée.

Cette observation est encore remarquable par plusieurs accès de vents, si je puis ainsi dire, avec ou sans pluie, se manifestant spécialement la nuit, ou du moins soufflant avec plus de force la nuit que le jour, comme il arrive ordinaire-

ment. On sait que les tempêtes sont plus fréquentes et plus
violentes pendant la nuit. Il y a là comme une espèce d'intermittence, dont il faut connaître la cause et le mécanisme.
Quelquefois, il est vrai, l'exacerbation se produit le jour au
lieu de la nuit, mais plus rarement. L'intermittence météorologique s'observe dans les périodes orageuses et dans les périodes pluvieuses; elle est très commune dans celles des
giboulées, lesquelles sont un des caractères des demi-saisons
et tiennent plus de la période orageuse que de l'autre. Mais
l'exacerbation nocturne a quelque chose de particulier, et ne
se présente pas nécessairement sous forme périodique.

Un rapprochement naturel s'offre tout d'abord à l'esprit,
entre l'exacerbation nocturne des phénomènes planétaires et
les recrudescences fébriles et morbides; lesquelles, chez
l'homme, suivent également dans leur évolution une périodicité nocturne.

Appuyé sur cette analogie symptomatique et remontant
des effets à la cause, nous devons arriver, dans l'étude fonctionnelle, à l'identité de mécanisme.

Refroidissement périphérique, déplacement de la surface
cutanée aux viscères, exacerbation consécutive du travail
congestif central et recrudescence de la fièvre qui s'en élève :
tels sont les quatre phénomènes dont la succession aboutit,
dans les maladies, à l'exacerbation dite nocturne et en constitue le mécanisme. L'analyse de la recrudescence nocturne
planétaire nous conduit au même résultat et à la même succession de phénomènes, avec la différence voulue par les
supports.

Si, quand le ciel est pur et le vent à l'est ou au nord, la
fonction de la nuit est caractérisée par l'attraction céleste,
laquelle dépouille plus ou moins la surface terrestre de sa
force calorique, une action inverse tend à se produire quand
le vent vient du sud ou de l'ouest et que le ciel est couvert :
l'attraction lunaire et sidérale est empêchée ou réduite à son
minimum de puissance, et la suractivité intraterrestre, dont

la vertu n'est plus contrebalancée par l'influence solaire, devenant point d'appel pour les forces atmosphériques, les attire, les déplace et de leur dépouille enrichit son foyer congestif. Celui-ci, plus intense, rend à l'atmosphère ce qu'elle a perdu, mais sous une autre forme et par le mécanisme du vent, de même que le viscère congestionné rend à la peau, par le mécanisme de la fièvre, les forces dont il l'a spoliée.

Ainsi donc, déplacement dynamique de l'atmosphère vers le centre terrestre en suractivité, refroidissement consécutif des régions supérieures, augmentation proportionnelle du foyer congestif central et production du vent : tels sont les quatre phénomènes constitutifs de l'exacerbation nocturne planétaire, lesquels répondent à ceux de la fièvre nocturne et s'accomplissent par le même mécanisme ; avec cette nuance que, dans le corps animal, le refroidissement périphérique est primitif, relevant à la fois de l'attraction viscérale et de l'abaissement de la température, tandis que, dans le corps planétaire, le déplacement précède le refroidissement atmosphérique et relève uniquement de l'attraction intraterrestre.

Cela prouve que l'intermittence dans les phénomènes physiologiques n'est pas spéciale au corps animal et que, ayant pour principe les évolutions des forces elles-mêmes, elle est commune à tous les corps qu'animent des supports doués de vie.

Le vent, depuis la brise jusqu'à l'ouragan, représentant une suractivité de la force moléculaire atmosphérique, et celle-ci dans les conditions précisées ne se manifestant que par transformation de la force moléculaire intraterrestre, annonce, dans le travail congestif central, une suractivité proportionnelle et, dans les forces vives, une énergie qui pousse à la série des transformations vitales et non à leur extinction en travail ultime.

Les supports du vent sont nécessairement dans l'atmosphère, ce sont les éléments constitutifs de cet organe ; mais

29

la cause qui les met en mouvement émane tantôt de l'atmosphère elle-même, tantôt de l'organe tellurique.

Le 3 décembre j'ai constaté, ce que chacun peut faire en maintes circonstances, que les feuilles des arbres, dans les moments du plus grand calme apparent, suivaient en leur chute toutes les directions : celles-ci vers l'est, celles-là vers l'ouest, d'autres vers le nord et vers le sud ; cependant les nuages étaient chassés uniformément par un courant sud-ouest. Tout à l'heure elles descendaient toutes du nord au sud ; maintenant c'est de l'est à l'ouest, et ainsi de suite, sans qu'aucune brise sensible vienne justifier le caprice de leurs évolutions ; il en est même que l'on voyait, une fois à terre, tourbillonner en cercle les unes sur les autres.

Cette observation est un témoignage irrécusable de l'existence d'une force intrinsèque dans l'atmosphère, et de la liaison de cause à effet qu'il y a entre cette force et les mouvements de cet organe : elle est *force* en tant que produisant un travail de déplacement, et force *intrinsèque* en tant que se manifestant en dehors de tout courant appréciable.

Il en résulte aussi qu'il faut admettre dans l'atmosphère des *mouvements généraux* et *communiqués*, ayant leur origine dans le foyer intraterrestre et dans les calmes atmosphériques ou dans l'influence solaire, et des *mouvements partiels propres*, se produisant en dehors de toutes ces causes.

Le vent se manifeste sous deux formes différentes : la forme moléculaire collective pour le vent ordinaire, et la forme électrique pour le vent nerveux.

Dans tous les cas le vent se traduit toujours par la prédominance exclusive de la force libre, qu'il met en antagonisme de suractivité avec les modalités dynamiques *sensible* et *travail*.

La distinction du vent en deux formes différentes rappelle la distinction analogue de la fièvre et de la congestion dans l'organisme animal : fièvre et congestion ordinaires, dans la classe des hypergranulies ; fièvre et congestion nerveuses, dans la classe des hyperélectries.

Pour bien comprendre l'influence énervante d'une atmosphère en état électrique, même en dehors de tout vent appréciable, il faut se rappeler les trois modalités que toute force vive est susceptible de prendre dans sa carrière fonctionnelle : la force libre, la force sensible, et la force travail.

L'état nerveux de l'atmosphère étant représenté par la prédominance de la force électrique en rupture d'équilibre, il s'ensuit pour le corps animal qui en subit toutes les impressions, que sa force nerveuse, éprouvant la suractivité de cet état, y participe dans une mesure variable selon les tempéraments, et chez les personnes dites nerveuses fait naître un état passager analogue au nervosisme. L'expression vulgaire de *nerfs agacés* rend parfaitement cette influence : la peau est sèche et aride, l'ennui vous gagne, rien ne vous plaît, tout vous irrite.

Que si alors le ciel se couvre, et si les nuages se résolvent en pluie, la force libre se détruisant en force travail par ce phénomène assimilable à une sécrétion, l'état nerveux prend fin tant dans l'organisme animal que dans l'atmosphère. La pluie est un soulagement que l'homme énervé désire et voit tomber avec joie.

Dans les temps énervants, la chaleur sensible est moins élevée, toutes choses égales d'ailleurs, que dans les jours qui n'ont pas ce caractère.

, Dans les grandes chaleurs avec équilibre des forces vives la calorique sensible, ayant la prédominance sur les autres, appelle à la périphérie de notre corps une hypervascularisation qui tend à se résoudre en travail sudoripare.

Cette observation est encore remarquable par trois ordres de phénomènes, qu'on voit rarement se produire dans les séries d'hiver ; ce sont quelques coups de tonnerre, plusieurs ondées à type intermittent comme les pluies d'orage ou de giboulées, et une température relativement élevée.

Tous les trois par leur coïncidence avec un vent ouest et sud, et le dernier en particulier par sa manifestation avec un ciel couvert, entrecoupé d'éclaircies plus ou moins nombreuses, dans un mois où les rayons solaires très inclinés et éphémères ne nous envoient que peu de calorique, attestent hautement que le soleil n'est pas le seul foyer d'où provient la force calorique, et que le foyer intraterrestre en fournit incontestablement à l'atmosphère.

Cette émission n'est pas le fruit du rayonnement, la terre ne se refroidissant plus comme l'admettent tous les physiciens; elle s'opère par le mécanisme de la circulation planétaire, s'élevant au travers des mers dans les plaines atmosphériques sans concourir en rien au refroidissement progressif de son foyer, dont seulement elle transforme et déplace la suractivité.

La température exceptionnelle qui, particulièrement le 4, le 13, le 17 décembre et le 6 janvier, rappelait la douceur du printemps, marque la modalité *chaleur sensible* de cette force calorique, dont le tonnerre du 6 décembre révèle la modalité *force libre* associée à la force électrique, et dont les ondées du 11, du 21 et du 30 décembre attestent la modalité *force travail*, issue elle-même d'une grande suractivité congestive.

Le foyer intraterrestre en état d'hyperdynamisme envoie à l'atmosphère par l'intermédiaire de l'organe océanique l'excédant de ses forces vives, pour les faire aboutir à un travail ultime, la pluie; où la force calorique, emprisonnée à l'état latent dans les vésicules des nuages, se transforme en force motrice pour concourir à sa chute avec l'attraction terrestre.

Pour terminer ces réflexions, j'en déduirai ces deux lois générales :

Le beau temps vient du soleil.

Le mauvais temps vient de la terre.

DEUXIÈME OBSERVATION

9 *Janvier* 1869. — 3 degrés au-dessus de zéro à six heures, brouillard dans la matinée, éclaircies l'après-midi; doux, calme, est.

10 *Janvier*. — 1 degré au-dessus à six heures, brouillard, brise est; ciel étoilé le soir.

11 *Janvier*. — 1 degré au-dessous de zéro à six heures, brouillard dans la matinée, ciel pur ensuite, brise est.

12 *Janvier*. — 2 1/2 au-dessous de zéro à six heures, éclaircies le matin, ciel pur ensuite, brise est, nouvelle lune.

13 *Janvier*. — 3 degrés au-dessous de zéro à six heures, brouillard toute la journée, brise est.

14 *Janvier*. — 3 degrés au-dessous à la même heure, brouillard, brise est; ciel bleu l'après-midi avec quelques nuages.

15 *Janvier*. — 6 degrés au-dessus de zéro à six heures, temps couvert, et pluie à type continu toute la matinée, brise sud-ouest; éclaircies nombreuses l'après-midi, couvert de nouveau et ondée entre quatre et cinq heures.

16 *Janvier*. — 3 1/2 au-dessus de zéro à six heures, couvert avec éclaircies l'après-midi, calme, sud-ouest.

17 *Janvier*. — 3 1/2 au-dessus à six heures, couvert, calme, sud-est; pluie à type continu l'après-midi.

18 *Janvier*. — 3 degrés au-dessus à six heures, brouillard la matinée, brise est.

19 *Janvier*. — 2 degrés au-dessous à six heures, couvert le matin, ciel pur l'après-midi; brise nord-est, puis est.

20 *Janvier*. — 7 degrés au-dessous de zéro à six heures, ciel pur, calme, est; le soir nuages, nord.

21 *Janvier*. — 6 degrés au-dessous à six heures, ciel pur, calme; nord et nord-est; quelques nuages l'après-midi, couvert le soir, premier quartier de la lune.

22 *Janvier*. — 7 degrés au-dessous à six heures, ciel pur, brise nord-est.

23 *Janvier*. — 9 degrés au-dessous à six heures, ciel bleu avec quelques nuages blancs, brise nord-est.

24 *Janvier*. — 7 1/2 au-dessous à six heures et 8 1/2 à huit heures, ciel pur, brise nord-est.

25 *Janvier*. — 12 1/2 au-dessous à six heures, ciel pur, brise nord-est.

26 *Janvier*. — 8 1/2 au-dessous à six heures et 9 1/2 à huit heures ; ciel pur, vent nord le matin, puis est et sud, tournant avec le soleil.

27 *Janvier*. — 6 1/2 au-dessous à six heures et 7 à huit heures, ciel pur le matin, couvert l'après-midi ; le vent a tourné comme hier du nord au sud, air un peu humide ; hier et aujourd'hui le thermomètre a remonté jusqu'à 4 degrés au-dessus de zéro dans l'après-midi ; la nuit dernière éclipse partielle de lune. La lune ce soir est cachée par les nuages.

Réflexions.

Cette série est remarquable par un abaissement relativement considérable de température.

Chacun sait qu'un air très froid, à 10 degrés par exemple au-dessous de zéro, porte sur la muqueuse des voies respiratoires une vive irritation, laquelle, se traduisant par une sensation de picotement et par de la toux, est proportionnelle à l'intensité de la brise qui agite l'atmosphère. Inutile d'ajouter qu'un froid pareil n'est possible chez nous qu'avec la direction nord ou est du vent.

Quelle est la cause de cette vertu irritante de l'air froid, et quel est le mécanisme de son action ?

Le froid en général exerce sur nos organes une double influence funeste, et par la peau et par la muqueuse respiratoire.

Sur la périphérie c'est une action par déplacement, dont

la *pathologie unitaire* nous a révélé le mécanisme ; suspension de fonction plus ou moins complète, où la force travail est détruite, et où la force libre, déplacée, se déverse sur les organes centraux par la voie du rayonnement pathologique. Cette action est commune au froid humide et au froid sec.

Sur la muqueuse respiratoire le froid agit encore par déplacement au nom du même mécanisme, de la même façon qu'un verre d'eau froide sur l'estomac quand le corps est en sueurs et en suractivité fébrile. La force travail est éteinte sur place, et la force libre déplacée.

L'extinction de la calorique locale est le fruit direct du froid en tant que celui-ci, dépouillé plus ou moins de la force calorique inhérente à son support (air, eau, etc...), attire à lui celle du voisinage jusqu'à ce que l'équilibre s'établisse.

La suspension de fonction résulte et de l'extinction de la force travail et du déplacement de la force libre, celui-ci étant, pour la facilité et la quantité, en raison directe de celle-là et de l'attraction viscérale.

Outre cette action par suppression de fonction, l'air froid possède une autre propriété ; laquelle se fait également sentir sur la périphérie cutanée et sur la muqueuse respiratoire, mais plus particulièrement sur celle-ci, à cause de sa plus grande délicatesse.

La *pathologie unitaire* enseigne dans ses *lois* que cette seconde propriété du froid, résultant de son impression simple, produit une suractivité passagère de la force systolique, laquelle retentit sur la circulation. Cherchons le mécanisme de cette impression, tonique ou irritante suivant la susceptibilité des personnes et suivant l'intensité du froid.

Que représente l'air froid ? un abaissement considérable de sa force calorique en tant que modalité sensible. En raison de l'antagonisme des modalités dynamiques, le moins de la force sensible se tourne en plus de la force libre. Ce *maximum* se développant progressivement, selon la progression décroissante du *minimum*, se communique ou mieux se généralise dans l'élément synthétique moléculaire, c'est-à-dire dans le support collectif des forces lumineuse, calorique et électrique. En dernière analyse, le *minimum* de chaleur sensible se traduit, par voie d'antagonisme, en *maximum* de la force moléculaire en modalité libre.

L'hypergranulie s'enrichit des dépouilles de l'hypocalorie.

De l'insuffisance calorique résulte, pour la surface planétaire et l'atmosphère, la suspension relative de toutes les manifestations vitales, dont la genèse s'opère par transformation de cette force. Cet état caractérise la saison d'hiver, image du sommeil animal; avec cette différence que les forces vives planétaires, diminuées à la périphérie, sont refoulées au centre en suractivité congestive, tandis que dans le sommeil l'amoindrissement des forces organiques est général. Dans cette saison les végétaux ne donnent plus aucun signe extérieur de vitalité.

De la suractivité moléculaire résulte, d'un autre côté, un besoin de transformation puissant, lequel, ne trouvant pas à se satisfaire dans l'atmosphère, par l'intermédiaire de la force calorique qui lui fait défaut, vient s'effectuer en notre organisme dans les organes respiratoires où le conduit le phénomène de l'inspiration.

Si à l'état physiologique, l'air dont les forces sont en équilibre d'activité est un stimulant pour la surface bronchopulmonaire et pour les supports du sang auxquels il apporte directement et par transformation un élément de vitalité, cette action vitale est bien plus puissante lorsque les forces atmosphériques sont en suractivité. On conçoit même une période où cette suractivité est tellement élevée que, frappant les supports vasculaires d'une impression trop violente, elle devient véritablement irritante, c'est-à-dire détermine, par l'intermédiaire de la suractivité vasculaire qu'elle engendre, un travail congestif et quelquefois inflammatoire, avec les travaux qui en découlent.

Cependant, tant que les forces atmosphériques conservent

leur équilibre de suractivité, cette irritation pulmonaire se
manifeste rarement, si ce n'est chez des personnes préalablement atteintes d'une maladie des organes respiratoires,
laquelle les rend plus susceptibles. Il n'en est plus de même
lorsque cet équilibre est rompu au dépens de la calorique
sensible. C'est alors que l'air devient vraiment irritant. Si
l'équilibre est rompu au bénéfice de la force électrique, l'air
est dit énervant et ne suscite en nous que des troubles nerveux.

La rupture d'équilibre établit une différence essentielle entre le froid et le vent, tous les deux étant marqués par une
suractivité moléculaire atmosphérique. Celui-ci est en général une suractivité primitive de la force moléculaire, celui-là
une suractivité consécutive. L'un s'élève d'un foyer congestif
intense, et annonce une exaltation des forces vives dans toute
la sphère de la vie planétaire, aussi bien de l'atmosphère
que du centre terrestre ; l'autre, présentant des conditions
inverses, a sa source dans le *moins* de la force calorique. Le
vent relève de la loi de réparation ; le froid de la loi de compensation.

De ce que, dans le mécanisme du vent, la rupture d'équilibre entre les forces vives n'est pas proportionnelle, ni même
constante, il s'ensuit que la force moléculaire, dont la suractivité s'entretient durant toute la période d'augment et d'état
du vent, rencontre toujours plus ou moins pour satisfaire les
exigences de sa continuité et de sa violence, une force calorique de transformation, qui lui ouvre à la période de déclin
une voix facile vers l'extinction. La pluie, travail de sécrétion,
est fréquente à la fin des grands vents, qui semblent se résoudre en elle comme dans une crise.

Le vent qui ne trouve pas dans la calorique atmosphérique
une suractivité proportionnelle pour alimenter la sienne, emprunte à tous les corps avoisinants leur force calorique, des-
séchant ainsi la surface de ces corps et favorisant l'évaporation des eaux par le même mécanisme.

La suractivité dynamique du froid est dans une condition tout à fait différente, manquant véritablement de force calorique atmosphérique et en tirant à peine des corps avoisinants qui en ont le moins possible ; cependant cette suractivité a besoin de transformation : l'irritation pulmonaire qu'elle occasionne est une satisfaction de ce besoin.

En résumé, il est curieux de constater la ressemblance fondamentale qui existe entre un état donné de suractivité atmosphérique et l'état consécutif qu'il détermine en notre organisme : l'hypergranulie du vent ou du froid, cette dernière en particulier pour les raisons qui précèdent, développe en nous un état correspondant d'hypergranulie vasculaire, lequel aboutit ou non à un état morbide, suivant la situation physiologique de l'individu et l'intensité de la cause ; d'autre part, l'état nerveux de l'atmosphère, à forme électrique, engendre en notre organisme un état nerveux également correspondant.

Le froid devient irritant quand il exalte, au delà de certaines limites physiologiques, le dynamisme de nos éléments granulaires et moléculaires. En deçà de ces limites, le froid est tonique dans ses effets.

L'hypergranulie du froid a pour nous des propriétés hypergranulaires ; l'hyperélectrie des temps orageux a pour nous des propriétés hyperélectriques ou d'excitation nerveuse.

TROISIÈME OBSERVATION

28 *Janvier* 1869. — 4 degrés au-dessus de zéro à six heures, ciel couvert, brise sud le matin, ouest l'après-midi ; pluie à type continu qui a commencé à une heure de la nuit et a duré toute la matinée ; pleine lune sans éclaircies le soir.

29 *Janvier*. — Couvert dans la matinée, puis éclaircies ; ciel pur le soir, brise sud-ouest.

30 *Janvier*. — Même temps qu'hier, mais qui reste couvert le soir.

31 *Janvier*. — 7 degrés à six heures; ciel bleu dans la matinée, couvert dans l'après-midi, avec quelques gouttes de pluie, vent sud-ouest, éclaircies le soir.

1ᵉʳ *Février*. — 9 degrés à six heures, éclaircies nombreuses, vent violent sud-ouest, sec, énervant; ciel pur le soir; le vent ne s'est calmé que vers quatre heures du matin.

2 *Février*. — 4 degrés à six heures, brise sud-ouest, nuages disséminés gris blanc, quelques-uns noirs; ciel pur et calme le soir.

3 *Février*. — 1 degré à six heures, brouillard, pluie à type continu vers dix heures, vent sud; petite pluie fine l'après-midi, dernier quartier.

4 *Février*. — 8 degrés à six heures, couvert, calme, ouest; on voit des bourgeons rougeâtres aux arbres.

5 *Février*. — 4 degrés à six heures, brouillard le matin, ciel pur, calme, nord-est; à l'ombre, les pavés sont humides.

6 *Février*. — 3 degrés à six heures, ciel pur, calme, est et sud-est; pavés humides à l'ombre.

7 *Février*. — 3 1/2 degrés, ciel bleu avec quelques nuages gris blanc et quelques-uns noirâtres, vent sud-est, puis sud-ouest, pavés humides à l'ombre; temps couvert l'après-midi, ciel pur le soir, vent fort la nuit.

8 *Février*. — 5 1/2 degrés, ciel bleu avec quelques nuages, vent sud; le soir ciel couvert et vent fort toute la nuit.

9 *Février*. — 6 degrés, vent fort toute la journée, nuages nombreux qui viennent de l'ouest, pas de pluie.

10 *Février*. — 5 degrés, couvert, humide, vent sud.

11 *Février*. — 8 degrés, couvert, vent ouest, nouvelle lune.

12 *Février*. — 7 1/2 degrés, couvert, bruine le matin, éclaircies l'après-midi, vent fort sud-ouest; ciel pur étoilé le soir et grand vent.

13 *Février*. — 3 degrés, brise nord, ciel bleu avec quelques nuages dans la matinée; pur et calme le soir.

14 *Février*. — 2 1/2 degrés au-dessous de zéro à six heures, ciel pur, quelques nuages blancs, brise ouest; nuages plus nombreux dans l'après midi, gris blanc, brise plus forte.

15 *Février*. — 4 degrés au-dessus, couvert, brise ouest.

16 *Février*. — 2 degrés au-dessous, ciel pur, brise sud.

17 *Février*. — 0 degré, couche uniforme de nuages blancs, éclaircies le soir, brise sud et sud-est.

18 *Février*. — 4 degrés au-dessus, couvert, nuages gris et noirs, vent sud et sud-ouest froid.

19 *Février*. — 2 degrés au-dessus, gros nuages noirs et blancs, brise nord; ciel étoilé le soir, premier quartier.

20 *Février*. — 1 degré au-dessous, brouillard le matin, calme, nord-ouest, nuages blancs et gris avec éclaircies; ciel étoilé le soir.

21 *Février*. — 4 degrés au-dessous, ciel pur, calme, nord; quelques nuages l'après-midi; brouillard la matinée, couvert le soir.

22 *Février*. — 4 degrés au-dessus, couvert, brise ouest.

23 *Février*. — 1 degré au-dessus, couvert, calme, ouest.

24 *Février*. — 1 degré au-dessus, couvert, calme, ouest.

25 *Février*. — 2 degrés au-dessus, un peu de pluie dans la nuit; ciel épuré le matin, couvert l'après-midi, brise ouest.

26 *Février*. — 5 degrés au-dessus, couvert, gris avec éclaircies, vent ouest, léger; pleine lune.

27 *Février*. — 5 1/2 degrés au-dessus, couvert et bruine la matinée; vent ouest fort vers la fin de la journée, avec éclaircies.

28 *Février*. — 2 degrés au-dessus, giboulées, grand vent ouest; couvert, avec éclaircies; plusieurs crises caractérisées par : vent plus fort, nuages plus épais et plus gris, grêle, neige ou pluie. Vent toute la nuit.

1er *Mars*. — 4 1/2 au-dessus, grand vent nord-ouest, couvert avec éclaircies; forte ondée dans la matinée; calme à la fin du jour; reprise du vent et de la pluie dans la nuit.

2 *Mars*. — 4 degrés au-dessus, grand vent ouest; 4 grandes

crises dans la journée : vent plus violent, nuages plus nombreux et plus noirs, ondée de pluie, de neige ou de grêle ; le soir calme et ciel épuré ; retour à neuf heures de la pluie et du vent, comme hier soir, mais moins forts que le jour.

Réflexions.

Cette série, intéressante par les giboulées et les bourrasques qui la terminent, devient une occasion naturelle pour étudier, en même temps que le mécanisme de ces phénomènes, la phase des demi-saisons dont ils sont un des caractères particuliers.

Les caractères d'une saison sont un résultat complexe de la manière d'être physiologique, dans leurs rapports réciproques, des trois organes terrestres et du système magnétique. Ce dernier jouit d'une importance spéciale et directrice, en raison de son organisation même et du rôle intermédiaire qu'il remplit entre la planète et son soleil.

Les mouvements des spirales atmosphériques, dont le contre-coup se fait sentir dans les spirales telluriques, se divisent en trois phases : la phase du printemps, laquelle est véritablement la première et mérite le nom de phase de montée ou d'augment, celle de l'été ou phase d'état, celle de l'automne ou phase de déclin, et celle de l'hiver ou seconde phase d'état.

Cette division n'est nullement artificielle, elle est dans l'ordre de la nature : on l'observe dans ces mouvements généraux des spirales magnétiques ; on l'observe dans les mouvements partiels ou ondulatoires de ces mêmes spirales; on la retrouve dans les séries atmosphériques, dont les phénomènes dérivent de ces mouvements ; on la retrouve encore dans chacun de ces phénomènes, considérés isolément, et jusque dans les mouvements pathologiques de l'organisme animal. Toutes ces modalités dynamiques, depuis la plus petite jusqu'à la plus grande, sont ainsi décomposées, parce que le principe des trois phases est inhérent à la vitalité de leurs supports : les trois modalités des forces vives ne sont autre chose que les trois phases d'activité, d'augment d'état et de déclin, de leurs supports.

Pour ne parler que de la force calorique, elle présente à étudier dans son développement successif : une phase d'accroissement ou d'élévation, où elle acquiert une intensité de plus en plus grande dans sa série ; une phase d'état, où elle conserve son énergie dans des transformations successives sans la multiplier ; et une phase de déclin, où elle s'achemine fatalement vers un travail ultime de transformation, lequel devient la concrétion de sa force génératrice.

La force libre est le type de la première phase ; la chaleur sensible, celui de la seconde ; la force travail, de la troisième ; c'est ainsi que nous avons vu la force calorique prédominer successivement en l'une et l'autre de ces modalités, dans les trois stades ou trois phases de la fièvre.

Dans toute manifestation fonctionnelle quelconque, ou hyperfonctionnelle, il y a concordance entre la phase d'augment de la fonction ou du phénomène et la phase d'augment de la force vive, ou des forces vives génératrices, et concordance également entre les deux phases d'état, et entre les deux phases de déclin.

Dans les saisons de l'année planétaire les phases d'état ne sont pas immobiles dans leur continuité ; il a été dit que les mouvements ondulatoires engendrent des variations dans les phénomènes météorologiques de ces phases. Et ces mêmes mouvements, se reproduisant sans cesse plus ou moins, parce qu'ils tiennent à l'essence même de l'organisation planétaire et du dynamisme magnétique, engendrent des variations analogues dans les phases d'augment et de déclin. Mais la caractéristique de ces dernières est ailleurs ; il faut la chercher dans leur position relative, en tant qu'elles représentent des phases de transition entre un état et un autre.

Qui dit transition, en physiologie, dit changement d'impression; qui dit changement d'impression, révèle par là une source de suractivités dynamiques : c'est dans cet ordre d'idées qu'il convient de chercher la caractéristique des demi-saisons, et d'en poursuivre le mécanisme.

Deux ordres d'éléments sont en jeu dans une transition : les éléments qui reçoivent l'impression et ceux qui la communiquent. C'est le soleil, par son action en plus ou en moins, qui est la source première de tout changement d'impression ; les éléments qui l'éprouvent sont d'abord les spirales atmosphériques, puis les spirales telluriques et tous les supports des trois organes planétaires.

Ces éléments sont actifs devant l'impression qu'ils acceptent; ils expriment par des transformations spéciales, par des phénomènes spéciaux, chaque état dynamique particulier.

C'est un changement important que celui qui résulte du déplacement général de suractivité, d'un hémisphère dans l'autre ; cette importance n'est pas moins grande pour l'un que pour l'autre, pour le printemps que pour l'automne : aussi bien, dans ces deux phases de transition, voit-on se manifester des phénomènes de suractivité analogues, conservant toutefois un cachet propre pour chacune d'elles. Ces phénomènes sont des ondées qui ont reçu le nom de giboulées, et des bourrasques.

Chacune de ces demi-saisons, représentant comme une fonction physiologique par suite des mouvements magnétiques qui y président, s'accommode parfaitement et naturellement de la division des trois phases; on reconnaît les phases d'augment, d'état et de déclin, dans le cours général de leurs phénomènes météorologiques, de même que dans chaque série où ils se groupent.

D'une manière générale, on peut dire que les phases d'augment et de déclin des demi-saisons sont marquées par les phénomènes caractéristiques des giboulées et des bourrasques, et que la phase d'état est remarquable par le calme physiologique de l'atmosphère et la douceur de la température. Il faut ajouter que les giboulées sont plus fréquentes et plus fortes au printemps qu'à l'automne, qu'elles sont plus intenses après un hiver doux qu'après un hiver rigoureux, et plus violentes le jour que la nuit.

La giboulée et la bourrasque marchent généralement de front ; celle-ci constituée par des coups de vent violents, véritable orage sans électricité ; celle-là par une ondée de pluie, de grêle ou de neige, tombant à type aigu, intermittent. Dans le langage ordinaire, l'expression de giboulée réunit à la fois le vent et la pluie, c'est-à-dire résume la crise entière.

Deux choses sont à considérer : le grand vent, dit vent d'équinoxe, qui souffle à type continu pendant un nombre de jours et de nuits variable, et les coups de vent, avec ou sans ondée, soufflant à type intermittent comme autant de crises et à intervalles plus ou moins rapprochés ; tous les deux témoignant qu'un travail congestif intense est en vigueur dans le foyer tellurique, et que l'hyperdynamisme central, dans le cours de son évolution, est entrecoupé de poussées congestives plus violentes encore, analogues au phénomène de recrudescence qui dans le cours d'une fièvre exalte la continuité d'une congestion viscérale.

Il n'y a pas rupture d'équilibre entre les éléments en jeu : les giboulées représentent une suractivité générale, dans l'atmosphère dans l'océan et dans le foyer tellurique, des supports moléculaires, et un développement proportionnel dans leurs transformations. Le vent est engendré par l'hypergranulie, les ondées par l'hypercalorie.

Mais dans le mécanisme des giboulées, il est naturel de se demander si la suractivité atmosphérique est tout entière consécutive à la suractivité tellurique, ou si, engendrées en même temps par une cause commune, elles prennent une part égale à la manifestation des phénomènes. En d'autres termes, et par analogie avec le mécanisme de la fièvre dans l'organisme animal, il s'agit de savoir si l'hyperdynamisme atmosphérique s'est développé par voie de *généralisation*, ou si la suractivité planétaire dans les divers organes a été *générale d'emblée*.

Il résulte des circonstances où se manifestent les giboulées, que le mécanisme de leur développement s'opère par ces deux voies réunies.

A la fin de l'hiver, au moment où commence la phase d'augment de l'année, alors que la suractivité planétaire générale va passer d'un hémisphère dans l'autre, il se produit, sous l'influence du soleil et en vertu de la périodicité même de ces phénomènes, un mouvement commun d'élévation dans les spires atmosphériques; lequel, en tant que premier mouvement et mouvement d'ensemble, possède une plus grande énergie, fait naître une impression plus violente et développe des phénomènes qui sont marqués d'un cachet spécial. Par le fait de ce mouvement toutes les spirales atmosphériques sont autant de *courants qui s'éloignent* de courants parallèles, dans lesquels ils font naître des courants de même sens, proportionnels à leur énergie. C'est un hyperdynamisme général dans toute une moitié du système magnétique, lequel, avide de transformations, élève en suractivité fonctionnelle les é'ements des trois organes planétaires. Cette situation équivaut, considérée dans les trois organes isolément, à un hyperdynamisme *général d'emblée*, et considérée dans l'atmosphère reliée aux autres organes, à un mécanisme *généralisé* en tant que cet organe périphérique est l'aboutissant des transformations hyperdynamiques des autres.

Cette suractivité planétaire du printemps est favorable à l'essor de la végétation, et annule momentanément les effets de l'hypodynamisme diagonal périodique.

A la fin de l'été, où l'année entre dans sa phase de déclin et où la suractivité hémisphérique renouvelle son déplacement semestriel, ce n'est plus un mouvement d'élévation qui se produit : c'est un mouvement d'abaissement, moins énergique que le précédent, puissant néanmoins en tant que premier mouvement et mouvement d'ensemble et jouissant, par ces deux qualités, de propriétés spéciales. Toutes ces spirales qui s'abaissent dans un mouvement d'ensemble sont autant de *courants qui s'approchent* de courants parallèles, et qui développent en ceux-ci, par voie de transformation équivalente, autant de courants de sens contraire : d'où hypodynamisme proportionnel et relatif dans les spirales telluriques; mais comme un courant, dont la source première est toujours la même, ne peut être amoindri sans que sa force vive soit déplacée ou transformée, l'hypodynamisme des spirales telluriques se traduit, au nom de la loi de réparation, par l'hyperdynamisme des laves cellulaires qui leur servent de milieu. Celui-ci se localise dans les zones diagonales, dont la période de suractivité qui commence à cette époque leur sert de point d'appel, et de là se communique par les transformations océaniques aux éléments de l'atmosphère.

Il est mis en évidence par ce parallèle analytique, que dans la phase d'automne les giboulées et les tempêtes s'accomplissent par voie de généralisation, et que les deux mécanismes de développement appartiennent aux mêmes phénomènes, dans la phase du printemps.

Ce premier mouvement d'ensemble, lequel dure dans ses effets un laps de temps variable, est ordinairement suivi d'un temps d'arrêt dans l'élévation ou l'abaissement des spirales, et par suite d'un temps de repos dans les manifestations météorologiques qui en dérivent : c'est à ce temps que répond la phase d'état des demi-saisons, plus sensible peut être dans l'automne qu'au printemps.

La reprise du mouvement est souvent marquée par des phénomènes à type aigu, comme dans la première phase, mais avec moins d'intensité : c'est la phase de déclin qui commence, laquelle revêt de plus en plus les caractères de la saison qui doit suivre; alors les mouvements des spirales ne s'accomplissent plus par voie d'ensemble, et les mouvements ondulatoires reprennent leurs droits.

Les phénomènes des phases d'état, de l'été et de l'hiver, sont réglés par les mouvements ondulatoires des spirales, dont les mouvements d'ensemble, à une époque donnée, représentent la caractéristique des demi-saisons et de leurs phénomènes.

L'état d'hyperdynamisme où les organes planétaires s'élèvent au commencement de chaque printemps, se reflète sur les fonctions de l'organisme animal ; l'hypergranulie et l'hypercalorie de l'atmosphère, pénétrant en nous par la voie pulmonaire en même temps que les rayons plus ardents du soleil, réchauffent une peau accoutumée à l'impression du froid, élèvent à une échelle vitale proportionnelle les éléments granulaires et moléculaires de notre corps. L'on éprouve alors plus ou moins, suivant les tempéraments, les symptômes d'une pléthore physiologique, qu'accompagnent quelquefois ceux d'une fièvre éphémère ou d'une congestion cérébrale.

La pléthore planétaire, accusée d'abord par les giboulées et les bourrasques, l'est ensuite par l'essor de la végétation. Celles-là sont les premières à paraître, parce que la voie d'écoulement qu'elles offrent aux forces vives en suractivité et avides de transformations, est plus immédiate et plus rapide. Quand se modère dans ses effets la première impression des supports vitaux planétaires ; quand leurs mouvements s'accoutument aux coups de fouet, si je puis ainsi dire, des rayons solaires, dont ils avaient été presque sevrés durant l'hiver ; quand l'équilibre physiologique des trois organes apaise ses manifestations et se régularise, les giboulées prennent fin et la végétation se développe, puisant aux mêmes sources dynamiques, consumant les mêmes forces vives et impliquant pareillement l'hyperdynamisme planétaire du centre et de la périphérie.

Plus intenses le jour que la nuit, et plus violentes après les hivers doux qu'après les hivers rigoureux : voici comment il faut interpréter ces deux faits, lesquels appartiennent particulièrement au printemps.

Les giboulées du printemps relevant avant tout du mécanisme général d'emblée, il est évident que les conditions de
leur existence sont aussi parfaites que possible durant le jour,
pendant que les rayons du soleil maintiennent les éléments
de l'atmosphère à l'état d'hyperdynamisme : que la nuit, le
dép'acement dit nocturne suractivant le foyer central au détriment de la périphérie, les gibou'ées ne pouvant plus dériver d'une atmosphère en état d'hypodynamisme relatif,
ne conservent plus qu'un moyen de se manifester, et qu'alors
se produisant par voie de généralisation, elles sont nécessairement moins accentuées que les giboulées de jour auxquelles concouraient deux mécanismes, et deviennent assimilables à celles de l'automne. Il est d'observation que souvent
ce déplacement nocturne profite plutôt à la continuité de
l'hyperdynamisme qu'à ses crises intermittentes, je veux dire
qu'il se traduit par la violence du vent, avec ou sans pluie,
sans que ces phénomènes revêtent le caractère spécial des
coups de vent et des ondées passagères.

Lorsque l'hiver a été sec et rigoureux, c'est-à-dire que le
vent a soufflé du nord ou de l'est, la terre, par suite de cette
localisation étrangère à la section atlantique, se trouvant
dans un état d'hypodynamisme relatif en cet endroit et possédant le *minimum* de forces vives en disponibilité, je veux
dire de celles qui ne sont pas utilisées dans la fonction régulière, absorbe, lorsque les rayons solaires viennent réchauffer
l'hémisphère à l'entrée du printemps, une dose de leur dynamisme bien plus considérable avant de s'élever à l'état de
suractivité hyperfonctionnelle, avant de pouvoir satisfaire les
mouvements de transformation des giboulées et des bourrasques; tel on voit un homme, épuisé par la fatigue, sup-
porter une dose cordiale plus forte que le ferait un autre en
pleine vigueur, avant de manifester en ses organes des phénomènes d'hyperdynamisme.

Par contre, lorsque l'hiver doux et plus ou moins p'uvieux
dévoile, par la direction ouest et sud du vent régnant, que

la suractivité est cantonnée dans la section atlantique, les supports des laves cellulaires, recevant au printemps la suractivité solaire qui vient s'ajouter à la leur, s'élèvent aussitôt à un degré supérieur d'hyperdynamisme, entrent avec les autres organes dans une phase de pléthore planétaire et aboutissent par transformations successives aux giboulées et aux bourrasques.

Cela revient à dire que les giboulées du printemps sont plus fortes, dans les régions superposées aux sections diagonales où l'hyperdynamisme a prédominé durant l'hiver.

Cette différence trouve encore son analogie dans la constitution humaine : un homme sanguin, au printemps, est souvent tourmenté par des phénomènes pléthoriques, avec ou sans crises, tandis qu'un homme anémique ou lymphatique en éprouve seulement du bien-être et plus de vigueur; or, le tempérament sanguin représente ici l'hyperdynamisme prédominant dans telle ou telle section diagonale.

Le vent et la pluie se produisent tantôt avec le type intermittent, aigu, et tantôt avec le type continu. Ces phénomènes à type aigu, véritables crises partielles ou générales, nous offrent, surtout dans les giboulées, le meilleur moyen d'analyser leur mécanisme.

Parfois un nuage isolé s'élève du sein des mers et glisse sur l'aile des vents vers les terres voisines; d'autrefois plusieurs nuages se forment ensemble, ou bien les uns après les autres, et s'avancent vers la terre qu'ils voilent comme d'un rideau, dont les couleurs varient du blanc au noir en passant par le gris, et dont l'aspect est régulier lorsque les nuages se fondent en une masse commune ou déchiré lorsqu'ils nagent dans les airs sans se confondre. Enfin, dans d'autres circonstances, les nuages se développent en rangs si serrés qu'aussitôt leur naissance ils ne forment plus qu'une masse uniforme, dérobant le ciel à tous les regards; ce dernier cas appartient principalement aux périodes continues, et les deux autres aux périodes orageuses et aux giboulées.

Entre le nuage apparent et l'océan d'où il s'élève il y a un intermédiaire : une poussée de vapeurs. Entre ce dégagement de vapeurs et le foyer intraterrestre il y a un autre intermédiaire : une poussée dynamique ou hyperdynamique, suivant les cas, s'opérant de transformations en transformations par la voie de la circulation dite intermédiaire. Un nuage gris, pluvieux ou orageux, qui nous arrive de l'océan, représente à nos yeux une montée de vapeurs et une montée de forces vives telluriques. Lorsque ce dégagement dynamique s'opère successivement, par saccades pour ainsi dire et comme par intermittences, les nuages se forment isolément et successivement, sauf à se confondre ensuite dans leur parcours. Mais quand ce dégagement s'opère avec continuité, il se révèle par l'abondance des nuages, lesquels ne présentent plus aux regards qu'une couche uniforme.

Le premier mode fonctionnel révèle une plus haute vitalité dans les supports telluriques, et la prédominance des forces vives en modalité libre ; dans le second la force travail est prédominante. Dans tous les cas, les vésicules aqueuses des vapeurs emportent dans leurs flancs la calorique de dégagement, laquelle demeure à l'état dit latent jusqu'au moment où elle se transforme en force motrice pour servir à la chute de la pluie.

Pour résumer toute la physiologie terrestre, dans l'ordre des courants, je dirai qu'il existe deux foyers principaux de genèse et de prolifération : un foyer central ou tellurique dans les laves cellulaires, et un foyer périphérique dans la zone-mère de l'atmosphère ; que de ces foyers s'échappent, suivant les besoins fonctionnels, des poussées de forces vives ou des *filets dynamiques,* lesquels sont le point de départ de tous les courants plus ou moins sensibles et plus ou moins étendus qui sillonnent le sein des airs et des ondes : filets dynamiques à l'origine des vagues de marée ; filets dynamiques à l'origine des courants océaniques proprement dits ; filets dynamiques à l'origine des vapeurs et des nuages ; filets dynamiques à l'origine des vents qui s'élèvent de la mer; filets dynamiques à l'origine de tous les courants atmosphériques, qu'ils proviennent d'en haut ou d'en bas.

Les phénomènes se développent ensuite, et parcourent les phases de leur évolution par voie de proliférations successives des supports.

Art. II. — *Volcans.* — *Tremblements de terre.* — *Cyclones.*

Nous arrivons à des phénomènes dont le mécanisme n'est pas différent en principe de celui des phénomènes précédents, mais dont la puissance révèle que la suractivité planétaire est montée à son apogée : ce sont les effets de l'hyperdynamisme *maximum* de notre planète.

Les volcans et les tremblements de terre sont des phénomènes physiologiques, dont l'organe tellurique est le foyer et dont le mécanisme se rattache à la physiologie générale de la planète.

On trouvera leur description dans un grand nombre d'ouvrages, parmi lesquels je citerai celui de Reclus et celui de Boscowitz (1). Je n'en dirai ici que ce qu'il faut pour faire comprendre comment ils rentrent dans les lois de l'organisation terrestre.

Depuis l'équateur jusqu'aux pôles aucune région n'est à l'abri de ces phénomènes, terribles pour nous; les latitudes équatoriales, les tempérées et les circumpolaires sont pourvues de volcans : on connaît ceux des terres australes, voisines du pôle; ceux de l'Islande au nord et des îles Aléoutiennes; ceux des îles de la Sonde au niveau de l'équateur. Partout où règnent les volcans, les tremblements de terre sont connus; leur domaine est encore plus répandu que celui des premiers.

(1) *La Terre*, par Élisée Reclus, 2 vol.; — *Volcans et Tremblements de terre*, par Arnold Boscowitz, 1 vol.

Cependant il existe de grandes différences entre ces deux ordres de phénomènes. Si les éruptions volcaniques sont aussi fortes dans les latitudes froides, comme en Islande, que dans la zone équatoriale des îles de la Sonde, il est prouvé que les tremblements de terre sont plus intenses et plus effroyables dans les pays chauds que dans les pays tempérés, et plus dans ceux-ci que dans les pays froids. Ce fait d'observation s'accorde avec les considérations qui vont suivre, où il sera établi que les tremblements de terre rentrent plus encore dans la physiologie générale que les volcans, lesquels relèvent plus particulièrement d'un hyperdynamisme localisé.

Au point de vue étiologique on distingue deux ordres de tremblements de terre : ceux par cause *mécanique*, et ceux par cause *dynamique*. M. Volger a étudié les premiers dans les montagnes de la Suisse, et les a parfaitement décrits. Les seconds, seuls, offrent de l'intérêt au point de vue physiologique.

Des nombreuses observations recueillies par les auteurs, il résulte que les tremblements de terre sont plus fréquents l'hiver que l'été, plus fréquents à l'époque des équinoxes, surtout à celle d'automne, et plus fréquents la nuit que le jour. D'après les travaux de M. Volger, sur 1,235 tremblements dans les Alpes, 475 se sont manifestés au printemps et en été, et 760 en automne et en hiver ; et, sur 502 autres observations, il y en a 320 pour la nuit et 182 pour le jour.

M. Alexis Perrey a démontré, par l'observation de 7,000 tremblements de terre, que la lune a sur leur apparition une grande influence ; que le maximum de fréquence a lieu pendant la pleine lune, spécialement lorsque celle-ci est au méridien de l'endroit ; que les tremblements sont plus fréquents à l'époque des syzygies qu'à celle des quadratures, coïncidant ainsi avec la force des marées océaniques.

M. Wolf a mis en évidence la relation qui existe entre les taches du soleil et la fréquence des tremblements de terre.

Enfin, on a signalé la coïncidence fréquente des tremblements de terre avec les ouragans, les cyclones, avec les éruptions volcaniques et avec les brusques variations dans la pression barométrique; c'est-à-dire que ces tremblements coïncident souvent avec les tempêtes de l'atmosphère, avec les tempêtes de l'organe tellurique et avec les tempêtes de l'océan.

Si l'on étudie les éruptions volcaniques parallèlement aux tremblements de terre, et que l'on cherche dans quels rapports elles se trouvent avec les mêmes conditions météorologiques, on observe sans aucun doute bien des ressemblances entre ces deux ordres de phénomènes, mais l'on constate aussi des différences. Il s'agit, bien entendu, des circonstances où ces phénomènes se développent isolément.

Les éruptions volcaniques ont leur *maximum* de fréquence l'été, d'après la classification de M. Kluge, au lieu de l'avoir l'hiver. Il n'en est pas ainsi toutefois de tous les volcans, et, comme dit Reclus, les éruptions du Stromboli sont plus fréquentes l'hiver et aux équinoxes d'automne. Quoi qu'il en soit, l'été ou l'hiver, tous les habitants des régions volcaniques s'accordent à regarder les éruptions comme ayant des rapports certains avec les grands phénomènes météorologiques, avec les orages, les tempêtes, les tremblements de terre. Au Japon, il a été remarqué que les éruptions coïncident ordinairement avec les grandes marées océaniques en même temps que les tremblements de terre.

Si l'influence de la lune se fait sentir sur les manifestations des volcans comme sur celles des tremblements de terre, il est certain qu'elle est moins générale et moins constante. Elle est réelle et ne peut pas ne pas l'être, étant connue la liaison dynamique de tous les phénomènes planétaires; mais elle a lieu dans des conditions plus restreintes.

Pour les cyclones (et dans cette étude j'embrasse les *cyclones* proprement dits de l'océan Indien, de la mer des Antilles et plus rarement de l'océan Pacifique, les *ouragans* des régions tempérées, les *typhons* des mers de la Chine, les *tornades* des côtes d'Afrique), les conditions étiologiques sont moins étendues encore ; l'agent principal de ces grands mouvements atmosphériques étant la force électrique en état de suractivité spéciale, il convient de regarder le soleil comme la cause première de leur évolution, et comme cause seconde les accumulations congestives qui se font et prolifèrent dans les couches élevées de la zone des courants, d'où elles descendent pour s'associer aux mouvements de l'hyperdynamisme océanique coïncidant.

Dans l'ordre prodromique, un air voilé, des vapeurs jaunâtres qui masquent la clarté du jour et la nuit des cercles nébuleux autour des astres, une atmosphère étouffante, un calme profond et caractéristique qui imprime l'anxiété au cœur des animaux et des hommes, de gros *cumulus* orageux qui s'amoncellent, un abaissement considérable du baromètre : tels sont les phénomènes où l'imminence du danger apparaît, et que vont suivre bientôt la tempête des flots qui bouillonnent et les spirales du cyclone.

Les prodromes de l'éruption volcanique présentent d'autres caractères : l'eau tarie dans les puits, l'eau des sources changée de couleur, la terre mugissant dans ses entrailles et agitée parfois de tremblements plus ou moins forts, la mer bouleversée dans ses flots qui s'éloignent du rivage, les neiges des montagnes fondues et l'atmosphère ensevelie dans un calme sinistre, non moins effrayant et caractéristique que celui des cyclones.

Les tremblements de terre sont annoncés par des phénomènes prodromiques analogues : les sources tarissent, le niveau des lacs s'abaisse, la mer se retire des rivages, la terre fait entendre un bruit souterrain, le calme est profond et saisissant, souvent des orages se déclarent, soit avant, soit après la crise convulsive.

Cependant ces prodromes ne sont pas constants, et ils ne sont pas accusés d'une façon toujours égale.

J'ai dit précédemment, et ma croyance ne fait que s'af-

fermir, que les volcans ont pour foyer les ganglions telluriques disséminés sur le parcours des canaux circulatoires.

Au point de vue d'une physiologie transcendante et comparée, le centre de l'organe tellurique est assimilable à une
cellule, traversée en tous sens par de nombreux canaux
qu'émaillent de distance en distance des cavités plus ou
moins spacieuses ; espèces d'ampoules dont les canaux sont
entrecoupés, images de noyaux intracellulaires dont ils remplissent les fonctions, et auxquels je conserve le nom de *ganglions*. C'est là que s'opère le travail de prolifération, nécessaire à la genèse des éruptions volcaniques. Cependant, à la
distance considérable où ils sont de la surface terrestre, et en
raison de l'équilibre physiologique qui dans le foyer central
y rend impossibles certaines suractivités excessives dont nous
voyons les manifestations, il paraît tout d'abord que ces ganglions ne sont pas les seuls berceaux anatomiques des volcans, et que l'hyperdynamisme central va *crescendo*, par proliférations successives et d'étape en étape, du premier ganglion
d'origine jusqu'à l'orifice de la bouche volcanique.

Ce que je dis de la genèse des éruptions n'est qu'un fait
isolé d'une loi générale, à laquelle se rattachent tous les grands
phénomènes d'hyperdynamisme planétaire. C'est ainsi que
les tempêtes de la mer et de l'atmosphère, dont le point de
départ est dans une suractivité centrale, sont loin d'indiquer
dans leur berceau une suractivité équivalente à la leur ; il y a
une suractivité, c'est un fait indubitable, relative au dynamisme ordinaire du milieu tellurique, mais non proportionnelle à la manifestation extérieure qui termine l'*ensemble
fonctionnel* dont elle marque le commencement. Cette suractivité initiale se transmet aux supports de la circulation
intermédiaire, et là, de couche en couche, grandit, se développe, prolifère en un mot, et acquiert un degré supérieur
dans l'échelle hyperdynamique. Des limites du système intermédiaire cette suractivité nouvelle se transmet aux supports
de l'organe océanique, où par voie de proliférations succes-

sives elle atteint encore un degré plus élevé. Enfin elle passe
dans l'atmosphère, où la prolifération continue et parvient
aux limites extrêmes de son développement. On comprend,
avec ce mécanisme, pourquoi la suractivité tellurique n'est
pas équivalente à la suractivité extérieure à laquelle elle
aboutit, bien que d'étape en étape la migration s'accomplisse
par voie de transformation équivalente ; mais dans chaque
étape successive le phénomène de prolifération élève de degré en degré le taux de l'hyperdynamisme. C'est une multiplication des forces vives, au lieu d'être une simple addition.

Tel est le mécanisme de formation successive de tous les
phénomènes et de toutes les fonctions planétaires : ainsi se
développent, dans un degré inférieur de vitalité, les courants
réguliers de l'océan et de l'atmosphère ; ainsi se développent,
dans un degré supérieur de vitalité, les tempêtes de l'océan,
les tempêtes de l'atmosphère, les éruptions volcaniques. J'ai
personnifié cette transmission de proche en proche par voie
de prolifération dans l'idée des *filets dynamiques*.

Pour les cyclones, à modalité hyperélectrique, dont le berceau est dans les couches supérieures de l'atmosphère, la
transmission se fait de haut en bas, et les filets dynamiques
ont une direction centripète au lieu d'une direction centrifuge.

Si, du berceau originel à la transformation ultime, les
étapes successives sont, pour la genèse d'une tempête ou
d'une giboulée, les canaux de la circulation diagonale, le
système intermédiaire dans les trois divisions de ses canaux, l'organe océanique et la zone inférieure de l'atmosphère,
quelles sont les étapes qui concourrent à la genèse d'une
éruption volcanique ?

Je fais ici quelques citations, empruntées au bel ouvrage
d'Elisée Reclus (1).

« Il se passe souvent de longues années avant qu'on puisse

_____

(1) Pages 652 et suiv. du tome 1er.

« voir à son aise, et sans craindre les explosions soudaines,
« les bouches du Vésuve et de l'Etna se remplir jusqu'aux
« bords d'une lave bouillonnante.

« En Europe, le Stromboli est le seul volcan où ce phéno-
« mène se produise régulièrement à des intervalles très rap-
« prochés, parfois de cinq minutes en cinq minutes ou même
« plus fréquemment encore. Quand on se place sur le rebord
« le plus élevé du cratère, on voit à une centaine de mètres
« plus bas les flots d'une matière éblouissante comme le fer
« fondu qui s'agitent et bouillonnent incessamment ; ils se
« gonflent en forme d'ampoule, puis font explosion en lançant
« dans l'espace des tourbillons de vapeur accompagnés de
« fragments solides. Depuis des siècles, les laves n'ont jamais
« cessé de bouillir dans la cuve de Stromboli, et bien rare-
« ment une période de quelques heures se passe sans que
« déborde la matière en fusion. . . . .

. . . .

« Dans le monde entier le cratère dont la vue étonne le
« plus ceux qui le contemplent est le cratère de Kilauea (île
« d'Hawaii). Cette bouche volcanique s'ouvre à plus de
« 1,200 mètres d'élévation totale sur les flancs de la grande
« montagne de Mauna-Loa, qui se termine elle-même par
« un magnifique cratère en entonnoir ayant 2,500 mètres
« d'un bord à l'autre. Le cratère elliptique de Kilauea n'a pas
« moins de 5 kilomètres de longueur et de 11 kilomètres de
« tour. Le fond de cet abîme est rempli par un lac de lave
« dont le niveau varie d'année en année, et tantôt monte,
« tantôt descend, comme l'eau dans un puits. D'ordinaire, il
« s'étend à 2 ou 300 mètres au-dessous du rebord extérieur.

. . . .

« En 1840, le cratère était plein jusqu'aux bords, lors-
« qu'une crevasse s'ouvrit tout à coup dans le flanc de la
« montagne. Cette fente se prolongea jusqu'à une distance
« de 40 mètres de son point de départ, et vomit un torrent
« de lave de 60 kilomètres de long et de 25 kilomètres de

« large..... L'énorme bassin de Kilauea, profond de 450
« mètres, resta complètement vide pendant quelque temps.....
« Depuis cette époque, la grande cuve de lave bouillonnante
« s'est plusieurs fois remplie et plusieurs fois vidée en totalité
« ou en partie.

« Divers géologues, entre autres Sartorius de Waltershau-
« sen, le grand observateur de l'Etna, pensent que les chemi-
« nées volcaniques ont une profondeur considérable. Les
« roches de la surface terrestre, calcaire, granit, quartz ou
« mica, ayant un poids spécifique deux fois et demie supérieur
« à celui de l'eau, tandis que la planète elle-même, prise dans
« son ensemble, pèse à peu près cinq fois et demie plus que
« ne pèserait une même masse d'eau distillée, il en résulte
« que la densité des couches intérieures s'accroît de la circon-
« férence au centre. M. de Waltershausen a reconnu, au
« moyen d'un grand nombre de pesées, que les laves de
« l'Etna et celles de l'Islande ont un poids spécifique de 2,911.
« La conséquence présumée de ce fait, c'est que les roches
« rejetées par les volcans de Sicile et d'Islande proviennent
« d'une profondeur de 124 à 125 kilomètres. Ainsi le puits
« qui s'ouvre au fond du cratère de l'Etna n'aurait pas moins
« de 124 kilomètres, et la lave qui bout dans cet abîme serait
« soulevée par une force de 36,000 atmosphères. »

En présence de ces faits et des considérations qui les précèdent, je me crois autorisé à regarder le fond du cratère,
où l'on voit à une profondeur variable suivant les volcans
s'agiter la lave écumante, comme offrant l'image de ces cavités ganglionnaires du foyer central, à penser que, entre ces
deux ganglions extrêmes d'une même fonction, existe une
chaîne de ganglions successifs qui les relient l'un à l'autre, et
à considérer cette *chaîne ganglionnaire* comme réalisant les
étapes où s'opère la prolifération successive, nécessaire à
l'éruption volcanique.

On sait que le diamètre terrestre est de 3,000 lieues. En
accordant 1,500 lieues de diamètre à la cavité centrale, cellu-

liforme et cloisonnée (c'est une pure supposition que je fais
pour fixer les idées), le ganglion originel, sous-jacent à une
chaîne volcanique donnée, serait à une distance d'environ
700 lieues de la bouche du volcan ; cette mesure serait la
longueur de la chaîne ganglionnaire en question. En supposant un ganglion placé de cent lieues en cent lieues, la chaîne
serait formée de sept ganglions successifs, de sept étapes, où
par voie de prolifération dynamique la suractivité initiale
monterait à une échelle de plus en plus élevée. Ces séries
ganglionnaires disséminées dans l'épaisseur de la paroi tellurique, et peut-être reliées les unes aux autres par les *canaux
intermédiaires*, ne sont pas sans offrir une grande importance,
en tant que supports et points de repère, pour les spirales
du solénoïde électrique négatif.

Pour ne pas sortir de l'enseignement des faits, il faut
croire, jusqu'à preuve du contraire, que, si quelques volcans
sont reliés les uns aux autres par des canaux anastomotiques,
au moins cette condition d'anastomose n'existe pas pour tous.
On voit des volcans très rapprochés ne présenter aucune
coïncidence dans leurs éruptions, et même vomir des laves
d'aspect et de composition dissemblables : on n'a observé
aucun rapport entre les éruptions du Vésuve, de l'Etna et du
Stromboli, bien que ces trois volcans s'élèvent dans une
même région.

« Tantôt, dit Reclus, comme en 1865, le Vésuve vomit des
« laves en même temps que l'Etna ; tantôt il se repose alors
« que son puissant voisin est en pleine éruption, puis se ré-
« veille quand les laves de l'Etna sont refroidies....... Si les
« cheminées de l'Etna, du Vésuve et des volcans intermé-
« diaires prenaient leur origine dans un même océan de lave
« liquide, tous les cratères devraient nécessairement déborder
« en même temps que le plus élevé. Or, ainsi qu'on l'a sou-
« vent remarqué, la lave peut monter jusqu'au sommet de
« l'Etna, à 3,300 mètres d'élévation, sans que pour cela des
« fleuves de pierre s'épanchent du Vésuve, du Stromboli et

« du Volcano, qui sont respectivement trois, quatre et dix
« fois moins élevés. De même, le Kilauea, situé sur les flancs
« du Mauna-Loa, dans l'île d'Hawaii, ne participe en rien aux
« éruptions du cratère central, ouvert à 3,000 mètres plus
« haut et à moins de 20 kilomètres de distance. »

Cependant ces faits ne sont pas concluants ; on n'en peut déduire qu'une seule chose avec certitude, que les bouches volcaniques n'aboutissent pas dans un réservoir central commun :
déduction toute favorable à la théorie des ganglions. Mais, en
admettant entre eux le système des canaux anastomotiques,
cette organisation n'impliquerait en aucune façon soit la si-
multanéité, soit l'antagonisme des éruptions. Tel ganglion
peut être en état de suractivité sans que tel autre le soit, n'y
eût-il entre celui-ci et celui-là que quelques lieues de distance.
C'est une application, sur une grande échelle, du principe de
l'inégalité dynamique, laquelle implique, à fortiori, l'inégalité hyperdynamique. Si tantôt les éruptions coïncident, et
si tantôt elles ne coïncident pas, cela ne relève que de la physiologie générale de la planète, et n'a rien à voir au système
des anastomoses. Elle-même, la différence de composition des
laves, n'établit pas une preuve contraire à ce système, et ne
signifie pas autre chose que la différence de composition des
terrains où sont situés les ganglions.

Avec la théorie de la chaîne ganglionnaire volcanique, il
est naturel de voir un rapport de cause à effet entre le
nombre des ganglions affectés d'hyperdynamisme, si je puis
ainsi dire, et la violence de l'éruption. Dans les petites manifestations, un ganglion ou deux sont en phase de suractivité ;
la violence croissante de la crise volcanique atteste que la
localisation de cette suractivité est de plus en plus profonde ;
et les plus grandes éruptions proviennent d'une phase hyperdynamique dans la chaîne ganglionnaire tout entière. Dans
tous les cas, il va sans dire que le système anastomotique
règne entre les divers ganglions d'une même chaîne.

Je terminerai ces considérations sur les volcans en citant

l'opinion de plusieurs géologues qui regardaient le granit, et autres roches ignées, comme les laves des temps primitifs, émergées à l'état pâteux comme les laves des temps historiques; qui admettaient une succession de périodes éruptives pour le granit et ses dérivés, ensuite pour les diorites, pour les porphyres, pour les trapps, et pour les trachytes et les basaltes, lesquels forment les laves actuelles; qui pensaient que les laves nouvelles émanent de profondeurs plus considérables que les anciennes, et que, dans la suite des siècles, la source des basaltes et des trachytes étant épuisée, les volcans vomiront des laves encore nouvelles, dont il est impossible de prévoir la composition.

Il est vrai que cette opinion n'est pas acceptée tout entière aujourd'hui, et qu'il a été démontré, dit Reclus, que, sous l'action du feu, le granit et les autres masses rocheuses du même genre n'auraient pu affecter la disposition cristalline qui les distingue.

Cependant, une chose est commune dans la genèse de toutes ces roches et de ces laves : c'est qu'elles sont toutes des produits de sécrétion, fruits de forces vives intraterrestres, dont elles ont concouru ou concourent à éteindre la suractivité dans un travail ultime équivalent.

Tel est le sens physiologique des volcans; considérés dans leur ensemble, c'est-à-dire dans la chaîne ganglionnaire terminée par un orifice extérieur, ce sont des organes spéciaux, analogues aux glandes de sécrétion du corps animal.

De l'organisation des ganglions volcaniques, égrenés en chapelet de la périphérie au centre de la terre, il ressort que leurs manifestations, bien que rattachées aux influences générales de la physiologie planétaire, sont néanmoins plus localisées, dans leur siège et dans leur évolution, que les tremblements de terre. Ceux-là relèvent plus de la physiologie de l'organe, et ceux-ci de la physiologie de l'organisme.

L'agitation de la mer, le trouble et les orages de l'atmosphère, l'étendue quelquefois considérable des tremblements de terre : tout démontre que leur évolution s'opère par un mécanisme général, et que leur siége n'est pas limité en des parois enveloppantes comme celui des éruptions volcaniques. Les mêmes raisons que j'ai fait valoir pour celles-ci prouvent contrairement pour ceux-là que leur source n'est pas dans le foyer central des trois circulations principales. En dehors de ce centre, le système de la circulation intermédiaire est le seul où puisse se produire le phénomène du tremblement de terre.

Si son *maximum* de fréquence a lieu l'hiver, et surtout à l'époque des équinoxes ; s'il est plus commun la nuit que le jour ; si l'action de la lune a une grande influence sur ses manifestations ; si l'action solaire est aussi incontestable, c'est-à-dire si le tremblement de terre relève des mêmes influences astronomiques et météorologiques que les marées et que les périodes pluvieuses, à cela près qu'il n'est pas un phénomène périodique et régulier, il y a lieu d'en conclure que leur source organique est la même, et que leur évolution s'accomplit par un mécanisme analogue, à l'intensité près.

Le déplacement dynamique de la périphérie au centre, s'opérant comme nous l'avons vu dans les conditions de la loi de déplacement et de la loi de métastase, est le premier temps du mécanisme qui règle la formation des périodes pluvieuses, des tempêtes des équinoxes, des giboulées de nuit, et aussi des tremblements de terre.

Dans le système diagonal, les laves cellulaires entrent en suractivité ; celle-ci se propage dans les supports dynamiques de la circulation intermédiaire, traverse successivement les trois zones de ce système, et se transmet aux supports de l'organe océanique ; celui-ci, après l'évolution accomplie dans son sein, la verse définitivement, développée et multipliée, dans le champ de l'atmosphère, où elle acquiert de nouvelles propriétés et une énergie nouvelle. Ainsi se produit, d'étape en étape, par l'intermédiaire des filets dynamiques, régi par la loi des transformations équivalentes des forces vives les unes dans les autres et par la loi de prolifération vitale, le mécanisme de ces phénomènes physiologiques, avec de nombreuses variations d'intensité suivant les cas. Mais, lorsque, pour une raison quelconque, un obstacle se présente sur le chemin physiologique de ces transformations successives et progressives, soit que l'hyperdynamisme atteigne à un degré trop intense pour suivre la progression des phénomènes, soit qu'une cause locale concentre et retienne cette suractivité par un point d'appel, il arrive que cette poussée de forces vives, ne pouvant satisfaire aussitôt son besoin de transformation et acquérant une intensité disproportionnée aux besoins de la fonction météorologique et à la capacité des parois qui l'emprisonnent, frémit dans ces canaux, se dilate et presse leurs parois comme un gaz concentré, ou comme la force calorique seconde dans la diastole vasculaire du corps animal, se répand avec violence dans une étendue plus ou moins considérable de ce système, et, pénétrant quand même ensuite avec une égale violence dans la voie régulière des filets dynamiques, s'infiltre avec eux dans les entrailles de l'écorce terrestre, et la sillonne de crevasses dynamiques, si je puis ainsi dire, d'où résultent souvent de véritables crevasses physiques, apparentes ou souterraines. Tel est le mécanisme du tremblement de terre, lequel est la conséquence d'une suractivité non satisfaite, et a pour siége anatomique le *système des canaux intermédiaires* d'abord, puis ce que j'appellerai volontiers le *système des filets dynamiques*. Celui-ci est répandu dans l'écorce terrestre, partie dans la zone du précédent, partie dans la zone des ganglions volcaniques et de leur système anastomotique, où se déroulent les spirales du solénoïde électrique négatif. Je ne parle ici que des filets dynamiques de la terre proprement dite; chaque organe a les siens, établis avec les supports de ses forces vives.

Il est aisé de comprendre comment toutes les causes astronomiques, qu'elles viennent de la lune ou du soleil, qui ont pour effet de suractiver les forces intraterrestres, deviennent par cela même agents étiologiques des tremblements de terre. Si elles le sont aussi des éruptions volcaniques, c'est à un degré beaucoup moindre.

Du mécanisme de ces deux ordres de phénomènes, il résulte cette autre vérité confirmée par l'observation : que le tremblement de terre se manifeste souvent comme effet ou conséquence de l'ébullition volcanique, la poussée hyperdynamique débordant des ganglions qui la recèlent, pour s'infiltrer dans les canaux anastomotiques, dans le système des filets dynamiques terrestres et même dans des canaux de la circulation intermédiaire, suivant le siége du ganglion ou des ganglions affectés.

Ces phénomènes ont entre eux de grands rapports, par suite de la communication établie entre les nombreux canaux ou filets de ces divers systèmes. Et même, dans l'ordre général, tous les phénomènes de la planète sont liés ensemble et peuvent retentir les uns sur les autres, au moyen des communications incessantes établies entre les trois organes, de l'extrême périphérie à l'extrême centre, au moyen des filets dynamiques partout répandus, variant à l'infini et se développant instantanément, au *prorata* des besoins fonctionnels.

Les tremblements de terre, ayant leur point de départ dans la zone tellurique du solénoïde électrique négatif, ne peuvent manquer d'avoir de grands rapports avec l'état dynamique de ce système. C'est ce qui résulte des observations de plusieurs savants, de celle de Humboldt en particulier, lequel dit, dans son *Cosmos*, que le phénomène du tremblement de terre n'apporte, en général, aucune modification à l'état dynamique du magnétisme terrestre, mais modifie toujours celui du système électrique. On peut croire par là que le tremblement de terre est comme la conséquence d'un orage électrique souterrain, dérivant du solénoïde négatif, de même que le cyclone dans l'atmosphère est une modalité d'orage électrique dérivant du solénoïde positif.

Un enseignement plus important, au point de vue de l'anatomie physiologique, résulte de cette observation : c'est la distinction dans la terre, et par conséquent dans l'atmosphère, d'un système différent pour la force magnétique et pour la force électrique. Cette distinction est encore confirmée par les observations faites sur l'aurore boréale, savoir : que ce phénomène, dit M. de Humboldt, signe sensible d'un orage magnétique souterrain, modifie constamment l'état dynamique du magnétisme terrestre et n'influence pas ordinairement l'état électrique. Cependant on a remarqué depuis que les aurores boréales apportent un trouble dans les communications télégraphiques, en faisant passer dans les fils des courants continus. Ce fait, en rapport avec la nature mixte ou électro-magnétique de l'aurore boréale, n'a rien que de très naturel au point de vue physiologique, à cause des anastomoses et des filets dynamiques qui relient souvent entre eux ces deux systèmes.

Les cyclones ont leur foyer d'émergence dans l'atmosphère, sans doute dans les couches inférieures de la zone-mère, dans la zone électrique positive comme les tremblements de terre dans la zone négative.

La modalité électrique de leurs manifestations est attestée par les particularités qu'elles présentent : la lueur qui s'échappe des nuages pour éclairer la nuit de la tempête, la lumière que chaque goutte de pluie émet comme une étincelle, et la coïncidence des éclairs, du tonnerre, au sein de ces nuages orageux. De même, leur propriété d'appartenir à la physiologie générale est démontrée par l'explosion simultanée d'une tempête de l'océan et souvent par un tremblement de terre. Il y a tempête générale de tous les éléments planétaires dans les trois organes qui les résument. La mer bout à gros bouillons, ses ondes s'échauffent, et la température s'élève dans l'atmosphère ; telle on voit, dans une violente inflammation ou dans une fièvre intense, la température du sang animal s'élever d'un ou plusieurs degrés, et la chaleur croître également dans la région malade ; témoignage irrécusable de la suractivité des forces vives.

Au point de vue de la physiologie, le cyclone, phénomène d'hyperdynamisme électrique, représente un travail congestif de cette modalité, différent sous ce rapport de l'hyperdynamisme volcanique. Aux modalités de l'hypergranulie et de l'hyperélectrie dans l'organisme animal, imprimant un cachet spécial à chaque manifestation pathologique, soit dans l'ordre des congestions, soit dans celui des fièvres, répondent, dans l'organisme planétaire, des modalités analogues : la crise volcanique revêt celle-là, et le cyclone revêt celle-ci.

Quant au mécanisme, il est toujours le même. Soit, en principe, une modification survenue dans une spirale électrique telle qu'il en résulte une suractivité spéciale, une phase d'hyperdynamisme avide de s'étendre et de se propager dans le champ clos de leurs éléments, d'un solénoïde à l'autre, comme une étincelle d'un genre nouveau : la crise se développe d'étape en étape, la suractivité grandit et s'étend progressivement de haut en bas, les vapeurs des couches supérieures sont les premières affectées, comme l'atteste la couleur du ciel qui s'assombrit et la teinte jaunâtre de l'atmosphère, des nuages se forment de ces vapeurs agglomérées et les nuages s'amoncellent entre eux, puis de la région des nuages la tempête s'abat comme une trombe sur la surface de l'océan; alors la crise est à son apogée : les forces vives de l'atmosphère confondent leur suractivité, et pour nous leur fureur, avec les forces vives de l'océan, et toutes deux reçoivent encore l'impulsion des forces telluriques; l'hyperdynamisme est général, le mer se hérisse en montagnes liquides qui vont joindre les nuages, et le cyclone dans son effroyable majesté se promène sur les eaux, déroulant avec rapidité ses spirales irrésistibles : il s'avance, avec une vitesse de translation qui varie de 1800 mètres à 33 kilomètres par heure; il s'avance, comme un reptile aérien, en tournant sur lui-même ; il est doué d'un double mouvement de translation et de rotation, et ses spirales en s'éloignant de leur point de départ élargissent leur cercle de rotation en même temps qu'elles voient leur intensité s'affaiblir, comme un fleuve qui coule plus lentement entre des rives plus larges.

Ce courant atmosphérique, gigantesque une fois formé, n'offre à son origine qu'une suractivité modérée comme tout autre phénomène planétaire : des filets dynamiques partent de son berceau et propagent cette suractivité dans les vapeurs supérieures de la zone des courants ; dans cette première étape la crise se développe et grandit par voie de prolifération successive et de transformation dynamique ; de proche en proche le siége de cette suractivité gagne des couches moins élevées ; elle est dans la région des nuages, seconde étape, et des filets dynamiques existent encore de celle-ci vers l'étape supérieure et vers la troisième étape, ou l'océan. Mais la prolifération ayant atteint son *maximum* de développement, dans cette troisième course les filets dynamiques sont confondus dans une masse unique de supports agités, formant un courant, au sein duquel on distingue encore, comme au sein de tout courant, des filets dynamiques analogues à ceux qui lui ont donné naissance.

En un mot, transformation successive, par voie d'équivalence, des forces vives les unes dans les autres, de la force électrique en force calorique, de la calorique en force électrique, et ainsi de suite ; d'autre part prolifération progressive des supports hyperdynamisés : tel est le mécanisme commun qui préside à la génèse du cyclone. Ce mécanisme accomplit son évolution physiologique d'étape en étape, ou de couche en couche, par le moyen des filets dynamiques qui servent de courants anastomotiques entre chacune d'elles ; transformant ainsi en fonction unique et assimilant à tous les courants de l'océan ou de l'atmosphère, et à la génèse de tous les phénomènes météorologiques, ce tourbillon électrique, dont le cours et l'évolution sont l'image agrandie des supports électriques fondamentaux, dans leur activité physiologique.

A titre de détail, je dirai en terminant, que les cyclones, dans l'hémisphère boréal, se dirigent du sud au nord par l'est, ou du nord au sud par l'ouest, et que, dans l'hémisphère austral, ils se dirigent en sens inverse, du sud au nord par l'ouest, ou du nord au sud par l'est; que les marins, pour désigner les parties des spirales plus ou moins dangereuses aux navires, distinguent le *demi-cercle dangereux* et le *demi-cercle maniable*, celui-là étant le côté de la spirale qui marche dans le sens du cyclone et celui-ci le côté de la spirale qui revient sur elle même, à contre-courant du météore; que dans l'hémisphère boréal le vent souffle toujours plus fort à droite, et plus fort à gauche dans l'hémisphère austral, mais que, toujours dans une spirale donnée d'un cyclone, le vent souffle à la fois des quatre directions opposées suivant le côté où l'on se trouve; enfin que de l'équateur au pôle, le cyclone, dans sa marche progressive, perd successivement ses vents du côté gauche dans le nord et ses vents du côté droit dans le sud, c'est-à-dire que la spirale en perdant son intensité perd de sa régularité. On remarquera que les vents de droite, qui sont les plus forts dans le nord, et les vents de gauche, qui sont les plus forts dans le sud, sont justement ceux qui suivent la marche progressive du météore, tandis que les vents qui s'éteignent peu à peu dans l'un et l'autre hémisphère sont précisément les vents contraires, ou vents rétrogrades.

ART. III. — *Des lois planétaires.*

Loi de compensation.

Le centre tellurique et la périphérie atmosphérique sont en équilibre fonctionnel, dont le dérangement se traduit par un

déplacement de forces vives et par l'établissement d'une suracti-
vité dans l'un ou l'autre organe.

C'est l'antagonisme qui s'accentue davantage. Ce sont les manifestations hyperdynamiques du plus et du moins.

La concentration des forces planétaires de la périphérie au centre, dans la saison d'hiver, relève de cette loi. L'expansion de ces mêmes forces du centre à la périphérie, dans la saison d'été, en relève encore. C'est là une application générale. Il est des applications locales, partielles, obéissant aux principes de cette loi dans chacun des antagonismes que j'ai signalés : entre les différents canaux ou systèmes cellulaires d'un même hémisphère, entre les zones perpendiculaires du système diagonal, aux deux extrémités opposées d'une même zone de ce nom; enfin entre les séries ondulatoires des spirales magnétiques, reproduites en séries dynamiques de plus et de moins dans les laves cellulaires.

L'antagonisme des causes se manifeste dans les effets, c'est-à-dire dans les phénomènes météorologiques.

La loi d'antagonisme est sœur de la loi de compensation.

Loi d'antagonisme.

Deux suractivités planétaires données tendent toujours à se mettre en état d'antagonisme, c'est-à-dire en inégalité hyperdynamique, où la plus puissante accapare le rôle du plus fonctionnel, et laisse le rôle du moins à la seconde.

Cette loi a ses applications dans la physiologie générale de la planète, dans la physiologie spéciale de chaque organe, et dans la physiologie des supports élémentaires eux-mêmes.

Il y a antagonisme entre le centre et la périphérie ou réciproquement, entre le pôle boréal et le pôle austral, entre les différentes zones d'un même organe, entre les différentes régions d'une même zone, entre les supports moléculaires généraux et les supports particuliers de l'électro-magnétisme, entre les différentes forces d'un même support, et entre les différentés modalités d'une même force vive.

Nous avons vu précédemment des applications de toutes ces variétés d'antagonisme. Le temps météorologique en relève.

L'antagonisme est une question de vie ou de mort : antagonisme dans les facteurs, harmonie dans la fonction qui en résulte, comme je l'ai déjà dit.

L'égalité dynamique ou fonctionnelle est une condition antivitale, laquelle devient, dans une autre espèce, antisociale.

L'antagonisme sauvegarde avant tout la fonction et la synthèse. L'égalité ne prend souci que des éléments, ou leur donne une importance exagérée.

L'antagonisme est écrit en toutes lettres dans la nature, comme le cachet de la prolifération et de la vie.

Voyez la formation d'un orage dans un ciel embrasé : des vapeurs se condensent çà et là, des nuages sombres ou noirs apparaissent, le ciel se couvre de tous côtés, le soleil se voile, il fait une chaleur étouffante, un calme sinistre prélude à la tempête, et l'orage se fait attendre. Pourquoi? parce que tous ces nuages orageux ne sont pas fondus en une masse unique, parce qu'ils sont associés et non égalisés, qu'ils conservent leur individualité respective, qu'ils sont en état d'antagonisme, les uns plus forts, les autres moins actifs, et qu'ils se maintiennent réciproquement en équilibre dynamique : c'est la période de prolifération, où l'orage grandit et se développe. Mais le mal est à côté du remède. Chaque nuage orageux a sa sphère d'activité; c'est un foyer de prolifération et d'attraction. Tel nuage plus vivace et plus fécond jette des anastomoses au delà de sa sphère : il attire à lui des nuages voisins, inhabiles à se défendre; il accapare dans le sien tous les foyers inférieurs du voisinage; il se propage de plus en plus; il embrasse bientôt toute la zone orageuse, et alors on voit réunis en une masse unique tous ces nuages primitivement isolés, tous ces foyers jouissant d'abord d'une indépendance relative.

Les inégalités dynamiques se sont évanouies, l'antagonisme est mort, l'égalité règne, imposante, entre tous ces éléments associés. Soudain l'orage éclate, le tonnerre gronde, la pluie tombe,...... et ce puissant édifice dynamique s'écroule ! Les nuages se dissocient de nouveau, la synthèse est détruite, l'analyse reprend ses droits.

L'association se désagrége comme elle s'était agrégée, d'éléments en éléments ; mais la tendance est contraire, elle est centrifuge au lieu d'être centripète.

Ainsi tombent les orages ; ainsi meurent les peuples.

Les lois de la physiologie sont universelles : leur principe est dans l'organisme sidéral ; elles sont reproduites dans l'organisme animal, et les lois sociales sont faites à leur image.

Les lois de compensation et d'antagonisme sont les bases de toute organisation, de quelque nature qu'elle soit.

L'antagonisme c'est la vie. L'égalité c'est la mort.

Loi de généralisation.

Toute suractivité tellurique produit, par un mécanisme analogue à celui de la fièvre dans l'organisme animal, un état consécutif d'hyperdynamisme dans l'océan et dans l'atmosphère ; lequel se manifeste par les phénomènes du vent, de la pluie, des nuages, des tempêtes, ou encore, suivant son intensité et son siége, par le tremblement de terre ou l'éruption volcanique.

Cette loi appartient de droit à la saison d'hiver, où il y a concentration dynamique de la périphérie au centre, amenant fatalement le renvoi dynamique du centre à la périphérie, sous une autre forme. C'est la fièvre salutaire du corps humain.

Cependant cette loi trouve aussi son application dans toute autre saison, lorsque, par une cause quelconque, il se fait un déplacement primitif de la périphérie au centre, ou bien lorsque le centre tellurique se met de lui-même en suractivité primitive. Les recrudescences nocturnes en relèvent.

Par cette loi, l'équilibre détruit entre les organes tend à se rétablir.

La loi de généralisation est presque toujours précédée de la loi de réparation.

Loi de réparation.

Le maximum hyperdynamique d'un organe, ou d'une fraction d'organe, exerçant par sa vertu attractive un courant d'appel sur les forces de voisinage ou sur les forces qui lui sont particulièrement opposées à titre d'antagonisme organique, implique le minimum dynamique dans ces autres régions.

C'est une variété des lois de compensation et d'antagonisme. La loi de réparation se détruit dans ses effets par la loi de généralisation. Celle-ci rend aux organes dépouillés ce qu'ils avaient perdu.

Loi de déplacement.

Le déplacement des forces vives et l'établissement consécutif de la suractivité, en d'autres termes le courant du moins vers le plus s'opère tantôt de l'atmosphère vers le centre, tantôt du centre vers la périphérie, toujours dirigé dans sa localisation par les points d'appel préexistants.

Il faut distinguer les *points d'appel anatomiques*, dont la suractivité relative est proportionnelle à l'organisation, et ne devient efficace qu'en l'absence des suivants; les *points d'appel physiologiques*, dont la suractivité, constante ou périodique, est en raison de l'importance fonctionnelle de l'organe; et les *points d'appel hyperdynamiques*, répondant aux points d'appel pathologiques du corps humain, où la suractivité est accidentelle, mais toujours prédominante quand elle existe.

La vertu attractive va *crescendo* du premier au dernier.

Je citerai pour les premiers : la suprématie organique du ganglion central sur tous les autres, celle du ganglion boréal sur le ganglion austral, celle des ganglions de la Sonde et des Antilles sur les autres ganglions périphériques disséminés, d'importance secondaire; pour les seconds : la suprématie du ganglion polaire dans la saison d'été, par rapport au ganglion opposé et à la saison d'hiver, suprématie non plus organique, mais fonctionnelle; la prépondérance de la zone diagonale, soumise à l'influence attractive de la lune dans le phénomène des marées; la prépondérance de la circulation périphérique sur les autres; pour les troisièmes : la suprématie de tout foyer congestif établi, n'importe en quel endroit où il se trouve.

Cette loi mériterait aussi bien le nom de *loi de répartition*.

TROISIÈME PARTIE

PHYSIOLOGIE SOLAIRE

ou

DU SOLEIL ET DE SON SYSTÈME

CHAPITRE PREMIER

Physiologie du Soleil.

L'anatomie du soleil, et des planètes autres que la terre, est encore peu connue. Quelques faits, concernant la vie de relation de ces astres, sont au contraire bien avérés; ce sont : les mouvements de rotation, de translation, d'inclinaison; la vitesse de ces mouvements, la distance qui les sépare, leur masse, leur volume, et toutes les conséquences qui découlent de ces phénomènes.

Avec le secours des données scientifiques, et suivant toujours la lumière intérieure dont l'éclat nous a guidé jusqu'à ce moment, nous allons tenter de construire la physiologie du soleil et celle de son système ; physiologie élémentaire sans doute, mais qui ne sera pas sans influence et sans utilité.

L'éclipse du 18 août 1868 est une époque mémorable dans l'histoire de la constitution solaire. De grands progrès ont été accomplis dans cette étude, depuis que l'analyse spectrale est venue ajouter le concours de ses résultats à ceux déjà obtenus par le télescope.

Il est tout d'abord un fait certain : le soleil présente des taches au milieu des rayons éclatants de sa photosphère ; et ces taches offrent à l'étude et à l'observation des phénomènes d'évolutions très remarquables. Les auteurs en ont si bien compris l'importance, qu'ils s'en servent comme de pivot fondamental pour établir leur théorie ; mais, comme pour la terre et pour l'étude sidérale, les données les plus vraies et les plus fécondes ont été méconnues, lesquelles s'appuient sur l'ordre physiologique, phare merveilleux qui brille avec splendeur sur toutes les œuvres de la nature.

Les principales théories de l'organisation solaire sont au nombre de quatre : celle de Wilson, de Glasgow, qui date de 1760 ; — celle de Kirchhoff, professeur de Heidelberg ; — celle de W. Thomson, physicien anglais ; — et celle de Faye, modifiée par Stoney, avec compléments de Janssen, de Norman Lockyer, etc.....

Dans la théorie de Wilson, le soleil est formé d'un noyau central, solide, froid, habitable à la façon des planètes, avec son atmosphère propre et respirable ; puis, à une grande distance, d'une enveloppe extérieure où se trouvent successivement, de dedans en dehors, trois couches : la couche protectrice des nuages opaques, doués d'un pouvoir réflecteur absolu ; la photosphère, source de la lumière et de la chaleur, composée de nuages incandescents, mobiles et changeants comme les nuages de notre atmosphère, dont les taches seraient des intervalles libres qui prennent naissance de leur dissociation, vaste hiatus, cavité relative où l'œil plonge sur la couche protectrice des nuages opaques; et, en troisième lieu, une couche gazeuse externe, dite couche rose des protubérances, transparente et de peu d'épaisseur. Cette théorie était généralement adoptée jusqu'en 1860.

Dans la théorie de Kirchhoff, la lumière et la chaleur du soleil proviennent du noyau central lui-même, lequel serait incandescent, liquide ou solide, comme était la terre à son origine. Autour de cette masse en ignition circule une immense atmosphère peu lumineuse, absorbante même, formée de toutes les vapeurs refroidies que dégage le noyau central, les plus lourdes occupant les couches profondes et les plus légères s'élevant jusqu'à la périphérie. Ici les taches ne sont plus des espaces libres entre des nuages incandescents, mais bien des nuages opaques, flottant dans cette atmosphère de vapeurs. Les espaces libres entre les nuages servent au passage de la lumière centrale.

Dans la théorie de Thompson, il existerait autour du noyau solaire, solide et non incandescent, un essaim de corpuscules météoriques sans cesse en mouvement, successivement attirés et repoussés par cet astre. Ce mouvement, toujours détruit et toujours renouvelé, est la cause constante, d'après les lois de transformation des forces vives, de la chaleur et de la lumière.

La théorie de Faye et de Stoney se rattache à une autre plus générale, à la théorie cosmogonique de Kant et de Laplace, laquelle est aussi une théorie unitaire.

Dans cette théorie cosmogonique, on admet que les nébuleuses non résolubles par le télescope sont des amas gazeux incandescents, immenses fournaises qui remplissent les confins de l'espace.

Pourquoi supposer que ces nébuleuses sont des amas gazeux? Il y a deux raisons de cette hypothèse : la non-polarisation de la lumière qu'elles nous envoient, et la non-continuité de leur spectre. Nous reviendrons plus loin sur cette explication.

Dans cette théorie cosmogonique on admet l'unité de nature et d'origine de tous les corps sidéraux : nébuleuses, étoiles, soleil, planètes, lunes. Ce sont autant de phases successives du développement d'un même corps. La nébuleuse, après avoir existé comme telle pendant un temps inconnu, a donné naissance au soleil, duquel se sont détachées les planètes, desquelles se sont détachées les lunes. Ce sont les trois éléments d'analyse dont la nébuleuse est la synthèse.

Pour exprimer cette théorie en termes physiologiques, je dirai que la nébuleuse, à sa période embryonnaire, était une masse blastodermique, composée d'éléments gazeux et d'élémens pâteux ; que ceux-là régnaient presque exclusivement au principe ; que ceux-ci se sont développés progressivement, et, au fur et à mesure de leur agglomération, ont remplacé dans la nébuleuse la tendance expansive qui s'était d'abord manifestée par une tendance de plus en plus concentrative ; qu'alors la masse blastodermique, entrant dans une phase nouvelle, s'est divisée successivement en zones distinctes, puis en corps distincts.

Cette théorie est vraiment séduisante, et offre le champ libre aux phénomènes de prolifération physiologique. Mais on voudra bien remarquer qu'elle n'implique en aucune façon la théorie de Faye, laquelle paraît convenir à la période de jeunesse du soleil, plutôt qu'à sa période adulte. Car, en vérité, si les planètes ont éprouvé des transformations organiques depuis leur naissance jusqu'aux temps historiques, pourquoi n'en serait-il pas de même du soleil? S'il est une période de jeunesse et une période adulte pour chaque cellule sidérale, dont la nébuleuse représente la première période, il en est également pour chaque organe de la cellule.

D'après la théorie de Faye, le soleil, qui représente le cœur de la nébuleuse mère, aurait encore une organisation analogue à celle-ci. C'est une masse gazeuse incandescente, où la température est telle que les corps y sont non-seulement en vapeur, mais à un état où la combinaison chimique est

impossible. La périphérie de cette masse gazeuse, refroidie
peu à peu par le rayonnement, a formé autour du noyau
central une couche protectrice, dont la température moins
élevée rend possibles les combinaisons chimiques et les phénomènes de condensation, d'où dérivent des produits d'apparence nuageuse. Cette enveloppe extérieure, avec ses nuages,
représente la photosphère; elle est le théâtre de mouvements
incessants, et, pour en étudier les phénomènes, il faut la
diviser en deux couches superposées.

Dans la supérieure, le refroidissement plus considérable
fait passer les éléments chimiques de l'état de vapeur à
l'état liquide; alors, entraînés par la pesanteur, ils tombent
vers le noyau solaire, phénomène analogue à la pluie et à la
neige de notre terre, mais où l'eau est remplacée par des métaux fondus. Cette zone des pluies et des neiges solaires
forme la seconde couche de la photosphère; elle se trouve
limitée inférieurement par une zone plus chaude, où les éléments liquéfiés repassent à l'état de vapeur, pour s'élever de
nouveau dans les régions périphériques, puis retomber encore
en pluie et en neige, et ainsi de suite.

De tous ces phénomènes il résulte que la photosphère est
traversée par de nombreux courants : courants horizontaux,
courants verticaux, ascendants et descendants.

Des deux couches de la photosphère, dit Stoney, la supérieure composée des nuages est plus sombre, et l'inférieure,
celle de la pluie et de la neige, plus brillante. C'est à cette
disposition des couches qu'il attribue l'apparence granulée,
que présente vers son centre la surface solaire.

Voici maintenant, dans cette théorie, l'explication des taches, des facules, des pénombres. Quand le nuage s'amincit
dans la couche supérieure, il laisse apercevoir la couche plus
brillante de la pluie et de la neige : c'est la facule. Quand la
pluie et la neige cessent sous un nuage, celui-ci jette moins
d'éclat puisqu'il appartient à la couche la plus sombre :
c'est la pénombre qui se forme. Enfin, quand la pluie cesse et

que le nuage disparaît, c'est la tache, hiatus, crevasse, cavité
où l'on aperçoit le noyau central incandescent, très chaud,
mais relativement peu lumineux.

Pour compléter cette théorie de Faye, on ajoute, avec
M. Norman Lockyer, de Londres, et avec M. Janssen,
qu'autour de la *photosphère* existe une autre enveloppe gazeuse, de nature hydrogénée, dite *chromosphère*, dont les
protubérances ne sont que les vagues les plus élevées. L'examen des lignes spectroscopiques de cette couche, reliée directement à la photosphère, révèle qu'elle est agitée par de
grands mouvements continuels.

Dans toutes ces théories on suppose que la lumière est
formée soit par un gaz incandescent, soit par un corps liquide
ou solide également en incandescence. J. Herschel a donné
une autre explication de la lumière, en disant qu'elle est un
phénomène électro-magnétique, assimilable à une aurore
boréale continuelle. Pour Thompson l'origine de la lumière
serait toute mécanique, étant produite par les seules vibrations des atomes éthérés. Mais aujourd'hui il paraît bien
établi que la lumière du soleil, émanée de la photosphère, a
sa source dans des particules solides incandescentes, dans
les mouvements de ces particules, et non dans les gaz.

Pour juger la question solaire et se faire une idée aussi
exacte que possible de son organisation, il faut envisager cet
astre, non pas seulement comme un organe isolé, mais dans
la plus large acception de sa puissance, dans toute l'étendue
de ses fonctions physiologiques, comme le noyau d'une cellule dont les planètes qui circulent autour de lui sont les
nucléoles.

La question placée sur ce terrain de physiologie générale,
étant reconnu que tout dans un système solaire offre l'image
parfaite d'une cellule animale, avec noyau, nucléoles et granulations; étant démontré que les cellules sidérales ont passé
par une période embryonnaire, dite de nébuleuse, et sont

actuellement dans une période d'état pour arriver peut-être
un jour à une période de déclin ; étant démontré que les
corps constituants de ces cellules ont chacun une évolution
analogue, et que tous les phénomènes météorologiques connus sont des signes indubitables de vie organique, de dynamisme physiologique, il faut arriver nécessairement, par voie
d'analogie et par induction physiologique, à admettre l'existence, dans la masse blastodermique primitive, de deux
ordres d'éléments au point de vue génésique, d'éléments
mâles et d'éléments femelles, par la raison que, sans le principe de la dualité, à destination sexuelle, il n'est rien de possible dans le champ de la vie, ni prolifération, ni genèse, ni
évolution quelconque ; il faut admettre que cette dualité de
l'état embryonnaire se retrouve dans l'état adulte, aussi indispensable dans celui-ci que dans celui-là ; il faut admettre
que ce principe a pour lieu d'élection deux organes distincts, et
que ces organes, malgré une différence voulue par leur fonction, présentent entre eux un fond commun de constitution.

Aux sources premières de la vie, avant toute organisation,
existe l'atome éthéré et l'atome chimique, celui-là jouant le
rôle d'élément mâle, et celui-ci d'élément femelle. Pour me
faire comprendre je suis obligé d'employer les expressions
reçues, malgré la différence du terrain où la science me
conduit.

Ces deux ordres d'atomes se combinant pour l'organisation des molécules et des granulations, on peut dire que
chacun de ces petits éléments composés jouit des deux fonctions. Mais il convient de distinguer, ici comme partout, la
vie organique et la vie de relation. Or, je le répète, tous les
éléments organiques fondamentaux, qu'on appelle moléculaires et granulaires, à quelque division vitale qu'ils appartiennent, possèdent, de par leur organisation même et pour
satisfaire les exigences incessantes de leurs évolutions physiologiques, les deux propriétés sexuelles au point de vue de
la vie organique, tandis que, à celui de la vie de relation, ils

ne possèdent plus qu'une résultante sexuelle, soit dans un
sens, soit dans l'autre.

Cette théorie de la dualité, et de sa répartition, est conforme à ce que j'ai dit plus haut de l'antagonisme physiologique. Qu'est-ce après tout que la dualité sexuelle, sinon un
mode spécial d'antagonisme? Nous avons ainsi, pour la vie
organique, l'antagonisme atomique et l'antagonisme intramoléculaire ; pour la vie de relation, l'antagonisme intergranulaire, c'est-à-dire de granulations à granulations.

La physiologie nous oblige d'admettre : 1° des atomes soi-
disant mâles par analogie et des atomes soi-disant femelles;
2° des molécules mâles et des molécules femelles; 3° des granulations mâles et des granulations femelles.

Sans l'antagonisme des atomes (antagonisme dans les facteurs, harmonie dans la fonction), résumé dans l'ordre
éthéré et dans l'ordre chimique, aucune combinaison ne
pourrait s'effectuer, aucune organisation se développer, aucune vie apparaître : ce serait la mort universelle, avec l'égalité organique et dynamique. L'unité atomique est un non-
sens physiologique.

Dans les cellules animales, à côté des granulations sont des
noyaux et des nucléoles. Ces derniers éléments sont remplis
eux-mêmes de granulations, à l'instar des cellules ; c'est dire
qu'ils jouissent de la dualité sexuelle dans le champ de leur
vie organique. Dans les rapports de leur vie de relation, ils
ont une résultante sexuelle : les noyaux sont des individualités mâles en tant que possédant la suprématie organo-
dynamique, et les nucléoles sont des individualités femelles.

Toute cellule est donc un petit organisme pourvu de la
dualité sexuelle, par ses granulations d'une part, par son
noyau et son nucléole d'autre part. Les cellules animales où
il n'existe qu'un ou plusieurs noyaux, sans nucléole, sont des
cellules à résultante mâle. Il ne faut pas moins que cette
richesse sexuelle, pour expliquer tous les phénomènes de

prolifération et de genèse des cellules animales et de leurs éléments constituants.

Le type des cellules animales étant dans les cellules du corps sidéral, il est évident que celles-ci possèdent, et à un degré supérieur, les mêmes modalités de supports et les mêmes propriétés que celles-là. Les cellules sidérales vivent toutes en dualité sexuelle, tant par leurs granulations ou corpuscules météoriques que par leur noyau et leurs nucléoles : le soleil est l'individualité mâle ou à résultante mâle, les planètes sont les individualités femelles.

C'est grâce à cette organisation fondamentale que l'homme et la femme représentent une dualité sexuelle, à titre de résultante. Il suffit de réfléchir un instant, pour comprendre qu'ils ne pourraient posséder cette propriété, si elle n'avait sa source dans les profondeurs intimes de leur organisation.

Cette digression de physiologie philosophique nous ramenant naturellement à la question du soleil et des planètes, nous pouvons affirmer d'abord qu'il n'existe pas de différence essentielle, radicale, entre les trois ordres de corps célestes, entre le soleil, les planètes et les corpuscules météoriques ; que dans une cellule donnée la constitution fondamentale est identiquement la même ; qu'entre les éléments de même résultante sexuelle il ne peut régner que des différences secondaires, telles que celles du volume, de la masse, de la vitesse de rotation et de locomotion, de la température, de l'apparence physique ; que, entre le soleil et ses planètes, à résultante sexuelle antagoniste, nous devons retrouver à la fois une même organisation fondamentale, et une différence organique, à titre de caractère spécial, individuel ; enfin qu'un même mécanisme doit présider aux phénomènes et aux fonctions de tous ces corps.

Deux principes physiologiques dominent la question : celui de l'organisation fondamentale commune, et celui d'un organe spécial, où sont concentrées les forces résultantes de l'individualité. L'observation de tous les animaux et de tous les végétaux ne nous enseigne pas autre chose.

En vertu du premier principe, nous devons croire que le soleil a un noyau central solide, d'une organisation analogue à celle de la terre et de toute planète, avec les trois organes constituants : l'organe solide, l'organe liquide et l'organe gazeux ou atmosphérique.

En vertu du second principe, nous devons chercher l'organe spécial, à résultante sexuelle. Il se présente naturellement à nous, comme organe dans la photosphère, comme fonction dans la lumière. Retranchez par l'imagination la photosphère et la lumière, le soleil n'est plus qu'une grosse planète.

On voit dès à présent que la théorie de Wilson, sur la constitution solaire, est celle qui a le plus de valeur physiologique.

Ceux qui soutiennent la nature gazeuse du noyau solaire central invoquent, pour soutenir cette hypothèse, la chaleur excessive à laquelle serait exposé un noyau solide habitable, et diverses considérations tirées du mouvement des taches.

La première objection n'a pas de valeur physiologique ; car, dans l'ordre des harmonies providentielles, pour employer l'expression de M. Charles Lévêque, si Neptune est organisé de manière à recevoir assez de chaleur et de lumière, le soleil habitable, par la même raison, dans des conditions opposées, est organisé de manière à n'en pas recevoir trop. Tout cela dépend de la nature plus ou moins dense et absorbante de l'atmosphère, en outre que nous ignorons si la photosphère est aussi active dans les éléments de sa petite circonférence que dans ceux de la grande.

« Les savants, dit le Père Secchi dans son livre sur le *Soleil,* « qui admettent l'existence d'un noyau solide à l'intérieur de « la photosphère, comparent le mouvement des taches so- « laires à celui de nos vents alizés. »

Pour lui, il admet l'hypothèse d'une rotation plus rapide à l'intérieur du soleil, avec mouvements verticaux de haut en bas et de bas en haut dans la photosphère, soumise par la radiation aux effets du refroidissement, c'est-à-dire à la condensation des couches superficielles qui descendent vers les parties profondes, et sont remplacées par des couches plus légères qui s'élèvent ; d'où se déduit, conformément à l'observation des faits, une vitesse plus considérable au voisinage de l'équateur que dans les latitudes plus hautes, tandis que, dans l'hypothèse des alizés, les taches, en passant des couches inférieures au supérieures, ou réciproquement, éprouveraient une modification dans la vitesse de leur cours, d'où résulterait une vitesse angulaire plus faible à l'équateur, et plus grande sur les parallèles, ce qui est contraire à la réalité.

Il existe des courants horizontaux obliques dans la photosphère. La direction suivie par les taches le démontre ; mais ces alizés solaires ont la composante de leur mouvement en longitude dirigée en sens inverse de la composante des alizés terrestres. Entre les latitudes 20 degrés N et 15 degrés S, les taches suivent un mouvement collectif oblique vers l'équateur, ou convergent ; au delà, il est divergent ou oblique vers les pôles, c'est-à-dire de 20 à 35 degrés nord et de 15 à 30 degrés sud (Secchi).

Si, par les courants de la photosphère, un certain nombre de mouvements généraux des taches s'explique, on ne saurait expliquer de même leurs mouvements individuels, parfois si bizarres et si multipliés, où l'on découvre évidemment la preuve d'une force intrinsèque d'évolution.

Toutes les théories émises jusqu'à ce jour par les savants les plus distingués sont nécessairement incomplètes, par cela même qu'elles sont basées *exclusivement* sur des lois physiques, mécaniques ou chimiques. Sans doute que je viens offrir à mon tour une théorie nouvelle ; mais elle a l'avantage d'être appuyée sur des lois physiologiques, sans préjudice des autres.

La photosphère est une immense enveloppe lumineuse, cer-

nant de toutes parts le noyau solaire et disposée à sa périphérie de manière à répartir sa fonction de tous les côtés,
sur tous les corps planétaires qui se meuvent dans sa cellule.

Organe spécial, elle a ses éléments spéciaux. Sachant que
dans une cellule. animale les supports dits granulaires sont
les éléments essentiellement vitaux, que d'eux découle pour
ainsi dire la source de la vie ; sachant d'autre part que les
supports de la photosphère, quels qu'ils soient, sont justement
regardés comme les éléments solaires doués de la plus grande
activité, comme le principe de vie de tous les organes renfer-
més dans la cellule, il paraît logique de rattacher les supports
de la photosphère à l'ordre des éléments granulaires, des
éléments vitaux par excellence, en faisant de suite cette distinction que, dans cet ordre spécial, il est plusieurs genres et,
dans chaque genre, plusieurs espèces de granulations.

Ces éléments photosphériques, nageant et accomplissant
leurs évolutions au sein d'une atmosphère fluide, sont, par
leurs mouvements incessants et leurs phénomènes de prolifération, la source organo-dynamique de la chaleur et de la
lumière.

Les supports météoriques de la photosphère se meuvent
dans leur milieu avec une grande vitesse, et se heurtent sans
cesse les uns contre les autres ; mais tout porte à croire que
ce choc n'est pas stérile, que ces mouvements ne sont pas
purement mécaniques, et que la photosphère est le théâtre
de combinaisons et de décombinaisons incessantes, et non
celui de chocs inféconds, tels que ceux des balles de sureau
dans le bocal à expérience électrique.

« Les taches solaires ne sont point permanentes ; il est rare
« que l'une d'elles subsiste pendant la durée de plusieurs
« rotations successives ; mais leurs formes, leurs dimensions
« varient d'une rotation à l'autre, quelquefois même dans
« l'intervalle d'un seul jour..... Il y a là deux phénomènes
« simultanés que les observateurs ont étudiés séparément.
« D'une part un mouvement propre, plus ou moins rapide, et

« distinct du mouvement apparent produit par la rotation :
« d'après M. Laugier, la vitesse réelle d'une tache observée
« par cet astronome n'était pas moindre de 111 mètres par
« seconde, c'est-à-dire trois fois supérieure à celle des nuages
« emportés par l'ouragan le plus violent.

« D'autre part le changement de forme n'est pas moins ra-
« pide. Tantôt une tache se divise en plusieurs noyaux sépa-
« rés, tantôt plusieurs noyaux distincts se réunissent en un
« seul. Arago rapporte, d'après Wollaston, le phénomène
« curieux d'une tache qui sembla se briser à la surface so-
« laire, comme un fragment de glace qui, projeté sur le plan
« poli d'une nappe d'eau congelée, se partage en plusieurs
« morceaux glissant dans toutes les directions.

« D'après un astronome qui a fait une étude approfondie
« des divers phénomènes que présente la surface du disque
« solaire, M. Chacornac, les taches se distribuent ordinaire-
« ment par groupes, formant des traînées parallèles à l'équa-
« teur du soleil. C'est la première tache du groupe, celle
« précédant les autres dans le sens du mouvement de rota-
« tion, qui est la plus noire, la plus régulière, celle enfin qui
« persiste le plus longtemps.

« A mesure que les taches du groupe suivant la première
« disparaissent, elles font place à des facules qui envahissent
« et recouvrent les régions où se montraient les taches. Alors
« la tache primitive apparaît suivie d'une traînée de fa-
« cules (1). »

Ne croirait-on pas lire un chapitre de la physiologie cellulaire animale ? assister au spectacle varié des mouvements
granulaires ? admirer les métamorphoses des noyaux et les
transformations des cellules ? Telles on voit des granulations,
dans la période de genèse des tissus, soit physiologique ou
pathologique, s'attirer les unes les autres, se diviser par
groupes, s'unir à un moment donné, se dissocier à un autre

(1) *Le Ciel*, par Guillemin, page 48.

moment, exécuter toutes les variétés des mouvements dits amiboïdes, et se combiner de diverses manières pour donner naissance, par leur conjonction, fruit d'un antagonisme sexuel, à des éléments nouveaux et plus volumineux, à des nucléoles, à des noyaux ! Tels on voit, dans une cellule à prolifération endogène, les noyaux se reproduire et se multiplier dans l'enceinte qui les nourrit, élever leur nombre progressivement de un jusqu'à quatre, cinq ou six, puis tout à coup, la membrane cellulaire se rompant, se répandre au dehors et former cinq ou six individualités cellulaires, là où il n'y en avait qu'une primitivement ! Tels on voit encore les phénomènes de fissiparité cellulaire et nucléaire ! Tels les phénomènes de segmentation !

C'est dans cet ordre d'idées que nous devons concevoir et étudier le phénomène des taches solaires.

« Les taches solaires, dit encore Guillemin, se composent
« presque toujours d'un ou plusieurs noyaux sombres, qui
« semblent noirs à côté des parties lumineuses du disque.
« Tout autour de ces parties plus foncées, une teinte grise,
« sillonnée de stries noirâtres, forme ce qu'on appelle impro-
« prement la *pénombre*. La plupart des taches sont compo-
« sées à la fois d'un ou plusieurs noyaux et d'une pénombre.
« Mais on aperçoit quelquefois des taches noires sans appa-
« rence d'enveloppes grisâtres, comme aussi des pénombres
« dépourvues de noyaux.

« La forme des taches est des plus variables. Quant à la
« pénombre, elle reproduit le plus souvent les principaux
« contours des noyaux.

« ..... Tout autour des taches sombres apparaissent des
« taches plus brillantes que le reste de la surface. Ce sont les
« *facules*.....

« ..... Le reste du disque est sillonné de rides lumineuses
« et de rides sombres..... Ce sont les *lucules*. »

Le Père Secchi dit fort bien qu'on reconnaît trois périodes ou phases distinctes dans l'évolution des taches : une période

de formation ou phase d'augment, une période finale ou
phase de déclin, et une phase d'état ; que la forme arrondie
est la forme normale des taches à leur période d'état, et que
les taches rondes, cratériformes, sont plus durables que les
autres : ce qui signifie en langage physiologique que la phase
d'état a plus de durée que les deux autres.

Les taches solaires ont une faculté d'attraction, que met
en évidence le phénomène d'absorption des petites par les
grandes. Elles naissent, se développent et meurent, à l'image
de tout organisme vivant, ou de toute fraction organique
qui possède en elle-même la source de son activité. Leurs
mouvements évolutionnaires sont soumis aux lois suivantes,
que je cite d'après le livre du Père Secchi :

« 1° Toutes les fois qu'une tache se divise, ou qu'elle subit
« un changement considérable dans sa forme, on observe
« toujours un mouvement brusque, une espèce de saut qui
« se fait invariablement vers la partie antérieure, c'est-à-dire
« dans le sens où croissent les longitudes ;

« 2° Les grandes taches, même lorsqu'elles ont une lon-
« gue durée, ne sont pas exemptes de ces mouvements
« brusques, et on remarque de temps en temps des recru-
« descences d'activité dans la force ou dans le mouvement
« qui les produit ;

« 3° Les taches rondes cratériformes montrent une sta-
« bilité plus grande, que les taches dont les bords sont dé-
« chiquetés, les noyaux multiples et irréguliers ; elles font
« souvent plusieurs rotations ;

« 4° Les taches petites et superficielles ont des mouve-
« ments très irréguliers. Il en est de même des grandes ta-
« ches, soit à l'époque de leur formation, soit au moment où
« elles sont sur le point de disparaître ;

« 5° Toutes les fois qu'une tache change de forme, ou qu'il
« s'en produit une autre dans son voisinage, on remarque
« une perturbation ou un déplacement ;

« 6° Les grandes taches, après s'être dissoutes, reparais-

« sent souvent à une petite distance de leur position primi-
« tive, mais toujours vers la partie antérieure. »

Il est impossible de ne pas voir une ressemblance frappante
entre les phénomènes apparents des taches solaires et ceux
des cellules animales. Aussi l'idée vint-elle aux astronomes
que ces taches pourraient bien représenter des corps planétaires, tournant comme des satellites autour du soleil et nous
laissant voir leur face obscure! Cette idée fut reconnue
inexacte pour deux raisons : pour la variation de vitesse apparente des taches et pour la variation de forme.

Les taches sont un phénomène inhérent à l'organisation
solaire elle-même, dont le siége n'est autre que l'enveloppe
lumineuse, et dont le mécanisme se rattache aux mouvements d'une genèse continue, d'une prolifération endogène
incessante.

L'apparence d'une tache solaire nous permet d'en établir
la comparaison, soit avec une cellule animale ou végétale
pour le mode de distribution des éléments : noyau central,
unique ou multiple, pénombre ou milieu granulaire de la
cellule, et lucule ou membrane enveloppante; soit avec le
soleil lui-même, comparaison plus vraie et plus féconde, où
leur noyau respectif est entouré d'une atmosphère propre,
car telle est la véritable signification anatomique et physiologique de la pénombre, et où la facule enveloppante est
l'image de la photosphère, formant une zone lumineuse autour de l'individualité organique à laquelle elle appartient.

Chaque tache solaire est la miniature du soleil lui-même.
La photosphère est formée par la réunion d'un nombre infini
de petits soleils, nageant dans une atmosphère fluide. Sa
substance est composée d'éléments granulaires ou corpusculaires associés en masses pâteuses, comme on peut se figurer
la terre à sa période primitive; dont la caractéristique est
d'être animés de mouvements incessants, de transformations
continuelles, de subir des métamorphoses fréquentes, de
naître et de mourir à tout instant, de s'agréger et de se désa-

gréger, en un mot de présenter tous les phénomènes de la prolifération dynamique la plus active et la plus puissante : état physiologique d'où découle la véritable source de la chaleur et de la lumière.

Le soleil est une synthèse, individualité complexe, où viennent se grouper une foule d'individualités secondaires, qui sont l'abrégé et le résumé de sa constitution organo-dynamique.

Le noyau de la tache est un corps d'apparence planéti-forme, d'une texture spéciale, pâteuse, plus ou moins condensée, dont le volume est très gros et très variable : Schrœter a mesuré une tache d'un diamètre de 12,000 lieues ; W. Herschel en a mesuré une autre de 17,000 lieues ; d'autres sont plus grandes ou plus petites, mais il ne faut pas oublier que leur diamètre, ainsi que leur volume, change souvent de dimensions.

La pénombre, ou mieux l'atmosphère sombre qui entoure le noyau, est composée d'éléments analogues, mais moins condensés, partant moins obscurs. La facule, ou seconde atmosphère du noyau, est également composée d'éléments granulaires, mais de plus en plus raréfiés, de plus en plus désagrégés, partant lumineux.

Chaque tache solaire est un organisme véritable, d'une durée éphémère, d'une vitalité excessive, et formée de trois organes à l'image de toutes les planètes : le noyau répond à l'organe tellurique, la pénombre à l'organe océanique et la facule à l'atmosphère. Telle était sans doute chaque planète dans sa période d'incandescence. Et telle on voit la photo-sphère aujourd'hui, telle était sans doute la cellule sidérale dans sa période de nébuleuse, où chaque corps planétaire se mouvait à la façon des taches solaires dans une immense atmosphère gazeuse. Malgré la vraissemblance de cette comparaison, il faut néanmoins laisser à chaque période physiologique ses mouvements spéciaux, et la caractéristique de sa fonction.

Les rides plus ou moins lumineuses qui sillonnent la photosphère en dehors des facules, ces rides qu'on désigne sous le nom de *lucules*, et qui constituent comme l'atmosphère générale au sein de laquelle vivent les taches, n'ont pas une autre organisation que celle des facules, sont composées de granulations solaires plus ou moins raréfiées, tirent leur lumière des mouvements de ces supports, et renferment peut-être des taches ou des noyaux de minimes dimensions, invisibles pour nous.

La composition chimique de tous ces éléments photosphériques est connue par l'analyse spectrale : elle ne paraît pas différer de celle de la terre, et probablement de celle des autres planètes. C'est un fait qui vient à l'appui de ma première loi physiologique : *l'organisation fondamenta'e commune.*

Au milieu de ces éléments vitaux, à modalité organique granulaire, associés en masses pâteuses ou plus ou moins raréfiés, variant de forme à l'infini dans les supports individuels aussi bien que dans les supports collectifs, dans les granulations aussi bien que dans les noyaux, circulent des vapeurs d'eau servant de véhicules et des gaz nombreux, parmi lesquels l'hydrogène tient la prédominance, du moins dans les régions supérieures, où il règne même exclusivement, en apparence, et forme la chromosphère ou couche des protubérances.

Si l'on veut mettre en parallèle le champ de la photosphère et le champ de notre cellule solaire, on verra une disposition inverse dans la répartition de la lumière et des ombres : dans celui-là, les ombres sont les masses corpusculaires, et la lumière brille dans les espaces qui les séparent; dans celui-ci, les ombres occupent les espaces interplanétaires et la lumière brille, toute d'emprunt, il est vrai, autour des planètes disséminées.

La matière organique de la photosphère, constituante des taches solaires, est dans un travail incessant de combinaisons et de décombinaisons vitales, dans un mouvement éternel de genèse et de mort de ses agrégats, où la mort de celui-ci est le flambeau qui allume la vie de celui-là, et où se réalisent à tout instant ces deux lois physiologiques : *un organe qui se développe consume des forces vives, — un organe qui meurt ou qui se détruit en dégage.* Dans celui-là les mouvements vitaux dominent en résultante centripète; dans celui-ci ces mouvements dominent en résultante centrifuge. Les taches qui se forment sont des foyers d'attraction. Les taches qui se désagrégent sont des foyers d'émission.

L'organisation de la photosphère étant telle, et l'origine de la lumière et de la chaleur solaire étant toute dynamique, il est aisé de comprendre que la température du soleil est stable et ne peut diminuer. Waterston a donc eu tort, lorsque, après avoir évalué la température de cet astre à 6,700,000 degrés centigrades, il a calculé que cette température doit s'abaisser chaque année de 3 degrés. La température du sang animal diminue-t-elle, de l'enfance à la vieillesse ?

Il est vraiment remarquable de voir ces corpuscules de la photosphère, pourvus de la trinité organique comme tous les corps célestes, revêtir la modalité pâteuse plus ou moins condensée ou raréfiée dans leurs trois organes, en vertu d'une certaine association, toute vitale, des éléments solides et des liquides à une haute température; association qu'il faut comparer à celle des laves cellulaires intraterrestres, et à celle des laves volcaniques, où, malgré une température supérieure à la fusion des métaux, ceux-ci sont ramollis et associés par l'intermédiaire de la vapeur d'eau qui leur sert de véhicule, et non fondus réellement; phénomène tout à fait en dehors des lois chimiques pures, exemple incontestable de l'influence des lois vitales.

Cette modalité pâteuse des corpuscules photosphériques est la seule qui puisse expliquer, d'une manière satisfaisante et conforme aux lois physiologiques, les mouvements propres de ces corpuscules, leurs évolutions, leurs métamorphoses. Ce sont pour ainsi dire des organes dans un *état naissant* continuel, possédant à l'état normal le *maximum* de la puissance dynamique de la cellule qu'ils desservent. Dans cette organisation, les vapeurs d'eau et les gaz sont inégalement répartis : ceux-ci sont mélangés en plus grand nombre dans la facule lumineuse, puis dans la pénombre à un moindre degré ; celles-là sont mélangées en plus grand nombre dans le noyau, et vont en diminuant dans la pénombre et dans la facule.

Cette structure des corpuscules photosphériques, où aucune couche solide de sécrétion ne vient, comme dans les planètes, mettre obstacle aux mouvements d'évolution et d'expansion de leurs éléments, nous explique parfaitement comment ils peuvent s'agréger ou se désagréger tour à tour, subir des métamorphoses incessantes ; comment on voit d'un seul noyau, par un travail de prolifération et de segmentation, s'échapper deux, trois ou quatre éléments analogues, lesquels deviennent nouveaux centres d'attraction ; comment, d'autres fois, on voit plusieurs noyaux, par un travail de concentration et de conjonction vitale, se réunir en un seul.

Nous voilà donc arrivé, par l'analyse des mouvements et l'évolution des taches solaires, à connaître leur véritable constitution organique, leur valeur physiologique et leur nature d'éléments vitaux. Le même moyen d'analyse ne nous a pas conduit, comme d'autres, à l'organisation du soleil lui-même. Celui-ci est un organisme, la photosphère n'est qu'un organe. Le soleil est le noyau et l'élément mâle de la cellule sidérale : il fallait des considérations d'un ordre plus général pour parvenir à comprendre son organisation. C'est alors que nous nous sommes appuyé sur deux lois physiologiques, l'une pour le soleil en général, l'autre pour la photosphère en particulier.

La photosphère devient en définitive une immense enveloppe lumineuse, sphéroïdale, d'une composition chimique ou mieux d'une organisation moléculaire comparable à celle des laves volcaniques, où se trouvent associés diversement tous les métaux et métalloïdes connus, dont la structure générale est de consistance pâteuse, plus ou moins fluide, raréfiée ou condensée suivant les régions et le mode d'activité, dont les taches sont des agrégats dits corpusculaires de condensation spéciale se subdivisant elles-mêmes en trois étages de condensation, d'agrégation et d'activité différentes : corpuscules solaires qui répondent, dans l'ordre de la *physiologie comparée*, aux noyaux des cellules, comme le soleil est lui-même, pris dans sa synthèse, noyau de la cellule sidérale, tandis que les éléments plus dissociés qui forment la masse lavique générale de la photosphère répondent aux granulations moléculaires constituantes des cellules animales ou végétales. J'estime ces comparaisons d'une grande valeur pour faire comprendre le rôle physiologique, et la nature organique des éléments solaires.

La photosphère est un vaste océan de laves incandescentes, associées en mode physiologique sous l'animation d'une force vitale, où nous voyons incessamment, dans les noyaux, les pénombres, les facules et les lucules, se dérouler ces grands principes universels de l'inégalité dynamique et de l'antagonisme fonctionnel. Il résulte de ces notions une conception plus grande, plus claire et plus simple à la fois de l'anatomie et de la physiologie de cet astre central ; et nous y trouvons pour la physiologie de la cellule sidérale une source des plus fécondes déductions, et pour l'étude des taches elles-mêmes un guide dans l'observation.

Ce ne sont plus maintenant de vaines apparences que ces taches volumineuses, que le télescope dévoile sur la périphérie du soleil ; ce ne sont plus des gouffres béants qu'une déchirure atmosphérique ouvre à notre imagination effrayée ; ce ne sont plus des nuages qui servent d'écran, qui sont produits par un abaissement de température et donnent autant d'éclipses partielles. Non, ce sont autant de *taches de vie*, sources intarissables de fécondité, où le maître du jour puise la lumière et la chaleur qu'il distribue aux nucléoles ou planètes, qui composent sa cour cellulaire. C'est ainsi que, dans l'évolution primitive d'un embryon humain, le petit amas granulaire, où germe et se développe le rudiment de notre existence, apparaît tout d'abord comme une simple tache, *tache de vie*, à l'œil armé du microscope.

Chaque tache solaire représentant un organisme relativement indépendant, les mouvements propres de rotation et de translation qu'on y a observés n'ont plus rien qui doive nous étonner : ces mouvements sont un des éléments qui entrent dans la constitution de la cellule sidérale.

La photosphère faisant partie de l'organisme solaire, les corpuscules vitaux partagent naturellement, comme leur atmosphère lumineuse, le double mouvement de rotation et de translation de l'astre central ; mais, en dehors de ce mouvement commun qui relève de la physiologie générale du soleil, chaque corpuscule est animé d'un mouvement propre, lequel relève de sa physiologie spéciale. Tels on voit, dans l'atmosphère terrestre, sous le souffle des vents, les nuages, qui participent au mouvement général de la planète, offrir en outre des mouvements indépendants dans toutes les directions et de toutes vitesses.

On a observé qu'une tache solaire, dans le chemin qu'elle parcourt d'un bord à l'autre de la moitié solaire qui nous regarde, est visible pendant environ quatorze jours, et qu'elle met quatorze jours ensuite avant de revenir sur le bord opposé à celui qu'elle a quitté ; c'est-à-dire que ces taches emploient 27 jours et 12 heures à faire le tour du soleil. Cette rotation est la rotation *apparente*, et, comme elle est commune au soleil lui-même, on en déduit la durée de sa rotation ; elle est en réalité de 25 jours et demi pour la rotation *réelle*. Quant aux mouvements propres de rotation des taches solaires, il y aurait à les étudier dans les changements incessants qu'elles nous offrent, dans les métamorphoses où les entraîne leur faculté continuelle de prolifération, et dans certaines apparences qu'elles prennent quelquefois de spirales ou de tourbillons. Mais peu importe ici l'analyse de chacun de ces mouvements ; il suffit de connaître leur existence et les conditions de leur formation.

Connaissant la structure organique et le mécanisme d'évolution de ces corpuscules, il est aisé de comprendre que leurs dimensions n'ont rien d'absolu ; qu'ils atteignent quelquefois un diamètre considérable par la jonction de plusieurs noyaux et d'autrefois un diamètre de courte longueur ; que ces changements sont incessants, s'opérant sous les yeux de l'astronome ; que le noyau énorme le matin peut être, quelques heures plus tard, dédoublé en deux ou trois noyaux secondaires, lesquels deviennent le centre d'autant de taches nouvelles ou de petits soleils ; enfin que, s'il est de ces corpuscules assez volumineux pour permettre de les apercevoir au télescope et de les mesurer, il en est beaucoup d'autres dont les dimensions plus petites les rendent invisibles.

Cependant un problème reste encore à résoudre.

Si ces taches sont des corpuscules organisés, éléments vitaux de la photosphère, abrégés du soleil lui-même, il est certain qu'elles sont plus ou moins sphériques comme tous les corps célestes animés de rotation, comme les atomes éthérés eux-mêmes, et que la facule qui les enveloppe à la façon d'une atmosphère offre une couche périphérique continue. Chaque facule étant pour son noyau central ce que la photosphère est pour le noyau du soleil, la première idée qui se présente est qu'elle doit rendre invisible pour nous ce noyau, de même que la photosphère nous empêche de voir l'organe solide du soleil, et en fait ainsi un sanctuaire mystérieux, impénétrable à tous les regards.

Tout corps céleste, animé d'un mouvement de rotation sur son axe, ayant une force centrifuge prédominante à l'équateur et une force centripète prédominante aux pôles, celle-ci antagoniste de celle-là, la photosphère, qui partage le mouvement de rotation du soleil, n'échappe pas à cette loi. En vertu de la force centrifuge, elle possède une moindre densité de ses éléments dans le voisinage de sa grande circonférence, comme on voit la facule avoir une densité moindre que la pénombre, et celle-ci une densité moindre que le noyau de la tache.

Les éléments, plus raréfiés dans les couches extérieures de la photosphère, y révèlent un *minimum* de puissance dynamique. La facule est aussi le siége d'un *minimum* dynamique par rapport à la pénombre et au noyau. Les couches plus denses sont favorables à la concentration des mouvements, à leur plus grande puissance, à l'accumulation de la force calorique. Les couches moins denses sont favorables à la diffusion des mouvements et aux manifestations de la force lumineuse. Il faudrait en conclure que la température est plus élevée dans les couches profondes de la photosphère et dans les couches profondes des corpuscules, qu'au contraire les couches superficielles sont moins chaudes et plus lumineuses; répartition dynamique générale, laquelle résulte de l'organisation même de ces régions et des lois essentielles de la lumière et de la chaleur.

Ces conclusions ne sont pas contraires à l'observation des faits. Tous les savants qui se sont occupés de la constitution solaire admettent que les parties centrales du noyau gazeux (Faye, Stoney, Secchi) sont plus sombres et plus chaudes que les régions périphériques. Pour les corpuscules, nous avons toujours trouvé, dit le père Secchi, une température plus basse dans les taches et dans les régions qui les environnent. Que la température, ou chaleur sensible, soit moins élevée dans la région des taches que dans le reste de la matière photosphérique, c'est tout naturel; car ces corpuscules, représentant des foyers organo-dynamiques d'élaboration fonctionnelle spéciale, consument les forces vives aux degrés de l'hyperdynamisme solaire, mais plutôt sous les modalités de *force libre* et de *force travail*, et non sous la modalité *sensible*, laquelle, comme je l'ai dit ailleurs, n'est que l'excédant des besoins de transformations.

C'est là une question d'antagonisme dynamique, de laquelle on peut rapprocher ce fait démontré par M. Tyndall, que la chaleur qui accompagne, dans une radiation solaire, la partie lumineuse, n'est que la neuvième partie de la chaleur qu'on constate dans la partie obscure. Antagonisme entre les trois forces vives universelles, antagonisme entre les trois modalités de chacune de ces forces : voilà un phénomène d'activité qui relève absolument des lois physiologiques.

Mais, dans une tache donnée, la même différence dynamique doit exister entre le noyau sombre et la facule qu'entre les couches périphériques et les couches centrales de l'océan photosphérique, ou, si l'on veut, du noyau solaire supposé gazeux.

La déduction des conditions organiques qui précèdent est facile et toute naturelle : les corpuscules offrant dans le sein de la photosphère le développement parfait et régulier de leurs trois organes, la pénombre et la facule enveloppant le noyau dans toute sa circonférence, celui-ci rendu invisible à nos télescopes par l'auréole lumineuse qui le circonscrit, et à jamais caché pour les explorations comme le noyau solide du soleil lui-même; ces mêmes corpuscules, lorsqu'ils s'approchent des limites extérieures de la photosphère, n'offrant plus que le développement imparfait et irrégulier de leurs organes, la facule et la pénombre entourant exactement le noyau dans la demi-circonférence qui regarde le centre de la photosphère, et au contraire faisant défaut dans la demi-circonférence qui nous regarde, par suite de la raréfaction des supports organiques et du *minimum* dynamique de ces régions. Car si, d'une manière générale, les couches périphériques sont plus lumineuses que les autres, cette propriété s'arrête à une certaine limite, où l'on approche de l'atmosphère exclusivement gazeuse, dite chromosphère. C'est alors que la facule s'éclipse, que la pénombre disparaît et qu'il ne reste plus que la masse pâteuse du noyau. Aussi bien, lorsque les corpuscules pénètrent dans ces régions relativement désertes de la photosphère, ils ne nous apparaissent pas dans leur véritable jour, avec leur forme réelle, mais comme une surface plane, de même qu'un noyau coupé en son milieu, dont on voit la superposition des couches constituantes.

Cependant on a remarqué que la surface de la tache, au lieu d'être plane, offre à l'œil l'apparence d'un trou, d'une cavité, dont les dessins photographiques font foi. Cette apparence n'est pas seulement un effet d'optique; elle est réelle et fondée sur la différence organique du noyau et de la facule. Quand le corpuscule s'approche de la périphérie raréfiée, la facule s'efface la première sans doute dans le plan visuel de la tache obscure; la pénombre disparaît aussi ou peut-être seulement s'amincit assez, soit en se condensant, soit en s'élargissant, pour que l'apparence soit uniforme, comme si le noyau était seul en face du télescope; mais ce noyau, s'élevant en réalité moins haut que ses enveloppes et ne pouvant, lui, s'évanouir, doit nous produire l'effet d'une dépression, d'une cavité relativement à l'atmosphère lumineuse de ses bords.

Les variétés d'aspect et de forme que l'on a observées rencontrent, dans ces conditions anatomiques et physiologiques, une explication non moins satisfaisante; et l'étude comparée de la vie cellulaire animale nous familiarise avec ces changements, en nous offrant des variétés analogues : des cellules dépourvues de noyaux, des noyaux isolés sans membrane cellulaire, des amas de granulations privés de noyaux et de membrane enveloppante.

Si quelquefois dans une tache solaire nous apercevons la pénombre sans noyau, il ne s'ensuit pas toujours et rigoureusement que celui-ci n'existe pas : cette disposition peut tenir au développement régulier et parfait de la pénombre, même en l'absence de la facule. Pour telle ou telle condition locale, dont il est impossible de savoir la raison, il se peut faire qu'à un moment donné, dans un même lieu raréfié, là où un corpuscule se montre avec la plus grande régularité de section apparente, un autre conserve sa pénombre sans facule, et un autre sa pénombre sillonnée de stries lumineuses; celles-ci sont sans doute des vestiges de la facule effacée, dont la persistance par place est un témoignage des lois vitales dont tous ces phénomènes relèvent. Une pénombre sans noyau peut donc recevoir deux explications : ou le noyau existe, voilé seulement par l'atmosphère sombre et granulaire qui l'environne de tous côtés; ou la pénombre existe seule, image d'une cellule dépourvue de son noyau ou de granulations libres et indépendantes.

« La photosphère n'est pas du tout une surface continue;
« elle est formée d'une multitude de très petits amas allongés
« de matière incandescente du plus vif éclat, séparés par
« des interva'les relativement obscurs, à peu près comme le
« fond des taches. Les astronomes anglais, MM. Nasmyth,
« Dawes, Stone, etc., qui ont les premiers signalé cette
« étrange constitution, vérifiée après eux par le père Secchi et
« d'autres encore, ont discuté assez vivement sur la forme et
« les dimensions de ces petits amas. Le premier les compare
« à des feuilles de saule; les autres les comparent à des
« grains de riz (1). »

En résumé, il existe dans la photosphère, au point de vue physiologique, trois sortes de taches : des *taches nucléaires* ou sombres, des *taches granulaires* moins sombres, associées dans les pénombres en forme et en fonction d'organe, isolées dans la masse photosphérique commune, à laquelle ils impriment, avec les *taches lumineuses*, cette apparence marbrée déjà reconnue par Herschel.

« Evidemment, dit encore M. Faye, l'énergie et la con-
« stance de la radiation du soleil sont liées à ces petits grains
« de riz de la photosphère. Or, ces nuages incandescents ne
« peuvent pas toujours durer, toujours émettre avec cette
« intensité formidable de la lumière et de la chaleur. Il faut

---

(1) *Annuaire du Bureau des Longitudes*, 1873. *Notice sur la constitution physique du soleil*, par M. Faye, p. 496.

« qu'ils se renouvellent sans cesse. Donc c'est leur formation
« et leur reproduction qui constituent le nœud de l'énigme. »

C'est à juste titre que M. Faye signale l'importance que l'on
doit accorder à ces petits corpuscules de la photosphère ;
mais, au lieu de baser ses explications sur des lois mécaniques et physiques, c'est sur des lois vitales ou physiologiques
qu'il convient de les appuyer. Ce sont les lois de toute évolution organo-dynamique, avec les mouvements incessamment détruits et sans cesse renouvelés de toute organisation
qu'anime une force vitale, avec les phénomènes d'attraction,
de concentration, ou d'émission et de diffusion qui en résultent, présidant aux divers actes de combinaison et de
décombinaison, d'agrégation et de segmentation.

Les trois ordres de taches solaires nous apparaissent
collectivement dans les corpuscules complets, à trinité organique, et individuellement ou plus ou moins isolés dans les
noyaux sans pénombre, dans les pénombres sans noyaux et
dans ces rides plus ou moins lumineuses qu'on désigne sous
le nom de lucules, ou grains de riz.

Il n'est rien de constant ni dans le nombre, ni dans l'existence des corpuscules photosphériques, dits vulgairement
taches solaires : tantôt on ne voit aucune tache, tantôt leur
nombre s'élève jusqu'à 80 dans l'espace d'une journée.

Les taches sont réparties dans une zone qui s'étend de
5 à 35 degrés de latitude de chaque côté de l'équateur; c'est-
à-dire qu'elles occupent les régions équatoriales, où la force
centrifuge a son *maximum*.

M. Stoney, de Dublin, explique cette localisation par des
courants alizés photosphériques, dont le supérieur et l'inférieur en s'entrecroisant à une certaine limite opposeraient une
barrière à l'extension de ces phénomènes vers les pôles. Mais
c'est supposer que les taches, de quelque nature qu'elles
soient, n'existent que dans ces régions équatoriales, comme
elles le paraissent; tandis qu'il est plus logique d'admettre
qu'elles existent dans toute l'étendue de la photosphère, et

de se poser ainsi la question : pourquoi ne les voit-on que dans une zone restreinte?

La cause de cette différence doit être cherchée dans l'antagonisme de la force centrifuge et de la force centripète : celle-là dominant dans les zones équatoriale et tropicales, celle-ci dominant dans les zones circumpolaires; d'où il résulte que les taches s'approchant plus près de la périphérie sont visibles, par l'extinction de leur facule, dans les premières zones, et demeurent invisibles dans les secondes, par raison opposée.

Depuis les observations de 1868 en particulier, on sait encore que la photosphère, à sa périphérie, est entourée d'une zone gazeuse, transparente et absorbante, dite chromosphère, composée de gaz divers dont les plus légers, tels que l'hydrogène, occupent les parties supérieures, et dont les plus lourds demeurent aux régions inférieures, tels que les vapeurs du fer et du sodium constatées par l'analyse spectrale. La présence de ces gaz est révélée par des lignes noires qui rompent la continuité du spectre. Cette zone est peu épaisse et continue à la photosphère. Ce que l'on appelle *protubérances* sont des montagnes gazeuses, hydrogénées, qui s'élèvent comme des flammes au-dessus de sa surface. D'après le résultat des observations, il n'y aurait pas identité parfaite de composition entre toutes les protubérances. On peut considérer ces jets de flamme comme des phénomènes d'éruption locale, dont l'importance et le rôle sont jusqu'à présent inconnus.

Du reste, la science possède aujourd'hui deux grands moyens, empruntés à la physique, pour progresser dans l'étude de la constitution des astres : *la polarisation de la lumière*, et *l'analyse spectrale de la lumière*.

La physique nous apprend que la lumière d'un solide et d'un liquide incandescent est polarisée. Or, dans l'observation du soleil, il a été constaté que *la lumière des protubérances n'est pas polarisée*, et que *la lumière de la couronne est pola-*

risée : c'est un témoignage de la constitution gazeuse de la chromosphère, et une preuve que la lumière de la photosphère est fournie par des particules solides incandescentes ; d'où état pâteux de cet organe solaire, par analogie avec ce que nous savons sur l'organisation terrestre et sur les laves volcaniques.

La physique nous apprend encore que la lumière d'un corps solide et d'un corps liquide incandescent, analysée par le prisme, donne un spectre continu, et que la lumière d'un gaz ou d'une vapeur donne un spectre discontinu. Or, la chromosphère donne un spectre discontinu, et la photosphère un spectre continu. Si le spectre de la couronne donne, à la vérité, un fond pâle, peu coloré, sillonné de lignes noires très abondantes et très larges vers le violet, moins nombreuses et moins sombres vers le rouge, celui des protubérances donnant au contraire des lignes éclatantes, Bunsen et Kirchhoff, professeurs de Heidelberg, ont démontré que les lignes noires qui rompent la continuité du premier spectre sont dues à la zone des gaz, que traverse la lumière photosphérique pour parvenir jusqu'à nous.

Je terminerai ce chapitre par quelques considérations sur l'importance et le rôle des corpuscules photosphériques, dans la physiologie générale du soleil par rapport aux planètes, ses vassales en puissance physiologique.

Plusieurs savants, tels que Schwabe, de Dessau, Wolf, de Zurich, étudient avec persévérance l'influence que les taches solaires exercent sur notre planète, sur sa situation météorologique et magnétique.

Dans l'évolution des taches solaires, il existe deux périodes superposées : l'une semi-séculaire, l'autre décennale.

« L'histoire, dit le père Secchi, a conservé le souvenir de « plusieurs offuscations ou affaiblissements considérables de « la lumière solaire, causées par l'immense quantité de taches ; « d'après l'hypothèse la plus plausible, il faudrait les attri-

« buer à l'action des planètes, Jupiter, Vénus et Mercure, qui
« par leur attraction produiraient de véritables marées sur le
« globe solaire. La période décennale des taches coïncide
« avec les périodes d'apparition des aurores boréales (1). »

Le *maximum* principal des taches revient tous les onze ans.

On a remarqué que les périodes de *maximum* coïncident
avec un abaissement de la température terrestre, et avec les
phénomènes météorologiques qui s'y rattachent; et que les
périodes de *minimum* coïncident avec une situation météorologique contraire.

On a donné de ces faits une explication toute mécanique,
où les taches jouent le rôle d'écran; mais l'explication véritable doit être recherchée dans l'ordre physiologique : elle
dérive de l'organisation de ces corpuscules, de leur système
magnétique, de leur évolution, et relève des lois universelles
des courants sur les courants.

L'organisation précédente des corpuscules étant admise,
elle ne peut exister sans que la trinité organique de chaque
élément soit reliée en une unité physiologique par un système
de transmission et de déplacement des forces vives, par un
système magnétique. La disposition générale de ce système
ne peut différer de celle du système terrestre : un même plan
d'organisation règne au-dessus de toutes les variétés individuelles. Tous ces corpuscules réagissent les uns sur les autres
par leurs solénoïdes magnétiques. A l'égard des autres planètes, de la terre en particulier, leurs actions individuelles se
confondent en une action collective.

Lorsque les corpuscules vitaux s'approchent en grand
nombre de la périphérie de la photosphère, ils réalisent par
rapport aux courants magnétiques de la terre le cas d'un
courant inducteur qui s'approche d'un courant induit : ils
font naître un *courant de sens contraire* dans les spirales de
notre atmosphère, ce qui équivaut à une diminution dans leur

(1) *Unité des forces physiques*, par le P. Secchi.

intensité dynamique. Rien n'étant perdu dans le domaine des forces vives, mais seulement déplacé ou transformé, ce qui est en moins dans un point se retrouve en plus dans un autre : système admirable de compensation physiologique. La diminution dynamique des spirales de l'atmosphère se traduit par une augmentation proportionnelle, laquelle peut ensuite se multiplier par prolifération organique, dans les spirales du solénoïde tellurique. Le moins périphérique se traduit par le plus central, parce qu'un courant qui diminue équivaut pour l'action inductrice à un courant qui s'éloigne, faisant naître un *courant* induit *de même sens*, lequel s'ajoute dans l'espèce au courant préexistant dont il élève le dynamisme. En dernière analyse, les taches solaires qui s'approchent de la terre, en affluant à la périphérie de la photosphère, placent notre planète, par l'augmentation finale du dynamisme central aux dépens de la périphérie, dans une situation physiologique analogue à celle de l'hiver.

Du *minimum*, ou de l'absence des taches solaires, résultent des phénomènes inverses : augmentation ou suractivité dynamique dans les spirales de notre atmosphère, conséquence du courant inducteur qui s'éloigne; diminution proportionnelle et consécutive dans les spirales telluriques, conséquence du courant inducteur de l'atmosphère qui augmente d'intensité : situation physiologique analogue à celle de l'été.

L'évolution périodique des taches solaires est comparable au mouvement périodique de montée et de descente, qu'on observe dans les spirales atmosphériques de la terre. C'est comme un mouvement de marée.

On ne saurait donc mettre en doute l'influence des taches solaires, telle que nous venons de l'expliquer; mais, pour être certaine, elle n'est pas constante : il existe d'autres causes qui peuvent à un moment donné en contrebalancer l'action, et même l'annihiler.

L'influence des taches solaires est une impression magnétique que le dynamisme planétaire reçoit ou corrige suivant sa tendance du moment. C'est le propre des lois vitales d'être absolues dans leur principe et variables dans leurs applications.

Qui plus est, la terre, en tant qu'individualité physiologique relativement indépendante, se comporte à l'égard des impressions qu'elle reçoit du soleil comme notre organisme à l'égard des agents médicamenteux. Le mouvement solaire arrive comme impression, par l'intermédiaire de l'éther, aux confins de notre planète, d'où cette impression est propagée aussitôt, par le système magnétique et électrique, au centre tellurique. Là s'opère la véritable élaboration vitale : l'impression est transformée en *faculté physiologique*, ou annihilée suivant les circonstances. Telle on voit l'impression des médicaments se transformer en faculté physiologique dans les cellules nerveuses de la moelle épinière ou du cerveau.

CHAPITRE II

Physiologie du système solaire.

Le système solaire représente dans l'ordre physiologique l'image d'une cellule. C'est même, vu l'importance de l'organisme auquel il appartient et dont relèvent tous les corps vivants, le type primitif et parfait de la cellule.

Notre cellule sidérale ou solaire est composée : 1° d'un noyau central, le soleil, dont nous venons d'esquisser la constitution ; — 2° d'un nombre relativement considérable de nucléoles, qu'on appelle planètes, éléments. femelles de la cellule dont le noyau est l'élément mâle, et dont le chiffre connu jusqu'à ce jour est de 125 (1), grosses, moyennes et petites ; — 3° de corpuscules météoriques, véritables granulations célestes, éléments vitaux de la cellule ; — 4° de comètes ; — 5° de satellites lunaires, auxiliaires inséparables des planètes auxquelles ils sont associés.

Autour du noyau solaire, les planètes sont disposées en trois couches principales : la première, composée des planètes moyennes, Mercure, Vénus, la Terre, Mars ; la seconde, composée de toutes les petites planètes réunies ; la troisième, la plus éloignée du centre, où l'on découvre successivement les plus grosses planètes : Jupiter, Saturne avec ses anneaux, Uranus, Neptune.

Renvoyant aux livres spéciaux, et principalement au livre du *Ciel*, de M. Guillemin, pour l'étude particulière de chaque

_____

(1) 4 grosses planètes, 4 moyennes, 117 petites. (Voir *Annuaire des Longitudes*, 1873.

planète, nous ne voulons en faire ici qu'une étude générale et parallèle, au point de vue de la physiologie générale de la cellule.

Pour se figurer la vaste synthèse de tous ces éléments, groupés autour d'un noyau dans une enceinte physiologique, il faut prendre un globe terrestre, divisé en cercles ou degrés de latitude et en cercles de longitude. Depuis le pôle boréal, par exemple, marqué 90 degrés, jusqu'à 0 degré de l'équateur, nous allons trouver à placer tous ces corps dans leur situation relative, d'une façon aussi simple pour l'esprit que commode pour la mémoire; outre que l'imagination, éveillée et soutenue par des points de comparaison, se fera une idée aussi exacte que possible de cette grande étendue qu'embrasse un système solaire, laquelle cependant est relativement petite devant l'immensité du corps sidéral.

Le soleil occupant le centre est figuré par le bouton de cuivre qui surmonte le pôle boréal. En supposant entre chaque degré un intervalle de 15 millions de lieues, voici quel est l'ordre de distribution des planètes, abstraction faite des fractions. Chaque cercle de latitude est regardé comme l'orbite de la planète qui lui correspond, avec cette restriction que les orbites planétaires sont tous plus ou moins elliptiques.

	Nom des planètes.	Distance du soleil.			Degrés de latitude.
SOLEIL					90°
	Mercure	14	millions de lieues.		89°
MOYENNES	Vénus.	27	—	—	88°
PLANÈTES.	Terre	38	—	—	87°
	Mars.	58	—	—	86°
ANNEAU	Flore	84	—	—	85°
DES PETITES	Intermédiaires. .	»	—	—	»
PLANÈTES.	Maximiliana . . .	130	—	—	82°
	Jupiter	198	—	—	77°
GROSSES	Saturne.	364	—	—	66°
PLANÈTES.	Uranus	729	—	—	42°
	Neptune	1,140	—	—	14°
Rayon approximatif de la cellule solaire.		1,500	—	—	0°

On peut ainsi, d'après les planètes connues, estimer à trois milliards de lieues le diamètre de notre cellule sidérale, et à neuf milliards sa circonférence.

On voit par ce tableau que l'intervalle interplanétaire devient d'autant plus considérable, que les planètes sont plus éloignées du soleil. Est-ce à dire pour cela que le dynamisme cellulaire s'amoindrit en raison de cet éloignement? Non, assurément : le volume des grosses planètes et le nombre de leurs lunes sont une preuve du contraire.

Tout ce qui est possible physiologiquement, c'est d'assimiler, relativement à leur situation et à leur intensité dynamique, les grosses planètes aux organes périphériques du corps animal et les moyennes aux viscères centraux ; sachant que dans ceux-ci la vascularité est plus développée et la température du sang un peu plus élevée que dans ceux-là. Il est cependant une condition physiologique qui empêche cette comparaison d'être absolument vraie : ce sont les dimensions elles-mêmes des grosses planètes, et le milieu organique dans lequel elles se meuvent. Il sera facile d'en concevoir une juste idée par l'étude comparée de leur situation respective, et même de tirer des déductions très probables, en allant du connu à l'inconnu par les voies de l'analogie physiologique et de la vitalité cellulaire.

Tandis que les planètes moyennes se succèdent presque de degré en degré, et que leur distance ne varie que dans les limites de 10 à 20 millions de lieues, nous voyons un espace libre bien plus étendu entre chacune des grosses planètes.

Pour reprendre le globe terrestre et fixer les idées par des points de repère connus, la zone des moyennes planètes, limitée à 86 degrés de latitude par l'orbite de Mars, reste comprise dans la plaque de cuivre qui couvre la surface polaire ; la zone des petites planètes, comprise entre 85 et 82 degrés de latitude, ne dépasse pas la limite septentrionale du Groenland ; et la zone des grosses planètes embrasse à elle seule tous les cercles de latitude, interceptés par le 77° d'une

part et le 14ᵉ d'autre part : Jupiter correspondant au cap
sud du Spitzberg ; Saturne au cercle polaire, lequel passe au
nord de l'Islande et sépare la Finlande de la Laponie ; Uranus
au nord de l'Espagne et de la Corse ; Neptune au lac Tchad,
au centre de l'Afrique.

Nous pouvons dire, sans crainte de nous tromper, que de tels
intervalles interplanétaires ne sont pas déserts et stériles, ne
sont pas vides d'éléments organisés, lorsque la double zone des
moyennes et des petites planètes est si richement peuplée, et
si féconde dans sa minime étendue. Ce que nos yeux, armés
des plus puissants télescopes, ne peuvent encore découvrir,
des moyens d'un autre ordre doivent nous l'apprendre.

De même qu'on distingue dans l'organisme animal deux
départements vitaux, deux sections physiologiques différentes, dont l'une intéresse la vie organique ou viscérale avec
les fonctions qui en relèvent, et dont l'autre embrasse dans
ses attributions la vie de relation ou des rapports extérieurs, ainsi, dans une cellule sidérale, il convient de distinguer, comme on le fera plus tard pour l'organisme sidéral
tout entier, deux départements physiologiques : celui de la
vie organique ou planétaire et celui de la vie cellulaire ou de
relation, qu'on peut caractériser en d'autres termes par la
physiologie spéciale de chaque latitude, et par la *physiologie
générale ou de longitude*. Pour cela, nous diviserons les organes de la cellule solaire, au point de vue fonctionnel, en
organes de latitude et en *organes de longitude*.

Les planètes de chaque latitude sont escortées par des éléments secondaires, faisant fonction de satellites, grâce auxquels elles offrent en miniature l'image d'une cellule, dont
elles sont le principal centre d'action : tant il est vrai que
tout dans la nature conserve plus ou moins le cachet cellulaire ! Ayant analysé le mécanisme physiologique planétaire
pour la latitude terrestre, la seule qui nous soit bien connue
comme étant le domaine de notre société, nous allons essayer
quelques considérations synthétiques sur la vie de latitude,

ou vie organique de notre cellule, puis ensuite sur la vie de longitude ou de relation.

Il est remarquable tout d'abord que l'élément lunaire, dit satellite, paraît former partie essentielle, puisqu'elle est constante, de chaque vitalité planétaire, de chaque latitude cellulaire; et que, unique dans la circonscription des moyennes planètes, il se multiplie en raison de la grosseur des grandes planètes et de leur éloignement du soleil. Mercure et Mars, il est vrai, la première et la dernière de notre zone, semblent faire exception à cette règle. Du moins n'a-t-on jusqu'à présent découvert à ces deux planètes aucun satellite, ce qui ne veut pas dire qu'elles en sont privées absolument! Leurs lunes peuvent mesurer un diamètre assez petit pour échapper aux recherches télescopiques.

En considérant que cet organe satellitaire fait partie essentielle des autres planètes, que sa fonction par influence est indispensable aux phénomènes météorologiques de celles-ci, et que toutes ces individualités sont autant de groupes d'un même organisme unitaire, il est plus logique de croire que Mercure et Mars, malgré les apparences, ne dérogent pas à la loi d'unité physiologique des autres planètes. S'il existe des raisons en faveur de la réalité de ces satellites, il n'en est pas en faveur de leur absence.

Pour Vénus elle-même la question reste pendante. D'après des observations nombreuses des siècles derniers cette planète serait escortée par une lune; mais, aucun astronome n'ayant aperçu celle-ci depuis, plusieurs d'entre eux mettent en doute son existence. C'est que les problèmes télescopiques sont aussi difficiles à résoudre que les problèmes microscopiques! Ces deux ordres de phénomènes sont aussi éloignés l'un que l'autre de la portée de notre vue. Mais il est en nous une lumière intérieure, dont l'éclat doit nous guider dans ces recherches; c'est elle qui a conduit Le Verrier à la découverte de Neptune.

La Terre est entourée d'une seule lune; Jupiter de

quatre ; Saturne de huit ; Uranus de huit, dont les deux dernières n'ont pas été revues depuis leur découverte par W. Herschel, et dont la plus éloignée est à 630,000 lieues de sa planète centrale ; Neptune enfin, d'après les apparences, de deux lunes seulement, dont l'une lui serait même refusée par certains astronomes. Ici trouvent leur place les mêmes considérations que pour Mercure et Mars, avec bien plus de raison encore, à cause de l'énorme distance qui nous sépare de cette planète périphérique.

D'après l'analogie et l'enseignement du rôle physiologique des lunes, Neptune devrait posséder autant de satellites au moins qu'Uranus ; c'est une nécessité fonctionnelle, car ces satellites ne sont pas de simples flambeaux, destinés à éclairer et à embellir les nuits : ce sont des organes animés concourant d'une part au phénomène de la gravitation, pour le maintien de chaque planète dans son orbite de latitude, et d'autre part à la propagation et au renforcement de la force éthérée, dont ils recueillent, développent et concentrent les facultés pour la planète qu'ils entourent comme d'une ceinture vivante, unique ou multiple.

A un autre point de vue, il ne serait peut-être pas contraire à la vérité de regarder la lune ou les lunes comme l'élément anatomique caractéristique du nucléole, en tant qu'organe femelle, de même que la photosphère est l'élément anatomique caractéristique du noyau, en tant qu'organe mâle.

A côté des lunes se placent naturellement les météorites.

Ces corpuscules cellulaires, dont l'importance s'accroît chaque jour en raison des découvertes nouvelles, appartiennent, selon leur disposition, aux organes de latitude ou aux organes de longitude.

Les auteurs admettent aujourd'hui, comme dit Schiaparelli, que les étoiles filantes, les bolides et les aérolithes sont de même nature, ne différant que par la grandeur. Ce sont des débris de corpuscules célestes, non pas disséminés au

basard dans les champs interplanétaires, mais groupés physiologiquement dans des anneaux qui circulent autour du
soleil, en coupant les orbites planétaires.

D'après les phénomènes observés il paraît logique d'admettre, pour la zone des moyennes planètes, trois catégories
d'anneaux météoriques, corpusculaires ou granulaires. Le
maximum d'étoiles filantes du 10 août, le *maximum* du 11, du
12 et du 13 novembre, ne peuvent s'expliquer que par l'existence d'un de ces anneaux, coupant l'orbite terrestre et traversé par notre planète à cette double époque. Bien plus, la
révolution des étoiles filantes du 10 août paraissant différente
de celle des étoiles de novembre, on rattache ces deux *maximum* à deux anneaux distincts, l'anneau dit des *Perséides*,
pour le mois d'août, parce que ses étoiles filantes paraissent
diverger d'un point situé dans la constellation de Persée, et
l'anneau des *Léonides*, pour le mois de novembre.

Quant aux étoiles filantes sporadiques, que l'on peut apercevoir toutes les nuits, il est probable, comme dit Amédée
Guillemin, qu'elles se rattachent à un anneau satellitaire de
notre planète, dont celle-ci serait entourée par delà les limites
de sa périphérie atmosphérique.

Une autre tendance de la science contemporaine, que
l'avenir ne peut manquer de ratifier, est de confondre dans
un seul et même ordre le phénomène de la *lumière zodiacale*
et celui des météorites. Cette lumière que l'on aperçoit sous
forme de cône, le soir un peu après le coucher du soleil à
l'époque équinoxiale du printemps, et le matin à l'orient
dans la saison d'automne pour nos climats, et que dans les
régions tropicales seulement on peut contempler toute l'année
plus brillante et plus élevée; cette lumière serait produite par
des amas de corpuscules météoriques, par des amas de granulations célestes, brillants de la lumière empruntée au soleil,
et circulant isolément, dans un mouvement d'ensemble, autour du noyau solaire.

« L'amplitude du grand axe de l'anneau est variable, ou si

« l'on veut, la distance du sommet du cône au milieu de sa
« base, à l'horizon, est plus ou moins considérable, suivant les
« époques. Des considérations géométriques fort simples per-
« mettent d'en conclure que l'anneau lumineux tantôt s'étend
« jusqu'à l'orbite de la terre et même la dépasse, tantôt est
« renfermé à l'intérieur de cette même orbite.....

« En supposant deux anneaux diversement inclinés sur le
« plan de l'écliptique, dit plus loin le même auteur, et cou-
« pant ce plan, le premier en août et février, le second en
« mai et en novembre, on rendrait compte à la fois des deux
« *maximum* principaux de l'année et des *minimum* observés
« en février et en mai (1). »

Dans cette hypothèse qui est la plus vraisemblable, la zone
des moyennes planètes serait traversée par deux anneaux
elliptiques, perpendiculaires l'un à l'autre. D'un côté chacun
de ces anneaux se rapprocherait du soleil, en deçà de la latitude de Mercure, et de l'autre s'en éloignerait au delà de la
latitude de Mars ; chaque orbite planétaire serait coupée deux
fois par chaque anneau, aussi bien pour Mercure, pour Vénus
et pour Mars que pour la Terre.

D'autre part, en admettant, d'après le phénomène des
étoiles filantes sporadiques, qu'il existe autour de la terre
elle-même un anneau spécial et indépendant de ces corpuscules, faisant partie de son groupe organique comme la lune,
et en généralisant, par une analogie raisonnable, cet appendice organique pour toutes les autres planètes, nous aurons
réuni, dans une étude succincte, le tableau de l'organisation
dans la zone des moyennes planètes, savoir : pour chaque
latitude planétaire, une planète, une lune, un anneau circumplanétaire de granulations vitales célestes ; pour la vie de
longitude ou de relation, les deux grands anneaux météoriques indiqués, anneaux interplanétaires qui appartiennent
totalement à cette zone.

(1) *Le Ciel*, par Guillemin, p. 110 et 234.

Comme dans l'organisation animale, il règne dans l'organisation d'une cellule solaire, et *à fortiori* dans le corps sidéral tout entier, des divisions fondées les unes sur l'anatomie, les autres sur la physiologie : chaque corps isolé est un organe, et un certain ensemble d'organes similaires représente un système ; chaque planète, par exemple, est un organe de la cellule sidérale ; l'ensemble des planètes, l'ensemble des anneaux météoriques et l'ensemble des comètes forment autant de systèmes.

Ces divisions sont de la plus haute importance. Sans elles, il est impossible d'avoir une juste idée du mécanisme physiologique de notre cellule.

D'une manière générale et synthétique, notre cellule est partagée en trois grandes zones, ou départements physiologiques : la zone des planètes centrales ou moyennes, avec ses lunes et ses anneaux ; la zone des planètes périphériques et celle des planètes télescopiques.

Sachant que les corpuscules météoriques sont l'élément vital de la cellule et de chaque appareil de latitude en particulier, que leur existence est aussi essentielle à la conservation physiologique de chaque appareil et de chaque zone que dans une cellule animale le sont les supports granulaires de même ordre, nous tenons également pour certain, d'après les données de l'observation astronomique, que leur mode de distribution correspond bien à la description anatomique qui précède. D'autre part, si le noyau solaire est regardé avec raison comme l'élément conservateur général de la cellule, il est vraisemblable que, dans chaque latitude cellulaire, à côté de l'élément vital constant, il existe un élément conservateur secondaire et partiel, dont la sphère d'action ne s'étend pas au delà de sa latitude. Eh bien ! nous regardons chaque planète et chaque lune, à ce point de vue, comme se servant réciproquement d'élément conservateur. Puis, avec la puissance de logique que donne une idée vraie, nous dirons que la constance des lunes dans la zone périphérique implique leur existence dans la zone centrale, pour Mars, Vénus et Mercure aussi bien que pour la Terre, et que l'existence démontrée des corpuscules et des anneaux météoriques dans la zone centrale implique également leur présence dans la zone périphérique ; arrivant ainsi par le seul raisonnement, mais avec un *criterium* de certitude physiologique, à une organisation de notre cellule sidérale, aussi simple que belle dans sa majestueuse unité.

Si l'élément vital et l'élément conservateur sont aussi nécessaires physiologiquement à une zone qu'à l'autre, tout porte à croire que leur distribution anatomique se correspond pour les anneaux météoriques, comme elle le fait pour les lunes. Ce que nous savons des anneaux de Saturne confirme encore cette idée.

« Tout autour de Saturne, et à peu près dans le plan de « son équateur, dit Guillemin, s'étend un système de trois « anneaux d'inégales largeurs et d'une épaisseur relativement « très mince. L'anneau extérieur, le plus éloigné de la pla- « nète, est séparé de l'anneau intermédiaire par un vide qui « rend ces deux appendices indépendants l'un de l'autre, « tandis que l'anneau intérieur, le plus rapproché de Sa- « turne, paraît contigu au second. Leurs nuances sont aussi « très diverses ; l'anneau intermédiaire, le plus brillant des « trois, est plus lumineux que le globe de Saturne ; l'anneau « extérieur offre une teinte grisâtre, à peu près de la même « nuance que les bandes obscures du disque. Tous les deux « sont opaques et projettent sur Saturne une ombre très « prononcée. L'anneau intérieur au contraire est obscur et « transparent. Il se détache devant le globe de Saturne « comme une bande sombre, mais au travers de laquelle on « aperçoit la partie lumineuse du disque (1). »

L'anneau extérieur a 3,678 lieues de largeur ; l'anneau intermédiaire 7,388 lieues ; l'anneau obscur et intérieur 3,126

_____

(1) *Le Ciel*, par Guillemin, p. 301.

lieues. Ce dernier est séparé de la planète par un intervalle de 3,163 lieues. L'épaisseur de ces anneaux ne serait que d'une centaine de lieues, d'après Herschel.

On n'a aucune donnée sur la constitution physique de ces anneaux, mais les astronomes inclinent à penser qu'ils sont formés par une agrégation plus ou moins compacte de corpuscules météoriques.

Sans prétendre expliquer le pourquoi du privilége de Saturne, ni chercher à découvrir la cause de ces trois anneaux, pour quelle raison ils sont visibles au télescope lorsque les autres demeurent invisibles, nous prenons seulement acte du fait pour appuyer notre théorie météorique, et admettre que dans la zone périphérique chaque planète est entourée d'un anneau de ces corpuscules, aussi bien que dans la zone centrale.

Anneau de granulations vitales célestes, satellites lunaires et corps planétaire, voilà pour la physiologie spéciale de chaque latitude, voilà pour la garantie fonctionnelle de chaque appareil organique !

Abordons maintenant la physiologie générale ou de longitude.

Il convient de distinguer dans notre cellule solaire quatre variétés de la vie de relation : celle pour la longitude de la zone centrale, celle pour la longitude de la zone périphérique, la troisième pour la longitude entière de la cellule dans ses trois zones réunies, la quatrième comme extension de la précédente aux rapports extérieurs de la cellule avec les cellules de voisinage.

En d'autres termes, deux vies de relation : la vie de relation intérieure, comprenant les trois premières variétés, et la vie de relation extérieure ; ou encore la vie de relation intracellulaire et la vie de relation extracellulaire.

Chaque zone cellulaire a sa modalité dynamique, pour ainsi dire, sa manière spéciale de ressentir les impressions et d'y répondre, quelque chose qu'il est plus facile de concevoir

que d'expliquer, et qui se trouve être en même temps l'effet
et la cause de son individualité relative : c'est une réceptivité
propre, en vertu de laquelle un appareil organique se distingue d'un autre sous le double rapport anatomique et physiologique, malgré l'unité de mécanisme qui les relie ensemble. Tels on voit, dans l'organisme animal, les viscères
jouir de propriétés particulières, et revêtir chacun des caractères anatomiques différentiels. C'est pour cette raison qu'il
convient de diviser la physiologie générale de notre cellule
solaire en deux parties, et de subdiviser l'une d'elles en trois
autres ; soit, pour cette dernière : une division pour la zone
centrale formant un grand appareil physiologique, subdivisé
en quatre appareils plus petits et subordonnés pour les quatre
latitudes de cette zone ; une division pour la zone périphérique formant un autre grand appareil physiologique, subdivisé aussi en quatre plus petits pour les quatre latitudes ;
enfin une fusion synthétique de ces deux zones dans une vie
de relation commune pour la cellule tout entière.

Notre cellule sidérale comprend quatre systèmes : le système planétaire, le système lunaire, le système météorique
ou granulaire et le système cométaire ; trois grands appareils,
un pour chaque grande zone physiologique : la zone centrale,
la zone périphérique et la zone intermédiaire ; puis, dans les
deux premières, quatre appareils fonctionnels plus petits, un
par latitude, comme je viens de le dire, comprenant l'unité
collective formée par une planète, sa lune et son anneau
météorique (1). C'est un ensemble d'organes divers, concourant à une fonction.

(1) J'emploie ces mots *appareil* et *système* dans le sens qu'on leur
donne en anatomie et en physiologie.
Un système comprend toutes les parties qui sont formées d'un tissu
semblable ; un appareil comprend toujours des organes de nature très
différente. « Un appareil est un ensemble d'organes divers qui, par
leur disposition réciproque et leur agencement, constituent un tout
coordonné dont l'action a un résultat unique (Bichat). » Un appareil
est l'ensemble des organes qui concourent à une fonction.
Système musculaire, système nerveux, système vasculaire. Appareil
digestif, appareil urinaire, appareil respiratoire. (Voir le *Dictionnaire*
de Nysten, Robin et Littré.)

Chaque appareil a besoin d'une garantie physiologique, laquelle implique l'existence d'éléments organiques correspondants.

Si les anneaux météoriques circumplanétaires sont une nécessité physiologique pour la vie de latitude, tant dans une zone que dans l'autre, les anneaux météoriques interplanétaires sont également nécessaires dans la vie de longitude des deux zones, chacune ayant sa physiologie générale propre, en dehors de la physiologie générale commune qui les unit toutes deux.

Le système météorique de la zone des grosses planètes offrant, aux dimensions près, la même distribution et la même organisation que celui de la zone centrale, celle-là se trouve enrichie, à l'instar de celle-ci, de deux immenses anneaux elliptiques, se coupant perpendiculairement l'un l'autre, et coupant aussi l'orbite de chaque planète. Leur arc mesure toute l'étendue cellulaire par delà les limites de Neptune, et ils embrassent, dans leur enceinte, non plus seulement le noyau solaire avec une moitié des orbites planétaires, comme les anneaux météoriques de la zone centrale, mais cette zone tout entière et la zone périphérique.

Ce sont deux anneaux d'une longueur de trois milliards de lieues environ ; mais qu'importe ? Dans un organisme où tout est merveilleux et de dimensions infinies, une telle longueur pour un anneau météorique ne doit pas nous étonner. Lorsque la queue d'une comète peut mesurer 45 millions de lieues, comme celle de 1811, un anneau, composé des éléments essentiellement vitaux de la cellule, peut bien atteindre le chiffre ci-dessus. Après tout, une seule raison suffit pour nous convaincre : c'est qu'il faut comparer les dimensions d'un organe à celles de son organisme, et non pas à autre chose. Ainsi considérée, la dimension de l'anneau nous paraît toute naturelle : la puissance des organes est proportionnelle à la zone qui les contient, et les organes de longitude revêtent une puissance physiologique supérieure à celle des organes de latitude.

Il faut établir des distinctions entre les divers systèmes qui concourent à la vie de relation. Nous venons de voir les systèmes particuliers des anneaux météoriques. D'autres systèmes se présentent dans des conditions différentes : ce sont les comètes.

Entre les corpuscules et les comètes, il règne cette différence essentielle, que ceux-là ont une existence collective, dont les éléments sont semés dans toute l'étendue de leur orbite, et que celles-ci ont une existence individuelle, formant chacune un organe isolé qui décrit son orbite autour du soleil.

Cette disposition différente laisse à penser que la vie cellulaire est plus assurée et plus puissante, étant assise par ses anneaux météoriques sur le double fondement de ses deux grandes zones planétaires, que si cette immense carrière, au lieu d'être divisée en séries dynamiques, en plusieurs unités physiologiques individuelles et collectives, n'était constituée que par une seule et vaste unité absolue, reliée par les seules comètes, perdant ainsi de sa force en raison de son étendue.

Admirable organisation de la vie ! L'unité physiologique règne partout, mariée à l'antagonisme des organes ; mais partout cette unité générale et collective se trouve fractionnée en unités partielles, individuelles ou secondaires. C'est ainsi que, dans l'empire de notre soleil, l'unité cellulaire est fortifiée par les deux unités de la zone centrale et de la zone périphérique, lesquelles à leur tour s'appuient sur les unités de chaque latitude, unités collectives encore, lesquelles relèvent en dernière analyse de chaque unité individuelle, formée par les organes de latitude : unité planétaire, unité lunaire, unité météorique.

Les anneaux météoriques interplanétaires deviennent, par ces considérations, des organes de longitude ou de relation pour les unités secondaires de chaque grande zone. Les comètes sont des organes de longitude pour l'unité générale cellulaire. Deux comètes paraissent faire exception : la comète de Vico et celle d'Encke. Celle-ci, invisible à l'œil nu, formée d'une masse vaporeuse sans queue ni noyau lumineux, dont la révolution annuelle se fait en moyenne en 1,205 jours, et qui s'arrête en deçà de Jupiter, dans l'espace compris entre cette grosse planète et la zone des planètes télescopiques, a en réalité une action plus étendue et plus générale que les anneaux interplanétaires de la zone centrale, puisqu'elle comprend dans son orbite cette zone et la zone intermédiaire des petites planètes. La comète de Vico décrit une ellipse encore plus étendue que la comète d'Encke. L'exception n'est donc qu'apparente.

Les comètes périodiques, au nombre de onze, desservent la vie intracellulaire. Ce sont : la comète d'Encke (1,205 jours de révolution), et la comète de Vico, les deux seules qui s'arrêtent en deçà de la latitude de Jupiter ; la comète de Brorsen (5 ans, 483 de révolution sidérale); la comète de Winnecke (6 ans et 15 jours de révolution); la comète de d'Arrest (5 ans et demi); la comète de Gambart ou de Biela, dont la révolution est de 6 ans et demi, et qui en 1848 présenta le curieux phénomène du dédoublement cométaire; la comète de Faye (7 ans, 413) : ces cinq comètes s'arrêtent entre la latitude de Jupiter et celle de Saturne, dans des situations différentes de longitude ; la comète de Tuttle (13 ans, 811); la comète de Peters (16 ans); la comète d'Olbers (74 ans), et la comète d'Halley (76 ans), dont l'orbite s'étend au delà de la latitude de Neptune (1).

Outre ces comètes à courte période, il en est un grand nombre d'autres, à longue période, dont l'orbite traverse le champ de notre cellule pour se continuer dans des cellules voisines ou éloignées, desservant ainsi, soit une ou plusieurs constellations, soit même le corps sidéral tout entier. Ce sont, par rapport à nous, les comètes extracellulaires, organes de la physiologie générale du corps sidéral.

(1) *Le Ciel*, par Guillemin, et l'*Annuaire du Bureau des Longitudes* 1873.

Leur nombre est prodigieux. Arago l'évalue à 17 millions et demi; Lambert à 500 millions.

Il est évident que ces chiffres ne peuvent être exacts; mais ils nous apprennent que c'est par millions que nous devons compter les comètes de cette catégorie, lesquelles traversent notre cellule. Il en existe bien d'autres, sans aucun doute, qui n'auront jamais aucun rapport avec notre petit monde : ne serait-ce que les comètes intracellulaires de chaque cellule du corps sidéral?

Quoi qu'il en soit, cinq à six cents comètes extracellulaires ont déjà été enregistrées dans les annales de la science. Les unes accomplissent leur révolution en moins de cent ans; les autres la font en plusieurs centaines et même en plusieurs milliers d'années : la comète de 1860 aurait une période de 8,814 ans; la comète de 1844 en aurait une de 100,000 ans.

Les comètes, comme les planètes, se divisent en deux catégories : celles qui sont visibles à l'œil nu, et celles qui sont invisibles, ou comètes télescopiques.

Les principales comètes extracellulaires sont : la comète de 1500; la comète de 1556, dite de Charles-Quint; la comète de 1686, dont le noyau brillait comme une étoile de première grandeur; la grande comète de 1811, dont la queue mesura jusqu'à 45 millions de lieues; la grande comète de 1843, qui fut visible en plein jour et s'approcha jusqu'à 12,000 lieues seulement de la surface du soleil; la comète de 1858, dite de Donati, et les comètes inférieures de 1861, 1862, et 1863, en outre des comètes de 1844 et de 1860, plus haut mentionnées.

Les comètes ont trois caractères essentiels et différentiels relativement aux planètes : ce sont des organes de longitude et non de latitude comme celles-ci; elles décrivent des orbites elliptiques bien plus allongées, ce qui fait qu'elles ne sont pas toujours visibles pour nous, même au télescope, et elles se meuvent les unes d'orient en occident, les autres d'occident en orient, tandis que les planètes le font toutes dans cette dernière direction. Relativement aux anneaux météoriques, ces différences n'existent plus, du moins les deux premières; la science ne nous permet pas encore de savoir ce qu'il en est de la troisième, mais il se présente un autre caractère différentiel : les anneaux forment un tout continu et uniforme dans toute l'étendue de leur orbite elliptique, et les comètes comme les planètes ne sont chacune qu'un organe restreint, n'occupant à la fois qu'une place limitée de son orbite.

Dans la constitution des comètes, il entre trois ordres d'éléments : un noyau lumineux, une auréole nébuleuse qui l'entoure sous le nom de chevelure, et une queue. Aucune de ces trois parties n'est constante; elles sont d'autant plus développées que la comète est plus rapprochée du soleil.

Il y a des comètes sans noyau, d'autres sans chevelure, d'autres sans queue. Ainsi nous avons vu des corpuscules photosphériques sans noyau, d'autres sans pénombre, d'autres sans facule. Telles ont voit des cellules sans noyau; tels des noyaux sans cellule, et des amas granulaires sans noyau. Qui plus est, certaines comètes, pendant qu'on les examine, éprouvent des transformations successives comme les taches solaires : leur queue apparaît et se développe, ou diminue et s'évanouit, ou encore se bifurque; leur tête subit des modifications curieuses, des aigrettes lumineuses s'échappent du noyau et divisent la masse nébuleuse qui l'enveloppe; celle-ci s'allonge dans le sens de la queue; enfin la comète elle-même se dédouble.

Que penser de la nature physique des comètes? Que penser de leur organisation intime?

La comète, dans sa complète organisation, a trois organes; les corpuscules photosphériques en ont trois; le soleil, les planètes, les lunes en ont trois : c'est une loi commune de tous les éléments du corps sidéral; il n'en est pas autrement des corpuscules météoriques. Mais, tandis que les planètes ont un noyau solide, entouré d'un organe liquide et d'une atmosphère gazeuse, les comètes, à l'instar des corpuscules solaires, revêtent dans leur noyau la modalité pâteuse, laquelle devient de plus en plus raréfiée et gazeuse dans la chevelure et dans la queue : les phénomènes d'évolution dans les comètes et dans les corpuscules sont un témoignage non équivoque de cette organisation.

De grandes différences d'évolution physiologique établissent un caractère différentiel fondamental entre ces divers corps : le soleil est constant dans sa constitution organique, son noyau ne subit aucune métamorphose, ses atmosphères non plus en tant qu'organes ; les planètes sont constantes également, mais les taches solaires et les comètes, ainsi que les corpuscules météoriques, ont pour caractère essentiel de vivre dans les changements incessants d'une évolution physiologique permanente. Ce sont les éléments vitaux, qui du soleil, qui de la cellule ; comme tels ils sont toujours en travail de prolifération dynamique, non-seulement dans leurs supports intimes, car restreinte dans ces limites la prolifération dynamique est un travail qui s'accomplit toujours et partout, dans les planètes comme dans le soleil, mais dans leur masse organique, dans leur ensemble ; aussi bien ces corpuscules subissent-ils des métamorphoses vitales apparentes.

Il y a donc lieu de distinguer des corps *stables* dans leur organisation, tels que le soleil, les planètes et les lunes, ne proliférant et ne se métamorphosant que dans leurs éléments d'analyse, et des corps *instables*, comètes, corpuscules solaires et cellulaires, ou photosphériques et météoriques, lesquels prolifèrent et se métamorphosent en tant que synthèse.

J'englobe dans la même classe des éléments vitaux ces trois corps instables, et les trois corps stables dans la classe des éléments conservateurs de la cellule. J'estime qu'il n'existe aucune différence organique essentielle entre les trois corps d'une même classe ; que les corps de la seconde sont caractérisés par le noyau solide et par l'organe liquide ; que les corps de la première le sont par le noyau pâteux, plus ou moins condensé ou raréfié ; que l'atmosphère gazeuse appartient aux uns et aux autres, et que pour tous également la vapeur d'eau est le véhicule indispensable des supports organisés.

Tous les éléments vitaux ont une fonction commune : l'entretien dynamique de leur milieu, et une fonction spéciale, propre à la nature de chaque milieu. Les corpuscules solaires concourent à l'entretien dynamique de la cellule et à la fonction mâle du soleil ; les corpuscules météoriques interplanétaires, à l'entretien dynamique de leur zone respective ; les corpuscules circumplanétaires à la vie de leur planète respective ; les comètes à la vie générale de la cellule et à la diffusion des impressions dynamiques. Les corpuscules météoriques et les comètes représentent la vie circulatoire de la cellule.

Cette fonction circulatoire justifie la multiplication des comètes et des anneaux météoriques : un de ceux-ci pour chaque organe de latitude, et deux pour chaque zone de longitude. Ces agents circulatoires jouent le rôle des vaisseaux dans l'organisme animal. C'est dans le sang que se meuvent pour nous les granulations vitales, et dans les cellules. Le corps sidéral, en raison de son organisation toute cellulaire, réunit dans une même enceinte tous les éléments vitaux et les fonctions réparties en deux systèmes chez les animaux. Il est vrai que toutes ces différences tiennent plutôt à la forme qu'au fond, et j'ai déjà écrit dans la *Physiologie unitaire* : « Qu'on peut considérer le système vasculaire comme une énorme cellule-mère de forme spéciale, dans le sein de laquelle vivent en grand nombre de petites cellules et des granulations. »

La constitution anatomique des trois ordres d'éléments vitaux est donc à peu près la même, à part la question de forme et de densité.

L'organisation hyperdynamique des éléments vitaux doit

en faire des organes essentiellement volcaniques et sujets à des métamorphoses incessantes de prolifération : c'est ce que l'observation démontre dans les taches solaires, dans les anneaux météoriques, soit par le phénomène des aérolithes, par les pétillements momentanés observés par Cassini et Mairan dans le cône lumineux de la lumière zodiacale ou par les ondulations brusques que Humbolt a constatées, et dans les comètes par les changements physiques, par le phénomène de bifurcation et de dédoublement.

Deux faits d'aérolithes, où l'on a reconnu la présence d'une substance analogue à la tourbe et, par conséquent, d'origine végétale, donnent à penser que la vie de ce nom peut se manifester au moins sur quelques-uns des corpuscules météoriques. Mais la vie végétale ne peut exister sur un seul corpuscule, sans qu'il soit recouvert d'une croûte solide, quelque mince et quelque éphémère qu'elle soit. Ce serait un caractère différentiel des corpuscules météoriques, lesquels se distingueraient des corpuscules solaires et des comètes par une mince enveloppe corticale de sécrétion, se produisant et se détruisant incessamment par des phénomènes de crises volcaniques.

Les aérolithes sont des débris tombés de ces corpuscules.

En février 1871, M. Stanislas Meunier a fait paraître une brochure remarquable sur la *Géologie des météorites*. Au point de vue de leur structure, il divise les météorites en *monogéniques* et en *polygéniques*. Au point de vue géologique proprement dit, il admet : les météorites *stratiformes*, les *éruptives*, les *métamorphiques* et les *bréchiformes* non éruptives.

Il donne comme exemples des premières : la caillite, l'aiglite, l'aumalite, la lucéite, la montréjite, etc. ; des secondes : la jewellite, l'octibbehite, la chantonnite, etc. ; des troisièmes : la tadjérite ; des quatrièmes : la mesminite, la canellite.

Raisonnant alors par analogie, au nom de la *Géologie comparée* et de l'unité de constitution du système solaire (comme nous au nom de la *Physiologie comparée*, dans un sens plus large, et au nom de l'unité de plan dans l'organisation générale de la nature), il conclut que ces météorites, qui forment un anneau autour de notre planète, proviennent d'un petit astre détruit depuis longtemps, d'une seconde lune par exemple, satellite de notre terre, et il refait la constitution de ce corps. Alors généralisant, il conclut que pareille évolution est destinée aux astéroïdes, aux lunes, aux planètes et au soleil. Il aboutit ainsi à une théorie cosmogonique, dont l'interprétation est inexacte, en ce sens que les lunes, les planètes et le soleil ne sont pas des *phases* successives *d'un même corps*, mais bien des *organes* différents *d'un même corps*, la cellule, nébuleuse à sa première phase.

M. Meunier prend son point d'appui organique sur l'unité de constitution. Sans doute qu'elle règne, comme unité générale ou de plan, de même qu'il y a unité de constitution entre l'homme et la femme; mais la question de l'*individualité* physiologique n'en reste pas moins intacte. Dans la théorie de M. Meunier, comme dans la théorie cosmogonique, l'individualité est détruite.

Le soleil mourra soleil, s'il meurt; il ne deviendra jamais planète. Les planètes n'ont jamais été des soleils. Les météorites ont toujours été des météorites, et jamais des lunes ni des planètes. Il faut étudier les météorites comme corpuscules spéciaux, essentiels, et non comme débris d'antiques planètes.

Les anneaux météoriques sont la synthèse de leurs corpuscules, comme la photosphère est la synthèse des taches solaires.

C'est à la nature pâteuse de leur organisation que tous ces éléments vitaux doivent leur propriété lumineuse, nouvelle distinction qui les sépare des éléments conservateurs ou de latitude : les auteurs pensent, en effet, que la lumière des comètes est en partie réfléchie et en partie fournie par ces corps eux-mêmes; il en est de même des anneaux météoriques et de la lumière zodiacale ; les taches solaires présentent le *maximum* de cette propriété.

Si les anneaux circumplanétaires ne donnent aucune lumière apparente, aucune lueur qui les révèle, il faut que celle-ci soit trop faible, presque nulle, et que ces anneaux soient peu riches en corpuscules granulaires, ou plutôt que ces corpuscules soient entourés d'une croûte solide ; nouvelle preuve de ce que je disais tout à l'heure, et peut-être distinction à établir sous ce rapport entre les anneaux circumplanétaires et les anneaux interplanétaires ; ceux-ci organes de longitude, ceux-là organes de latitude.

Je dirai, pour terminer, que tous ces éléments vitaux ou corpusculaires, quoique ayant pour caractère commun une organisation moléculaire à modalité pâteuse plus ou moins fluide, avec raréfaction et dissociation progressive jusqu'à l'état gazeux de leur atmosphère plus ou moins lumineuse, se distinguent néanmoins chacun par un mode particulier d'agrégation, en raison duquel, par exemple, les noyaux des corpuscules solaires sont opaques et relativement sombres, tandis que les comètes sont transparentes et leur noyau lumineux; que je réunis dans une même classe d'éléments organiques les comètes, les corpuscules solaires et les corpuscules météoriques, sans pour cela les assimiler complétement, sans regarder, par exemple, les comètes et les étoiles filantes comme deux variétés en grandeur d'un organe unique ; que la poussière cosmique semée par les comètes sur leur parcours doit se répandre souvent et se fixer dans les anneaux météoriques ; que ces traînées lumineuses éphémères observées exceptionnellement dans une nuit, ou ces lumières extraordinaires ressemblant à une comète vaporeuse sans en avoir la durée, appartiennent probablement à des phases de suractivité incandescente dans tel ou tel anneau météorique ; en un mot, que tout s'explique par l'étude physiologique de ces éléments, étant admise leur origine intracellulaire, sans supposer gratuitement qu'ils émanent d'une

source extérieure, « d'une masse nébuleuse située à la li-
« mite de la sphère d'action de notre soleil. (Secchi.) »

Je me résume.

Notre cellule se divise en autant de cercles de latitude
qu'elle embrasse d'orbites planétaires ; chacun d'eux est du
ressort de la vie organique.

Notre cellule se divise en trois grandes zones de longitude, lesquelles relèvent de la vie de relation : la zone des
moyennes planètes, la zone des grosses planètes et la zone
échelonnée des petites planètes.

Chaque zone de relation représente un grand appareil
fonctionnel, dit appareil de longitude ; celui-ci se divise en
autant de petits appareils de latitude qu'il y a de cercles
planétaires.

Trois ordres de systèmes entrent dans la constitution de
notre cellule : le système planétaire, le système lunaire, le
système météorique. Il entre un organe de chacun de ces
systèmes dans chaque appareil de latitude.

La zone des petites planètes offre cette particularité,
qu'elles sont réunies par groupes. Dans cette zone comprise
entre Mars et Jupiter on ne connaît encore qu'une centaine
d'astéroïdes, mais les astronomes sont portés à croire que
leur nombre se compte par milliers.

Négligeant les détails descriptifs de ces petits corps, pour
lesquels je renvoie le lecteur aux livres spéciaux, je ne veux
les considérer ici qu'au point de vue de leur rôle synthétique,
de leur fonction collective et non individuelle ; je veux, en
un mot, les étudier comme appareil, et non comme organes.

Une chose est incontestable dans la physiologie cellulo-solaire, c'est que chaque corps organique qui entre dans sa
constitution représente, en dehors de toute spécialité fonctionnelle, un centre de phénomènes vitaux, un foyer de
forces vives, et que tous ces foyers dynamiques, se succédant
de distance en distance dans l'enceinte cellulaire, sont comme

autant d'oasis physiologiques qui garantissent et propagent la vie de la cellule, improductive dans les déserts éthérés.

Sous un autre rapport, comme je l'ai déjà dit, chaque planète, échelonnée dans l'espace, est un pilier physiologique, dont la fonction commune est de soutenir et de renforcer l'activité dynamique des rayons éthérés, jetés comme des arches d'un pilier planétaire à l'autre, depuis le soleil jusqu'au delà de l'appareil de Neptune. Ces arches sont immenses. La cellule ainsi envisagée devient un vaste océan, sur l'étendue duquel est jeté un pont gigantesque et physiologique, où se promène la volonté de Dieu.

Chaque organe de latitude ou de longitude, outre sa spécialité fonctionnelle, concourt donc à une fonction commune et générale, en servant de foyer de renforcement et de prolifération au dynamisme éthéré, dont l'impression solaire initiale est aussi nécessaire aux organes de l'extrême périphérie qu'à ceux de l'extrême centre.

Il est à remarquer que, dans chaque appareil de latitude, chaque organe n'occupe à la fois qu'une fraction minime de son orbite, et que, dans l'ordre de la longitude, il en est de même des comètes. Dans ces deux cas, la mesure de l'organe et de l'appareil est tout à fait indépendante de celle de son orbite, et loin de former un tout continu. Il n'en est pas ainsi, comme nous l'avons vu, dans les anneaux météoriques. Il n'en est pas ainsi non plus dans la zone des petites planètes, lesquelles sont tellement disposées que « si l'on se figure, dit « M. d'Arrest, leurs orbites sous la forme de cerceaux matériels, ces cerceaux se trouveront tellement enchevêtrés « qu'on pourrait, au moyen de l'un d'entre eux pris au hasard, soulever tous les autres. »

Dans chaque ordre de latitude ou de longitude, il existe donc un système d'organes isolés : systèmes planétaire, lunaire, cométaire ; et un système d'organes continus : système météorique, circumplanétaire et interplanétaire.

A part les dimensions et la qualité physiologique, l'anneau

des petites planètes est analogue à l'anneau des corpuscules météoriques pour la presque continuité des éléments, et pour le résultat sur la fonction commune de renforcement dynamique.

Avec cette idée fondamentale, on comprend que la série des organes isolés soit insuffisante pour le travail de renforcement dynamique par voie de prolifération, et que la présence des agrégations organiques devienne nécessaire. Sans celles-ci, les planètes de l'extrême périphérie, à la distance où elles sont du soleil, seraient dans des conditions impossibles de vitalité. Leurs dimensions plus considérables, les qualités intrinsèques de leurs satellites, la richesse de leurs anneaux météoriques : tout concourt à compenser l'infériorité relative où sont mises les grosses planètes par leur latitude éloignée, tandis que les moyennes planètes, occupant la zone centrale, se trouvent dans une situation différente : dimensions moindres, un seul satellite, propriétés intrinsèques moins énergiques, anneau météorique circumplanétaire moins important.

Ce n'est pas tout. Cette grande loi de compensation, entre la zone périphérique et la zone centrale, s'appuie encore sur d'autres piliers : je veux dire sur l'anneau des petites planètes, lequel remplit dans la vie de latitude une place essentielle, comme les anneaux interplanétaires dans la vie de longitude. Placé entre Mars et Jupiter, dans ce premier des grands intervalles qui mesure 140 millions de lieues, il joue le rôle d'un anneau continu, et il occupe la première moitié qui appartient à la planète Mars, à l'exception de Maximiliana, dont l'orbite appartient à la seconde moitié, du côté de Jupiter. Jusqu'à cette latitude, un pareil anneau n'avait pas sa raison d'être : la distance au soleil n'est pas assez grande, les moyennes planètes ne sont pas assez éloignées les unes des autres.

Mais, si l'on accorde à l'anneau des astéroïdes une place aussi importante dans la physiologie cellulo-solaire ; si l'on

admet qu'il remplit, à l'égard de la force éthérée, une fonction indispensable de redoublement par voie de prolifération,
et que cet immense intervalle de 140 millions de lieues ne
pouvait être privé d'un pareil système, ni rester vide et
inactif en de telles conditions, que dira-t-on, en se plaçant
au même point de vue, de l'intervalle de 150 millions de
lieues qui sépare Jupiter de Saturne? que dira-t-on de l'intervalle de 365 millions de lieues qui sépare Saturne d'U-
ranus? que dira-t-on de l'intervalle de 410 millions de lieues
qui sépare Uranus de Neptune?

Cette distance interplanétaire allant en s'agrandissant à
mesure qu'on se rapproche de l'extrême périphérie, il serait
plus difficile à la raison de concevoir et d'admettre le vide et
la stérilité de ces immenses plaines éthérées, que l'hypothèse,
fondée sur les considérations précédentes, d'un anneau d'astéroïdes situé entre chaque latitude des grosses planètes,
comme il y en a entre Mars et Jupiter : un anneau *planétulaire*
s'étendrait entre Jupiter et Saturne, un autre entre Saturne
et Uranus, un autre entre Uranus et Neptune, ayant chacun
des dimensions proportionnées à l'intervalle qu'il occupe et
au rôle qui lui est dévolu.

Cette disposition paraît du reste nécessaire à l'équilibre de
la gravitation céleste.

Telle est cette cellule bien aimée, dans le sein de laquelle
nous vivons, fraction organique du corps sidéral et cellule-
mère de toutes les individualités animales ou végétales qui
vivent de ses éléments.

Le genre humain est sorti de ses entrailles, par l'intermédiaire d'un de ses nucléoles qu'on appelle la terre.

Dans cette synthèse physiologique et philosophique, nous
constatons la trinité organique dans les trois ordres d'éléments : l'élément solaire, l'élément planétaire dont la lune
n'est qu'un appendice, et l'élément météorique. Ces trois
ordres d'éléments sont reliés entre eux par l'unité physiologique.

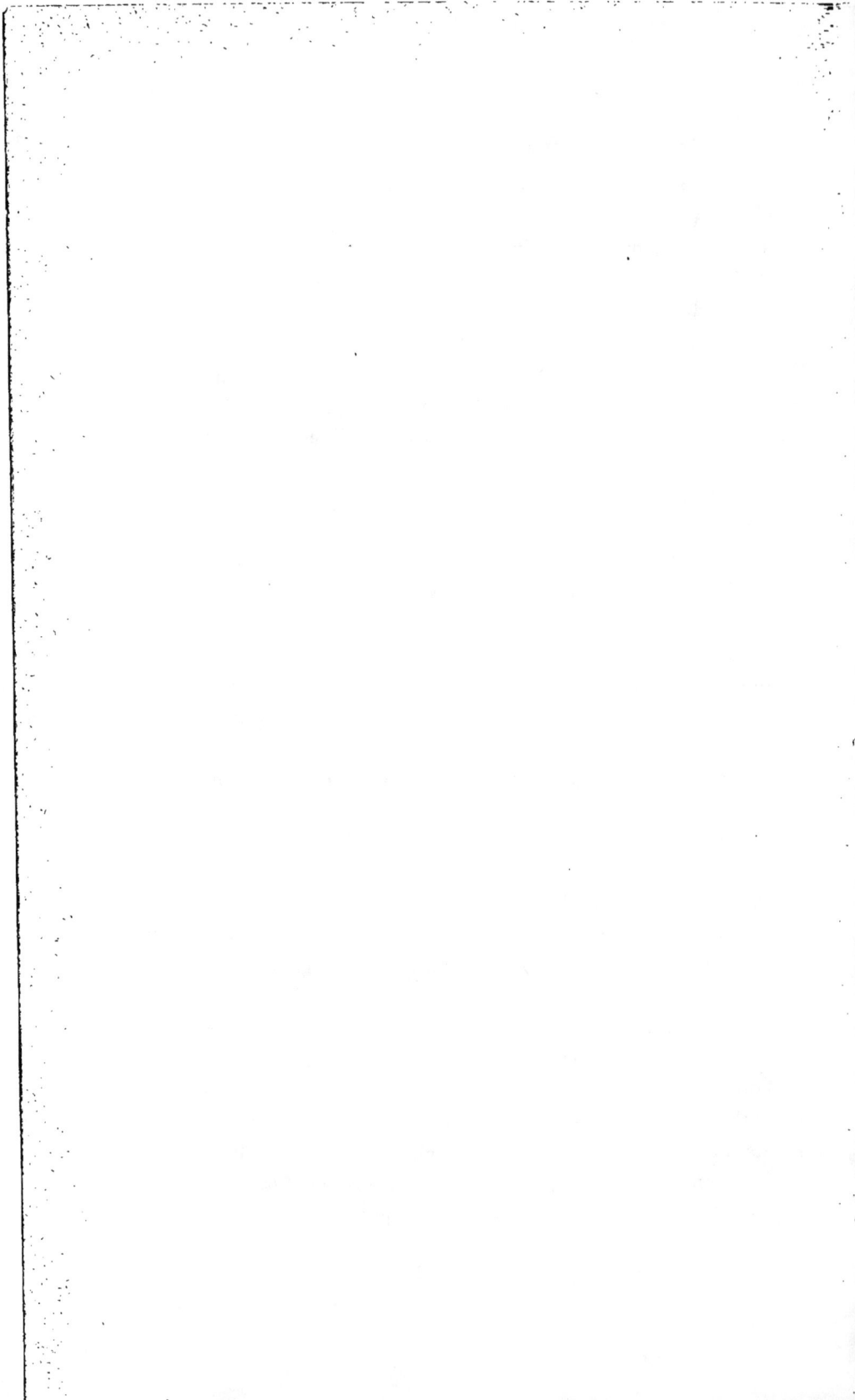

QUATRIÈME PARTIE

PHYSIOLOGIE SIDÉRALE

CHAPITRE PREMIER

Organisation du corps sidéral.

Mon esprit vient de parcourir une double carrière. Animé par le souffle de la vérité, il a sondé dans toutes ses manifestations le dynamisme terrestre et résumé ses trois organes constituants dans une synthèse physiologique; puis, étudiant parallèlement le soleil qui nous éclaire et l'essaim de planètes qui gravitent autour de son foyer, il a résumé tous ces organismes relatifs dans une synthèse physiologique plus grande encore, dans la synthèse cellulaire qui les englobe.

Considérant la situation et l'importance relative de notre corps animal dans cette unité collective, il est permis maintenant, raisonnant par comparaison et du grand au petit, de nous assimiler à une société de petits êtres ultra-microscopiques, vivant dans l'enceinte d'une cellule de nos organes,

soit dans une cellule du foie, et limités à la surface du nucléole de cette cellule, dont l'étendue paraîtrait aussi grande
à leur extrême petitesse qu'à nos yeux le champ cellulaire
où nous sommes inclus.

La terre envisagée isolément est un organisme, dernier
foyer de l'unité physiologique et de l'individualité ; mise en
présence du système solaire, elle n'est plus qu'un organe,
concourant à la formation d'une unité plus grande, collective, d'une individualité supérieure. Ayant le soleil pour
noyau, pour nucléoles les planètes, les corpuscules météoriques pour éléments vitaux dits granulaires, notre cellule
sidérale représente une organisation physiologique parfaite.

Du nucléole planétaire où je vis, promenant mes regards
par delà les limites extrêmes de notre cellule, dont l'absence
de parois me rend facile cette exploration, je vois dans les
vastes plaines qui m'entourent des étoiles par milliers, sachant
que chacune de ces étoiles est un soleil analogue au nôtre,
un noyau, un centre de gravitation planétaire ; je vois, com-
plétant l'œil du corps par celui de la science, des milliers de
soleils, nombre que le télescope élève à des millions, et des
planètes innombrables circulant autour de ces noyaux dans
autant d'enceintes cellulaires ; je vois dans l'espace autant
de cellules que d'étoiles étincelantes, chacune représentant
comme la nôtre une unité physiologique collective ; je vois
ces cellules, par des groupements naturels que le télescope
permet de constater, former de nouvelles unités physiologiques, d'un ordre supérieur, où sont associés des éléments
cellulaires en nombre variable, comme dans chaque unité
cellulaire sont associés en nombre variable des éléments planétaires ; je vois dans cette majestueuse harmonie des mouvements particuliers pour chaque planète, des mouvements
propres pour chaque soleil, des mouvements communs pour
chaque cellule, et des mouvements plus généraux encore
pour chaque groupe cellulaire d'organe sidéral, et, devant
un pareil spectacle, sachant, par les enseignements de la

science à laquelle je dois une reconnaissance profonde, que tous ces corps, dont l'immensité m'écrase, sont régis par des lois communes ; sachant qu'un mécanisme unitaire règle leurs mouvements apparents de translation et de rotation céleste, et leurs mouvements intimes de transformation et de prolifération vitale ; sachant que les lois de l'univers ne sont pas différentes des lois qui gouvernent les animaux et les végétaux dans leurs manifestations physiologiques, je ne puis me défendre de réunir, dans une vaste et sublime synthèse, tous ces éléments disséminés avec ordre, toutes ces unités relatives qui aboutissent à l'unité supérieure et absolue, et de proclamer, en toute conviction, que le *corps sidéral* est un corps vivant, organisé à la façon du corps animal, jouissant comme lui de propriétés physiologiques, possédant des fonctions partielles et des fonctions générales : corps immense, infini pour nous, d'organisation cellulaire, dont nous n'apercevons, même avec le secours des plus puissants télescopes, qu'une fraction relativement minime.

Et je m'écrie, dans l'ivresse de la vérité : *Sursum corda !* Elevons nos cœurs en haut ! Dégageons notre âme de tout lien grossier, pour qu'elle puisse comprendre une organisation aussi belle et aussi simple, pour qu'elle puisse l'admirer dans sa splendeur !

Entre les éléments cellulaires du corps sidéral et les éléments correspondants d'un corps animal, quelle différence de dimensions !

Pour connaître ceux-ci, leur forme, leur constitution, leurs mouvements, un instrument grossissant, le microscope est indispensable à notre faible vue ; et encore, que de choses nous échappent ! Pour connaître ceux-là, ce n'est plus l'excessive petitesse, c'est l'extrême grandeur, c'est l'extrême éloignement qui nous apporte de nouvelles difficultés. Nous sommes placés entre un monde microscopique et un monde télescopique. Nous ne voyons même pas directement les mouvements du soleil et des planètes ; nous voyons les mou-

vements apparents et non les réels. Pour passer de ceux-là à
ceux-ci, le raisonnement doit corriger l'erreur de nos sens.
La lutte de Galilée contre Rome est la lutte de la raison contre
la sensation. Cette lutte se reproduit de siècle en siècle, dans
des conditions nouvelles.

Il n'était question à cette époque que des mouvements relatifs des planètes ou du soleil. Aujourd'hui, la scène est
plus vaste; elle est grande comme l'espace, durable comme
l'éternité : il s'agit de savoir si ces millions d'étoiles-soleils
que nous voyons autour de nous, à des distances prodigieuses,
et dont la science nous a révélé progressivement les merveilles de mouvements, de constitution et de groupement,
sont toutes réunies par un lien physiologique commun pour
former un corps synthétique, ou si les liaisons dynamiques
ne sont que partielles et exclusives de toute idée de généralisation?

Les sens, comme au temps de Galilée, reculent devant cette
admirable synthèse du corps sidéral : l'immensité de l'espace
nous effraie; un tel corps avec de telles dimensions nous
trouve incrédules. Cependant aucune observation, aucune
considération philosophique n'est contraire à l'idée d'unité
physiologique, tandis que tous les faits connus, corroborés par
l'analogie, tendent à démontrer la réalité de cette synthèse.

Si ce corps est ainsi constitué, en tant qu'unité physiologique dont tous les éléments sont reliés les uns aux autres
par des organes *ad hoc*, destinés à la vie de relation intercellulaire et interorganique, comme dans le corps animal les
cordons nerveux servent à la transmission des impressions et
au déplacement des forces, il n'y a plus à reculer devant la
conclusion d'une pareille organisation, et il faut reconnaître,
en toute sincérité et conviction, qu'un tel corps n'est pas
inerte, passif, hochet gigantesque d'une autre puissance,
mais qu'il est doué de vie, et d'une vie auprès de laquelle la
nôtre s'efface, comme un ruisseau ignoré devant l'immensité
de l'océan.

Un petit animal microscopique qui, vivant sur le nucléole d'une de nos cellules, comme je l'ai déjà dit, et doué d'une intelligence perfectible, parviendrait, de la petite terre nucléolaire qui le supporte et le nourrit, et dont les dimensions sont pour lui considérables, à percer l'atmosphère cellulaire qui l'enveloppe, où des corps sans cesse en mouvement excitent sa frayeur avec son admiration, et à découvrir successivement, par des instruments à longue portée, toutes les cellules voisines de la sienne, lui paraissant être chacune la reproduction du monde où il est enfermé; qui, par un effort de génie, après avoir étendu ses découvertes analytiques sur la plus grande partie de notre corps, réunirait en autant de synthèses fonctionnelles les groupes cellulaires relativement indépendants qu'il voit de côté et d'autre, et s'élèverait ainsi à la conception du foie, de la rate, des reins, du cerveau; qui enfin, justement fier d'une telle conception à laquelle viendraient se joindre la connaissance des tubes nerveux conducteurs, et celle des vaisseaux sanguins, en déduirait, en outre de la synthèse de chaque organe isolément, celle plus générale et plus belle du corps entier, comprenant que toutes ces cellules appartiennent à des organes dont elles sont les éléments constituants, et que ces organes à leur tour sont les éléments formateurs d'un corps unique : un tel être, proclamant dans son enthousiasme l'unité vitale de ce corps, immense par rapport à sa faiblesse, ferait-il, je vous le demande, preuve de sagesse ou preuve de folie?

Pour ce petit être, quelle distance entre le foie et le cerveau, par exemple! Comme ces organes, comparés à son petit nucléole et même à sa cellule, offriraient à sa vue des dimensions gigantesques! Quel être immense nous serions à ses yeux! Corps si grand, qu'il ne pourrait en embrasser le contour! Être tout-puissant, dont il redouterait la colère! Et cependant nous sommes moins que lui encore, sur un des nucléoles d'une cellule sidérale.

Notre planète, notre cellule est noyée dans un océan cellu-

laire : au nord, au sud, à l'est, à l'ouest, au zénith et au
nadir, partout elle est entourée de milliers d'étoiles, que les
mouvements de rotation et de translation de notre terre
nous permettent d'observer successivement et d'étudier.

Les rapports physiologiques de notre cellule ne sont pas les
plus faciles à connaître : on ne sait pas encore si son individualité relative est solitaire, ou associée à d'autres cellules
pour la formation d'un organe sidéral. Ce qu'il est permis
d'affirmer, d'après les observations des astronomes, c'est la
progression de notre soleil vers l'étoile π de la constellation
d'Hercule ; on croit même que le groupe des Pléiades marque
le centre de son orbitre. Il faut savoir, en effet, que chaque
cellule décrit dans l'espace une orbite, probablement elliptique, où sont emportés dans un mouvement commun le soleil, les planètes et les anneaux météoriques.

C'est là un témoignage nouveau de l'unité universelle : mouvements de rotation et de translation dans les éléments moléculaires et granulaires ; mouvements analogues dans les corpuscules météoriques, dans les corpuscules solaires et dans
les comètes ; mouvements analogues dans les lunes et dans les
planètes ; mêmes mouvements dans le soleil et dans la cellule
tout entière.

La synthèse anatomique du corps sidéral, dans sa partie
connue, doit se résumer comme il suit, au moyen d'une comparaison. Prenez le cylindre d'une pendule, plus large à sa
partie moyenne qu'au sommet ; supposez ce cylindre complet et fermé à ses deux extrémités ; placez-vous au-dedans
de lui, au centre, avec notre cellule, la face tournée dans le
sens du plus grand diamètre que vous avez mis antéro-postérieur ; peuplez, par l'imagination, avec des milliers d'é-
toiles tout l'espace qui vous entoure : ce cylindre, rempli de
cellules solaires analogues à la nôtre, c'est la voie lactée,
c'est cette immense nébuleuse au sein de laquelle nous sommes situés dans le corps sidéral.

En dehors de cette nébuleuse limitée par le cylindre, dont

le diamètre antéro-postérieur est plus grand que le diamètre transversal, supposez d'autres groupes étoilés, d'autres nébuleuses de forme variable, à des distances plus ou moins grandes, disséminées çà et là tout autour du cylindre, mais toutes moins étendues en apparence que la voie lactée, sur les rives de laquelle elles paraissent semées du nord au sud comme des lacs qui bordent le cours d'un fleuve : telle est l'image synthétique du corps sidéral dans sa partie connue ! Même avec le secours des plus puissants télescopes, ce vaste corps ne nous apparaît pas dans toute son immensité, et il est probable que la partie invisible n'est pas la moins considérable.

Notre voie lactée, s'étendant tout autour de nous du nord au sud, du zénith au nadir, nous ne pouvons l'étudier que par-dessous pour ainsi dire, ou mieux de dedans en dehors. Elle est elle-même le résumé de groupes nombreux et plus petits ; nébuleuse mère formée par l'association de nébuleuses secondaires. Il est aisé de s'en convaincre à l'œil nu et surtout au télescope : on aperçoit des divisions fréquentes qui marquent les espaces interorganiques, chaque nébuleuse étant assimilée à un organe sidéral, et les variations de lumière suivant les régions, conséquence de hauteurs différentes, attestent également la division de la nébuleuse-mère en zones multiples.

Ce qui précède implique, et c'est une chose admise dans la science, que toutes les étoiles que la vue simple nous fait découvrir font partie, avec notre soleil, de la voie lactée : leur moins grande distance est la seule cause qui nous permet de les voir isolément, tandis que d'autres, situées à une distance plus considérable, nous semblent confondues dans une masse nébuleuse. La voie lactée est donc, en réalité, plus étendue qu'elle ne paraît l'être. Il y a lieu de distinguer la voie lactée astronomique de la voie lactée apparente. Que si un certain nombre d'étoiles se montrent à nos yeux en dehors de celle-ci, tant d'un côté que de l'autre, il faut voir dans cette différence un effet de perspective, analogue à celui qui, de l'extrémité d'une longue avenue, nous fait apercevoir à l'extrémité opposée les rangées d'arbres plus rapprochées qu'elles ne le sont en réalité, et la largeur de l'avenue allant en se rétrécissant, bien qu'elle soit partout d'égale dimension.

Dans l'étude du ciel, comme disent les auteurs, on distingue la partie visible à l'œil nu et la partie visible au télescope. La première appartient exclusivement à la voie lactée, pour ce qui concerne les étoiles ; seules, quelques nébuleuses étrangères à cette voie sont visibles à l'œil nu.

L'étude élémentaire des étoiles disposées en constellations n'est autre chose que l'étude topographique, ou l'*anatomie des régions* de cette immense chaîne ganglionnaire.

Dans l'étude du ciel, les auteurs distinguent : 1° des étoiles visibles à l'œil nu ; 2° des étoiles visibles au télescope ; 3° des nébuleuses visibles à l'œil nu ; 4° des nébuleuses visibles au télescope ; celles-ci se subdivisent en nébuleuses résolubles et en non résolubles. Mais, en dernière analyse, ce sont toujours et partout des étoiles ou des cellules planéto-solaires, différant, il est vrai, les unes des autres, par leurs dimensions, par leur puissance dynamique, leurs propriétés physiologiques et le mode de groupement dans lequel elles se montrent à nous.

C'est par l'étude des groupements naturels ou physiologiques qu'il nous sera permis d'atteindre à la connaissance des organes sidéraux, à leur répartition, à leurs rapports réciproques et à la constitution de l'organisme sidéral dans sa synthèse vivante.

Prenons d'abord une idée sommaire de l'anatomie des régions dans la voie lactée. Les rapports des autres nébuleuses, que nous établirons ensuite, seront relatifs à cette zone centrale.

En langage synthétique, le corps sidéral est une agrégation de nébuleuses ; en langage analytique, chaque nébuleuse est une agrégation d'étoiles. En termes physiologiques, le corps sidéral est une association fonctionnelle d'organes, dont chacun est une association de cellules.

La voie lactée apparente, que tout le monde connaît, est cette immense traînée blanchâtre qui partage le ciel visible en deux moitiés, tantôt simple dans son parcours, tantôt bifurquée, quelquefois droite, plus souvent bosselée et noueuse, plus irrégulière dans sa partie australe que dans sa partie boréale. Les étoiles les plus reculées de cette nébuleuse sont à une distance 2,300 fois plus grande que la distance moyenne des étoiles de première grandeur ; et on a calculé que leur lumière, pour parvenir jusqu'à nous, met dix mille ans à traverser cet espace, tout en parcourant 79,572 lieues par seconde.

D'après l'évaluation approximative de W. Herschel, la voie lactée renferme environ 18 millions d'étoiles, c'est-à-dire de cellules solaires. Ses parties les plus brillantes sont dans les régions de l'Aigle et du Cygne. Elle offre par places des trouées, dont deux principales, l'une près du Cygne et l'autre connue sous le nom de Sac-à-Charbon, près de la Croix-du-Sud ; espaces obscurs et à peu près vides d'étoiles, au travers desquels l'œil plonge dans les abîmes de l'inconnu. Son diamètre antéro-postérieur est bien plus étendu que le transversal : Herschel estime que sa profondeur est quatre-vingts fois plus grande que la distance des étoiles de première grandeur. Aussi bien, la comparaison avec un cylindre allongé de pendule, aux irrégularités près, exprime-t-elle exactement la forme de cette nébuleuse, que d'autres ont comparée à une meule aplatie et dédoublée sur près de la moitié de sa circonférence.

Il est remarquable que, dans la région des pôles célestes ou sidéraux, les étoiles sont relativement rares ; rareté plus grande surtout dans la région du pôle austral, et qui tend à faire supposer que la forme générale de la voie lactée est un ellipsoïde, renflé dans sa partie centrale ou équatoriale et aplati à ses pôles.

Les pôles sidéraux sont cet espace sombre, situé à égale distance du zénith et de l'horizon, pour un observateur placé dans chaque hémisphère. Si la région polaire est presque déserte dans le sud et n'a dans le nord que des étoiles au-dessous de la quatrième grandeur, la zone qui l'entoure immédiatement, dite *circumpolaire*, est très riche en belles étoiles, principalement dans l'hémisphère boréal.

On a divisé pour l'étude le monde d'étoiles qui nous entoure en *zones de latitude*, étendues de chaque côté depuis l'équateur jusqu'aux pôles. Le pôle boréal est marqué par *l'étoile* dite *polaire*. Chaque zone mesure une étendue apparente de 15 degrés. Chaque hémisphère est partagé en six zones, ce qui donne 90 degrés, et 180 degrés pour les douze zones d'un pôle à l'autre.

La première zone boréale, dont l'étoile polaire occupe à peu près le centre, doit s'appeler zone de *latitude de la Petite-Ourse*. Il est utile en effet de désigner chaque zone par le nom de la principale constellation qu'elle renferme, et, au lieu de dire première, seconde zone de latitude, je dirai par abréviation première latitude, seconde latitude, etc...

La latitude polaire ou de la Petite-Ourse ne contient que cette constellation digne d'intérêt, avec celle du Renne et quelques étoiles avancées des constellations de la latitude suivante, car souvent la région d'une constellation s'étend sur deux zones de latitude à la fois.

La seconde latitude s'unit à la troisième pour former la zone circumpolaire des auteurs. La plupart des constellations qu'on y trouve s'étendent à la fois dans les deux zones. Cette double latitude circumpolaire devient la *latitude de la Grande-Ourse*. Avec cette constellation, on y voit successivement le Dragon, Céphée, Cassiopée, une partie de Persée, la Girafe, la Chèvre du Cocher et le Lynx.

Toutes les étoiles de ces trois premières zones sont toujours visibles au dessus de l'horizon de Paris.

Nous sommes ici à moitié distance entre le pôle et l'équateur céleste, à 45 degrés de latitude, près du zénith de Paris qui passe à 49 degrés.

La quatrième et la cinquième latitude s'unissent également pour former une double zone, qu'on peut appeler la *double la titude du Bouvier*. Cependant plusieurs de ses constellations sont limitées à une seule latitude.

Ainsi la *latitude de la Lyre*, ou quatrième latitude, renferme, avec la Lyre, le Cygne, une partie de Persée, une partie du Cocher, le télescope d'Herschel, le Petit-Lyon, les Lévriers.

La *latitude du Taureau*, ou cinquième latitude, renferme, avec cette constellation, les Pléiades, les Hyades, la Mouche, le Bélier, la Flèche, le Renard, l'Oie, le Rameau, la tête du Serpent, la chevelure de Bérénice, le Grand-Lyon, le Cancer.

A la double latitude appartiennent le Bouvier, la Couronne boréale, Hercule, Cerbère, Andromède et Pégase, le Triangle et les Gémeaux.

Le tropique céleste du Cancer passe dans la cinquième latitude, où il traverse le groupe naturel des Pléiades.

La sixième latitude boréale s'unit à la sixième latitude australe, pour former la *double latitude équatoriale*. On peut donc résumer les deux hémisphères célestes comme il suit : latitude polaire, double latitude circumpolaire, double latitude tropicale, double latitude équatoriale.

Même division pour la double latitude équatoriale que pour les autres zones dédoublées.

La sixième latitude boréale, ou *latitude du Petit-Chien*, comprend avec cette constellation la tête de l'Hydre, le Taureau de Poniatowski, le Petit-Cheval, le Dauphin.

La sixième latitude australe, ou *latitude du Verseau*, ne contient pour ainsi dire aucune constellation à elle seule.

A la double latitude équatoriale appartiennent successivement : Orion traversé par le cercle de l'équateur, la Licorne, l'Hydre, le Sextant, la Vierge, le Serpent, l'Aigle, la Baleine.

La cinquième latitude australe, ou *latitude du Grand-Chien*, renferme, avec cette constellation remarquable par Sirius, le Chat, la Coupe qui remonte dans la sixième zone, le Corbeau, la Balance en commun avec la sixième zone, la tête du Scorpion, le Sagittaire, le Capricorne, la Baleine et le Lièvre en commun avec la zone précédente.

La quatrième latitude australe, ou *latitude de la Couronne australe*, renferme en outre de celle-ci la queue de Scorpion, la Règle, le Loup, la tête du Centaure.

A la double latitude tropicale, formée des deux précédentes réunies, appartiennent : la Boussole, une partie du Navire, la Colombe, le corps de l'Eridan dont la tête s'étale dans la sixième zone et la queue dans la troisième, la Machine électrique, le Poisson austral, l'Aérostat, le Sagittaire, le Scorpion, le corps de l'Hydre dont le cœur est dans la sixième zone australe et la tête dans la sixième boréale.

Le tropique du Capricorne céleste passe dans la cinquième latitude australe, où il coupe en deux la constellation du Grand-Chien.

La troisième latitude australe renferme la Grue, l'Indien, la seconde moitié du Centaure et la queue de l'Eridan, où brille Achernard, étoile de première grandeur dont elle peut porter le nom.

La seconde latitude australe présente le Triangle austral, la Mouche, le Poisson volant, la Réticule.

Ces deux zones réunies forment la double latitude circumpolaire, ou *latitude de la Croix-du-Sud*, où brillent avec cette belle constellation une partie du Navire, la Dorade, l'Horloge, le Toucan, le Paon, l'Autel.

Enfin la latitude polaire australe nous présente l'Octant, l'Oiseau du Paradis, le Caméléon et l'Hydre-Mâle en commun avec la seconde latitude.

Cette division du ciel par zones de latitude est très commode pour la mémoire, bien qu'elle n'offre pas une précision mathématique dans la répartition des constellations.

Pour l'étude détaillée de chaque constellation, il est bien entendu que je renvoie le lecteur aux livres élémentaires, auxquels j'emprunte moi-même le squelette astronomique, si je puis ainsi dire, de ma Physiologie sidérale.

Cette étude des constellations n'a d'importance que comme anatomie des régions, et cette importance est relative et transitoire ; car ce qu'elles sont, ces constellations, elles ne l'ont pas toujours été et ne le seront pas toujours. Leur classification est artificielle, et ce n'est pas en elles qu'il faut chercher la véritable constitution du corps sidéral. « La Croix-du-Sud, « dit Humboldt, ne conservera pas toujours sa forme carac- « téristique, car ses quatre étoiles marchent en sens diffé- « rents et avec des vitesses inégales. On ne saurait calculer « aujourd'hui combien de myriades d'années doivent s'écou- « ler jusqu'à son entière dislocation. »

Cette classification n'en est pas moins nécessaire, au point de vue de l'anatomie des régions, pour nous faire concevoir une juste idée du corps sidéral, dans les sentiers duquel elle sert à nous diriger comme des points de repère. C'est ainsi que, pour prendre une notion de la richesse relative des régions sidérales, 138 étoiles visibles à l'œil nu existent dans la région de la Grande-Ourse, dont 7 étoiles principales forment la constellation ; 27 dans la région de la Petite-Ourse, dont 7 étoiles figurent la constellation ; 67 dans la région de Cassiopée, dont 6 pour la constellation ; 69 dans la région du Cocher, dont 5 pour la constellation ; 81 dans la région de Persée, dont 7 pour la constellation. Il en est de même plus ou moins dans les autres régions.

La richesse des régions sidérales est encore plus grande, lorsqu'on les examine avec le télescope. Pour en prendre un exemple, dit M. Guillemin, d'après un dessin de M. Chacornac, un même coin de la constellation des Gémeaux, offrant 6 étoiles visibles à l'œil nu, en renferme jusqu'à 3,205 depuis

la troisième jusqu'à la treizième grandeur, vu avec un télescope de 27 centimètres d'ouverture.

Les organes sidéraux sont formés par des associations naturelles d'étoiles ou de cellules solaires, en nombre plus ou moins
grand. Si ces associations sont considérables et à une distance extrême, elles rentrent dans la catégorie des *nébuleuses*,
dont on ne peut distinguer aucune étoile à l'œil nu. Lorsque
la distance est moindre et le nombre des étoiles inférieur, les
associations prennent le nom de *groupes stellaires ;* plusieurs
de leurs étoiles se reconnaissent à l'œil nu. Il est des associations moins nombreuses encore, où l'on a compté depuis
deux jusqu'à sept étoiles : ce sont les *étoiles doubles* ou *multiples*.

C'est exclusivement dans cet ordre de groupements naturels qu'il faut poursuivre l'étude des organes sidéraux, et
c'est ici que la connaissance des régions anatomiques sidérales, distinguées par le nom d'une constellation, quelque
bizarrement appliqué que soit ce nom, devient d'une grande
utilité pour marquer la place de chaque organe dans l'immensité du corps sidéral.

Les étoiles vraiment associées, en nombre double ou multiple, sont tellement rapprochées qu'il est impossible de les
observer à l'œil nu ; il faut même de puissants télescopes
pour cela.

Prenez le diamètre apparent de la lune, divisez-le en neuf
parties égales, subdivisez un neuvième de ce diamètre en
six autres parties, vous aurez, dans la fraction sixième de
cette seconde division, la distance apparente que deux étoiles
ne doivent pas dépasser pour qu'on leur applique la désignation d'étoiles doubles.

La science a compté jusqu'à ce jour plus de 6,000 couples
analogues. Mais on comprend que beaucoup de ces couples
ne sont pas réels, qu'ils sont apparents et produits par un
effet de perspective. On leur a donné le nom de *couples opti-*

ques, pour les distinguer des autres qu'on appelle *couples physiques,* et que j'appellerai physiologiques.

Les *couples physiologiques,* dont le nombre s'élève déjà à plus de 650, doivent, pour mériter ce titre : 1° ne pas dépasser la limite précédente ; 2° être dans leurs étoiles composantes à des distances à peu près égales de nous.

Ces étoiles ont pour caractéristique : 1° le mouvement de rotation de l'une d'elles autour de l'autre ; 2° ou un mouvement propre commun, de même sens et de même amp'itude. Si on n'est pas encore parvenu à reconnaître pour toutes ce mouvement caractéristique, la science n'en est pas moins riche déjà de bien des observations sur ce sujet.

Véga dans la région de la Lyre, Ataïr dans la région de l'Aigle, Pollux dans celle des Gémeaux et Aldébaran dans celle du Taureau nous offrent des exemples de couples optiques, visibles au télescope. Auprès de Véga on voit à l'œil nu une petite étoile allongée, laquelle se dédouble en deux étoiles avec un télescope moyen, et en quatre avec un télescope plus puissant.

Les couples physiologiques ont seuls une importance absolue. Je citerai avec les auteurs : un couple dans la région de la Grande-Ourse, marqué ξ dans les catalogues, dont une étoile de cinquième grandeur accomplit en 61 ans sa révolution autour de l'autre, qui est de quatrième grandeur ; un couple dans la région de Cassiopée, l'étoile double Èta ; Castor dans la région des Gémeaux, étoile triple ; Zêta d'Hercule, dont la révolution de l'une s'accomplit en 36 ans autour de l'autre ; Èta de la Couronne boréale, dont la révolution est de 66 ans ; Gamma dans la région de la Vierge, dont la révolution est de 150 ans ; l'étoile 61° du Cygne dont la révolution est de 452 ans, et Alpha dans la région du Centaure dont la période est de 78 ans.

Le plus remarquable des couples physiologiques, appartenant à la division des étoiles multiples, est l'étoile Thêta dans la région d'Orion. Un puissant télescope la décompose en sept étoiles, dont les plus petites, dit Humboldt, partagent le mouvement propre de l'étoile principale.

Les distances qui séparent l'un de l'autre les différents soleils d'un même couple sont plus difficiles à connaître, un des éléments de la question à résoudre étant lui-même peu connu, savoir la distance de ces soleils au nôtre. On a calculé pour Alpha du Centaure, dont la distance à nous est de 8 milliards 073 millions de lieues, que la distance moyenne des deux soleils associés est d'environ 410 millions de lieues, un peu plus seulement que celle de Saturne à notre soleil; et pour la 61ᵉ du Cygne, éloignée de nous de 21 milliards 045 millions de lieues, que l'intervalle qui sépare les deux soleils est en moyenne de 1,700 millions de lieues, c'est-à-dire plus grand que celui de Neptune au noyau de notre cellule.

Les groupes d'étoiles tiennent le milieu entre les étoiles multiples et les nébuleuses. Association trop nombreuse pour entrer dans la première catégorie, pas assez pour appartenir à la seconde, ils représentent des nébuleuses en miniature.

On connaît le groupe des Pléiades et le groupe des Hyades dans la région du Taureau; celui-ci au voisinage d'Aldébaran, dont l'éclat le rend moins apparent, celui-là au nord-ouest de la même étoile, plus facile à distinguer, composé de 80 étoiles, dont six sont visibles à l'œil nu. On connaît le groupe de la chevelure de Bérénice, à l'est de la constellation du Lion, dont les étoiles sont visibles à l'œil nu; un groupe situé dans la région de Persée, dont les composantes ne sont pas visibles à l'œil nu, qu'on n'aperçoit par conséquent que sous l'aspect d'une tache blanchâtre, ou petite nébuleuse.

Les nébuleuses, disséminées dans l'espace comme des nuages blancs dans un ciel pur, rarement visibles à l'œil nu en dehors de notre voie lactée, se comptent par milliers avec l'aide du télescope : on en connaît de 5 à 6,000, autant que d'étoiles visibles sans le secours d'aucun instrument.

On les divise artificiellement en trois classes : les *amas*

stellaires, ou nébuleuses que le télescope résout complétement
en étoiles, les *nébuleuses partiellement résolubles*, et les *nébuleuses irrésolubles*, malgré l'aide des plus puissants instruments.

Ces distinctions entre les nébuleuses ont pour cause principale la différence de leur hauteur, bien plus que les différences d'éclat et de grandeur des étoiles composantes ; on peut aussi invoquer les différences de dimensions, non pas des étoiles, mais des masses nébuleuses elles-mêmes.

En parallèle des étoiles les plus reculées de la voie lactée, dont la lumière met 10,000 ans pour parvenir jusqu'à nous, si l'on met les étoiles des autres nébuleuses les plus lointaines, dont la lumière met, dit-on, 700,000 ans pour traverser l'espace, on aura une idée de l'immense éloignement où gravitent ces astres pareils au nôtre, et des dimensions prodigieuses du corps dans la constitution duquel ils entrent.

On compte environ 400 amas stellaires, dont un, dans la région d'Hercule, ne renferme pas moins de 5,000 étoiles, et dont le plus célèbre est l'amas du Toucan, dans la région de cette constellation australe, aussi remarquable par la condensation centrale de ses étoiles que par les trois nuances qui distinguent sa lumière.

Il faut savoir que les nébuleuses, par les différents caractères qu'elles présentent, ont encore reçu des astronomes d'autres désignations. On appelle *nébuleuses planétaires*, celles qui ont la forme d'un disque uniformément lumineux, d'où elles tirent une certaine ressemblance avec les planètes ; *étoiles nébuleuses*, celles qui présentent en leur intérieur une ou plusieurs étoiles parfaitement distinctes de la nébulosité, et symétriquement placées ; *nébuleuses doubles et multiples*, celles qui sont associées entre elles en pareil nombre, étant aux nébuleuses simples ce que sont aux étoiles simples les étoiles doubles et multiples.

On trouve souvent plusieurs catégories de nébuleuses dans la même région : dans la région de la Grande-Ourse, une

nébuleuse partiellement résoluble à forme d'éventail, et une
nébuleuse planétaire; dans la région du Verseau, un amas
stellaire et une nébuleuse double ; dans celle des Gémeaux,
un amas stellaire ; dans celle du Taureau, une nébuleuse
dont la forme paraît semblable à une gigantesque écrevisse;
dans celle de la Lyre, une nébuleuse annulaire ; dans celle
du Cygne, une étoile nébuleuse ; dans celle de Céphée, une
nébuleuse en spirale ; dans celle d'Andromède, une nébuleuse
elliptique, non régulière, où sont disséminés plusieurs points
de concentration, une nébuleuse planétaire et une étoile nébuleuse; dans la région du Cocher, une étoile nébuleuse ;
dans la région du Serpent, un amas stellaire et une nébuleuse
annulaire ; dans la région d'Orion, une énorme nébuleuse à
forme irrégulière ; dans la région de la Vierge, une nébuleuse
spiraloïde et une nébuleuse double ; dans les régions du Bouvier, du Grand-Lion et des Chiens-de-Chasse, des nébuleuses
plus ou moins irrégulières ; dans celle du Centaure, un amas
stellaire et une étoile nébuleuse, etc...

Les amas stellaires et les nébuleuses non résolubles, ayant
pour caractère constant d'offrir en leur centre une plus
grande concentration de lumière, dont l'éclat diminue progressivement jusqu'à la circonférence, se distinguent par cela
même des nébuleuses planétaires. Cette division toutefois n'a
peut être pas de valeur réelle. Les résultats différents obtenus
par des télescopes de différente puissance tendent à le prouver : les nébuleuses planétaires de la Grande-Ourse et d'Andromède, vues parfaitement rondes et d'éclat uniforme par
J. Herschel, ont été trouvées en des conditions tout autres
au moyen du grand télescope de lord Rosse, de forme variée
et d'éclat irrégulier. Il est permis de croire que cette classe
de nébuleuses disparaîtra dans l'avenir, en se confondant
avec les autres.

Les grandes nébuleuses, comme celle d'Andromède, qui
présentent plusieurs foyers de concentration en leur immense
étendue, ressemblent par là à des nébuleuses multiples. Telle

notre voie lactée, vue de la nébuleuse d'Andromède, doit
apparaître sous forme d'une nébuleuse elliptique et multiple,
dont le cours est marqué par une série de foyers de concentration, ou par une série de nœuds lumineux se suivant les
uns les autres, pour concourir à la formation d'une chaîne
ganglionnaire, divisée en plusieurs branches ou ramifications.

Parmi les nébuleuses non citées, il en est deux plus remarquables pour nous que toutes les autres. Ce sont les nébuleuses, dites *Nuées de Magellan*. Toutes les deux sont situées
dans la zone circumpolaire australe : l'une appelée le *Grand-
Nuage*, dans la région de la Dorade, sur une étendue de
12 degrés carrés, l'autre, le *Petit-Nuage*, dans la région de
l'Hydre-Mâle, sur une étendue de 3 degrés carrés ; toutes les
deux comme suspendues au milieu d'un désert céleste, et
présentant une organisation tellement complète qu'on les
regarde comme une miniature du ciel entier. Etoiles isolées,
amas stellaires, nébuleuses simples, nébuleuses doubles et
multiples, elles offrent réunies ces différentes manifestations
de l'organisation sidérale. Herschel a compté dans le Grand-
Nuage : 582 étoiles, 46 amas stellaires, 291 nébuleuses ; et
dans le Petit-Nuage : 200 étoiles, 7 amas stellaires, 37 nébuleuses. Les Nuées de Magellan sont visibles à l'œil nu.

Jusqu'à ce moment, je n'ai pas insisté sur les formes plus
ou moins régulières et irrégulières des nébuleuses : il ne faut
en effet y attacher qu'une importance secondaire, sans rapport avec l'organisation de leurs éléments.

Il existe des nébuleuses sphériques, circulaires, elliptiques,
spiraloïdes, ou du moins elles nous paraissent telles ; d'autres
revêtent les formes les plus irrégulières. Il est possible que
ces formes n'aient rien de stable, et qu'elles varient après
bien des milliards de siècles avec l'évolution des cellules ou
des organes.

Notre voie lactée elle-même, vue de dehors en dedans, serait loin d'offrir une forme régulière. C'est bien un ellipsoïde

bifurqué ou dédoublé. Mais, si l'on songe aux nombreux foyers de concentration qui y sont disséminés, à la hauteur variable des constellations, des groupes d'étoiles, des amas stellaires et même des nébuleuses non résolues en certains endroits; si l'on songe aux trous observés, lesquels ne sont que des intervalles déserts et de séparation entre chaque nuage étoilé, et que, d'une façon générale, les régions équatoriales sont les plus riches en étoiles et celles où existent les nébuleuses les plus élevées, tandis que les régions polaires sont les plus pauvres en tous ces éléments constituants, l'idée qui restera de cette voie lactée, dans son acception astronomique, sera un ellipse bifurqué, renflé dans les régions équatoriales et aplati aux extrémités polaires, offrant, vu de dehors en dedans, une suite d'aspérités et de dépressions, comme une chaîne de montagnes lumineuses et de vallées intermédiaires.

« Ces grands astronomes (Wright, Kant, Lambert, Herschel), « dit M. Laugier, avaient été amenés à considérer la voie « lactée comme un amas d'étoiles, dont notre soleil fait partie, « et certaines nébuleuses ou amas qu'on découvre avec des « télescopes comme autant de soleils distincts, constituant « pour ainsi dire chacun un ciel particulier. D'après cette « théorie, la voie lactée, vue de l'intérieur d'un de ces sys- « tèmes, doit occuper une place aussi modeste que celle que « nous donnons à la plupart de ces mondes télescopiques (1). »

« Si quelques régions, dit Humboldt, présentent de grands « espaces où la lumière est uniformément répartie, il vient, « immédiatement après, d'autres régions où des espaces, bril- « lant du plus vif éclat, alternent avec des espaces pauvres « en étoiles et dessinant sur le ciel des réseaux irrégulière- « ment lumineux. On trouve même, jusque dans l'intérieur « de la voie lactée, des espaces obscurs où il est impossible « de découvrir une seule étoile, fût-elle de dix-huitième ou

_____

(1) Laugier, _Académie des Sciences_, séance du 7 mai 1849.

« de vingtième grandeur. A l'aspect de ces régions absolu-
« ment vides, on ne saurait se défendre de l'idée que le rayon
« visuel a pénétré réellement dans l'espace, en traversant
« l'épaisseur entière de la couche stellaire qui nous en-
« vironne (1). »

C'est maintenant que l'on suivra avec plus de fruit, de région en région, la marche de la voie lactée apparente, limitée
à sa zone nébuleuse, zone qui, dans sa traduction physiologique, marque les régions les plus riches et les plus peuplées
de cette voie considérée dans son ensemble astronomique.

Pour commencer par l'hémisphère boréal, la voie lactée
traverse successivement, de l'équateur au pôle nord, les régions de l'Aigle, de la Flèche, du Renard, du Cygne, de
Céphée, de Cassiopée, de Persée, où elle envoie une branche
collatérale vers les Pléiades, et du Cocher; puis, en revenant
du pôle à l'équateur : la région des Gémeaux, celle du Petit-
Chien et la partie septentrionale d'Orion jusqu'à la Licorne.
Alors, marchant de l'équateur au pôle austral, elle s'éloigne
de la Licorne, traverse Sirius du Grand-Chien, passe dans les
régions du Navire et du Centaure où elle se divise en plusieurs branches collatérales, dans les régions de la Croix du
sud et du Loup; puis enfin, revenant du pôle austral à l'é-
quateur, son point de départ, elle traverse les régions de
l'Autel, du Scorpion, du Sagittaire et du Serpent. Dédoublée
dans ce dernier trajet, elle se réunit dans une zone unique
et rentre dans la région de l'Aigle, où nous l'avons prise en
commençant.

Tels sont les rapports constants de la voie lactée nébuleuse
avec les constellations.

Si les étoiles étaient visibles le jour aussi bien que la nuit,
nous verrions dans le cours de vingt-quatre heures passer
successivement au-dessus de nous, en allant d'orient en occident, toutes les constellations qui nous entourent.

(1) Humboldt, *Cosmos*, t. III, p. 159.

Dans l'espace d'une nuit, nous ne voyons que la moitié de la circonférence céleste. Il faut une année pour observer la circonférence entière : les constellations qui brillent au zénith à une époque donnée se montrent au nadir six mois plus tard, pour reparaître au zénith après six autres mois écoulés, et réciproquement. Le déplacement apparent équivaut donc tous les trois mois à un quart de la circonférence céleste.

Le monde sidéral que nous venons d'étudier se résume, au point de vue physique des auteurs, en une nébuleuse centrale, la voie lactée, où nous sommes placés avec notre système solaire, et en une multitude d'autres nébuleuses disséminées dans l'espace autour d'elle, à des hauteurs différentes et en des régions diverses. Chacune de ces nébuleuses se résume en une association de systèmes solaires, soit isolés, soit multiples, ou réunis en groupe et en amas. Chacun de ces systèmes solaires se divise en une série de planètes, circulant autour d'un noyau central.

Telle est la constitution physique du monde sidéral ! Telle est l'opinion de tous les astronomes, en y ajoutant l'hypothèse d'une matière cosmique diffuse, dont seraient formées certaines nébuleuses irrésolubles !

Mais, après tout ce qui précède, connaissant l'organisation de la terre et son mécanisme physiologique, connaissant la nature relative des planètes et du soleil, et l'unité physiologique qu'ils concourent à former, n'est-il pas possible de pénétrer plus avant dans cette organisation sidérale, en raisonnant toujours au même point de vue et en se plaçant toujours sur le même terrain ?

Il est d'observation que les nébuleuses extérieures à notre voie lactée, disséminées dans toutes les régions du ciel, se montrent en plus grand nombre dans les zones circumpolaires. Dans la zone boréale, elles forment deux camps principaux, dont l'un est situé dans la région de la Grande-Ourse et l'autre du côté d'Andromède et de Persée. Dans la zone australe, cette division n'existe pas : les nébuleuses y sont plus régulièrement réparties. En dehors des zones circumpolaires, c'est-à-dire dans les latitudes tropicales et équatoriale, les nébuleuses sont répandues comme par séries du nord au sud et de l'est à l'ouest ; elles sont échelonnées de distance en distance et élevées comme par étages successifs jusqu'à des hauteurs inconnues.

Dans cet ensemble majestueux, si l'on compare la voie lactée au moyeu d'une roue, au pivot fondamental autour duquel s'accomplit la rotation, les autres nébuleuses échelonnées tout autour dans l'espace deviennent comme les rayons, qui s'élèvent de l'axe central vers la circonférence.

Cette disposition des masses sidérales nous reporte naturellement vers l'organisation tellurique de notre petite planète. L'esprit demeure étonné d'une telle analogie de structure, malgré tous les enseignements de cet ordre auxquels nous a habitués l'étude de la physiologie terrestre et celle de la physiologie solaire. On ne peut se défendre de crier au sublime, lorsqu'on voit l'organisation du corps sidéral reproduire sur une grande échelle l'organisation d'une planète et lorsqu'on voit celle-ci reproduire en petit l'organisation d'une cellule solaire ; en sorte que dans ces trois divisions, l'élément, l'organe, l'organisme, se retrouvent cette analogie de constitution et cette unité physiologique, que nous avons déjà observées dans l'étude comparée de la vie animale et de la vie planétaire.

Le ganglion tellurique central et les canaux interpolaires, résumant toute la circulation de ce nom, sont représentés dans la cellule par le noyau solaire ; les canaux périphériques, échelonnés successivement du nord au sud et décrivant des cercles de latitude autour de l'axe central, sont l'image des planètes circulant dans leurs orbites autour du soleil et formant comme autant de cercles de latitude ; enfin les canaux diagonaux et les divers canaux anastomotiques trouvent leur analogie dans les organes de longitude cellulaire, dans les anneaux météoriques interplanétaires et dans les comètes voyageuses.

Si l'organisation planétaire est le reflet de l'organisation d'une cellule solaire, elle l'est également de l'organisation du corps sidéral. L'analogie n'est pas moins frappante, malgré la diversité des formes. C'est ainsi que tous ces corps prouvent leur dépendance réciproque, et le lien physiologique qui les enchaîne à un organisme commun.

Notre grande voie lactée, à forme elliptique avec renflement équatorial dans le sens antero-postérieur, figure les canaux telluriques de la circulation interpolaire ; le renflement équatorial répond au grand ganglion central ; la condensation des nébuleuses dans les zones circumpolaires est l'image des ganglions boréal et austral.

Les nébuleuses extérieures, réparties dans l'intervalle interpolaire et dans toute la circonférence céleste, échelonnées de distance en distance comme les rayons d'une roue, tant dans le sens vertical que dans le sens circulaire, tiennent la place dans l'organisme sidéral des canaux du système diagonal dans le corps planétaire. On doit les appeler pour cette raison les *nébuleuses diagonales*, et la voie lactée devient la *nébuleuse interpolaire*.

La voie lactée est l'axe central de rotation, le pivot fondamental de l'édifice physiologique. Les nébuleuses diagonales sont les rayons divergents et centrifuges. Reste à découvrir les *nébuleuses périphériques,* lesquelles tiennent la place du système périphérique de la terre, de la jante ou du cercle de la roue, lesquelles en un mot complètent la trinité organique, dont nous avons partout constaté la présence.

L'organisation du corps sidéral est un syllogisme physiologique, dont les deux premiers ordres de nébuleuses sont les prémisses et dont le troisième est la conclusion. Les nébuleuses périphériques sont l'inconnu du problème à résoudre. La conclusion de ce problème se déduit naturellement de ce qui précède, et par analogie de tout ce que nous savons sur l'organisation planétaire et cellulo-solaire.

Le système interpolaire existant, le système diagonal existant, le système périphérique ne peut faire défaut. Un pivot fondamental ou axe de rotation garni de rayons centrifuges implique nécessairement une troisième partie, laquelle est l'agent actif de rotation dont le pivot est l'axe. Chacune de ces parties isolément n'a aucun sens physiologique.

Comment est représenté le système périphérique sidéral ? Par une série d'anneaux échelonnés du nord au sud à la façon des canaux périphériques de la terre, ou par un seul anneau capital figurant le canal équatorial ? Chaque anneau forme-t-il une zone nébuleuse continue, ou presque continue, comme la voie lactée du système interpolaire ? Ou bien n'est-il constitué que par une succession de nébuleuses, distantes les unes des autres dans le sens circulaire ?

Pour bien comprendre ces considérations de haute physiologie, il faut avoir une idée nette et abstraite de la valeur intrinsèque des organes, et de leur valeur proportionnelle ou relative dans la mise en jeu de leur puissance fonctionnelle. La constitution des organes, le mécanisme et la nature de leur fonction, tels sont les éléments de la question. Dans la physiologie planétaire, il est évident que la fonction de rotation et celle de translation, lesquelles sont le fruit de la circulation périphérique, ont une importance bien supérieure à celle de la fonction d'inclinaison alternative de l'axe central, fruit de la circulation interpolaire.

Tout nous démontrant l'analogie de constitution entre le corps sidéral et le corps planétaire, de l'organisation des deux premiers systèmes nous pouvons déduire celle du troisième, et de l'importance supérieure de la circulation périphérique dans la vie planétaire nous pouvons déduire celle du même système périphérique dans la vie sidérale : que les anneaux périphériques sont constitués par une série de nébuleuses agglomérées en sens circulaire ; que ces nébuleuses sont plus

puissantes par leur étendue même que la voie lactée interpolaire; que l'importance de leur fonction exige la multiplicité
des anneaux périphériques, échelonnés du nord au sud, en
nombre variable; que l'anneau équatorial est dans tous les
cas le plus vaste comme longueur et comme largeur; et que
lui au moins, sinon tous les autres, est formé par une zone
continue de nébuleuses, à la façon de la nébuleuse interpolaire : zone immense, dont la circonférence mesure trois fois
le diamètre de la voie lactée, en admettant, ce qui est probable, que le diamètre interpolaire représente à peu de choses
près le diamètre transversal du corps sidéral; canal cellulaire
dont le télescope le plus fort est impuissant à atteindre la
hauteur; gigantesque roue de feu; splendide voie lactée
équatoriale, dont les nébuleuses qui se succèdent figurent les
anneaux d'une chaîne physiologique !

O merveilleuse organisation ! O globe immense et lumineux ! Je vois le corps sidéral comme un sphéroïde, à texture
cellulaire, avec aplatissement des régions polaires et renflement des régions équatoriales. Mon imagination transportée
dans l'espace indéfini, au delà des limites de ce corps, le
contemple avec un sublime effroi. Ma vue se promène sur
toute sa circonférence, captivée par le charme d'une beauté
idéale. Je ne vois partout que des soleils éclatants, et des
planètes fécondes. Je ne vois que des globes enflammés :
globes de feu dans les éléments, globes de feu dans les organes, globes de feu dans la synthèse de l'organisme.

Ce corps si vaste et si brillant, dont l'étendue jette le
trouble en mon âme et dont la lumière m'éblouit, je le vois
animé de mouvements effroyables : il tourne sur son axe,
avec quelle vitesse de rotation ! Il se meut, il s'avance dans
l'espace : mouvement de rotation sur lui-même et mouvement
de translation comme toutes les planètes, comme toutes les
cellules solaires ; cette translation elle-même se résume en
un mouvement de rotation dans l'espace.

Oh ! alors, quelle idée devons-nous donc avoir de cet es-

pace, de cet abîme incommensurable? Quelle vaste carrière
ne te faut-il pas, pour accomplir ton évolution, corps sublime, dont le plus petit élément décrit des millions de lieues
autour de son noyau? Mais toi, si mon audace n'est pas in-
discrète, autour de quoi tournes-tu dans ces déserts de l'infini? Erres-tu, solitaire, dans des plaines abandonnées? Ou
bien suis-tu, dans une carrière de délices, d'autres corps
aussi beaux que le tien, aussi vastes, aussi lumineux? Es-tu
accouplé comme tout ce qui est fécond dans la nature? As-tu
une cour souveraine pour le plaisir de tes yeux, comme chaque soleil de ton empire a sa cour de belles planètes? Es-tu
un organisme absolu? Ou n'es-tu que l'organe immense d'un
organisme plus grand que toi?

Grand Dieu! de qui je tiens tout, toi qui me fais vivre et
qui m'inspires, pardonne-moi mon audace! Je ne puis résoudre tant de questions. Elles ne servent qu'à montrer plus
grande ma faiblesse, et plus infinie ta puissance. C'est un enseignement de ta majesté, pour faire comprendre à l'homme
que son intelligence, à quelque hauteur qu'elle puisse atteindre,
reste toujours inférieure à tes mystères impénétrables.

L'aplatissement polaire est démontré : 1° par le vide relatif
d'étoiles qu'offrent les régions de ce nom; 2° par le renflement équatorial, car l'un de ces phénomènes implique l'autre;
3° par la présence des ganglions polaires, dont le télescope
permet de constater l'existence et qui mettent le corps sidéral
en conformité d'organisation avec la terre.

Le renflement équatorial est démontré : 1° par le renflement correspondant de la nébuleuse interpolaire; 2° par l'a-
platissement polaire, car, comme je l'ai dit, l'un de ces phénomènes implique l'autre; 3° par ce fait que le télescope,
qui laisse apercevoir les ganglions polaires, ne peut atteindre
jusqu'aux anneaux périphériques; 4° par cet autre fait que
les régions équatoriales, lesquelles nous paraissent plus riches
d'étoiles dans la nébuleuse interpolaire, se montrent au con-

traire moins riches de nébuleuses, lorsqu'on sort des limites de la voie lactée. Ce fait dépend évidemment de la plus grande élévation de la région équatoriale interpolaire, et par suite du rayon plus grand que le corps sidéral y présente.

L'aplatissement polaire et le renflement équatorial, ainsi démontrés, deviennent à leur tour des témoignages du mouvement de rotation de l'organisme sidéral, et de sa forme sphéroïdale.

Le corps sidéral est donc constitué par trois systèmes organiques : le système interpolaire, représenté par une nébuleuse continue ; le système diagonal, par des nébuleuses échelonnées en rayons centrifuges ; le système périphérique, par des anneaux successifs de nébuleuses continues. C'est à son image que la cellule solaire et la planète sont organisées.

L'expression de nébuleuse continue pour tout un système n'est que relative, car notre voie lactée elle-même laisse entre les anneaux de son immense chaîne des vides plus ou moins étendus, des espaces libres ou à peu près : tels sont les espaces déserts de la région du Cygne et de la région du Centaure. Ces espaces doivent atteindre de grandes dimensions, pour que nous puissions en constater l'existence.

Espace interplanétaire entre les éléments de chaque cellule ; espace intercellulaire entre chaque cellule composante d'un groupe quelconque ; espace interorganique entre chaque groupe quelconque de cellules sidérales, groupe proprement dit, amas stellaire ou nébuleux ; enfin espace que j'appellerai interganglionnaire entre chacun des trois systèmes : telle est la série des intervalles libres qui existent dans cet organisme, séparant entre eux les éléments, les organes, les systèmes.

Si l'on veut se rappeler le rôle de transmission et de propagation du système éthéré, et tenir compte de l'analogie avec le corps animal, il paraîtra que le corps sidéral, au point de vue physiologique, est comparable à un animal qui serait constitué exclusivement par le système nerveux, et représente un immense cerveau, dont l'organisation parfaite est pourvue de tous les éléments nécessaires à la vie dite organique et à la vie de relation.

Dans ce sens, chaque étoile devient une cellule nerveuse, chaque association d'étoiles un ganglion, chaque système sidéral une chaîne ganglionnaire, dont les anneaux sont séparés par des intervalles plus ou moins grands et plus ou moins apparents. La petitesse relative de ces intervalles fait paraître à nos yeux la voie lactée comme si elle était continue. Il en doit être de même des anneaux périphériques, pour les raisons que nous avons vues. Quant au système diagonal, les intervalles plus considérables et plus apparents qui séparent ses nébuleuses justifient pour lui le nom de chaîne ganglionnaire entrecoupée ou discontinue.

Bien qu'éloignés les uns des autres par des millards de lieues, tous ces organes et ces systèmes sont reliés par des voies physiologiques ; lesquelles résument en une synthèse majestueuse, en une unité absolue, en une individualité collective, ces unités partielles, secondaires, tertiaires et autres, toutes relatives, dont nous avons successivement étudié l'organisation. Les comètes voyageuses remplissent cette fonction d'union physiologique. Ce sont des organes destinés à la vie de relation.

Ici encore, cette fonction doit être distinguée en *vie de relation intérieure* et en *vie de relation extérieure*. La réalité de celle-ci est démontrée par les mouvements du globe sidéral, lesquels sont démontrés par sa forme. Elle fait supposer à son tour l'existence d'un autre corps analogue, pour obéir à la loi universelle de la dualité dans l'harmonie unitaire.

La vie de relation intérieure se subdivise en plusieurs catégories : vie de relation entre les systèmes ; vie de relation entre les organes, nébuleuses, amas stellaires, groupes ; vie de relation entre les cellules. Chaque système ganglionnaire possède sa vie de relation spéciale.

Les comètes desservent tous ces départements divers de la

vie de relation intérieure. Il est bien entendu que la longueur de leur période est en rapport avec la carrière qu'elles ont à parcourir. On comprend dès lors que des comètes puissent avoir des révolutions de cent mille années, comme la comète de juillet 1844, et bien plus encore.

Le rôle des comètes est aussi marqué dans tout le champ sidéral, que dans une enceinte cellulaire.

Dans chaque cellule sidérale, les planètes et le soleil ont une fonction propre, spéciale, et concourent en même temps à une fonction commune.

Dans chaque organe, groupe, amas stellaire et nébuleuse, les cellules constituantes ont une fonction propre, individuelle, et concourent en même temps à une fonction commune et collective.

Dans chaque système ganglionnaire, les organes composants ont une fonction propre et concourent en même temps à la fonction générale du système.

Enfin dans le corps sidéral tout entier, chacun des systèmes ganglionnaires possède sa fonction spéciale, et tous s'unissent dans une synthèse suprême pour concourir à la fonction universelle de l'organisme collectif.

La fonction particulière du système cométaire, apportant son contingent d'action à la physiologie d'ensemble, depuis le plus petit organe jusqu'à l'organisme, achève par l'union de tous les rouages cette organisation sidérale aussi simple que merveilleuse.

Tandis que le système cométaire suffit à la vie de relation intérieure, les systèmes, ou mieux les appareils ganglionnaires interpolaire, diagonal et périphérique, concourent à la vie de relation extérieure, dans ses manifestations, quelles qu'elles soient.

Ici le fil d'Ariane se brise entre mes doigts.

Avant de terminer cette étude physiologique, faut-il aborder la question des nébuleuses irrésolubles des auteurs, les-

quelles seraient formées de matière diffuse, de matière
cosmique, et ressembleraient à ce qui a été dit, à propos de
la théorie de Laplace sur la cosmogonie, de la phase-nébu-
leuse de notre cellule solaire? Mais au lieu d'être une cellule,
ce serait une nébuleuse organique tout entière, une immense
association de cellules et d'organes, telle que notre voie lactée,
qui serait ainsi composée de matière élémentaire désagrégée
dans une atmosphère gazeuse.

Le corps sidéral est un corps adulte. Eternel dans sa synthèse physiologique, il peut se renouveler successivement
dans chacun de ses éléments constituants. Une planète naît,
vit et meurt; un soleil naît, vit et meurt; une cellule naît,
vit et meurt : c'est le caractère essentiel de la vie, dans ce
qu'elle a de contingent.

La durée d'une vie planétaire, solaire ou cellulaire, est
inconnue des hommes; elle répond, et au delà, à des milliards
d'années.

Quoi qu'il en soit, la mort d'une cellule, phénomène suivi
de sa régénération, est un fait isolé et sans aucun retentissement, même sur les cellules voisines qui sont séparées d'elles
par plusieurs milliards de lieues. Une cellule qui meurt renaît
de ses débris organiques, dans le corps sidéral aussi bien que
dans le corps humain : c'est une évolution physiologique
s'accomplissant par des lois régulières, dans le silence de
l'intimité organique; phénomène épouvantable seulement
pour les petites individualités parasites, pour les vassaux microscopiques qui s'agitent dans son enceinte.

Le corps sidéral est absolu dans ses manifestations vitales;
ses organes et ses appareils sont absolus : seuls, les derniers
éléments de son organisation sont contingents, et les lois d'une
évolution successive président à leur répartition et à leur
existence.

Admettre des nébuleuses entières de matière cosmique, ce
serait admettre, pour les organes aussi bien que pour les
cellules, ces lois d'évolutions successives et de métamor-

phoses ; hypothèse dans laquelle ces nébuleuses diffuses seraient à la période de transition et de régénération, entre un organe qui vient de mourir et un organe qui va naître. Toutes les données de la physiologie sont contraires à cette assertion.

Ces nébuleuses ont pour caractère de nous envoyer une lumière non polarisée, et de donner un spectre discontinu. Ces deux caractères appartiennent aux gaz incandescents.

C'est le cas de rappeler les observations fournies par l'examen du soleil. La photosphère donne un spectre continu et une lumière polarisée ; la chromosphère donne un spectre discontinu et une lumière non polarisée. Celle-ci est gazeuse. Les caractères de la chromosphère déguisent ceux de la photosphère. On peut appliquer le même raisonnement aux caractères fournis par les nébuleuses diffuses.

Ces considérations sur les nébuleuses et sur la régénération des cellules nous ramènent à la cosmogonie de Laplace, dont il a été parlé à propos de la théorie solaire de Faye.

Il résulte de ce qui précède que la valeur physiologique de cette cosmogonie est restreinte au domaine de chaque vie cellulaire.

Une cellule à un moment donné de sa carrière vit à l'état de phase nébuleuse : c'est la phase d'état naissant, intermédiaire à une destruction et à une régénération, c'est la phase embryonnaire ou blastématique. Est-ce à dire qu'elle soit formée de masses gazeuses purement et simplement ? Non. De telles masses n'existent, dans le corps sidéral, ni à l'état d'organe, ni à l'état de phase évolutionnaire. On les trouve seulement, dans la vie solaire ou planétaire, à l'état de zone organique, incandescente comme celle des protubérances solaires, non incandescente comme celle de l'atmosphère planétaire.

Dans cette phase blastématique, la cellule est remplie d'une atmosphère gazeuse générale, dans laquelle nagent et circulent en grand nombre les éléments vitaux ou granulaires, réduits à leur expression embryonnaire. Ces éléments solides, obéissant à la force centripète, se concentrent en majorité dans les régions centrales de la cellule, tandis que les gaz, poussés par la force centrifuge, demeurent seuls aux régions périphériques.

Une cellule examinée dans cette situation donnerait les mêmes résultats que les nébuleuses irrésolubles : une lumière non polarisée et un spectre continu.

Successivement, comme dit Laplace dans sa *Mécanique céleste*, cette masse se condense, le noyau solaire apparaît au centre et de distance en distance les corps planétaires avec leurs lunes, chacun de ces organes inférieurs conservant autour de soi une certaine portion de la matière gazeuse.

CHAPITRE II

Synthèse universelle.

Après la vaste carrière que je viens de parcourir, il m'est doux, reportant mes regards en arrière, d'embrasser d'un coup d'œil tous les sillons que j'ai creusés les uns après les autres ; il m'est doux de faire la synthèse de la vie universelle, laquelle, jusqu'à ce moment, n'a été envisagée par moi qu'au seul point de vue des corps, qu'au point de vue physiologique des organismes.

Je vois encore se dérouler devant mes yeux un immense tableau, où les âmes se meuvent et gravitent, où sont inscrites les lois des sociétés humaines, où sont empreints les mouvements des peuples, où la civilisation puise comme à une source ; je vois... mais à quoi bon lâcher la bride à mon imagination ? Pourquoi suivre plus longtemps la pente préférée où m'entraîne une main invisible ?

Le cœur des peuples a ses jours d'avidité. Dans le champ des nations le froment est parfois étouffé sous l'ivraie. Alors la voix crie dans le désert et n'est pas écoutée.

O France ! ô ma patrie ! relève ton front humilié ! Souris à l'espérance qui vient de l'âme ! Nourris ces grandes pensées qui viennent du cœur et d'où découlent les grandes actions !

O ma Bretagne ! noble terre qui m'as vu naître et qui m'as vu grandir, cœur solide comme les pierres monumentales que les druides ont semées sur ton sol, je te salue ! Je t'aime comme une mère ! je te respecte comme un principe !

Mon esprit s'est formé à ton école, ô féconde patrie des
Du Guesclin et des Chateaubriand ! Tu m'as inculqué l'amour
du passé, pour mettre un frein aux entraînements de l'avenir !
J'aspire à l'inconnu, j'aime les sentiers en friche, je frissonne
au contact du frein; mais j'ai appris, en respirant ton atmosphère caressée par la brise de l'océan, à soumettre l'imagination à la raison, à préférer avant tout le droit, la justice,
la vérité; j'ai appris à respecter les croyances reçues, à aimer
les vieux souvenirs; j'ai appris de toi tout ce qui fait ma force
et mon courage,... et je t'en suis reconnaissant. Voilà pourquoi, ô ma Bretagne, je t'ai dédié cet ouvrage !

« L'astronomie, a dit Laplace, par la dignité de son objet
« et la perfection de ses théories, est le plus beau monument
« de l'esprit humain, le titre le plus noble de son intelli-
« gence... Conservons avec soin; augmentons le dépôt de
« ces hautes connaissances, les délices des êtres pensants...
« Leur plus grand bienfait est de nous éclairer sur nos *rap-
« ports avec la nature*, d'où découle *l'ordre social* et ses lois
« immuables qui sont : *vérité, justice, humanité* (1). »
Guizot a dit, dans sa belle *Histoire de la civilisation :*
« C'est de l'état intérieur de l'homme que dépend l'état
« visible de la société (2). » Ainsi ai-je dit et dirai-je encore
à mon tour : C'est de l'état intérieur des molécules et des
granulations que dépend l'état fonctionnel des cellules ; c'est
de l'état intérieur de celles-ci que relève l'état fonctionnel
des organes, et de l'état intérieur des organes que dérive
l'état fonctionnel des organismes. En d'autres termes, les
phénomènes extérieurs des corps et des organes sont les
signes sensibles des mouvements invisibles qui s'accomplissent dans leur intimité organique et moléculaire.
Aux sources premières de la vie le principe de la *dualité*
se révèle tout d'abord dans la division des deux ordres d'a-

(1) Laplace, *Exposition du système du Monde*, p. 397.
(2) Guizot, *Histoire de la civilisation en Europe*, 3e leçon.

tomes : l'atome éthéré et l'atome chimique, tous deux insé-
parablement associés dans l'organisation des corps vivants
et inhabiles à rien produire isolément.

Ce principe de la dualité n'est autre chose que le principe
originel des sexes, dont la source se confond avec celle de
la vie. Leur berceau est commun ; il n'est pas de corps organisés d'une vie solitaire ; la vie n'est rien sans la génération
qui la perpétue, et la génération implique la différence des
sexes.

La dualité atomique est la première manifestation d'antagonisme fonctionnel où apparaît le jeu dynamique du plus et
du moins.

A côté d'elle et jouant un autre rôle, le principe de la
trinité brille de même aux sources de la vie. Nous allons le
suivre dans ses diverses applications organiques.

L'atome éthéré est le support de trois ordres de mouvements : les mouvements de *rotation*, de *vibration* et de *translation*. De ces mouvements découlent trois genres de forces
vives, au contact des éléments chimiques : les forces *luminifère, calorifique, électrogène*. Chacune de ces forces se subdivise en trois espèces ou modalités : les modalités de *force-
libre, force-sensible* et *force-travail*.

Pendant que les atomes éthérés nous offrent l'exemple
d'une *trinité dynamique*, les granulations moléculaires, première synthèse fondée sur l'association d'atomes éthérés et
d'atomes chimiques, nous fournissent, avec la dualité sexuelle
et l'antagonisme vital, le premier exemple de la *trinité organique* dans les corps vivants. Les atmosphères éthérées, les
molécules constituantes périphériques, la molécule centrale
distincte par sa position et par son rôle : voilà la trinité organique des granulations vitales.

Les cellules, seconde synthèse, sont constituées en trinité
organique par le noyau, les nucléoles et les granulations, en
d'autres termes par l'élément conservateur, dédoublé en mâle
et en femelle, et par l'élément vital, dédoublé dans la cellule

sidérale en élément météorique et en élément cométaire.

Les organes viscéraux, dans le règne animal, sont organisés selon le même type par l'association des cellules, des vaisseaux et des nerfs.

Le corps animal tout entier présente partout des traces non équivoques de cette trinité, base de toute organisation : la tête, le tronc et les membres ; le tégument cutané ou périphérique, le tégument muqueux ou central, les viscères intermédiaires ; l'appareil des voies respiratoires, l'appareil des voies digestives et l'appareil des voies génito-urinaires; les viscères encéphaliques, les viscères thoraciques et les viscères abdominaux.

Même trinité organique dans le corps sidéral et dans ses éléments. Pour la planète : la terre proprement dite ou organe tellurique, l'océan et l'atmosphère. Pour le noyau terrestre : le système de circulation interpolaire, le système diagonal et le système périphérique. Pour l'océan : le système des courants, le système des marées, le système des calmes. Pour l'atmosphère : la zone magnétique, la zone électrique, la zone des courants. Dans celle-ci : le système des courants, le système des calmes, les marées. Pour les courants : courants continus, périodiques et variables.

Dans la cellule sidérale : le noyau solaire, les nucléoles planétaires, les éléments vitaux météoriques et cométaires. Pour le soleil : le noyau solide, la photosphère et la chromosphère. Pour les planètes : zone des grandes planètes, zone des moyennes, zone échelonnée des petites planètes. Pour les corpuscules météoriques : le système des anneaux circumplanétaires, et le système dédoublé des anneaux interplanétaires. Pour les comètes : comètes extracellulaires, comètes intracellulaires dédoublées en comètes de demi-longitude et en comètes générales de la cellule.

Dans l'organisme sidéral : le système de la voie lactée interpolaire, le système des nébuleuses diagonales, le système des voies lactées périphériques.

Il faut distinguer dans les corps vivants la *vie organique* et la *vie de relation* : antagonisme fonctionnel.

Les planètes dans la vie organique ont chacune trois organes ; chaque organe a trois systèmes. Dans la vie de relation, elles n'ont qu'un système général, le système électro-magnétique, image du système nerveux de l'organisme animal.

Les cellules sidérales ont trois zones de latitude planétaire pour la vie organique, et un système unique dédoublé pour la vie de longitude intracellulaire.

Le système électro-magnétique est dédoublé en deux solénoïdes. Chaque solénoïde électrique, comme chaque solénoïde magnétique, est également dédoublé en un système tellurique et un système atmosphérique.

Le système nerveux est dédoublé en cérébro-spinal et en ganglionnaire. Chacun de ceux-ci est dédoublé en nerfs sensitifs et en nerfs moteurs.

L'homme est dédoublé en son âme et en son corps. La vie est un mariage entre l'élément spirituel et l'élément matériel.

La dualité se dessine partout à côté de la trinité : celle-ci pour l'organisation, celle-là pour l'antagonisme et pour la prolifération. Leur rôle est différent, leur but est le même.

La trinité organique se trouve dans la première division des corps vivants, où l'on distingue le corps sidéral, le règne animal et le règne végétal.

La dualité atomique, laquelle n'est pas encore sexuelle puisque les atomes ne sont pas organisés, mais représente le principe de la sexualité organique, est reproduite, avec les caractères de l'organisation primitive, dans les molécules et les granulations, dans les noyaux et les nucléoles, et avec des caractères plus compliqués et plus apparents dans les organismes généraux.

Il existe des molécules mâles et des molécules femelles,

des granulations mâles et des granulations femelles : le maintien de la vie dans les corps par prolifération et la reproduction par génération seraient impossibles et incompréhensibles sans cette division sexuelle, basée sur l'antagonisme spécial des supports fondamentaux de l'organisme. Bien que la science ne puisse pas encore s'expliquer sur les caractères différentiels de la sexualité moléculaire et granulaire, l'existence de celle-ci est mise hors de doute par toutes les observations physiologiques qui concernent ces éléments. Si les virus sont réellement d'origine granulaire, comme le prétend M. Chauveau, de Lyon, et le produit de petites individualités organiques spéciales, il est juste de voir dans cette conception un témoignage à l'appui de ma théorie.

En s'élevant dans l'échelle organique, nous voyons les noyaux jouer le rôle d'éléments mâles et les nucléoles le rôle d'éléments femelles dans les cellules. Tels sont le soleil et les planètes dans les cellules sidérales.

La vie se manifeste et se développe dans tous les corps par une synthèse organo-dynamique, qu'on appelle l'organisme. L'organisation est la manière d'être anatomique de cet organisme.

Dans les corps morts, dans les substances inertes, dans un cadavre animal comme dans une montagne terrestre, il n'y a plus ni vie, ni organisme : le lien physiologique, formateur de la synthèse, est détruit; ce n'est plus une association de supports animés, concourant tous à un but commun, chacun par une voie spéciale; c'est une agglomération simple, où l'on ne voit que des actes partiels, indépendants les uns des autres, soumis à la loi générale du corps planétaire.

Et cependant les éléments restent les mêmes! L'état organique ne se modifie pas immédiatement! C'est donc dans l'état dynamique qu'il convient de chercher la cause de ce changement. Si l'état dynamique se modifie primitivement, dans les conditions d'une mort naturelle où la vie s'éteint comme un flambeau, sans effort, sans souffrance, en l'absence de toute lésion organique, il faut nécessairement admettre, au-dessus du dynamisme des éléments corporels, granulations, molécules, atomes, une force supérieure, une cause majeure, de laquelle relève primitivement la synthèse organo-dynamique. La conception nécessaire de cette force supérieure nous conduit à l'âme.

L'âme engendre la force vitale dans une première conjonction fonctionnelle ou dynamique. La force vitale dans une seconde conjonction, dite chimico-éthérée, donne naissance aux forces vives, dites vitalisées dans l'espèce, du genre lumineux, calorique et électrique.

Dans l'organisme animal ces forces vitales secondes se partagent en deux catégories bien distinctes, auxquelles on applique un nom particulier à cause de leur antagonisme fonctionnel : ce sont, du nom de leurs supports respectifs, la *force granulaire*, expression résultante des mouvements calorifiques et électrogènes qui se produisent dans toute granulation moléculaire vivante, ayant sa source principale dans les départements vasculaire et cellulaire, et la *force nerveuse*, toute individuelle, synonyme des courants électro-nerveux qui s'accomplissent dans les molécules des nerfs et des cellules de ce nom.

Par cette différence entre une activité dynamique simple, individuelle, et une activité dynamique collective, on s'explique l'antagonisme naturel qui règne entre ces deux départements de la vie.

Dans le corps planétaire la même différence, le même antagonisme existe entre la force individuelle du système électro-magnétique et la force collective ou résultante des molécules ou granulations vitales.

Il faut convenir que c'est la force vitale seconde, ou granulaire, qui frappe davantage et intéresse plus directement le médecin clinicien, observant plus ou moins bien au microscope les supports organisés de cette force résultante, leurs mouvements, leurs évolutions, leurs altérations. Les granu-

lations moléculaires sont les éléments primordiaux, non de la
vie, mais de l'organisation : elles prennent une part essentielle à l'accomplissement des fonctions et à l'évolution des
maladies ; leurs mouvements s'exécutent dans tous les phénomènes physiologiques et pathologiques ; le mécanisme de
la vie à l'état sain ou malade ne peut s'expliquer sans les forces qui en découlent, et les transformations qu'elles éprouvent. Ces supports ont donc une importance générale, radicale même : ils sont reconnus comme les éléments vitaux de
l'organisme, petits foyers de mouvements vitaux et de forces
vitales.

Cette doctrine de la vie et de la force vitale dédoublée, si
je puis ainsi dire, donne mieux que toute autre une explication motivée des phénomènes physiologiques et des phénomènes pathologiques, concernant soit l'organisme seul, soit
le corps dans ses rapports avec l'âme, ou réciproquement.

En résumé, si la vie est une génération continue, c'est
parce qu'elle est avant tout une conjonction continue : toute
génération relève du principe de la dualité mis en activité
fonctionnelle ; la prolifération incessante des granulations et
des molécules dans un corps vivant atteste la conjonction
diatomique des atomes corporels. Cette conjonction relève
elle-même d'une force supérieure et d'une conjonction supérieure, sans quoi on ne pourrait expliquer la grande différence qui sépare un corps vivant d'une chose inerte. Cette
grande différence a pour cause la force vitale, laquelle a pour
cause la conjonction diatomique originelle, sous l'influence
primitive et spontanée de l'âme. Si on veut remonter plus
haut, on rencontre la puissance vitale du corps sidéral, cette
suprême et universelle unité, cette synthèse souveraine dans
laquelle sont comprises et de laquelle sont détachées ces
innombrables unités relatives et dépendantes, ces unités
vassales qui vivent dans les cellules sidérales et sur les éléments du système planétaire, les unités individuelles du règne
animal en un mot.

La vie est une série organo-dynamique dont l'âme est le flambeau, série marquée par une succession continue de conjonctions atomiques avec dégagement de la force vitale dans un premier temps, et dans un second temps qui relève du premier, par une succession continue de prolifération moléculaire, de prolifération granulaire, en un mot par une génération incessante des éléments organiques.

La mort est une disjonction de la force animique et des atomes corporels, laquelle arrête la genèse de la force vitale et détruit la spontanéité des mouvements moléculaires et granulaires : c'est l'inertie, passagère pour les substances à l'état liquide ou pâteux, durable pour les substances à l'état solide.

Les choses inertes comme les corps vivants ont leur organisation, leur texture, leur manière d'être anatomique : ce sont dans les deux cas des molécules constituantes, des granulations si l'on veut ou molécules complexes, des atomes chimiques et même des atomes éthérés, mais là s'arrête la ressemblance. Dans les choses inertes pas d'activité animique, partant pas de conjonction originelle, pas de force vitale, pas de mouvements spontanés, l'inertie, la subordination aux conditions extérieures, pas de lien unitaire et synthétique, pas d'organisme : toutes choses que l'on trouve réalisées dans les corps vivants. Ici conjonction incessante et prolifération continue. Là pas de conjonction, absence de génération.

Partout, dans le corps végétal, dans le corps animal, dans le corps sidéral, la dualité dynamique et sexuelle, variété d'antagonisme, et la trinité organique sont reliées entre elles par un lien physiologique commun. Depuis l'élément jusqu'à l'organe, depuis l'organe jusqu'à l'organisme, depuis les êtres créés jusqu'à l'être sidéral, partout la dualité et la trinité, bases de toute vie et de toute organisation, sont unies et dominées par le principe souverain de l'*unité :* unité vitale et individuelle.

L'*unité vitale* a sa source dans la nature même de la force vitale, fille de l'âme, dans l'essence de la vie, dans l'union première et plus ou moins durable de l'âme et des atomes corporels. Telle est l'unité fondamentale, laquelle, dans les organismes, est fortifiée et desservie par un système spécial de relation : système nerveux, système électro-magnétique, système cométaire.

A côté de cette unité vitale, et comme en dérivant, nous avons partout constaté, dans le cours de cet ouvrage, l'*unité de plan ou d'organisation*, voilée seulement par des formes multiples, et l'*unité de mécanisme physiologique*, depuis la faculté de transformations des forces vives les unes dans les autres, par voie d'équivalence, jusqu'à la faculté de prolifération des molécules et des granulations, jusqu'à la faculté de génération des grands organismes.

Parallèlement à l'unité physiologique règne l'unité morale.

Dualité sexuelle, *trinité organique* ou anatomique, *unité physiologique :* telle est en trois mots la synthèse universelle des corps vivants, tel est l'enseignement supérieur de la physiologie comparée !

Le corps sidéral est notre suzerain ; nous sommes ses vasseaux et ses feudataires.

Dans cette synthèse grandiose des corps vivants, chaque organisme est fier de sa propre individualité. Nous relevons de notre suzerain et nous ne sommes pas lui.

L'individualité de notre corps est passagère sans doute, mais l'individualité de l'âme ne s'éteint pas avec celle de son enveloppe.

Telle est cette synthèse universelle par laquelle se trouve justifié le titre général de mon ouvrage : THÉORIE DE L'UNITÉ VITALE.

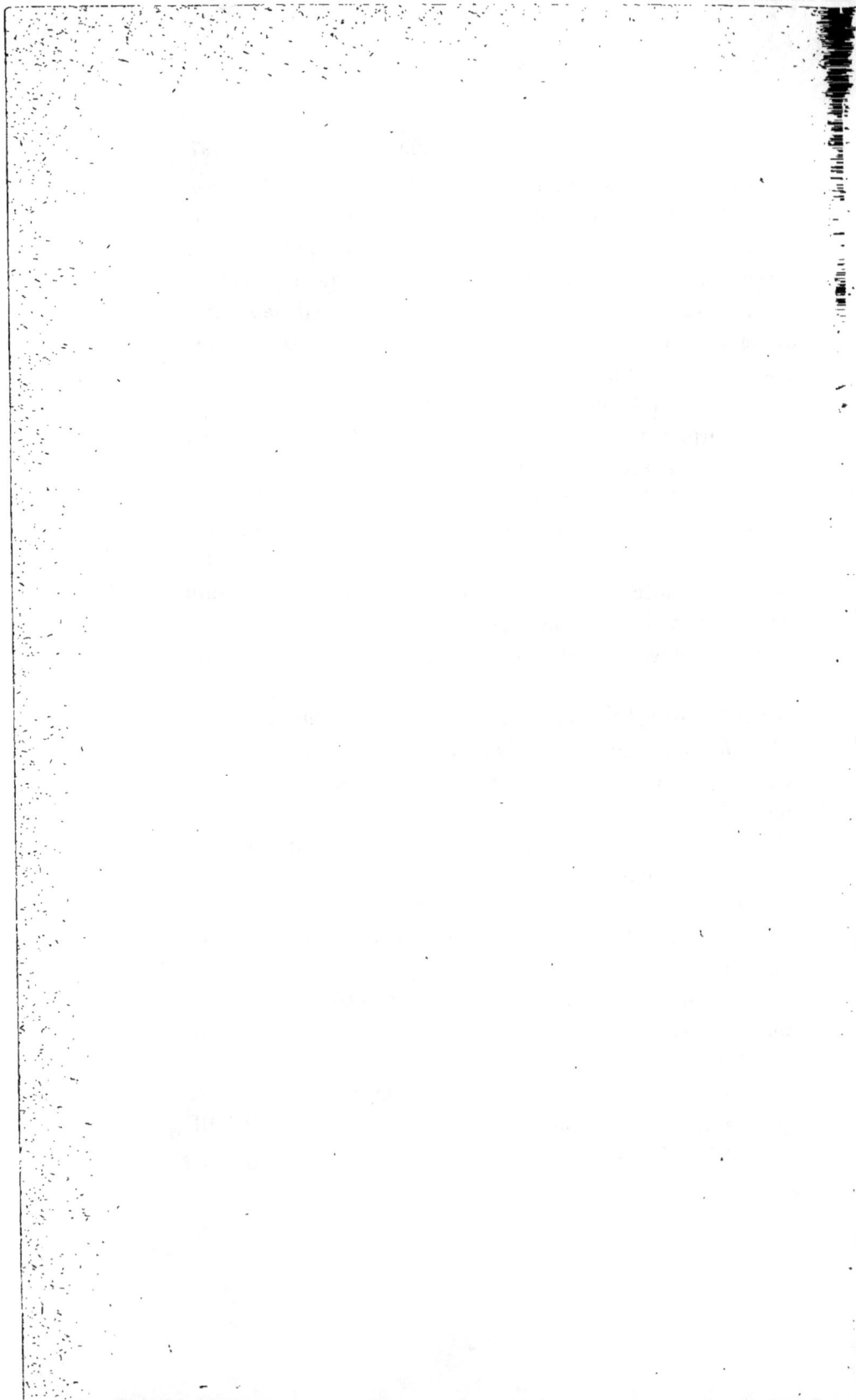

CONCLUSION

Ayant déjà, dans le chapitre précédent de la *synthèse universelle*, résumé les principales idées philosophiques et synthétiques qui découlent de cet ouvrage, je veux encore ici, pour en rendre plus facile la lecture, résumer les principales idées analytiques qui font de la *vie de l'univers* une conception neuve et basée sur des considérations physiologiques.

La première partie étant synthétisée dans le tableau synoptique qui vient après, c'est du résumé synthétique des trois autres parties que je m'occupe d'abord.

La planète terrestre est un organe, un nucléole de la cellule sidérale dont le soleil est le noyau.

Considérée isolément au lieu de l'être dans ses rapports avec son milieu sidéral, la terre devient un organisme subordonné qui se partage en trois organes : l'organe tellurique, l'océanique et l'atmosphérique. C'est dans l'organisation du premier qu'il faut chercher avant tout l'explication de tous les phénomènes planétaires.

L'organe tellurique est divisé en trois systèmes distincts de circulation spéciale, où se meuvent des masses laviques de consistance plus ou moins pâteuse et fluide.

De ces trois systèmes, celui que j'appelle le périphérique concourt par la circulation de ses canaux à la rotation et à la translation de la planète, et par ses ganglions disséminés dans un certain ordre d'une part au développement des courants océaniques et de la circulation de ce nom, d'autre part à la formation des volcans et de leurs phénomènes.

Le système diagonal, ou second système, concourt par la circulation antagoniste de ses canaux à la fonction de gravitation et d'équilibration, en même temps qu'aux marées océaniques et aux phénomènes principaux du temps météorologique, surtout dans la saison d'hiver. Il a également une action, mais moins directe, sur les marées de l'atmosphère.

Du troisième système ou interpolaire relève la fonction d'inclinaison terrestre vers le soleil, d'où découle la variation alternative des saisons. Ce système concourt aux marées océaniques et aux courants des pôles, et dans une certaine mesure au temps météorologique.

Au-dessus de ces trois systèmes principaux s'étend dans toute la circonférence tellurique un nouveau système qui mérite le nom d'intermédiaire ou d'interorganique, en raison de sa position et de ses usages. Il est le siége anatomique des phénomènes du tremblement de terre, et l'intermédiaire obligé entre le centre tellurique et l'organe de l'océan ou de l'atmosphère pour tous les phénomènes qui se transmettent de celui-là à ceux-ci ou réciproquement.

Ainsi donc le mécanisme des phénomènes physiologiques de l'océan est lié intimement à l'organisation de l'organe tellurique et à ses fonctions. Celui des phénomènes de l'atmosphère s'y rattache également, mais moins exclusivement, car il a des rapports plus immédiats avec les influences physiologiques du soleil.

L'atmosphère considérée comme organe est divisée en trois zones : la zone des courants ou de relation, la zone électrique ou des aurores boréales et la zone magnétique, ces deux dernières formant ce que j'ai appelé la zone-mère.

Dans la première, les courants alizés ou continus relèvent de foyers de genèse et de foyers d'attraction fixes (les calmes de l'équateur et des tropiques) ; les moussons relèvent de foyers périodiques, en rapport avec les modifications physiologiques qu'éprouvent les îles ou les continents ; enfin les vents variables relèvent de foyers mobiles et variables, soit dans l'atmosphère par les nuages, soit dans les systèmes de la circulation tellurique.

La seconde zone est le siège anatomique où aboutissent les aurores boréales et australes, et d'où partent les cyclones.

Le système de transmission ou de déplacement dynamique de la planète est le système électro-magnétique, l'analogue de notre système nerveux au point de vue fonctionnel, qui embrasse la planète comme un vaste solénoïde à spirales successives et qui se divise en deux systèmes, dédoublés à leur tour.

Le solénoïde magnétique positif de l'atmosphère déroule ses immenses spirales dans la zone de ce nom, aux confins de l'individualité planétaire, si je puis ainsi dire ; le solénoïde magnétique central déroule ses spirales dans les systèmes circulatoires de l'organe tellurique, et en particulier dans les canaux périphériques. Le solénoïde électrique positif de l'atmosphère a pour siège anatomique la zone dite électrique, et le solénoïde électrique ou négatif de la terre la zone des canaux intermédiaires pour la circulation interorganique.

Avec toutes les données qui précèdent, la physiologie terrestre est établie, dans les mouvements de la planète autour du soleil, dans les phénomènes de la physiologie spéciale des organes, la température et la circulation tellurique, la circulation océanique et ses marées, la circulation de l'atmosphère avec ses calmes et ses courants, les marées de cet organe ; d'autre part, dans la physiologie générale de l'organisme planétaire, où est expliqué le mécanisme des changements de temps, des éruptions volcaniques, des tremblements de terre et des cyclones.

Quand l'esprit est bien pénétré de cette étude, il comprend facilement le rouage des phénomènes de la planète et admire l'harmonie vitale qui relie en une unité physiologique toutes les fractions diverses de cet ensemble fonctionnel.

Passant alors à l'étude du soleil et de son système, on voit l'organisation de celui-là dans son noyau et dans sa photosphère où les taches solaires appartiennent à la catégorie des éléments vitaux d'une cellule, et son rôle fonctionnel qui l'assimile aux éléments conservateurs et à l'élément mâle d'une cellule. Dans le système, nous remarquons la division naturelle en vie organique ou de latitude et en vie de relation ou de longitude, celle-ci distinguée en vie de relation intracellulaire et en vie de relation extracellulaire.

La physiologie spéciale ou de latitude embrasse les trois zones des moyennes, des petites et des grosses planètes. Ce sont trois grands appareils fonctionnels, comprenant chacun autant de petits appareils qu'il y a de cercles de latitude, et chacun de ces petits appareils est formé de trois éléments appartenant à trois systèmes distincts : le système planétaire, le système lunaire et le système météorique.

La physiologie générale ou de longitude s'occupe du système cométaire et des anneaux météoriques interplanétaires, ainsi appelés pour les distinguer des anneaux circumplanétaires de la vie de latitude.

Cette manière de considérer le système solaire comme une cellule, où sont enfermés un noyau, des nucléoles et des granulations météoriques, images des granulations moléculaires, est féconde en déductions. C'est encore l'harmonie vitale qui relie en une unité physiologique toutes les fractions diverses de cet ensemble fonctionnel.

Les taches solaires, les comètes et les corpuscules météoriques représentent trois espèces différentes d'un même genre, le genre des éléments vitaux de la cellule, dont le soleil et les planètes sont les éléments conservateurs, celui-là à fonction mâle et celles-ci à fonction femelle. La photosphère est l'élément caractéristique de l'organe mâle, et la lune l'élément caractéristique de l'organe femelle.

Vient enfin la physiologie sidérale, où se reproduit la même organisation fondamentale que dans l'organe tellurique de la planète, c'est-à-dire un système interpolaire que forme la voie lactée, un système diagonal que forment des nébuleuses au delà de cette voie lactée, et tout autour un système périphérique de nouvelles nébuleuses échelonnées du pôle boréal au pôle austral.

L'existence de ces systèmes circulatoires étant démontrée, le premier concourt au mouvement de balancement, le second aux mouvements d'équilibration et de gravitation, le troisième aux mouvements de rotation et de translation du corps sidéral. Mais si de l'organisation de ce corps on déduit la nature de ses mouvements fonctionnels, de ceux-ci il est facile de remonter jusqu'à la fonction elle-même, et nous y voyons une preuve physiologique de la dualité sidérale, au moins, dans l'infini de l'espace.

Et par cette étude synthétique se trouve démontrée, je le dirai une troisième fois, l'harmonie vitale qui relie en une unité physiologique toutes les fractions diverses de ce vaste ensemble organique et fonctionnel.

Tel est le résumé de la *vie de l'univers* au point de vue analytique de l'organo-dynamisme, comme la *physiologie unitaire* et la *pathologie unitaire* sont l'étude organo-dynamique du corps animal en activité de fonction. C'est là le vrai terrain de découvertes et d'expérimentation où la science doit progresser. Voici maintenant, résumée en un tableau synoptique, la doctrine fondamentale dont l'esprit doit présider à toute étude faite sur le terrain de l'organo-dynamisme, car il y a tout avantage à distinguer pour l'étude, d'une part, la doctrine avec ses principes philosophiques et ses lois universelles, d'autre part, le terrain organo-dynamique, où s'exerce cette doctrine, où se développent les principes, où les lois trouvent leur application.

TABLEAU SYNOPTIQUE

De la vie fonctionnelle de l'âme et de ses conséquences organiques.

Vie substantielle.

Force intellectuelle et faculté de pensée.

Modalités fonctionnelles :
1° Sensibilité, intelligence, volonté ;
2° Perception interne, externe, raison, conscience morale, conception, imagination, mémoire, attention, comparaison, jugement, raisonnement, abstraction, généralisation, analyse, synthèse.
} Fonction d'éternité.

Vie de relation

Force et faculté d'amour. — Modalités : Amitié, Charité, Amour.
} Fonction de reproduction. — Dualité atomique initiale.

Force vitale et faculté de vie.
} Fonction d'organisation. — Force éthérée neutre.

CORPS

mécanisme fonctionnel :

Organisation moléculaire des corps, par voie de conjonction physiologique.

Vie organique.
— Force calorigène. } Fonction de nutrition.
— Force luminifère. } Fonction de conjonction extra-organiq.

Vie de relation.
— Force électrogène. } Fonctions de : Transmission, Déplacement, Conjonction intra-organiq. (attraction, induction.)

Deux résultantes organiques de ces forces :
1° Force granulaire ou moléculaire collective, dite force vitale seconde (système vasculaire et dérivés, système cellulaire et dérivés) ;
2° Force moléculaire individuelle, dite électro-nerveuse (système nerveux.)

Trois modalités fonctionnelles de ces forces :
— libre
— sensible
— travail.

UNITÉ SUBSTANTIELLE DE **L'AME.**

Cette multiplication des forces et de leurs modalités n'a rien qui doive nous étonner; elle est en rapport avec toutes les multiplications que présente l'état organique, et exigée par la variété infinie des mouvements fonctionnels. Du reste, cette multiplication dynamique est toute dans le domaine des manifestations fonctionnelles et n'altère en rien l'unité fondamentale de la force, à telle preuve que, dans l'ordre animique aussi bien que dans l'ordre corporel, les trois variétés de forces sont réductibles l'une dans l'autre et leurs modalités diverses également réductibles ; ce qui signifie, en langage physiologique, que ces variétés et ces modalités dynamiques ne sont que des manifestations fonctionnelles d'une force unique : la force animique pour la première division, la force éthérée neutre pour la seconde.

Classification des forces de l'Univers.

	Espèces :	*Variétés :*	*Modalités :*	
GENRE DYNAMIQUE	Force animique unitaire.	Force intellectuelle. Force d'amour. Force vitale.	Voir le tableau précéd^t.	Toutes trois réductibles l'une dans l'autre.
	Force éthérée unitaire.	Force luminifère, — calorifique. — électrogène.	Libre, Sensible, Travail.	Toutes trois réductibles l'une dans l'autre.

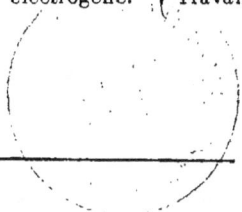

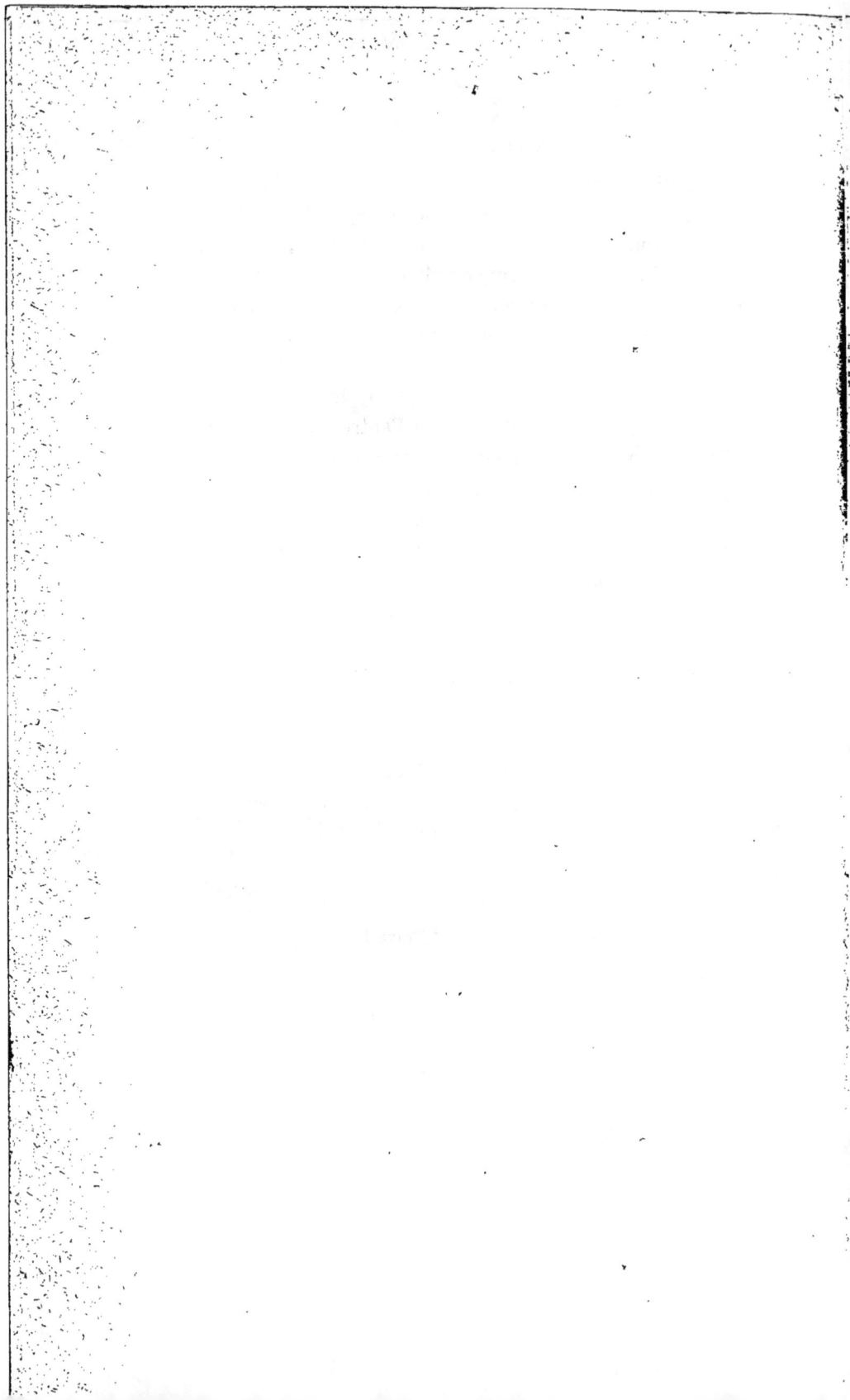

TABLE DES MATIÈRES

ERRATA

Pages 64, à la 3e ligne, *au lieu de* coupé ; *lisez* coupé,
— 119, les points de fusion sont indiqués différemment, suivant les
auteurs. Dans l'*Annuaire du Bureau des Longitudes*, 1873,
on donne pour l'argent 1,000, pour l'or 1,250, pour le fer
1,500 et 1,600, pour le platine 1,700, mais cela ne change
rien à mes conclusions.
— 436, dans la première observation, *au lieu de* 4 degrés au-dessous
de zéro, *lisez* au-dessus. Pour la suite, quand l'indication
au-dessus ou au-dessous n'est pas donnée à la suite du
chiffre de degré, cette indication est toujours la même
que la dernière indiquée.
— 528, le nombre des petites planètes aujourd'hui connues est de 131.

Versailles. — Imprimerie de E. AUBERT, 6, avenue de Sceaux.

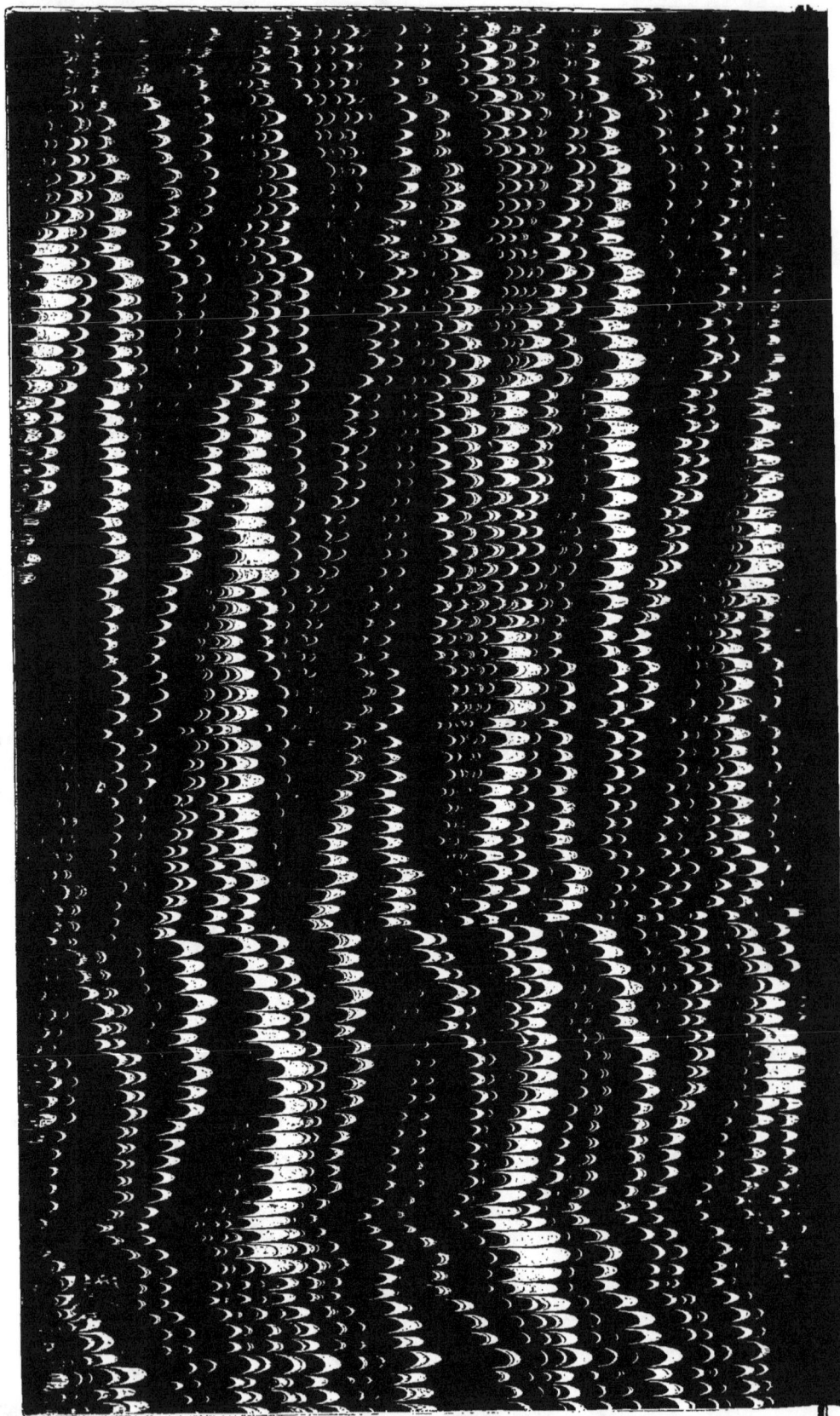

www.ingramcontent.com/pod-product-compliance
Lightning Source LLC
Chambersburg PA
CBHW061939220326
41599CB00016BA/2194